婴幼儿托育服务与管理系列

婴幼儿
行为观察与指导

主　编　张云亮　杨梦萍
副主编　朱佳佳　居　妍　李双琦
　　　　高丽萍　张星星　朱嫣婷
参　编　尤宏淼　周迎亚　吴　洁　王笑颜

南京大学出版社

图书在版编目(CIP)数据

婴幼儿行为观察与指导 / 张云亮，杨梦萍主编.
南京：南京大学出版社，2025.6. -- ISBN 978-7-305
-29161-6

Ⅰ.B844.11

中国国家版本馆 CIP 数据核字第 2025GP1844 号

出版发行	南京大学出版社
社　　址	南京市汉口路 22 号　　邮　编　210093
书　　名	婴幼儿行为观察与指导 YINGYOUER XINGWEI GUANCHA YU ZHIDAO
主　　编	张云亮　杨梦萍
责任编辑	提　茗　　　　　　　　编辑热线　025-83686756
照　　排	南京南琳图文制作有限公司
印　　刷	南京京新印刷有限公司
开　　本	787 mm×1092 mm　1/16　印张 17　字数 404 千
版　　次	2025 年 6 月第 1 版　2025 年 6 月第 1 次印刷
ISBN	978-7-305-29161-6
定　　价	50.00 元

网址：http://www.njupco.com
官方微博：http://weibo.com/njupco
微信服务号：NJUyuexue
销售咨询热线：(025) 83594756

本书资源

在线课程

* 版权所有，侵权必究
* 凡购买南大版图书，如有印装质量问题，请与所购
　图书销售部门联系调换

前言

在"幼有所育、学有所教"的政策背景下,我国托育服务行业迎来了快速发展期。2019年,国务院发布《关于促进3岁以下婴幼儿照护服务发展的指导意见》,进一步强调了托育服务的重要性,明确提出要加强对0~3岁婴幼儿的科学照护和早期教育。这一系列政策为婴幼儿早期教育的理论研究与实践探索提供了新的契机,也对托育服务和早期教育专业人才的培养提出了更高的要求。

《婴幼儿行为观察与指导》正是在这一背景下编写,旨在为婴幼儿托育服务与管理专业、早期教育专业学生及托育行业从业者提供一套兼具理论性和实践性的教材。婴幼儿行为观察是了解婴幼儿发展状况的重要工具,也是个性化教育和优化照护方案的关键。然而,在实际教学和职业培训中,我们发现学习者常停留在方法的掌握上,而忽视了观察后的核心任务——提升对婴幼儿发展需求的识别能力,并提供恰当的指导和干预。本书的核心目标是帮助学习者形成"观察—分析—指导"的能力闭环,真正实现从"会观察"到"会指导"的职业能力提升。这种能力的培养,需要理论与实践的深度结合,更需要教材内容与实际工作场景的紧密衔接。

本书坚持以"产教融合、学用结合、任务导向、能力本位"为编写理念,通过科学设计和丰富资源,帮助学习者在理论学习与实践探索中同步成长,培养既懂理论又能实践的高素质应用型人才。

本书主要特色体现在:

第一,以实践与应用导向为框架。本书围绕"如何科学观察"与"如何在实践中应用观察结果"两大核心问题,采用项目式、任务驱动式设计,共设置了七个项目。项目一和项目二着重介绍婴幼儿行为观察的方法与工具,奠定实践的技术基础;项目三至六聚焦婴幼儿动作与习惯、情感与社会性发展、认知与探索发展、语言与沟通发展四个核心领域,涵盖婴幼儿发展的主要方面;项目七特别关注特殊情境下的婴幼儿行为观察与指导,呼应当前对特需儿童日益增长的关注需求。各项目通过情境导入、案例分析、任务实操等环节,帮助学习者在实践中深化对理论的理解,掌握观察与指导的技能,从而提升综合从业能力。

第二,采用任务驱动式教学。本书采用"课前导学—课中实训—课后拓展—项目考核评价"的模块化教学流程。课前导学通过知识导航和自学自测,激发学习兴趣;课中实训通过情境导入、知识点讲解、案例助学和任务实操环环相扣;课后拓展则设置了巩固练习和拓展资源,支持学生在课外进行自主学习和深化探索;项目考核评价通过多元评价方式,实现以评促学,帮助学习者不断反思和改进学习成果。

第三,校企深度融合,双元编写。我们邀请托育机构的资深从业者参与内容设计,提供实践经验和案例素材,确保教材贴近实际工作场景。同时,书中设置了"链接1+X""直击赛场""考题再现"等特色栏目,与职业技能等级标准和相关竞赛要求紧密对接,为学习者搭建职业教育和职业发展之间搭建桥梁。

第四,丰富资源配套,助力教学实施。本书配套了丰富的数字化资源,包括视频素材、教学PPT、在线课程资源,为教师开展课堂教学提供便利,也为学生的自主学习提供了更多可能性。此外,书中还设置了多样化的练习题、任务单和考核工具,实现"教、学、用"无缝衔接。

第五,落实立德树人的要求。本书注重能力培养,始终将立德树人作为核心目标之一,融入课程思政理念,通过案例分析、情境设置等方式,启发学生理解婴幼儿教育中的伦理责任和社会价值,培养学习者的职业道德素养和责任意识。教材注重引导学生在掌握专业技能的同时,树立以人为本的托育服务理念,将职业能力与育人目标有机结合。

本书由苏州幼儿师范高等专科学校张云亮副教授和杨梦萍副教授主持开发、确立教材体例和章节内容,以及负责全书的修改和统稿工作。本书的编写得到了多方支持与帮助,具体编写分工如下:项目一由苏州幼儿师范高等专科学校杨梦萍、高丽萍老师编写,项目二由南通师范高等专科学校居妍老师编写,项目三由苏州幼儿师范高等专科学校杨梦萍老师编写,项目四由苏州幼儿师范高等专科学校朱佳佳老师、华东师范大学学前教育硕士尤宏淼共同编写,项目五由上海师范大学天华学院李双琦老师编写,项目六由苏州幼儿师范高等专科学校张云亮老师、朱佳佳老师、周迎亚老师以及华东师范大学学前教育硕士尤宏淼共同编写,项目七由苏州幼儿师范高等专科学校张云亮老师编写。教材中的观察案例由苏州市姑苏教育投资有限公司苏州合禾木托育中心、南京九耀教育咨询集团有限公司抚育安托育园以及宁益托社区托育园教师团队:朱嫣婷、张星星、吴洁、王笑颜老师提供,并深度参与教材的编写过程,对教材架构、内容选取、各项目中实践指导策略以及案例分析提供了宝贵的意见和支持。由于编者水平有限,书中难免存在不足之处,敬请读者批评指正。

愿本书成为学习者打开婴幼儿行为观察之门的钥匙,亦成为托育从业者助力婴幼儿健康成长的得力帮手。

编者

项目一 婴幼儿行为观察概述

课前导学 ...003

知识点 1-1　什么是婴幼儿行为观察？ ...003

知识点 1-2　为什么要做婴幼儿行为观察？ ...004

知识点 1-3　婴幼儿行为观察需注意的问题 ...006

自学自测 ...007

课中实训 ...008

任务一　掌握婴幼儿行为观察的一般程序 ...009

知识点 1-4　观察前的准备 ...009

知识点 1-5　观察的实施 ...013

案　例 1-1　采用轶事记录对婴幼儿独立进餐行为观察的案例 ...015

案　例 1-2　采用行为检核法对婴幼儿粗大动作发展的观察案例 ...016

任务二　把握婴幼儿行为观察的关键场景 ...019

知识点 1-6　入托和离托环节的观察 ...019

知识点 1-7　一日生活常规中的观察 ...020

知识点 1-8　游戏与探索活动中的观察 ...022

案　例 1-3　等待果汁的多多 ...023

案　例 1-4　洋洋和苏苏的游戏探索 ...024

任务实操 ...024

课后拓展 ...025

项目二　婴幼儿行为观察与记录方法

课前导学 ...029

知识点 2-1　叙述观察法 ...029

知识点 2-2　取样观察法 ...033

知识点 2-3　评定观察法 ...035

自学自测 ...038

课中实训 ...039

任务一　掌握叙述观察的方法 ...040

知识点 2-4　日记法的操作方法和注意事项 ...040

知识点 2-5　轶事记录法的操作方法和注意事项 ...041

知识点 2-6　实况详录法的操作方法和注意事项 ...042

案　例 2-1　陈鹤琴808天日记法节选 ...043

案　例 2-2　爱探索的阳阳 ...044

任务二　掌握取样观察的方法 ...045

知识点 2-7　时间取样法的操作方法和注意事项 ...045

知识点 2-8　事件取样法的操作方法和注意事项 ...047

案　例 2-3　22月龄乐乐的社交互动行为观察 ...048

案　例 2-4　果果的亲社会行为观察 ...049

任务三　掌握评定观察的方法 ...051

知识点 2-9　行为检核法的操作方法和注意事项 ...051

知识点 2-10　等级评定法的操作方法和注意事项 ...052

案　例 2-5　婴幼儿发育行为检核表 ...053

案　例 2-6　彤彤自理能力评定量表 ...054

任务实操 ... 055

课后拓展 ... 055

项目三　婴幼儿动作与习惯发展观察与指导

课前导学 ... 059

知识点 3-1　婴幼儿动作发展概述 ... 059

知识点 3-2　0~3岁婴幼儿动作发展的规律 ... 060

知识点 3-3　0~3岁婴幼儿动作发展的影响因素 ... 061

知识点 3-4　婴幼儿的自助与习惯 ... 062

自学自测 ... 064

课中实训 ... 065

任务一　学会婴幼儿粗大动作发展的观察与指导 ... 066

知识点 3-5　0~3岁婴幼儿粗大动作发展的观察要点 ... 066

知识点 3-6　0~3岁婴幼儿粗大动作发展观察实施的建议 ... 068

知识点 3-7　0~3岁婴幼儿粗大动作发展的支持策略 ... 070

案　例 3-1　叮叮不想爬 ... 072

案　例 3-2　安安尝试站立 ... 074

任务二　学会婴幼儿精细动作发展的观察与指导 ... 075

知识点 3-8　0~3岁婴幼儿精细动作发展的观察要点 ... 075

知识点 3-9　0~3岁婴幼儿精细动作发展观察实施的建议 ... 078

知识点 3-10　0~3岁婴幼儿精细动作发展的支持策略 ... 080

案　例 3-3　晨晨忙碌的小手 ... 081

案　例 3-4　安安的精细动作发展检核 ... 083

任务三　学会婴幼儿自助与习惯发展的观察与指导 ... 085

知识点 3-11　0~3岁婴幼儿自助与习惯发展的观察要点 ... 085

知识点 3-12　0~3岁婴幼儿自助与习惯发展观察的实施建议 ... 087

知识点 3-13　0~3岁婴幼儿自助与习惯发展的支持策略 ... 088

案 例 3-5　张老师的班级观察实践 ...090

案 例 3-6　小乐的一天 ...093

任务实操 ...094

课后拓展 ...095

项目四　婴幼儿情感与社会性发展观察与指导

课前导学 ...099

知识点 4-1　婴幼儿情绪情感概述 ...099

知识点 4-2　婴幼儿交往适应概述 ...100

知识点 4-3　0～3岁婴幼儿情绪情感发展的规律 ...100

知识点 4-4　0～3岁婴幼儿交往适应发展的规律 ...102

自学自测 ...103

课中实训 ...104

任务一　学会婴幼儿亲子依恋发展的观察与指导 ...105

知识点 4-5　0～3岁婴幼儿亲子依恋的观察要点 ...105

知识点 4-6　0～3岁婴幼儿亲子依恋发展观察实施的建议 ...107

知识点 4-7　0～3岁婴幼儿亲子依恋发展的支持策略 ...109

案 例 4-1　难以入睡的七七 ...110

案 例 4-2　回老家"社恐"的七七 ...112

任务二　学会婴幼儿情绪调节发展的观察与指导 ...113

知识点 4-8　0～3岁婴幼儿情绪调节的观察要点 ...114

知识点 4-9　0～3岁婴幼儿情绪调节发展观察实施的建议 ...116

知识点 4-10　0～3岁婴幼儿情绪调节发展的支持策略 ...117

案 例 4-3　天天的情绪爆发与安抚 ...119

案 例 4-4　贝贝的一周情绪记录 ...120

任务三　学会婴幼儿交往适应发展的观察与指导 ...122

知识点 4-11　0～3岁婴幼儿交往适应的观察要点 ...122

知识点 4-12 0～3 岁婴幼儿交往适应的支持策略 ...124

案　例 4-5 小宇紧握玩具不松手 ...126

案　例 4-6 小宝的交往适应行为 ...128

任务实操 ...130

课后拓展 ...131

项目五 婴幼儿认知与探索发展观察与指导

课前导学 ...135

知识点 5-1 婴幼儿认知与探究发展理论概述 ...135

知识点 5-2 0～3 岁婴幼儿认知与探究发展的规律 ...137

自学自测 ...141

课中实训 ...141

任务一 学会婴幼儿感知发现发展的观察与指导 ...142

知识点 5-3 0～3 岁婴幼儿感知发现领域的观察要点 ...142

知识点 5-4 0～3 岁婴幼儿感知发现发展观察实施的建议 ...145

知识点 5-5 0～3 岁婴幼儿感知发现发展的支持策略 ...146

案　例 5-1 触觉探索与分化 ...150

案　例 5-2 视觉追踪与指令执行 ...151

任务二 学会婴幼儿问题解决发展的观察与指导 ...152

知识点 5-6 0～3 岁婴幼儿问题解决领域的观察要点 ...152

知识点 5-7 0～3 岁婴幼儿问题解决发展观察实施的建议 ...155

知识点 5-8 0～3 岁婴幼儿问题解决发展的支持策略 ...156

案　例 5-3 水中探索 ...158

案　例 5-4 工具助力问题解决 ...159

任务三 学会婴幼儿想象表现发展的观察与指导 ...160

知识点 5-9 0～3 岁婴幼儿想象表现领域的观察要点 ...160

知识点 5-10　0～3 岁婴幼儿想象表现发展观察实施的建议 … 162

知识点 5-11　0～3 岁婴幼儿想象表现发展的支持策略 … 164

案　例 5-5　医生的角色扮演 … 166

案　例 5-6　色彩与形态的融合 … 167

任务实操 … 168

课后拓展 … 168

项目六　婴幼儿语言与沟通发展观察与指导

课前导学 … 173

知识点 6-1　婴幼儿语言发展概述 … 173

知识点 6-2　0～3 岁婴幼儿语言发展的规律 … 174

知识点 6-3　0～3 岁婴幼儿语言发展的影响因素 … 176

自学自测 … 178

课中实训 … 178

任务一　学会婴幼儿倾听与理解发展的观察与指导 … 179

知识点 6-4　0～3 岁婴幼儿倾听与理解发展的观察要点 … 179

知识点 6-5　0～3 岁婴幼儿倾听与理解发展观察实施的建议 … 181

知识点 6-6　0～3 岁婴幼儿倾听与理解发展的支持策略 … 182

案　例 6-1　童童听指令 … 184

案　例 6-2　朵朵的小车开走了 … 187

任务二　学会婴幼儿模仿与表达发展的观察与指导 … 188

知识点 6-7　0～3 岁婴幼儿模仿与表达发展的观察要点 … 188

知识点 6-8　0～3 岁婴幼儿模仿与表达发展观察实施的建议 … 190

知识点 6-9　0～3 岁婴幼儿模仿与表达发展的支持策略 … 192

案　例 6-3　模仿发音的团团 … 194

案 例 6-4　秋月的语言模仿与表达 ...196

任务三　学会婴幼儿阅读兴趣与习惯发展的观察与指导 ...198

知识点 6-10　0～3 岁婴幼儿阅读兴趣与习惯发展的观察要点 ...199

知识点 6-11　0～3 岁婴幼儿阅读兴趣与习惯发展观察实施的建议 ...201

知识点 6-12　0～3 岁婴幼儿阅读兴趣与习惯发展的支持策略 ...202

案 例 6-5　看图画书的旭旭 ...205

案 例 6-6　喜欢重复阅读的妮妮 ...206

任务实操 ...208

课后拓展 ...208

项目七　特殊情况下的婴幼儿行为观察与指导

课前导学 ...213

知识点 7-1　婴幼儿行为问题的内涵及其影响因素 ...213

知识点 7-2　婴幼儿发育迟缓的内涵及其影响因素 ...214

自学自测 ...214

课中实训 ...215

任务一　学会婴幼儿常见行为问题的观察与指导 ...216

知识点 7-3　0～3 岁婴幼儿情绪行为问题的观察要点与支持策略 ...216

知识点 7-4　0～3 岁婴幼儿社会适应行为问题的观察要点与支持策略 ...217

知识点 7-5　0～3 岁婴幼儿生活习惯行为问题的观察要点与支持策略 ...219

案 例 7-1　爱打人的乐乐 ...221

案 例 7-2　挑食的萌萌 ...222

任务二　学会婴幼儿发育迟缓的观察与指导 ...224

知识点 7-6　0～3 岁婴幼儿体格发育迟缓的观察要点与支持策略 ...224

知识点 7-7　0～3 岁婴幼儿运动发育迟缓的观察要点与支持策略 ...225

知识点 7-8　0～3 岁婴幼儿语言发育迟缓的观察要点与支持策略 ...227

知识点 7-9　0~3 岁婴幼儿认知发育迟缓的观察要点与支持策略　…228

知识点 7-10　儿童心理行为发育问题预警征象筛查表　…229

案　例 7-3　不会爬和站的依依　…230

案　例 7-4　不会说话的成成　…232

任务实操　…233

课后拓展　…233

附　　录　…235

参考书目　…260

项目一

婴幼儿行为观察概述

PROJECT 1

项目概述

观察是教与学的开端,是理解0～3岁婴幼儿身心发展的重要途径。正如蒙台梭利所说,教育者的首要职责是认识并观察儿童的自然发展,只有在此基础上,才能给予他们真正的帮助。

本项目将带领你走进婴幼儿行为观察的世界,理解其内涵与意义,掌握观察的原则与一般程序,为科学、全面地支持婴幼儿发展提供依据。

本项目涉及的知识图谱如下:

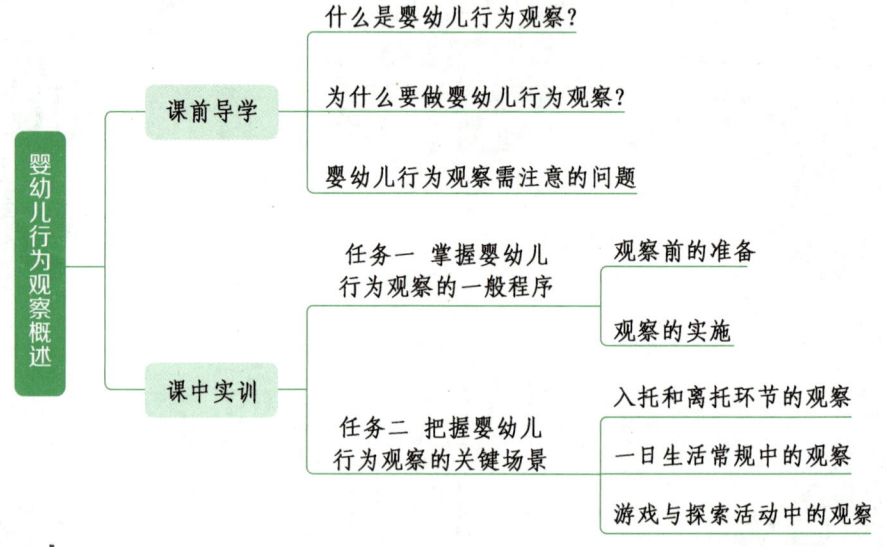

学习目标

素质目标:

❶ 认同婴幼儿行为观察对实施科学保教工作和自身专业发展的价值,增强对婴幼儿观察的敏感性,提升观察意识;

❷ 树立正确的儿童观、评价观,尊重婴幼儿权益,保护婴幼儿隐私,树立科学的保教理念。

知识目标:

❶ 理解婴幼儿行为观察的含义与意义;
❷ 掌握婴幼儿行为观察的关键场景;
❸ 掌握观察前准备工作以及观察实施的注意事项。

能力目标:

❶ 能根据观察目的制定婴幼儿行为观察计划,做好观察前准备。
❷ 在对婴幼儿行为观察与指导过程中能坚持必要的原则。

案例启思

在一次托育专业的课堂作业评析中,老师将学生们在实习期间所做的婴幼儿行为观察记录拿出来进行讨论。当老师询问大家对观察的感悟时,同学们的反馈引发了深思。宇婷说:"我感觉我会做观察,但写了记录后,我不知道要干什么,做不出分析和判断。"泽瑄则坦言:"我不是,我是压根不清楚该看什么、写什么,觉得没什么好写的。"还有同学直接提出了疑问:"为什么我们非要观察呢?"

微课1:大有用处的观察

这些困惑并非个例,它反映了许多初学者在婴幼儿行为观察中的常见问题:对观察的意义缺乏深刻理解,对观察的方法缺乏系统掌握。美国学者丽莲·凯茨曾指出,观察能力是帮助教师从新手成长为专家的重要途径和必要条件之一。那么,观察究竟是什么?我们又该如何科学、系统地进行观察?通过接下来的学习,我们将逐步揭开这些问题的答案,帮助大家从"看"到"看见",真正理解婴幼儿行为观察的意义与方法。

课前导学

▶ 知识导航

知识点 1-1 什么是婴幼儿行为观察?

要理解婴幼儿行为观察的内涵,我们首先需要明确两个核心概念:观察与行为。观察作为人类认识世界的基本方式,是一个将感知与思考相融合的认知过程。"观"强调通过视觉等感官获取信息,"察"则着重于对感知信息进行深入分析与思考。这一过程不仅包含感官对事物的直接感知,更重要的是大脑对信息的加工与理解,是一个主动的认知建构过程。

就行为的概念而言,我们可以从广义和狭义两个维度进行阐释。狭义的行为指个体可直接观察、记录的外显活动,包括言语、动作等具体表现。广义的行为则延伸至内在的心理活动与心理过程,这些虽不能直接观察,但可通过外显行为进行合理推断。二者存在密切关联:外显行为是内在心理活动的外化表现,受个体的情绪状态、思维模式、意志倾向及个性特征等内在因素影响;同时,只有通过系统的外显行为观察,我们才能深入了解个体背后的心理动因与发展特征。观察婴幼儿的一个基本目的就是加深成人对其需求的了解与理解,因此,婴幼儿行为观察不仅要记录外在行为表现,更要透过行为洞察其内在的心理需求与发展特征。

基于以上理解,婴幼儿行为观察可以定义为:**对婴幼儿表现在外的一言一行、一举一动进行观察、描述和记录,并在此基础上,对他们内在的兴趣、需要、学习和发展进行分析和诊断,进而为调整教养行为和制定适宜的教养策略提供依据**。本书将围绕动作与习惯发展、情感与社会性发展、认知与探索发展、语言与沟通发展这四个婴幼儿发展的核心领域,以及特殊情况下的婴幼儿行为的观察,系统阐述各发展维度下的观察要点与支持策略,为实践工作者提供专业指导。

知识点 1-2 为什么要做婴幼儿行为观察?

当你发现家中的植物叶子开始发黄时,你会仔细观察是光照不足、浇水过多,还是缺乏营养,然后采取相应的措施。同样,当我们面对婴幼儿时,观察也是理解和支持他们的第一步。

例如,你注意到一个孩子在游戏时间总是独自待在角落,你会如何反应?

(1) 认为他只是性格内向,不需要特别关注。

(2) 主动走近他,了解他的兴趣和需求。

(3) 与其他教育者交流,探讨如何更好地引导他融入集体。

我们希望你不要将第一种方法作为首选。我们相信,通过观察婴幼儿,就能发现他们在做什么以及理解他们行为背后的原因。观察不仅是了解婴幼儿的重要途径,也是观察者自身成长的关键。通过观察,我们能够更深入地理解婴幼儿的行为模式、发展特点以及个体差异,从而为他们提供更适宜的支持。同时,观察也能帮助观察者提升敏锐度、反思能力和专业素养,形成更科学的育儿观念和方法。

一、全面了解婴幼儿的发展特点与需求

每个婴幼儿都有其独特的发展节奏,虽然遗传和环境因素会影响他们的发展步调,但总体上仍遵循共同的发展序列。通过观察,我们可以了解婴幼儿当前所处的发展阶段,捕捉他们在动作、语言、情绪、社交等方面的发展水平、兴趣和能力,同时识别个体差异,从而设计适宜的活动,引导他们进一步发展。

以下案例展示了观察在识别婴幼儿发展特点与需求中的作用:

小乐 18 个月了,最近在妈妈喂饭时,他总是试图抢过勺子,想要自己吃饭。但常常在舀取食物时把食物撒到桌上或地上。有时多次吃不到会表现得有点生气,甚至哭闹。尽管如此,他还是每次吃饭时主动伸手去抓勺子。

通过观察分析,我们可以发现:小乐正处于自主意识发展的关键期,具有强烈的自我服务意愿;其精细动作技能正在发展中,需要适当的支持;情绪表达直接且外显,可引导其情绪调节能力的发展。基于这些观察发现,教养者可采取以下支持策略:

(1) 提供发展适宜性的支持工具:选择符合婴幼儿抓握特点的餐具,如防滑手柄的婴幼儿专用勺;

(2) 调整食物性状:提供易于舀取的软质食物,如切块的熟软蔬菜或水果丁;

(3) 示范与指导:耐心给小乐示范正确的用餐动作,给予具体的行为指导;

(4) 情感支持:在小乐尝试的过程中给予积极鼓励,帮助建立自信心。

这些策略不仅能够支持小乐的精细动作发展,还能促进其自主性和情绪调节能力的

提升,为其全面发展奠定基础。

二、早期发现潜在问题并实施干预

《托育机构保育指导大纲(试行)》明确指出,托育机构应关注婴幼儿的发展状况,及时发现运动发育迟缓、语言发展滞后等问题,并提供针对性指导。在这一过程中,观察扮演着至关重要的角色。通过系统、科学的观察,教养者能够及早识别婴幼儿发展中的异常或滞后现象,为早期干预和针对性支持争取宝贵时间,从而最大限度地促进婴幼儿的健康发展。

尽管婴幼儿的发展具有个体差异性,但仍遵循一定的规律,特定年龄段内应达到相应的发展里程碑(如翻身、爬行、说话等)。如果婴幼儿在某一领域的发展明显滞后或出现异常行为,可能是潜在问题的早期信号。例如,若婴幼儿在 12 个月时仍无法独坐,或在 18 个月时无法站立,则提示可能存在运动发育迟缓。此时,教养者可通过进一步系统观察该婴幼儿的动作发展情况(如爬行能力、身体平衡性等)进行初步判断。若观察结果仍指向运动发育迟缓的可能性,应及时寻求儿科医生或儿童康复专家的专业评估,并制定个性化的早期干预计划。

婴幼儿期是大脑发育的关键阶段,神经可塑性极强。许多发展问题如果能在早期被发现并得到及时干预,往往可以显著改善预后效果,甚至避免后续更严重的发展障碍。因此,观察不仅是识别潜在问题的第一道防线,更是为婴幼儿提供科学支持的重要基础。

三、提升保教人员的专业能力与互动质量

回应性照护是婴幼儿照护中的核心理念之一,它要求养育人密切关注婴幼儿的眼神、表情、动作、声音、手势和口头请求,并给予及时、恰当的回应。在日常互动中,养育人应通过观察婴幼儿的行为信号,理解其需求与情感状态,并在此基础上提供适宜的陪伴与支持。从回应性照护的概念界定中可以看出,观察是实施回应性照护的基础,也是提升教养者专业能力与互动质量的关键。

观察视频:照护者对婴幼儿行为的识别与支持

以下案例展示了观察在提升照护水平方面的作用:

10 个月的小米和妈妈正在进行亲子阅读。妈妈拿出一本色彩鲜艳的布书,开始讲述书中的故事。起初,小米对书中的图案很感兴趣,用手轻轻拍打书页,指着动物图案发出"咿咿呀呀"的声音。几分钟后,妈妈注意到小米的眼神开始游离,身体微微扭动,并用手推开书本。妈妈判断小米可能对当前活动失去了兴趣,于是轻声问:"小米是不是想换一本书呀?"同时,她拿出一本洞洞书递给小米。小米看到新书后,注意力被新书的触感吸引,用手仔细触摸书页上的材质,注意力重新集中,情绪也逐渐平静下来。

在这个案例中,妈妈通过观察小米的眼神、动作和情绪变化,注意到小米对当前活动的兴趣减弱,并通过提供新的感官刺激(更换触摸书)重新吸引了小米的注意力。这种回应性照护不仅满足了小米的探索需求,还增强了亲子之间的情感联结。通过观察,成人能

够提升专业敏感度、分析能力和实践水平,同时更敏锐地捕捉婴幼儿的需求和信号,建立更积极、有效的互动关系。

知识点 1-3 婴幼儿行为观察需注意的问题

婴幼儿行为观察的实施并非随意而为,需要遵循科学的方法和规范,以确保观察结果的准确性和有效性。以下是实施婴幼儿行为观察时需注意的关键问题。

一、避免通过单一观察下结论

单次观察如同拍摄一张照片,虽能捕捉瞬间,但可能无法全面反映真实情况。因此,不应仅凭一次观察对婴幼儿的行为或能力做出判断。我们可以对一个问题加以重视,但要多关注一段时间,积累多次观察数据,以确保结论的准确性。

二、明确观察不仅是方法

婴幼儿行为观察不仅涉及方法,还需结合婴幼儿身心发展的知识。保教工作者需掌握两方面内容:一是观察方法的基本知识;二是婴幼儿身心发展的规律。本书在项目二中系统介绍了常用观察方法,并在后续项目中梳理了婴幼儿发展关键领域的发展要点,帮助学习者全面掌握观察技能。

三、警惕观察者偏见

在观察过程中,观察者的主观偏见可能影响判断的客观性。常见的偏见包括晕轮效应和定势效应。晕轮效应指因对某一婴幼儿的固有印象而影响判断。例如,保教人员可能认为攻击性强的孩子总是争抢玩具的"肇事者",而事实可能相反。定势效应指基于刻板印象做出判断。例如,认为男孩的语言或社会性发展普遍落后于女孩,从而降低对男孩的评价标准。为避免偏见,观察者需保持客观,注重事实依据,避免以偏概全。

四、遵循发展导向

婴幼儿行为观察的核心目的是发现婴幼儿发展优势,而非仅仅寻找问题。观察者应以发展的眼光看待婴幼儿的行为表现,既要关注婴幼儿当前的能力和特点,也要考虑其未来的发展潜力。

3岁的轩轩在搭建积木时,尝试用不同形状的积木垒高搭"大楼",他专注地选择积木,小心翼翼地叠放,然而,在搭建一定高度后,由于重心不稳,"大楼"塌了,轩轩显得有点沮丧,但是没有放弃,又重新开始搭建了……

案例学习:立足发展性原则的指导

案例中的轩轩虽然没有搭建成功,但他没有一遇到困难就放弃,也没有发脾气,情绪比较稳定,这表明轩轩具备专注力和抗挫能力。保教人员可以借此引导轩轩分析原因,尝试不同的方法,进一步培养轩轩的问题解决能力和创造力。这样的观察指导不仅关注了幼儿当前的行为,还为他未来的认知、情感和社会性发展奠定了基础。

五、遵守观察的伦理道德

观察婴幼儿时,伦理道德问题至关重要。首先,需获得婴幼儿父母的知情同意,必要时,要与家长签订清楚的协议。其次,确保观察过程不对婴幼儿身心造成伤害。观察者须留意婴幼儿的感受,绝对不可以在观察中对婴幼儿造成伤害,包括生理的和心理的。同时,还需要留意家长的感受,避免将孩子和其他婴幼儿进行比较,以防影响家长,对婴幼儿造成间接伤害。最后,要注意保护婴幼儿及家长的隐私,观察结果中应使用代号或化名,避免泄露真实信息。

六、谨慎报告观察结果

在报告或反馈观察结果时,应基于专业知识,避免过度解读或越界扮演诊断者角色。保教工作者应明确自身职责,避免对婴幼儿行为进行不当定性或干预,确保沟通的专业性和适度性。无论是向家长、同事还是其他相关人员反馈,都需以客观、科学的态度呈现观察结果,避免主观臆断或过度推论。

考题再现

《保育师》(四级)理论知识试题

判断题:保育师可以忽视儿童的个人隐私和尊严。

扫码查看本项目
【考题再现】答案

自学自测

请同学们根据自学内容,扫码完成自测题目,自查学习效果。

自学自测

课中实训

🎯 实训目标

❶ 能制定一份婴幼儿观察计划。
❷ 能做好观察前的物质材料准备。
❸ 能根据计划实施一次婴幼儿行为观察。
❹ 在婴幼儿行为观察实施中,关注并落实观察中的注意事项。

实训内容

任务一　掌握婴幼儿行为观察实施的一般程序
任务二　掌握婴幼儿行为观察的关键场景

实训准备

❶ **环境准备**：理实一体化教室,校园网无线 Wi-Fi,可在线观看线上资源。
❷ **物品准备**：签字笔、记录本(活页)、手机或平板电脑等录音录像设备、婴幼儿发展影像资料。
❸ **知识准备**：了解婴幼儿行为观察相关概念、意义等理论知识。

任务一　掌握婴幼儿行为观察的一般程序

情境导入

小姜在实习期间尝试对婴幼儿进行观察,但由于缺乏系统的准备,他决定"看见什么就记录什么"。结果,记录的内容杂乱无章,效果并不理想。正如古语所说:"凡事预则立,不预则废。"那么,小姜该如何科学地进行观察?观察前需要做哪些准备?如何制定观察计划?在实施观察计划时又需要注意哪些事项?这些问题正是我们在任务一中要解决的核心内容。

知识导航

知识点 1-4　观察前的准备

微课2：婴幼儿行为观察计划的六要素

一、拟定观察计划

(一) 明确观察目的与目标

在实施观察之前,确定并阐明观察的目的和目标非常重要。这不仅能避免遗漏重要信息和过多记录无关现象,还能确保观察到的信息具有清晰的主题,并能有效用于评价婴幼儿的发展和设计适宜的活动。

目的是对将要观察的内容和预期达成的意图的表述,即要观察什么和完成什么的表述,是观察的总体方向。观察目的是比较宽泛的,应涵盖多个婴幼儿发展领域,以呈现想要了解的全貌。**目标**则是对想要观察或评价的具体技能或能力的陈述,它是具体的目的,**通常是可测量的**。例如,一项观察的目的可以是"观察一名5个月的婴儿与主要看护者的互动情况",观察目标可以是"评价婴儿使用的互动方法——面部表情、手势、轮流"。

(二) 选择观察对象、时间和环境

1. 观察对象[①]

(1) **个体观察和群体观察**。在婴幼儿行为观察中,观察对象分为个体和群体,两者的

[①] 林筱颖,等. 婴幼儿行为观察与记录[M]. 杭州:浙江大学出版社,2024.

观察要求与内容有较大区别。当观察的目标行为是典型的个体行为时,观察对象应是某一个特定的婴幼儿。例如,观察的目标行为是偶发行为:6个月的明明突然开口说话,嘴巴嘟嘟叫着;观察的目标行为是特殊行为:2岁半的欢欢有一定的社交障碍,入托后一个月都没有和小朋友或者教师说话。观察者可以直接选定这些行为的典型个体作为观察对象。而当观察的目标行为是典型的群体行为时,观察的对象就可以是两个及以上的婴幼儿群体。例如,观察的目标行为是11个月婴儿爬的动作,那么观察对象就是几个同月龄的婴儿。需要注意的是,观察对象是选择群体还是个体,并无严格的限定,而是需要根据研究的目标行为进行灵活调整。例如,入托后的小朋友都可以跟教师交流,整体的进餐行为都比较顺利,只有欢欢不说话,这时就可以进行个体观察,了解和查找欢欢不说话的原因。

(2) **婴儿观察和幼儿观察**。不同年龄的婴幼儿的发展水平有很大的差异,应该根据年龄特点进行行为分析与解释。例如,一般1岁半之前的婴幼儿就已经能够独立行走,那么在2岁之后再去观察和研究已经消失的学步行为就没有价值了。所以,观察的目标行为在很大程度上就已经能够帮助观察者确定观察对象的年龄范围。

(3) **普通婴幼儿观察和特殊婴幼儿观察**。普通婴幼儿与特殊婴幼儿的观察目标行为在典型性和特殊性上存在明显差异。例如,当观察的目标行为是因疾病或者其他原因导致的特殊行为时,如因体重过重导致爬楼梯困难,那么观察对象一般是某个婴幼儿或者某些特殊的婴幼儿群体;如果观察的目标行为是一些生活中常见的行为,如午睡困难等,那么观察对象可以是普通婴幼儿群体。

2. 观察时间

任何人在一天中的不同时间对环境和经验都会有不同的反应。在托育机构的一天即将结束时,婴幼儿可能会变得疲惫,还可能会哭闹,此时他们对看护者的反应也和精力充沛时不一样。因此,选择一天当中哪个时间段进行观察是个非常重要的问题,时间的选择将对观察的有效性产生重要影响。在实施婴幼儿行为观察时,需要合理规划时间,具体包括:什么时候观察、观察几次、每次观察多长时间等。观察时间应充分考虑观察地点、工作时间、婴幼儿的作息时间以及家长方便等因素,选择合适的时间段进行观察。我们通过以下案例来进一步思考合理规划观察时间的重要性。

张老师想观察嘟嘟(2岁3个月)的语言发展情况。由于工作任务繁重,直到下午4:00左右几名婴幼儿回家后,她才找到时间来做这项观察。这时,她发现嘟嘟正在专心地听李老师读故事。她吮着拇指,蜷着身子躺在垫子上。为了实施自己的观察计划,张老师试着和嘟嘟对话。但是嘟嘟没有对张老师的提问做出任何回应,她只能放弃了观察嘟嘟的想法。

在上述案例中,张老师选择的观察时间是一天中婴幼儿比较疲惫的时候。其实从嘟嘟明显的身体姿势和吮手指的动作也可以判断出来。如果这项观察很重要,那么张老师应该将其安排在一个婴幼儿反应比较积极的时间,比如上午的点心时间。

3. 观察环境

观察环境包括进行观察时的场所和情境。

观察场所主要指实体的硬件因素,如空间和设备,以及个体可以利用的资源等。在婴幼儿行为观察中,最主要的场所是托育机构,例如活动室、室外场地、午睡室、走廊、盥洗室等;此外,观察也有可能在家庭或社区的某些场所进行。这些场所通常包含了供婴幼儿使用的各种设备或物品,如用于游戏的器材、用于搭建的积木等材料。观察情境是指观察场所中与社会和心理有关的情况。观察的情境是自然情境还是人为情境需要事先规划,否则会导致观察者无法获取有效资料。例如,婴幼儿参与的游戏是互助合作性还是独自性的;保教人员鼓励什么样的活动;突发性事件是否会吸引婴幼儿的注意力,从而改变或中断了他们的行为等。

场所和情境通常被统称为环境,二者的关系可能有两种情况:第一,关系固定——即某些场所有助于特定情境的产生,反之亦然。如在相对自由的游戏区域,幼儿更容易与同伴互动;而在集体活动中,幼儿的自发性互动则相对较少。第二,关系不固定——即相同的场所可能出现不同的情境,相同的情境也可能在不同的场所发生。在制定观察计划时,需要思考以下问题:准备在什么场所观察?这些场所有什么特点?在什么情境中观察?这样的情境是否会影响婴幼儿的行为表现?

(三) 选择观察记录方法

观察记录的方法贯穿于观察的全过程,客观的观察记录方法是获得正确结论的基础和保证。观察目的不同,观察记录方法会有所差异。每一种观察记录的方法都有其独特性、使用方式和优缺点,因此也有其相对适用的特定情况。

如果观察者需要在一段时间内连续记录被观察对象的行为,获得完整的、全方位的信息,最好用开放性的观察记录法,如轶事记录法、实况详录法。如果观察目标明确,是事先确定的行为,则尽可能采用封闭性的观察记录方法,如采用等级、符号等记录频数的方法等;例如,日记描述法多用来记录幼儿所表现的新行为,行为检核法多用来记录行为出现的频率或等级。[①] 当需要长时间连续记录幼儿的行为时,为了记录的完整性,有时还需要利用现代化的设备,如录音、录像等方式将观察情况记录下来,再做书面整理。在做观察记录时,把需要的所有信息制成清单(如表 1-1 所示)或表格(如表 1-2 所示),既方便使用又可节约时间。

表 1-1　婴幼儿大动作发展检核单

检核项目	乐乐	安安	嘟嘟	七七	柚柚
单脚站立 3 秒	√	√	√	√	○
在固定地方双脚跳	√	√	√	√	
单脚跳	○	○	√	○	√
抓住大皮球	○	√	○		
骑三轮脚踏车	√	√	√	√	√

注:上述记录结果仅为示例,并非真实观察结果。

---

① 观察方法详见本书项目二。

表1-2 婴幼儿行为观察记录表范例

观察者	根据实际情况填写
观察对象	安安(9个月)
观察时间	下午5:15～5:25
观察环境	家中的浴室,有日常照护者陪伴
观察目的	观察一个9个月大的婴儿在洗澡时的表现
观察目标	识别并记录该婴儿的身体技能 识别并记录该婴儿与成年照料者的互动
观察方法	实况记录法
观察工具	笔、观察记录表、摄像机
观察注意事项	征得家长同意,如需拍摄,在拍摄过程中注意保护婴幼儿隐私
观察记录	奶奶将安安平放在地板的毛巾上,开始给她脱衣服。安安专心地看着奶奶的脸,看起来正在倾听她在说什么。 　　奶奶用手托住安安的头,轻轻沾水打湿头发,说:"头发先来洗一洗,轻轻地揉一揉",安安一直非常安静地躺着。 　　……
观察分析	安安会对语言做出反应,……
指导策略	

注:上表仅为观察记录表格范例,并未呈现完整的观察记录内容。

二、做好物质材料准备

"工欲善其事,必先利其器。"观察前做好完善的物质准备,有助于帮助观察者增强记录的翔实性,且较快速顺利地完成记录。

1. 准备记录纸与观察记录表

观察前,准备好适当的记录纸或观察记录表,可以根据所采用的观察方法在记录纸上画好表格,方便有效地记录和归纳。例如,采用行为检核法观察评估婴幼儿某方面发展时,可以设计观察表格并试用,以使观察更有效率(参考案例1-2)。此外,也可以准备标签或便笺纸,方便在观察记录时做记号或提醒,也可以用来做轶事记录用,便于携带。

2. 准备笔、计时工具、影音记录工具等

① 准备不同颜色的笔,用于标记重要的或需要注意的地方。

② 准备时钟或秒表等计时工具,例如在时间取样法中,需要在特定的时间内观察幼儿特定的行为表现。

③ 除了纸笔记录,在观察时还可以借助手机、录音笔、摄像机等工具完成对婴幼儿的

观察记录，可以减少记录错误，同时为后续分析提供更丰富的素材。

三、做好自我准备

1. 联系园所或婴幼儿家人

主动或委托他人协助，于观察前二至三周联系园所或婴幼儿家人，出发前两天再与其联系确认。明确观察目的、时间、对象、记录方式等，确保双方对观察计划有清晰的了解。

2. 严守园所规定

务必严守与园所的约定，包括观察对象、观察时间、观察记录、保密事宜，是否可以录影、录音或拍照，是否可以与被观察对象谈话。在与园所联系时，对上述问题进行详尽讨论并清楚询问，一旦确定后务必严格遵守。

3. 注意仪容仪表

观察者的打扮应以整洁大方为宜，避免因打扮奇特而影响婴幼儿的表现，或因打扮不得体而影响现场老师、婴幼儿或是家长的观感。

4. 提前做好人员培训及场地检查

对参与观察活动的人员需要统一进行培训，包括观察什么、在哪里观察、怎样观察、怎样记录，以及熟悉记录表格和观察行为的定义等。如果一个班级的多位教师都参与观察，需要统一所有人的做法，确保观察记录的一致性和准确性。提前检查场地，确保环境安全、舒适，确认所需设备和材料是否准备就绪。

知识点 1-5 观察的实施

一、严格而灵活地执行观察计划

完成观察任务需要严格而灵活地执行观察计划。观察者必须明确观察目的，并严格按照观察计划进行。在观察过程中，可能会发现观察计划的不完善，或者观察对象的行为表现超出了预期，甚至出现了一些新奇且重要的、值得注意的事件。在这种情况下，观察者应具备灵活性，及时修订原定观察计划，以使观察过程更加符合观察目的，从而取得最佳效果。

进入观察现场后，观察者需要找准观察位置。在非参与式观察中，观察者的位置对婴幼儿有很大的影响，可能导致霍桑效应（即被观察者知道自己成为观察对象后改变行为的情况）。为避免这种问题，应选择距离婴幼儿较远或相对隐蔽的位置，保证不干扰婴幼儿的行为，但又不能让观察对象超出视线范围，要能清晰地观察全部观察对象。位置选好后不要随意变动。

此外，观察的时长、次数等都会影响观察结果的可靠性。研究表明，最佳次数与时间长度的组合为观察 5 次，每次 30 分钟。根据观察者的条件，可减至 3 次，每次 30 分钟；3 或 4 次，每次 20 分钟；或根据特定班级活动时间的长度酌情而定。

二、选择适宜的记录方式并客观记录

在观察中,记录要及时、全面、详尽,不要依赖记忆。如有特殊情况,应客观地加以记录,如果一时无法详细记录,应在记录表上做记号,一旦观察结束要及时补记;观察过程中对有关行为或现象产生新的看法或解释时,也可在记录表边上,用言简意赅的几个字做小注,以供日后分析时参考。书写观察记录的方法或形式有很多种,主要包括描述/叙事、表格、图解和取样观察。如果想获得完整的、全方位的信息,一般采用开放性观察,即对行为表现或者情境进行实录(文字或者影像等),尽可能保持原始信息。如果观察项目明确,是事先确定的行为,则尽可能采用封闭性观察方法,比如用表格、符号记录行为发生的频数等。

描述/叙事即用描述性的文字,采用现在时态,将婴幼儿正在做的事情生动地展现在读者面前。例如,记录安安在洗澡时的片段:"奶奶把安安放到浴缸后,她转身跪坐起来,双手抓着浴缸一边的扶手把自己拉起来,呈直立姿势斜靠在浴缸上。"描述/叙事记录的特点是如同事实就在眼前。描述的方法通常采用这种记录方式,具体记录的要求将在项目二中介绍。

表格记录是托幼机构在婴幼儿行为观察中经常使用的记录方法,应用起来快捷、方便,并且可以在一段时期内使用。如上表1-2。表格可以用来记录一名婴幼儿的发展,或对一群婴幼儿的发展情况进行比较。在使用评定法来观察时,我们通常会设计此类表格。

图解记录指用图示的形式呈现和说明收集到的信息,主要包括饼图、直方图、轨迹流程图等。例如,图1-1呈现了24小时内婴儿在不同

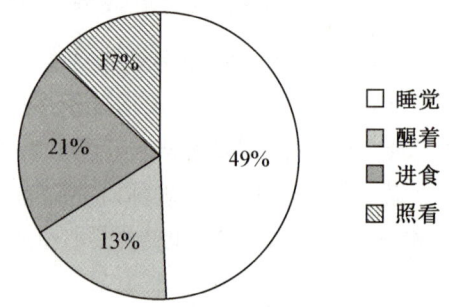

图1-1 一名9个月婴儿的一日生活记录

活动上所用的时间占比,图1-2呈现了婴幼儿从进门开始整个一上午的活动轨迹,通过轨迹图可以看出他没有进图书角、书写桌和桌面益智玩具区。[①] 从图中可以推断出该婴幼儿的偏好、为婴幼儿提供的活动,甚至成人的作用。

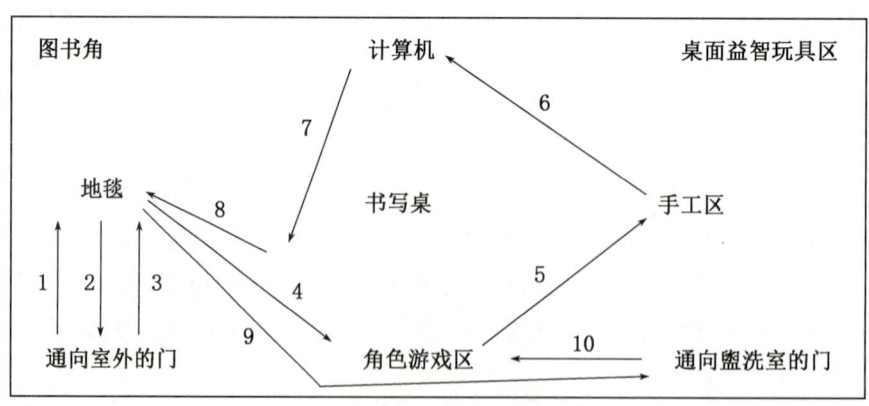

图1-2 婴幼儿活动轨迹记录

---

① 里德尔·利奇.观察:走近儿童的世界[M].潘月娟,王艳云,译.北京:北京师范大学出版社,2008.

取样观察主要包括时间取样和事件取样,在使用取样方法观察时,通常会设计表格并结合文字记录的方式进行观察记录。

三、及时整理和分析

首先,要做好资料整理。只有及时整理观察资料,才能获得完整、翔实、准确的信息,为分析解读婴幼儿行为做好准备。

在完成观察后,需要及早地(最好在当天之内)对观察资料进行梳理,把信息补充完整,包括观察时间、地点、背景、观察对象基本信息(包括年龄、性别、家庭背景等),形成完整的观察记录,避免原始资料价值的流失。如果有录音、视频等资料,还需要将其转录成文字记录,在转录成文字时需要尽可能详尽地把录音、视频里的每句话都记录下来,若记录内容里有肢体动作、表情、情绪、语调等,也需要以文字的形式记录下来。

其次,阅读与分析观察记录。阅读和分析往往是不可分割的,观察者在阅读资料时往往会带着自己的感受、想法和判断,因此整理资料的过程也是初步分析的过程。观察者应秉承实事求是的态度,尊重原始观察记录资料,尽可能排除个人主观因素,保持客观。在分析时,尽可能根据观察目的寻找资料中所蕴含的脉络与意义。根据观察目的需要,把相同或相近的资料放在一起,逐步浓缩,找出这些资料记录中婴幼儿行为的一致性或关联之处,为分析做准备,也为下一步的观察和资料收集提供方向性指引。需要注意的是,仅凭一两次观察得出的结论具有局限性,只有连续、全面地观察,才能更准确深入了解婴幼儿的行为和发展特点。

案例助学

案例1-1　采用轶事记录对婴幼儿独立进餐行为观察的案例[①]

观察目的	幼儿是否能独立进餐
观察对象	梦梦(20个月)
观察地点	家中餐厅
观察方法	轶事记录法
观察实录	

到了吃午饭的时间,梦梦妈妈把做好的午饭放到梦梦的餐椅上,对梦梦说:"宝宝饿了吧,今天中午我们吃的是米饭哟,菜里面加了宝宝爱吃的肉肉,梦梦是不是爱吃肉肉啊?"梦梦点点头。"好的,那妈妈先给你穿上罩衣吧。"梦梦有些不情愿,妈妈说:"穿好罩衣才能自己吃饭啊,要不会把新衣弄脏脏哟。"梦梦配合地穿好罩衣。妈妈把梦梦抱到餐椅里,问

---

① 李小毛,等.学前儿童行为观察[M].北京:首都师范大学出版社,2022.

(续表)

他:"给你勺子自己吃好吧,不用妈妈喂了吧?"梦梦用五个手指反手握起碗里的勺子,大口大口地吃起来,米饭撒到了地上和座椅上,也糊到了梦梦的嘴边。妈妈微笑地看着梦梦说:"宝宝自己能拿勺子吃饭了,宝宝真棒,嘴边上也有米饭呀。"梦梦碗里米饭还有一点儿的时候,停了下来,开始用手抓米饭,差点把碗拨下去。妈妈问:"宝宝,肚肚饱饱了吗,要不要再吃点?"梦梦摇摇头。妈妈帮梦梦清理干净嘴角和小手,把梦梦从餐椅中抱了出来。

观察分析

1.5~2岁的幼儿在成人的指导下可以用勺子吃东西。

从案例中可以看出,20个月大的梦梦可以自己用勺子独立进餐了。幼儿用勺子独立进餐不仅是在吃饭,也是一种锻炼:通过手握勺子,能锻炼手部的精细动作;通过进食,能感知食物及其味道,提高对食物的认知能力;用勺子把饭送到嘴里,是对工具的一种探索,其中充满了挑战和乐趣,可以让幼儿在不断尝试中学习新技能,并从中收获快乐。

指导策略

《托育机构保育指导大纲(试行)》中关于"营养与喂养"的保育要点指出:对于13~24个月的幼儿,应鼓励和协助幼儿自己进食,关注幼儿以语言、肢体动作等发出的进食需求,顺应喂养。因此,培养幼儿独立进餐,要注意以下几点:

(1)继续鼓励和协助幼儿进餐,并顺应喂养。幼儿到了18个月已经可以用勺子吃东西,但还是会有部分撒落;2岁左右差不多可以自己用勺子吃饭了,并且很少会撒落。照护者应协助幼儿减少撒落,指导幼儿清理嘴角的食物,鼓励幼儿表达需求,不强迫进食。

(2)给幼儿提供合适的餐具,加强进餐看护。例如,吃饭前在宝宝的餐椅下面铺上一层塑料布或者报纸,以方便餐后清理洒落的食物;提供不易摔坏的碗、小勺子等餐具。

 案例1-2 采用行为检核法对婴幼儿粗大动作发展的观察案例[①]

观察目的	了解2~3岁幼儿粗大动作的发展情况,特别是身体协调性和平衡性
观察对象	元宝(2岁)
观察地点	户外滑梯
观察方法	行为检核法
观察实录	

观察目标行为	观察内容	是否做到
45°斜坡上攀爬轮胎	手脚并用攀爬	√
	站立行走	×

---

① 林筱颖,等.婴幼儿行为观察与记录[M].杭州:浙江大学出版社,2024.

（续表）

观察目标行为	观察内容	是否做到
滑8米长的滑梯	不需要他人陪同或协助	√
	独立滑滑梯	√
	头朝上趴着滑下	√
	头朝下趴着滑下	√
45°斜坡上爬下轮胎	手脚并用倒退趴下	√
	站立行走	×
双脚跳离地面	双脚同时跳起、落地	√

观察分析

1. 四肢协调能力及平衡能力发展较好。2岁幼儿在进行攀爬时，身体灵活性较2岁前有很大提高，但是在斜坡上保持身体稳定性稍有难度。案例中元宝可以在45°斜坡上手脚并用攀爬轮胎。因为斜坡较陡，在轮胎上站立行走还不太稳，但能保持平衡，并迅速调整姿势。

2. 愿意主动尝试和创新动作，独立性较好，身体控制力较好。元宝可以独立滑滑梯，用不同的姿势从滑梯上滑下，体验不同的乐趣。

3. 跳跃能力发展良好，可以双脚同时跳起、落地。元宝在到达滑梯顶端或滑下滑梯后，会兴奋地跳起双脚。

指导策略

1. 通过游戏有针对性地锻炼婴幼儿粗大动作能力。婴幼儿学习以游戏为主，成人在通过游戏锻炼婴幼儿粗大动作能力时，要注意增加游戏的趣味性。例如，锻炼婴幼儿快速奔跑的能力，可以玩"捉迷藏""老狼几点了"等游戏；锻炼腿部肌肉力量和跳跃能力，可以玩"青蛙跳""袋鼠跳"等游戏。在完成游戏后，成人应及时给予婴幼儿鼓励，增加婴幼儿的自信心和成就感。

2. 创设环境，及时鼓励。婴幼儿只要遵循"不伤害他人，不伤害自己，不破坏环境"的原则，成人就应尽量不干预婴幼儿的活动，同时在保护好婴幼儿的基础上让婴幼儿充分感知自己的身体动作。

3. 引导婴幼儿做力所能及的事情。在日常生活中，成人可以引导婴幼儿做如擦桌子、扫地、摆碗筷等简单事情，不催促、不指责，给婴幼儿充分的时间尝试。

任务实操

任务1-1　阅读表1-3中两个案例，将"观察目的"与"观察目标"分别填入相应空格，分析其观察对象是群体还是个体。

表 1-3 明确观察目的、观察目标和观察对象

案例	填空 (观察目的或观察目标)	观察对象
案例 1	(　　):了解托(1)班幼儿言语理解发展情况。	
	(　　): (1) 观察记录本班幼儿是否能在成人引导下说出物体的颜色、形状、大小等特征。 (2) 观察记录本班幼儿是否能执行老师的要求、指令。	
案例 2	(　　):观察一个班级某 3 岁幼儿动作行为。	
	(　　):观察记录某幼儿的攀爬、平衡能力,以及控制一个皮球的能力。	
举例说明	观察目的:	
	观察目标:	

任务 1-2 请绘制婴幼儿行为观察实施过程导图

请绘制婴幼儿行为观察实施过程导图(可绘制后粘贴在下方)。要求:包括明确观察目的和目标、制定观察计划及实施观察计划等步骤,至少绘制至 1 级标题,形式不限。

任务 1-2 作业纸见 237 页附录 1。

任务二　把握婴幼儿行为观察的关键场景

情境导入

早上妈妈送安安(2岁4个月)去托育园,在门口,安安抓着妈妈的手不放,带着哭腔说妈妈不要走。马老师走过来,轻声说:"安安,我们一起去看看小兔子好吗?"安安犹豫了一下,慢慢松开了妈妈的手,跟着老师走进了教室。妈妈刚离开,收到马老师发来一段小视频,视频里安安盯着小兔子哈哈大笑,还跟旁边的小朋友聊天。

为什么安安一开始会紧张?又为什么能够快速放松并开始投入活动?这些看似平常的场景,正是观察婴幼儿行为的重要契机。通过观察他们的情绪变化、兴趣点以及与他人的互动,我们可以更好地理解他们的需求,并为他们的成长提供支持。那么,哪些场景是观察婴幼儿行为的关键?在这些场景中,我们应该关注哪些细节?这些问题的答案,将帮助我们更深入地理解婴幼儿的行为与发展。

知识导航

知识点 1-6　入托和离托环节的观察

在婴幼儿的早期发展中,与主要照护者(通常是父母、祖父母或其他亲属)建立的依恋关系至关重要。这种依恋不仅是情感连接的基石,更是婴幼儿探索世界、形成自我意识的安全港湾。在托育机构的入托和离托环节中,婴幼儿与主要照护者的分离和重聚,往往伴随着复杂的情感体验。这些时刻不仅是观察婴幼儿情绪表达和社会性发展的关键场景,也为保教工作者提供了深入了解每个婴幼儿独特个性的机会。

通过系统观察入托和离托环节,保教工作者可以捕捉到婴幼儿在面对分离和重聚时的行为模式、情绪反应以及依恋关系的表现。这些观察记录不仅能帮助识别婴幼儿的年龄和发展特征,还能揭示其个性化的情感调节能力和社交倾向。例如,5个月大的婴儿可能对分离的反应较为简单,而21个月大的幼儿则可能表现出更丰富的情感和行为反应。此外,入托和离托环节的观察还能为托育机构的环境优化和课程设计提供依据。例如,通过观察婴幼儿在分离时的反应,可以调整入托流程,帮助婴幼儿更顺利地过渡。

那么,在入托和离托的具体情境中,我们可以重点观察哪些内容呢?以下问题和观察条目将帮助保教工作者更系统地记录和分析婴幼儿的行为表现:

1. 婴幼儿入托:父/母离开

在托育环境中,3岁以下的婴幼儿和父母在分离以及后来的相聚时,往往会表现出复

杂的情感反映。这些反应可能通过多种形式表达出来,入托观察时可以关注以下内容:

(1) 是否同父/母亲进行目光交流?

(2) 是否眼望着父/母亲走向门口,或者爬着/走着去追随父/母亲?

(3) 是否发出口头的抗议?抗议的具体形式是什么?

(4) 婴幼儿用口头还是肢体的方式说"再见"?

(5) 是否表现出对父母的漠视,仿佛父母不在场?

(6) 如果婴幼儿十分悲伤,他是否能够通过自我安慰(如吮吸拇指、专注玩玩具)或者接受保育员的安抚来调节情绪?

下面这则婴幼儿入托场景有助于我们更好地理解上述观察条目。

妈妈送 26 个月的安安入托

安安和妈妈牵手步行至托育园,临近门口的时候,安安开始反抗,她拉着妈妈的手,蹲下身子用力往后扯,哭着说:"我不要去上学,我们回家!我想妈妈!"妈妈一边安慰安安一边抱起她继续往门口走,小雪老师走过来,热情地跟安安打招呼:"安安怎么了?我们一起去玩游戏好不好?妈妈下午就来接你了。"安安看着小雪老师,没说话。小雪老师拍手要抱她,她没有反抗。妈妈跟她说再见,她一手抱着她的"小怪兽"(小怪兽是安安的玩偶,入托开始每天都要求带着小怪兽),另一只手挥着跟妈妈再见。小雪老师对妈妈点点头,示意妈妈放心,可以离开,妈妈便离开了。

2. 婴幼儿离托

离托环节是婴幼儿与父母重聚的时刻,这一过程同样充满了情感调节的挑战。别后重逢或许会皆大欢喜,但有时也未必如此。或许上午离别时的情绪在重聚时会喷涌出来。在离托观察时,可以重点关注以下内容:

观察视频:
安安离托时刻

(1) 对来接他的父母有何反应?是兴奋、冷漠还是抗拒?

(2) 是否主动向父母展示自己在托育机构的活动或成果?

(3) 是否表现出对托育环境的留恋,或对离开的抗拒?

(4) 父母与婴幼儿的互动方式如何?是否能够有效安抚孩子的情绪?

知识点 1-7 一日生活常规中的观察

婴幼儿的一天中,绝大多数时间都在进行常规活动,如更换尿布、如厕、进餐和小睡等。这些活动常被视为单纯的身体照料,但实际上,它们蕴含着丰富的教育价值。在这些常规活动中,婴幼儿的社交、情感和认知能力通过与成人的互动得以发展。观察这些活动,不仅能揭示婴幼儿抑制冲动、分散注意力、自我安慰以及信任成人的能力,还能帮助保教工作者更好地理解婴幼儿的内在需求和个性特点。

1. 更换尿布和如厕

更换尿布和如厕是婴幼儿保育中频繁发生的活动,不仅关乎其生理需求,还向他们传递了重要的情感和社会信息。通过这些活动,婴幼儿能够了解成人如何照料他们的身体,以及成人对他们生理过程的反应。观察这些活动,可以帮助保教工作者深入了解婴幼儿对自身生理过程的感受,以及他们与照护者之间的互动质量。在观察记录时,可以关注以下内容:

(1) 婴幼儿对尿布更换的意义有多大程度的了解?

(2) 婴幼儿是配合还是反抗更换尿布的人?

(3) 婴幼儿对所有照护者的反应是否一致?

(4) 在更换尿布或如厕的过程中,婴幼儿是否有机会扮演主动角色,还是整个过程主要由成人主导?

(5) 成人与婴幼儿的互动质量如何?是否有目光交流或语言对话?

(6) 婴幼儿是否表现出紧张、焦虑或不适?这些情绪是否与特定环境或照料者相关?

(7) 婴幼儿是否尝试表达自己的需求(如通过肢体语言或简单词汇)?

以下是一则如厕活动的观察案例,帮助我们更好地理解上述观察条目,案例中的瑞瑞为 23 个月月龄。

"轮到你用便盆了,瑞瑞",老师对她说,"让我帮你取下尿不湿。"瑞瑞噘起嘴,昂起头,身子迅速一扭,跑出了老师的动作范围,然后坚定地站着,看着老师的眼睛。"你确定不想用便盆吗?"老师又问了一遍。看着瑞瑞坚决的样子,她加了一句:"好吧,如果需要帮助告诉我。"老师朝卫生间的入口走去,同时不动声色地朝其他方向看去。瑞瑞确认了保育员的视线不在自己身上后,朝便盆走去。她将身体对准便盆调整好,向后挪了一步,坐在了便盆上,不脱衣裤地待了一会,然后起身,大步走出了卫生间,脸上还挂着浅浅的微笑。

2. 进食和喂餐

进餐和喂食是婴幼儿保育中规律性极强的活动,这些活动不仅关乎营养摄入,还涉及婴幼儿的社交、情感和认知发展。对于 3 岁以下的婴幼儿来说,进餐和喂食具有深远的意义。接受喂食意味着婴幼儿对成人的信任,而喂食过程中的互动(如目光接触、身体贴近、语言交流等)则进一步促进了婴幼儿的情感连接和语言发展。此外,进餐活动还涉及婴幼儿的手眼协调能力、自主性发展以及对食物质地的触觉探索。

在观察进餐和喂食时,可以关注以下内容:

(1) 在进餐时的情绪状态如何?是愉悦、紧张还是抗拒?

(2) 是否尝试自主进食?手眼协调能力如何?

(3) 与成人的互动质量如何?是否有目光交流或语言对话?

(4) 对不同食物的反应如何?是否表现出对某些食物的偏好或厌恶?

(5) 是否尝试表达自己的需求(如"还要""不要")?

(6) 进餐过程中,是否表现出自主性的萌芽(如自己拿勺子、选择食物)?

(7) 是否能够遵守简单的进餐规则(如坐在餐椅上、不随意丢弃食物)?

3. 小睡

小睡作为婴幼儿日常生活中的重要环节,不仅是观察其行为和发展的关键场景,也是支持其健康成长的重要契机。每个婴幼儿都有自己独特的睡眠风格和对待睡眠的情绪反应。有些婴儿在喂食后能安然入睡并睡很长时间,而有些则可能需要多次小睡,中间还会出现警醒或哭闹的情况。随着年龄的增长,婴幼儿的睡眠模式逐渐趋于规律,白天的小睡可能会固定为一到两次。通过连续观察婴幼儿的睡眠行为,保教工作者可以深入了解其对保育员、同伴以及周围环境的信任程度,同时也能捕捉到其情绪调节能力和自我安慰策略的发展。在观察小睡时,可以关注以下内容:

(1) 是如何入睡的(自主的还是依赖成人的安抚)?
(2) 对睡眠环境的反应如何?是否对光线或声音敏感?
(3) 睡眠的时长和频率是否符合其年龄特点?
(4) 睡眠中是否有不安的表现(如翻身、哭闹、惊醒等)?
(5) 醒来后的情绪反应如何(如,平静、愉悦、烦躁、哭闹)?

知识点 1-8 游戏与探索活动中的观察

游戏是婴幼儿了解世界、练习技能和发展能力的主要方式。通过游戏,婴幼儿不断探索周围的环境,用感官去体验、用身体去尝试,试图发现"这是什么"和"这有什么用"。他们的行为可能是无意的探索,也可能是有目的的游戏,但无论是哪种形式,都蕴含着丰富的学习机会。在婴幼儿的行为中,游戏、探索、学习和语言发展往往是交织在一起的,很难被严格区分。例如,一个婴儿拍打玩具可能是为了探索其质地和声音,而一个幼儿倒水可能是为了理解因果关系。这些活动不仅涉及感知觉和运动技能的发展,还包含社会交往和语言表达的萌芽。

因此,观察婴幼儿的游戏和探索活动,实际上是在全方位地观察他们的认知、情感、社交和身体发展。这些观察不仅能揭示婴幼儿的兴趣和能力,还能帮助保教工作者更好地理解他们的内在需求和发展潜力,同时为后续的教育支持提供科学依据。

二维码中的三个案例展示了不同年龄段婴幼儿在游戏和探索中的行为表现。5个月的安吉通过翻身、抓取扣珠与保育员互动,展现了感知觉和运动技能的快速发展,以及早期社交情感的萌芽;9个月的小丽通过咬、敲打和拉拽玩具,探索物体功能并尝试理解因果关系,同时用声音表达自己的兴趣;18个月的小小通过倒水活动,不仅锻炼了手眼协调能力,还表达了对因果关系的理解,并用语言自信地描述自己的行为。这些案例凸显了游戏与探索活动中婴幼儿在感知觉、运动技能、认知理解、语言表达和社交互动等方面的多方面发展。

案例学习:婴幼儿的游戏和探索

当观察婴幼儿游戏与探索活动时,可以从以下方面去思考:

(1) 感知觉探索:婴幼儿如何通过感官探索物体和环境?

(2) 运动技能：婴幼儿如何运用大肌肉和精细动作？手眼协调能力如何？
(3) 认知发展：婴幼儿是否表现出对因果关系、物体功能或空间关系的理解？
(4) 语言表达：婴幼儿是否使用语言或声音表达想法和感受？
(5) 社交互动：婴幼儿是否与同伴或成人互动？互动方式如何？
(6) 情绪表现：婴幼儿在游戏中表现出哪些情绪(如兴奋、专注、挫败)？
(7) 自主性与创造性：婴幼儿是否表现出自主选择或创造性行为？

婴幼儿的游戏和探索行为往往看似随意或无目的，容易被误解为"无所事事"或"闲逛"。这就需要观察者具备敏锐的洞察力和专业知识，能够从看似普通的行为中捕捉到发展的线索。

案例助学

案例1-3 等待果汁的多多

17个月的多多坐在圆桌边的一把小椅子上，桌边的其他婴幼儿正在吃煎饼早餐。多多对着刘老师发出"啊，嘟"的声音。刘老师回应道："你想要果汁？"刘老师先用布擦了擦多多黏糊糊的双手，多多很配合，还发出"咯咯"的笑声。刘老师说："好啦，我得去给你拿果汁了。"

多多看着周围的婴幼儿，身体端正，表情放松地打量着周围。当刘老师离开桌子，带另一名婴幼儿去卫生间时，多多大声地叫着。过了一会儿，多多安静下来，开始吮吸拇指。当看到刘老师没有带果汁回到桌边时，多多轻声发出声响，喉咙里有些声音，用手挥舞着。

刘老师笑着说她听起来像一只小老虎，多多也笑了，然后用手在桌子上捶击起来，说着："啊，啊。"在捶击声中，刘老师拿着一小杯果汁回来了，将它递给了多多。多多用双手接过果汁，喝起来。

上述案例是婴幼儿进餐和喂食的一个常见场景，这类活动场景中，我们可以通过观察了解到婴幼儿进餐时的情绪状态、对食物的反应及需求表达、自主性表现、与成人的互动质量等，从而更好地理解婴幼儿的内在需求和个性特点。

案例中，多多首先通过发出"啊，嘟"的声音和目光交流，表达了对果汁的期待，体现了该月龄段婴幼儿开始能够用简单的声音和动作来传达自己的需求。其次，当刘老师离开去拿果汁时，多多表现出了一定程度的耐心和信任，但随着时间的推移，她的不安情绪逐渐显现，开始叫喊，又通过吮吸拇指让自己安静下来。这一系列过程，体现了婴幼儿在面对需求未立即得到满足时的情绪调节过程。最后，当刘老师回来后，多多通过捶击桌子和发出声音来再次吸引刘老师的注意，体现了婴幼儿初步的自主性，尝试通过自己的方式主动寻求帮助。整个过程，我们还可以看到刘老师与多多之间的互动质量，刘老师的及时回应和语言安抚对多多的情绪调节起到了重要作用。

基于这些观察分析后，我们在与婴幼儿的日常教养中，可以有针对性地促进婴幼儿的发展。如在日常照顾中，老师可以鼓励多多用更多的词汇和动作来表达自己的需求，比如教她简单的手势或词汇来表示"想要果汁";在多多等待的时候,可以引导她参与一些简单的活动,如玩玩具或看图片书,帮助她学会在等待中自我安抚和娱乐。当多多成功地用适当的方式表达需求时,教师及时给予肯定和回应,强化她的积极行为,促进她的语言和社交能力的发展。

案例1-4 洋洋和苏苏的游戏探索

30个月大的洋洋和26个月大的苏苏一起在教室里。洋洋手里拿着一块积木,一边迈着大步向前走,一边嘴里重复念叨着:"我去上班啦,我去上班啦。"苏苏看到洋洋后,也拿着从置物架上取下来的自己带来的小水壶,和洋洋一起向前走,同时大声地说:"我们要去学校啦。"

洋洋和苏苏一起走了一会儿后,洋洋在教室里发现了一辆玩具小推车,上面还放着一个玩偶。洋洋把玩偶放进了小推车里,推着小推车,两人继续一起在活动室里面转圈圈。苏苏一直紧紧握着小水壶,洋洋则始终抓着那块积木。

上述案例是常见的婴幼儿游戏与探索活动,在这类活动场景中,我们可以通过观察,全面了解婴幼儿感知觉、运动技能、认知理解、语言表达和社交互动等方面的发展。

案例中,洋洋通过拿着积木和模仿大人上班的动作,表现出对成人世界的模仿和认知,这是该年龄段婴幼儿常见的游戏行为。苏苏则通过拿着小水壶和洋洋一起走,表达出她对游戏的参与和与同伴的互动。洋洋一边走一边念叨"我去上班啦",苏苏则大声地说"我们要去学校啦",这表明他们能够用简单的语言表达自己的想法和感受。当洋洋发现玩具小推车并把玩偶放进去时,体现了他能够进行角色扮演和情境游戏,而这是语言和认知发展的重要一步。

基于上述观察与分析,我们可以从以下几个方面引导洋洋和苏苏的发展:通过提问和引导,促进他们对因果关系、物体功能和空间关系的理解;鼓励他们用更多的词汇和句子表达自己的想法和感受,支持他们的语言发展;创造更多与同伴互动的机会,培养他们的社交技能;提供开放性的玩具和材料,鼓励他们自主选择和创造性地使用这些材料,进一步发展他们的自主性和创造性。

任务实操

任务1-3 在午睡后,观察一名试图自己穿衣服的婴幼儿。重点关注以下内容:

(1) 记录他们成功完成任务时的反应,仔细观察他们的肢体语言、手势、面部表情和语言交流情况。

(2) 该名婴幼儿是否有足够的时间成功完成最后的任务?

(3) 当婴幼儿试图做这件事情时,成人在干什么?

(4) 成人是否对婴幼儿的努力给予了支持?

分享你的观察结果,并基于对结果的分析,思考托育园所/家庭是否需要对常规和时间安排做一些改变,以便婴幼儿能够自我服务?如果需要,那么要做哪些改变呢?(如果获得允许,可拍摄视频辅助观察。)

任务 1-4 晨间,观察一名刚刚来班级但是已经和主要看护者分离的婴幼儿。根据知识点 1-6 的相关内容,确定观察的要点。自主查阅学习依恋理论、分离焦虑相关理论知识,思考帮助这名婴幼儿更好适应的策略。

巩固提升

巩固提升自测

❶ 请同学们根据课中实训内容,扫码完成自测题目,自查学习效果。
❷ 观察与指导实践
观察目的:观察一名 5 个月左右的婴儿与主要看护者的互动情况。
请根据上述观察目的,制定一份观察计划,并尝试完成观察记录。(注:该任务可以在见实习时,至托育机构进行观察;也可以是在公园/小区内,在征得家长同意的情况下进行观察记录)。

拓展资源

❶ 好书推荐:《孩子是脚,教育是鞋》(作者:李跃儿)
❷ 查阅小艾伯特实验相关资料,思考教育研究中的伦理道德问题。

项目考核评价表

评价项目		项目一 婴幼儿行为观察概述					
学生信息		班级_____ 组别_____ 姓名_____ 学号_____					
评价内容		分值	评分标准	学生自评	小组互评	教师评价	总评
任务实操完成情况	任务1-1	55	正确理解相关理论问题;实操任务的完成度、准确性和实际应用效果				
	任务1-2						
	任务1-3						
	任务1-4						
合作与沟通能力		10	积极参与团队合作,能与成员良好沟通与协调				
创新应用能力		10	能够针对问题提出创新的方法和应用建议				
自我反思与成长		5	能够进行深入的自我反思并提出改进计划,付诸行动				
学习资源利用与主动性	自学自测	10	积极查阅和利用学习资源				
	巩固提升						
	在线课程						
	拓展资源						
价值观和社会责任	科学保教理念、观察意识和伦理道德意识	10	形成社会主义核心价值观,并展现社会责任感与职业精神				
评语							

评价说明:在项目评价中,分值设置仅供参考,教师可根据实际情况灵活调整。在项目完成后,由任课教师主导,结合过程性评价与结果评价,综合运用自我评价、小组评价和教师评价三种方式进行评估。教师应合理设定三种评价方式在总评中的权重,以计算学生在该项目中的综合得分。此外,建议教师鼓励学生积极记录自己的学习历程,以促进自我反思和持续成长。

项目二

婴幼儿行为观察与记录方法

PROJECT 2

项目概述

本项目主要学习常见的婴幼儿行为观察与记录方法,通过案例与任务实操,掌握不同类型观察方法的运用步骤和使用注意事项,针对0~3岁婴幼儿的发展需要选择适宜的观察方法并正确运用。

本项目涉及的知识图谱如下:

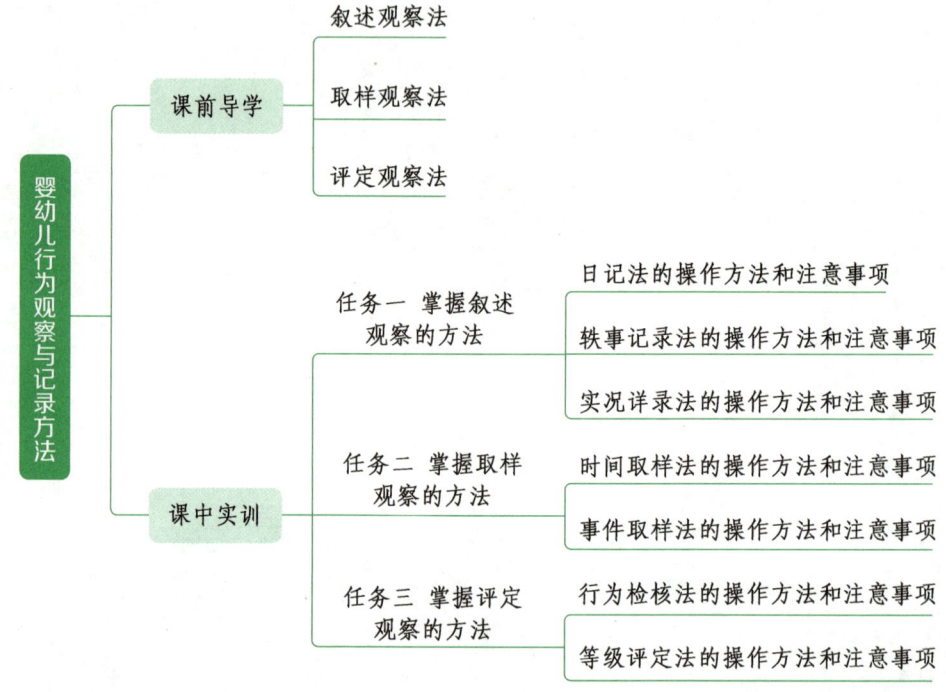

学习目标

素质目标:
① 在婴幼儿行为观察和记录中形成严谨客观、求真务实的作风;
② 在运用不同行为观察与记录的方法中培养思辨精神和创新思维。

知识目标:
① 了解不同行为观察方法的类型、含义,理解其优势和局限性;
② 掌握不同行为观察方法的适用范围、记录要点和常见格式。

能力目标:
① 能针对婴幼儿发展情况合理选择不同的观察记录方法,并科学制定行为观察记录表;
② 能科学规范地对婴幼儿发展情况进行观察记录、分析评价。

在热闹的早教中心,一群2~3岁的宝宝们正在进行一场趣味十足的爬行比赛。宽敞的爬行区域铺满了柔软的垫子,五颜六色的玩具散落在四周。比赛开始,小宇快速地朝着前方的玩具爬去,眼神紧紧盯着目标,动作敏捷;萌萌则爬几步就停下来,好奇地摆弄旁边的玩具,对比赛名次毫不在意;轩轩爬得有些吃力,不过在老师的鼓励下,还是坚持不懈地向前挪动。

此时,观摩的早教老师和家长们在一旁,纷纷用自己的方式观察着宝宝们的表现。有的老师拿着纸笔,随时记录下宝宝们爬行的速度、停顿次数、爬行姿势等细节;有的老师掐着表每隔一分钟观察一次,记录他们在爬行时的情绪状态、注意力情况;有的家长则用手机全程拍摄,以便后续更完整地了解自家宝宝的爬行情况。

在上述案例中,老师和家长们的观察方法一样吗?分别使用了什么观察记录方法?不同的方法对于了解宝宝的爬行情况各有何优势?

知识导航

微课3:三类观察方法的介绍与分析(上)

知识点 2-1  叙述观察法

叙述观察法是指观察者以叙述性文字的方式,对婴幼儿在自然情境下的行为、语言、表情等进行详细、客观、连续地记录,以获取有关婴幼儿行为和发展信息的一种观察方法。具体还可以包括日记描述法、轶事记录法和实况详录法。

一、日记描述法

(一)日记描述法的含义

日记描述法是观察者以日记的形式,长期、持续地记录婴幼儿在特定情境下的行为表现和发展变化,一般用于对个别婴幼儿进行深入追踪研究。例如,一位母亲从孩子出生开始,就每天记录孩子的饮食、睡眠、情绪变化以及新出现的行为等。如"宝宝今天满3个月了,早上醒来后看到我就笑了,还发出了'咯咯'的声音,这是他第一次笑得这么大声。"

(二)日记描述法的缘起

日记描述法缘起于18世纪,最早由瑞士教育家裴斯泰洛齐使用。1774年,裴斯泰洛齐完成了《一个父亲的日记》,记录了他对自己孩子长达3年的观察过程,这是日记描述法的代表作品。在中国,陈鹤琴以自己的长子陈一鸣为观察对象,从孩子出生那一刻起,就用日记描述法详细记录了他成长过程中的各种表现。他在

1925年出版的《儿童心理之研究》一书就是以对陈一鸣808天的观察记录为基础,通过大量生动、具体的日记式记录案例,深入分析了儿童的身体、动作、认知、语言等多个方面,为中国儿童心理学和学前教育学的发展提供了宝贵的第一手资料,也为后来的教育工作者和研究者运用日记描述法研究儿童成长树立了典范,开启了中国运用这种方法进行儿童研究的先河。

(三)日记描述法的类型

根据是否有观察记录的主题,日记描述法一般可分为综合式日记描述法和主题式日记描述法。

综合式日记描述法是对婴幼儿各方面的表现进行全面记录,可涵盖生活的多个领域,包括身体发育、认知、语言、情感、社交等。例如,家长记录"宝宝今天10个月了,已经能扶着沙发自己站起来一小会儿了,嘴里还不停地发出'嗯嗯'的声音。看到我回家,会开心地笑,还伸出双手要我抱。"

主题式日记描述法是针对婴幼儿某一方面的行为或发展主题进行专门记录。比如,以"宝宝的语言发展"为主题,家长记录"宝宝今天2岁3个月,早上起床后突然清楚地说'妈妈,我要喝牛奶',这是他第一次完整地说出这样的句子。后面一整天他多次努力表达自己的想法,虽然有些词还是说得不太清楚,但进步很大。"

(四)日记描述法的适用范围

由于日记描述法需要对观察对象进行长期细节观察,因而有其相应的适用范围。其一,可用于个体发展追踪研究。能清晰地呈现个体差异和独特的发展轨迹,如研究人员通过对一个婴幼儿从出生到3岁的成长日记记录,分析其认知能力的发展阶段和特点。其二,可用于特殊儿童的个别观察。对于有特殊需求或发展障碍的婴幼儿,可通过日记描述法密切关注其行为变化和干预效果,如对患有孤独症的婴幼儿进行长期记录,观察其在接受治疗过程中社交行为的改善情况。其三,可用于家庭教育指导。家长可以通过记录孩子的成长日记,更好地了解孩子的发展状况,为家庭教育提供参考,也可与专业人士交流,获取针对性的教育建议。

(五)日记描述法的优势和局限性

日记描述法的优势明显,呈现翔实性、个性化、连续性的特点。翔实性表现在能详细记录婴幼儿行为的细节、发展变化的过程以及相关的情境信息。如记录宝宝学习走路的过程,从最初的摇摇晃晃到逐渐稳定,每一个阶段的变化都能详细呈现。个性化是体现在突出婴幼儿的个体差异和独特的发展路径,有助于发现每个孩子的特殊需求和优势。此外,长期持续的记录能展现婴幼儿发展的连续性和阶段性,帮助观察者了解发展的规律和趋势。比如从宝宝每月的身高、体重以及相应的行为表现记录,可以看出其生长发育的趋势。

但是,日记描述法主要是由婴幼儿的亲近者执行,观察者的主观判断和个人兴趣可能会影响记录的内容和重点,导致记录不够客观全面,只记录表现较好的一面而忽略一些问题行为。主要针对单个婴幼儿进行记录,样本量小,难以代表整个婴幼儿群体的普遍情况。再加上需要观察者长期坚持记录,投入大量的时间和精力,对于忙碌的家长或研究者来说,可能会有一定的困难。

二、轶事记录法

(一) 轶事记录法的含义

轶事记录法是观察者将婴幼儿在自然情境下发生的具有重要成长意义、典型意义或有价值的行为和事件,以客观的方式进行及时记录的一种观察方法。它注重记录那些能够反映婴幼儿发展特点、个性特征或问题行为等方面的具体事例,不要求对所有行为进行全面记录,而是突出重点和关键事件。换句话说,只要是观察者认为值得记录的内容,无论何时、无论何种行为都可以记录下来。

(二) 轶事记录法的类型

按照记录目的划分,可分为发展性轶事记录法和问题行为轶事记录法。前者主要用于记录婴幼儿在各个发展领域的进步和变化,如记录宝宝第一次自己用勺子吃饭、第一次叫出"妈妈"等具有成长标志的事件;后者则侧重于记录婴幼儿出现的问题行为或异常表现的典型行为,以便分析原因并采取干预措施。

按照是否有观察计划,可划分为计划性轶事记录和随机性轶事记录两种。前者是指在观察前就已经确定好被观察的对象和观察的行为,后者是观察者事先没有设定好观察计划,而是偶然在日常生活中发现婴幼儿出现的一些独特行为进行记录。

(三) 轶事记录法的适用范围

轶事记录法是目前在教育教学中最常使用的一种观察记录方法。教师通过轶事记录法观察婴幼儿在课堂、游戏等活动中的表现,了解他们的学习特点、兴趣爱好和行为习惯,以便调整教学策略和进行个别指导。例如,教师发现某个婴幼儿在绘画活动中总是喜欢用鲜艳的颜色,且绘画风格独特,就可以在后续的教学中提供更多相关的材料和指导。

(四) 轶事记录法的优势和局限性

轶事记录法的优点在于:第一,简单、方便、灵活。轶事记录法无需编制特定的观察记录表格,也不需要特别设定观察情境,教师随时随地都可以进行记录,因此是托育机构教师的常用方法。第二,记录真实,较为完整,可长期保存。轶事记录法基本上将行为事件的关键节点进行了记录,有助于教师快速把握婴幼儿的性格特点、行为习惯、发展水平等,也有助于进行家托沟通。第三,记录的内容提供了婴幼儿行为表现的前后关系,能够用于预测或解释婴幼儿某种行为的原因或影响因素,对后续针对性指导提供信息。

轶事记录法的缺点在于：第一，容易受到观察者主观价值判断影响。观察者的个人观点、经验和期望可能会影响记录的内容和对行为的解释，不同的观察者可能会对同一行为有不同的记录和理解。第二，速记容易产生内容偏差。轶事记录法需要观察者短时间内记录相对详细的行为表现，受限于现实状况可能需要事后追忆补记，而追忆过程中可能会出现内容偏差或遗漏。第三，缺乏一定的系统完整性。轶事记录法通常是对单个事件或行为的记录，缺乏对婴幼儿行为的全面、系统的观察，可能会忽略一些重要的背景信息和行为之间的联系。

三、实况详录法

（一）实况详录法的含义

实况详录法是一种对婴幼儿在自然情境下的行为进行连续、完整、详细记录的观察方法。观察者会尽可能地记录下观察对象在特定时间段内的所有行为表现、言语、与周围环境的互动等全部细节，旨在获取关于婴幼儿行为的全面、原始资料，以便后续深入分析和研究。

（二）实况详录法的类型

实况详录法强调对行为事件全部细节的记录，因此可以分成纸笔记录和影像记录两种。纸笔记录就是只用文字记录全部观察内容，影像记录则是借助摄像机、手机等设备对婴幼儿的行为进行拍摄记录。

（三）实况详录法的适用范围

实况详录法并没有特定的适用场景，其特点在于能全面把握被观察对象的所有信息，因此只要是需要全面了解婴幼儿的发展情况，就可以使用此观察记录方法。

（四）实况详录法的优势和局限性

实况详录法的优点：第一，信息全面完整，可长期保存。能够记录下婴幼儿行为的完整过程和细节，包括行为发生的背景、行为之间的关联等，为深入分析提供丰富的素材。例如，通过对婴幼儿在托育机构一天活动的实况详录，可以全面了解其在不同活动中的表现和情绪变化。第二，客观、真实、自然。由于是在自然情境下进行记录，能最大程度地减少人为干扰，所记录的行为是婴幼儿真实的表现。第三，便于重复分析。无论是影像记录还是纸笔记录，都可以在后续进行反复查看和分析，有助于发现一些在观察当时可能被忽略的细节和问题。第四，观察对象和场景不受限制。既可以对个别婴幼儿进行实况观察，也可以对多个婴幼儿进行观察记录。

实况详录法的缺点：第一，耗时耗力，无法长时间专注记录。需要观察者投入大量的时间和精力进行观察和记录，尤其是对于长时间的观察，观察者可能会感到疲劳，影响记录的质量。第二,后期分析难度大。由于记录的内容非常丰富和详细,后期的整理和分析工作难度较大,需要花费大量时间对记录资料进行筛选、分类和解读。第三,设备可能对观察对象存在行为干扰。使用影像设备进行记录时,可能会对婴幼儿的行为产生一定的干扰,导致他们的行为表现不自然。第四,对观察者的观察水平和速记能力要求很高。婴幼儿的行为表现转瞬即逝,但描述清楚、完整、详细的全部细节需要更多时间。

知识点 2-2 取样观察法

微课4:三类观察方法的介绍与分析(下)

婴幼儿的行为变化多样、转瞬即逝,每时每刻都使用文字记录的叙述法进行观察记录是不太可能的,而且也不是所有的行为表现都值得记录下来,有时只是需要了解婴幼儿的某些重要行为或者事件,因此取样观察法就有其发挥之地了。取样,顾名思义,就是根据一定的标准从总体中抽取样本,进而以样本情况推断整体情况。目前,取样观察法常分为时间取样法和事件取样法。

一、时间取样法

(一)时间取样法的含义

时间取样法是指在特定的时间间隔内对婴幼儿的行为进行观察和记录。观察者首先确定要观察的行为类别,然后在预先设定的时间点或时间段内,观察并记录婴幼儿是否出现了目标行为以及行为发生的频率、持续时间等相关信息。

时间取样法的目标行为必须是**频繁出现**、**外显可测**且**有代表性**的。频繁出现是指目标行为至少 15 分钟内要出现至少一次,否则会影响取样的数量。目标行为要是便于观测的外显行为,尽量避免判断误差。此外,目标行为的代表性是指选定的行为样本要确保能够反映总体情况的一般性特征。

(二)时间取样法的适用范围

结合时间取样法的特点,它适用于观察频繁发生的行为或者特定情境下发生的行为。例如,观察婴幼儿的哭闹、微笑、抓握动作等经常出现且具有一定重复性的行为,可以在相对较短的时间内获取大量关于这些行为的数据,从而了解其发生的规律和特点。又如,时间取样法可以用于观察婴幼儿入托情绪表现、游戏时间的注意力表现等,帮助分析婴幼儿在这些特定情境中的行为模式。

(三)时间取样法的优势和局限性

时间取样法的优势:第一,样本收集效率高。按照一定的时间间隔进行观察,不需要对婴幼儿的所有行为进行连续不断的记录,能够快速在有限的时间内收集到较多的数据，节省了时间和精力，提高了观察效率。第二，客观性高，可信度好。观察前已经预先定好目标行为并进行操作性定义，制定了相关表格和记录符号，不同观察者使用统一观察标准，减少主观参与影响。第三，样本量大，便于统计分析。观察记录的结果多以行为发生的频率、持续时间等量化数据呈现，便于进行统计分析，能够更直观地反映婴幼儿行为的特点和规律，有助于进行深入的数据分析和比较。

时间取样法的局限性：第一，准备工作具有一定挑战性。时间取样法的前期准备工作需要耗费一定精力，若取样时间不合理，容易造成记录的目标行为在频率上出现偏差，影响结果准确性。第二，无法把握目标行为的情境性信息。因为是在特定时间点进行观察，所以仅能了解发生频率，可能无法全面了解行为发生的前因后果和当时的环境因素对行为的影响，导致对行为的理解不够深入和全面。第三，使用条件要求高。对于一些复杂的、持续时间较长的行为，时间取样法可能无法完整地观察和记录。

二、事件取样法

（一）事件取样法的含义

事件取样法是指观察者根据预先确定的要观察的行为或事件，在行为或事件发生时进行观察和记录的方法。它关注的是特定的行为或事件本身，无论其在何时何地发生，只要该行为或事件出现，观察者就立即进行记录，记录内容包括行为或事件的发生过程、相关情境、参与人员等详细信息。和时间取样法相比，事件取样法更关注行为事件的特点、性质，且不受时间限制。例如，观察婴幼儿在游戏过程中出现的争抢玩具事件，详细记录事件发生的时间、地点、涉及的婴幼儿、争抢的方式、后续的结果等。

（二）事件取样法的类型

事件取样法根据记录方法的不同可以分为符号系统记录的事件取样法和叙事描述记录的事件取样法。符号系统记录的事件取样法事先会设计一套符号系统，不同的信息类别项目采用不同符号记录，观察者在使用时只需要判断项目信息类别并标注符号。叙事描述记录的事件取样法就是纯粹地用文字记录目标行为事件所需的一切信息。在实际的运用中，这两种记录方式是可以综合使用的，能够发挥各自的优势。

（三）事件取样法的适用范围

由于事件取样法聚焦行为本身，因而可以适用于对婴幼儿某些特定的、具有明确界定的行为或事件，如发脾气、分享玩具、助人等行为。通过对这些特定行为的多次观察和记录，分析其发生的频率、情境和发展变化。而且，通过记录多次行为发生的前后情况和相关因素，可以更好地探讨是什么因素导致了特定行为的发生，以及该行为又引发了哪些后续结果。

（四）事件取样法的优势和局限性

事件取样法的优势：第一，兼顾了符号记录的立即性和叙事记录的完整性。事件取样法可以使用设计好的符号来记录有关行为事件的信息,同时对于必要的信息还可以进行完整记录,了解事情的来龙去脉。第二,自由灵活、便捷有效。事件取样法不受时间制约,可以采用符号系统辅助记录,相比于单一文字叙述具有更高效率。第三,可以进行行为的先后因果关系研究。事件取样法的观察不受行为频率的影响,呈现目标行为发生的全过程,具有连续性、准确性,后期分析解释行为的因果关系较为便利。

事件取样法的局限性:第一,信息记录局限行为本身,容易忽略相关的其他信息。事件取样法的行为记录已经预先设定,使用时只会记录需要记录的内容,而其他关联信息则会忽略。第二,时间成本可能较高。因不受时间限制,对于那些发生频率较低的行为或事件,需要观察者在较长时间内持续关注,等待目标行为或事件的出现,需要花费大量的时间和精力。第三,资料量化不能保证,难以确定整体频率。由于事件取样法主要关注特定行为或事件本身,尤其是采用叙事记录的事件取样法,对于行为或事件发生的总体频率可能难以准确把握。

知识点 2-3 评定观察法

评定观察法是一种比叙述观察法和取样观察法更为简捷的可量化分析的观察法,主要包括行为检核法和等级评定法两种。在记录中,评定观察法就是借助符号进行记录,并对行为进行观察、判断和评定。

一、行为检核法

(一)行为检核法的含义

行为检核法是指观察者根据事先拟定好的行为清单或检核表,在观察过程中对婴幼儿是否出现清单上所列的行为逐一进行核对并记录的方法。检核表通常包含一系列具体的行为项目,观察者在观察时只需判断婴幼儿的行为是否与检核表中的项目相符,若相符则标记为出现,反之则标记为未出现,有时也会记录行为出现的频率等简单信息。记录的方式就是二选一,使用"有无"或"是否"等字符。例如,在观察婴幼儿的大动作发展时,检核表中可能会有"能独立行走""能上下楼梯"等项目,观察者据此观察婴幼儿是否能完成这些动作并进行记录。

行为检核法是一种选择性程度很高的封闭性观察方法,只需要记录行为是否出现,至于行为发生的频率、时长、性质等并没有记录,也不会对行为的前后因果进行描述。需要注意的是,有些检核项目需要结合日常表现加以观察判断,例如"愿意与他人交谈"。此外,行为检核法不仅可以用于个别幼儿的观察,还可以用于一群幼儿的对比观察。

(二)行为检核法的适用范围

行为检核法可用于对婴幼儿的各项发展水平进行评估,如运动能力、语言能力、认知能力、社交能力等方面。通过与检核表中的标准行为进行对照,了解婴幼儿在各个领域的发展是否达到相应阶段的水平,以便及时发现可能存在的发展问题。行为检核法还适用于监测婴幼儿在特定环境或活动中的特定行为表现,如观察婴幼儿是否能遵守活动规则、积极参与互动等特定行为。

(三)行为检核法的优势和局限性

行为检核法的优势:第一,标准化程度高,结果具有较高一致性。行为检核法具有明确的行为清单和检核标准,使得观察过程相对规范和统一,不同的观察者按照相同的检核表进行观察,能够得到较为一致的结果,提高了观察的可靠性和可比性。第二,简洁实用,操作简单。观察者只需根据检核表进行简单的判断和标记是否出现,不需要对行为进行详细的描述和记录,操作相对简便,不受时间、地点限制,对于新手型教师也是容易入门的方法。第三,结果直观呈现。观察结果以清单上行为的出现与否或出现频率等形式呈现,非常直观便于整理,能快速了解婴幼儿的行为状况,能够为教育工作者和家长提供一目了然的信息。

行为检核法的局限性:第一,缺乏详细的情境信息。主要关注行为是否出现,而对行为发生的具体情境、行为的细节和行为之间的关系等信息记录较少。第二,行为多样性受限。检核表中的行为项目通常是预先设定好的,具有一定的固定性,可能无法涵盖婴幼儿所有的行为表现,一些超出检核表范围的新行为或独特行为可能会被忽略或误判,不能全面反映婴幼儿的行为多样性。第三,难以深度分析。由于记录相对简单,主要是对行为的表面判断,所以行为的内在动机、情感状态等深层次因素难以通过行为检核法进行深入分析,不利于对婴幼儿行为进行全面、深入的解读。

二、等级评定法

(一)等级评定法的含义

等级评定法是观察者根据一定的标准,对婴幼儿的行为表现按照不同的等级进行评估和记录的方法。通常会事先制定一个评定量表,量表中明确规定了各个等级所对应的行为特征或表现程度。观察者在对婴幼儿进行观察后,根据其实际行为表现,将其归入相应的等级。和行为检核法相比,行为检核法只关注行为是否发生或存在,而等级评定法还需要在此基础上对出现的行为表现进行质量评估,因此等级评定法更像是一种行为评估法。

(二)等级评定法的类型

婴幼儿行为观察中常见的等级评定法有数字评定量表法、图示评定量表法、标准评定量表法、强迫选择评定量表法和累计点数评定量表法五种类型。

数字评定量表法是使用数字来表示不同的行为等级。通常会设定一个数字范围,每个数字对应一种特定的行为表现程度或特征。例如,在对婴幼儿的情绪稳定性进行观察时，可以设定从 1 到 5 的等级，1 代表情绪非常不稳定，经常哭闹；5 代表情绪很稳定，很少出现情绪波动，观察者根据婴幼儿在观察期间的具体表现来评定其所处的等级。该方法的特点是数字简单明了，易于理解和使用，观察者可以快速根据婴幼儿的行为表现给出相应的数字等级，评定过程较为便捷，结果也便于统计和比较。

图示评定量表法是通过图形或图像来代表不同的行为等级。一般会绘制一条直线或其他图形，在直线的两端或图形的不同位置标注出不同的行为极端情况，中间则根据等级划分进行刻度标记。比如，画一条直线，一端表示"完全不感兴趣"，另一端表示"非常感兴趣"，中间分为若干等份，观察者根据婴幼儿对某个玩具或活动的兴趣表现，在直线上相应位置做标记来评定等级。该方法具有直观形象的特点，对于一些不太容易用语言准确描述的行为特征，通过图示可以更清晰地呈现不同等级之间的差异，有助于观察者更准确地做出判断，尤其适用于对婴幼儿的情绪、态度等较为抽象的行为进行评定。

标准评定量表法是依据事先制定好的明确标准来对婴幼儿行为进行等级评定。这些标准通常基于大量的研究和实践经验，对不同等级的行为表现有详细、具体的描述。例如，在评定婴幼儿的大动作发展时，会有针对每个等级的具体动作标准，如能独坐但不稳、能独坐较稳、能爬行等，不同等级都有明确界定。特点是标准化程度高，由于有明确的标准作为依据，不同观察者之间的评定结果具有较高的一致性和可比性，能够较为准确地评估婴幼儿在特定领域的发展水平，但制定标准需要耗费大量的时间和精力，且需要不断根据实际情况进行修订和完善。

强迫选择评定量表法是提供一系列描述婴幼儿行为的语句或选项，观察者必须从这些选项中选择一个最符合婴幼儿实际情况的选项来评定行为等级。这些选项通常是经过精心设计的，相互之间具有一定的差异性和区分度。例如，在评定婴幼儿的社交行为时，可能会给出"总是主动与他人互动""偶尔主动与他人互动""很少主动与他人互动""从不主动与他人互动"等选项，观察者只能选择其中一项。这种类型的评定方法可以有效避免观察者的主观偏好和随意性，因为必须在给定的选项中进行选择，所以使得评定结果更具客观性。同时，选项的设置能够涵盖不同程度的行为表现，有助于更全面地评估婴幼儿的行为，但选项的设计难度较大，需要充分考虑各种可能的行为情况，否则可能会出现选项不全面或不准确的问题。

累计点数评定量表法是在对婴幼儿行为进行观察时，将不同行为表现赋予相应点数，然后通过累计点数来评定婴幼儿行为特征或发展水平的方法，如果是负向描述则减去相应分数。其特点在于具有量化性，能以具体数字直观呈现观察结果，操作相对简便，只需按标准给行为赋点后累计即可，而且结果有可比性，便于对不同婴幼儿或同一婴幼儿不同阶段进行比较。

（三）等级评定法的适用范围

等级评定法和行为检核法一样均可以用于婴幼儿个性和社会性各方面发展的水平评估，且比行为检核法更能了解其发展水平。而且还可以用于对特定技能或能力发展的评价,如语言表达能力、精细动作能力等。例如,对婴幼儿的绘画能力进行评定,根据其线条运用、色彩搭配、形状认知等方面的表现划分等级,了解其在绘画领域的发展程度。

(四)等级评定法的优势和局限性

等级评定法的优势:第一,便于开展量化评估,了解个体差异性。将婴幼儿的行为表现进行量化处理,用具体的等级来表示,既可以对同一婴幼儿在不同时间的表现进行纵向对比,还能进行群体比较发现个体差异性。第二,评估综合性较强。不需要像其他观察方法那样详细记录每一个具体行为,而是从整体上把握行为的特征和水平,快速得出一个相对综合的评估结果。第三,操作简单,使用方便。观察者只需根据既定的等级标准,对观察到的行为进行判断和归类,不需要进行复杂的记录和分析工作,节省了时间和精力。

等级评定法的局限性:① 主观性较强是等级评定法最明显的不足。首先,很多类型的等级标准是由制定者决定的,可能和行为的实际表现水平可能不一致。其次,等级的判断很大程度上依赖于观察者的主观判断,不同的观察者可能对同一行为有不同的理解和评价标准,导致评定结果存在差异,而且评定者在判断时为了避免极端常选择中间答案。最后,评定者还会存在"月晕现象",即评定时受到观察对象相关信息影响而误判。② 缺乏具体行为信息。等级评定法给出的是一个总体的评估等级,无法提供婴幼儿具体的行为表现和行为过程等详细信息。例如,只知道婴幼儿的助人能力被评定为中等水平,但不清楚其在具体合作活动中存在哪些问题、采取了什么行为策略等,不利于深入了解行为背后的原因和机制。③ 边缘行为难以判断。虽然有预先制定的等级标准,但在实际操作中,对于一些处于等级边缘的行为表现,很难准确判断应该归入哪个等级,可能会出现评定的模糊性和不确定性。

《育婴员》(四级)理论知识试题

对婴幼儿的行为观察评价主要是以(　　)为依据。

A. 婴儿的认知能力

B. 婴儿的身体状况

C. 评价人员的经验

D. 不同年龄段的婴幼儿有不同的行为表现的规律,对照各领域的发展情况,评估婴幼儿的发展水平

自学自测

请同学们根据自学内容,扫码完成自测题目,自查学习效果。

自学自测

实训目标

❶ 能够掌握不同婴幼儿行为观察和记录方法的操作步骤和注意事项。
❷ 能够根据婴幼儿行为表现或观察需要,选择合理的观察记录方法并制表。
❸ 能够规范、严谨、灵活地实施不同婴幼儿行为观察和记录方法。
❹ 能够根据不同婴幼儿行为观察和记录特色呈现观察结果。

实训内容

任务一　掌握叙述观察的方法
任务二　掌握取样观察的方法
任务三　掌握评定观察的方法

实训准备

❶ **环境准备**：理实一体化教室,校园网无线 Wi-Fi,可在线观看线上资源。
❷ **物品准备**：签字笔、记录本(活页)、手机或平板电脑等录音录像设备、婴幼儿发展影像或文字资料。
❸ **知识准备**：了解不同婴幼儿行为观察和记录方法的含义、类型等基本知识;初步掌握不同婴幼儿行为观察与记录方法的适用范围、优势和局限性。

任务一　掌握叙述观察的方法

情境导入

在游戏时间,托班宝宝们都在自由活动。老师注意到,一向有些内向的阳阳今天主动走到了积木区。他小心翼翼地拿起一块积木,开始搭建。不一会儿,旁边的轩轩不小心碰倒了阳阳刚搭好的一部分积木。阳阳先是愣了一下,就在老师以为他要哭的时候,阳阳笑了一下,然后又认真地继续搭建起来。搭好后,他还开心地向周围的小朋友展示自己的作品,嘴上说着:"看,车车"。

王老师想要将阳阳的这次意外表现记录下来。选择什么样的方法能够更全面地展现阳阳在这次事件中的情绪、语言和行为的具体变化?这些记录对于教师后续制定帮助阳阳更好融入集体活动的策略,能提供哪些关键信息?

知识导航

知识点 2-4　日记法的操作方法和注意事项

一、日记法的操作方法

首先,确定观察对象,持续跟踪观察。 日记法所观察的对象一般是和观察者联系较为紧密或者较为特别的婴幼儿。观察者要了解清楚婴幼儿的基本信息,例如月龄等。

其次,固定记录时间,选择记录方式。 选择一个相对固定的时间进行记录(如离园后),这样有助于养成记录习惯,也便于对不同时间的观察进行比较。在记录方式上,日记法一般使用简洁明了的语言描述行为,必要时可以绘制简单的图表来辅助记录婴幼儿每天的睡眠时间、饮食量等变化情况,使记录更加直观。条件允许的话,可以结合照片、视频等多媒体资料记录婴幼儿有趣的动作或表情,增加记录的生动性和直观性。

最后,明确记录内容,定期分析总结。 日记法如其名,格式偏向于短篇日记,有话则长,无话则短。内容上通常包括基本信息、行为表现、环境因素、情绪状态等。其中基本信息除了婴幼儿的月龄,还会记录当天的天气情况、日期等;日记法中行为表现的记录倾向于独特的表现或者最新出现的行为,例如第一次会走路;环境因素是指婴幼儿行为发生当时的地点、周围的物品和在场的人员等;情绪状态则是描述婴幼儿这一行为和当时的情绪状态及变化原因。此外,要定期对记录的内容进行整理和分析,比如每周或每月进行一次总结。可以从中发现婴幼儿行为发展的规律、特点以及存在的问题,以便及时调整教育和照顾方式。

二、日记法的注意事项

使用日记法需要注意以下问题:

在记录和使用记录资料时,要保护婴幼儿隐私。若需要与他人分享记录内容,例如与医生、教育专家讨论婴幼儿的发展情况,要确保得到家长或监护人的同意。

在记录过程中,要避免将自己的情感带入记录中,如实记录所观察到的一切。不能因为看到婴幼儿表现出某种积极行为而夸大事实,也不能因为婴幼儿表现出消极行为而忽视问题。

尽量在行为发生后尽快进行记录,以免时间过长导致遗忘或记忆不准确。如果当时不方便详细记录,可以先简单记录关键词或要点,事后再及时补充完整。

日记法需要长期坚持才能发挥优势,不能因忙碌或疏忽而中断记录。只有持续记录,才能全面了解婴幼儿的发展过程,发现行为变化的趋势和规律。

《保育师》(四级)理论知识试题

通过晨午晚检及全日健康观察发现健康状况异常的婴幼儿,其(　　)需要及时填入班级全日健康观察记录表,给予密切关注并做好观察记录。

A. 姓名　　　　B. 家长　　　　C. 班别　　　　D. 性别

知识点 2-5　轶事记录法的操作方法和注意事项

一、轶事记录法的操作方法

轶事记录法是最为广泛使用的一种观察方法,其重点在于选择有价值、感兴趣的行为事件,客观记录关键行为线索,科学分析潜在问题或发展情况。在此以有观察计划的轶事记录法为例进行操作要点说明,偶然性的轶事记录、分析要求一致。

第一,选择行为事件,确定观察重点。并非所有行为事件都需要记录,要选择教师认为"值得记录"的行为——这些行为通常是特殊、重要或有趣的,能够反映婴幼儿的发展特点或潜在问题。

选择行为事件后,确定观察的重点内容,并挑选适宜的观察场景和时间。例如,如果关注某个婴幼儿的社交互动表现,则重点在游戏时间,观察其与同伴、老师或家长的交流、分享等行为。

第二,客观描述观察,整理完善记录。可以采用"5W"要素法来做观察记录:Who(谁)

指观察对象是谁,Whom(和谁)指和观察对象产生动作或语言互动的其他相关对象是谁,When(时间)指行为事件所发生的具体时间,Where(地点)指行为事件在什么地方或什么活动区域发生,What(什么)指观察对象做出的具体行为表现,包括说什么话、表情如何、动作姿势如何。在具体记录时,首先,观察者要根据观察重点快速记录行为事件的关键线索,此时文字记录可以简洁化,之后再及时进行整理补充完整。其次,要客观描述行为事件,即只记录看到的、听到的内容,将自己的评价、行为解释和行为事实加以区分,避免主观判断影响客观事实。最后,如果某些行为细节反复较多或者难以快速描述,可以使用自定符号或示意图辅助,观察结束后进行完善。

第三,科学分析问题,提出教育建议。 观察记录完成后,就需要对行为进行分析判断,包括对于行为的解释说明和发展水平的质量判断。观察者需要整合观察对象的一系列相关表现,以婴幼儿心理发展理论等相关理论为支撑,用发展的眼光正确看待婴幼儿行为。最终,依据专业性、权威性资料提供合理的教育对策。

二、轶事记录法的注意事项

运用轶事记录法需要尊重客观性、典型性、关联性和个别差异性,具体要求如下:

客观性要求如实记录所观察到的行为和事件,避免加入个人的主观判断、评价或猜测。只记录事实,不做过多的解释和推断,使用的语言应当是中性的、具体的,而非评判性的、猜测性的。例如,记录一个孩子如何将瓶盖拧到瓶子上的客观动作,而不是"孩子很聪明",后者就是掺入了主观评价。

轶事记录法的关键是捕捉有价值的典型行为和事件,避免记录无关紧要的行为,而使重点不突出。记录内容可以一事一段落,或行为转折处另起一段,形成清晰的脉络,便于形成完整线索链。为了突出关键具体行为,可以使用详略结合的方式,即跟关键行为有关的内容多些细节描述,关联不大的内容可一带而过或忽略。

关联性要求在记录行为和事件时,要充分考虑其发生的背景和情境,包括时间、地点、周围的人和环境等因素。这些背景信息对于理解婴幼儿的行为动机和意义非常重要,不能孤立地看待行为本身。

个别差异性尤其体现在多个观察对象的轶事记录中,每个婴幼儿都有独特的个性和发展节奏,在观察和记录过程中,要尊重这种个体差异,不要将某个孩子的行为与其他孩子进行简单对比,而应关注每个人自身的发展变化和特点。

知识点 2-6 实况详录法的操作方法和注意事项

一、实况详录法的操作方法

实况详录法是一种对观察对象记录其全部细节的方法。因记录内容更为丰富,观察者一般不能仅靠纸笔记录,还需要借助相关设备加以辅助,因此在具体的运用方法上有其独特之处。

第一，明确观察目的，确定时间地点。虽然实况详录法强调全面记录，但也不是什么都记，在记录之前同样需要明确观察目的，即确定想要通过观察了解婴幼儿哪方面的行为或发展情况，例如语言发展、社交互动还是动作技能等，以便在观察时更有针对性。随后再根据观察目的和婴幼儿的日常活动规律，选择合适的观察时间和地点。

第二，自然全面记录，做好行为标注。观察者要使用准备好的工具，对婴幼儿在观察时间段内的所有行为、语言、表情、动作以及与周围环境和他人的互动等进行全面、详细的记录。记录要尽可能客观、准确，不遗漏任何重要细节，不是概括而是描述。例如，"豆豆玩了5分钟的瓶盖"，缺少细节描述，应详细描述豆豆玩瓶盖的方法顺序、瓶盖的形状、玩耍的伙伴、玩瓶盖时的情绪表现等。在记录过程中，还要准确标注每个行为发生的时间点或时间区间，以便后续分析行为的先后顺序和持续时间等，可以使用秒表或电子设备的时间记录功能，精确到秒或分钟。

第三，整理编码行为，分析行为关系。观察结束后，及时整理记录的内容，如果是视频或音频记录，需要逐段观看或听取，并将重要内容转录为文字记录。然后根据观察目的和行为特点，对记录的行为进行分类和编码。例如，可以将行为分为语言行为、社交行为、探索行为等不同类别，并为每个类别下的具体行为赋予特定的编码，以便于统计和分析。最终通过分析整理和编码后的资料，可以总结婴幼儿行为的特点、规律和发展趋势，计算出行为出现的频率、持续时间，分析行为之间的关联等。

二、实况详录法的注意事项

和日记法、轶事记录法一样，实况详录法作为一种文字叙述的方法，需要尽可能避免主观偏见，保证观察记录的客观真实，及时做好观察结束后的记录补充和整理工作。除此之外，还需要注意保持专注和耐心、把握观察的限度。因为实况详录法需要在较长时间内持续观察和记录，所以观察者要保持高度的专注，不能分心或中断记录。同时，婴幼儿的行为可能比较琐碎、重复，需要有足够的耐心，认真记录每一个细节。虽然要尽可能全面地记录，但也不能过度打扰婴幼儿的正常生活和活动，要在不影响他们自然状态的前提下进行观察，避免因为观察而给婴幼儿带来压力或不适。另外，未经家长或监护人同意，不能随意公开拍摄到的婴幼儿图像、声音等资料。

📋 **案例助学**

案例 2-1　陈鹤琴 808 天日记法节选

——日记法应用案例

第 38 星期第 260 天

(88) 近来他喜欢上下跳跃：你抱他立在膝上，双手扶着他的两肋并提他一提，他就上下跳跃，以后一抱他立在膝上，他就要跳了。

(89) 他能独自坐了。

第 48 个星期

(104)要葡萄了:到出生后 10 月底他就不做上下跳跃的动作,他喜欢爬了。

第 60 个星期

(134)他能自己独立站时:他自己能站起来并且站得几秒钟功夫。

(139)他能自己独立站时:让他站地上不扶他,他第一次站了 3.7 秒,第二次站了 3.7 秒,第三次站了 6 秒。

……

日记法能连续、详细地记录婴幼儿成长细节,生动展现发展轨迹。从这段观察记录可见,婴幼儿的动作发展呈现纵向阶段性特征。38 周时喜欢上下跳跃,48 周时开始喜欢爬,60 周逐渐能独立站立且站立时间不断延长,反映出从做简单的下肢跳跃动作到全身协调爬行,再到独立站立的发展过程,将动态的成长规律呈现出来。

案例 2-2 爱探索的阳阳

——轶事记录法应用案例

观察目的	了解婴幼儿爬行动作的发展规律
观察对象	阳阳(男,3 岁)
观察地点	科学区
观察方法	轶事记录法

观察记录

在科学探索区,3 岁的阳阳发现了一个三棱镜。他拿起三棱镜,对着窗户的光线,眼睛紧紧盯着三棱镜。阳光透过三棱镜,在墙上投射出七彩的光带。阳阳的眼睛瞬间瞪大,嘴巴微微张开,发出哇的一声。他拿着三棱镜,不断变换角度,墙上的光带也随之移动、变形。他又跑到教室的另一边,对着不同方向的光线尝试,嘴里还嘟囔着:"怎么变了呢?"接着,他看到旁边有个放大镜,便放下三棱镜,拿起放大镜,对着自己的手看,又对着桌上的小物件看,一边看一边移动放大镜。

观察分析

3 岁的幼儿普遍好奇心旺盛,对新鲜事物充满探索欲,感官发展迅速,喜欢色彩鲜艳、变化多样之物,手部精细动作也有一定发展。

案例中的阳阳表现出敏锐的观察力,能迅速捕捉三棱镜投射光带及变化现象。他积极探索,对三棱镜多方位尝试,还更换地点,接着又探索放大镜。而且他已具备初步思考能力,会对现象产生疑问。

阳阳的行为表现,首先是受内在好奇心驱动,新奇的科学道具激发他探索。其次,科学探索区丰富的材料提供了探索基础,营造的科学氛围促使他接触新事物。最后,他对日常生活中普通光线的认知,与三棱镜、放大镜呈现的奇特光学现象产生冲突,这种冲突推动他不断探索,试图解开心中疑惑,以满足求知欲。

(续表)

指导策略
针对以上分析，可以从以下几个方面指导阳阳的探索行为发展： 　　为进一步激发阳阳的探索热情与科学思维，可在科学区增添凹透镜、潜望镜等多样光学道具，持续点燃他的探索兴趣；在他探索时，适时提问，如"为什么放大镜离远看东西不一样？"巧妙引导他思考现象背后的科学原理；此外，还可组织分享活动，让阳阳分享探索发现，既锻炼其表达能力，也能启发其他孩子，营造积极探索的良好氛围。

任务实操

任务 2-1　请观看二维码视频，请根据二维码中视频内容，独立使用轶事记录法完成以下观察分析表格。

任务 2-1 作业纸见 238 页附录 2。

观看视频：
星星会拼图啦

任务二　掌握取样观察的方法

情境导入

实习老师林老师刚到托班上岗，她发现班里存在争抢玩具的现象，被抢了玩具后，有的幼儿立刻大哭，有的尝试沟通要回玩具，还有的选择默默离开去其他地方。于是，林老师找到主班老师王老师提出困惑，希望王老师能告诉自己如何解决托班幼儿的玩具争抢问题。王老师听后笑了笑说："林老师，你可以先试着去观察看看，小朋友们为什么会抢玩具？他们面对玩具被抢时的情绪反应和应对方式如何呢？你还可以试试进行解决，看看效果怎么样。"

林老师可以选择什么样的观察方法详细了解幼儿的玩具争抢行为呢？具体需要记录哪些信息呢？这些信息对于后续玩具争抢问题的改善有何帮助？

知识导航

知识点 2-7　时间取样法的操作方法和注意事项

一、时间取样法的操作方法

时间取样法以时间作为取样的标准，而且需要制定一定格式规范的观察量表，因而与文字叙述观察法有着不同的操作步骤。

第一,制订观察计划,进行操作性定义。观察者首先需要明确自己的观察任务,具体观察什么内容,观察范围多大,是对个体观察还是对群体观察,从而确定目标行为常发生的时间和场景。接下来,对目标行为进行操作性定义是至关重要的一步。操作性定义就是指赋予需要观察或者测定的行为详尽的说明和规定,确定这一行为的观察指标,便于任何一个观察者在进行观察计划时都能有一致的客观标准而不会产生歧义。如果目标行为还进行了行为分类,则需要遵循互斥性原则和详尽性原则。互斥性原则是指划分的行为类别之间不存在包含与被包含的关系,是相互排斥的,不会出现某一观察到的行为既能属于A行为类别,又属于B行为类别的情况。详尽性原则是指划分的类别能够全面涵盖和解释目标行为,不会出现某一观察到的行为无法找到归属的情况。

第二,确定取样时间,设计观察量表。时间取样法观察量表没有严格的标准模板,但观察时间、行为类别、基本信息等是必不可少的。具体来说,观察者首先要确定观察时间,包括时距、时距间隔以及时距次数。时距是指单次观察的时间长度,包括真实观察时间和记录时间,具体的长短需要考虑目标行为发生的最小时间单位。时距间隔是指两次观察时距之间的时间,可以选择连续观察不停顿(时距间隔0分钟),也可以选择停顿休息。一般来说,行为发生频率较高的,时间间隔可以短一些;行为发生频率较低的,时间间隔可以长一些。时距次数是指在整个观察过程中能够完成的时距数量,这由观察总时长决定。然后,观察者需要考虑前期对目标行为的操作性定义具体划分的类别,必要情况下可以建立符号系统,将具体行为符号化设计。最后,合理安排观察记录表中的所需内容位置。一般来说,时间段可以放在纵向,行为类型可以放在横向表格,基本信息放在表格上方,如果一张表需要同时观察多个,可以在纵向增加儿童代码一列。如果想要在观察同时有所思考,还可以额外增加备注栏。

第三,选择记录方式,保证观察信度。初步设计好相关观察量表后,就需要选择记录方式,如行为是否出现、行为发生频率、行为持续时间、行为计数等,可以选择符号记录,也可以选择简洁文字记录。为了保证观察的信度,可由多个观察实施人员进行预观察,将实际观察中发现的问题进行完善修正。

实施过程中,观察者在确定的观察时间内,按照设定的时间间隔进行观察。当时间间隔到达时,观察婴幼儿是否出现了目标行为,如果出现目标行为,就在记录表格中相应的位置标记或记录下来,可使用代码或符号来表示不同的行为,例如,用"A"表示攻击行为,"S"表示分享行为等。

二、时间取样法的注意事项

时间取样法的实施需要注意以下内容:

下操作性定义必须科学准确、清晰具体、无歧义,便于不同的观察者对同一行为的判断保持一致,否则会导致记录数据的不准确和不可靠。

要严格按照设定的时间间隔进行观察和记录,不能随意提前或推迟,否则可能会错过一些行为,或者对行为的发生时间和频率产生错误判断。由于时间取样法是基于行为取样的观察方法,对于出现频率较低的行为,观察总时长需要适当延长一些,以确保数据的全面。

选择的观察对象和观察时间要具有代表性,能够反映婴幼儿在一般情况下的行为表现。避免只选择特定的婴幼儿或特定的时间段进行观察,导致观察结果有偏差。

考题再现

《育婴员》(四级)理论知识试题

在时间取样法当中,一种行为一旦从属于某一类别之中,那么它与其他的类别必然是完全排斥的,这遵循了以下哪种原则?( )

A. 相互排斥原则 B. 详尽性原则
C. 目的性原则   D. 隐私性原则

知识点 2-8 事件取样法的操作方法和注意事项

微课5:对取样的行为
或事件下操作性定义

一、事件取样法的操作方法

事件取样法是以选定的行为事件为取样标准,重点在于记录行为事件的特点、性质,且不受时间限制。因而,在设计事件取样法的观察量表时,需要考虑了解更多行为事件本身的信息。

第一,**选择特定行为,进行操作性定义**。和时间取样法一样,事件取样法在运用时需要确定观察目标和内容,选择具体要观察的特定行为,对其进行明确的界定。在选择特定的目标行为后,若要进行行为分类,同样要遵循互斥性原则和详尽性原则,对不同类别行为进行明确具体的操作性定义。

第二,**分析目标行为,设计观察量表**。根据想要观察的特定行为信息,合理设计观察量表,常见的信息包括行为对象、行为发生时间、行为发生地点、行为原因、行为性质、行为过程、行为结果等,如果需要可以在最后设置备注栏备写观察时的想法与思考。

第三,**选择记录方式,保证观察信度**。事件取样法既可以使用符号记录,也可以使用文字记录,因而在选择记录方式时可以灵活选用、结合。同样需要在观察前进行必要的预备性观察,直至设计出信度较高的观察量表。

时间取样法和事件取样法在运用方法上有诸多相同之处,只是前者更强调时间限制,后者更强调行为本身,所以在学习这两种方法时可以相互结合思考。

二、事件取样法的注意事项

在运用事件取样法时需注意行为分类和操作性定义要清晰准确,记录时可以字符结合、全面客观,不能孤立地看待事件,要充分考虑事件发生的背景,包括环境因素、其他婴幼儿的影响等。仅观察一次可能存在偶然性,为提高结论的可靠性,需进行多次观察,以确保观察到的事件具有代表性和普遍性，能真实反映婴幼儿的行为特点。

 考题再现

《婴幼儿发展引导员》（四级）理论知识试题

在观察婴幼儿的游戏行为时，想要了解某个特定行为（如分享玩具）在不同情境下的发生情况，最好采用（　　）。

A. 时间取样法　　　　　　　　　　B. 事件取样法
C. 自然观察法　　　　　　　　　　D. 实验观察法

案例助学

案例 2-3　22月龄乐乐的社交互动行为观察
——时间取样法的应用案例

王老师想要了解刚入托不久的乐乐（22月龄）社交互动发展情况如何，通过一段时间的大致观察，她决定使用时间取样法来观察乐乐的社交情况。她将社交互动行为分成以下4类：主动发起、回应他人、模仿行为以及冲突行为，并对每个行为类别进行了观察指标说明（如表2-1所示）。

表2-1　四种社交互动类型操作性定义

互动类型	操作定义
主动发起	无他人提示下，通过动作、声音、语言主动引起他人注意或互动。例如，挥手、拉衣角、递玩具、发出"啊"声。
回应他人	对他人发起的社交行为做出明确反应（2秒内）。例如，对呼唤转头、模仿他人动作、接住递来的物品。
模仿行为	重复他人刚出现的行为（5秒内）。例如，学拍手、模仿成人敲击玩具。
冲突行为	因社交需求未满足产生的消极行为。例如，抢夺玩具、推搡、哭闹拒绝互动。

结合需要观察的行为细节，将观察时间等信息栏进一步完善，呈现下表2-2。

表2-2　乐乐社交互动情况观察表

儿童信息：乐乐（22月龄，男）
观察日期：2024年3月5日
观察时长：25分钟（10:00～10:25）
环境：星芽早教中心游戏场（2名同龄幼儿在场）

(续表)

观察时间段	行为类别	具体表现	互动对象
10:00～10:05	主动发起(8s)	拍打保育员膝盖,举起积木晃动	成人
10:05～10:10	模仿(20s)	跟随同伴将小车滑过轨道	同龄儿童
10:10～10:15	冲突(7s)	尖叫并抓握他人手中玩具熊	同龄儿童
10:15～10:20	回应(4s)	回应教师"乐乐看这里"指令指认图片	成人
10:20～10:25	回应(5s)	将橡皮鸭子放在保育员腿上	成人

根据25分钟的观察记录可知,乐乐在社交对象偏好上更倾向于和成人互动,与同龄儿童互动的类型表现为模仿和冲突,暂时还未达到24个月"向同伴展示玩具"的典型同伴社交表现。主动发起社交活动的频率较低,且依赖肢体接触而非语言。对于教师的指令呼唤能够及时做出回应,符合21～24个月"回应简单指令"发展表现。面对冲突情况,乐乐的解决主要依赖外部干预,通过"尖叫"的方式表达情绪。

案例2-4 果果的亲社会行为观察
——事件取样法的应用案例

观察目的	了解婴幼儿亲社会行为的情况
观察目标	观察果果帮助他人行为的表现
观察对象	果果(2岁7个月)
观察地点	托班教室
观察者	康老师
观察方法	事件取样法
操作性定义	
婴幼儿亲社会行为类别:1.同情;2.关心;3.帮助;4.其他。 婴幼儿亲社会行为操作性定义如下: 1.同情:在托班一日活动中,对别人的遭遇在感情上发生共鸣或对别人的行动表示理解和赞同。 2.关心:在托班一日活动中,对同伴或东西表示重视和爱护。 3.帮助:在托班一日活动中,替同伴出主意、出力或给予其他方面的支援。 4.其他:不能归属于上述三种亲社会行为类别的亲社会行为。 婴幼儿亲社会行为的结果:1.接受;2.拒绝;3.忽视。	
建立符号系统	
婴幼儿亲社会行为类别:TQ=同情,GX=关心,BZ=帮助,QT=其他。 婴幼儿亲社会行为的结果:HS=忽视,JS=接受,JJ=拒绝。	

(续表)

观察记录				
时间	情境		亲社会行为	结果
10:32	托班的小朋友们做完运动后,老师让小朋友们穿好外套,宝宝拿着衣服,没有穿。		GX	HS
10:35	主班老师提醒还没开始穿衣服的小朋友抓紧,宝宝拿起衣服开始穿。他将手臂伸进一只衣袖,然后开始找另一只衣袖,几次想抓,却没有抓到。		BZ	JJ
10:45	宝宝尝试自己穿衣服,却无法独立穿好衣服。		BZ	JS
观察分析				
果果在发现宝宝穿衣服困难时,主动提出帮他穿,在遭到拒绝后,观察到宝宝的困境,又一次主动帮他穿衣服。与班里同龄的孩子相比,果果展现出了更好的亲社会发展水平,其助人行为尤为突出。2岁以后,婴幼儿越来越明显地表现出同情、分享和助人等利他行为,他们能够根据一些不太明显的细微变化来识别他人的情绪体验,推断他人的处境,并作出相应的帮助行为。				
指导策略				
托班老师在平时开展教学活动时,要适当引导和教育婴幼儿在同伴遇到困难时及时去帮助,鼓励和表扬婴幼儿帮助关心同伴的行为。同时,鼓励宝宝增强穿衣服等自理能力,引导他在遇到自己解决不了的问题时,及时向他人求助。同时,老师要和家长进行沟通,让家长在家持续锻炼宝宝穿衣服等自理能力,达成家园共育。				

任务实操

任务2-2 托班的小朋友们正在进行自由活动。2岁的可可和轩轩被积木区吸引,他们来到积木桌前,开始摆弄起积木。可可拿起一块红色的积木,兴奋地说:"看,高楼!"轩轩也迅速拿起几块蓝色积木,试图搭出更高的建筑,嘴里嘟囔着:"我的高!"过了一会儿,可可的"高楼"不小心倒了,她一下子愣住,眼眶泛红,快要哭出来。轩轩见状,停下手中动作,拿起一块积木递给可可,说:"给你。"于是,两人继续你一块我一块地搭积木。其间,可可想要一块黄色积木,但是够不着,她指着积木对轩轩说:"轩轩,我要那个。"轩轩马上帮她拿过来。一座又高又大的"城堡"搭建完成,两人看了看,开心地拍起手来。

在接下来一周的自由活动时间里,可可和轩轩还会在哪些活动中产生互动?互动的方式会有变化吗?请小组讨论,使用哪一种取样法能帮助托班老师了解幼儿的同伴互动行为,自定观察方法并制定适宜的观察记录表。

任务三　掌握评定观察的方法

情境导入

新学期伊始,一群2岁的宝宝来到托育园。在活动室内,摆放着色彩鲜艳的玩具和柔软的玩偶。但初来乍到的宝宝们表现各异,有的宝宝紧紧拽着家长衣角,眼神满是不安,对玩具视而不见;有的刚触碰玩具就开始哭闹,嘴里嘟囔着要回家;还有的宝宝独自站在一旁,看着其他小朋友,却不敢迈出靠近的步伐。

宝宝要多久才能主动触碰玩具?与陌生小伙伴互动需要多久才能适应?宝宝的入托适应情况究竟如何?托班老师如何才能了解到这些信息呢?

知识导航

知识点 2-9　行为检核法的操作方法和注意事项

一、行为检核法的操作方法

行为检核法操作简单,仅需判定行为是否发生,但前期需要做好充分的制表工作。

第一,确定观察维度,列出具体的观察项目清单。 观察者必须清晰、具体地明确想要观察婴幼儿哪方面的行为,目标越清晰,后续项目细分越方便。首先根据观察目标确定行为的具体维度,例如,想要观察婴幼儿的情绪管理能力,可将维度细分为情绪表达、情绪调节、情绪察觉等。后续再根据不同的维度尽可能详尽地罗列出具体的、可直接观察到的行为条目,如在观察精细动作发展时,可列出"能捏起小豆子""能用蜡笔简单涂鸦"等条目。

第二,定义项目判断标准,合理组织目标行为。 细化目标项目后,要为每个行为条目制定清晰、可量化的判断标准。例如,"能独立坐立"这一条目中,"独立"的标准可规定为"连续坐立3分钟以上视为达标"。所有行为条目都进行定义判断后,要按照一定的逻辑顺序对行为条目进行排列,如按照行为发展的难易程度、时间顺序等,方便观察者在观察时能有条不紊地进行记录。

第三,设计完整的行为检核表,解释分析观察记录。 所有行为项目准备完成后便可以设计完整的行为检核表,一般包括两部分内容:静态描述项目和活动检核项目。前者主要是记录观察的基本信息,后者则是对具体的行为进行观察检核,只要行为出现就需要标记清楚。一般来说,行为项目较多时可纵向排列,较少时可横向排列,并设计"是""否"填写栏。观察记录完成后,对数据进行整理和统计,计算每个行为出现的频率、持续时间等,并对不同数据进行解释说明。

二、行为检核法的注意事项

使用行为检核法需要注意：如果观察者有多个，应对其进行专业培训，使其熟悉检核表的内容、行为判断标准和观察记录方法，确保不同观察者之间的观察结果具有一致性和可比性。行为检核法虽然具有一定的优势，但也有局限性，应结合其他观察方法，如轶事记录法、时间取样法等，从不同角度获取更丰富、全面的信息。在解读观察结果时要谨慎，不能仅仅依据行为检核表上的数据就对婴幼儿的发展状况做出绝对的判断，要综合考虑各种因素，如观察时的环境因素、婴幼儿的身体状况等。

考题再现

《保育员》（四级）理论考试试题

在使用行为检核法观察幼儿时，以下哪项是实操中的关键步骤？
（　　）
A. 确定观察的时间段
B. 记录行为是否发生
C. 分析行为的频率
D. 评估行为的强度

扫码查看本项目
【考题再现】答案

知识点 2-10　等级评定法的操作方法和注意事项

一、等级评定法的操作方法

等级评定法比行为检核法更高级，不仅考虑行为是否发生，还会评估行为质量的高低，在具体的运用过程中，如果需要自行制表，应慎重思考项目的等级划分标准和语言描述。

第一，**优先选用权威性、通用性等级评定表**。一般建议优先查找并采用已有的通用权威型等级评定量表，既能保证观察结果的信效度，又能减少前期复杂的准备工作。

第二，**明确评定目的与行为指标，制定合理的评定等级标准**。现有的公开量表可能无法满足观察者多样化的观察需要，因此也可以选择自制等级评定量表。整体上和行为检核表的制作步骤基本相同：首先要清晰明确观察评定的目的，然后根据评定目的将抽象的概念转化为具体、可观察、可衡量的行为指标，最后制定合理的评定等级标准，一般至少设置四个等级。行为发生频率可设为"总是、经常、有时、偶尔、从不"，行为程度可以用"优、良、中、差"等，还可以使用数字赋值，在等级划分完成后为每个等级制定明确、详细的界定标准。以"对他人呼唤有回应"为例，"总是"可以界定为"在90%以上的呼唤次数中能立即做出回应";"经常"为"60%~89%的呼唤次数中有回应"等。

第三,使用通俗易懂表述,完善等级评定表格。每一条评定项目的语言描述都需要考虑通俗易懂,简洁明了,优先使用中性词,对于行为的描述尽量避免好坏的价值判断。可以在预备观察中不断调整完善等级评定表。

观察结束后,将所有记录的数据进行汇总整理,计算每个行为指标在不同等级上出现的频率或占比。结合所有行为指标的评定结果,对婴幼儿的整体发展状况进行综合分析。

二、等级评等法的注意事项

等级评定法本质上是观察者依据每一条评定项目对观察对象作出主观判定,为了使结果更客观,观察者可以注意采用多次观察和多人评定的方式。多次观察就是在不同时间、不同情境下观察婴幼儿的行为表现,避免因单次观察的偶然性影响评定结果。多人观察就是指让观察条件相差不大的观察者共同对观察对象进行评估,如果出现分歧较大情况可以重新评定或者邀请第三方观察者共同协商判定。

案例助学

案例2-5 婴幼儿发育行为检核表
——行为检核法应用案例

《0~6岁儿童发育行为评估量表》(WS/T580—2017)是由中华人民共和国国家卫生和计划生育委员会发布,针对我国婴幼儿情况制定的行为发育评估量表,同时也是我国卫生行业标准。该量表是目前我国广泛应用的检查方法,包括大运动、精细动作、语言、适应能力和社会行为五个能区。据此可设计出相应的婴幼儿行为检核表,并通过其观察了解婴幼儿在各个领域的发展情况。

观察对象	性别		观察情境		观察日期	
观察者	开始时间		结束时间			
项目	行为表现		具体表现			
大运动	独站稳		是( )		否( )	
	牵一只手可走		是( )		否( )	
精细动作	全掌握笔留笔道		是( )		否( )	
	试把小丸投小瓶		是( )		否( )	
适应能力	盖瓶盖		是( )		否( )	
语言	叫爸爸妈妈有所指		是( )		否( )	
	向他/她要东西知道给		是( )		否( )	

（续表）

社会行为	穿衣知配合	是（ ）	否（ ）
	共同注意	是（ ）	否（ ）
分析评价			
发展指导			

案例 2-6　彤彤自理能力评定量表
——等级评定法应用案例

观察目的：了解彤彤生活自理能力发展水平
观察对象：彤彤（女，2 岁 10 个月）
观察地点：自理行为发生场所
观察方法：等级评定法

类别	项目	优秀	良好	中等	不合格
穿衣	分清上衣前后，套上并扣好扣子（若有），能完成脱衣动作。			√	
	可辨别裤子前后，穿好并拉好裤腰，能完成脱裤动作。			√	
	能自己独立穿上袜子，分清正反，能完成脱袜子动作。		√		
进餐	自己用勺子或筷子独立吃完一顿饭，不挑食，进食速度适中。		√		
	可以使用勺子舀取食物，不洒出。			√	
	主动拿起水杯喝水，能控制饮水量，不洒出。	√			
如厕	有便意或尿意时，提前主动告诉大人，自己走到厕所。	√			
	能自己正确使用纸巾擦屁股。				√
	便后主动整理衣服。			√	

注：优秀＝能独立且熟练完成；良好＝能完成但偶尔需要协助；中等＝尝试完成但需要较多帮助；不合格＝基本不能完成

🍃 任务实操

任务2-3 请以小组为单位,观察托育机构婴幼儿午睡情境,以小组交流的方式从午睡动机、午睡前活动、午睡中表现、午睡后活动等维度进行项目细分,使用评定法共同制定一则"托育机构婴幼儿午睡评定表",用于了解托育机构婴幼儿的午睡情况,并实地观察记录,分析评价,积极提出支持托育机构婴幼儿午睡活动的建议。

任务2-3作业纸见239页附录3。

🍃 巩固提升

❶ 请同学们根据课中实训内容,扫码完成自测题目,自查学习效果。

巩固提升自测

❷ 观察与指导实践

请以小组为单位,共同到社区儿童中心、托育机构等场所,在征得观察许可的前提下对婴幼儿游戏活动进行观察,要求使用不同的观察记录方法,完成后讨论发现:不同观察方法获取的信息有何不同?更喜欢哪一种观察记录方法?对婴幼儿的游戏行为表现分析评价是否一致?

🧭 拓展资源

《北鼻异想世界》纪录片邀请了众多顶尖科学家和200多名1~3岁的婴幼儿来到实验室做实验。在实验过程中会运用多种观察方法,如用时间取样法观察婴幼儿在特定时间段内对不同刺激的反应,或用事件取样法聚焦婴幼儿的大笑、发脾气等特定行为。整部纪录片还大量运用了录像的方式来记录婴幼儿的行为。通过在实验室和家庭等环境中安装摄像头,全方位、多角度地记录下婴幼儿在各种场景下的行为表现,以便研究人员和观众能反复观看、分析婴幼儿的行为细节,多维度探索婴幼儿的行为和大脑发育。

课后同学们可以针对自己感兴趣的观察记录方法片段进行纪录片观看,学习不同观察方法在婴幼儿行为观察中的实际展开。

项目考核评价表

评价项目			项目二　婴幼儿行为观察与记录方法				
学生信息			班级_____　组别_____　姓名_____　学号_____				
评价内容		分值	评分标准	学生自评	小组互评	教师评价	总评
任务实操完成情况	任务2-1	55	正确理解相关理论问题；实操任务的完成度、准确性和实际应用效果				
	任务2-2						
	任务2-3						
合作与沟通能力		10	积极参与团队合作，能与成员良好沟通与协调				
创新应用能力		10	能够针对问题提出创新的方法和应用建议				
自我反思与成长		5	能够进行深入的自我反思并提出改进计划，付诸行动				
学习资源利用与主动性	自学自测	10	积极查阅和利用学习资源				
	巩固提升						
	在线课程						
	拓展资源						
价值观和社会责任	严谨客观、求真务实的态度；方法运用中的思辨精神和创新思维	10	形成社会主义核心价值观，并展现社会责任感与职业精神				
评语							

评价说明：在项目评价中，分值设置仅供参考，教师可根据实际情况灵活调整。在项目完成后，由任课教师主导，结合过程性评价与结果评价，综合运用自我评价、小组评价和教师评价三种方式进行评估。教师应合理设定三种评价方式在总评中的权重，以计算学生在该项目中的综合得分。此外，建议教师鼓励学生积极记录自己的学习历程，以促进自我反思和持续成长。

项目三

婴幼儿动作与习惯发展观察与指导

PROJECT 3

项目概述

本项目主要学习0～3岁婴幼儿各月龄粗大动作、精细动作和自助与习惯的发展特点,通过案例与任务实操,掌握0～3岁婴幼儿粗大动作、精细动作和习惯发展的观察方法,并能根据观察基于婴幼儿当下的发展水平提出适宜的指导方法。

本项目涉及的知识图谱如下:

```
                                    ┌── 婴幼儿动作发展概述
                                    │
                      ┌─ 课前导学 ──┼── 0~3岁婴幼儿动作发展的规律
                      │             │
                      │             ├── 0~3岁婴幼儿动作发展的影响因素
                      │             │
                      │             └── 婴幼儿的自助与习惯
                      │
                      │                                     ┌── 0~3岁婴幼儿粗大动作发展的观察要点
                      │             ┌─ 任务一 学会婴幼儿 ──┤
婴幼儿动作与习惯       │             │  粗大动作发展的观察与指导├── 0~3岁婴幼儿粗大动作发展观察实施的建议
发展观察与指导 ────────┤             │                      │
                      │             │                      └── 0~3岁婴幼儿粗大动作发展的支持策略
                      │             │
                      │             │                      ┌── 0~3岁婴幼儿精细动作发展的观察要点
                      └─ 课中实训 ──┼─ 任务二 学会婴幼儿 ──┤
                                    │  精细动作发展的观察与指导├── 0~3岁婴幼儿精细动作发展观察实施的建议
                                    │                      │
                                    │                      └── 0~3岁婴幼儿精细动作发展的支持策略
                                    │
                                    │                      ┌── 0~3岁婴幼儿自助与习惯发展的观察要点
                                    └─ 任务三 学会婴幼儿 ──┤
                                       自助与习惯发展的观察与指导├── 0~3岁婴幼儿自助与习惯发展观察的实施建议
                                                           │
                                                           └── 0~3岁婴幼儿自助与习惯发展的支持策略
```

学习目标

素质目标:

❶ 树立科学的婴幼儿观,能以发展的眼光看待婴幼儿的发展;

❷ 具备仁爱之心,在观察活动中能对婴幼儿体现出关爱之情。

知识目标:

❶ 理解0～3岁婴幼儿动作和习惯发展的规律与特点;

❷ 掌握0～3岁婴幼儿粗大动作、精细动作和习惯发展观察的方法。

能力目标:

❶ 能科学规范地对婴幼儿动作和习惯发展进行观察记录;

❷ 能对婴幼儿动作和习惯发展观察的结果进行分析,并能提出适宜的指导建议。

案例启思

嘟嘟已经 27 个月了,看到滑梯时,他就去攀登。攀登时他握着栏杆两侧,很顺利地一步一步地上台阶,可是开始下滑的时候,嘟嘟觉得很害怕。妈妈用手扶住嘟嘟的胸部,让他缓缓地滑下。这样练习了好几次之后,嘟嘟就掌握了下滑的技巧。当两只脚站在滑梯顶端的上方,他会把身体改变成坐的姿势,手扶滑梯边缘的围栏,然后滑落下去。嘟嘟还喜欢画画,以前都是用整只手抓笔乱画,现在已经可以用三指执笔画出直线,有时还可以临摹画出圆。①

在上述案例中,你看到了嘟嘟哪些动作的发展?嘟嘟的发展水平符合该月龄水平吗?你对嘟嘟的动作发展有什么好的建议?

课前导学

▶ **知识导航**

知识点 3-1　婴幼儿动作发展概述

微课6:婴幼儿动作与自助发展概述

动作发展是由神经系统、肌肉协调控制的身体动作的发展,主要指行走的动作、手的抓握能力和动作技能的提高和改善。 动作的发展与个体的身体、智力、行为和健康发展的关系十分密切,是婴幼儿活动发展的直接前提。0~3 岁婴幼儿动作的发展对其认知、情绪和社会性行为的发展有着重要影响。例如,爬和行走不仅扩大了婴幼儿接触和探索环境的范围,还增加了他们认识事物的机会,发展了他们的思维与解决问题的能力。同时,在这一过程中,婴幼儿可能会做出冒险行为,而趋向目标物的坚持和努力则可以锻炼他们的身体以及毅力、意志。因此,人们常把动作作为测定婴幼儿心理发展水平的一项指标。

动作发展包括躯体和四肢的动作发展。从涉及的肌肉部位来看,动作可以分为上肢动作和下肢动作。从涉及肌肉的广泛性来看,动作可以分为粗大动作(或大肌肉动作)和精细动作(或小肌肉动作),这也是目前最常用的动作分类方式,大多数动作都可以简单地归为这两类中的一种。研究发现,无论哪一类型的动作,都是由大肌肉群和小肌肉群共同产生的。

粗大动作是大肌肉或大肌肉群所组成的随意动作,常伴有强有力的大肌肉收缩、全身运动神经的活动以及肌肉活动的能量消耗。**粗大动作主要指头颈部、躯干和四肢幅度较大的动作**,比如抬头、翻身、坐、爬、站、走、跳、四肢活动、姿势反应、躯体平衡等各种运动能力。大肌肉运动技能就是由一系列的大肌肉动作构成的。精细动作,又叫小肌肉动作,是由小肌肉所组成的随意动作,一系列小肌肉动作构成了协调的小肌肉运动技能。**精细动作主要是指手的动作以及手眼协调能力,包括**

---

① 案例选自周念丽.0—3 岁儿童观察与评估[M].上海:华东师范大学出版社,2012.

抓握、把弄、握笔画、搭积木、书写、绘画和劳作等技能技巧。

0~1岁的婴儿以移动运动为主。所谓移动，主要包含了躺、坐、爬、站等动作，其中躺包括卧(俯卧、仰卧)和翻身。1~2岁幼儿的动作从移动运动向基本运动技能过渡，基本运动技能主要包括走、蹲、抓球等动作。2~3岁幼儿以发展基本运动技能为主，各种动作均衡发展。例如，2岁左右，幼儿可以侧着走或倒着走，可以上、下楼梯；可以四散跑、追逐跑；已经开始随意地握笔涂鸦，控制笔的走向；开始学着自己穿脱衣服、系扣子等。

知识点 3-2　0~3岁婴幼儿动作发展的规律

婴幼儿动作的发展与身体的发展、大脑和神经系统的发育密切相关。婴幼儿身体的发展有先后次序，其动作的发展也表现有一定的时间顺序。0~3岁婴幼儿动作发展遵循从整体到分化、由上到下、由大到小、由近到远的规律。

一、从整体到分化

婴幼儿最初的动作是全身性的、笼统的、弥漫性的，随着神经系统和肌肉的成熟以及婴幼儿自身的反复练习，以后逐渐分化为局部的、准确的、专门化的。例如，满月的婴儿受到痛刺激后，哭喊着全身乱动(如图3-1所示)，而到了2岁时，同样是哭，却能用手指头明确地指出自己的诉求(如图3-2所示)。

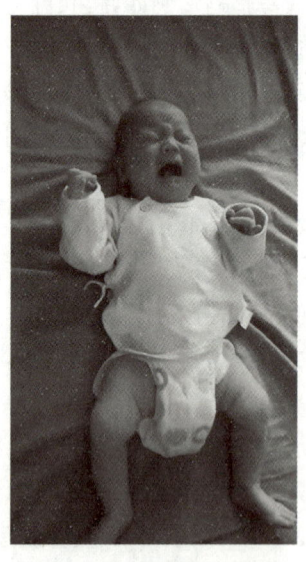
图3-1　满月婴儿哭喊

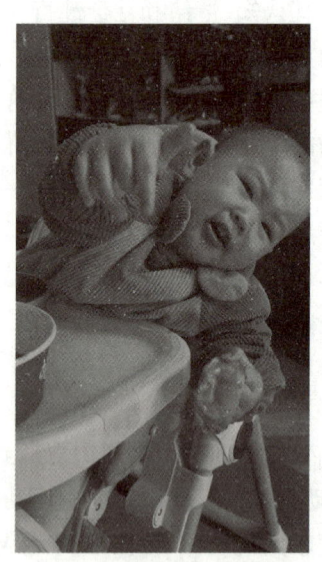
图3-2　2岁幼儿哭着指要物品

二、由上到下

婴幼儿的生长发育遵循从头部动作→躯干部动作→脚的动作的顺序，即从上部动作开始，然后到下部动作的规律。比如，3个月的婴儿会趴着抬起头来，4个月的婴儿在抬起头的同时还能抬高胸部,5个月时可以用胳膊支撑翻身,6个月坐,8个月爬,10个月左右站,1岁左右走等一系列动作发育就是由头部逐渐发展到躯干再到上肢,又进一步发展到下肢的延伸过程。

三、从大到小

婴幼儿先出现的是躯体的大肌肉动作,如头部动作、躯体动作、双臂动作、腿部动作,以后才是手部的小肌肉动作。例如,婴幼儿先是用整只手臂和手一起去抓物体,以后才会用手指去拿东西。随着神经系统和肌肉的发育,加之婴幼儿大量的自发性练习,动作逐渐分化,婴幼儿开始学习控制身体各个部位的小肌肉动作。

四、由近到远

婴幼儿生长发育的另一个特点是从身体的中心部位发展到四肢,即从中部开始,越接近身体中心(躯干)部分的肌肉和动作发展越早,而远离身体中心的肢端部分的动作发展较迟。以上肢动作为例,肩和上臂首先成熟,1~2个月婴儿看人或物时会扭动肩部和腰部来试图与人交流,这是颈背部肌肉在运动的结果。3~4个月婴儿用手臂够喜欢的物品,说明他们掌握了双臂和腿部的动作。接着是肘、腕、手,5~6个月婴儿会主动用手掌抓握东西,表明其腕部和手部动作的发展。而手指动作发展最晚,7~8个月婴儿能用大拇指和其他手指抓住小东西。

 考题再现

《育婴员》(四级)理论知识试题

婴儿精细动作训练的注意事项是(　　)。

A. 结合日常生活,做到生活化、具体化
B. 要注意手指左右的运动
C. 强调手指的屈伸训练
D. 关注五指的能力练习,尤其强调加强无名指、小指的训练

知识点 3-3　0~3岁婴幼儿动作发展的影响因素

影响婴幼儿动作发展的因素主要包括生理成熟水平、早期教养环境、个体差异以及后天的学习和训练。

一、生理成熟

生理成熟是影响婴幼儿动作发展的重要因素。不论经济、文化教育水平如何,全世界各民族的婴幼儿基本上都以同样顺序获得各种动作发展。格赛尔的"双生子爬楼梯

试验"得出结论:不成熟就无从学习,而学习只对成熟起一种促进作用。他提出"成熟—学习"原则,认为成熟是学习和训练的基础,只有在成熟的基础上进行学习或训练,才能取得成效。相关的研究表明,无论在成熟的早期、中期或晚期对婴幼儿进行训练都会成功,但其中成熟有早晚之分,效果有优差之别。成熟早期是开始学习和训练的最佳时期,效果最好,成熟中期开始训练比晚期训练效果好,成熟晚期开始训练比不训练要好一些。

二、教养环境

婴幼儿必须对环境中的事物进行感知,以激发他们做出行动,并运用感知觉对运动进行调整。因此,教养环境对动作能力的发展起着一定的作用。例如,不同的教养方式可以影响动作发展的速度,照料孩子的不同方式会造成动作发展的差异。新几内亚的阿拉佩希人的婴儿在独坐之前就能靠两手扶住东西站立,这与母亲经常竖着抱婴儿有关;非洲婴儿在母亲背上的襁褓中,因为缺乏支撑,所以很快就学会了使头直立。

三、个体差异

在动作能力的发展方面没有两个个体是完全一样的,这一事实至少在以下两方面对父母和指导者给予启发。首先,相关身体和运动能力的年龄标准仅仅是帮助父母或者教养者建立一个关于特定年龄的婴幼儿具有哪些特征的普遍概念的一般指导,并不是每个该年龄的婴幼儿被认为"正常"而必须达到的绝对标准,本教材中提供的观察要点亦如此。因此,关于一个婴幼儿是否发育正常,应综合多种因素去判定。其次,一个训练计划对某个婴幼儿来说是好的,而对另一个婴幼儿来说不一定是适宜的。正因如此,我们才提倡基于观察和了解,给予婴幼儿针对性的指导。

四、后天的学习和训练

有研究表明,长期的动作训练可以加速动作发展。例如,研究者在婴幼儿会自然做出行走反射时,开始对婴幼儿进行行走训练,结果发现接受积极行走训练组的婴幼儿平均在 10~12 个月时就会走路,比常模年龄(14 个月)提早了 2~4 个月。研究者同时指出,行走动作训练有关键期,应抓住关键期的作用。

知识点 3-4 婴幼儿的自助与习惯

婴幼儿的"自助与习惯"与大家所熟知的"生活自理能力"虽然有相似之处,但在内涵与培养目标上存在区别。"自助"指婴幼儿在日常生活中逐渐学会依靠自己的能力完成一些基础生活活动,如进食、穿衣、盥洗等,同时也包括他们在这些活动中表现出的自主性和独立性。"习惯"则强调通过反复的训练和实践,婴幼儿逐渐形成的一种稳定的行为模式或生活方式,如规律的作息和良好的卫生习惯等。这一理念与《托育机构保育指导大纲(试行)》(以下简称《大纲》)的要求相一致。《大纲》中多次出现"鼓励幼儿自己……"和"鼓励幼儿自主……"等表达,"习惯"一词更是出现多达 14 次,涉及饮食、卫生、入睡和喝水等方面的习惯。这反映了《大纲》对婴幼儿自主性和行为习惯养成的高度重视。

相比之下,"生活自理能力"主要指婴幼儿在日常生活中能够独立完成各种基本的生活活动,如自己吃饭、穿衣、如厕等,侧重于具体技能的掌握和执行。因此,生活自理能力的培养是发展自助与习惯的重要组成部分和基础。通过掌握具体的生活技能,婴幼儿能够更好地形成良好的自助与习惯。概括来说,婴幼儿的自助与习惯在涵盖生活自理能力的同时,更加注重婴幼儿的自主性、独立性及行为习惯的培养,两者相辅相成,共同促进婴幼儿的全面发展。婴幼儿的自助与习惯的发展涉及多个方面,通常包括:饮食习惯、穿脱衣物、盥洗习惯、如厕训练、作息规律、自我整理和安全意识等(如图 3-3 至 3-5 所示)。

图 3-3 24 个月幼儿出门穿鞋

图 3-4 24 个月幼儿睡前脱衣

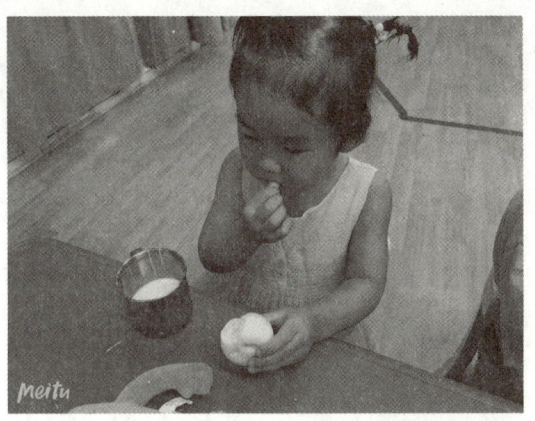
图 3-5 23 个月幼儿规律饮食

链接 1+X

幼儿照护职业技能等级要求（中级）

2.1 进餐照护

2.1.3 能指导幼儿进餐时的良好习惯（如正确使用勺子,正确咀嚼食物,定点、定时、定量进餐）。

2.1.4 能对幼儿偏食、挑食等不良饮食习惯进行纠正和引导。

2.1.5 能在进餐前对幼儿进行餐前教育。

2.2 饮水照护

2.2.2 能合理安排幼儿喝水的时间。

2.2.3 能帮助和指导幼儿学习用水杯喝水。

2.2.4 能指导幼儿养成科学喝水的习惯。

2.3 清洁照护

2.3.1 能指导幼儿掌握正确刷牙的方法及好处。

2.3.2 能指导和帮助幼儿自己如厕。

2.3.3 能指导幼儿便后正确清洁。

2.4 睡眠照护

2.4.1 能指导幼儿的正确睡姿,纠正不良睡姿。

2.3.4 能指导家长让幼儿养成独自入睡和作息规律的良好睡眠习惯。

自学自测

请同学们根据自学内容,扫码完成自测题目,自查学习效果。

自学自测

实训目标

❶ 能够掌握婴幼儿粗大动作、精细动作和自助与习惯发展的观察内容和要点。

❷ 能够通过行为观察评估婴幼儿粗大动作、精细动作和自助与习惯发展的水平与有待提升的空间。

❸ 能够分析影响婴幼儿粗大动作、精细动作和自助与习惯发展的可能因素。

❹ 能够根据婴幼儿动作和习惯发展的行为观察与分析结果,提出适宜的指导建议。

实训内容

任务一　学会婴幼儿粗大动作发展的观察指导

任务二　学会婴幼儿精细动作发展的观察与指导

任务三　学会婴幼儿自助与习惯发展的观察与指导

实训准备

❶ **环境准备**:理实一体化教室,校园网无线 Wi-Fi,可在线观看线上资源。

❷ **物品准备**:签字笔、记录本(活页)、手机或平板电脑等录音录像设备、婴幼儿动作和习惯发展影像资料。

❸ **知识准备**:了解婴幼儿动作和习惯发展的基本内容与一般发展规律和特点;初步掌握婴幼儿动作与习惯发展观察与记录的方法。

任务一　学会婴幼儿粗大动作发展的观察与指导

情境导入

民间有句顺口溜：三翻六坐七滚八爬十二走，指的是婴幼儿什么时候学会翻身、坐、翻滚、爬行、走路等大动作的发展情况。小洁是一位新手妈妈，她对照这句顺口溜观察自己家孩子的大动作发展情况，发现自己孩子的实际情况有些不同，例如"三翻"指的是婴儿3个月会翻身，而她家的孩子却在5个月的时候才学会翻身。她担心，孩子大动作发育是否落后了？日常需要做什么训练才能帮助孩子的大动作发展？

知识导航

知识点 3-5　0~3岁婴幼儿粗大动作发展的观察要点

参照《托育机构保育指导大纲（试行）》，婴幼儿粗大动作发展的观察主要涉及以下具体内容（见表3-1）。

表3-1　婴幼儿粗大动作发展的观察要点

观察目标	月龄	观察要点	具体表现
粗大动作	2~3个月	抬头	1个月时的婴儿，在俯卧位时，略微能抬一下头，时间非常短暂；到了2月个时，已能抬头与床面呈45°；到了3个月时可呈90°，在坐位时能竖头。与此同时，婴儿能在俯卧位与侧卧位之间转换，并迅速发展到能自由地翻身。
	3~4个月	翻身	
	5~6个月	坐	在5个月左右，婴儿在扶坐下能挺直躯干，但独坐时婴儿身体前倾；6~6个半月时婴儿会开始学会独立的坐姿，但如果倾倒了，就无法自己恢复坐姿，一直要到8~9个月时才能不需任何扶助，自己也能坐得好。
	7~8个月	爬	于新生儿期在俯卧位时，婴儿已有反射性的匍匐动作，到了2个月左右，开始出现交替踢腿动作，在3~4个月时即能用双上臂支撑起上身，于7~8个月之间能使上身离开地面，8个月时能用两上肢向前爬，但这还不是真正意义上的爬，而是在地上滑行。到了1周岁前后才能熟练地手膝并用做四肢爬行。

(续表)

观察目标	月龄	观察要点	具体表现
粗大动作	8个月开始	站	在5~6个月时扶着婴幼儿的腋下,他的下肢已可负重,在兴奋时可出现上下跳跃动作。一般婴儿在8个月大左右可经由扶持而慢慢学习站立,9个月时能攀扶着家具站起来;到10个月时能在搀扶下走几步。约在11个月许,已基本能独站。大多数婴幼儿在15~18个月时能够独自行走。于2岁左右掌握双足双跳及独足站立的技能。到了2岁时,已能一步一步地上下楼梯,近3岁时可双脚交替上下楼梯,可双脚离地跳来跳去,能从椅子上往下跳。
	9~10个月开始	走	
	5~6个月开始	跳	

在使用表3-1时需要注意,照护者要了解婴幼儿成长阶段粗大动作发展规律和顺序,尤其那些具有里程碑意义的指标。但是也要清楚,在每个具体的发展领域里,婴幼儿可能略迟,也可能略早,还可能恰好达到一般水平,只要不远远落后于一般水平都是正常的。在观察婴幼儿动作发展时,不要盲目地和别的婴幼儿相比,要仔细研究,了解观察的婴幼儿目前的发展水平和特点。婴幼儿的发展方向、速度和水平,在很大程度上取决于照护者为其提供的成长环境。假若照护者能使婴幼儿的每一步都能从他的最佳起点出发,那么他的成长历程就会相对地缩短一些,质量也较高。我们可以基于观察提供一些具有针对性的个性化的教育方案,确定最为适宜的发展目标(指对当下年龄段而言,具有挑战性,需要通过适当努力才能完成),随着这些目标的实现,使婴幼儿进入一个新的发展阶段,从而形成"观察—评估—指导—发展—观察—评估"循环互动的发展模式。

观察视频:
9个月壮壮爬行练习

观察视频:
10个月壮壮爬行练习

 考题再现

《保育师》(四级)理论知识试题

以移动运动为主,包括爬、站等,是( )婴幼儿大动作发展的特点。
A. 0~1岁 　　　B. 1~2岁 　　　C. 2~3岁 　　　D. 3~4岁

《育婴员》(四级)理论知识试题

婴儿动作的发展遵循年龄特点的规律,其中( )。
A. 0~1岁时是移动运动向基本运动技能过渡,2~3岁时是以发展基本运动技能为主

B. 0~1岁时以移动运动为主,1~2岁时从移动向基本运动技能过渡
C. 0~1岁时以移动运动为主,1~2岁时以发展基本运动技能为主
D. 1~2岁时以移动运动为主,2~3岁时以发展基本运动技能为主

知识点 3-6 0~3岁婴幼儿粗大动作发展观察实施的建议

一、自然情境下婴幼儿粗大动作发展的观察

自然情境下婴幼儿粗大动作发展的观察,主要是在其日常生活的自然环境中不加控制地进行观察。这种观察方式能够真实反映婴幼儿的动作发展水平,适用于家庭、托育机构以及户外活动等场景。

1. 在家庭和托育机构中捕捉自由活动瞬间

日常生活是观察婴幼儿粗大动作发展的主要场景,包括家庭和托育机构中的自由活动。在家庭中,婴幼儿可能会在客厅爬行、在卧室尝试站立或行走。例如,一个18个月大的幼儿在尝试从沙发爬到地面时,家长可以观察到他的平衡能力和协调性。在托育机构中,婴幼儿可能会在自由活动时间进行爬行、站立、行走等动作。例如,一个2岁的幼儿在集体活动时间尝试与其他孩子一起绕圈走,照护者可以观察到他的速度和协调性。观察时,家长和老师应提供一个安全、宽敞的环境,鼓励婴幼儿自由探索。

2. 在户外活动中观察探索与运动表现

户外活动为婴幼儿提供了丰富的环境刺激,有助于其粗大动作的发展。在公园或操场,婴幼儿可能会尝试攀爬、跑步或跳跃。例如,一个2岁的幼儿在游乐场低矮滑梯上尝试爬上去,照护者可以观察到他的上肢力量和协调性。2岁半的幼儿在小区里跟着哥哥姐姐后面追跑,可以观察其上下肢动作的协调性。还可以观察孩子在不同地形(如草地、沙地、硬地)上的动作表现差异。在户外活动中观察时,要注意环境的安全性,避免潜在危险。

3. 在体育活动中观察动作协调与力量

体育活动是自然情境下观察婴幼儿粗大动作发展的重要场景。在托育机构或家庭中,婴幼儿可能会参与一些简单的体育活动,如踢球、跑步等。例如,一个3岁的幼儿在托育机构的活动中尝试推小球,老师可以观察到他的推球力度和方向感。观察时,家长和照护者应确保活动内容符合婴幼儿的年龄和能力水平,避免因活动难度过高而影响婴幼儿的参与积极性。

二、任务情境下婴幼儿粗大动作发展的观察

任务情境下的观察是指通过设置特定的任务或活动,有针对性地评估婴幼儿的粗大动作发展情况。这种观察方式能够更系统地了解婴幼儿的动作技能。观察时,家长和教

育者应注重任务的适宜性和趣味性,以确保婴幼儿能够积极参与并展现真实的动作水平。

1. 通过游戏化任务观察动作技能

游戏化任务能够提供明确的任务目标,有助于评估婴幼儿的动作技能。例如,可以设计一个"爬行挑战"游戏(见表3-2),设置不同的爬行情境,鼓励婴幼儿在规定时间内完成爬行任务。在这个游戏中,可以观察到婴幼儿的爬行动作、使用的力量和协调性。设置游戏任务时,应选择适合婴幼儿年龄的游戏,并确保任务既具有挑战性又不至于让婴幼儿感到挫败。

表3-2 9~12个月婴儿爬行动作观察记录表

观察目标	环境设置	任务描述	观察情境	观察记录
观察9~12个月婴儿在不同情境下的爬行动作	在安全的地垫或爬行垫上,放置吸引婴儿的玩具或物品	将婴儿放在地垫的一端,另一端放置一个吸引婴儿的玩具,鼓励婴儿爬行去拿玩具	平坦的地垫	爬行姿势:腹部贴地爬行( ); 　　　　　手膝爬行( ) 爬行速度:快速( ); 　　　　　中等( ); 　　　　　缓慢( ) 协调性:手臂和腿交替运动良好( ); 　　　　不协调( ) 情绪状态:积极( ); 　　　　　疲倦( ); 　　　　　分心( )
			有障碍物的地垫(在地垫上放置柔软的障碍物,评估婴儿在复杂环境下的爬行能力)	爬行姿势:腹部贴地爬行( ); 　　　　　手膝爬行( ) 绕过障碍物的能力:成功绕过( ); 　　　　　　　　　未成功( ) 爬行速度:快速( ); 　　　　　中等( ); 　　　　　缓慢( ) 协调性:手臂和腿交替运动良好( ); 　　　　不协调( ) 情绪状态:积极( ); 　　　　　疲倦( ); 　　　　　分心( )

2. 在日常任务中观察动作的实际应用

对婴幼儿自我服务或简单家务活动中动作发展的观察,能够评估其动作发展的实际应用能力。例如,可以鼓励2岁多的幼儿在日常生活中自己穿脱衣物,在这个过程中,观察他们如何使用手臂和腿部力量来完成任务。又如,在2岁大的幼儿尝试脱掉外套时,可以观察到他的手臂伸展、扭转和协调能力。照护者可以记录幼儿是否能够独立完成,是否需要帮助以及动作的流畅性等。照护者还可以鼓励幼儿参与简单的家务活动,如将玩具归位或搬运轻便物品等任务,当一岁半的幼儿尝试将玩具放回箱子时,可以观察其站立和弯腰的协调性。应注意任务的真实性和适宜性,同时及时给予幼儿语言肯定和必要的帮助,避免他们因挫败感而失去兴趣。

3. 在专业评估中观察标准化动作表现

专业评估是任务情境下观察婴幼儿粗大动作发展的重要补充,有助于全面了解婴幼儿的动作发展情况。例如,在专业评估中,评估者可能会设置一系列标准化任务,如"走平衡木"或"投掷沙包",以评估婴幼儿的粗大动作发展水平。一个3岁的幼儿在评估中尝试走平衡木,评估者可以观察到他的平衡能力和协调性。观察时,要确保评估环境安静、舒适,避免因环境干扰而影响评估结果的准确性。

无论是自然情境还是任务情境下的观察,都需要家长、照护者和教育者具备细致的观察力和科学的记录方法。通过定期观察和记录,可以全面了解婴幼儿粗大动作的发展情况,为制订个性化的指导计划提供科学依据。

知识点 3-7 0~3岁婴幼儿粗大动作发展的支持策略

一、抬头训练

2~3个月时,可把婴儿的头放在枕头上,双臂放前,用毛巾在胸部及腋下略抬高,起支持作用,训练婴儿抬头。3~4个月婴儿的颈部和肩膀的肌肉比以前强壮多了,这时婴儿可以用双臂支撑前身抬头,照护者可拿着玩具在婴儿的头前、左、右摇动,有意识地训练婴儿转头或把头抬得更高。

二、翻身练习

4~5个月时,可帮助婴儿练习翻身。让婴儿仰卧在床上,照护者用手托住婴儿左侧或右侧的胳膊和背部,慢慢往另一侧的方向翻转过去,直到将婴儿翻转成俯卧的姿势;稍停一会儿后,再帮婴儿翻回原来仰卧的姿势。如果婴儿动作发展较快,就不必给婴儿过多的帮助,大可让婴儿自己多练习。可将玩具放在婴儿身体两侧,通常婴儿会为了抓住玩具而顺势地翻转成侧卧位,进而翻成俯卧位。要注意的是,当婴儿练习翻身时,照护者应守在婴儿身边随时照应。

三、爬行支持

当婴儿8个月左右时,在生理条件上已经具备了爬的能力,此时就可以引导婴幼儿学习爬行。过早学习爬行对婴幼儿并无益处,而如果开始太晚,婴幼儿已经会走,就会对爬失去兴致。爬行时要引导婴幼儿右手对左腿,左手对右腿,右手上,则左腿上(右手向上伸直,左腿向上屈,头向左,用右肘及左膝的力量向前爬,直到左膝伸直)。婴幼儿可能只会趴着一动不动,这时可以让婴幼儿从斜坡上爬下来,这样会更容易一些。婴幼儿爬行时,可以播放一些轻松的音乐,或与婴幼儿聊天、讲故事,让他感觉爬是一件轻松快乐的事。此外,也可以用其他游戏增加爬的乐趣,每次爬的距离和时间不宜过长,一般20米左右即可。要注意的是,爬行是较为消耗体力的运动,婴幼儿爬完后,应让他们喝些水补充体力,如果衣服被汗浸湿了要及时更换。

婴幼儿的爬行方式也有很多种,比如"定向爬"(即婴幼儿趴着,把玩具放在婴幼儿面前适当的地方,引导他爬过去取)、"自由爬"(即整理一块宽敞的场地,拿开一切危险物和杂物,四处摆放一些玩具,任婴幼儿在地上抓玩)和"转向爬"(即先将有趣的玩具给婴幼儿玩一会儿,然后将玩具当着他们的面藏在他们身后,引诱他转向后爬)。

四、坐姿训练

婴儿4个月左右时,照护者可用手支撑其背部、腰部,帮助他们维持短暂的坐姿。到了6~7个月开始学习坐稳时,可在婴儿的面前摆放一些玩具,引诱他们去抓握玩具,从而逐渐练习放手之后也能坐稳。可借助各类有靠背的椅子,或铺有软垫的地板作为辅助工作。要注意,当婴儿会坐时,不要让他单独坐在床上,如果将婴儿置于床上,床面应与其身体呈垂直角度,以防因外力或婴幼儿动作过大而导致摔下床的危险。也可用护栏围起婴幼儿坐的空间,并放置玩具增加他们坐起来的兴趣。此外,婴幼儿学会坐后,要特别注意控制坐的时间,避免过久。

五、站立与行走

8个月的婴儿可扶栏站立。照护者可以帮助婴幼儿做蹬腿的运动:先从婴幼儿腋下将其抱起,让婴幼儿在成人身上弹跳,如此可促进婴幼儿腿部的伸展。可将婴幼儿放在高度适中的桌子前,并将他们喜爱的玩具放置在桌面上,让他站着玩玩具,借此训练其耐力及稳定性。要注意不要在桌子上铺设垂落于桌脚的桌布,因为婴幼儿可能会拉扯桌布,导致桌面上的物品掉落,造成危险。

9~10个月时,可训练婴儿学走路。在婴幼儿学步的时候,可以给予以下几个阶段的辅助方式:第一,可利用学步车或者照护者的手支撑婴幼儿走,协助婴幼儿忘记走路的恐惧感,学习行走;第二,训练婴幼儿学习蹲和站,并保持身体的平衡,可将玩具丢在地上,让婴幼儿自己捡起来;第三,照护者可以分别站在两头,伸开双臂,让婴幼儿慢慢从一头走到另一头,距离要从近到远逐渐调整;第四,让婴幼儿练习爬楼梯,如果没有楼梯,可利用小凳子,让婴幼儿一上一下地练习;第五,可利用木板放置成一边高一边低的斜坡,让婴幼儿从高处走向低处,或由低处走向高处,此时照护者须在一旁牵扶,防止婴幼儿跌倒。

六、跑步与灵活性

1岁半以后,婴幼儿就能跑了。刚开始学跑时,还不能做拐弯跑,等到2岁时,无论是拐弯还是直路都可以奔跑自如了。所以我们会看到,2岁的幼儿会成天跑来跑去,这正是他们这个年龄运动发育的特点。照护者不应限制幼儿的活动,而应创造条件让他们多跑。例如,在室内为婴幼儿腾出一块安全的活动空间,同时注意将玻璃杯、水壶等危险物品放置好。最好带幼儿到室外运动,比如在草地追逐,绕树跑,以锻炼他们的灵活性。还可以准备几个大小不同的球,与幼儿玩追球的游戏,增强他们奔跑的兴趣。

幼儿照护职业技能等级要求(中级)

4.1 动作发展与指导

4.1.1 能叙述幼儿动作发展顺序,粗大动作和精细动作发展的具体内容、目标和培养方法。

4.1.2 能设计并组织7~36个月龄段婴幼儿大动作和精细动作活动。

4.1.3 能正确评价幼儿动作发展的水平。

案例助学

案例 3-1 叮叮不想爬[①]
——婴幼儿粗大动作发展的观察案例

观察目的	了解婴幼儿爬行动作的发展规律
观察对象	叮叮(男,9个月)
观察地点	家庭和户外
观察方法	轶事记录法

观察实录

爷爷无论在家里还是在外面,都一直抱着叮叮玩。偶尔把叮叮放下来,叮叮就哼哼唧唧个不停,爷爷只好又将他继续抱着。一天,妈妈说也该让叮叮学学爬了,于是把九个月大的叮叮放到地板上。妈妈在一旁用他喜欢的玩具鼓励他往前爬,但发现叮叮一直腹部着地,四肢不规则划动,看起来十分费劲。叮叮一直够不到玩具,哭了起来。爷爷听到了,一把抱起叮叮,把玩具塞在他的手上,心疼地说:"不会爬就不爬吧,直接学走路,更好。"于是,爷爷在家里开始时不时训练叮叮站立。几个月过去了,不会爬的叮叮突然能自己站立了,慢慢学会了走路。爷爷别提多高兴了,逢人就夸。可是,很快爷爷就发现叮叮的平衡能力比较差,容易摔倒。

观察分析

爬行是婴幼儿粗大动作发展的重要阶段,通常出现在6~10个月之间,是婴幼儿从俯卧位到站立、行走过渡的关键阶段。大多数婴幼儿的动作发展会遵循这样一个自然规律,但家庭教养方式和环境因素也会对其产生重要影响。人们常常有这种误区,认为孩子走路早就代表动作发育超前,而忽视了爬行阶段的意义。实际上,爬行不仅是婴幼儿独立移动

---

① 案例选自孙玉洁主编《0~3岁婴幼儿行为观察与分析》,观察分析、指导策略部分为作者修改。

（续表）

的重要方式，还能促进他们全身肌肉的协调发展、力量的增强、空间感知能力和平衡能力的建立。

在案例中，9个月大的叮叮仍处于腹部着地、四肢不规则划动的蠕动爬行阶段，尚未过渡到手膝爬行阶段。这表明叮叮的粗大动作发展略显滞后，他在尝试移动时显得费力，动作协调性较弱。尽管叮叮后来直接进入站立和行走阶段，但由于缺乏爬行训练的积累，他的平衡能力不足，导致行走时容易摔倒。此外，爬行阶段的缺失可能对叮叮未来的动作协调性、注意力集中能力和身体控制能力产生不良影响。

从案例中可以看出，叮叮爬行能力发展欠佳与家庭教养方式密切相关。爷爷长期抱着叮叮，减少了他自由活动和练习爬行的机会。当叮叮哭闹，爷爷习惯于立即抱起他并直接满足需求，而这削弱了叮叮通过爬行获得目标物的动力。此外，家庭对爬行阶段认识不足，过早开始站立训练，忽略了爬行对动作发展的重要性。婴幼儿一旦学会走路，因探索空间的扩大，通常不愿意再回到爬行阶段。这些因素综合导致叮叮在爬行阶段的练习时间和空间不足。

指导策略

针对以上分析，可以从以下几个方面指导叮叮的爬行行为发展：

首先，调整家庭教养方式，增加爬行机会。家长应充分认识到爬行对婴幼儿发展的重要意义，减少长时间抱孩子的习惯，为叮叮提供更多自由活动的机会。可以在安全的地面上铺设防滑垫或软垫，鼓励他在地板上活动和练习爬行。面对叮叮的哭闹，家长要适度引导，而不是立即抱起或满足需求。通过适当延迟满足，鼓励他通过爬行努力接近目标，增强他的爬行动机和自信心。

其次，为叮叮提供适应性爬行支持。对于目前叮叮的爬行状态，家长可以在他腹部垫上软毛巾，轻轻抬起腹部，帮助他过渡到手膝支撑的姿势。同时，在他的爬行范围内放置喜欢的玩具，但要保持适当距离，激发他的兴趣和探索欲望。家长还可以与叮叮一起趴在地板上玩耍，用示范动作和语言鼓励增强他的参与感和兴趣，帮助他逐步延长爬行的时间和距离，增强肌肉力量和动作协调能力。

再次，逐步过渡爬行阶段。叮叮当前的爬行尚停留在初始阶段，家长需要耐心引导他从腹部爬行过渡到手膝爬行，再进一步发展到手足爬行。

最后，要避免过早站立训练。家长需要纠正"走路早更好"的误区，认识到爬行阶段对后续站立和行走的基础性作用。在叮叮爬行能力尚未发展成熟之前，不宜过早进行站立训练。站立和行走需要更强的肌肉力量、平衡能力和身体控制力，如果过早跳过爬行阶段，可能会对叮叮的整体动作发展产生不利影响。

案例 3-2　安安尝试站立
——婴幼儿粗大动作发展的观察案例

观察目的	了解婴幼儿站立动作的发展规律
观察对象	安安（女，11 个月）
观察地点	家庭客厅
观察方法	轶事记录法

观察实录

早晨，妈妈将安安放在客厅的地垫上，周围放置了几个她喜欢的玩具。安安先是坐在地上玩耍，不久后，她注意到了茶几上放着的一只颜色鲜艳的玩具。她伸手抓住沙发的边缘，用力地蹬地，努力将身体抬起。经过几次尝试，终于能够扶着沙发站立起来。站立期间，安安的身体摇摇晃晃。

妈妈在一旁观察，微笑着鼓励安安继续尝试："安安，你想拿小汽车吗？试一试！"安安听到妈妈的声音，试图松开一只手去抓玩具车，但立刻失去了平衡，跌坐回地垫上。跌倒后，安安看了看妈妈，妈妈继续微笑着看着安安，边说边做摆摆手说："没关系的，我们再试一下！"同时，妈妈将玩具的位置挪近了一点。在妈妈的鼓励下，安安又尝试了几次，逐渐能够在扶住物体的情况下站立稍长时间，脸上也露出成功的喜悦。

观察分析

站立是婴幼儿粗大动作发展的关键阶段，通常在 9～12 个月时开始。9 个月的婴儿在大人的帮助下可站立片刻，10 个月以后，婴幼儿可以用手来扶着栏杆下部，试着从坐位站起来。通过扶着固定物体站立，婴幼儿能够逐渐增强腿部肌肉力量和平衡能力，并为独立站立行走做准备。

安安在站立过程中表现出的努力和探索欲望符合这一阶段的典型发展特征。在案例中，安安通过反复的尝试和错误，学习如何更好地控制身体的平衡，妈妈给予了她适当的鼓励和环境调整，使安安在尝试中感到安全与支持，从而增强她继续探索的信心。

安安的站立发展得益于她自身的探索欲望以及妈妈的支持和引导。妈妈的鼓励和耐心为安安提供一个安全且利于探索的环境，妈妈在帮助安安增强平衡和站立的过程中，采用了积极的语言支持和适度的辅助调整（如挪动玩具位置），这些都对安安站立能力的提升起到了积极作用。

指导策略

第一，提供安全的练习环境。确保安安活动区域内的家具稳固，并在地面铺设软垫，减少跌倒时可能造成的伤害。同时，在周围放置她感兴趣的玩具，以激发她通过站立和移动来获取这些物品的动机，促进其站立练习。第二，给予适度的挑战和鼓励。在婴幼儿尝试新动作时，一定要给他们适度的挑战，同时提供温暖和鼓励，鼓励他们建立自信，提升克服困难的勇气。第三，逐步过渡到行走练习。当安安的站立能力和平衡感增强后，可逐步引导她尝试扶着家具进行侧步移动，帮助她从站立过渡到行走。

任务实操

任务 3-1　请针对本任务情境导入中新手妈妈小洁的困惑,制定一个5个月婴儿粗大动作发展的观察计划,并尝试回答这位妈妈的问题。

任务 3-2　请观看提供的视频内容,观察对象名为柚柚,男。视频记录了柚柚3个月和3个半月的翻身动作练习情况。请根据视频,完成对柚柚翻身动作的观察记录与分析。

任务 3-2 作业纸见 240 页附录 4。

观察视频:
柚柚翻身练习 1(3 个月)

观察视频:
柚柚翻身练习 2(3 个半月)

任务二　学会婴幼儿精细动作发展的观察与指导

情境导入

在一家亲子早教中心,小朋友们正在用色彩缤纷的积木进行搭建游戏。家长们围坐在旁边,观察着孩子们的表现。小鹏(2岁)的妈妈发现,其他孩子能轻松地把积木一块一块地搭起来,而小鹏在对齐积木时显得有些吃力,积木常常搭不稳就掉了下来。她心里有点着急,想起小鹏在家吃饭时也经常洒得到处都是,不知道这是不是意味着小鹏的手指能力发展得慢,需不需要关注与引导。活动结束后她带着这些疑问找到老师,希望能从老师那得到一些专业的反馈和建议。

如果你是老师,你会怎样与小鹏妈妈沟通,并提供哪些建议呢?

知识导航

知识点 3-8　0~3 岁婴幼儿精细动作发展的观察要点

微课 7:精细动作的观察要点、支持策略与观察应用

婴幼儿时期是手和手指小肌肉动作发展的关键时期。最初,婴儿会尝试屈伸手指抓握物体,随后逐渐学会以多种方式操作物体。通过不断地操作各种物体和工具,他们的手部力

量、灵活性和手眼协调能力不断发展,从而能够尝试越来越复杂的小肌肉动作任务,如系鞋带、搭积木、写写画画等自我照顾和学习活动。对0~3岁婴幼儿精细动作的观察需要随着他们的发展变化而呈现出不同的侧重点,以便更好地关注和支持每个阶段的成长需求,各阶段精细动作发展观察要点见表3-3。此外,婴幼儿精细动作发展是生活自理能力的基础,在18个月之后,各种体现生活自理能力的动作技能随之发展,如穿袜子、拿勺子吃饭、开关门等,这些内容也是婴幼儿自助与习惯发展的观察内容,将在任务三中系统阐述。

表3-3 婴幼儿精细动作发展的观察要点

观察目标	月龄	观察要点	具体表现
精细动作	0~3个月	抓握	0~3个月婴儿以抓握动作为主。抓握反射在新生儿时最常见,触碰其手掌时自动将手握紧。1个月左右,婴儿会松开手指做些抓东西的简单动作,如抓住汤匙和小摇铃片刻。随着月龄的增长,抓握物品的时间会更长,有时还会看看手中抓握的东西是什么。3个月起,开始出现一种不随意的手的抚摸动作,经常无意地抚摸亲人、玩具等。
		手眼协调	能把双手放在眼前摆弄。能把手放入口中。
	4~9个月	抓握	4~6个月抓握动作进一步发展。抓握东西越来越牢,手指动作越来越灵活。开始出现主动抓握物体,经常握紧和张开手掌玩手指游戏。开始用手简单地摆弄物体。4~5个月时,开始用手掌、手指伸手抓握物体。 7~9个月,摆弄物体的能力增强,能拿瓶子,能自己吃饼干,能抓着自己的脚往嘴边拽。该月龄段抓握能力更为灵活。7个月左右在抓握时拇指与其他四指平行,同时用力抓握物体。随后表现出初步的"对指"能力,即拇指的指腹与其他四指指腹相对。8~9个月左右抓握时将拇指与食指相对(对捏动作),用两手抓起物体。该年龄段的婴儿喜欢用一只手而不是两只手同时伸手拿东西,即单手抓握。
		手眼协调	手眼协调能力在4个月大时开始形成,但这一阶段的一些婴儿可能还不会伸手拿东西,这可能是由于他们尚未完全协调手臂动作。在手眼协调能力发展初期,他们会尝试伸手去抓东西,但距离判断不准,手常常伸过了物体。5个月大时,随着手臂动作协调性的提升,他们在视觉指引下拿东西的动作更为准确,并尝试把物体放到口中。4~5个月之间,婴儿开始能够把一个物体从一只手转到另一只手上,而到8个月大时,这种换手动作得到完善。换手动作是7~9个月婴儿精细动作发展的重要内容之一。
	10~12个月	抓握	钳形抓握(拇指和食指或拇指和其他手指之间的协调动作)趋于准确,标志着手部精细动作的一个重要进步。这一能力的发展使他们能够捡起小物体,如小饼干或玩具零件。
		手眼协调	手眼协调能力快速发展,会用手指做按压、抠、戳等动作,如可以模仿大人的动作将一个或多个手指插到孔中。发展较好的婴幼儿能协调两手的动作,如用一只手拿杯子,另一只手取藏在杯子下的东西。能手眼协调地捡起较小的物体。

（续表）

观察目标	月龄	观察要点	具体表现
精细动作	10～12个月	握笔和绘画	开始用笔涂鸦。在5～8个月期间，有些婴儿在看到大人用笔涂鸦时，也可能试着动手，但11～16个月期间，幼儿可能会自发地涂鸦。
	13～24个月	手眼协调	13～18个月幼儿手腕和手指的控制比较灵活，两手可自如地拿起喜爱的玩具进行组合。能将小物品投入瓶子并拿出。开始使用勺子、小扫把等简单工具。15个月左右，可将2块或3块正方体小积木搭成一个"塔"，不跌倒。18个月，可搭3～4块积木的"塔"，到2岁左右，能叠6～7块积木的"塔"。18个月以后，手眼协调能力不断发展，能够用绳子穿过大木珠或有洞的纸筒。能用拇指和食指配合剥橘子皮等。会用旋、拧等方式拧瓶盖或玩玩具。能模仿成人折叠纸或毛巾。
		握笔和绘画	1岁的幼儿会握笔乱画，画出的笔道不是一条直线，断断续续。接近1岁半的儿童能较稳当地握笔。19～24个月时，握笔及画线的能力有所提高，能够用大拇指及食指和中指抓握铅笔并画出直线。
	25～36个月	手眼协调	手的动作更加灵活，会拼搭各种形状的积木，如小房子、小火车、门楼等。在日常生活中，发展较好的婴幼儿已经开始使用筷子。会双手配合堆叠8～10块积木，还能用积木搭出各类小房子、各种小汽车等。能用泥、面等做揉、压、搓、捏、拉等手部动作。 31～36个月幼儿还可以有目的地使用小剪刀，如进行剪纸活动等。25～30个月期间，由于前臂肌肉和手眼协调能力尚在发展中，幼儿使用剪刀时，通常只能通过简单的上下开合动作在纸张表面进行练习，没有足够的力来剪开纸张。但进入35个月左右时，他们拇指的控制能力进一步改善，可以将剪刀张开较大幅度，还可以较顺畅地合起剪刀，能剪开较短的纸条。31～36个月大的幼儿还可以跟着大人学折纸，一般先学会折长方形或正方形，多次锻炼，能将纸对齐、折好、压平。在学会折方形后，逐渐学会折三角形以及其他更复杂的图形。
		握笔和绘画	25～30个月时，可以用指尖抓笔在纸上随意画，有的幼儿还可以画直线或垂线。31～36个月，握笔的姿势达到正常水平，可以独立画出十字形、正方形等，有些幼儿还能画出人体轮廓。

观察视频：
9个月壮壮抠出小球

观察视频：
12个月壮壮按按钮

观察视频：
13个月壮壮搭高积木

> **考题再现**
>
> **《育婴员》（四级）理论知识试题**
>
> （　　）是0～6个月婴儿精细动作发展的训练重点。
>
> A. 拍打、抓握、推拉等练习　　　　B. 发音、微笑等练习
>
> C. 投掷、拼图等练习　　　　　　　D. 拼插、堆积等练习
>
> **《婴幼儿发展引导员》（四级）理论知识试题**
>
> 婴幼儿精细动作的发展顺序是（　　）。
>
> A. 控制手指—控制手腕—控制手臂
>
> B. 控制手臂—控制手腕—控制手指
>
> C. 控制手腕—控制手臂—控制手指
>
> D. 控制手指—控制手臂—控制手腕

知识点 3-9　0～3岁婴幼儿精细动作发展观察实施的建议

精细动作发展是婴幼儿早期发展的重要领域，与粗大动作相比，更强调小肌肉群的控制和协调能力，主要体现在抓握、捏取、操作工具等方面。观察婴幼儿精细动作的发展，需要结合其年龄特点和发展规律，采用自然情境和任务情境相结合的方式，重点关注手部操作能力、手眼协调能力以及工具使用能力等方面。

一、自然情境下婴幼儿精细动作发展的观察

1. 生活自理活动中的观察

日常生活场景为观察婴幼儿精细动作发展提供了丰富契机。在进食环节，1岁左右的幼儿开始尝试自主使用餐具，可观察到不同的抓握方式：部分婴幼儿采用全手掌抓握勺子，难以准确舀取食物；而发展较快的婴幼儿已能运用拇指和食指对捏的方式稳定握持。在穿衣过程中，1岁半的幼儿尝试脱袜子时，可观察到其动作模式：是采用全手掌拉扯，还是开始尝试用手指解开袜口。2岁半的幼儿在洗手时，可观察他们能否独立完成开关水龙头、揉搓手心手背等动作。这些日常活动中的细节都能全面反映婴幼儿精细动作的发展水平。

2. 游戏活动中的观察

玩具操作是观察婴幼儿精细动作发展的理想场景。以8个月大的婴儿为例，在玩拨浪鼓时，可观察到其握持和摇晃动作的准确性：部分婴幼儿需要多次尝试才能完成动作，而精细动作发展较好的婴幼儿则能快速准确地完成。积木搭建游戏是评估精细动作发展的重要活动，1岁左右的幼儿开始尝试抓握大块积木，可观察他们能否稳定握持并简单叠放；2岁左右的幼儿能够搭建3～4块积木，可观察他们叠放时的稳定性和手部控制能力；3岁左右的幼儿已能进行较复杂的搭建，可观察他们能否准确对齐积木边缘，以及双手配

合的协调性。拼图游戏也能很好地反映婴幼儿的手眼协调能力,从抓取拼图块到准确嵌入的过程,能充分展现其精细控制水平。

3. 艺术活动中的观察

艺术创作活动是观察精细动作发展的优质载体。2岁左右的幼儿在涂鸦时,握笔方式呈现明显差异:部分幼儿采用全手掌紧握,线条粗犷;部分幼儿已能尝试三指捏握,虽然控制力尚不完善,但已显示出精细动作的发展进步。3岁左右的幼儿在更换画笔颜色时,观察其是双手配合还是单手独立完成,可评估其手指灵活性和协调性。手工活动中,观察婴幼儿使用安全剪刀、粘贴材料等工具的操作方式,也能反映其精细动作发展水平。

二、任务情境下婴幼儿精细动作发展的观察

1. 游戏化任务的观察

游戏任务是指通过设计一些适合婴幼儿的趣味游戏,来观察他们在游戏过程中的精细动作表现。例如,为1.5岁的幼儿设计"拼图游戏",观察其抓握、旋转和放置拼图块的灵活性;为2.5岁幼儿设置"串珠挑战"游戏,提供不同大小和颜色的珠子及细绳,观察他们串珠的速度和连贯性,评估手眼协调能力。要注意的是,在实施过程中,需确保材料的安全性,尤其要确保珠子大小合适,避免婴幼儿误吞。在完成游戏任务时,要给予适当的鼓励和引导,但不要代劳。

2. 工具使用任务的观察

工具使用能力是精细动作发展的重要指标。工具使用任务指提供适合婴幼儿的工具,观察他们在使用工具过程中的手部控制和协调能力。2岁幼儿初次使用剪刀时,可设计简单的"剪纸任务",观察其握持姿势和开合动作的协调性。通过"绘画任务",可评估握笔姿势、手部控制能力和线条流畅度。"夹物任务"则能反映婴幼儿的抓握控制能力,可观察其使用夹子夹取物品的稳定性和准确性。任务设计需考虑年龄适宜性,确保安全性和可操作性。

3. 日常应用任务的观察

将观察融入日常生活情境,可更真实地评估精细动作的发展水平。日常应用任务即日常生活场景中,创造条件观察婴幼儿精细动作在实际生活中的应用。日常应用任务主要包括自主进食和穿衣辅助两个方面。例如,鼓励2岁多的幼儿在日常生活中自己使用勺子吃饭,观察他们自主进食时勺子的控制能力和食物运送的准确性。观察1.5岁的幼儿穿衣时的手部动作,是采用全手掌拉扯还是尝试解扣、拉拉链等精细动作。这些观察能全面反映精细动作在日常生活中的实际应用水平。

通过日常生活中的多个场景以及精心设计的任务情境,我们可以全面观察婴幼儿的精细动作发展情况。这样多样化的观察途径,不仅帮助我们准确把握婴幼儿精细动作的发展水平,也为适时提供发展支持创造了条件。

知识点 3-10　0~3岁婴幼儿精细动作发展的支持策略

精细动作的发展在婴幼儿的早期成长中具有重要意义。通过科学的策略和丰富的活动，家长和教育工作者可以有效地促进婴幼儿的精细动作能力发展，为其日常生活技能和认知发展奠定坚实基础。

一、利用日常物品进行抓握和操作

1个月内的婴儿的手常为握拳形状，照护者可经常轻轻扳动、捋顺婴儿的手指，或轻轻活动婴儿的双手，以增强婴儿手指各关节的灵活性，促进手的自然开合。需要特别提醒的是，如果在自然状态下，婴儿的小手握拳不能舒展开来，不会抓握物品，应重视并及时咨询医生或相关专家。对稍微大一点的婴儿，可提供不同材质、大小的物体让他们练习抓握，如为4~6个月的婴儿提供日常生活中的毛巾、丝绸、杯子、小木块、安全镜子等大小、材质不同的物品，以及好玩有趣、色彩鲜艳、可以抓握和探索的玩具，经常和婴儿玩敲打、握捏等游戏。可以根据婴幼儿的月龄调整物体的大小和复杂度，有意识地训练婴幼儿按照物体的不同形状、大小或位置，变换手的姿势进行抓握的技能。此外，还可以利用食物练习抓握，在用餐时，允许婴幼儿用手抓取食物，如切好的水果或软饼干。

二、在游戏活动中锻炼手眼协调

4~6个月大时，便可经常给婴儿玩手指游戏等，引发其手指活动。为他们提供色彩鲜艳且易于抓握的玩具，鼓励婴儿通过自由翻身和移动去抓取，以提升其手眼协调和空间感知能力。7~9个月时，可引导婴儿练习用手够拿远处的玩具，通过示范和互动激发他们对摆弄物品的兴趣，并练习用双手传递玩具。19~24个月左右，随着幼儿精细动作的发展，应多提供双手配合的机会和活动，如撕纸条、串木珠、拧瓶盖等，以提升手部的灵活性和协调性。为婴幼儿提供积木、盒子、瓶子等材料玩垒高游戏，支持他们在反复尝试中学习。引入各种绘画工具，让婴幼儿通过涂、画、印等进行简单的艺术创作，激发创造力和精细动作技能。2岁之后，幼儿还可在探索中锻炼精细动作，可为其提供各类安全的材料和工具，如小木片、夹子、小棒，可简单拆卸的废旧日用品（如盒子、布袋），简易工具（安全剪刀）等，让婴幼儿在动手操作中探索和发现。

三、在日常生活中培养动手能力

对于婴幼儿来说，日常生活中的动手活动不仅仅是身体技能的锻炼，更是综合能力的提升。通过这些活动，他们能在自然、真实的情境中探索和学习，这种体验是专门的技能练习无法取代的。因此，要重视在日常生活中培养婴幼儿的动手能力。一般而言，9~12个月开始，可利用日常生活培养婴幼儿的动手能力，该阶段主要是培养基础自理能力，如让婴幼儿学习自己端杯喝水，用勺舀东西，穿脱简单衣物（如袜子或简单的开合衣物），以增强他们的手指灵活性和自主能力。12~24个月期间，侧重增强参与感与自理能力。可引导幼儿在安全的情况下参与简单的家务活,如把玩具放回原处,或者在大人的帮助下将衣物放入篮子中。在用餐时,鼓励婴幼儿使用儿童餐具(如小勺、小叉),在大人的安全监护下尝试用餐。随着婴幼儿自理能力的提升,2岁后,还可鼓励幼儿参与较为复杂的家庭劳动,如剥橘子、剥蛋、叠衣服、递碗筷等,引导幼儿进行简单的自我整理活动,如梳头、刷牙(由大人辅助),帮助他们在实践中提高精细动作能力和责任感。需要注意的是,家长和教育工作者应在支持过程中提供适当的指导、鼓励和示范,以确保婴幼儿在安全且充满支持的环境中成长。

直击赛场

2024年全国托育职业技能竞赛保育师(学生组)基础知识模块理论赛题

1. ( )是最基本的手部动作之一,是各种复杂动作的基础。
   A. 双手协调动作　　　　　　B. 抓握动作
   C. 单手动作　　　　　　　　D. 手眼协调动作
2. 训练婴幼儿抓握动作的游戏是( )。
   A. 玩悬挂玩具　　　　　　　B. 小手拍拍
   C. 玩陀螺　　　　　　　　　D. 拨珠子

案例助学

案例3-3　晨晨忙碌的小手
——婴幼儿精细动作发展的观察案例

观察目的	了解婴幼儿精细动作的发展规律
观察对象	晨晨(男,2岁3个月)
观察地点	家庭和户外
观察方法	事件取样法
观察记录	

事件序号	场景描述	行为表现
1	早餐时,晨晨坐在餐桌旁,使用餐具吃饭	晨晨用小勺子独立进食,他能将勺子准确送至嘴边,但偶尔会洒落食物。
2	在客厅里,晨晨玩着积木	晨晨玩着较大的积塑玩具,能用双手合力拼接两块积塑块,但在拆开时显得吃力。

(续表)

事件序号	场景描述	行为表现
3	在卫生间自己开水龙头洗手	晨晨在卫生间尝试打开水龙头洗手,能转动水龙头并用双手搓洗肥皂,但关闭水龙头需要旁人协助。
4	在厨房,帮奶奶剥开鸡蛋壳	晨晨帮奶奶剥煮熟的鸡蛋壳,用指尖捏住蛋壳并轻轻剥离。晨晨剥得比较慢,剥了一小块后递给了奶奶。
5	在小区沙池玩沙	下午,晨晨拿着小桶和铲子去小区沙池玩,他用小铲子挖坑,动作有点笨拙,尝试往小桶里装沙,虽然倒的时候一直漏掉,但仍然重复坚持。
6	晨晨拿蜡笔绘画	晨晨使用粗蜡笔在纸上画画,画出一些不规则的线和圈。妈妈在一旁画了个方形的门,晨晨尝试模仿画妈妈的图形,但线条不能合起来。

观察分析

在2岁多的阶段,幼儿精细动作的发展通常表现为逐步提升的手眼协调能力和手指灵活性。这个年龄的幼儿开始能够使用简单的餐具进行独立进食,并参与搭建、绘画等活动。他们逐渐能够熟练地捏取小物件,进行简单的工具操作,并尝试模仿成人的动作。

通过对晨晨的观察,我们可以看到他在多个方面表现出良好的精细动作能力。例如,能够使用小勺子独立进食,展示了较为良好的手眼协调能力。在绘画活动中,他尝试模仿简单的图形,尽管线条仍然不够精确,但这反映出他在努力发展自己的精细动作技能。同时,在剥蛋壳和拼接积木的过程中表现出一定的手指灵活性,尽管在拆开积木和剥蛋壳时遇到了一些挑战。在操作水龙头和玩沙时也显示出初步的工具使用能力,尽管动作略显笨拙,但可以看到他对这些活动的兴趣和坚持。

晨晨的精细动作发展水平与他所处的家庭环境和教养方式密切相关。家庭为他提供了丰富的活动机会,使他能够在实践中提高自己的动作技能。对于他在某些较复杂的活动中遇到的难题,如拆开积木和剥蛋壳,可能与其耐心和手部力量的发展阶段相关。

指导策略

为了进一步支持晨晨的精细动作发展,可以鼓励他更多地参与日常生活技能活动,例如整理玩具、浇花等,将有助于提高他的自我服务能力和手部灵活性。此外,还可以提供适度挑战的玩具和活动,例如增加积木游戏的复杂性,或者引入适合其年龄的手工材料,如黏土、剪纸和串珠,鼓励晨晨进行创作,将有助于提高其手眼协调和精细动作控制能力。在安全的户外环境中,继续鼓励晨晨参与沙池挖掘、叶子收集等活动,以提升他手部力量和协调性。

在托育机构中,教师可以设计一些精细手工活动,如串珠和粘贴画,以提升晨晨的手指灵活性和创造力。同时,设计一些需要注意力集中的活动,如拼图游戏或建构活动,帮助他提高专注力和耐心。

(续表)

通过多样化的活动和支持,使晨晨能够在安全和适度挑战的环境中不断提高其精细动作能力,满足探索和学习的兴趣。家庭和教育者应定期观察他的进步,根据其发展需求调整活动难度,确保他能够在各个方面获得全面发展。

案例 3-4 安安的精细动作发展检核
——婴幼儿精细动作发展的观察案例

观察者:__陆老师__

观察日期:__2020 年 2 月 17 日__

观察对象:__安安__   月龄:__21 个月__   性别:__女__

填表说明:在观察到的项目上打√,在没有机会观察的项目上写 N,其他项目留空。

观察记录

序号	观察项目	依据	观察结果
示例	能够捏起小食物	用捏的动作捡起掉在桌上的蓝莓	√
1	使用拇指和食指抓握小物件	能够熟练地使用拇指和食指抓握小积木,抓握稳定,无明显困难	√
2	尝试堆叠 3~4 块积木	成功堆叠 3 块积木,但在尝试第 4 块时出现不稳定	√
3	使用蜡笔进行随意涂鸦	在纸上进行涂鸦,能画出简单的线条	√
4	翻书页(每次一页)	能够一次翻一页,但偶尔会翻多页	√
5	撕纸或尝试在成人指导下使用安全剪刀	喜欢撕纸,能够沿着纸的边缘撕开	√
6	使用杯子喝水	能够独立使用杯子喝水,偶尔洒出	√
7	使用勺子舀食物并进食	能够用勺子舀食物,但偶尔会洒落	√
8	开合简单的容器(如塑料盒子、瓶盖等)	能够打开和关闭简单的瓶盖	√
9	尝试扣纽扣或拉拉链	尝试了几次扣纽扣,但尚未成功,表现出兴趣	
10	自主穿戴简单的衣物(如帽子、袜子)	能够自主穿戴袜子,偶尔需要提示	√
11	将物品从一个容器倒入另一个容器	能够较好地完成任务	√

(续表)

序号	观察项目	依据	观察结果
12	推动或拉动玩具车或类似玩具	能够流畅地推动和拉动玩具车	√
13	将积木或其他玩具按大小或颜色顺序排列	能够根据颜色排序,但在大小排序上有些困难	√
14	尝试画出圆形或其他简单形状	尝试画圆形,但不够流畅	√
15	使用玩具工具(如玩具锤、玩具匙)进行简单模仿活动	能够模仿成人使用玩具锤敲打,动作有力	√

观察分析

18至24个月阶段的幼儿通常会逐步掌握手眼协调能力和日常生活中的精细动作技能。他们能够开始使用拇指和食指进行抓握,尝试堆叠几块积木,并能够进行简单的涂鸦。同时,他们会尝试使用简单的工具和容器,独立完成一些基本的自理任务,如用勺子进食、使用杯子喝水、翻书页和撕纸等。此外,他们也开始尝试自主穿戴简单的衣物,并模仿成人的动作。

通过对安安精细动作发展的检核,可以发现安安在多个精细动作发展方面表现出较为均衡的能力。她的手部精细动作发展较为顺利,能够熟练地使用拇指和食指抓握小物件,这表明她具备了完成日常生活活动需要的精细操作能力。涂鸦的表现也体现了这一点,她能够在纸上进行简单的涂鸦,画出线条,说明她的精细动作能力较好。在喝水、使用勺子、自主穿衣等方面,安安表现出良好的手眼协调和自主性,能够基本完成这些日常生活技能。然而,她在更复杂的动作如扣纽扣、拉拉链以及在画圆形时的运笔能力上仍需进一步练习。这些复杂动作需要更高的精细控制能力,安安在这些方面的表现相对较为欠缺。

指导策略

为了支持安安在精细动作方面的进一步发展,可以采取以下指导策略:第一,加强手眼协调训练。可提供不同形状和大小的积木以及拼图,在玩耍时,可以设计一些搭建积木的游戏,帮助安安在趣味中练习手眼协调能力。同时,鼓励她在画纸上进行更多的涂鸦活动,逐步引导其画出更复杂的形状,提升控制力和创造力。第二,促进自主生活技能的发展。在安全的环境中,鼓励安安在进餐时更多地使用餐具,逐步减少洒落,提高独立进食能力。在日常用餐时,可以用餐具垫或增加餐具的稳定性,减少洒落的可能性。同时,鼓励她自己完成这些活动,增强自信心。可以提供简单易操作的衣物,鼓励安安进行穿戴练习,培养其自主生活能力。第三,开展针对性练习。通过提供适合安安练习的大小的纽扣或拉链,增加她的练习机会。可以设计一些小游戏(如"找小扣"),帮助她在兴趣中练习。第四,支持其运用精细动作的探索行为。提供安全的环境,引导安安进行剪纸活动,培养其精细动作的协调性和手部力量。

总之,应注重创造丰富的活动环境,提供多样化的玩具和练习机会,帮助安安在趣味中不断提升精细动作能力。通过这些措施,可以更好地支持安安的精细动作发展,为后续的发展打下良好的基础。要注意避免过早进行复杂动作的训练。

任务实操

任务 3-3 2人一组,在同一个班级中根据19～24个月幼儿精细动作观察与评估表观察同龄男孩和女孩的精细动作技能。要求如下:

(1) 根据实际观察条件,选择两位月龄相近的婴幼儿,其中包括一名男孩和一名女孩;

(2) 两名观察者需对同一观察对象进行独立且同时的观察;

(3) 小组成员对比和讨论观察结果,分享反思和收获。

任务3-3作业纸见241页附录5。

任务三　学会婴幼儿自助与习惯发展的观察与指导

情境导入

张老师是一名托班教师,她注意到班级的孩子们在经过一个月的适应后,已经不再哭闹,但在日常自助行为上仍面临一些挑战。许多孩子在独立进食和洗手时显得手足无措,还有一些孩子无法及时表达如厕需求,导致偶尔尿湿裤子。尽管她尝试在入离园时与个别家长交流,希望获得支持与合作,但常常听到家长说"孩子还小"或者"我们在家说了也没用呀!"然而,2～3岁是幼儿形成独立生活习惯的关键期,孩子们需要在日常生活中通过自助行为来体会自主与自信。张老师认为,促进孩子自助与习惯发展的关键在于家园共育。因此,她决定对班上孩子的自助与习惯发展进行系统观察,并计划在家长会上与家长们分享她的观察结果和建议。

在此背景下,张老师需要围绕哪些方面实施观察?她可能会采用何种观察方法呢?

知识导航

知识点 3-11　0～3岁婴幼儿自助与习惯发展的观察要点

婴幼儿的自助与习惯发展是其成长过程中的关键环节,标志着他们在生理和心理发育中的重要里程碑,并体现了独立性和自助能力的逐步增强。为了帮助学习者更准确地把握婴幼儿自助与习惯发展的观察要点,本部分从以下几个方面进行详细总结和梳理:饮食与进餐能力、睡眠与作息、排便与如厕习惯、自我清洁与卫生、穿衣与个人整理以及安全与规则意识(见表 3-4),以期为实施婴幼儿自助与习惯发展的观察提供有价值的参考。

表 3-4 婴幼儿自助与习惯发展的观察要点

观察目标	月龄	观察要点	具体表现
自助与习惯	0～3 个月开始	饮食与进食能力	0～3 个月,已形成适合自己规律的、基本稳定的吮吸奶汁的习惯,包括奶量和间隔时间等。 4～6 个月,能表现出饥饿或饱腹的信号。 7～9 个月,能适应照护者用小勺喂食;会用手拿食物放进嘴里。 10～12 个月,能用手握勺把饭往嘴里送;能双手捧杯喝水。能咬碎轻松脆的固体食物,并吞咽。 13～18 个月,能自己握勺吃饭,但会有食物洒落;能较好地咀嚼饭菜、馒头等湿软的固体食物。 19～24 个月,能比较熟练地用小勺进食;用语言、肢体动作发出进食需求。 25～36 个月,会一手扶碗一手拿勺子独立进食;认识并喜爱食物,专注进食。
	0～3 个月开始	睡眠与作息	0～3 个月,睡眠已开始形成一定的周期,一整天以睡眠为主,随月龄增长,睡眠时间逐渐减少。 4～6 个月,夜间睡眠时间延长,逐渐能睡整觉。 7～9 个月,能按时睡觉,建立明确的昼夜规律,睡整觉,夜间吃一次奶或不吃奶。 13～24 个月,尝试独自入睡。 25～36 个月,自主做好睡眠准备,初步养成良好的睡眠习惯。
	9～12 个月开始	排便与如厕习惯	9～12 个月,每天排便次数、间隔时间等逐渐表现出一定的规律。 18～24 个月,及时表达大小便需求,形成一定的排便规律;会坐便盆如厕。 25～36 个月,白天能控制大小便,主动表达如厕要求。
	7～9 个月开始	自我清洁与卫生	7～9 个月,能配合养育者餐后清洁口腔。 10～12 个月,被照料时能配合擦脸等。 13～18 个月,会用毛巾或纸巾擦嘴、擦手等。 19～24 个月,愿意在协助下模仿成人刷牙、漱口;咳嗽和打喷嚏时会遮挡,并勤洗手。 25～36 个月,在手脏时或饭前,会自己洗手;会尝试自己刷牙。
	9～12 个月开始	穿衣与个人整理	9～12 个月,被照料时能配合穿衣服等。 18～24 个月,会脱鞋和袜子;能将自己喜欢的物品摆放在固定位置。 25～36 个月,能自己戴帽,穿脱没有鞋带的鞋子;会自己解开纽扣,穿脱简单外套。
	12～18 个月开始	安全与规则意识	12～18 个月,能服从成人的"不可以""危险"等简单的安全提示。 19～24 个月,能在教养者的提醒下遵守一些简单的安全规则,如"不能碰插座""看到汽车要躲避"等。 25～36 个月,路上有车过来时,会抓紧或紧跟着养育者躲避危险。

观察视频：13~18个月
幼儿用毛巾或纸巾擦嘴、擦手

观察视频：19~24个月
幼儿自己脱鞋和袜子

考题再现

《保育师》（四级）理论知识试题

在婴幼儿的自我清洁与卫生习惯发展中，以下哪项行为标志着其自理能力的提升？（ ）

A. 完全依赖成人帮助清洁口腔和双手
B. 能够主动使用毛巾或纸巾擦嘴、擦手
C. 对清洁行为毫无兴趣，拒绝配合
D. 只在成人提醒下才会洗手

知识点 3-12　0~3岁婴幼儿自助与习惯发展观察的实施建议

与其他发展领域相比，婴幼儿自助与习惯的观察具有两个显著的特点：一是需要长期观察，因为习惯的养成是一个渐进的过程，需要持续关注；二是更注重生活场景，因为自助与习惯的发展主要体现在日常生活的细节中，如饮食、穿衣、作息等。

一、自然情境下婴幼儿自助与习惯发展的观察

1. 生活起居活动中的观察

生活起居活动是观察婴幼儿自助与习惯发展的核心场景。例如，在睡眠方面，1岁左右的幼儿睡眠规律逐渐形成，可观察他们是否能在熟悉环境中自主入睡，还是依赖成人哄睡。在进食环节，1岁半的幼儿开始对餐具使用产生兴趣，可观察他们是主动尝试用勺子舀食物，还是等待成人喂食；以及进食过程中能否保持一定的专注力，不随意玩耍食物。2岁半的幼儿在洗漱时，留意他们是否能配合成人完成洗脸、刷牙等动作，或者开始尝试自己进行简单操作，这些细节能体现其生活自理习惯的发展。

2. 游戏活动中的观察

游戏是婴幼儿成长的重要方式，也为观察其自助与习惯发展的有效途径。在玩角色扮演游戏时，1岁左右的幼儿可能只是模仿成人简单动作，可观察他们是否有主动参与游戏的意愿，如模仿喂娃娃吃饭。在玩具整理游戏中，2岁左右的幼儿游戏结束后，可观察他们是否有将玩具放回原处的意识，是需要成人提醒还是能自觉完成。3岁左右的幼儿

是否能分类整理玩具,体现其规则意识和自我管理能力。

3. 社交活动中的观察

社交活动能展现婴幼儿自助与习惯在人际交往中的体现。例如,在亲子活动中,观察1岁多的幼儿面对陌生小朋友时的反应,是主动接近还是害怕退缩,这反映其社交自主性。在家庭聚会中,2岁多的幼儿与长辈互动时,观察他们是否能有礼貌地打招呼、分享食物,这体现礼貌习惯的养成。3岁的幼儿在幼儿园集体活动中,观察其能否独立完成简单任务,如自己搬椅子、收拾书包,这展现其在集体环境中的自助能力。

二、任务情境下婴幼儿自助与习惯发展的观察

任务情境是指通过设计特定的任务或活动,观察婴幼儿在特定情境下的自助与习惯表现。任务情境的设计应贴近婴幼儿的日常生活,同时注重趣味性和挑战性。

1. 游戏化任务的观察

游戏化任务通过趣味性的活动激发婴幼儿的自主性和参与感。例如,为1.5岁的幼儿设置"穿衣小能手"游戏,提供宽松易穿脱的衣物,观察他们尝试穿衣的动作,是否能分清前后,以及穿脱的熟练程度。为2.5岁幼儿开展"按时睡觉挑战"游戏,规定睡觉时间和流程,观察他们能否主动遵守,按时上床、盖好被子,培养作息习惯。游戏过程中要确保环境舒适安全,给予积极引导和适当奖励,激发婴幼儿的主动性。

2. 日常规则任务的观察

日常规则任务通过设定明确的规则,观察婴幼儿对规则的理解和遵守情况。例如,设置"吃饭不看电视"规则,观察2岁多的幼儿在吃饭时是否能自觉遵守规则;在与同伴玩耍时,实施"玩具轮流玩"规则,观察3岁左右的幼儿能否接受轮流,不独占玩具。执行规则任务时,成人要保持一致态度,及时纠正不当行为。

3. 生活技能任务的观察

生活技能任务聚焦于婴幼儿基本生活能力的观察。对于2岁幼儿,布置"洗手任务",观察他们是否知道洗手步骤,能否正确打开水龙头、涂抹肥皂、冲洗干净,评估卫生习惯。"整理小书包任务"中可让2岁半的幼儿将玩具、书本等物品放进书包,观察他们分类整理能力,这体现自我管理习惯。任务难度要符合年龄特点,提供必要示范和指导,帮助婴幼儿逐步提升自助能力。

上述观察途径是了解婴幼儿自助与习惯发展的关键。通过持续细致的观察,家长和教育者能把握婴幼儿成长的微妙变化,为个性化引导提供支持,帮助婴幼儿逐步建立良好的自助能力与生活习惯。

知识点 3-13 0~3岁婴幼儿自助与习惯发展的支持策略

在婴幼儿的成长过程中,培养他们的自助能力和良好的生活习惯是至关重要的。这不仅有助于促进其身体健康和心理发展,也为他们未来学习和生活打下坚实基础。《托育

机构保育大纲（试行）》中提出，积极回应是托育机构保育的基本原则之一。这一原则强调在保育过程中提供支持性环境，通过敏锐观察，理解婴幼儿的生理和心理需求，并及时给予积极适宜的回应。在婴幼儿自助与习惯发展的过程，这一原则显得尤为重要。以下是基于回应性照料原则，在培养婴幼儿自助与习惯方面的有效支持策略。

一、创建安全稳定与具有支持性的养育环境

为婴幼儿提供一个安全、舒适与支持的环境是培养自助与习惯的基础。情感上，养育者应及时识别婴幼儿的需求并做出积极回应，以建立安全感和信任感。例如，从 6 月龄左右开始培养婴幼儿在固定时间、固定场地进餐。要注意观察婴幼儿饥饿的早期信号，避免其哭闹后再哺喂。为婴幼儿创造安静、轻松、愉快的进餐环境。可协助 25～26 个月的幼儿进食，鼓励幼儿表达需求、及时回应，顺应喂养，不强迫进食。

为帮助婴幼儿养成良好的入睡习惯，需为他们提供良好的睡眠环境和设施，逐步建立入睡程序。关注婴幼儿的疲劳信号，在婴幼儿犯困时将其放置在小床，睡前安排 3～4 项一致的、有序的睡前活动，减少抱睡、摇睡等安抚行为。培养婴幼儿不依赖养育者抱着入睡的能力，养育者（最好是母亲）可以在婴儿入睡时，坐或躺在婴幼儿身旁，陪伴其小睡。此外，还要确保家庭和托育环境的物理安全，减少潜在危险，如为婴幼儿设立独立床位，保障安全和卫生。

二、鼓励参与日常生活，培养自理能力

在日常生活中，确保安全的前提下，给婴幼儿自主做事情的机会，鼓励婴幼儿参与如进餐、盥洗、穿衣等活动。可给予他们简单的任务，例如，1 岁半左右幼儿开始锻炼用匙进食、用杯子喝水，学习脱袜子、脱鞋，练习示意大小便等。对于年龄稍大的幼儿，可引导其参与简单家务，让幼儿有足够的时间和机会练习自己吃饭、摆放餐具、收拾玩具等。应多鼓励、赞扬婴幼儿，培养其独立性、自信心和责任感。对于 25～36 个月大的幼儿，应提供更多的生活自理的机会，凡是幼儿能做的事，成人不包办，且全家人（包括祖辈）达成一致。

三、利用互动和游戏，增强模仿学习

互动和游戏是婴幼儿学习的重要途径。通过角色扮演和模拟游戏，鼓励婴幼儿观察和模仿成人行为，从而增强其社会性和规则意识。在生活中，可以让婴幼儿充当父母或老师的"小帮手"，他们会在活动中观察成人的言行，之后会在游戏中模仿出来。例如，在洗衣服时，可以请婴幼儿把衣服放进篮子里。养育者可通过互动和示范，帮助婴幼儿养成良好的卫生习惯，如饭前便后洗手、早晚刷牙等。又如，示范正确的餐桌礼仪，坐定、专心进餐、吃完饭和大家打招呼方可离开餐桌等。在 13～24 个月时，协助幼儿学习如厕、洗手、穿脱衣物。通过游戏和故事，帮助他们理解基本的卫生知识和安全规则，强调规则意识的重要性。

四、关注个体差异，尊重自然发展

每个婴幼儿的发展节奏不同，养育者应尊重这种个体差异，避免强迫或过度干预。在培养自助能力和生活习惯时，依据婴幼儿的发展阶段进行适当引导。例如，针对7～12个月婴儿，注意观察其饥饿或饱足信号，并做出及时、恰当的回应；对12～18个月幼儿，尊重其对食物的选择，耐心鼓励其自主进食，多咀嚼块状食物；鼓励25～36个月幼儿表达进食需求、及时回应，顺应喂养。在上述各月龄段，成人应对婴幼儿的进食给予鼓励但不强迫进食。在婴幼儿睡眠方面，要关注个体差异及睡眠问题，采取适宜的照护方式。

 考题再现

《婴幼儿发展引导员》（四级）理论知识试题

婴幼儿的睡眠时间安排应遵循以下原则，错误的是（　　）。
A. 保证充足的睡眠时间
B. 每日保持固定的睡眠时间
C. 睡前避免过度兴奋
D. 睡前可以看电视、玩手机等电子产品

扫码查看本项目
【考题再现】【直击赛场】答案

案例助学

 案例 3-5　张老师的班级观察实践
——对婴幼儿自助与习惯的观察案例

背景描述	本任务情境导入部分描述了张老师的观察背景，张老师基于对婴幼儿自助与习惯发展的了解，设计了一份班级幼儿自助与习惯发展行为检核表，并利用两周时间进行观察记录。
观察目的	了解班级婴幼儿自助与习惯的发展状况
观察对象	托班（月龄26～33个月）
观察地点	园内
观察方法	行为检核法

张老师设计的自助与习惯行为检核表：

项目	行为描述	经常	偶尔	未出现	备注
饮食与进食能力	会一手扶碗一手拿勺子独立进食				
	认识并喜爱食物，进食时专注				

(续表)

项目	行为描述	经常	偶尔	未出现	备注
睡眠与作息	能够在午睡前自主完成简单准备				
	在规定时间内安静入睡，并保持入睡状态				
排便与如厕习惯	白天能控制大小便，无需提醒即可主动表达如厕需求				
	能够按照成人的指引安全使用便盆或厕所				
自我清洁与卫生	在手脏时或饭前主动洗手，能较好完成洗手基本步骤				
	在咳嗽或打喷嚏时，能用手或纸巾遮挡				
穿衣与整理	能自己戴帽，穿脱没有鞋带的鞋子				
	能自己解开纽扣，穿脱简单外套				
	能够在游戏结束后主动参与收拾玩具，将玩具归位				
安全与规则意识	在园所内能遵守简单的安全规则，如不跑跳、不碰危险物品				

说明：

"经常"表示该行为在观察中大部分时间都能够出现；

"偶尔"表示该行为在观察中偶尔出现；

"未出现"表示该行为在观察中未见到出现。

观察结果：

项目	行为描述	经常	偶尔	未出现
饮食与进食能力	会一手扶碗一手拿勺子独立进食	12	5	3
	认识并喜爱食物，进食时专注	13	4	3
睡眠与作息	能够在午睡前自主完成简单准备	15	4	1
	在规定时间内安静入睡，并保持入睡状态	14	5	1
排便与如厕习惯	白天能控制大小便，无需提醒即可主动表达如厕需求	12	5	3
	能够按照成人的指引安全使用便盆或厕所	11	7	2
自我清洁与卫生	在手脏时或饭前主动洗手，能较好完成洗手基本步骤	16	3	1
	在咳嗽或打喷嚏时，能用手或纸巾遮挡	15	5	0

(续表)

项目	行为描述	经常	偶尔	未出现
穿衣与整理	能自己戴帽,穿脱没有鞋带的鞋子	11	6	3
	能自己解开纽扣,穿脱简单外套	12	5	3
	能够在游戏结束后主动参与收拾玩具,将玩具归位	14	5	1
安全与规则意识	在园所内能遵守简单的安全规则,如不跑跳、不碰危险物品	18	2	0

观察分析

经过对托班孩子自助与习惯发展的观察分析,我们可以从汇总表中看到,班级大多数孩子在自助与习惯发展方面表现良好,尤其是在自我清洁与卫生习惯方面,他们展现出了较强的意识和能力。同时,安全与规则意识也普遍较强。然而,在进食、如厕和穿衣与整理这几个方面,许多孩子表现出只有偶尔或未出现这些行为的情况,这表明他们这些领域需要进一步的关注和引导。实际上,这些任务是该年龄段的幼儿有能力达成的。

可能的原因包括:第一,缺乏练习机会。日常生活中缺乏足够的练习和锻炼机会,养育者的行为模式和教育方式对孩子的自助行为有重要影响。例如,过于依赖成人喂养和帮助可能会影响孩子自主进食技能的习得,并对其独立性产生负面影响。第二,方式方法不当。孩子可能尚未掌握适宜的方式方法,例如,学习适合他们的穿脱衣物的方法。第三,个体发育差异。每个孩子的发育节奏和学习方式不同,这可能导致某些技能习得上的时间差异。此外,孩子在适应园所环境和规则时的时间也会有所不同。

针对这些发现,我们需要在教学和互动中提供更多的机会和支持,帮助孩子们在这些关键领域中实现更好的成长和发展。通过在家与在园共同努力,有效促进幼儿自助能力的提升。

指导策略

针对对班级孩子自助与习惯行为的观察与分析,提出如下支持策略:

第一,增加孩子独立尝试的机会。鼓励孩子自己完成简单任务,如自己吃饭、穿衣或收拾玩具,避免过度干预,并给予他们足够的时间和耐心。

第二,提供适合孩子年龄特点的环境与工具。提供适龄的餐具、衣物和玩具收纳工具,以便孩子更容易完成自助任务。

第三,教授孩子正确的自助方法。通过示范和引导,教授孩子如何正确使用餐具进食、如厕时的步骤以及简便的穿脱衣物方法。家长在家中可以配合教师的指导,与孩子一起练习这些技能。

第四,采用正面表扬和鼓励,帮助孩子形成自助行为的信心。无论是园所还是家庭,当孩子表现出良好的自助行为时,应通过口头表扬、微笑或小奖励等方式强化其行为,帮助孩子认识到自助的重要性。

第五,家园共育,共同制定孩子的自助技能训练计划,确保在家和在园的教育一致。

案例 3-6　小乐的一天[①]
——婴幼儿自助与习惯发展的观察案例

观察目的	了解婴幼儿自助与习惯的发展情况
观察对象	小乐（男，20 个月）
观察地点	家中和户外
观察方法	轶事记录法

观察实录

早餐时，小乐坐在餐椅中，外婆端来米粥放在餐桌上，然后将手机架起来，播放动画片。外婆用勺子喂小乐米粥，小乐眼睛一直盯着手机，勺子到嘴边的时候张嘴吃。

外婆准备带小乐出门散步，小乐坐在地上，外婆蹲下帮他穿上鞋子，小乐双手放在身体两侧，没有参与穿鞋的动作。

在小区门口过马路时，外婆牵着小乐。经过马路时，外婆提醒说红灯，小乐用手指着红灯，站在路口和外婆一起等。有电动车经过，他会转身抱住外婆的腿。

在商场游乐区玩的时候，外婆提醒小乐小便。小乐跟着外婆一起去了卫生间。

午餐时，外婆把小乐的餐盘端到餐椅上，小乐用勺子舀了一勺菜，送到嘴巴的时候洒落一些到胸前。外婆见状过来帮他擦干净，接着坐在旁边喂小乐吃饭。外婆做了菠菜、排骨汤和西红柿炒鸡蛋，小乐没有挑食。午餐后，外婆帮助小乐擦嘴和手，小乐转头躲避毛巾。

午睡前，外婆提醒小乐要不要小便，并带小乐去卫生间小便。随后，帮小乐脱了衣裤。起床后，小乐坐在床上喊外婆，外婆过来帮他穿衣服，小乐没有主动伸手参与穿衣动作。穿好衣服，外婆再次抱小乐去便盆，小乐坐在便盆上待了几分钟后被抱起，没有明显的如厕动作。

观察分析

该月龄的幼儿在自助与习惯发展上表现出一定的自主性和独立性，包括能够自己用勺子进食，尝试自主穿脱简单的衣物，表达如厕需求等，并在日常生活中逐步形成规律的作息和良好的卫生习惯。

在对小乐的观察中，发现小乐在进食时能够用勺子舀菜，但食物洒落较多，且大部分时间依靠外婆喂饭，这表明其自主进食能力处于发展初期，熟练程度有待提高。穿衣穿鞋时，小乐缺乏主动参与的意识，自主穿衣穿鞋能力相较于同年龄段孩子的常见表现略显不足，也未表现出自主完成这些任务的意愿，还有较大的提升空间。过马路时，经外婆提醒，小乐能意识到红灯停，并且当有电动车经过时会抱住外婆的腿，这说明他已初步具备交通安全规则意识，基本符合该年龄段应有的规则认知程度。在如厕习惯方面完全依赖外婆的提醒和帮助，没有表现出主动如厕的行为，自主完成个人卫生相关事务的能力还有待进一步培养。

[①] 该案例是学生的观察作业，学生采用轶事记录法对亲戚家的堂弟进行了一天的持续观察。作为指导老师，编者对观察分析及指导策略进行了适当的修改和完善。

（续表）

小乐在自助与习惯发展方面表现出较强的依赖性，第一，可能与家庭教养方式有关。从案例中看到从喂饭、穿衣穿鞋到个人卫生等日常事务，较多地由外婆代劳，这在一定程度上减少了小乐实践和锻炼的机会，对其自主意识与独立完成任务能力的发展产生了影响。第二，可能受到环境的影响。在进食时播放动画片，这一环境因素可能分散了他的注意力，使得他在吃饭时容易将注意力转移到电子产品上，不利于良好饮食习惯的养成。同时，家庭中或许缺乏明确鼓励小乐自主探索和尝试的行为引导，使得小乐较少有机会去主动尝试，难以营造出适宜其自主成长的环境。第三，可能缺乏系统性教育引导。日常生活中，养育者未能充分持续、全面地引导小乐参与各类活动，帮助他逐步提升综合能力。

指导策略

为了提升小乐的自助与习惯发展，建议采取以下系统全面的策略：

首先，调整教养观念与方式。养育者要转变教养观念，认识到该年龄段幼儿自助能力培养的重要性，减少对小乐生活事务的过度包办。在日常生活中，给予小乐充足的自主空间和机会，鼓励他自己动手完成力所能及之事，如吃饭、穿衣、整理玩具等。

其次，营造良好的家庭成长环境。为小乐营造一个专注、积极向上的成长环境。吃饭时，关闭电子产品，营造安静的用餐环境，培养小乐的专注力和良好饮食习惯。在家中设置适合小乐身高和能力的专属区域，放置他能够自主取用的物品，如小衣柜、小鞋柜等，鼓励他自主管理个人物品。

最后，对小乐自助与习惯的养成开展系统性教育引导。例如，在个人卫生方面，从洗手、洗脸到自主上厕所等环节，逐步引导小乐独立完成。同时，可借助绘本、故事等形式，帮助小乐理解生活常识和良好习惯的重要性。

任务实操

任务3-4 请观看二维码视频，视频记录了婴幼儿餐前、进餐和餐后的活动。请根据视频内容，采用轶事记录法，完成附录6观察分析表格。

观察视频：
婴幼儿餐前、中、后活动

任务3-4作业纸见242页附录6。

课后拓展

巩固提升

巩固提升自测

❶ 请同学们根据课中实训内容,扫码完成自测题目,自查学习效果。

❷ 观察与指导实践

选择25~36个月龄段的婴幼儿一名,在家庭或者早期教育机构环境中,对其动作与习惯发展进行半日连续的观察(建议上午),参照案例3-6,采用轶事记录法予以记录,并对观察结果进行分析,提出针对性指导建议。

拓展资源

《婴儿日记》是一部由法国导演Laurent Frapat执导的纪录片,于2007年出品。影片真实记录了五个宝宝——阿加特、安娜、梅伊、亚历克西和马克桑斯,从出生到两岁生日的成长历程。通过记录他们从感知周围声音和事物、学习爬行和走路、逐渐与人沟通到开始表达自己的过程,影片展示了婴幼儿在最初几年中的各种发展变化。该纪录片为我们提供了观察婴幼儿自然成长环境和日常生活行为的珍贵机会,为研究和理解婴幼儿发展规律提供了宝贵的真实素材。

在观看《婴儿日记》时,请同学们特别关注影片中婴幼儿的粗大动作和精细动作发展的场景,例如宝宝们学会翻身、爬行、抓握和使用餐具等细节。同时,请观察婴幼儿在日常活动中的自我服务行为与习惯培养的片段,如如何逐渐学会自己吃饭、穿衣等。通过这些具体的行为表现,同学们可以更好地理解婴幼儿在动作发展和习惯养成中的不同阶段与特点,从而为今后的观察与指导工作提供宝贵的参考。

项目考核评价表

评价项目	项目三　婴幼儿动作与习惯发展观察与指导					
学生信息	班级_____　组别_____　姓名_____　学号_____					
评价内容		分值	评分标准	学生自评	小组互评	教师评价	总评

评价内容		分值	评分标准	学生自评	小组互评	教师评价	总评
任务实操完成情况	任务3-1	55	正确理解相关理论问题；实操任务的完成度、准确性和实际应用效果				
	任务3-2						
	任务3-3						
	任务3-4						
合作与沟通能力		10	积极参与团队合作，能与成员良好沟通与协调				
创新应用能力		10	能够针对问题提出创新的方法和应用建议				
自我反思与成长		5	能够进行深入的自我反思并提出改进计划，付诸行动				
学习资源利用与主动性	自学自测	10	积极查阅和利用学习资源				
	巩固提升						
	在线课程						
	拓展资源						
价值观和社会责任	树立科学的婴幼儿观，具备仁爱之心	10	形成社会主义核心价值观，并展现社会责任感与职业精神				
评语							

评价说明：在项目评价中，分值设置仅供参考，教师可根据实际情况灵活调整。在项目完成后，由任课教师主导，结合过程性评价与结果评价，综合运用自我评价、小组评价和教师评价三种方式进行评估。教师应合理设定三种评价方式在总评中的权重，以计算学生在该项目中的综合得分。此外，建议教师鼓励学生积极记录自己的学习历程，以促进自我反思和持续成长。

项目四

婴幼儿情感与社会性发展观察与指导

PROJECT 4

本项目主要学习0~3岁婴幼儿各月龄情感与社会性的发展特点,通过案例与任务实操,掌握0~3岁婴幼儿情感与社会性发展的观察方法,并能针对0~3岁婴幼儿情感与社会性发展水平提出适宜的指导方法。

本项目涉及的知识图谱如下:

```
                          ┌── 婴幼儿情绪情感概述
                          ├── 婴幼儿交往适应概述
              课前导学 ────┤
                          ├── 0~3岁婴幼儿情绪情感发展的规律
                          └── 0~3岁婴幼儿交往适应发展的规律

婴幼儿情感与                                          ┌── 0~3岁婴幼儿亲子依恋的观察要点
社会性发展观察                  任务一 学会婴幼儿      ├── 0~3岁婴幼儿亲子依恋发展观察实施的建议
与指导                          亲子依恋发展的观察与指导└── 0~3岁婴幼儿亲子依恋发展的支持策略

                                                      ┌── 0~3岁婴幼儿情绪调节的观察要点
              课中实训 ──────   任务二 学会婴幼儿      ├── 0~3岁婴幼儿情绪调节发展观察实施的建议
                                情绪调节发展的观察与指导└── 0~3岁婴幼儿情绪调节发展的支持策略

                                任务三 学会婴幼儿      ┌── 0~3岁婴幼儿交往适应的观察要点
                                交往适应发展的观察与指导└── 0~3岁婴幼儿交往适应的支持策略
```

素质目标:

❶ 树立科学的婴幼儿观,以平等、尊重和关爱的态度对待每一位婴幼儿;

❷ 遵循科学的观察方法,以客观、准确、精益求精的态度捕捉与分析婴幼儿的各种行为表现、情绪变化。

知识目标:

❶ 理解0~3岁婴幼儿情感与社会性发展的规律与特点;

❷ 掌握0~3岁婴幼儿情感与社会性发展观察的方法。

能力目标:

❶ 能科学规范地对婴幼儿情感与社会性进行观察记录;

❷ 能对婴幼儿情感与社会性发展观察的结果进行分析,并能提出适宜的指导建议。

案例启思

2岁的安安正和妈妈在家里玩拼图,玩得不亦乐乎。这时,妈妈的手机突然响了,原来是快递到了需要下楼去取。妈妈放下拼图,温柔地对安安说:"宝贝,妈妈要下楼拿个快递,马上就回来哦。"说完,妈妈就起身往门口走去。

安安一听妈妈要出门,立刻放下手中的拼图,小跑到妈妈身边,紧紧拉住妈妈的衣角,眼眶一下子红了,带着哭腔说:"妈妈不要走,安安要妈妈。"妈妈蹲下来,轻轻摸了摸安安的头说:"妈妈很快就回来,你看,妈妈把这个你最喜欢的奥特曼放在你身边,它会陪着你哦。"妈妈离开后,安安坐在地上哭了一会儿,突然看到了旁边的奥特曼,于是慢慢停止了哭泣,拿起小熊,一边用手擦着眼泪,一边对奥特曼说:"奥特曼,你要乖乖陪我等妈妈回来。"接着,安安又看到了地上还没拼完的拼图,自言自语道:"我要把拼图拼好,等妈妈回来给她看。"说着,她就开始认真地拼起图来。

没过多久,安安看到妈妈回来,立刻放下拼图,开心地跑向妈妈,妈妈一把将他抱起来,夸奖道:"宝贝真棒,自己都能玩拼图啦!"安安在妈妈怀里,脸上洋溢着幸福的笑容。

在上述案例中,你看到了安安亲子依恋的发展呈现什么特点?安安的情绪调节能力如何?你对安安的情绪情感发展有什么好的建议?

知识导航

知识点 4-1 婴幼儿情绪情感概述

微课8:婴幼儿情感与社会性发展概述

课前导学

婴幼儿情绪情感是指婴幼儿对客观事物是否符合自身需要而产生的态度体验及相应的行为反应。在婴幼儿阶段,情绪情感以基本情绪为主,如快乐、悲伤、愤怒、恐惧等,随着成长逐渐发展出复杂情绪,如害羞、内疚、自豪等。这些情绪情感通过面部表情、声音、身体动作和行为等方式表现出来。

情绪情感对婴幼儿的认知发展、社会交往、人格形成具有重要的影响。积极的情绪状态能使婴幼儿更愿意探索周围环境,对新事物产生好奇,从而促进感知、注意、记忆和思维等认知能力的发展。情绪情感是婴幼儿与他人交流的重要方式,能够帮助他们建立和维持良好的人际关系。在充满关爱和支持的环境中,婴幼儿能够形成安全型依恋,培养出自信、乐观、友善等积极的人格特质。

婴幼儿的情绪情感包括基本情绪与情感体验。 基本情绪是人类和动物共有的、与生俱来的、在进化过程中形成的情绪类别,具有普遍性和跨文化的一致性,在婴幼儿时期就已经开始表现出来,是婴幼儿情绪表达的基础;主要包括快乐、悲伤、生气、恐惧等。情感体验是个体在与周围环境、他人互动过程中,对各种情绪的主观感受和经历,主要包括依恋情感、同伴情感与自我情感(自尊、自信、自豪、内疚、害羞等)。"依恋"指婴幼儿与母亲或其他照顾者之间的那种强烈而深厚的情感联系。由于婴幼儿的照顾者主要是父母,所以又称为亲子依恋。亲子依恋是婴幼儿情感的避风港,赋予其安全感,让他们能安心探索世界,同时也是社交启蒙基石,影响个体日后与他人建立关系的模式和能力。

知识点 4-2　婴幼儿交往适应概述

　　婴幼儿社会交往是指婴幼儿在成长过程中,通过与他人(包括家人、同伴、陌生人等)之间的互动、交流和相互作用,逐渐学习和掌握社会行为规范、情感表达、沟通技巧等社会技能,以适应社会环境并建立人际关系的过程。

　　婴幼儿的交往适应是其建立良好人际关系的重要基础,能促进婴幼儿在语言、认知和情感等多方面的发展,在交往中婴幼儿通过观察、模仿和互动学习知识与技能,提升思维和表达能力。婴幼儿最初的社会交往是与照护者的互动,主要表现为对父母及其他照护者的依恋和互动,例如通过哭泣、微笑、蹬腿等方式引起他人注意,表达自己的需求。随着身体动作、语言思维的发展,婴幼儿开始与同龄人接触、玩耍、分享、合作,并学会解决冲突,逐渐适应更复杂的交往模式。同时,婴幼儿的交往适应还在周围环境中不断发展。例如,在托育机构、超市、游乐场等场所,他们面对陌生人时的反应和适应能力,以及对社会规则和交往技能的掌握水平都在不断提升。

 考题再现

> **《育婴员》(四级)理论知识试题**
> 下列对情绪、情感与心理活动、行为的关系的描述不正确的是(　　)。
> A. 良好的情绪情感体验会激发婴儿积极的探求欲望和行动
> B. 负面的情绪情感体验会抑制婴儿的探求欲望和行动
> C. 情绪和情感对心理活动和行为没有影响
> D. 情绪和情感对激活心理活动和行为起着至关重要的作用

知识点 4-3　0~3 岁婴幼儿情绪情感发展的规律

　　0~3 岁婴幼儿情绪情感的发展规律主要体现在情绪的社会化、亲子依恋的形成与发展两个方面。

一、情绪的社会化

1. 情绪中社会性交往的成分不断增加

　　从婴幼儿的微笑来看,3 个月左右,婴儿出现社会性微笑。4~6 个月时,婴儿能够

区分熟悉和陌生的面孔,对熟悉的人表现出更多的积极情绪,如微笑、发出声音等,对陌生人可能会出现警惕或不安的情绪。1.5岁幼儿对自己的微笑所占比例很大。3岁幼儿对老师、小朋友微笑比例很大。随着语言能力的逐渐发展,1~2岁的幼儿能够用简单的词语和句子表达自己的情绪,如说"高兴""生气"等。他们还会通过语言来与他人进行交流,表达自己的需求和愿望,情绪的社会性交往更加明显。比如,幼儿会说"宝宝要抱抱"来表达自己对亲密接触的需求,当得到满足时会表现出开心的情绪。

2. 引起情绪反应的社会性动因不断增加

0~1岁的婴儿主要因为生理需求未得到满足而哭闹,表现出消极情绪。1~3岁的幼儿的情绪反应逐渐由寻求生理需要的满足过渡到社会性需要的满足。1岁左右,幼儿开始有了初步的自我意识,能从镜子中认出自己,这使得他们的情绪体验更加丰富。例如,当他们做对一件事情时,会表现出自豪的神情;当被阻止做某些事情时,可能会出现生气或倔强的情绪。2~3岁的幼儿能够更好地理解他人的情绪,能根据他人的面部表情、语言和行为判断他人的情绪状态。比如,看到妈妈皱眉可能会知道妈妈不高兴了,会试图通过拥抱或说一些安慰的话来表达自己的关心。

3. 情绪的自我调节化

0~1岁婴儿基本依靠外界来调节情绪。例如,新生儿会因饥饿、尿布湿了等生理需求未得到满足而哭闹,这时主要靠照护者用喂奶、换尿布等方式来安抚,使他们的情绪恢复平静。2~3个月大的婴儿在清醒状态下会通过吸吮手指等方式让自己安静下来,这是他们自我调节情绪的最初表现。到6个月左右,婴儿可能会在面对一些轻微的刺激时,通过转移视线等方式来调节自己的情绪反应,比如看到不喜欢的物品或陌生人时,会将头转开。随着语言的发展,1岁左右的婴幼儿会用语言来表达自己的情绪和需求,从而辅助情绪调节。比如,他们会说"抱抱"来寻求大人的安慰。2~3岁的幼儿可以使用更加丰富的策略来调节情绪。例如,在遇到困难或挫折时,他们可能会主动寻求他人的帮助。同时,在与同伴相处时,他们也能更好地理解和遵循大人给予的一些情绪调节指导,如"不要哭,我们一起想办法",并尝试按照大人的引导来调整自己的情绪。

二、亲子依恋的形成与发展

1. 从对人无差别的反应逐渐过渡到对人有选择的反应

新生儿的行为主要受生理本能驱动,如饥饿、困倦、不适等生理需求会引发他们的哭闹等反应。此时,他们对任何能满足这些生理需求的人都没有明显的区分,无论是父母、其他家庭成员还是医护人员,只要给予照顾,婴儿都会表现出相似的满足或不满足状态。然而,到了7个月左右,婴儿开始对特定的照护者(通常是父母)形成明显的依恋。他们会对父母的离开表现出明显的分离焦虑,如哭闹、不安等,而当父母回来时,又会表现出强烈的喜悦和亲近行为,如伸手要抱抱、露出开心的笑容等。这表明婴儿已经能够明确地将父母与其他人区分开来,并对父母产生了特殊的情感依赖。

2. 从一般的情感联结逐渐过渡到特殊的情感联结

0～2个月的婴儿对周围世界的认知有限，对任何给予照顾和关注的人都可能表现出类似的反应。例如，在喂奶和安抚后，他们会表现出满足和安静，这种反应是较为泛化的、一般的、没有明显的个体差异区分的。从6～7个月起，婴儿对母亲或其他主要照护者的存在表现出特别的关切，逐渐形成明显而强烈的依恋。他们会把母亲作为自己的安全基地，母亲对他们来说意味着安全和舒适，这种情感联结已经超越了一般的熟悉和好感，成为一种深度的、独特的情感联系。

3. 从对家庭成员的依恋逐渐分化到外界伙伴关系依恋

6个月以后，婴幼儿开始能够区分不同的家庭成员，对经常陪伴和照顾自己的特定成员（如父母），形成更强烈、更具选择性的依恋。2岁开始，幼儿在与其他小朋友接触时，开始表现出一些初步的伙伴意识，比如会主动靠近其他小朋友，观察他们的行为，有时还会尝试与他们一起玩简单的游戏。随着年龄的增长，婴幼儿与外界伙伴的互动逐渐增多，开始建立起更稳定的伙伴关系。在这个阶段，婴幼儿在与伙伴相处时能够获得更多的情感支持和快乐，伙伴关系在他们的生活中变得越来越重要，虽然仍然需要家庭内部成员的支持和引导，但他们已经逐渐能够在家庭以外的环境中建立起自己的社交圈子，形成独立于家庭依恋的伙伴关系依恋。

知识点 4-4 0～3岁婴幼儿交往适应发展的规律

一、从混沌到萌芽的社交感知

3个月之前，婴儿对周围人的反应几乎没有明显差别，无论是谁来逗弄他们，都可能得到相似的回应，如运用哭、笑与外界交流，仿佛世界在他们眼中还是一片混沌未分的状态。6个月后，婴儿开始偏好熟悉的人，逐渐有了清晰的依恋对象，对陌生人的出现会表现出不安或哭闹，社交感知逐步形成。

二、自我觉醒下的社交探索

1岁左右，随着婴幼儿自我意识和语言能力的发展，他们在交往中展现出更多的主动性。例如，他们会通过"妈妈""抱抱""要"等词语表达自己的需求。在与小朋友一起游戏时，他们会用动作、表情和声音等表示对其他婴幼儿的关注，并乐于靠近他们。这是他们主动发起社交互动的表现。

三、社交规则融入与深化

2～3岁的幼儿语言能力突飞猛进，这有助于其在交往适应中清晰地表达自己的想法和感受。例如，他们会说"我想要这件连衣裙""我们一起搭一座大桥吧"。这一阶段的婴幼儿可以和同伴进行多样化的交流，社交范围得到拓展。同时，在与同伴、陌生环境的交往互动中,他们逐渐开始理解并遵守一些基本的社交规则,如分享、轮流、爱护花草等。例如,他们会说"你先玩,然后我再玩""不能踩小草,小草会疼的",这表明他们已经逐渐将社交规则内化,社交能力得到了进一步的深化。

 考题再现

《育婴员》(四级)理论知识试题

下列不属于婴儿情绪发展的特点的是( )。

A. 婴儿情绪发展与先天的气质有关,与后天的成长环境也有关系
B. 情绪发展有一定的生理基础
C. 婴儿情绪反应快而缺乏控制力
D. 婴儿能够很好地控制自己的情绪

链接1+X

幼儿照护职业技能等级要求(中级)

3.3 心理保健

3.3.3 能叙述幼儿依恋的相关知识,并运用科学方法缓解幼儿的分离焦虑。

3.3.4 能正确识别和回应幼儿的基本情绪情感反应。

自学自测

请同学们根据自学内容,扫码完成自测题目,自查学习效果。

自学自测

课中实训

实训目标

❶ 能够掌握婴幼儿情绪与社会性发展观察的内容和要点。
❷ 能够通过行为观察评估婴幼儿情绪与社会性发展的水平与存在的问题。
❸ 能够分析婴幼儿情绪与社会性发展问题产生的原因。
❹ 能够根据婴幼儿情绪与社会性发展的行为观察与分析结果,提出适宜的指导建议。

实训内容

任务一　学会婴幼儿亲子依恋发展的观察指导
任务二　学会婴幼儿情绪调节发展的观察与指导
任务三　学会婴幼儿交往适应发展的观察与指导

实训准备

❶ 环境准备:理实一体化教室,校园网无线 Wi-Fi,可在线观看线上资源。
❷ 物品准备:签字笔、记录本(活页)、手机或平板电脑等录音录像设备、婴幼儿情绪与社会性发展影像资料。
❸ 知识准备:了解婴幼儿亲子依恋、情绪调节与交往适应发展的基本内容与各月龄发展特点;初步掌握婴幼儿情绪与社会性发展观察与记录的方法。

任务一　学会婴幼儿亲子依恋发展的观察与指导

情境导入

新手妈妈小朱最近很苦恼,七七一离开自己的视线就哭闹不止,晚上也总是睡不踏实,只要她起身离开床边,宝宝就会惊醒。有时妈妈在跟七七玩沙锤的时候,妈妈摇动沙锤,七七就"咯咯咯"的笑。但是当妈妈因为别的事情需要暂时离开的时候,七七便瞬间停止了笑声,眼巴巴地望着妈妈,如果妈妈有一会儿还没回来,七七就会开始哭闹起来,小身子会朝着妈妈离开的方向扑腾。妈妈赶忙回来抱住七七,七七则露出瘪嘴委屈的表情,过一会儿又开心起来。小朱妈妈不明白,为什么宝宝这么"黏人"?如何才能让宝宝不再因为妈妈的离开而哭闹?如何缓解七七的分离焦虑呢?

知识导航

微课9：婴幼儿亲子依恋的观察要点、支持策略与观察应用

知识点 4-5　0~3岁婴幼儿亲子依恋的观察要点

参照《上海市0—3岁婴幼儿发展要点与支持策略(试行稿)》[①],婴幼儿亲子依恋发展的观察主要涉及以下具体内容(见表4-1)。

表4-1　婴幼儿亲子依恋发展观察的具体内容

观察目标	月龄	观察要点	具体表现
亲子依恋	0~2个月	无差别反应	2个月以内的婴儿对人的反应没有区分,都以抓握、微笑等十分相同的方式对大多数人做出相似的反应。
	3个月	对主要养育者更为关注	3个月的婴儿喜欢被抱,妈妈抱着的时候会更加安静;哭闹的时候妈妈给予安慰,婴儿会很快缓解消极情绪;喂奶的时候听到妈妈的声音,会停止吮吸或改变吮吸速度;妈妈逗引时,婴儿的头和眼睛会随着妈妈转动,甚至会笑。
	4~6个月	对主要养育者更加偏爱	婴儿喜欢被主要养育者抱着,并表现出愉悦的情绪反应;喜欢和妈妈互动,例如微笑、发出"噗噗哦哦"的声音;6个月婴儿能够敏锐地辨别熟悉和陌生的面孔,出现"认生"现象。

---

① 上海市教师教育学院.上海市0—3岁婴幼儿发展要点与支持策略(试行稿)[M].上海:上海出版社,2024.

（续表）

观察目标	月龄	观察要点	具体表现
亲子依恋	7~9个月	有明显的依恋对象	婴儿特别喜欢主要养育者，一见到他们，脸上便出现期待被安慰、渴求陪伴的表情，或是表现出亲昵地蹭蹭、紧紧拉住衣角等动作；与主要养育者分离时，婴儿感到难过，甚至用哭泣、大叫、拽住衣物等方式挽留对方；养育者距离较远时，婴儿表现出张开手臂、着急爬过去等行为；当被别人抱着时，婴儿会急切地向养育者伸出小手，身体也使劲往那边倾斜。
	10~12个月	分离焦虑	一旦遭遇困难，婴儿会马上向养育者求助；只要主要养育者在身旁，婴儿便会安心地独自玩耍一会儿，时不时摆弄下玩具，沉浸在自己的小世界里；独自玩耍时，婴儿常常转头张望，寻找主要养育者的身影，只有看到养育者，他们内心才会踏实，继续开心地玩耍；当陌生人靠近，婴儿脸上露出惊奇和害怕的表情，紧接着迅速把身体转向养育者，寻求庇护。
	13~18个月	深度依赖主要养育者	主要养育者一回家，幼儿就会兴奋地迎上去，张开双臂拥抱；夜晚睡觉、身体不舒服或者身处陌生环境时，幼儿会四处找寻熟悉的养育者，以获得安全感；有了喜欢的食物，幼儿会毫不犹豫地与主要养育者分享，而面对其他人，却有护着食物的表现；当主要养育者收拾碗筷时，幼儿自觉跑去拿玩具，安安静静地自己玩耍，不吵也不闹。
	19~24个月	将依恋目标调整为伙伴关系	在陌生环境中与养育者分离时会有恐惧情绪和抵触行为，需要一定的时间适应新环境；希望主要养育者能时刻陪伴自己，当其离开时会出现跟随行为；只接受主要养育者的照顾，如喂食、沐浴等；对主要养育者表示安心，有特别亲昵的行为；可以独自玩耍一会儿，或在养育者身边安静地玩；对陌生人的害怕程度降低。
	25~36个月	成长与适应	可以接受短暂的亲子分离，主要养育者暂时离开时，能接受其他熟悉的人的照看；与主要养育者互动积极，如愿意和其玩喜欢的玩具；更愿意听从主要养育者的行为要求，效果比其他人更好；与养育者保持安全距离时，独自玩耍的时间逐渐延长；在熟悉的环境下，能适应、接受陌生人在场。

在使用表4-1进行观察时，首先要明确观察目标，即关注不同月龄阶段婴幼儿亲子依恋的发展要点。根据婴幼儿的月龄确定合适的观察内容，把握相应的发展阶段特点，以此作为观察分析的参考依据。其次，在观察过程中，营造一个安全、安静、舒适的环境，并选择婴幼儿情绪状态平稳、自然的时候进行观察，这样有助于婴幼儿展现出真实的亲子互动和依恋模式。最后，在记录观察结果时，要确保观察记录的全面性、客观性、及时性和详细性，包括背景、原因、过程等，从而便于全面、深入地分析亲子依恋关系。并且，基于对婴幼儿的观察结果，结合家庭的具体情况，选择针对性的教养建议进一步调整和指导，持续

关注婴幼儿和家长的发展变化。

观察视频：2个月七七
对人反应无差别

观察视频：6个月七七
喜欢和妈妈互动

2024 年全国职业院校技能大赛
婴幼儿照护赛项试题

（　　）是儿童依恋发展的第三阶段：特殊的情感联结阶段。
A. 出生至 3 个月　　　　　　　B. 3 至 6 个月
C. 6 个月至 2 岁　　　　　　　D. 2 岁以后

知识点 4-6　0～3 岁婴幼儿亲子依恋发展观察实施的建议

一、自然情境下 0～3 岁婴幼儿亲子依恋发展的观察

在自然情境中观察 0～3 岁婴幼儿的亲子依恋能力，需要观察者融入婴幼儿的日常生活，捕捉其自然行为和反应，强调不施加任何人为干预或设置特定任务，对婴幼儿在自然生活中的亲子依恋表现进行直接、真实的观察。

1. 在家庭日常生活中捕捉亲密互动瞬间

家庭是婴幼儿最熟悉的环境，在家庭日常生活的各个场景中，婴幼儿的行为表现蕴含丰富的亲子依恋信息。从起床、穿衣到哺乳，每一个环节都能反映出婴幼儿对照护者的信任程度，这些细微之处正是观察亲子依恋的关键。例如，在哺乳时，观察婴幼儿跟妈妈之间的眼神交流、触摸动作，这是亲子间情感纽带的体现。需要注意，观察者要注意日常生活观察的连续性，持续地追踪记录从而更全面把握亲子依恋的发展变化。

2. 在休闲娱乐中洞察亲子情感联结

休闲娱乐不仅是家长跟婴幼儿之间共享天伦之乐的时刻，更是我们观察婴幼儿亲子依恋表现的良好契机。例如，婴幼儿将积木稳稳地放在另一个积木上，向照护者投去兴奋的目光和灿烂的微笑，照护者鼓掌夸赞："宝贝真厉害，都能把积累垒高啦。"结合上述，我们需要观察婴幼儿在休闲娱乐时是否向照护者寻求表扬、支持和鼓励，照护者是否能够给予积极、正向、及时的回应，从而辨别婴幼儿对照护者的依恋需求。在观察过程中，观察者要避免主观臆断，保持客观的视角解读亲子依恋，让观察记录如实反映亲子活动情况。

3. 在社交互动中见证依恋关系

社交互动场景为亲子依恋的观察提供了重要的视角。观察者应在婴幼儿社会交往中捕捉依恋的行为表现,并注重观察的全面性,包括婴幼儿的行为表现和社交互动的环境、时间、频次等。例如,观察婴幼儿在面对第一次见的邻居王阿姨时,有哪些表情、动作和语言的反应;或是婴幼儿在社区玩耍时,是否敢于主动与其他小伙伴沟通互动。通过对婴幼儿社交过程中行为模式的观察,可了解其亲子依恋关系的紧密程度。

二、任务情境下0~3岁婴幼儿亲子依恋发展的观察

在任务情境下观察0~3岁婴幼儿的亲子依恋能力,需要通过有目的、有计划的活动或任务,引导婴幼儿展示其亲子依恋的发展水平,可以在以下任务情境中观察:

1. 对特定照护者依恋的任务情境

婴儿从3个月开始,对主要照护者有更多的关注和偏爱,喜欢被特定照护者抱着,情绪也会更加稳定。因此,观察者可以设计婴幼儿对特定照护者依恋的任务情境。例如,为了观察婴幼儿对不同照护者的依恋程度,可以在婴幼儿哭闹的时候,让不同的照护者去安慰,观察婴幼儿的反应,以此判断婴幼儿对哪位照护者有所偏好,以及对特定照护者的依恋程度。例如,表4-2是在针对性的情感与社会性任务中观察3~9个月婴儿亲子依恋。

表4-2 3~9个月婴儿亲子依恋对象观察

观察目标	观察环境和条件	观察步骤
观察婴儿对主要照护者的依恋	婴儿熟悉的家中,婴儿清醒时	1. 等待婴儿哭闹的情绪出现; 2. 爸爸、爷爷、奶奶、妈妈依次对婴儿进行抚慰行为,如喂奶、抱着抚摸、语言安抚、玩具引逗等; 3. 观察婴儿面对不同照护者抚慰行为的情绪和行为反应。

2. 与依恋对象分离重聚的任务情境

婴幼儿亲子依恋主要体现在对依恋对象的情感依赖,与依恋对象分离时出现焦虑行为,如害怕、哭泣、难过。观察者可以请依恋对象暂时离开房间,观察婴幼儿的情绪反映,从而辨析婴幼儿对依恋对象的依恋模式与发展水平。例如,表4-3是在针对性的情感与社会性任务中观察6~12个月婴儿的亲子依恋。

表4-3 6~12个月婴幼儿分离重聚依恋观察

观察目标	观察环境和条件	观察步骤
观察婴儿对依恋对象离开又重聚时的表现	婴儿清醒时	1. 婴儿与依恋对象在一起互动,可以玩游戏、读绘本等; 2. 依恋对象暂时离开婴儿,去到另一个婴儿看不见的房间; 3. 观察婴儿面对依恋对象离开时的情绪和行为反应; 4. 十分钟后,依恋对象回到婴儿身边,观察婴儿的情绪和行为反应。

3. 靠近陌生人的任务情境

6个月大时,婴儿开始出现"认生"现象。观察者可以设置陌生人的情境,引入一位陌生人来到婴儿身边,观察婴儿对陌生人的态度,是否会向照护者寻求庇护,是否会表现出害怕、哭闹等情绪。例如,表4-4是在针对性的情感与社会性任务中观察6个月左右婴儿的亲子依恋。

表4-4 6个月左右婴儿认生观察

观察目标	观察环境和条件	观察步骤
观察婴儿的认生表现	婴儿清醒时	1. 婴儿与依恋对象在一起互动,可以玩游戏、读绘本等,观察陌生人介入之前婴儿的情绪和行为表现; 2. 引入陌生人来到婴儿身边,与婴儿进行简单的语言互动,如"宝宝,好可爱呀"; 3. 观察婴儿面对陌生人靠近时的情绪和行为反应; 4. 观察照护者安抚婴儿时的互动和效果。

知识点 4-7 0~3岁婴幼儿亲子依恋发展的支持策略

一、及时回应需求,形成可信赖、稳定的亲子关系

在婴幼儿的成长旅程中,及时回应其需求是构建稳固亲子关系的基石,具有极为重要的意义。婴幼儿稚嫩的身体与不成熟的心理特征决定了他们的一切生理需求的满足都需要来自成人的回应。当婴幼儿哭闹时,养育者悉心辨析婴幼儿的哭声,及时温柔地抱起,轻声哼唱安抚,或及时更换尿不湿、喂奶,让婴幼儿感受到他的需求是被看见的,周围环境是安全、可信赖的。当婴幼儿用眼神、声音与养育者互动时,养育者及时给予语言、目光、微笑、拥抱等积极回应。需要注意的是,婴幼儿应当有较为固定的养育者,这样更有利于形成可信赖、稳定的亲子关系。

二、进行情感交流,建立安全依恋

养育者与婴幼儿之间进行积极且深入的情感交流,是构建安全依恋关系的核心要素。养育者要随时关注婴幼儿的情绪变化,经常亲近与逗引婴幼儿,通过安抚、拥抱、温柔的眼神对视等方式及时满足婴幼儿的情感需求。用柔和的语音语调讲述日常小事,哪怕他们听不懂具体内容,也可以从声音的韵律和节奏中体会到温暖与爱意。如果照护者需要离开时,应告知婴幼儿,并为其准备好熟悉的玩具、用品,帮助其建立安全感,以缓解婴幼儿在接触陌生人或陌生环境时产生的焦虑情绪。

三、给予心理抚慰,减少陌生焦虑

10~12个月的婴儿开始出现分离焦虑,当面对陌生环境时,小小的他们很容易陷入

不安与焦虑之中。当婴幼儿出现害怕、退缩行为时,养育者不仅要用语言给予情绪安慰,更要用拥抱、抚触等方式缓解其焦虑情绪。让婴幼儿多接触家庭以外的环境与人,并尽可能减少婴幼儿的陌生焦虑。在婴幼儿不熟悉的环境中,必须有亲近的养育者在场,给予他们充分的心理抚慰,通过温柔的话语轻声安抚,用温暖的怀抱传递安全感,时刻关注他们的情绪变化,让他们在陌生情境中感受到始终如一的温暖与呵护,从而有效减少陌生焦虑,为他们的心理健康发展筑牢坚实基础。

🚜 直击赛场

2024年江苏省职业院校技能大赛
婴幼儿健康养育照护赛项试题

2岁的明明,最初和母亲在一起时,能很愉快地玩,当陌生人进入时,明明有点警惕,但仍能继续玩,无烦躁不安表现。明明的依恋类型是(　　)
A. 回避型依恋　　　　　　B. 安全型依恋
C. 矛盾型依恋　　　　　　D. 恐惧型依恋

📋 案例助学

案例4-1　难以入睡的七七
——婴幼儿亲子依恋发展的观察案例

观察目的	了解婴幼儿亲子依恋的发展规律
观察对象	七七(女,6个月)
观察地点	家庭
观察方法	事件取样法

观察实录

七七是一个六个月大的女宝宝,平时主要由妈妈照顾。今天晚上妈妈需要加班,于是爸爸承担起哄七七睡觉的任务。爸爸温柔地抱着七七,模仿妈妈往常哄睡的语调,轻声哼唱着,在房间里踱步。然而,七七并没有像往常妈妈哄睡时那样逐渐安静下来,七七的情绪变得有些躁动不安,开始扭动身体,在爸爸的怀里一边打挺,小胳膊小腿不停挥舞着,一边发出"嗯嗯啊啊"抗拒的声音。爸爸见状尝试调整姿势,继续加大音量哄睡,但七七却哭闹得更加厉害。妈妈听见声音后来到房间,从爸爸怀中接过七七,用轻柔的声音安抚七七:"宝宝乖,妈妈在呢,我们睡觉觉啦。"轻轻地拍打宝宝的后背。一分钟后,七七的情绪逐渐平稳下来,不一会儿,七七的眼睛就开始变得迷离,呼吸也逐渐平稳,慢慢进入了梦乡。

(续表)

观察分析

6个月的宝宝喜欢被主要养育者抱着,并表现出愉悦的情绪反应,能够敏锐地辨别熟悉和陌生的面孔。宝宝已经有了明晰的依恋对象,在与主要照料者长期的互动过程中,逐渐形成了对他们的信任,对主要养育者更加偏爱。在熟悉的照料者身边,宝宝会表现得更加放松、舒适。

在案例中,6个月大的七七已经能明显区分不同的照料者,并对妈妈形成了明确的依恋关系。在哄睡这一特定情境下,当妈妈出现并给予安抚时,七七的情绪能迅速稳定下来,而面对爸爸的哄睡则表现出强烈抗拒,这表明七七将妈妈视为最主要的安全依靠。当由非主要依恋对象爸爸哄睡时,七七表现出不安、抗拒,这是分离焦虑的初步体现。她对妈妈的离开产生了负面情绪,只有在妈妈回到身边时才恢复平静,说明她已经意识到与妈妈的分离,并且对这种分离感到不适。

从案例中可以看出,在七七成长的这六个月里,妈妈大概率承担了大部分的照料工作,如喂奶、换尿布、陪玩等日常互动。长时间、高频次的陪伴使得七七对妈妈的气味、声音、触摸等产生了熟悉感和依赖感,从而建立起深厚的亲子依恋关系。妈妈在与七七的互动中,可能对七七的需求给予了及时且一致的回应。当七七哭闹时,妈妈能迅速理解她的需求并给予满足,这种稳定的情感回应让七七建立起对妈妈的信任,相信妈妈能在她需要时提供帮助,从而加深了亲子依恋。

指导策略

针对以上分析,可以从以下几个方面帮助七七建立良好的亲子依恋关系:

首先,增进爸爸与七七的互动。爸爸应更多地参与到七七的日常照料中,如在妈妈的协助下,负责给七七洗澡、换尿布。在这个过程中,爸爸可以跟七七温柔地交流,让七七熟悉爸爸的声音和触摸方式,逐渐建立起亲密感。

其次,加强妈妈的引导与支持。在哄睡时,妈妈可以先和爸爸一起参与,妈妈负责主要的安抚动作,爸爸在旁边协助,如轻轻抚摸七七的小手。等七七适应后,爸爸再逐渐增加参与度,最终过渡到爸爸能独立哄睡。妈妈可以和爸爸分享在照顾七七过程中的小技巧和经验,例如,如何通过七七的表情和动作判断她的需求,帮助爸爸更好地理解七七,提升爸爸照顾七七的能力。

再次,营造稳定的家庭环境。家庭成员之间保持和谐的关系,营造温馨、稳定的家庭氛围。在这样的环境中成长,七七能获得更多的安全感,有助于她建立健康的亲子依恋关系。

最后,关注七七的情感需求。爸爸妈妈都要更加敏锐地察觉七七的情绪变化,当七七出现不安或哭闹时,及时给予安抚和回应,让七七感受到自己的情感被重视。

案例 4-2 回老家"社恐"的七七

——婴幼儿亲子依恋发展的观察案例

观察目的	了解婴幼儿"认生"的发展规律
观察对象	七七(女,5个月)
观察地点	家庭与户外
观察方法	时间取样法

观察实录:
观察日期:2025 年 1 月 29 日　　　　　　　观察时长:30 分钟

观察时间	时长	具体场景	七七表现
10:00～10:10	10 分钟	邻居王奶奶满脸笑容,一边伸手要抱七七,一边说着"宝贝,让奶奶抱抱。"	原本开心的七七,看到王奶奶靠近,立刻往妈妈怀里缩,眉头微微皱起,眼神中透露出不安。
10:20～10:30	10 分钟	远房表姑拿着一个小玩具,在七七面前晃动,试图逗她开心,还伸手想摸摸她的头。	七七盯着表姑手中的玩具看了一会儿,当表姑的手靠近时,她突然撇了撇嘴,发出"呜呜"的声音,似乎要哭出来。
10:40～10:50	10 分钟	同村的小朋友凑到七七面前,好奇地看着她,还伸手想拉她的小手。	七七看着小朋友,小手赶紧往回缩,捏住妈妈的衣服,身体也往妈妈身后躲,脸上露出紧张的表情。
11:00～11:10	10 分钟	妈妈将七七放进推车中坐着,去厨房拿餐具准备给宝宝喂辅食。这时邻居李叔叔看见七七,迎面走来,弯腰俯身对着七七笑。	七七看见李叔叔后,眉头紧缩,眼睛盯着李叔叔看,没一会儿,七七就瘪嘴委屈地哭了起来,朝着厨房的方向眼巴巴地望着。

观察分析:

　　5 个月婴儿的认生处于初步发展阶段,已经能够通过视觉、听觉等多种感官信息,对熟悉的人和陌生的人进行区分。他们对经常照顾自己、与自己互动的家人等熟悉面孔会表现出更多的亲近和安全感,而对不熟悉的人则可能表现出不同的反应。当处于一个陌生的环境中时,婴儿可能会变得更加警觉,会减少主动探索的行为,更倾向于待在熟悉的人身边,以获取安全感。需要注意的是,认生是其认知和情感发展过程中的正常现象,随着年龄的增长和社交经验的增加,这种认生现象通常会逐渐减轻。

　　在观察记录中,每当有陌生人靠近,如邻居王奶奶伸手要抱、表姑伸手摸头、小朋友伸手拉小手、李叔叔靠近时,七七都能迅速做出反应,往妈妈怀里缩、皱眉、躲避、哭泣等,七七都表现出认生行为,这表明他的认生不是针对特定某类陌生人,而是对不熟悉的人普遍存

（续表）

在警惕性，说明他对陌生刺激的感知敏锐，能在短时间内做出应对。此外，七七的认生表现形式丰富，包括身体动作上的躲避，如往妈妈怀里缩、小手回缩；面部表情的变化，如皱眉、撇嘴；以及发出不安的声音，像"呜呜"声，通过多种方式综合表达自己的认生情绪。 　　5个月的婴儿开始能够区分熟悉和陌生的面孔，他们的记忆能力有所提升，对经常接触的亲人有了深刻印象，可能主要接触的是父母等少数亲人，社交圈子相对狭窄。过年回到老家，短时间内大量陌生人的涌入，对未曾见过的邻里亲戚感到陌生，所以会表现出不安和抗拒，导致他难以适应，从而产生认生反应。
指导策略： 　　首先，家长给予正面引导。当有陌生人靠近时，家长要紧紧抱住七七，用温柔的语言安抚她，如"宝贝别怕，妈妈在这儿呢"，让她感受到家长的保护，从而减轻不安情绪。家长可以先和陌生人热情友好地打招呼、交流，展示积极的社交态度，让七七观察学习，逐渐消除对陌生人的恐惧。例如，妈妈可以笑着对王奶奶说："王奶奶，您看，七七可喜欢看您笑啦。"然后再慢慢引导七七与王奶奶互动。 　　其次，拓展社交场景。在日常生活中，家长可以带七七去公园、小区广场等小朋友聚集的地方，让她逐渐习惯周围有不同的人。同时，主动和其他家长交流，让七七有机会接触更多的陌生人，拓宽社交圈子。 　　家长在日常互动中给予安全感与示范社交，积极拓展社交机会并从熟悉场景入手，以及做好环境适应的提前告知和熟悉环境工作，能够帮助5个月的七七逐步克服认生现象，更好地适应社交环境，促进其社交能力的发展。

任务实操

托育机构观察视频

任务4-1　请观看二维码视频，根据视频内容，完成附录7观察分析表格。

任务4-1作业纸见243页附录7。

任务二　学会婴幼儿情绪调节发展的观察与指导

情境导入

　　妈妈带着一岁半的宝宝在小区的儿童游戏区玩耍，宝宝原本还开心地玩着滑梯。这时，旁边小朋友拿着玩具走了过来，宝宝立刻哭闹起来，非要抢过来别人的玩具。妈妈尝试安抚，但宝宝却哭得更厉害了，怎么都停不下来。回想宝宝之前的表现，宝宝在不被满足时也会容易哭闹。这让妈妈十分苦恼,她担心宝宝的情绪调节能力是否存在问题? 日常又需要如何正确引导宝宝控制自己的情绪?

知识导航

知识点 4-8　0~3岁婴幼儿情绪调节的观察要点

参照《上海市0—3岁婴幼儿发展要点与支持策略(试行稿)》,婴幼儿情绪调节发展的观察主要涉及以下具体内容(见表4-5)。

表4-5　婴幼儿情绪调节发展观察的具体内容

观察目标	月龄	观察要点	具体表现
情绪调节	0~3个月	对外部刺激的情绪反应	婴儿出生后,立即可以产生情绪表现,此时他们的情绪反应与生理需求是否得到满足直接相关。① 例如,婴儿饥饿时会用大哭来表达需求,吃饱喝足后则表现出安静、满足的状态。
		对外部刺激的情绪调节	在这个阶段,婴儿的情绪调节能力较弱,主要依赖养育者的照顾和安抚来调节情绪。例如,养育者的怀抱、轻柔的哼唱,能让婴儿感到安全、愉悦,从而缓解不安情绪。
	4~6个月	丰富的情绪表达	这个阶段的婴儿情绪表达逐渐丰富,除了饥饿、舒适等基本情绪外,还能感受并表达烦躁、愉悦等情绪。例如,快乐时婴儿会发出"咯咯"的笑声或在床上做蹬、踢的动作,不开心时会挺直身体。此外,4~5个月的婴儿开始认生,见到生人会害怕,这证明亲子之间情感的连接已建立。婴儿可能会反复将手放入口中吸吮,表现出非常满足的样子,这是他们自我安慰的一种正常表现。
	7~9个月	多样化的情绪	婴儿的情绪表现更加多样化,出现惊讶、伤心、难过等多种情绪。当愿望受阻时,会表现出沮丧或愤怒的反应,比如手里的东西被拿走时会哭,再拿回时会笑。同时,婴儿对主要养育者的依赖进一步增强,喜欢父母、家人和自己一起开心地玩。这时候的婴儿,一个人高兴玩耍的时间也会变长,啼哭的时间减少。
	10~12个月	情绪理解与表达	这一时期的婴儿,对情绪的理解有所发展,能够意识到养育者的生气,并停止正在做的事情。同时,开始意识到自我的存在,会使用面部表情、眼神、声音和姿势对周围的事情表达自己的情绪情感。例如,被夸奖时,会露出高兴的表情;开始对某些玩具表现出特别的偏爱。
		自我安慰行为	在遇到困难或感到不安时,婴儿会用奶嘴、毛毯等喜爱的物品进行自我安慰,通过与这些物品的接触来获得安全感。

---

① 陈帼眉.学前心理学[M].2版.北京:人民教育出版社,2015.

（续表）

观察目标	月龄	观察要点	具体表现
情绪调节	13~18个月	自我意识情绪出现	幼儿在这一阶段的自我意识进一步发展，出现害羞等自我意识的情绪表现。例如，见到陌生人时会躲到养育者身后；意识到自己犯错后，会故意讨好养育者。同时，他们开始能够从别人的行为中分辨他人开心、悲伤、生气等情绪，并将自己的行为与他人的情绪联系起来。12~15个月的幼儿也展现出强烈的好奇心，对新学会的本领感到高兴，会拍手表扬自己。
		情绪不稳定	该阶段的幼儿情绪易受感染，"人哭我哭，人笑我笑"的现象频繁。同时，幼儿短时间内可能会表现出不同的情绪变化，常"破涕为笑"，哭、笑、恐惧、发脾气等情绪的表现也变得相当复杂起来。
	19~24个月	情绪调节的矛盾表现	此阶段的幼儿一方面对养育者有着强烈的依赖性，显得特别黏人，妒忌情绪在行为中也较常出现，如不让妈妈抱其他孩子。另一方面，18~21个月的幼儿越来越喜欢尝试自己解决问题，会用语言或动作表示"不"。这种矛盾心理也导致他们的情绪波动较大，很容易因他人的批评或阻止而不高兴。但是在成人的帮助下，他们也开始能够控制自己的情绪。
		情绪理解与表达能力进一步增强	幼儿在发现养育者表情、语气的细微变化后能调整自己的行为。例如，看到爸爸瞪眼并发出"嗯？"后，不接受别人给予的东西。受到关注或称赞时，会表现出自豪与喜悦的情绪；在感到难过时，他们能够对养育者进行简单表达。
	25~36个月	情绪调节能力提升	这一时期的幼儿情绪调节能力有了较大提升，哭的次数明显减少。同时，他们具备应对养育者强烈情绪反应的技巧。例如，当养育者发火时，幼儿会用大声哭泣寻求帮助。然而，在与同伴的相处中，虽然这个年龄段的幼儿对同龄孩子已显示出兴趣来，但还不具备一同友好地玩耍的能力。

婴幼儿情绪调节能力的发展始于生理需求的表达，逐渐发展成为带有社会内容的情绪和情感表现。**在对婴幼儿情绪调节发展的观察中，需关注其情绪表达、理解及自我调节能力的阶段性特征，同时重视个体发展差异与环境支持的相互作用**。在使用表4-5时需要注意，养育者要充分认识到每个阶段的发展规律和特点，不同宝宝的情绪发展速度和表现形式会存在个体差异，只要在合理的范围内，都属于正常情况。养育者不应盲目地将自家宝宝与其他宝宝进行比较，而是要密切关注自己宝宝的情绪变化，了解其情绪发展水平和特点。养育者为婴幼儿提供的成长环境和互动方式对他们的情绪调节能力发展起着至关重要的作用。通过积极的引导、耐心的陪伴和正确的示范，养育者可以帮助婴幼儿更好地理解和管理自己的情绪。养育者应为婴幼儿提供个性化的教育引导，设定符合其年龄

特点的发展目标,随着这些目标的逐步实现,推动婴幼儿不断迈向新的情绪发展阶段,形成"观察—评估—指导—发展—观察—评估"的良性循环互动发展模式。

观察视频:5个月
七七快乐时发出咯咯的笑声

观察视频:7个月
七七打疫苗哭

考题再现

《婴幼儿发展引导员》(四级)理论知识试题

婴幼儿的情绪调节策略不包括以下哪一项?(　　)
A. 自我安慰　　　　　　　　B. 求助他人
C. 转移注意力　　　　　　　D. 放任自流

知识点 4-9　0~3岁婴幼儿情绪调节发展观察实施的建议

一、自然情境下0~3岁婴幼儿情绪调节发展的观察

在自然情境中观察0~3岁婴幼儿的情绪调节能力,需要观察者融入婴幼儿的日常生活,捕捉其自然行为和反应,强调不施加任何人为干预或设置特定任务,对婴幼儿在自然生活中的情绪调节表现进行直接、真实的观察。

1. 日常生活中的情绪调节观察

观察者可以在婴幼儿的日常生活各种活动中,关注其情绪反应和调节方式。例如,在婴幼儿受到挫折、惊吓、不安或者"闹觉"的时候,观察他们能否通过寻求照护者的怀抱、吸吮或接触喜欢的物品等方式寻求庇护和安慰,获得安全感;当照护者提供安慰后,他们情绪能否得到平复,从而评估婴幼儿的情绪调节发展水平。

2. 社交互动中的情绪调节观察

婴幼儿在社交互动中会遇到多样化的情绪体验,社交过程是观察其情绪调节能力的关键时机。婴幼儿的社交包括与家人的社交、与同伴的互动、与陌生人的接触。观察者可以分别观察婴幼儿与家庭成员互动、与同伴相处以及面对陌生人时的情绪表现以及情绪调节方式。例如,8个月的婴儿认生情绪更加强烈,观察者可以记录婴儿面对陌生人时是否通过"拧转面"或者"躲避"等行为来调节不安、焦虑的情绪。

二、任务情境下 0~3 岁婴幼儿情绪调节发展的观察

在任务情境下,观察 0~3 岁婴幼儿的情绪调节能力,需要通过有目的、有计划的活动或任务,引导婴幼儿展示其情绪调节能力的发展水平。同时需要注意选择难度适宜的任务,避免因为难度太大、剧烈变化而导致婴幼儿过度受挫,产生强烈的负面情绪。可以在以下任务情境中观察:

1. 通过游戏任务观察情绪反应

游戏是婴幼儿喜爱的活动,在游戏中能够看见婴幼儿的多种情绪表现。观察者可以设计搭建积木的游戏情境,提供积木、玩偶、小汽车等玩具,观察婴幼儿是否表现出兴奋、快乐、好奇、专注等情绪。当拿走一个婴幼儿喜欢的玩具时,关注他们是否表现出不安、抗拒、生气等情绪。

2. 通过挫折任务观察情绪调节能力

婴幼儿的情绪具有外显性和波动性,设置挫折任务是一种有效观察情绪调节能力的方式。观察者提供拼图玩具,拼图的数量和图案由易到难、由少到多,当婴幼儿可以完成拼图后,观察者提高难度,直至婴幼儿无法完成任务,此时观察他们的情绪反应和行为方式。例如,表 4-6 是在针对性的情感与社会性任务中观察 2 岁半幼儿的情绪调节。

表 4-6 2 岁半幼儿情绪调节观察

观察目标	观察环境和条件	观察步骤
观察幼儿的情绪调节	托育机构或者幼儿园的入园第一天,幼儿清醒时	1. 幼儿与家长一起来到托育机构; 2. 家长离开幼儿,在幼儿看不见的地方躲起来; 3. 观察幼儿的情绪和行为反应,是否出现哭闹、难过等表现; 4. 观察幼儿能否在老师的安抚、参与游戏活动、玩玩具等干预中调节自己的情绪。

知识点 4-10 0~3 岁婴幼儿情绪调节发展的支持策略

一、建立安全的依恋关系

在 0~3 个月时,应保证婴儿有较为固定的照护者(理想情况下是母亲)。0~3 个月的婴儿的生理需求的满足对情绪稳定影响很大,照护者的及时回应能让婴儿建立起对世界的信任。4~6 个月的婴儿开始对主要养育者产生依恋,养育者应通过频繁的互动(如微笑、眼神交流、拥抱等)与婴儿建立稳固的情感联结,从而帮助婴儿在情绪波动时获得安全感。当婴儿用眼神、声音与养育者互动时,养育者及时给予语言、目光、微笑、拥抱等积极回应,让婴儿感到安全,并产生舒服愉快的情绪体验。

二、提供情绪表达的机会

6～12个月的婴儿逐渐学会通过声音、动作来表达情绪,此时养育者应当对此给予鼓励。例如,当婴儿表现出不高兴时,养育者可以引导婴儿用简单的动作(如摇头、挥手)等来传达"不要"的意思。24个月后,随着幼儿语言能力的逐渐增强,养育者可以鼓励幼儿尝试用语言表达自己的情绪,而非采取哭闹或发脾气的方式。例如,当幼儿感到不快时,养育者可以引导他们说出"我不喜欢这样"。

三、引导识别和理解情绪

4～6个月的婴儿已初步具备识别不同情绪的能力,此时养育者可以在日常互动中,利用面部表情和声调的转换等方式向他们传达情绪信息。13～24个月的幼儿逐渐能够理解简单的情绪词汇,因此养育者可以帮助幼儿识别和命名不同的情绪。例如,当幼儿表现出愉悦时,养育者可以说"宝宝很开心。"25～36个月的幼儿开始能够掌握情绪的因果联系,因此养育者可以利用日常生活中的情境帮助幼儿理解情绪的成因。例如,当幼儿因玩具被抢而生气时,养育者可以向他们说明"因为玩具被抢了,所以宝宝生气了。"

四、提供情绪调节的工具

0～3个月的婴儿主要通过感官体验来调节情绪,因此养育者可以通过提供轻柔的音乐、温暖的触觉刺激(如抚触、按摩)等方式,帮助婴儿放松情绪。1岁左右的婴幼儿已经出现自我安慰行为,因此养育者可以为婴幼儿提供简单的情绪调节工具,如柔软的毛毯、安抚玩具等,帮助其在情绪波动时自我安慰。24个月后的幼儿,能够通过观察成人的行为学习情绪调节,因此养育者应成为幼儿情绪调节的榜样。例如,当养育者感到生气时,可以用深呼吸、数数等方式调节情绪,并向幼儿解释自己的行为。

五、转移注意力调节情绪

婴幼儿的情绪波动往往较大,且他们很容易被新鲜事物吸引。因此通过转移他们的注意力,可以帮助婴幼儿迅速地摆脱负面情绪。当0～12个月的婴儿哭闹时,可以通过感官刺激、改变环境、提供新奇的玩具或物品、模仿和互动、改变活动内容等形式转移婴儿的注意力。转移12个月后大的幼儿注意力时,则可以通过引入新活动、使用语言引导等方法。例如,当幼儿因为摔倒而哭闹时,养育者可以说"看,那边有一只小鸟在飞",并引导幼儿观察小鸟。

案例助学

案例 4-3 天天的情绪爆发与安抚
——婴幼儿情绪调节发展的观察案例

观察目的	了解婴幼儿情绪调节能力的发展特点,并学会科学指导策略
观察对象	天天(男,18 个月)
观察地点	家庭客厅
观察方法	轶事记录法

观察实录

天天坐在客厅里玩积木,妈妈在一旁陪伴。就在这时,天天试图将一块积木放在一个已经叠得很高的积木塔上,结果积木塔失去了平衡,轰然倒塌。天天愣了一下,随即号啕大哭起来,用力拍打地板,并将积木扔得到处都是。妈妈试图安慰天天,说:"没关系的,我们可以重新搭起来。"然而,天天却哭得更厉害了,甚至在地上打起滚来。妈妈无奈,只好抱起天天,轻声哄道:"不哭了,妈妈带你去吃饼干好不好?"听到"饼干"这个词,天天的哭声逐渐变小,最终停止了哭泣。

观察分析

18 个月大的宝宝正处于情绪发展的关键时期,他们的情绪表达方式较为直接,情绪调节能力尚处于发展之中。这一阶段的宝宝容易因挫折或需求未满足而产生较为强烈的情绪反应,如大声哭闹、发脾气等。这些反应是他们情绪发展过程中的正常现象,也是他们学习如何表达和处理情绪的一部分。同时,他们的注意力容易转移,因此养育者可以利用这一特点,通过提供新的活动或玩具来转移他们的注意力,帮助他们从负面情绪中恢复。

在案例中,18 个月大的天天在积木倒塌后表现出了强烈的情绪反应(大哭、拍打地板、扔积木),这些行为表明他的情绪调节能力较弱,尚未学会独立处理和缓解因挫折而产生的情绪。此外,天天的注意力容易被转移,当妈妈提到"饼干"时,他的情绪迅速平复,这说明他对食物的兴趣超过了当前的挫折感。

天天情绪调节的发展在很大程度上受到家庭教养方式的影响。当天天情绪失控时,妈妈虽然尝试了用言语来安慰他,但未能有效地引导天天学会正面应对挫折和失败。妈妈选择用提供食物(饼干)的方式来转移了天天的注意力,这虽然能够快速地让天天的情绪得到缓解,但并未帮助天天学会如何自主地调节和处理情绪。长期依赖外部物品(如食物、玩具)转移注意力,可能会导致天天自我情绪调节能力的缺乏。

指导策略

针对以上分析,可以从以下几个方面指导天天的情绪调节发展:

首先,帮助宝宝正确识别和表达情绪。家长需要走出"情绪爆发是坏事"的误区,认识到情绪表达是婴幼儿发展的重要组成部分。当天天情绪爆发时,妈妈可以用简单的语言帮助他识别情绪,例如:"乐乐是因为积木倒了,所以很生气吗?"通过语言描述情绪,帮助乐乐逐步学会识别和表达自己的感受。

(续表)

其次，避免过度依赖外部物品转移注意力。18个月大的幼儿的情绪调节能力尚处于初级阶段，家长需要耐心引导宝宝从依赖外部支持（如食物、玩具）逐步过渡到自我调节情绪，为宝宝提供更多自我调节情绪的机会。在本案例中，面对天天的哭闹，妈妈可以先通过语言安抚，再引导天天尝试深呼吸、数数或拍打柔软的抱枕等自我调节方法，帮助天天在情绪波动时找到自我安抚的方式。当天天情绪平复后，妈妈可以和他一起重新搭建积木，帮助他从挫折中恢复信心。

最后，创设支持情绪调节的环境。家长可以通过绘本、游戏或日常生活情境帮助天天学会情绪调节。例如，妈妈可以选择一些情绪管理的绘本（如《我的情绪小怪兽》），与天天一起阅读并讨论故事中的情绪。此外，家长还可以通过角色扮演游戏，帮助天天学习如何应对不同的情绪情境，例如扮演医生、老师等角色，模拟情绪调节的场景。同时，家长可以通过日常生活中的情境（如玩具被抢、摔倒等），帮助天天学习如何应对挫折和负面情绪，逐步掌握情绪调节的技巧，为未来的情感发展奠定基础。

案例 4-4 贝贝的一周情绪记录

——婴幼儿情绪调节发展的观察案例

观察目的	了解婴幼儿在特定情绪事件中的情绪调节表现，分析其情绪调节能力的发展特点，并提供针对性的指导策略
观察对象	贝贝（女，24个月）
观察地点	社区、家庭
观察方法	事件取样观察法

观察实录

观察者对贝贝进行了为期一周的观察，重点关注她在特定情绪事件中的表现。以下是观察到的几个典型事件：

事件一：玩具被抢的反应

贝贝在小区楼下的空地拍皮球，邻居小朋友突然抢走了她的皮球。贝贝愣了一下，随后看向妈妈，眉头皱起，嘴巴一撇，眼泪在眼眶中打转。妈妈轻声对贝贝说："贝贝，你可以告诉小朋友'这是我的皮球，请还给我。'"贝贝听后，用手擦了擦眼泪，对小朋友说："这是我的皮球，请还给我。"邻居小朋友也在家长的劝说下把皮球还给了贝贝，贝贝的情绪逐渐平复。

事件二：摔倒后的反应

贝贝在客厅跑动时不小心摔倒了，她坐在地上哭了起来。爸爸走过来，蹲下身子轻声问："贝贝，摔疼了吗？"贝贝点点头，爸爸轻轻揉了揉她的膝盖，说："没关系，摔倒了可以再站起来。"贝贝慢慢停止了哭泣，自己站了起来，继续玩耍。

事件三：吃饭时的情绪波动

贝贝在吃饭时不想吃蔬菜，妈妈坚持要她吃。贝贝皱起眉头，把碗推开，开始哭闹。妈妈耐心地说："贝贝，吃蔬菜对身体好，你吃一个蔬菜，妈妈就给你一个小饼干。"贝贝听了妈妈的话，慢慢停止了哭闹，开始吃蔬菜。

(续表)

观察分析
情绪调节是婴幼儿社会情感发展的重要组成部分,在0~3岁阶段逐步发展。2岁左右的宝宝已经能够识别和表达基本情绪(如高兴、生气、难过),并尝试通过一些简单的行为(如哭泣、寻求安慰)来调整自己的情绪。然而,他们的情绪调节能力仍然有限,容易受到外界环境的影响,特别是在面对挫折或需求得不到满足时,情绪起伏会比较明显。因此,在这个阶段,成人的支持与引导尤为关键。 　　在案例中,2岁的贝贝在玩具被抢、摔倒和吃饭时的情绪波动中展现出了一定的情绪调节能力。她能够在妈妈的引导下,通过语言表达情绪(如"这是我的皮球"),尝试用更合适的方式处理情绪冲突。然而,贝贝的情绪调节策略仍以依赖成人为主(如寻求妈妈帮助、听从成人建议),尚未完全形成独立调节情绪的能力。此外,在面对挫折时,贝贝仍会出现较为强烈的情绪反应(如哭闹),这表明她的情绪调节能力仍处于发展中。 　　贝贝的情绪调节能力发展与其家庭教养方式有着紧密的联系。当贝贝情绪起伏时,父母能够及时给予她情感上的支持和引导,帮助她逐步学会用语言表达情绪和解决问题。这种积极的亲子互动不仅为贝贝树立了情绪调节的榜样,还使她能够在面对挫折时逐渐学会自我调节。不过,贝贝的情绪调节能力尚未完全成熟。这既受到她年龄较小、自身能力有限的影响,也与家庭环境中成人干预较多、贝贝缺乏独立尝试机会有关。
指导策略
针对以上分析,可以从以下几个方面指导贝贝的情绪调节发展: 　　首先,增加独立调节情绪的机会。贝贝当前的情绪调节能力仍以依赖成人为主,家长需要鼓励她在没有成人干预的情况下独立调节情绪。例如,当贝贝的玩具被抢后,家长可以等待几秒钟,观察她是否能够通过自我调节平复情绪并自己尝试解决问题。如果贝贝能够尝试自我调节,家长应及时给予鼓励和表扬。 　　其次,引导语言表达情绪。24个月大的宝宝已经具备语言表达能力,因此家长可以通过日常对话帮助宝宝学习一些情绪词汇,并在生活中引导宝宝用语言表达自己的情绪。例如,在贝贝摔倒后,家长可以询问贝贝:"贝贝,你现在是不是难过呀?可以和我说说为什么吗?"通过这种方式,帮助贝贝学会用语言描述自己的感受,而非通过哭闹或肢体动作来表达情绪。 　　最后,避免过度干预和及时满足。家长需要纠正"立即满足孩子需求"的误区,认识到情绪调节能力的发展需要时间和练习。在贝贝情绪波动时,家长应避免立即抱起或满足需求,而是通过适度延迟满足,鼓励她尝试用语言和行为解决问题。例如,当贝贝因不想吃蔬菜而哭闹时,家长可以耐心引导:"贝贝,吃完蔬菜我们可以吃一块小饼干。"通过这种方式,帮助贝贝逐步学会延迟满足和自我情绪调节。

任务实操

任务4-2　请观看二维码视频,请根据二维码中视频内容,完成附录8观察分析表格。

托育机构观察视频

任务4-2作业纸见244页附录8。

任务三　学会婴幼儿交往适应发展的观察与指导

情境导入

乐乐是一个2岁的小男孩,平时在家活泼开朗,喜欢和爸爸妈妈一起玩游戏。然而,每次妈妈带他去小区的儿童乐园,乐乐总是紧紧抓住妈妈的衣角,不愿意和其他小朋友一起玩。即使有小朋友主动邀请他一起玩滑梯,乐乐也会摇摇头,躲到妈妈身后。妈妈很困惑:为什么乐乐在家和在外面表现得完全不一样?是不是他的交往能力出了问题?

知识导航

知识点 4-11　0~3岁婴幼儿交往适应的观察要点

参照《上海市0—3岁婴幼儿发展要点与支持策略(试行稿)》,婴幼儿交往适应发展的观察需重点关注其社会性互动能力的阶段性特征与个体发展规律,主要涉及以下具体内容(见表4-7)。

表4-7　婴幼儿交往适应发展观察的具体内容

观察目标	月龄	观察要点	具体表现
交往适应	0~3个月	引起注意	0~1个月的婴儿会用哭声表达基本需求(饥饿、不适);到了2个月时,会通过微笑、咿呀发声等行为引起他人注意,并用哭闹、蹬腿、挥动胳膊等方式表达想要被抱起的需求。
		初步回应	1~2个月的婴儿会关注他人,喜欢盯着人看。
	4~6个月	社交互动	4~5个月的婴儿对主要养育者产生明显偏好,被逗引(如拍手、做鬼脸)时会报以微笑,还会用假哭吸引养育者与之互动。
		认生行为	4~5个月的婴儿能够区分熟悉与陌生声音,对陌生语调表现出警觉;到了5~6个月,会出现认生现象,对陌生人表现出警惕或不安,而对熟悉的人则表现出亲近。
	7~9个月	主动互动	7个月大的婴儿听到成人呼唤自己的名字,会有明显反应,开始愿意顺从主要养育者的要求。同时,他们也喜欢和兄弟姐妹玩,能接受他们拉拽衣物、身体等过分的行为。8~9个月的婴儿还喜欢玩"躲猫猫"(蒙脸—出现时大笑)等互动类游戏,会笑得很开心、投入。

（续表）

观察目标	月龄	观察要点	具体表现
交往适应	10～12个月	初现独立意识	这个阶段的婴儿喜欢自己抓吃食物、抓拿物品，显示出一定的独立性。
		初现自我意识	10个月大的婴儿能够开始意识到自我的存在，知道自己的嘴巴、眼睛、手脚等身体部位。照镜子时还会对自己的镜像拍拍、笑笑，喜欢看自己的照片。
		同伴兴趣	10～11个月的婴儿喜欢注视其他婴幼儿活动，会通过动作、表情、声音等表示对其他婴幼儿的关注，并乐于靠近他们。
		简单交往	11～12个月大的婴儿能用面部表情、手势、词语与人交流，如微笑、拍手等。他们还喜欢玩"藏藏找找"等互动类游戏，会期待结果，表现出兴趣，并喜欢重复做逗引人发笑的行为。此外，他们也愿意按照主要养育者的简单要求做出相应的行为。
	13～18个月	社交模仿	13～14个月大的幼儿喜欢模仿周围人的行为，如在公园模仿他人跳舞，在家里模仿成人使用劳动工具。该阶段的幼儿愿意听从指令，如能做到先说"谢谢"，再接受别人的玩具。
	19～24个月	独立意识	19个月大的幼儿对自己开始有一定认知，如辨认出照片中的自己，用乳名称呼自己。此外，还会用"不"来显示自己的独立性。出现选择性行为，喜欢自己决定穿哪件衣服、吃哪种食物或谁来给自己提供帮助。
		同伴互动	这个阶段的幼儿开始更喜欢与同伴游戏。在与他人游戏时，表现出明显的物品所有意识。
		规则理解	开始理解并遵守简单的行为规则。
	25～36个月	独立意识	25个月大的幼儿对自己的了解进一步加深，如开始使用"我"，知道自己的性别等。此外，他们开始会执着地坚持自己的意愿，要独立完成一件小事。
		同伴互动	这个阶段的幼儿开始有了自己喜欢的同伴，对即将见到熟悉的同伴表现出期待。并且愿意和同伴一起玩，有时候会与同伴分享自己的玩具。
		社交规范	25～36个月的幼儿出现与他人行为的比较，如会说"我乖，弟弟不乖"。同时，他们开始知道什么是好的，什么是不好的，可以做什么，不可以做什么，形成了简单的是非观念。同时，他们会愿意帮忙做事，如收拾玩具、剥豆等。

在使用表4-7时需注意，养育者应理解婴幼儿交往适应能力的发展具有连续性和差异性。不同月龄段的关键社交行为（如眼神交流、模仿互动、规则意识等）既体现普遍发展规律，也受个体气质、家庭互动模式及环境刺激的影响。观察中需避免与其他婴幼儿简单对比，而应聚焦个体发展轨迹，识别婴幼儿当前社交能力水平与潜在发展需求。例如，部

分婴幼儿可能在"同伴互动"中表现积极,却对规则理解较迟缓;另一些婴幼儿可能因养育者过度保护而延迟独立意识的发展。因此,养育者需基于观察结果,提供阶梯式支持策略:

(1) 匹配当前能力:例如,对9个月尚未出现"镜像反应"的婴儿,可通过面对面表情模仿游戏加强其自我认知。

(2) 创设适度挑战:例如,引导18个月仍依赖成人协助社交的幼儿参与平行游戏,帮助他们逐步过渡到简单合作。

(3) 优化互动环境:例如,为24个月以上幼儿设计角色扮演场景,促进社交规范内化。

通过"观察—评估—支持—再观察"的循环模式,帮助婴幼儿在安全依恋的基础上,逐步实现从"自我中心"到"社会参与"的适应性发展。

观察视频:10~12个月
宝宝照镜子

观察视频:19个月宝宝
看自己的照片

直击赛场

2024年江苏省职业院校技能大赛婴幼儿健康养育照护赛项试题

0~3岁婴幼儿阶段的人际交往发展主要指(　　)和同伴关系的建立。

A. 师幼关系　　　　B. 家庭关系
C. 亲子关系　　　　D. 玩伴关系

扫码查看本项目
【考题再现】【直击赛场】答案

知识点 4-12　0~3岁婴幼儿交往适应的支持策略

一、引导0~3个月婴儿引发他人注意与初步回应

0~1个月的婴儿主要通过哭声表达需求。养育者需要对不同类型的哭闹声(饥饿型、困倦型、不适型)进行准确识别和及时处理,使婴儿获得基础安全感。在回应时可以保持适度的语音互动,如"妈妈在这里"等安抚性语言,同时配合轻柔的肢体接触。1~2个月的婴儿开始展现社交性微笑和自主发声行为。当婴儿发出"咕咕"声或展露笑容时,养育者可以模仿其发声并配合面部表情互动;当婴儿挥动四肢时,可以通过拍手或摇铃进行回应。2~3个月的婴儿会通过明显的肢体语言(蹬腿/摆臂)表达想要被抱起的需求。养

育者可以进行包裹式环抱并配合规律性轻拍。同时,需要注意避免立即满足婴儿的所有需求,可以适当延长1~2分钟响应时间以培养期待感。

二、助力 4~6 个月婴儿开展社交互动与应对认生行为

4~5个月时,养育者要增加与婴儿的互动频率。可以用夸张表情(张大嘴笑、皱眉)配合语调变化(升调/降调)等方式,逗引婴儿微笑,强化社交互动体验。在婴儿清醒时,可以安排2~3位家庭成员轮流与婴儿互动,每人持续1~2分钟,帮助婴儿适应不同声音和面孔。5~6个月大的婴儿开始区分熟悉与陌生声音,出现认生现象。在婴儿每次接触新面孔时,养育者可以先抱着婴儿,用温和的语气向婴儿介绍对方,让婴儿逐渐熟悉陌生人的声音和面孔,从而减轻认生反应。

三、推动 7~9 个月婴儿主动互动与培养独立意识

对于7个月大的婴儿,养育者应主动发起互动训练,多为婴儿创造互动机会。如当婴儿拍打桌面时,养育者可以模仿其动作并加入新变化(如拍手),引导婴儿观察和模仿,形成互动循环。7~8个月的婴儿独立意识萌芽,养育者可以提供易抓握的手指食物(蒸软的胡萝卜条),允许婴儿尝试自主送食。对于8~9个月的婴儿,养育者可以对其进行分离适应练,如从"躲猫猫"游戏过渡到真实场景,先短暂消失3秒(如躲门后),逐步延长至30秒,返回时用固定语句强化("妈妈回来啦!")。

四、促进 10~12 个月婴儿发展自我意识与同伴交往

10个月大的婴儿开始意识到自我的存在。养育者可以在镜子前与婴儿互动,指认身体部位("这是宝宝的鼻子"),鼓励婴儿触摸镜中影像。当婴儿对其他婴幼儿表现出兴趣时,养育者可以带婴儿接近他们,鼓励婴儿用微笑、挥手等简单方式打招呼,引导婴儿进行初步交往。在与其他婴幼儿一同玩耍时,可以引导婴儿将多余玩具递给同伴("把小熊给豆豆玩")。此外,养育者可以多和婴儿玩"藏藏找找"等互动游戏,在游戏中培养婴儿的交往兴趣和能力。

五、引导 13~18 个月幼儿进行社交模仿

13~18个月大的幼儿开始喜欢模仿周围人的行为。带幼儿外出时,如看到有人主动打招呼,可以及时向幼儿示范(拍手、挥手再见),引导幼儿模仿并辅以手势提示(轻拖幼儿手腕)。后期,可以逐步撤除辅助,仅用语言指令("和阿姨拜拜")。在家庭环境中,当家庭成员之间互相问候时,养育者也可以引导幼儿模仿问候的动作和语言。例如,爸爸下班回家时,妈妈可以引导幼儿说:"爸爸回来了,快和爸爸打招呼。"此外,养育者可以为幼儿提供一些生活模具(如玩具电话/勺子),并为幼儿示范其使用方法。例如,拿起玩具电话,假装打电话,说:"喂,宝宝打电话。"然后将电话递给幼儿,观察幼儿是否模仿使用。

六、支持 19～24 个月幼儿强化独立意识、同伴互动与规则理解

19 个月大的幼儿独立意识增强,养育者应当尊重幼儿的选择,给予幼儿自己选择穿哪件衣服、玩哪个玩具的机会,增强其自信心和自主感。此外,19～24 个月大的幼儿喜欢与同伴游戏,养育者可以多带幼儿与其他婴幼儿一起玩耍,为他们创造合作游戏的机会,如一起搭积木。在游戏中引导幼儿学会分享、轮流等社交技巧,当幼儿出现物品所有意识时,耐心教导分享的概念,如"我们一起玩这个玩具,会更有趣"。此外,该阶段的幼儿已能够理解并遵守简单的行为规则,养育者可以尝试和幼儿一起玩规则游戏,如交通信号灯模拟游戏。

七、鼓励 25～36 个月幼儿深化独立意识与社交规范认知

25～36 个月的幼儿独立意识进一步加强。养育者在日常生活中可以引导幼儿表达自己的想法和感受,强化自我意识。例如,让幼儿参与简单家庭事务决策(周末去哪玩);提供易穿脱服装(魔术贴鞋子、松紧带裤子),让幼儿尝试自己穿脱衣服。在与同伴互动中,养育者可以鼓励幼儿与同伴分享玩具、一起完成任务,培养幼儿的合作精神和分享意识。此外,可以通过绘本故事的形式,帮助幼儿形成正确的是非观念,理解社交规范,如"帮助别人是好事",并在日常生活中鼓励幼儿践行。

案例助学

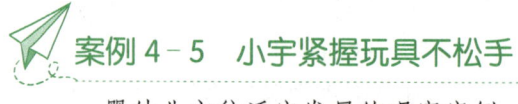

案例 4-5 小宇紧握玩具不松手
——婴幼儿交往适应发展的观察案例

观察目的	了解婴幼儿在同伴互动中的物品分享行为及冲突解决表现
观察对象	小宇(男,30 个月)
观察地点	社区儿童游戏馆
观察方法	实况记录法(连续 20 分钟片段式记录,每 5 分钟为一个观察节点)

观察实录

时间:15:00～15:20
场景:游戏馆沙池区有 4 名 2～3 岁幼儿,家长在旁观察。游戏馆提供铲子、模具等玩沙工具。
15:00～15:05
小宇冲入沙池,快速抓起红色铲子和卡车模具抱在胸前。旁边女孩伸手想拿卡车,小宇转身背对她,大声说:"我的!"妈妈提醒:"玩具要分享哦。"小宇皱眉摇头,将模具塞进衣兜。

(续表)

15:05~15:10 男孩明明(32个月)用铲子挖沙堆出城堡,小宇盯着看,突然用卡车模具压塌沙堆。明明喊:"你坏!"小宇"咯咯"笑着跑开,妈妈拉住他:"要向哥哥说对不起。"小宇扭身挣脱,抓起两把铲子跑向沙池另一端。 15:10~15:15 社区志愿者推出玩具收纳车:"谁帮忙收玩具可以选贴纸哦!"其他孩子陆续递回工具,小宇仍紧握铲子。志愿者蹲下伸手:"铲子给阿姨好吗?"小宇后退两步,将铲子藏在背后。妈妈掏出手机:"听话就给你看动画片。"小宇犹豫着交出铲子。 15:15~15:20 自由活动时间结束,孩子们排队洗手。小宇突然抢走前排孩子的恐龙贴纸,对方哭闹。妈妈抱起小宇:"你已经有贴纸了呀!"小宇攥紧两张贴纸:"都要!"妈妈强行取回贴纸还给对方,小宇倒地踢腿大哭。

观察分析

根据皮亚杰认知发展理论,此阶段的宝宝处于"自我中心期",常通过"我的"宣示所有权,将物品视为自我延伸。大多数幼儿在这个年龄会表现出对玩具的强烈占有欲,尤其是在新环境中面对其他孩子时。他们既有与同伴互动的兴趣,但又因规则意识薄弱易引发冲突。在解决冲突时,多依赖肢体动作(如抢夺、推搡)或简单语言(如"不""我的")表达需求,缺乏轮流、协商等策略。这时的他们需要借助成人的引导理解社交规则,但过度的强制又容易引发他们的逆反情绪。

在本案例中,小宇紧抓多件玩具、藏匿模具等行为,反映了小宇对物品的占有。虽然能接收成人指令(听到妈妈提醒后皱眉),但无法将规则转化为自觉行为(继续抢夺贴纸)。在与同伴交往中,小宇以破坏他人游戏(压塌沙堆)、抢夺贴纸等方式引发关注,可见小宇缺乏分享、合作等正向社交技巧。此外,面对冲突时,小宇采用踢腿大哭等方式宣泄情绪,缺乏自我安抚策略,可见小宇的情绪调节能力不足。

从案例中可以看出,小宇的交往适应能力发展欠佳受到家庭教养模式的影响。首先,妈妈将动画片作为交换小宇配合的条件,这在无形中强化了小宇"服从═获得奖励"的功利认知,会阻碍小宇内在规则意识的形成。其次,在小宇的家庭中可能较少有轮流游戏、合作任务的场景,小宇缺乏观察学习的机会。最后,妈妈强行取回贴纸却并未向小宇解释原因,这加剧了小宇产生"被剥夺"的不公平感与情绪失控。

指导策略

针对以上分析,可以从以下几个方面指导小宇的交往适应发展:

首先,注重正面引导与沟通。当小宇出现不恰当行为时,妈妈要避免使用简单的命令和诱惑,而应蹲下来与小宇平视,用温和的语气询问他行为的原因,引导他表达自己的想法和感受。例如,在小宇破坏明明沙堡后,妈妈可以问他为什么这么做,然后引导他认识到自己的行为给明明带来了不好的感受,鼓励他道歉。通过这种方式,帮助小宇逐渐学会站在他人角度思考问题,提高自我控制能力。

其次,增加社交互动机会。家长可以定期带小宇参加亲子活动、社区活动或幼儿园的集体活动,让他有更多机会与其他幼儿互动。例如,参加亲子游戏日、社区儿童聚会等,让小宇在实践中学习社交技能。在社交活动中,引导小宇参与合作游戏,如一起搭建积木、共同完成一个任务等。同时,鼓励小宇观察其他幼儿的分享行为,并从中学习。例如,在其他

（续表）

孩子分享玩具时，家长可以引导小宇观察并讨论："你看，小明把玩具给小红玩，他们都很开心。"

最后，加强规则意识培养。在家庭和社交环境中，为小宇建立简单的规则，如"玩具要轮流玩""不能抢别人的东西"等。通过反复强调这些规则，帮助小宇逐渐形成规则意识。在小宇违反规则时，不要单纯命令或惩罚，而是耐心地再次向他说明规则，帮助他理解为什么要遵守规则。此外，可以通过奖励和激励的方式，鼓励小宇遵守规则和分享行为。但需要注意的是，应采用社会性奖励替代物质奖励，如将奖励"看动画片"改为口头表扬"你今天分享铲子，志愿者阿姨夸你是小帮手"。

案例 4-6 小宝的交往适应行为
——婴幼儿交往适应发展的观察案例

观察目的	了解婴幼儿的交往适应能力发展状况并学会指导策略
观察对象	小宝（女，9个月）
观察地点	家庭环境
观察方法	行为核检法（依据《7～12个月婴幼儿核心能力与学习进程观察项目》进行观察记录）①

观察实录

P 通过，F 失败，O 未测（儿童拒绝参与，且平时的活动中养育人也未观察到过），R（儿童拒绝参与，但在平时的活动中养育人观察到过）

观察项目	观察记录	结果判定
知道自己的名字	当家人呼唤"小宝"时，小宝能够迅速地回头看向呼唤者。	P
特别喜欢看自己的手	在观察过程中，小宝并没有特别喜欢看自己的手的行为。	F
认生	当有陌生人接近小宝时，他并没有表现出强烈的抗拒情绪，也没有哭泣	F
看见人后经常出现微笑	在观察过程中，小宝看见人后经常出现微笑。	P

① 文颐，石贤磊. 0～3岁婴幼儿核心能力与学习进程观察量表[M].成都：西南交通大学出版社，2017.

（续表）

观察项目	观察记录	结果判定
偶尔注意旁边的小朋友、相互微笑	在与小区里其他小朋友互动时，小宝偶尔会注意到旁边的小朋友，并且会露出微笑，虽然没有进一步的肢体接触，但这种眼神和表情的交流体现了他开始对同伴产生兴趣。	P
通过眼神或动作寻求成人帮助	当想要拿放在高处的糖果时，小宝也没有通过眼神或动作向成人寻求帮助，而是自己在原地着急地乱动。	F
受到鼓励暗示后重复做讨好行为	在受到鼓励暗示后，小宝没有重复做讨好行为。	F
配合穿衣	在穿衣过程中，小宝能够比较配合，没有出现挣扎或抗拒的行为。	P
愿意配合做再见、欢迎的动作	在家人做出再见和欢迎的动作示范，并引导小宝模仿时，小宝能够积极配合，做出相应的动作。	P

观察分析

9个月大的宝宝，大多开始对自己的名字有清晰的认知，能够对他人的呼唤做出回应，对熟悉的人产生依恋，并出现"社交性微笑"。认生和对陌生人的抗拒情绪通常会在这个阶段逐渐显现，这是宝宝开始区分熟悉与陌生环境、人物的表现，属于情感分化的正常表现。同时，他们会对同龄婴幼儿产生兴趣，但互动以观察和微笑为主。此外，他们也能够通过眼神、手势或动作表达需求(如拉成人手求助)，开始理解简单指令。

在本次观察中，小宝能快速回应名字、主动微笑，并配合模仿"再见""欢迎"动作，表明其基础社交互动能力发展良好。此外，小宝能够偶尔关注其他小朋友并微笑，显示了初步的社交兴趣。她在穿衣时无抗拒，体现对养育人的信任与合作意识。然而，小宝在认生方面表现不明显，这与大多数同龄婴幼儿的发展情况有所不同。此外，小宝在通过眼神或动作寻求成人帮助，以及受到鼓励暗示后重复做讨好行为等方面存在不足，这反映出她在社交策略运用能力上相对滞后。

小宝在认生和对陌生人警惕性较低可能与她的生活环境和社交经历有关。如果家人经常带她外出，接触不同的人，且每次接触都能让她感到安全和舒适，就可能使她对陌生人的敏感度降低。当小宝想要东西时，家人可能在小宝需求表达前直接满足(如主动拿取高处物品)，减少了其非语言沟通的机会，从而削弱了她主动寻求帮助的意识和能力。此外，在小宝做出积极行为时，家人可能没有及时给予足够的鼓励和强化，使得她没有形成通过重复积极行为来获得认可的习惯。

（续表）

指导策略
针对以上分析，可以从以下三个方面指导小宝的交往适应能力发展： 首先，增强安全意识培养。尽管小宝目前对陌生人的警惕性较低，但随着他活动范围的扩大，需要逐渐培养他的安全意识。家长可以通过讲故事、看绘本、情景模拟等方式，让小宝了解与陌生人接触时的注意事项，如不要跟陌生人走、不要吃陌生人给的东西等。同时，在日常生活中，当有陌生人接近时，家长可以适当地表现出一定的警惕性，让小宝逐渐意识到陌生人与熟悉的人是有区别的。 其次，减少代劳行为。在小宝尝试解决问题时（如够高处物品），家长避免直接代劳，可蹲下平视并用语言引导（如"小宝需要帮忙吗？拉拉妈妈的手"），鼓励其通过指物、发声或拉成人手示意需求。同时，家长需要注意延迟满足小宝的需求（等待3~5秒），给予小宝自主尝试的机会。 最后，强化积极行为鼓励。当小宝做出一些积极的行为，如伸手够物、模仿新动作等，家长要及时给予鼓掌、拥抱、言语表扬等热情回应，从而强化小宝的正向行为。例如，当小宝把玩具递给其他小朋友时，家长可以一边鼓掌一边说："小宝真大方，把玩具分享给了小朋友，做得真棒！"让小宝明白这种行为是被认可和喜爱的，从而引导她逐渐学会通过积极的行为来获得他人的认可和喜爱。

任务实操

任务 4-3　请通过自然观察法，小组合作观察记录 0~3 岁婴幼儿在社区游乐场的交往适应行为，并完成附录 9 观察记录表格。

任务 4-3 作业纸见 245 页附录 9。

课后拓展

巩固提升

巩固提升自测

❶ 请同学们根据课中实训内容,扫码完成自测题目,自查学习效果。

❷ 观察与指导实践:

使用附录 10 观察记录表①,观察记录婴幼儿社会性领域的发展进程。(注:该任务可以在见实习时,至托育机构进行观察;也可以在公园或小区内,在征得家长同意的情况下进行观察记录)

作业纸见 246 页附录 10。

拓展资源

明尼苏达州教育中心的"助我成长"系列公开课共包含 12 个视频,每个视频聚焦于一个特定的成长阶段,涵盖从新生儿到 5 岁儿童的发展。这些视频详细描述了各年龄段儿童在认知、情感、运动和社交等方面的能力发展情况,旨在帮助父母更好地了解孩子的成长过程,以便提供适当的帮助和支持,促进孩子的全面发展。

课后,请同学们选择"助我成长"系列中与婴幼儿情绪情感和社会性发展相关的视频片段,运用所学的实况记录法对视频内容进行观察分析。

---

① 文颐,石贤磊.0~3 岁婴幼儿核心能力与学习进程观察量表[M].成都:西南交通大学出版社,2017.

项目考核评价表

评价项目		项目四 婴幼儿情感与社会性发展观察与指导					
学生信息		班级_____ 组别_____ 姓名_____ 学号_____					
评价内容		分值	评分标准	学生自评	小组互评	教师评价	总评
任务实操完成情况	任务4-1	55	正确理解相关理论问题；实操任务的完成度、准确性和实际应用效果				
	任务4-2						
	任务4-3						
合作与沟通能力		10	积极参与团队合作，能与成员良好沟通与协调				
创新应用能力		10	能够针对问题提出创新的方法和应用建议				
自我反思与成长		5	能够进行深入的自我反思并提出改进计划，付诸行动				
学习资源利用与主动性	自学自测	10	积极查阅和利用学习资源				
	巩固提升						
	在线课程						
	拓展资源						
价值观和社会责任	平等、尊重和关爱的态度对待每一位婴幼儿；精益求精的科学态度	10	形成社会主义核心价值观，并展现社会责任感与职业精神				
评语							

评价说明：在项目评价中，分值设置仅供参考，教师可根据实际情况灵活调整。在项目完成后，由任课教师主导，结合过程性评价与结果评价，综合运用自我评价、小组评价和教师评价三种方式进行评估。教师应合理设定三种评价方式在总评中的权重，以计算学生在该项目中的综合得分。此外，建议教师鼓励学生积极记录自己的学习历程，以促进自我反思和持续成长。

项目五

婴幼儿认知与探索发展观察与指导

项目概述

0～3岁是婴幼儿认知发展的黄金窗口期,也是大脑神经网络构建的关键阶段。这一时期的感知能力、问题解决能力及创造性思维发展,不仅为个体终身学习能力奠定了基础,更深刻影响着未来的社会适应与创新能力。婴幼儿通过多感官探索与环境互动,逐步构建对外部世界的认知框架,其自主发现问题和解决问题的过程,正是高阶认知能力形成的核心机制。

本部分内容结合了发展心理学、教育学的最新研究成果,以及实践中的典型案例,旨在帮助学习者掌握婴幼儿问题解决行为的观察方法与分析技巧。同时,通过设计针对性的指导策略,学习者将能够有效促进婴幼儿问题解决能力的发展,为婴幼儿未来的学习和生活奠定坚实基础。

本项目涉及的知识图谱如下:

婴幼儿认知与探索发展观察与指导

- **课前导学**
  - 婴幼儿认知与探究发展理论概述
  - 0~3岁婴幼儿认知与探究发展的规律

- **课中实训**
  - 任务一 学会婴幼儿感知发现发展的观察与指导
    - 0~3岁婴幼儿感知发现领域的观察要点
    - 0~3岁婴幼儿感知发现发展观察实施的建议
    - 0~3岁婴幼儿感知发现发展的支持策略
  - 任务二 学会婴幼儿问题解决发展的观察与指导
    - 0~3岁婴幼儿问题解决领域的观察要点
    - 0~3岁婴幼儿问题解决发展观察实施的建议
    - 0~3岁婴幼儿问题解决发展的支持策略
  - 任务三 学会婴幼儿想象表现发展的观察与指导
    - 0~3岁婴幼儿想象表现领域的观察要点
    - 0~3岁婴幼儿想象表现发展观察实施的建议
    - 0~3岁婴幼儿想象表现发展的支持策略

学习目标

素质目标:
❶ 培养科学严谨的观察态度。
❷ 树立以儿童为中心的教育理念,践行社会主义核心价值观中"以人为本"理念。

知识目标:
❶ 理解0～3岁婴幼儿认知与探索发展的规律与特点;
❷ 掌握0～3岁婴幼儿感知发现、问题解决和想象表现发展的支持策略。

能力目标：

❶ 能科学规范地对婴幼儿认知与探索发展进行观察记录；

❷ 能对婴幼儿认知与探索发展的观察结果进行分析，并能提出适宜的指导建议。

案例启思

小明已经18个月了，最近他开始对周围的世界充满了好奇。有一天，妈妈带他去公园，小明看到地上有许多小蚂蚁在搬家，他蹲下身子，专注地观察蚂蚁的活动。小明试图用手指去触摸蚂蚁，但妈妈告诉他要轻轻的，不要伤害它们。在妈妈的引导下，小明学会了用小树枝轻轻拨动蚂蚁，观察它们的反应。小明还喜欢玩形状分类玩具，刚开始他只能将简单的圆形放入对应的孔中，经过一段时间的练习，他已经能够分辨出方形、三角形等形状，并准确地放入相应的位置。在探索过程中，小明偶尔会遇到困难，但他不哭不闹，会自己尝试解决问题。

在上述案例中，你看到了小明哪些认知与探究的发展？小明的发展水平符合该月龄水平吗？你对小明的动作发展有什么好的建议？

知识导航

知识点 5-1 婴幼儿认知与探究发展理论概述

微课10：婴幼儿认知与探索发展概述

课前导学

婴幼儿的认知与探索发展是心理学和教育学领域研究的重要课题，它揭示了儿童如何通过不断的探索活动来逐步构建对世界的理解。皮亚杰的认知发展阶段理论和维果茨基的社会互动理论为我们提供了深入剖析这一过程的两大理论基石。这些理论不仅阐释了婴幼儿认知发展的阶段性特征，而且强调了社会环境在促进儿童认知成长中的关键作用。

皮亚杰的认知发展阶段理论为理解婴幼儿认知发展提供了框架。该理论将婴幼儿的认知发展分为四个主要阶段：① **感知运动阶段（0~2岁）**：在这个阶段，婴幼儿主要通过感官和动作来探索世界。他们的认知发展主要体现在感觉和运动的协调上。婴幼儿开始理解物体恒存性，即物体即使不在视线范围内也依然存在。他们通过口腔探索、抓握、摇动和扔掷物体来了解物体的属性（如图5-1所示）。此外，婴幼儿在这个阶段也开始形成简单的因果关系认识。② **前运算阶段（2~7岁）**：前运算阶段的儿童开始使用符号进行思考，如语言、图像和手势。他们的思维是直觉性的和以自我为中心的，难以从他人的角度思考问题。在这个阶段，儿童的语言能力迅速发展，他们开始进行简单的分类和序列活动，但尚未完全掌握逻辑推理和可逆性思维。③ **具体运算阶段（7~11岁）**：在这个阶段，儿童的思维变得更加逻辑和有序。他们能够进行可逆性思维，理解守恒概念，并进行分类和序列化活动。儿童开始能够解决具体问题,但仍然需要具体情境的支持,抽象思维尚未完全发展。**④ 形式运算阶段(11 岁及以上)**:在这个阶段,青少年和成人的认知能力达到成熟,能够进行抽象思维和假设性推理。他们能够思考可能性而非仅仅现实,能够进行系统性的规划,并对复杂的问题进行逻辑分析。

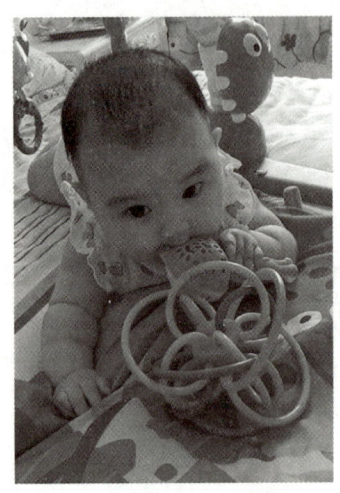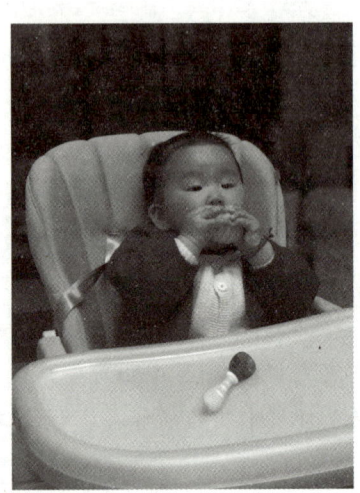

图 5-1　婴幼儿通过口腔探索了解物体属性

维果茨基的认知发展理论强调了社会互动在婴幼儿认知发展中的重要作用。他认为,婴幼儿的认知发展不是孤立进行的,而是在与更有经验的个体(如父母、教师)的互动中实现的。维果茨基提出的最近发展区概念,指的是婴幼儿在成人指导下能够完成的任务与其独立完成任务之间的差距。这一理论强调,教育者应关注婴幼儿的最近发展区,通过适当的引导和支持,促进其认知发展。

婴幼儿的探索行为是其认知发展的核心。探索发展理论认为,婴幼儿通过以下方式开展探索:观察,即通过视觉、听觉等感官收集信息;操作,即通过手部动作对物体进行探索;尝试,即通过不断尝试和错误来学习。这些探索行为有助于婴幼儿建立对世界的认知,提高解决问题的能力。

婴幼儿的认知与探索发展是相互联系、相互促进的。认知发展为探索行为提供了内在动力和认知工具,使婴幼儿能够更有目的、更有效地探索环境。同时,探索行为又能丰富婴幼儿的认知经验,提高其认知水平。这种相互作用的过程,使得婴幼儿在不断的探索中认知世界,实现认知结构的优化和认知能力的提升。

直击赛场

2024 年全国职业院校技能大赛婴幼儿保育赛项试题

皮亚杰将儿童认知或智力发展分为四个阶段,依次是感知运动阶段、(　　)、具体运算阶段、形式运算阶段。

A. 前运算阶段　　　　　　　　　B. 感知发展阶段

C. 运动发展阶段　　　　　　　　D. 心理发展阶段

知识点 5-2　0～3岁婴幼儿认知与探究发展的规律

0～3岁婴幼儿的认知与探究发展呈现出一系列关键规律。第一，他们通过感官接收外界信息，并在此基础上逐渐发展出协调的动作能力，实现了从感知到动作的转变；第二，他们的认知过程从对具体事物的感知和动作操作，逐步过渡到使用符号进行思维和形成抽象概念，体现了从具体到抽象的认知发展；第三，婴幼儿的学习方式从简单地模仿成人行为，逐步发展到展现个人创造力和独立解决问题的能力，展现了从模仿到创造的成长路径；第四，他们的认知发展也经历了从个体独自探索到通过社会互动如语言交流、游戏等活动来提升认知能力的过程，体现了从个体到社会的转变；第五，认知活动的复杂度也从简单的反射行为逐步发展到需要进行逻辑推理和问题解决的复杂认知过程，彰显了从简单到复杂的发展趋势。

一、0～1岁：感知与动作探索阶段

这一阶段以感知和动作为主，即婴幼儿通过感官和身体动作探索周围环境，逐渐形成对世界的基本认知。

1. 0～3个月：反射与初级感知

(1) 认知特点：以无条件反射为主（如吸吮、抓握、眨眼）；开始通过感官（视觉、听觉、触觉）接收外界信息；对高对比度的图案（如黑白卡片）和人脸特别感兴趣。

(2) 探究行为：注视移动的物体或人脸（如图5-2所示）；对声音有反应，会转向声源（如图5-3所示）；通过吸吮、抓握等反射动作探索物体。

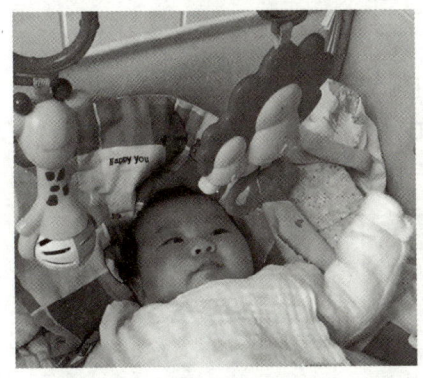
图5-2　婴儿注视移动的物体

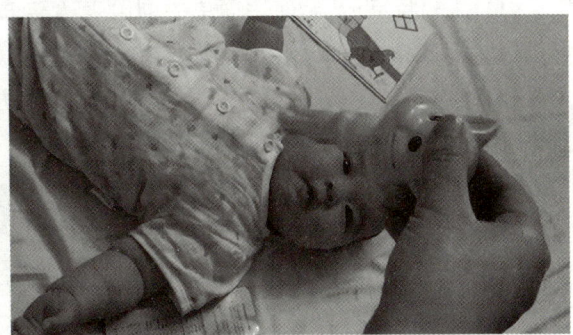
图5-3　婴儿转向寻找声源

2. 4～6个月：主动探索与初级循环反应

(1) 认知特点：开始有意识地重复某些动作（如摇动玩具）；能够区分熟悉和不熟悉的面孔及声音；对因果关系有初步理解（如摇动铃铛会发出声音）。

(2) 探究行为：用手抓握、拍打物体（如图5-4所示）；喜欢将物体放入口中探索；对镜子中的自己产生兴趣。

3. 7~12个月：动作协调与客体永久性

（1）认知特点：发展出"客体永久性"概念（知道物体即使看不见也依然存在）；能够协调动作以实现目标（如爬行去拿玩具）；对因果关系有更深的理解（如按下按钮会弹出玩具）。

（2）探究行为：喜欢扔东西、敲打物体；通过爬行和抓握探索更广阔的环境（如图5-5所示）；开始模仿成人的简单动作（如挥手再见）。

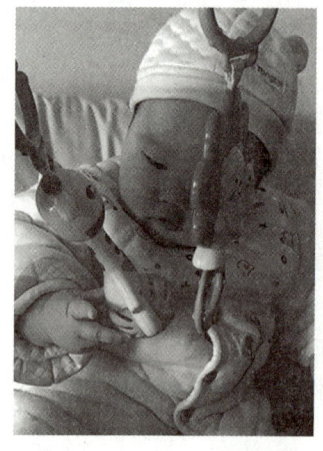

图5-4　婴儿用手抓握物体　　图5-5　婴儿通过爬行和抓握进一步探索

二、1~2岁：符号思维与语言发展

这一阶段，婴幼儿开始发展符号思维，语言能力迅速提升，能够通过语言和动作表达自己的需求。

1. 13~18个月：语言与动作结合

（1）认知特点：开始使用简单的词语表达需求（如"妈妈""抱抱"）；能够理解简单的指令（如"把球拿来"）；对物体的功能有初步认知（如用勺子吃饭）。

（2）探究行为：喜欢翻书、堆叠积木；通过模仿成人行为学习（如用玩具电话"打电话"）；对容器和填充物感兴趣（如将小物体放入盒子中），如图5-6至5-8所示。

图5-6　幼儿喜欢堆积木　　图5-7　幼儿模仿成人打字　　图5-8　幼儿对路边的洞好奇

2. 19~24个月：符号思维与假装游戏

(1) 认知特点：发展出符号思维能力（如用积木代表汽车）；能够进行简单的分类和匹配（如按颜色或形状分类）；语言能力快速发展，能够说出简单的句子。

(2) 探究行为：喜欢玩假装游戏（如给娃娃喂饭）；对拼图和简单工具感兴趣；喜欢探索物体的内部结构（如拆开玩具），如图5-9至5-11所示。

图5-9 幼儿喜欢玩假装游戏

图5-10 幼儿对简单工具感兴趣

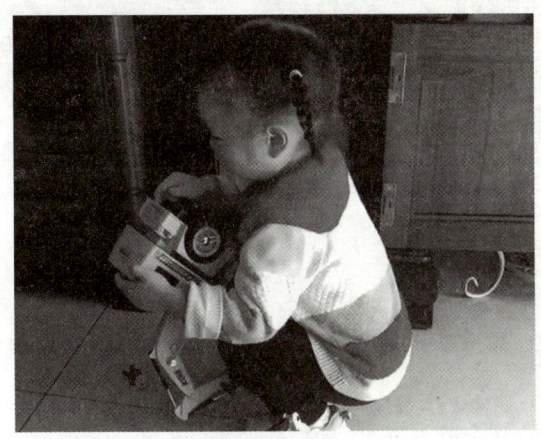

图5-11 幼儿喜欢探索物体的内部结构

图5-12 幼儿玩拼图游戏

三、2~3岁：逻辑思维与问题解决

这一阶段，婴幼儿的逻辑思维和问题解决能力开始发展，能够进行更复杂的认知活动。

1. 25~30个月：逻辑思维萌芽

(1) 认知特点：能够理解简单的因果关系（如"如果按下开关，灯会亮"）；开始使用逻辑推理解决问题（如用工具够到远处的玩具）；语言表达能力进一步增强，能够描述简单的事件。

(2) 探究行为：喜欢玩建构类玩具(如积木、拼图,如图5-12所示);对自然现象产生兴趣(如观察蚂蚁、玩水);喜欢问"为什么",表现出强烈的好奇心。

2. 31~36个月：抽象思维与创造力

(1) 认知特点：能够进行简单的抽象思维(如理解数字和符号的意义);创造力开始显现,能够进行复杂的假装游戏(如扮演医生或厨师);能够记住过去的事件并预测未来(如"明天要去公园")。

(2) 探究行为：喜欢绘画、涂鸦,表达自己的想法(如图5-13所示);对科学实验类活动感兴趣(如混合颜色、观察植物生长,如图5-14所示);能够解决更复杂的问题(如拼装玩具、完成多步骤任务,如图5-15所示)。

图5-13　幼儿用工具画葡萄

图5-14　幼儿尝试科学实验活动

图5-15　幼儿尝试拼装玩具

链接1+X

幼儿照护职业技能等级要求（中级）

4.3　认知发展与指导

4.3.1　能叙述幼儿感知觉、注意、记忆、想象、思维等认知发展的具体内容、目标和培养方法。

4.3.2　能设计并组织7~36个月龄段幼儿认知活动。

4.3.3　能熟练选用、操作幼儿认知能力的教玩具并自制玩教具。

4.3.4　能正确评价幼儿认知发展的水平。

知识链接：
0~3岁婴幼儿认知与
探究发展的内容

自学自测

请同学们根据自学内容,扫码完成自测题目,自查学习效果。

自学自测

课中实训

实训目标

❶ 能够掌握婴幼儿感知发现、问题解决和想象表现发展的观察内容和要点。
❷ 能够通过行为观察评估婴幼儿认知与探索发展的水平与存在的问题。
❸ 能够分析婴幼儿认知与探索发展问题产生的原因。
❹ 能够根据婴幼儿认知与探索发展的行为观察与分析结果,提出适宜的指导建议。

实训内容

任务一　学会婴幼儿感知发现发展的观察与指导
任务二　学会婴幼儿问题解决发展的观察与指导
任务三　学会婴幼儿想象表现发展的观察与指导

实训准备

❶ **环境准备**：理实一体化教室,校园网无线 Wi-Fi,可在线观看线上资源。
❷ **物品准备**：签字笔、记录本(活页)、手机或平板电脑等录音录像设备、婴幼儿认知与探究发展影像资料。
❸ **知识准备**：掌握关键的发展理论,以理解婴幼儿在不同阶段的发展特点。学习系统观察方法,以及针对婴幼儿感知发现、问题解决和想象表现发展的具体指导策略。了解并实施婴幼儿活动中的安全防护措施和卫生保健要求,确保实训环境的安全性。

任务一　学会婴幼儿感知发现发展的观察与指导

情境导入

在家庭客厅里,11个月大的桐桐正专注地摆弄着一组感官探索玩具。她先用手指戳动毛绒球,听到内置铃铛的声响后露出惊奇的表情;接着抓起硅胶质地的凸点按摩球反复揉捏,又将脸贴在冰凉的不锈钢摇铃表面感受温度差异。桐桐对不同材质的探索持续了15分钟,期间不断通过抓握、啃咬、摇晃等方式获取感官信息。这种自发性的感知探索行为,正是婴幼儿认知建构的重要途径。如果你是桐桐的家长或保育员,你会如何科学观察她的感知发现发展水平?你会采取哪些具体措施来支持她的感知探索行为?

知识导航

知识点 5-3　0~3岁婴幼儿感知发现领域的观察要点

参照《上海市0—3岁婴幼儿发展要点与支持策略(试行稿)》,婴幼儿感知发现发展的观察主要涉及以下具体内容(见表5-1)。

表5-1　婴幼儿感知发现发展观察的具体内容

观察目标	月龄	观察要点	具体表现
感知发现	0~3个月	观察婴儿对冷热物品的反应、视觉追踪物体的能力、对黑白图案或人脸的兴趣,以及转头寻找声源的行为。	对冷热触觉有明显反应。 出现视觉集中现象,能盯着物体看一会儿。 有视觉偏好,喜欢看对称的物体、黑白图案、人脸、对比强烈的物体。 会寻找声源,耳边听到声音时会转头去寻找。
	4~6个月	观察婴儿是否频繁将物品放入口中探索,对不同材质(粗糙/平滑)的触觉反应,以及对熟悉人或物品的主动互动(如微笑、抓取)。	用嘴巴感知物体,喜欢把东西放在嘴里。 当身体肌肤接触到粗糙和柔软平滑的物体时,有不同的反应。 能记住经常接触的人、物、声音等,看到熟悉的人或听到熟悉的声音会表现出高兴的行为,看到常玩的摇铃玩具会试着伸手去抓。

（续表）

观察目标	月龄	观察要点	具体表现
感知发现	7～9个月	观察婴儿对食物味道的接受或拒绝反应，对长期未见熟悉人的识别表现（如兴奋表情），以及寻找部分遮挡物品的行为。	有味觉记忆，对曾经尝过的味道，再次给予时会表现出接受或拒绝的反应。 　　开始出现对人的长时记忆，见到离开一周左右的熟悉的人，能有所识别，表情积极。 　　客体永久性概念开始萌芽，如能寻找部分遮盖的或当面被盖住的物品。
	10～12个月	观察婴儿触摸不同质地物品时的表情变化（如退缩）、指认常见物品的能力，以及对物体功能的模仿行为（如敲打、摇晃）。	双手对不同的触觉刺激会有不同的反应，触摸粗糙坚硬的刷子、黏糊糊的面团等刺激物时，面部表情有变化，会表现出退缩行为。 　　能根据养育者的引导指认生活中的常见物品，如电视机、桌子、电灯等。 　　对不同物品有不同的摆弄方法，如：拿起发声的物品会左右摇晃，拿到小棒会做出敲打动作。 　　具有对物体的长时记忆，如当面藏起来的东西，过一段时间仍能找到。 　　有延迟模仿现象，拿起梳子做梳头动作，拿起电话机做打电话动作等。
	13～18个月	观察幼儿追视快速移动物体的能力、按指令拿取物品的准确性、区分大小及寻找藏匿物品的行为，以及身体部位指认能力。	会追视快速运动的物体，如当手电筒光在较暗的房间墙壁上来回移动时，眼睛能追视墙上的光圈。 　　能听指令找到相应的物品，在一堆物品中拿出指定的3件物品。 　　能区分物体明显的大小关系。 　　能找到自己藏起来的物品。 　　能辨别自己的物品，如能在一堆鞋子中找出自己的鞋子。 　　能根据指令指出自己3个以上的身体部位。 　　会根据物品的出现或消失，用动作或语言表示"有"或"没有"。
	19～24个月	观察幼儿主动命名物品的行为、颜色识别能力、实物与图片的对应操作，以及对物品秩序敏感性的表现（如要求固定摆放）。	能主动指认或说出生活中常见的物品，如：自己拿起手机说"手机"，指着水杯说"杯子"。 　　能指认2～3种颜色。 　　能将实物与图片进行对应，如：将袜子放在袜子的图片上，将梳子放在梳子的图片上。 　　对生活中熟悉物品摆放的秩序和使用规则十分敏感，如家里的某些东西总是放在固定的地方，一旦换了地方就会要求放回去。 　　初步认识部分与整体的关系，会玩2～4块简单的几何拼图。 　　知道常见物品之间的关系，如会把牙刷放在杯子里。 　　开始感知数量，会跟着成人唱数1～5。

（续表）

观察目标	月龄	观察要点	具体表现
感知发现	25～36个月	观察幼儿通过触觉辨识物品的能力、对动物习性的认知、专注力表现，以及数数、图形识别和记忆近期事件的语言表达。	能说出常见物品的多种颜色，能根据要求在一堆积木中找出指定颜色的积木。 能分辨生活中和自然界中的各种声音，如门铃声、冲水声、下雨声、雷声等。 能仅凭触觉辨识熟悉的物品，如不用看就能从布袋中摸出指定的物品。 能认识常见动物的习性，如知道小狗爱吃肉骨头，小猫爱吃鱼。 有一定的专注力，同一种游戏能专心地玩一会儿。 能记起近期发生的一些事，会说"爸爸妈妈带我去公园玩了""大象鼻子长长的"。 会指认最基本的图形，如圆形、方形、三角形。 能唱数到10，手口一致地数1～3，会3以内的按数取物。

在使用表5-1时需要注意，首先，明确观察目标，并根据婴幼儿的年龄和发展水平选择合适的观察内容，参考《上海市0—3岁婴幼儿发展要点与支持策略（试行稿）》中相应阶段的发展要点，确定观察的参考标准。其次，观察时应选择安全、安静的环境，并使用适宜的观察材料，如不同质地、形状、颜色的玩具和能发出声音、光线变化的物品。再次，在观察时机应选择婴幼儿情绪稳定、精力充沛时，并关注其对物品的探索行为、对不同刺激的反应以及注意力集中情况。记录观察结果时，应使用清晰的记录方式，并记录婴幼儿的行为表现、原因和动机，以及进步和变化。根据观察结果选择合适的支持策略，并提供适宜的引导和鼓励，以促进婴幼儿感知发现发展。同时，关注婴幼儿的整体发展水平，并与专业人士沟通，确保观察的准确性和有效性。

观察视频：7个月
七七找饼干

观察视频：13～18个月宝宝
听指令拿取物品

《育婴员》（四级）理论知识试题

感知觉是婴幼儿（　　）的基础。
A. 自理　　　　　B. 语言　　　　　C. 操作　　　　　D. 思维

知识点 5-4　0~3岁婴幼儿感知发现发展观察实施的建议

一、自然情境中0~3岁婴幼儿感知发现发展的观察

在自然情境中观察0~3岁婴幼儿的感知发现能力，应注重捕捉婴幼儿在日常生活中对周围环境的自然反应和探索行为，以了解其感知觉的发展水平和特点。观察者需保持耐心和敏锐，细致记录婴幼儿对各种感官刺激（如触觉、视觉、听觉）的反应，包括对不同质地物品的触摸、对移动物体的视觉追踪、对声音的寻找和辨识等。同时，观察者应避免过多干预，让婴幼儿自主探索，以真实反映其感知发现能力。

1. 在日常探索活动中观察感知发现能力

在自然情境中，婴幼儿的日常探索活动是观察其感知发现能力的重要途径。观察者可以关注婴幼儿在自由玩耍时对周围环境的探索行为，例如，观察婴幼儿是否会主动触摸不同质地的物品（如粗糙的布料、光滑的塑料），并表现出不同的反应；接触新物品时是否表现出好奇，是否会尝试用不同的方式探索物品（如抓取、敲打、摇晃）。同时，观察婴幼儿因环境变化后的探索行为，如房间光线变暗或变亮时是否会有反应，是否会寻找光源；在听到不同声音（如门铃声、敲门声）时是否会表现出好奇或警觉。

2. 在日常互动中观察感知发现能力

婴幼儿在与养育者的互动过程中会表现出丰富的感知发现能力，观察者可以关注婴幼儿在与养育者互动时的行为表现，例如，观察婴幼儿是否会主动伸手抓取养育者手中的物品，是否会模仿养育者的动作或声音；是否会表现出对熟悉人或物品的识别，如看到熟悉的人时露出微笑或主动伸手。同时，还可以观察婴幼儿在养育者引导下是否能够完成简单的感知任务，如指认常见物品或身体部位等。

二、任务情境中0~3岁婴幼儿感知发现的观察

在任务情境中观察0~3岁婴幼儿的感知发现能力，主要是通过结构化的活动观察婴幼儿感知觉发展水平。任务设计需要基于婴幼儿的日常经验，确保趣味性和互动性，以吸引其主动参与，同时，需依据婴幼儿的年龄和能力灵活调整任务难度，避免难度过高或过低的挑战。

1. 通过触觉探索任务观察感知发现能力

通过设计触觉探索任务，观察婴幼儿对不同质地物品的感知和反应。例如，准备一组不同质地的物品（如粗糙的砂纸、光滑的丝绸、柔软的毛绒玩具），让婴幼儿触摸并观察其反应。观察婴幼儿是否会表现出对不同质地的偏好，是否会用手指细致触摸物品，是否会用语言（如"软""硬"）描述物品。另外，还可以设计简单的触觉辨识任务，如让婴幼儿从布袋中摸出指定质地的物品，观察其是否能够仅凭触觉完成任务。

2. 通过视觉追踪与识别任务观察感知发现能力

设计视觉追踪与识别任务,观察婴幼儿对视觉刺激的感知和反应。例如,使用手电筒在较暗的房间内移动光点,观察婴幼儿是否会追视光点;展示一组不同颜色和形状的卡片,观察婴幼儿是否能够识别并指认特定的颜色或形状;设计简单的视觉记忆任务,如让婴幼儿记住一组物品的摆放位置,然后改变其中一些物品的位置,观察婴幼儿是否能够发现变化并指出。表5-2是在视觉追踪与识别任务中观察19~24个月幼儿感知发现能力的一个具体样例。

表5-2　19~24个月幼儿感知发现能力观察

观察目标	观察环境和条件	观察步骤
观察幼儿颜色识别与实物对应能力	安静、明亮的房间,使用色彩鲜艳的实物和图片,幼儿情绪稳定且注意力集中。	1. 准备一组颜色鲜艳的实物(如红色苹果、蓝色积木)和对应的图片。 2. 将实物和图片分别展示给幼儿,引导其观察。 3. 询问幼儿:"红色的苹果在哪里?"或"蓝色的积木呢?"观察其是否能准确指认实物和图片。 4. 重复几次,观察幼儿是否能将实物与图片进行对应。

3. 通过听觉辨识任务观察感知发现能力

设计听觉辨识任务,观察婴幼儿对不同声音的感知和反应。例如,播放一组不同来源的声音(如动物叫声、乐器声、自然声音),观察婴幼儿是否能够识别并指认声音来源;在婴幼儿背后发出声音,观察婴幼儿是否会迅速转头寻找声源;设计简单的听觉记忆任务,如让婴幼儿记住一组声音的顺序,然后重复播放,观察婴幼儿是否能够识别并模仿。

知识点 5-5　0~3岁婴幼儿感知发现发展的支持策略

一、0~3个月:感知启蒙

0~3个月是婴儿感知能力发展的奠基阶段。为促进婴儿早期感知发展,需通过多感官刺激帮助他们建立基础认知。支持重点应围绕触觉、视觉、听觉及前庭觉的适应性训练展开。

在触觉方面,照护者要为婴儿提供丰富的材质体验,选择表面纹理细腻(如硅胶触觉球)的玩具轻触其手掌。由于婴儿手掌的触觉感受器密度是成人的1.2倍,每日进行8~10次、每次3~5秒的触觉刺激,能有效促进神经通路的形成。因为新生儿体温调节功能尚不完善,操作中需注意避免刻意制造温度差异。

在视觉训练方面,可通过悬挂黑白对比卡片或人脸图案(距离20~30厘米),并缓慢匀速水平移动,每次训练不超过90秒,每日2~3次为宜,逐步增强婴儿视觉聚焦能力。对于红色物体的追视建议延至2月后开展,因为新生儿初期对红光的感知能力较弱。

在听觉训练方面,可通过500~1000 Hz的断续音(如秒表滴答声的节奏)进行听觉刺激,结合声源定位游戏,如在婴儿耳侧轻摇沙锤或铃铛,鼓励婴儿转头寻找声音来源。养育者需多用轻柔语调与婴儿对话,如"宝宝听,这是妈妈的声音",强化语言与听觉的关联。

在前庭觉的适宜性方面,前庭刺激能够促进平衡器官发育,养育者每日可进行3~4次轻柔的竖直抱持旋转(转动速度慢于呼吸频率)。同时,建议养育者在抚触时配合持续低音(如"嗡—嗡"声),帮助婴儿建立触觉—听觉的跨感官联结。

二、4~6个月:多通道探索

4~6个月是婴儿感知能力快速整合的关键期,需通过系统性训练促进多感官协同发展。**此阶段支持重点应围绕口腔探索行为、材质触觉反应、熟悉人或物的互动等。**4~6个月的婴儿通过口腔和触觉探索环境,需提供安全的硅胶磨牙棒或可啃咬玩具,定期消毒以预防细菌感染,同时满足口腔敏感期的需求。触觉体验方面,可设计"感官触摸袋",装入丝绸、毛绒布、粗糙毛巾等不同材质的物品,让婴儿在触摸时,照护者可描述触感(如"软软的兔子""滑滑的丝巾")。照护者需频繁回应婴儿的主动行为(如抓取摇铃),通过重复其发出的声音(如"啊—啊")建立双向沟通。此外,将常用玩具固定于婴儿床或活动垫上,鼓励其自主够取,促进手眼协调与空间认知的发展。

三、7~9个月:记忆与物体恒存意识

7~9个月是婴儿认知能力快速发展的关键期,支持重点应围绕记忆能力和物体恒存意识展开,为其早期认知结构奠定基础。

首先,这一阶段的婴儿开始发展短期记忆,能够记住熟悉的人、物品和简单事件。例如,他们可以识别家庭成员的面孔或记住经常玩的玩具。为了帮助婴幼儿巩固记忆,照护者可以提供丰富的感官刺激,如使用颜色鲜艳的玩具(如红色积木)与婴幼儿互动,并用语言描述:"这是红色的积木,我们可以把它叠高高。"通过重复这样的活动,婴幼儿不仅能记住玩具的特征,还能将记忆中的信息应用到新的情境中。

其次,婴儿开始形成物体恒存意识,标志性表现是,当玩具被遮挡时,他们会主动移开遮挡物去寻找玩具。为了促进这一能力的发展,照护者可以设计互动游戏。例如,玩"躲猫猫"游戏:将玩具藏在毯子下,鼓励婴儿掀开毯子寻找。照护者可以用语言引导:"玩具去哪里了?我们来找一找吧!"当婴儿找到玩具时,照护者给予积极的反馈:"真棒!你找到了!"照护者应鼓励婴儿探索与实验,为婴幼儿提供安全的环境和机会。例如,准备一个带盖子的盒子,里面放入小玩具,鼓励婴幼儿打开盖子寻找。在探索过程中,照护者可以用语言描述行为:"你打开了盖子,发现了里面的玩具!"这些游戏活动不仅能帮助婴儿理解物体的恒存性,还增强了他们的探索能力和问题解决能力。

四、10~12个月:触感分化与功能模仿

10~12个月的婴儿不仅能够通过触摸物体感知其属性差异,还能通过模仿成人的动

作探索因果关系，从而深化对周围世界的理解。**在触感分化方面，10~12个月的婴儿触觉感知能力进一步发展，能够在触摸物体时表现出明显的情感反应，如好奇或退缩**。照护者可以为婴儿提供差异化的触觉材料，如软毛刷、硬木块和黏土，以丰富其触觉体验。在观察婴儿触摸材料的过程中，照护者应关注其表情和肢体反应，并及时用语言描述触感，例如，"这是硬硬的积木"或"毛刷摸起来软软的"。

在功能模仿方面，照护者可通过示范动作引导婴儿理解因果关系。例如，用勺子敲击碗底发出声音，或摇晃铃铛制造声响，鼓励婴儿模仿这些动作并观察其结果。此外，照护者应鼓励婴儿用眼神或手势回应，例如，当婴儿指向电灯时，照护者可以回应："是的，这是灯，灯亮了。"这一行为表明婴儿初步的符号认知能力正在形成。

五、13~18个月：动态观察与逻辑探索

13~18个月阶段，幼儿的认知发展表现出对动态物体的敏感性以及初步的对物体探索的能力。为了促进幼儿的动态观察、语言理解、对比认知、记忆及问题解决能力的发展，照护者可采用动态追视游戏、指令训练、大小分类游戏和藏物游戏升级等策略。

在动态追视游戏方面，照护者可设计如滚动皮球、使用电动玩具或移动发光物体等游戏，鼓励幼儿追踪并捡回物体。例如，照护者可以滚动皮球并引导："看，球滚到哪里了？我们一起去捡回来！"通过调整物体移动的速度和方向，逐步增加难度，帮助幼儿提升动态观察的灵活性和准确性。

在指令训练方面，从简单指令如"拿红色积木"或"把球递给妈妈"开始，逐步过渡到复杂指令如"把大球放进篮子里"或"把小熊放在椅子上"。照护者应使用清晰的语言，并结合手势或示范，帮助幼儿理解任务要求，培养其任务执行和逻辑思维能力。

在大小分类游戏方面，照护者提供大碗和小碗、大球和小球等材料，引导幼儿将大球放入大碗、小球放入小碗。在游戏中，照护者可用语言描述："这是大球，它应该放在大碗里。"通过增加分类难度，如引入更多大小差异的物体，进一步提升幼儿的认知能力。

在藏物游戏升级方面，照护者可使用透明容器藏匿物体，让幼儿观察物体位置变化并主动寻找。例如，将小球藏入透明容器中，移动容器后提问："球在哪里？"鼓励幼儿通过观察和记忆找到物体。通过改变藏匿位置或增加复杂性，进一步提升游戏的挑战性。

六、19~24个月：命名与秩序敏感期

19~24个月的幼儿进入命名与秩序敏感期，表现为对物体命名和秩序排列的强烈兴趣。为了促进幼儿语言表达、分类能力及秩序感的发展，照护者可通过命名游戏、分类与排序游戏、秩序感培养和角色扮演游戏等策略进行支持。

在命名游戏方面，照护者可利用日常物品，如玩具、餐具或衣物，引导幼儿学习并说出名称。例如，指着玩具车问："这是什么？"鼓励幼儿回答："车。"通过扩展词汇，如"红色的车"或"大车"，帮助幼儿掌握更复杂的语言表达。

在分类与排序游戏方面，照护者可提供不同颜色、形状或大小的积木、卡片等材料，引导幼儿进行分类和排序。例如，说："把红色的积木放在一起"或"把大积木排在最前面"。

通过增加难度,如引入更多属性或混合分类,帮助幼儿建立复杂的逻辑思维模式。

在秩序感培养方面,照护者可通过建立固定的日常流程,如起床、吃饭、玩耍和睡觉的顺序,帮助幼儿理解并适应生活中的秩序。例如,睡前引导整理玩具,说:"现在是整理时间,我们把玩具放回原位。"通过反复强调和示范,帮助幼儿养成遵守秩序的习惯。利用拼图、积木等玩具,鼓励幼儿按规则完成任务,强化秩序感和问题解决能力。

在角色扮演游戏方面,照护者可模拟日常场景,如购物、做饭或看病,引导幼儿扮演不同角色并说出相应语言。例如,扮演医生,说:"你好,我是医生,你哪里不舒服?"鼓励幼儿扮演病人并回答:"我肚子疼。"通过互动,丰富语言表达,促进对社会规则和角色关系的理解。

七、25~36 个月:综合认知与抽象思维

25~36 个月的幼儿在综合认知与抽象思维方面表现出显著发展,能够理解简单抽象概念、解决基本问题、进行角色扮演游戏,并展现出强烈的好奇心和探索欲望,为后续学习奠定基础。

拼图与建构游戏是提升空间想象力和逻辑推理能力的有效方式。例如,可以提供不同难度的拼图或积木,引导幼儿通过观察和尝试完成任务。比如,问:"这块拼图应该放在哪里?"可以逐步增加难度,如从简单的 3 块拼图过渡到 6 块,帮助幼儿建立空间概念。同时,鼓励幼儿描述自己的作品,例如,问:"你搭的是什么?"通过这些活动,幼儿不仅能够提升空间认知能力,还能增强语言表达能力。

模拟场景有助于幼儿理解社会角色和人际关系,提升问题解决能力。照护者可以与幼儿一起创作故事,鼓励他们发挥想象力并参与情节设计。例如,问:"接下来会发生什么?小熊会去哪里?"通过这种方式,引导幼儿思考故事的发展和角色行为。还可以开展角色扮演游戏,如"我们来扮演医生和病人吧!"也能帮助幼儿理解不同的社会角色和行为规范。

问题解决游戏可以通过设计简单谜题或挑战任务,引导幼儿观察、思考和尝试找到解决方案。例如,准备一个装有玩具的盒子,提问:"怎样才能打开?"鼓励幼儿尝试不同方法,如拉动、按压或寻找开关。还可以逐步增加任务的复杂性,如引入多个步骤或隐藏线索,进一步提升认知挑战。

数学启蒙游戏有助于幼儿建立初步的数学概念。例如,问:"这里有几颗糖果?吃掉一颗,还剩几颗?"将数学概念融入日常生活,帮助幼儿理解抽象的数字关系。还可以利用积木、卡片等工具,引导幼儿进行分类、排序和模式识别,如"把这些积木按颜色分一分",强化幼儿逻辑思维能力。

案例助学

案例 5-1 触觉探索与分化
——婴幼儿感知发现中的触觉发展的观察案例

观察目的	观察10~12个月婴儿触觉探索中的反应,了解其触觉分化能力。
观察对象	小丽(女,9个月)
观察地点	家庭客厅
观察方法	轶事记录法

观察实录

小丽坐在地毯上,面前摆放着一个装有不同材质物品的感官触摸袋(丝绸、毛绒布、粗糙毛巾等)。小丽先伸手摸了摸丝绸,脸上露出愉快的表情,并继续抚摸,仿佛在感受丝绸的光滑质感。她用手指轻轻划过丝绸,似乎在探索其细腻的纹理,偶尔将丝绸拉到脸上摩擦,显得非常享受。接下来,她抓起毛绒布,将其靠近脸部摩擦,显得很舒适。小丽用双手紧紧抱住毛绒布,将其贴在脸颊上,闭着眼睛,似乎在享受柔软的触感。她还把毛绒布放在嘴里舔了一下,随后吐了出来,表现出对这种新触感的好奇。最后,她拿起粗糙毛巾,短暂接触后迅速缩回手,表现出不适。小丽先是轻轻触碰毛巾的一角,但当她感受到粗糙的质感时,立刻把手缩了回来,脸上显现出一丝不安。她再次尝试触摸毛巾的另一部分,这次更加谨慎,但很快又缩回了手,显然不喜欢这种触感。

观察分析

10~12个月的婴儿开始对不同材质的物品有明显的触觉反应,能够区分光滑、柔软和平滑的物体,表现出不同的行为反应。这一阶段的婴儿通过触觉探索世界,逐渐建立起对不同材质的认知。他们对柔软、光滑的物体表现出更大的兴趣,而对粗糙、坚硬的物体则可能表现出回避或不适。

小丽对不同材质的物品表现出明显的偏好和反应,特别是对粗糙物品的退缩行为,表明她的触觉分化能力正在发展中。她对丝绸和毛绒布表现出极大的兴趣和愉悦,而对粗糙毛巾则表现出明显的回避行为。这种差异化的反应反映了她在触觉探索中的敏感度和认知能力。

小丽的反应主要是由于神经系统发育尚未完全成熟,对不同触觉刺激的敏感度不同,因此表现出对某些材质的偏好或排斥。此外,家庭环境中的触觉刺激较少,可能导致她对新材质的接触较为谨慎。父母可以提供更多种类的触觉材料,帮助她逐步适应和理解不同材质的特性。

指导策略

针对以上分析,可以从以下几个方面指导小丽触觉发现行为发展:

首先,提供更多的触觉探索机会,如触觉书、触觉墙等,让小丽接触更多不同材质的物品,逐步适应和理解这些材质的特性。其次,引导小丽逐步接触不同材质的物品,帮助她建立更广泛的触觉体验。例如,可以从较温和的材质开始,逐渐引入稍微粗糙的物品。最后,通过语言描述触觉体验,如"这是软软的兔子""这是硬硬的积木",帮助小丽理解不同材质的特点,并增强她的语言表达能力。

案例 5-2 视觉追踪与指令执行
——婴幼儿感知发现中的视觉发展的观察案例

观察目的	观察 12~18 个月幼儿的视觉追踪和指令执行能力
观察对象	小刚(男,15 个月)
观察地点	幼儿园教室
观察方法	轶事记录法

观察实录

老师将一个小球从桌子上滚向小刚,小刚立即追视球的移动,眼睛紧紧跟随着球的方向。他用手指指向球,口中发出"啊"的声音,表现出对球的极大兴趣。小刚的眼神非常专注,似乎在预测球的轨迹。当球滚入柜子下方时,小刚趴在地上,伸手试图抓住球。他先是尝试用手臂伸长去够球,但未能成功。于是,他调整姿势,用一只手支撑地面,另一只手继续摸索。他反复尝试几次,终于抓住了球,脸上露出满意的笑容。老师发出指令:"把球拿出来。"小刚四处寻找,最终成功找到并拿出球。他用双手捧着球,走到老师面前,递给老师,表现出对指令的理解和执行能力。老师再次发出指令:"把球放进篮子里。"小刚准确地将球放入篮子,然后转身看向老师,等待下一步指示。他显得非常自信,似乎对自己的表现很满意。接下来,老师又发出指令:"把红色的球拿过来。"小刚看了看桌子上的几个球,犹豫了一下,最终选择了红色的球,递给了老师。虽然他一开始有些犹豫,但在老师的鼓励下,他成功完成了任务。

观察分析

12~18 个月的幼儿能够追踪快速移动的物体,并能根据指令执行简单任务,显示出较强的视觉追踪和动作协调能力。这一阶段的幼儿对颜色和形状也开始有了初步的认知,能够根据颜色或形状进行简单的分类和选择。

小刚不仅能够追踪移动物体,还能根据指令准确执行任务,表现出较好的视觉和听觉理解能力。他在追踪球的过程中表现出极高的专注力,并且能够灵活调整自己的动作以完成任务。此外,小刚对颜色的识别能力也在逐渐发展,虽然有时会犹豫,但在老师的引导下能够正确选择颜色。

小刚的视觉追踪和指令执行能力得益于日常丰富的视觉和听觉刺激,以及与成人的互动。托育机构提供了许多视觉追踪游戏和指令训练的机会,帮助他逐步建立了对物体移动和指令的理解。此外,小刚的家庭环境也提供了大量的视觉和听觉刺激,如阅读图画书、玩颜色分类游戏等,进一步促进了他对颜色和形状的认知。

指导策略

针对以上分析,可以从以下几个方面指导小刚视觉追踪和指令执行能力行为发展:

首先,设计更多动态追踪游戏,如滚动玩具、电动玩具等,可以通过增加难度,如滚动多个球或改变球的速度,进一步提高小刚的追踪能力。其次,结合指令训练,逐步增加任务的复杂度,如"把大球放进篮子里"或"把红色的球拿过来"。通过逐步增加任务的难度,帮助小刚建立更复杂的指令理解能力。最后,通过语言引导,帮助小刚理解物体的位置变化,如"球在哪里?宝宝找一找。"同时,可以通过对颜色和形状的描述,帮助他进一步理解这些概念,如"这是红色的球"。

任务实操

任务 5-1 如果希望对本任务情境导入中桐桐的感知发现水平做持续观察,可以如何实施?请设计一份观察计划。

任务 5-2 请观看二维码视频,视频记录了婴幼儿第一次接触玩具的反应,请根据视频内容,采用轶事记录法,完成附录 11 观察分析表格。

托育机构观察视频

任务 5-2 作业纸见 248 页附录 11。

任务二 学会婴幼儿问题解决发展的观察与指导

情境导入

在一个阳光明媚的下午,托育机构户外活动时间,孩子们在草地上自由玩耍,有的追逐嬉戏,有的玩沙子,有的玩滑梯。然而,老师发现小明独自一人坐在角落里,专注地看着手中的玩具车,对周围的游戏不感兴趣。他反复尝试用玩具车推倒一个小土坡,但每次都失败了。小明为什么不愿意参与游戏?他可能在想什么?作为老师,你可以如何引导小明参与到游戏中来?你会如何通过观察小明的行为,判断他的问题解决能力发展水平?你认为他是否需要额外的帮助来提升问题解决能力?

知识导航

知识点 5-6 0~3 岁婴幼儿问题解决领域的观察要点

参照《上海市 0—3 岁婴幼儿发展要点与支持策略(试行稿)》,婴幼儿问题解决发展的观察主要涉及以下具体内容(见表 5-3)。

表 5-3 婴幼儿问题解决发展观察的具体内容

观察目标	月龄	观察要点	具体表现
问题解决	0~3 个月	观察婴儿对遮挡视线障碍物的躲避反应(如转头或闭眼)。	对挡住视线的障碍物会躲避。

（续表）

观察目标	月龄	观察内容	具体表现
问题解决	4～6个月	观察婴儿拍打悬挂玩具使其晃动的行为，以及摇晃或丢弃物品的探索动作。	用动作使物体发出声音或发生变化，如反复拍打悬挂的玩具，试图让玩具动起来。 　　开始用新的方法探究事物，喜欢摇晃物品或把物品往地上丢。
	7～9个月	观察婴儿主动爬向目标物品的行为，以及对物品掉落后的注视反应。	出现一些典型的目的性行为，如：主动爬向较远处自己想要够拿的物品；喜欢故意抹掉或丢下物品，然后注视掉落的物品。 　　对自己制造的声音感兴趣，喜欢拍打铃铛、用勺子敲打桌面。
	10～12个月	观察婴儿倒出容器内物品的操作、追踪滚动物体的行为，以及利用工具（如拉床单）获取物品的策略。	尝试用动作去改变物体现有的状态，如用摇晃或倾倒等方法，将物品从容器中倒出。 　　能追踪物体的移动，看到小球滚入橱柜下方时，会趴着在橱柜下方寻找小球。 　　会通过移动一个物品使另一个相连的物品一起移动，如拉动床单来够拿玩具。或拉动绳子来拖拉小车。
	13～18个月	观察幼儿倒豆子时的便捷方法选择、探究因果关系（如开关与灯亮），以及按用途使用工具的行为（如扫帚扫地）。	在摆弄操作的过程中发现简便的方法，如发现直接从容器中把豆子倒出来，比一点点取出来更方便。 　　通过反复操作探究事物简单的因果关系，如：边摁开关边看着灯亮，反复摆弄遥控器等。 　　能进行图形对应活动，把简单的几何图形放入相应的嵌板中。 　　能根据常见物体的用途来操作使用，如：拿起扫帚试着扫垃圾，拿着钥匙尝试往锁眼里塞等。
	19～24个月	观察幼儿在陌生环境中的提问行为、探索水中物品的兴趣，以及借助工具（如长棒）解决问题的表现。	对新环境敏感，在陌生的环境中会东张西望，问一些关于"是什么""干什么"的简单问题。 　　喜欢将各种物品放到水里探索，如把塑料玩具、海绵、小球等物品放到水里观察。 　　能借助工具达到目的，如：用长棒去够拿滚到床底的小球，双脚站在矮凳上够拿高处的物品。 　　会根据后果调整行为，如钻爬桌子的时候头被碰疼过，再次钻爬时会表现得更小心。

（续表）

观察目标	月龄	观察内容	具体表现
问题解决	25~36个月	观察幼儿对物品大小关系的理解、方位指令执行能力，以及分类整理玩具的行为。	了解物品的大小关系，知道大杯子不能放到小杯子里面，而小杯子可以放到大杯子里面。 能辨别"上下""里外"等方位，能根据方位指令找到相应物品。 会对物品进行初步归类，收拾玩具时，会根据日常惯例按类摆放。 会探究容器打开的合适方法，如寻找包装的封口处。 能分辨"一个"和"全部"，如在一堆球中，按指令拿出一个球或按指令拿出全部球。 知道家里人的名字和简单的情况，需要的时候能说出爸爸妈妈的名字或居住地的小区名、路名、村名等。

在使用表5-3时需要注意确保观察的全面性、持续性和科学性。第一，观察应涵盖婴幼儿日常生活的各个方面，包括游戏、学习和日常生活，以全面了解其问题解决能力的发展。观察表应包含问题解决能力发展的各个方面，如目标定位、策略选择、因果关系理解和工具使用，以全面评估发展水平。第二，观察应持续进行，记录婴幼儿在不同阶段的行为变化，以便进行纵向比较和分析。第三，应采用科学的观察方法，如行为观察、情境模拟和实验法，确保观察结果的客观性和准确性。观察结果应客观记录婴幼儿的行为表现，避免主观臆断和偏见，并与婴幼儿发展规律和年龄特点相结合，进行科学的分析和解读。同时，应尊重婴幼儿的个体差异性，避免与同龄人进行比较，以免造成不必要的压力。最终，观察结果应与教育实践相结合，制定针对性的教育方案，帮助婴幼儿提升问题解决能力。

观察视频：12个月小吉力玩乒乓球

观察视频：25~36个月宝宝根据"上下里外"方位指令找到物品

《育婴员》（四级）理论知识试题

（　　）是婴儿认知能力训练的注意事项。

A. 不注重训练的过程

B. 注重训练结果

C. 要注重训练的过程，不要过分追求训练结果

D. 过程和结果都不重要

知识点 5-7 0~3岁婴幼儿问题解决发展观察实施的建议

一、自然情境中0~3岁婴幼儿问题解决发展的观察

在自然情境中观察0~3岁婴幼儿的问题解决能力,旨在通过日常生活的自然场景,观察婴幼儿在面对实际问题时的自然反应和解决策略。这种观察方式能够真实反映婴幼儿在无干预状态下的问题解决能力,帮助观察者了解其认知和思维发展的自然进程。观察时,应选择婴幼儿熟悉且情绪稳定的环境,避免过多干预,让婴幼儿自主探索和尝试解决问题。

1. 在自主探索与操作中观察问题解决能力

在自然情境中,观察婴幼儿在自主探索和操作物品时的问题解决能力,可以深入了解他们如何通过实践和尝试来应对挑战。例如,观察婴幼儿在玩一个需要打开盖子才能取出玩具的盒子时,是否会尝试不同的方法,如旋转、拍打或摇晃盒子,以找到打开盖子的最佳方式。在这个过程中,婴幼儿可能会表现出反复尝试的行为,甚至在失败后调整策略,这体现了他们在面对问题时的坚持和灵活性。同时,还可以观察婴幼儿在操作过程中是否能够利用已有的经验,比如在之前玩类似玩具时学到的技巧来解决新的问题。

2. 在社交互动中观察问题解决能力

在自然情境中的社交互动中,可以观察到多种婴幼儿的问题解决能力的表现。例如,观察婴幼儿是否能够理解并执行他人简单的方位指令,如"把球放在桌子上"或"把玩具放进盒子里",这些反映了婴幼儿对"上下""里外"等方位概念的理解;观察婴幼儿在被要求收拾玩具时,是否会根据日常惯例对物品进行初步归类,如将小汽车放在一起,把积木归为一类,这表明他们能够运用分类策略来整理物品。

二、任务情境中0~3岁婴幼儿问题解决发展的观察

在任务情境中观察0~3岁婴幼儿的问题解决能力,目的是通过结构化活动评估其策略选择、因果关系理解和目标定位等关键能力。观察时,应根据婴幼儿的年龄和能力调整任务难度,确保既能激发其探索欲,又避免挫败感。

1. 通过因果关系任务观察问题解决能力

在任务情境中,设计因果关系任务可以有效观察婴幼儿对因果关系的理解和应用。例如,准备一个简单的开关灯装置,让婴幼儿通过按压开关来点亮灯,观察他们是否能够理解按压开关与灯亮之间的因果关系;提供一个因果关系玩具,如按压按钮会弹出小球的玩具,观察婴幼儿是否能够通过操作理解并利用这种因果关系来解决问题。

2. 通过工具使用任务观察问题解决能力

设计工具使用任务可以观察婴幼儿是否能够借助工具解决问题。例如,将一个玩具放在婴幼儿够不到的地方,同时提供一根长棒,观察他们是否会使用长棒去够取玩具;或

者提供一个带有盖子的容器,里面放有小零食,观察婴幼儿是否能够打开容器获取里面的物品。表5-4是在工具使用任务中观察13~18个月幼儿问题解决的一个具体样例。

表5-4 13~18个月幼儿问题解决能力观察

观察目标	观察环境和条件	观察步骤
观察幼儿工具使用的能力	安静、安全的活动区域,提供适合的工具(长棒、小锤子、勺子等)和目标物品(容器中的小零食等),幼儿情绪稳定且注意力集中。	1. 准备一个带有盖子的透明容器,里面放入幼儿喜欢的小零食。 2. 提供一把小勺子、一个长棒、一个小锤子,观察幼儿是否会尝试用勺子舀取零食。 3. 记录幼儿在使用工具过程中的尝试次数、成功与否以及是否寻求帮助。

3. 通过分类与整理任务观察问题解决能力

设计分类与整理任务可以观察婴幼儿是否能够对物品进行初步归类和整理。例如,准备一组不同颜色和形状的积木,让婴幼儿按照颜色或形状进行分类。或者准备一组玩具和收纳盒,观察婴幼儿是否能够将玩具按类别放回对应的收纳盒中。通过这些任务,可以评估婴幼儿在分类和整理方面的能力,以及他们如何通过组织和归类来解决问题。

知识点 5-8　0~3岁婴幼儿问题解决发展的支持策略

一、利用常见物品进行因果关系探究

因果关系的理解是幼儿认知发展的基础,尤其在6~18个月期间,婴幼儿开始通过动作探索因果关系。根据皮亚杰的认知发展理论,婴幼儿在感知运动阶段通过"试误"学习,逐步建立对因果关系的初步认知。在日常生活中,教师或家长可以通过提供具有明显因果关系的物品(如开关与灯、遥控器与电视),引导婴幼儿进行操作和观察。例如,让12~18个月的幼儿按动开关并观察灯的变化,或使用遥控器控制电视的开关。这种操作不仅能够帮助婴幼儿理解动作与结果之间的联系,还能激发他们的探索兴趣。此外,照护者可以通过语言引导,如"你看,按一下开关,灯就亮了",进一步强化幼儿对因果关系的理解。

二、提供工具使用示范与体验

工具使用能力是婴幼儿认知发展的重要里程碑,其本质在于理解物体间的中介关系与功能迁移逻辑。在12~24个月阶段,可设置基础工具任务。例如,照护者将发声玩具置于略高于幼儿身高的柜面,示范踮脚取物失败后,引入矮一点的凳子,对幼儿说:"试试踩着小凳子够一够",引导幼儿观察。当小球滚入床底时,提供长度60cm的软棒(安全包边处理),通过"小球在棒子前面还是后面?"等引导语,帮助幼儿建立工具延伸空间的认知。对于24~36个月的幼儿,可升级为组合工具挑战。例如,在2米外设置目标物围栏,提供绳钩组合工具,先示范"甩绳套钩—拉近取物"的连续动作,再鼓励幼儿自主探索工具

组合方式;或设计斜坡取球装置,引导幼儿通过调整纸板坡度(使用积木垫高)改变工具效能,理解角度与滚动距离的关系。

三、创设目标导向的游戏情境

目标导向的游戏情境有助于培养婴幼儿的目的性行为和问题解决能力,尤其在9～24个月期间,婴幼儿开始表现出明显的目的性行为。在此阶段,婴幼儿在游戏过程中逐步发展自主性和主动性。照护者可以设计一些简单的目标导向游戏,例如将玩具放置在稍远的地方,鼓励9～12个月的婴儿通过爬行去够取;或者将小球滚到家具下方,引导18～24个月的幼儿使用工具(如长棒)来取出。这些活动不仅能够锻炼婴幼儿的空间意识和运动能力,还能帮助他们理解工具的使用方法。在此过程中,照护者应提供适时的支持和鼓励,如"你可以用这根棒子把球拿出来",帮助婴幼儿建立自信心。

四、开展生活化分类整理活动

分类整理活动是婴幼儿建构系统性思维的基础实践,其核心在于通过日常物品的具体操作,将抽象概念转化为可感知的物理经验。在18～24个月阶段,幼儿可聚焦于单一属性辨识,照护者可以利用带图案标识的收纳工具(如积木篮贴几何图形、餐具盒印大小标尺),通过拟人化指令如"送积木宝宝回家",引导幼儿按类型归类;整理餐具时提供可嵌套的套杯组,让幼儿在"小杯藏进大杯"的试错中感知包容关系。

24～36个月大时,幼儿逐步升级为能理解复合规则,照护者可以要求幼儿同时按颜色与形状整理玩具(如"红色方块住红房子,蓝色圆柱住蓝袋子"),或在整理绘本时植入方位指令"把书竖着放进书架第二层""拼图盒推进桌子下面的抽屉",同步强化分类、排序与空间定位能力。也可为幼儿创设"纠错情境"(如故意混放餐具与玩具),引导幼儿运用既有规则发现异常,完成"观察属性—匹配规则—验证结果"的完整认知循环。

五、鼓励提问与观察新环境

提问与观察是婴幼儿认知发展的重要方式。18～36个月幼儿的语言能力和好奇心迅速发展,他们通过语言和观察逐步建构对世界的理解。当婴幼儿进入新环境时,照护者应鼓励他们观察周围的事物并提出简单的问题,例如"这是什么?""这是干什么的?"通过提问和观察,婴幼儿能够更好地适应新环境,增强好奇心和探索能力。同时,照护者应耐心解答婴幼儿的问题,并通过扩展性语言(如"这是扫帚,我们可以用它来扫地")进一步丰富其认知经验。此外,教师还可以通过创设问题情境,如"你看,这里有一个新玩具,你觉得它是怎么玩的?"激发婴幼儿的思考能力和问题解决能力。

案例助学

案例 5-3　水中探索
——婴幼儿问题解决中的因果关系理解的观察案例

观察目的	观察19～24个月幼儿对因果关系的理解
观察对象	小红(女,20个月)
观察地点	家庭厨房
观察方法	轶事记录法

观察实录

小红坐在儿童椅上,面前放着一个装满水的塑料盆,盆里有塑料玩具、海绵和小球。她显得非常兴奋,眼睛紧紧盯着盆里的物品。小红将塑料玩具放入水中,观察其漂浮,显得很开心。她用手指轻轻拨动玩具,看着玩具在水中旋转,发出"咯咯"的笑声。她似乎在思考玩具为什么不会沉下去,脸上露出好奇的表情。接着,她将海绵放入水中,海绵吸水变重,沉入水底。小红先是惊讶地看着海绵慢慢下沉,随后用手指轻轻戳了戳,发现海绵变得湿漉漉的。她把海绵拿出来,拧干水分,再次放入水中,观察其变化。这次海绵迅速沉入水底,小红显得非常好奇,反复尝试了几次。最后,她将小球放入水中,观察其漂浮,然后用长棒将球推向盆边。她用长棒轻轻拨动小球,看着小球在水中滚动,脸上露出满意的笑容。她似乎在思考为什么小球和海绵的表现不同,反复尝试用长棒拨动不同物品,观察它们的反应。小红还尝试用勺子舀水,发现水从勺子缝隙中漏出,显得有些沮丧。她反复尝试了几次,最终放弃了勺子,改用长棒拨动物品。

观察分析

19～24个月的幼儿对因果关系有了一定的理解,能够通过探索不同物品在水中的表现来理解物体的性质。这一阶段的幼儿开始理解简单的因果关系,如物体在水中的浮沉现象,并通过反复实验来验证自己的假设。

小红通过多次实验,理解了不同物品在水中的不同表现,表现出较强的因果关系理解能力。她对海绵吸水和小球漂浮的现象表现出极大的好奇心,反复尝试不同的物品,观察其变化。这种探索行为不仅展示了她对因果关系的理解,也反映了她对新事物的好奇心和求知欲。

小红的探索行为源于对新环境的好奇心和对物体特性的兴趣。家庭环境提供了丰富的探索机会(如水盆和不同材质的物品)和探索工具,帮助她逐步通过操作和实验形成了因果关系的理解。

指导策略

针对以上分析,可以从以下几个方面指导小红对因果关系理解的行为发展:

首先,提供更多探索水的机会,如水池、浴缸等,让小红继续探索物体的浮沉特性。可以通过增加不同材质的物品,如石头、木块等,帮助她进一步理解物体的沉浮。其次,引导小红观察和讨论不同物品在水中的变化,如"海绵为什么会沉下去?""小球为什么漂浮?"通过提问和讨论,帮助她建立更深刻的因果关系理解。最后,鼓励小红提出问题,并通过实验验证,如"如果把石头放入水中,会怎么样?"通过这种方式,培养她的科学思维和探究能力。

案例 5-4 工具助力问题解决
——婴幼儿问题解决中的工具使用的观察案例

观察目的	观察 25～36 个月婴儿借助工具解决问题的能力
观察对象	小华（男，28 个月）
观察地点	幼儿园户外活动区
观察方法	轶事记录法

观察实录

小华在户外活动区玩耍时，发现一个玩具车滚到了树根下。他先是蹲下身子，试图用手够取，但因为距离太远，未能成功。他显得有些沮丧，但并未放弃。小华环顾四周，找到了一根长棍，用长棍将玩具车推了出来。他先是对着长棍看了一会儿，似乎在思考如何使用它。然后，他小心翼翼地用长棍勾住玩具车，轻轻一推，玩具车顺利滚了出来。小华脸上露出满意的笑容，显得非常自豪。接着，小华又发现一个小球卡在了滑梯底部。他先是尝试用手够取，但未能成功。于是，他再次拿起长棍，用长棍轻轻拨动小球，小球顺着滑梯滚了下来。小华兴奋地跑过去捡起小球，继续玩耍。小华还尝试用长棍够取高处的树枝，但未能成功。他先是用力向上够，但树枝太高，无法触及。他又尝试了几种不同的方法，如用长棍勾住树枝，但树枝太细，容易滑落。尽管如此，小华并没有气馁，而是继续寻找其他方法。最后，小华发现了一个更高的树枝，用长棍勾住树枝，用力一拉，树枝微微晃动。他似乎意识到这种方法也不太可行，便放弃了尝试，转而寻找其他玩法。

观察分析

25～36 个月的幼儿能够借助工具解决问题，显示出较强的逻辑思维和问题解决能力。这一阶段的幼儿开始理解工具的作用，并能够灵活运用工具解决实际问题。他们通过反复尝试和调整策略，逐渐提高了问题解决的能力。

小华在遇到问题时能够灵活运用工具，表现出较强的工具使用能力和问题解决能力。他不仅能够找到合适的工具，还能通过多次尝试和调整策略，最终成功解决问题。这种行为展示了他较强的逻辑思维和动手能力。

小华的工具使用能力源于日常生活中丰富的探索和实践。托育机构提供了许多户外活动和探索的机会，如滑梯、树根等，帮助他积累了丰富的实践经验。此外，成人的引导和鼓励也起到了重要作用，如提供不同的工具和物品，帮助他进行实验和探索。

指导策略

针对以上分析，可以从以下几个方面指导小华借助工具解决问题的能力行为发展：

首先，提供更多户外探索机会，如草地、沙坑等；可以通过增加不同类型的工具，如网兜、绳子等，帮助他进一步提高工具使用能力。其次，引导小华思考和讨论不同工具的用途，如"长棍可以用来够取远处的东西""袋子可以用来装东西"等。通过提问和讨论，帮助他建立更深刻的工具使用理解。最后，鼓励小华尝试使用不同工具，如网兜、绳子等，解决更多实际问题。通过这种方式，培养他的创新思维和动手能力。

任务实操

任务 5-3 请观看二维码视频,视频记录了婴幼儿遇到问题时的反应,请根据视频内容,采用轶事记录法,完成附录12观察分析表格。

任务 5-3 作业纸见 249 页附录 12。

观察视频

任务三 学会婴幼儿想象表现发展的观察与指导

情境导入

在充满欢乐的角色扮演游戏时间,孩子们兴奋地扮演着医生、厨师、老师等角色,投入地进行各种模拟活动。老师观察到小明独自坐在一旁,手中握着玩具车,似乎对周围的游戏场景不太感兴趣。他偶尔会对着玩具车自言自语,仿佛在进行某种内心对话。小明为什么不愿意参与角色扮演游戏?他可能在想什么?作为老师,你可以如何引导小明参与到角色扮演游戏中来?你会如何通过观察小明的行为,判断他的想象表现发展水平?你认为他是否有特殊的想象表现需求,是否需要额外的关注和支持?

知识导航

微课 11:想象表现发展的观察要点、支持策略与观察应用

知识点 5-9 0~3岁婴幼儿想象表现领域的观察要点

参照《上海市 0—3 岁婴幼儿发展要点与支持策略(试行稿)》,婴幼儿想象表象发展的观察主要涉及以下具体内容(见表 5-5)。

表 5-5 婴幼儿想象表现发展观察的具体内容

观察目标	月龄	观察要点	具体表现
想象表现	0~3 个月	观察婴儿模仿成人简单动作的能力(如伸舌头)。	出现最初的模仿行为,如看到养育者伸出舌头时,也跟着伸出舌头
	4~6 个月	观察婴儿对音乐的反应(如安静倾听)和主动制造声音的行为(如拍打玩具)。	能分辨音乐和其他声音,对音乐敏感并表现出兴趣,听到舒缓的音乐会停下,安静地倾听一会儿。 对能出声的物品感兴趣,喜欢摇动和拍打,使其发出声音。

(续表)

观察目标	月龄	观察要点	具体表现
想象表现	7~9个月	观察婴儿模仿成人表情（如噘嘴）、对镜中影像的兴趣，以及听音乐时的身体律动。	能模仿养育者的某些动作，如噘嘴巴、眯眼睛。 对照片和影像感兴趣，看到墙上的图片或自己在镜中的影像时，会注视或伸手触摸。 对音乐旋律表现出积极的身体反应，如坐在成人腿上听音乐时会抖动双腿。
	10~12个月	观察婴儿跟随节奏拍打物品的动作，以及模仿哼唱音调的表现。	能用动作表现对节奏的感受，如能模仿养育者有节奏地用手拍打物品，会跟着音乐节奏摆动身体。 尝试模仿音调，听到养育者哼唱熟悉的歌曲时，会跟着哼哼哈哈发出声音。
	13~18个月	观察婴儿随音乐摇摆、哼唱的行为，对涂鸦的兴趣，以及通过物品联想家庭成员的表现。	能随着音乐摇摆、拍手、哼唱音调。 能分辨略有差异的旋律，如将一首婴幼儿熟悉的歌曲稍作改变后，婴幼儿会表现出好奇。 喜欢在各种物体表面制造痕迹，如用双手沾上颜料在纸上、地上、墙上涂抹。 能辨认家庭成员的物品并联想到某人，如会指着爸爸的拖鞋说"爸爸"，会指着妈妈的包说"妈妈"。
	19~24个月	观察婴儿音乐表现（如敲击节奏）、简单艺术创作（如点画），以及角色扮演行为（如喂娃娃）。	开始出现简单的音乐表现，会跟着音乐哼唱简短的旋律，伴随音乐敲击或摇晃能发出声音的物品。 出现初步的艺术创作，在养育者的引导下，会手指点画，会经常用笔、小棒在纸上、地上点点戳戳、涂涂画画。 出现初步的装扮动作，如给娃娃喂饭、假装打针。 有简单的建构行为，能将5~7块积木或类似物品进行排列或垒高。
	25~36个月	观察婴儿模仿节奏变化、完成简单美工作品并命名，以及角色扮演中使用替代物（如凳子当汽车）的行为。	能模仿节奏的强弱、快慢，能跟着成人打出快和慢的节奏，能学着成人重重地敲和轻轻地敲。 出现多种音乐表现，会唱较短的整首歌曲，能跟随音乐、儿歌做模仿操。 喜欢用泥巴、彩泥、粗短的笔等各种材料或工具进行美工活动，为自己的作品命名，如用橡皮泥做出简单的作品，并说出名称。 用积木进行简单的拼搭，并为作品命名，如垒高或连接成简单的物体形状，并说它是高楼或火车等。 会进行角色扮演，假装自己是爸爸、妈妈、医生等，出现简单的游戏情节。 在游戏中会使用替代物，如：把凳子当作汽车，把瓶子当作电话机，把手指当作牙刷等。

在使用表5-5时需要注意,观察者需明确观察目标与内容,全面记录婴幼儿在模仿与假想游戏、音乐表现、艺术创作等方面的行为,并结合婴幼儿发展心理学理论进行解读。观察者应规范记录行为,使用客观语言描述,并记录时间、情境等信息,以便分析行为发生的频率和持续时间;选择合适的观察工具,如行为观察表或视频记录,并严格按照规范进行操作,以便更科学地评估婴幼儿的发展水平。观察者需结合理论解读观察结果,并考虑婴幼儿个体差异,避免简单归因于发展水平,同时根据观察结果制定适宜的支持策略,促进婴幼儿想象表现能力的发展。此外,观察过程中应尊重婴幼儿的意愿,保护婴幼儿的隐私,并确保研究的科学性和伦理性。

观察视频:13~18个月宝宝
随着音乐摇摆、拍手

观察视频:19~24个月宝宝
给娃娃喂饭、打针

考题再现

《育婴员》(四级)理论知识试题

3岁以前的婴幼儿想象经常缺乏(　　)目的,只是零散、片段的东西。

A. 有意的、完整的

B. 刻意的、定时的

C. 随意的、不定时的

D. 自觉的、确定的

扫码查看【考题再现】
【直击赛场】答案

知识点 5-10　0~3岁婴幼儿想象表现发展观察实施的建议

一、自然情境下0~3岁婴幼儿想象表现发展的观察

想象表现是婴幼儿认知发展的重要组成部分,在自然情境中观察0~3岁婴幼儿的想象表现能力,需要观察者不施加任何人为干预或设置特定任务,对婴幼儿在自然生活中的想象表现进行直接、真实的观察,以获得真实的行为数据。具体观察策略如下:

1. 捕捉日常活动中的模仿表现

婴幼儿的模仿行为是其想象发展的起点与重要体现,观察者可以在日常活动中捕捉他们模仿表现。例如,在做扫地、擦桌子、择菜等家务的时候,观察婴幼儿的反应,看看

他们会不会拿起扫帚或者抹布,进行简单的操作(如挥动扫帚、擦拭桌面)。或者在听音乐的时候,观察婴幼儿能否模仿音乐节奏的强弱、快慢,能否模仿成人那样打出快和慢的节奏,或者学习成人重重地敲和轻轻地敲。通过日常生活中对婴幼儿模仿行为的观察,从而判断婴幼儿是否积累了丰富的想象素材,为后续的想象活动奠定基础。

2. 关注游戏玩耍时的想象表现

游戏中蕴含着丰富的假想成分,因此,借助游戏娱乐来观察婴幼儿的想象表现是很有必要的。观察婴幼儿在游戏中情节的变化,如他们是否能够从简单的动作发展出更复杂的故事线。例如,一个孩子可能从单纯的"做饭"动作,发展出"去超市买东西""邀请朋友来家做客"等情节。需要注意的是,观察者需要关注游戏情节的触发因素(什么引发了游戏的开始和变化)、变化频次,这反映了婴幼儿想象力的灵活性和表征能力。

二、任务情境下0~3岁婴幼儿想象表现发展的观察

在任务情境下,观察0~3岁婴幼儿的想象表现能力,需要通过有目的、有计划的活动或任务,引导婴幼儿展示其想象表现的发展水平。同时需要尊重婴幼儿的想象表现,营造充分肯定、自由想象氛围,鼓励婴幼儿可以轻松、无所顾忌地想象。可以在以下任务情境中观察。

1. 借助艺术创作观察想象表现

艺术创作是婴幼儿表达想象的重要方式。观察者可以设置"自由绘画""手工创作""音乐舞蹈"等任务,鼓励婴幼儿在艺术创作中大胆地表达与想象,从而了解其想象的发展水平。例如,请婴幼儿画一幅画,然后引导婴幼儿描述作品的内容、人物和故事。可能作品只是由简单的直线和曲线构成,但是观察者可以通过婴幼儿对作品的描述,深入了解其内心的想象世界。例如,表5-6是在艺术创作任务中观察19~24个月幼儿想象表现的观察样例。

表5-6 19~24个月幼儿想象表现观察

观察目标	观察环境和条件	观察步骤
观察幼儿的想象表现	安静、舒适且光线充足的空间,幼儿清醒时	1. 选择一个适合绘画的地方,提供绘画工具,如蜡笔、彩笔、纸等。 2. 启发幼儿的想象,观察者可以说:"宝宝,我们来画一画你梦中的房子吧"。 3. 等幼儿画完后,鼓励幼儿描述绘画作品。如"宝宝,你画的真好,能告诉我你画的是什么吗?" 4. 观察记录幼儿的语言表达、想象表现的元素(情节、角色、情感)。

2. 通过语言表达洞悉想象表现

语言是婴幼儿表达想象的重要工具。观察者可以设计"故事讲述"任务,引导婴幼儿进行故事讲述、续编或创编,观察他们是否能够创造出有趣的情节和角色。例如,在读完《母鸡萝丝去散步》绘本后,他们可能会说出"母鸡第二天去超市里散步,看见了超市架子上有许多吃的。"这展现了他们在语言层面的想象拓展能力。

3. 设置游戏情境解读想象表现

游戏情境能够激发婴幼儿的想象力。观察者可以设计角色扮演游戏,观察婴幼儿是否能够扮演不同的角色(如医生、老师、妈妈等),并模仿角色的行为和语言。还可以通过提供简单的材料(如积木、纸张、彩笔)引发婴幼儿的创造性游戏,观察婴幼儿是否能够创造出新的物品或场景。例如,用积木搭建一个"城堡",或者用彩笔画出一个想象中的世界。此外,观察者需要注意婴幼儿在游戏中能否以物代物(如用树叶代替饼干)。透过游戏,观察者可以分析婴幼儿的想象力和对现实世界的理解能力。

知识点 5-11 0~3岁婴幼儿想象表现发展的支持策略

一、培养婴幼儿音乐表现力的策略

在幼儿音乐表现力的培养过程中,针对不同月龄的特点,可采取循序渐进的支持策略。3~6个月时,婴儿开始对音乐表现出敏感和兴趣,此时可通过播放不同类型的音乐(如古典音乐、儿歌等)来丰富他们的音乐体验。例如,当播放轻柔的摇篮曲时,观察婴儿是否会安静倾听,或者通过拍打玩具等方式主动制造声音。9~12个月时,婴儿已经能够用动作表现对节奏的感受。成人可以有节奏地拍打物品(如拍手或敲击鼓),引导婴儿模仿,并鼓励他们随着音乐节奏摆动身体。例如,播放一首节奏明快的儿歌,观察婴幼儿是否会随着节奏拍手或扭动身体。24~36个月时,幼儿的音乐表现力进一步发展,他们能够模仿节奏的强弱和快慢,并唱出较短的整首歌曲。此时,可通过音乐游戏进一步深化他们的音乐表达,例如组织模仿操活动,让幼儿模仿成人的动作和节奏,或者提供简单的敲击乐器(如小鼓或木琴),鼓励他们自由演奏,感受音乐的变化与乐趣。

二、培养婴幼儿美术表现力的策略

12~18个月时,婴儿开始对涂鸦表现出浓厚的兴趣,他们喜欢在各种物体表面制造痕迹。此时,照护者可为婴儿提供安全的颜料和纸张,鼓励他们用双手涂抹,感受色彩和痕迹的变化。例如,将无毒颜料倒在纸上,让婴儿用手掌或手指自由涂抹,观察他们是否会兴奋地拍打或滑动颜料,探索不同的色彩效果。24~36个月时,幼儿的美术能力进一步发展,他们能够使用泥巴、彩泥等材料进行简单的美工活动,并尝试为自己的作品命名。照护者可以引导他们用橡皮泥制作简单的作品,如捏出一个小球或一条小蛇,并鼓励他们描述作品的内容。例如,当幼儿用橡皮泥捏出一个形状时,可以问他:"这是什么呀?它有什么特点?"通过这样的互动,帮助幼儿表达自己的想法,提升他们的语言能力和创造力。此外,也可为婴幼儿创设一个展示作品的空间(如墙面或展示架),让他们能够随时看到自己的创作成果,这种展示不仅能让婴幼儿感受到创作的成就感,还能激发他们更多的创作欲望,逐步培养他们的美术表现力和自信心。

三、培养婴幼儿模仿表现力的策略

0~3个月时,婴儿开始出现最初的模仿行为,例如模仿成人伸舌头或张嘴。此时,照护者可以有意识地做出简单的动作,鼓励婴儿模仿。如当照护者伸出舌头并缓慢地收回时,观察婴幼儿是否会尝试做出同样的动作。6~9个月时,婴儿的模仿能力进一步发展,能够模仿成人的表情,如噘嘴巴、眯眼睛或皱眉。照护者可以做夸张的表情和声音,引导婴儿模仿,增强他们的面部表情和声音模仿能力。18~24个月时,幼儿的模仿能力更加成熟,能够通过角色扮演游戏模仿成人的行为。例如,在"喂娃娃"的游戏中,照护者可以示范如何用勺子假装喂娃娃吃饭;在"假装打针"的游戏中,照护者可以示范如何使用玩具注射器为玩具娃娃打针,并引导婴幼儿模仿这些行为,支持他们在游戏中表达自己的想法和情感。

四、培养婴幼儿假想游戏的策略

假想游戏是婴幼儿想象力和创造力发展的重要表现。18~24个月时,幼儿开始进行简单的角色扮演,如假装自己是爸爸、妈妈、医生等。此时,照护者可以为他们创设丰富的游戏情境,鼓励他们通过游戏表达自己的想法和情感。例如,为幼儿提供玩具医生套装,引导他们模仿医生为玩具娃娃"看病",并鼓励他们用语言描述自己的行为,如"我来给你打针,不疼哦"。24~36个月时,幼儿假想游戏能力进一步发展,他们能够在游戏中使用替代物,例如把凳子当作汽车,把瓶子当作电话机。照护者可以提供简单的物品,鼓励他们在游戏中发挥想象力。例如,当幼儿把一张椅子当作"汽车"时,照护者可以问:"你要开车去哪里呀?"并引导他们想象"开车"过程中的情景,如"前面有红灯,我们要停下来"。此外,丰富游戏情节,也是培养假想游戏能力的重要方式。例如,在"给娃娃喂饭"的游戏中,照护者可以参与其中,引导幼儿扩展游戏内容,如"娃娃吃饱了吗?我们还要不要给她喝点水?"或者"娃娃生病了,我们带她去看医生吧"。

案例助学

案例 5-5　医生的角色扮演
——婴幼儿想象表现中的角色扮演的观察案例

观察目的	观察19～24个月幼儿在角色扮演游戏中的表现
观察对象	小明（男，20个月）
观察地点	托班角色扮演区
观察方法	轶事记录法

观察实录

小明在角色扮演区选择了医生的角色，拿起玩具听诊器。他显得非常认真，仿佛真的是一名医生。他用听诊器仔细听娃娃的心跳，并说："娃娃生病了，我要给她看病。"他的语气严肃，仿佛在进行一项非常重要的工作。小明用玩具注射器给娃娃打针，并说："打完针就好了。"他模仿成人的动作，用注射器轻轻扎入娃娃的手臂，然后轻轻按压注射器，仿佛在注入药物。他一边操作，一边自言自语："要小心，不能弄疼娃娃。"小明还用玩具体温计测量娃娃的体温，并说："体温正常。"他将体温计放在娃娃的腋下，等待几秒钟后，取出体温计，仔细查看读数。他点点头，表示体温正常，脸上露出满意的笑容。小明最后用玩具药瓶给娃娃喂药，并说："喝药药，病就好了。"他用小勺子舀起药瓶里的"药水"，轻轻喂给娃娃喝。他模仿成人的动作，非常细致地操作，仿佛在照顾真正的病人。他还在喂药后轻轻拍打娃娃的背部，表示安慰。在整个过程中，小明非常专注，仿佛完全沉浸在自己的角色中。他不仅模仿了医生的动作，还加入了自己对病情的描述和治疗过程的解释。他甚至还用玩具听诊器检查了其他小朋友的娃娃，表现出很强的社交互动能力。

观察分析

19～24个月的幼儿开始出现简单的角色扮演行为，能够模仿成人的动作和语言，表现出一定的想象和创造力。这一阶段的幼儿通过角色扮演，逐渐理解了不同职业和社会角色的功能和责任，同时也增强了他们的语言表达和社会交往能力。

小明在角色扮演中能够模仿医生的行为，表现出较强的模仿能力和想象力。他不仅模仿了医生的动作，还加入了自己对病情的描述和治疗过程的解释，展示了他丰富的想象力和创造力。此外，小明在整个过程中表现出很强的专注力和社交互动能力，能够与其他小朋友进行角色扮演，具有较强的合作意识。

指导策略

针对以上分析，可以从以下几个方面指导小明在角色扮演中的行为发展：

首先，可以通过增加不同职业的角色扮演道具，帮助小明进一步理解不同职业和社会角色的功能和责任。其次，引导小明讨论角色扮演中的情节，如"医生在做什么？""娃娃生病了怎么办？"通过提问和讨论，帮助他更深刻地理解角色扮演。最后，鼓励小明与其他幼儿一起进行角色扮演，增强社交互动。

案例 5-6 色彩与形态的融合
——婴幼儿想象表现中的艺术创作的观察案例

观察目的	观察 25~36 个月幼儿的艺术创作表现
观察对象	小芳(女,30 个月)
观察地点	家庭书房
观察方法	轶事记录法

观察实录

小芳在书房的桌子上铺开一张白纸,拿起画笔。她显得非常兴奋,眼睛紧紧盯着画笔,仿佛在思考接下来要画些什么。她用画笔蘸上颜料,开始在纸上涂鸦,画出各种颜色的线条。她用不同的颜色交替涂抹,似乎在探索不同颜色的组合效果。小芳用手指蘸上颜料,在纸上按出小手印,并说:"这是我的小手。"显得非常开心。她还在手印旁边画了一些简单的线条,仿佛在描绘手印的轮廓。小芳用双手轻轻揉搓彩泥,直到形成一个圆球,她说:"这是小球球。"她把小球放在桌子上,仔细观察了一会儿,然后用手指轻轻按压,试图改变小球的形状。她还用彩泥捏出一条蛇,并说:"这是小蛇。"她用手指捏出蛇的身体,然后用小刀在蛇身上刻出鳞片的纹理,显得非常专注。小芳还尝试用彩泥捏出其他形状,如花朵、小动物等。她用双手捏出花瓣的形状,然后一片一片地拼接在一起,形成一朵小花。她还用彩泥捏出小猫的头部和耳朵,试图模仿小猫的样子。她一边捏一边自言自语:"小猫真可爱。"在整个过程中,小芳非常投入,仿佛完全沉浸在自己的创作中。她不仅用画笔和彩泥进行创作,还尝试用不同的材料进行组合,如用颜料和彩泥一起创作。她还用语言描述自己的作品,仿佛在向别人介绍自己的创作过程。

观察分析

25~36 个月的幼儿开始出现初步的艺术创作行为,能够用画笔、彩泥等工具进行简单的创作,表现出一定的创造力和表达能力。这一阶段的幼儿通过艺术创作,逐渐形成了对色彩和形状的认知,同时也增强了他们的语言表达和动手能力。

小芳在艺术创作中表现出较强的创造力和表达欲望,能够用不同的材料进行创作,并赋予作品名称。她不仅用画笔和彩泥进行创作,还尝试用不同的材料进行组合,展示了她丰富的想象力和创造力。此外,小芳在整个过程中表现出很强的专注力和语言表达能力,能够用语言描述自己的作品。

指导策略

针对以上分析,可以从以下几个方面指导小芳绘画和手工表现行为发展:

首先,可以通过增加不同类型的材料,如蜡笔、彩纸等,帮助小芳进一步丰富艺术创作的形式。其次,引导小芳讨论作品的内容,如"你画的是什么?""你捏的是什么?"通过提问和讨论,帮助她更深刻地理解艺术创作。最后,可以通过组织艺术创作活动,如绘画比赛、手工展览等,帮助小芳与其他小朋友分享和交流创作经验。

任务实操

任务 5-4　指导一位 19~24 个月龄幼儿的家长使用附录 13 对孩子进行观察,并讨论填写观察表(指导及讨论可线上进行),最后依据观察结果,对该幼儿想象表现水平进行评价,与家长进一步沟通后,提供一份初步的指导意见。

任务 5-4 作业纸见 250 页附录 13。

巩固提升

❶ 请同学们根据课中实训内容,扫码完成自测题目,自查学习效果。

❷ 观察与指导实践

使用婴幼儿认知发展情况观察记录表①(及量表使用解释说明),观察记录婴幼儿认知发展情况。(注:该任务可以在见实习时,至托育机构进行观察;也可以是在公园/小区内,在征得家长同意的情况下进行观察记录)

作业纸见 251 页附录 14。

巩固提升自测

---

① 中国疾病预防控制中心妇幼保健中心. 中国儿童发展评估手册[M]. 北京:人民卫生出版社,2013.

拓展资源

《婴儿成长》是由美国导演 Tracy Streeter 执导的纪录片，该纪录片展示了婴幼儿在各个发展阶段的关键变化和能力提升，其中不仅展示了婴幼儿认知与探索发展的规律与特点，还通过实际案例呈现了如何在日常生活中促进婴幼儿的认知与探索的发展。

课后，同学们可以针对性观看：① 婴儿的感官与运动能力发展（0～6 个月），重点了解婴儿视觉、听觉和触觉的发展特点，以及如何通过这些感官促进婴儿的早期认知。学习如何与婴儿进行互动，促进他们的感官发展；如何帮助婴儿掌握基本的运动技能。② 认知与探索能力的快速增长阶段（13～18 个月），重点观察幼儿的好奇心和探索行为，了解他们的记忆力和学习能力。学习如何为幼儿提供安全的探索环境；如何通过游戏和活动促进幼儿的认知发展。③ 高级认知与社会能力的形成阶段（25～36 个月），重点了解幼儿的想象力、创造力和情绪管理能力的发展。学习如何通过角色扮演和创意活动激发幼儿的想象力；如何帮助幼儿学会表达和管理自己的情绪。

项目考核评价表

评价项目		项目五　婴幼儿认知与探索发展观察与指导					
学生信息		班级_____　组别_____　姓名_____　学号_____					
评价内容		分值	评分标准	学生自评	小组互评	教师评价	总评
任务实操完成情况	任务5-1 任务5-2 任务5-3 任务5-4	55	正确理解相关理论问题；实操任务的完成度、准确性和实际应用效果				
合作与沟通能力		10	积极参与团队合作，能与成员良好沟通与协调				
创新应用能力		10	能够针对问题提出创新的方法和应用建议				
自我反思与成长		5	能够进行深入的自我反思并提出改进计划，付诸行动				
学习资源利用与主动性	自学自测 巩固提升 在线课程 拓展资源	10	积极查阅和利用学习资源				
价值观和社会责任	科学严谨的观察态度，以儿童为中心的教育理念	10	形成社会主义核心价值观，并展现社会责任感与职业精神				
评语							

评价说明：在项目评价中，分值设置仅供参考，教师可根据实际情况灵活调整。在项目完成后，由任课教师主导，结合过程性评价与结果评价，综合运用自我评价、小组评价和教师评价三种方式进行评估。教师应合理设定三种评价方式在总评中的权重，以计算学生在该项目中的综合得分。此外，建议教师鼓励学生积极记录自己的学习历程，以促进自我反思和持续成长。

项目六

婴幼儿语言与沟通发展观察与指导

PROJECT 6

项目概述

本项目主要学习0～3岁婴幼儿各月龄语言倾听与理解、模仿与表达以及阅读兴趣与习惯的发展特点,通过案例与任务实操,掌握0～3岁婴幼儿语言与沟通发展的观察方法,并能针对0～3岁婴幼儿语言与沟通各领域发展水平提出适宜的指导方法。

本项目涉及的知识图谱如下:

婴幼儿语言与沟通发展观察与指导
- 课前导学
  - 婴幼儿语言发展概述
    - 0~3岁婴幼儿语言发展的规律
    - 0~3岁婴幼儿语言发展的影响因素
- 课中实训
  - 任务一 学会婴幼儿倾听与理解发展的观察与指导
    - 0~3岁婴幼儿倾听与理解发展的观察要点
    - 0~3岁婴幼儿倾听与理解发展观察实施的建议
    - 0~3岁婴幼儿倾听与理解发展的支持策略
  - 任务二 学会婴幼儿模仿与表达发展的观察与指导
    - 0~3岁婴幼儿模仿与表达发展的观察要点
    - 0~3岁婴幼儿模仿与表达发展观察实施的建议
    - 0~3岁婴幼儿模仿与表达发展的支持策略
  - 任务三 学会婴幼儿阅读兴趣与习惯发展的观察与指导
    - 0~3岁婴幼儿阅读兴趣与习惯发展的观察要点
    - 0~3岁婴幼儿阅读兴趣与习惯发展观察实施的建议
    - 0~3岁婴幼儿阅读兴趣与习惯发展的支持策略

学习目标

素质目标:

❶ 树立科学的婴幼儿观,能以发展的眼光看待婴幼儿的语言与沟通能力发展,尊重个体差异;

❷ 树立正确的教育价值观,认识到语言与沟通发展对婴幼儿成长的重要性,积极为婴幼儿创造良好的语言环境。

知识目标:

❶ 理解0～3岁婴幼儿语言发展的规律与特点,知晓婴幼儿在语言准备期、语言发生期和语言发展期的具体表现;

❷ 掌握0～3岁婴幼儿语言理解与表达发展观察的方法,包括倾听与理解、模仿与表达、阅读兴趣与习惯等方面的观察要点。

能力目标:

❶ 能科学规范地对婴幼儿语言发展进行观察记录,运用日记描述法等方法详细记录婴幼儿的语言行为。

❷ 能对婴幼儿语言发展观察的结果进行分析,结合语言发展的规律和影响因素,判断婴幼儿语言发展的水平。

❸ 能根据观察分析结果提出适宜的指导建议,运用支持策略促进婴幼儿语言与沟通能力的发展。

嘟嘟已经16个月了,他喜欢跟妈妈玩"指身体"的游戏,比如妈妈说"眼睛在哪里",嘟嘟会指指自己的眼睛,妈妈说"鼻子在哪里",嘟嘟会指指自己的鼻子。嘟嘟还喜欢玩模仿小动物声音的游戏,当故事里出现小鸭子,嘟嘟会模仿小鸭子"嘎嘎"的叫声。嘟嘟也很乐意当妈妈的小帮手,听到妈妈说"去拿那个苹果",嘟嘟会马上走过去拿茶几上的苹果。当嘟嘟想吃桌上的菜时,他会指指盘子,然后说"菜"或者"饭饭"。

在上述案例中,你看到了嘟嘟语言方面的哪些发展?嘟嘟的发展水平符合该月龄水平吗?你对嘟嘟的语言发展有什么好的建议?

 知识导航

 知识点 6-1 婴幼儿语言发展概述

微课12:婴幼儿语言与沟通发展概述

语言是人类社会沟通交流的重要载体,0～3岁是人生发展的开始阶段,在这一时期,婴幼儿的身体、认知、情绪情感等方面每一天都在发生着变化,其中很多发展都会通过语言体现,语言的发展又进一步促进各方面的发展。婴幼儿从出生开始就在为语言的发展做准备,他们从听懂别人的语言到通过语言表达自己的思想和情感;从简单地发音到说出完整的句子;从说出简单句到说出复合句,直至后续能用较完整连贯的语言进行表达。

语言是以语音或字形为物质外壳,以词汇为建筑材料,以语法为结构规律而构成的符号系统,是人类认识世界和表述世界的工具,包含口语、书面语以及体态语和手语等。0～3岁婴幼儿学习的语言主要是口语,同时也包括体态语和手语,而对于婴幼儿来说,书面语学习则是处在初步启蒙状态,需要培养他们初步的阅读兴趣与习惯。对于0～3岁婴幼儿来说,在语言方面,主要学习发展的是倾听与理解能力、模仿与表达能力以及阅读兴趣与习惯。

0～3岁婴幼儿的语言发展特点主要包括如下方面:

1. 与认知活动交织在一起

婴幼儿通过学习语言,逐渐理解他们的所见所闻,并逐渐学会用语言表达出来。婴幼儿的语言发展往往与认知活动交织在一起,婴幼儿在学习语言的过程中不断理解人们的生活方式,理解周围发生的事情,根据自己的理解去探索并尝试建立事物之间的联系。

2. 语言理解先于语言表达

一般来说,婴幼儿先理解词语,后说出词语,先理解句子的意思,后运用句子表达。

3. 从非语言交际到口语交际

1岁以下的婴儿主要利用声音、身体姿势和动作进行交流,1~2岁的幼儿开始转向口语交际,学会用简单的词语表达自己的需求。2~3岁的幼儿以口语交际为主,他们能听懂别人说的话,且会用简单的句子表达自己的需求和想法。

4. 从情境性语言到连贯性语言

情境性语言指听者必须结合具体情境才能理解的语言,连贯性语言主要表现为婴幼儿说出的句子完整,语义前后连贯,听者能够直接理解。婴幼儿3岁以前主要学习用情境性语言表达,一般3岁后才逐渐学会用连贯性语言表达。

5. 以外部语言为主

外部语言指与他人进行交际的语言,内部语言则是指个体内心"无声的语言",比如成人在思考时会使用内部语言。0~3岁婴幼儿以外部语言为主。其中2~3岁幼儿常常边玩边自言自语,这是幼儿把思考的内容用语言表达出来的一种表现,其目的不是让他人听懂,这是幼儿从外部语言向内部语言过渡的表现。

考题再现

《育婴员》(四级)理论知识试题

要与婴幼儿说( ),这样容易使婴幼儿明白语言与事物之间的联系,并容易记住。
A. 没见过的事
B. 稀奇的事
C. 不在眼前的东西
D. 看得见的东西和正在做的事情

知识点 6-2　0~3岁婴幼儿语言发展的规律

婴幼儿语言的发展一般分为三个时期,即语言准备期、语言发生期及语言发展期。

一、语言准备期(0~12个月)

0~1岁是婴幼儿语言发生的准备期。婴幼儿在1岁左右说出第一个真正有意义的词汇,而在这之前,婴幼儿需要一个较长的阶段来掌握本民族语言,这一阶段的婴幼儿虽然不会说话,但是在积极为说话做好准备。语言准备期主要经历三个阶段:简单发音阶段、连续音节阶段、学话萌芽阶段。

1. 简单发音阶段(0~3个月)

哭是婴儿最初的语言,在生命的最初阶段,婴儿还不会使用真正的语言,主要依靠哭声来表达自己的需求，哭也是婴儿最初的发音练习。2~3个月，婴儿开始进入发声时期，这个阶段只能发一些单音节，基本以韵母为主，如"a""ai""e""ei"等，偶尔会发出"h""m"等声母。相较于发音，该时期的婴儿辨音能力更强，2个月的婴儿能分辨出两音间的差异及节奏，3个月的婴儿开始学会辨认妈妈的声音。

2. 连续音节阶段（4~8个月）

婴儿出生4个月后，开始经常自主发音，发出的声母和韵母数量都有所增加，如声母增加了"b""d""g""p""n""l"等，韵母增加了"ong""eng"等。同时，婴儿会发出重复连续的音节，如"da—da—da""ma—ma""ba—ba"等。4个月后，婴儿的头部基本能够完全挺立，当听到声音会用转头来回应。7个月的婴儿已经能够寻找声音的来源，并会发出一些音节对声源予以回应，还表现出用语言交往的愿望。

3. 学话萌芽阶段（9~12个月）

9个月以后，婴儿的发音器官不断完善，能发出更多、更复杂的音节，开始出现音节和声调的变化。10个月的婴儿已经能将不同的音节连起来，发音形式更接近汉语的口语表达，有重叠音和声调。但是，这个阶段仍然没有有意义的发音，只是听上去更接近于正式的说话而已，这是为即将开始的正式说话做最后的发音准备。同时，这个阶段的婴儿能够模仿发一些简单的音，这标志着婴儿说话的萌芽，这一阶段的婴儿虽然还不会真正意义上的语言表达，但已经能把语言、动作、表情结合在一起，主动参与语言交际活动。

二、语言发生期（13~24个月）

1岁左右，婴幼儿进入语言发生期，这个阶段开始说出第一个真正有意义的词，语言正式发生。这个阶段主要分为单词句阶段和双词句阶段。

1. 单词句阶段（13~18个月）

1岁后，幼儿对语言的理解能力迅速提升，同时，开始主动说出有一定意义的词。这一阶段幼儿说出的词有如下特点：(1) 单音重叠。这阶段的幼儿喜欢说重叠的字音，如"娃娃、帽帽、狗狗"等。(2) 一词多义。如幼儿见到猫，或者见到带毛的东西，如毛绒玩具、毛手套等生活用品，都叫"猫猫"。(3) 以词代句。如幼儿说"饼"字，可能是"这是我的饼"或者是"我要吃饼"等意思。

2. 双词句阶段（19~24个月）

一岁半之后，幼儿掌握的词汇越来越多，到两岁的时候，已经能说出200多个词汇，虽然仍然以名词为主，但各类词汇已经出现，并开始学会用代词"我"来表达自己的需求。20个月左右，幼儿会出现"词语爆炸"现象，也开始说双词句，即由两个词组成的句子，主要是名词和动词结合，如"妈妈，出去"意思是"妈妈带我出去玩"，"爸爸班班"意思是"爸爸去上班"。由于其表现形式是断续的、简略的，结构不完整，好像成人的电报式文件，因此也称"**电报句**"。

三、语言发展期（25~36个月）

2岁以后，幼儿开始学习运用合乎语法规则的完整句子更准确地表达思想。此阶段幼儿语言发展主要表现在两个方面：一是能说完整的简单句，并出现复合句，同时疑问句明显增多。这一阶段幼儿说出的句子较长，日趋完整、复杂，由各类词汇构成。二是词汇量迅速增加，2~3岁幼儿几乎每天都能掌握新词，而且他们学习新词的积极性非常高，到3岁时，基本上能掌握1000个左右的词。

到3岁时，幼儿口语表达较为接近成人，能和他人用完整的句子交流。但由于幼儿说话的速度落后于思维的速度，在表达时难以及时找到准确恰当的词汇，就会出现停顿或者重复某一个词语的现象，看起来好像口吃，对于这个阶段的幼儿来说，这是一个正常的现象。

考题再现

《保育师》（四级）理论知识试题

婴幼儿在语言发生期的双词句阶段（19~24个月），其语言特点主要表现为（　　）。

A. 喜欢说重叠的字音，如"娃娃""帽帽"
B. 开始学会用代词"我"来表达自己的需求，并出现"词语爆炸"现象
C. 能说完整的简单句，并出现复合句，疑问句明显增多
D. 词汇量迅速增加至1000个词左右

知识点 6-3　0~3岁婴幼儿语言发展的影响因素

婴幼儿语言的发展受到多种因素的影响，主要的影响因素可以归结为生理因素、环境因素和个体差异性因素三个方面。

一、生理因素

对于婴幼儿来说，出生后身体各部分及器官的结构和机能有一个生长和发展的过程，这种生理的成熟，与婴幼儿语言的发展有着密切的联系。影响婴幼儿语言发展的生理因素主要包括大脑神经系统和感觉器官。

大脑神经系统是婴幼儿语言发展的物质基础。大脑是人的心理活动的器官，语言信号的输入和输出是以神经冲动的形式进行传递的。根据生理解剖学的研究，人出生后脑和神经系统的发育最快。语言中枢是人类大脑皮质所特有的，多在左侧，语言中枢负责控制人类进行思维和意识等高级活动，并进行语言表达。大脑中的语言中枢包括运动性语言中枢（说话中枢）、听觉性语言中枢、视觉性语言中枢等，各语言中枢之间有

密切联系,语言能力需要大脑皮质有关区域的协调及配合才能完成。

感觉器官包括眼、耳、口、鼻、皮肤等。语音的发展依赖听觉系统的发育和发音器官的成熟。例如,婴幼儿要发出"汽车"这一声音,就要先通过听觉系统收集到声音"汽车",并将该声音传递给大脑进行信息处理,大脑指挥发音器官发出该声音,发音器官接收到指令后,使空气在一定压力下由呼吸系统传出,通过声带的振动产生声音,再通过口腔、鼻腔、咽腔的共鸣调整音量和音色,由此,婴幼儿能够发出不同音量和音色的"汽车"的声音。值得关注的是,0~3岁婴幼儿的发音器官虽然具备基本结构,但是咽部狭小,而且垂直,声带短、薄且娇嫩,保护不好极易患病。成人要让婴幼儿多呼吸新鲜空气,预防咽炎、扁桃体炎,避免引诱婴幼儿大喊大叫,以免因声带充血肿胀、发炎,导致声带肥厚等问题。

二、环境因素

语言是在运用和交往的过程中发展起来的,适宜的语言环境是婴幼儿语言发展的重要条件,会对婴幼儿语言的发展起促进作用。

社会生活环境对婴幼儿语言发展的影响不容忽视。例如,不同的自然景观会影响婴幼儿语言的发展,有研究表明生活在山区的婴幼儿对于"陡"这个词的掌握要比平原地区的孩子早。社会文化环境也对婴幼儿语言学习有相当大的影响,如生活在以吃辣著称的四川、湖南的婴幼儿对于"辣"这个词的掌握也要早于其他地区;印度"狼孩"的故事更是证明离开了正常的社会生活环境,语言不能得到良好发展。

家庭为婴幼儿语言的发展提供了最初的社会环境,因此家庭教育的质量是影响婴幼儿语言发展的重要因素。与婴幼儿语言能力水平相关的家庭因素有三方面:一是家庭中的阅读资源,二是父母本身的职业和受教育程度,三是父母对子女教育的兴趣和对子女阅读的鼓励。

三、个体差异性因素

个体差异性也是影响婴幼儿语言发展的重要因素。气质类型不同,语言发展表现有别。比如,外向活泼的婴幼儿更乐于表达,喜欢主动发声、模仿,与人交流互动频繁,语言发展往往更快;而内向安静的婴幼儿可能更倾向于观察和倾听,说话相对较晚,表达也更谨慎。智力水平也是关键。智力发育较好、认知能力强的婴幼儿,能更快理解语言的含义和规则,词汇量增长迅速,语言组织和表达能力也提升得快。相反,智力发展稍缓的婴幼儿,在语言学习和运用上可能会面临更多挑战。兴趣偏好也会造成差异。对语言类活动如听故事、唱儿歌感兴趣的婴幼儿,会主动接触更多语言信息,语言能力提升明显;而对其他领域兴趣更浓的婴幼儿,在语言学习上投入精力少,发展速度可能较慢。

链接 1+X

幼儿照护职业技能等级要求（中级）

4.2 语言发展与指导

4.2.1 能掌握幼儿语言发展特点、具体内容、目标和培养方法。

4.2.2 能设计并组织 7～36 个月龄段幼儿语言活动。

4.2.3 能为幼儿选择适宜的早期阅读材料。

4.2.4 能正确评价幼儿语言发展的水平。

自学自测

请同学们根据自学内容，扫码完成自测题目，自查学习效果。

自学自测

课中实训

实训目标

❶ 能够掌握婴幼儿倾听与理解、模仿与表达、阅读兴趣与习惯观察的内容和要点。

❷ 能够通过行为观察评估婴幼儿倾听与理解、模仿与表达、阅读兴趣与习惯发展的水平与存在的问题。

❸ 能够分析婴幼儿倾听与理解、模仿与表达、阅读兴趣与习惯发展问题产生的原因。

❹ 能够根据婴幼儿倾听与理解、模仿与表达、阅读兴趣与习惯发展的行为观察与分析结果，提出适宜的指导建议。

实训内容

任务一 学会婴幼儿倾听与理解发展的观察与指导

任务二 学会婴幼儿模仿与表达发展的观察与指导

任务三 学会婴幼儿阅读兴趣与习惯发展的观察与指导

实训准备

❶ 环境准备：理实一体化教室，校园网无线 Wi-Fi，可在线观看线上资源。

❷ 物品准备：签字笔、记录本（活页）、手机或平板电脑等录音录像设备、婴幼儿语言发展影像资料。

❸ 知识准备：了解婴幼儿语言发展的基本内容与各月龄发展特点；初步掌握婴幼儿语言发展观察与记录的方法。

任务一　学会婴幼儿倾听与理解发展的观察与指导

情境导入

丽丽9个月大了,妈妈从书上了解到这个阶段的宝宝能够开始指认一些常见的物品,于是就准备了各种各样的物品卡片给丽丽指认,当她问丽丽"电灯是哪个"的时候,发现丽丽并不去指认卡片,而是指指天花板上的顶灯。当妈妈让丽丽找出哪张卡片是花生的时候,丽丽表现出困惑,这时候的丽丽几乎还没有见到过整颗的花生。丽丽的妈妈很困惑,应该如何理解这种现象?日常需要做什么训练才能帮助孩子发展语言倾听与理解能力?

知识导航

知识点 6-4　0~3岁婴幼儿倾听与理解发展的观察要点

参照《上海市0—3岁婴幼儿发展要点与支持策略(试行稿)》,婴幼儿倾听与理解发展的观察主要涉及以下具体内容(见表6-1)。

表6-1　婴幼儿倾听与理解发展观察的具体内容

观察目标	月龄	观察要点	具体表现
语言倾听与理解	0~3个月	对声音的反应与听辨能力	对不同的声音有不同的反应,听到温柔、平和的声音时会表情放松,或表现出手舞足蹈的样子,听到生气发怒或过响的声音时会握紧拳头或表情紧张。 能听辨男女不同的说话声。
	4~6个月	熟悉声音的敏感性与语调理解	对熟悉的声音更敏感,当听到养育者的说话声时会转头寻找。 可以区分不同的语调,当养育者用愉快的语调和婴儿说话时,会用微笑回应;当养育者用生气的语调和婴儿说话时,会表现出退缩或不高兴的样子。 当养育者看着婴儿说话时,婴儿会看着养育者的脸。
	7~9个月	声音与物体的联系理解	听到陌生的声音时,会瞪大眼睛仔细聆听。 能从养育者的语气中明白养育者要表达的意思,如当要扔玩具时,听到养育者重重的"嗯——"时,会停止扔的动作。 能把词和熟悉的物体联系起来,如听到"爸爸",会把目光朝向爸爸,听到"灯",会看灯。

（续表）

观察目标	月龄	观察要点	具体表现
语言倾听与理解	10~12个月	词语与动作的联系理解	能按养育者的要求指认球、狗、汽车、鞋子等熟悉的物品。 　　能把词语和特定的动作建立联系，如听到"妈妈抱"时会向妈妈伸出手，听到"和姐姐再见"时会挥挥手。 　　听到"不""不可以"等禁止命令时会有停顿反应。
	13~18个月	语气、语调与常用词的理解	能理解养育者话语中不同语气、语调的含义，如当伸手准备碰热水壶时，听到养育者拒绝的话语时，会停止触碰。 　　能听懂"杯子""烫"等常用词的意思。 　　能听懂并指出自己身体的部位，如养育者说眼睛、耳朵、鼻子等词语时，婴幼儿会指出自己与之相应的身体部位。 　　听到自己的名字或乳名时会应答。 　　听到养育者说"去搬个小板凳"等简单的指令时，会按照要求执行。
	19~24个月	结合场景理解日常用语与方位词	能结合周围场景理解简单的日常用语，如听到养育者说"太热了，到树荫下去"，会走到树荫下。 　　能理解"下面""上面"等方位词的意思。 　　听懂两个连续动作的简单指令，会按要求执行，如"坐到椅子上看书"。 　　听到与日常生活有关的简单问题，如"玩什么""去哪里"，能用动作或简单的词语应答。 　　对词语的理解由具体变得概括，知道"灯"不仅指图片上的灯或家里的灯，还包括外面看到的各种灯。
	25~36个月	理解日常用语、方言与复杂指令	基本能理解日常的生活用语。 　　能听辨生活中熟悉的人所说的方言。 　　能听懂两个以上连续动作的指令，会按要求执行，如能听懂"把玩具收好放到筐里，去洗手"的指令并执行。 　　能理解更多词语，如"马上""慢"等表示时间的词，"漂亮""干净"等形容词。 　　能用"坐下来"等短句简单描述凳子、椅子等日用品的用处。 　　看到医生、警察等职业的着装，能正确说出这些常见职业的名称。

　　在使用表6-1进行观察时，首先，要明确观察目标，即关注婴幼儿的倾听与理解能力发展，根据婴幼儿的月龄选择合适的观察内容，并参考相应的发展阶段特点来确定观察的参考标准。其次，在观察过程中，应确保环境安静、无干扰，以便婴幼儿能够集中注意力倾听。观察者应采用温和、清晰的语调与婴幼儿交流，避免使用过于复杂或生僻的词汇。在观察时机方面，应选择婴幼儿清醒、情绪稳定且对交流有反应的时候。在观察时，要特别

留意婴幼儿对不同声音的反应、对语调的理解、词汇的掌握情况以及结合场景理解指令的能力。记录观察结果时,应使用具体、客观的语言,详细描述婴幼儿的行为反应、表情变化以及倾听与理解能力的进步和差异。最后,根据观察结果,制定合适的支持策略,如提供丰富的听觉刺激、使用恰当的语言与婴幼儿交流、创设有利于倾听与理解的环境等,以促进婴幼儿倾听与理解能力的持续发展。同时,关注婴幼儿的整体发展水平,并与专业人士保持沟通,确保观察的准确性和有效性。

观察视频:13~18个月宝宝
听指令指身体部位

观察视频:25~36个月宝宝描述
椅子等日常用品的用途

知识点 6-5　0~3岁婴幼儿倾听与理解发展观察实施的建议

一、自然情境中 0~3 岁婴幼儿倾听与理解发展的观察

在自然情境中观察 0~3 岁婴幼儿的倾听与理解能力,需要观察者融入婴幼儿的日常生活,捕捉其自然行为和反应,强调在不干预的情况下,记录婴幼儿在真实生活场景中的倾听与理解发展的具体表现。

1. 在日常互动中捕捉自然反应

观察者应自然地融入婴幼儿的日常互动中,观察其倾听与理解的具体表现。例如,在家庭环境中,养育者与婴幼儿进行日常对话时(如"宝宝,我们来吃苹果好不好"),观察者可以观察婴幼儿是否能通过眼神、表情或动作(如点头、伸手)表现出对语言的理解。同时,当养育者表现出高兴(如微笑、亲吻)或安慰(如轻拍、拥抱)时,观察者还要观察婴幼儿是否能通过表情或动作(如靠近、微笑)回应。

2. 在环境探索中追踪声音反应

观察者应注重观察婴幼儿在探索周围环境时对声音的反应。例如,当婴幼儿听到熟悉的音乐声或动物叫声时,观察者可以测试其是否能通过转头、微笑或模仿声音(如"汪汪")表现出对声音的识别。另外,观察者还可以观察婴幼儿是否能通过语言或动作(如指向声源)表达对声音的兴趣。

3. 在游戏活动中捕捉语言互动

观察者应捕捉婴幼儿在游戏活动中的语言互动。例如,在"藏猫猫"游戏中,观察者需要观察婴幼儿是否能理解"藏"和"找"的指令,并通过动作(如躲藏、寻找)回应。

二、任务情境中 0~3 岁婴幼儿倾听与理解发展的观察

在任务情境中观察 0~3 岁婴幼儿的倾听与理解能力,需要通过有目的、有计划的活

动或任务,引导婴幼儿展示其倾听与理解的能力水平。

1. 设计针对性的语言任务

观察者可以设计简单、明确且贴近生活经验的语言任务来观察婴幼儿的倾听与理解能力。针对性的语言任务应避免使用复杂的词汇或句式,确保婴幼儿能够理解并执行。例如,通过"听指令指认物品"(如"指一指红色的球")或"听指令完成动作"(如"把玩具递给妈妈"),观察婴幼儿是否能准确理解并执行语言指令。表6-2是在语言任务中观察13～18个月幼儿倾听与理解能力的一个具体样例。[①]

表6-2 13~18个月幼儿倾听与理解能力观察

观察目标	观察环境和条件	观察步骤
观察幼儿对动词的理解能力	幼儿清醒时	1. 把各种玩具放在幼儿周围,保证幼儿能看到每一件玩具。 2. 给幼儿发出指令:"把小兔子递给妈妈好吗?"观察幼儿是否选中兔子,并且执行递交的动作。 3. 再次给幼儿发出指令:"把小兔子带到沙发上去睡觉好吗?"观察幼儿是否会正确理解所说的含义。 4. 用同样的方法、不同的玩具反复进行,观察幼儿的反应。

在这个过程中,观察者还需要注意语调和语气,保持温和、鼓励性的态度,增强婴幼儿的参与感。同时,为了确保婴幼儿积极参与任务,观察者应保持任务的趣味性和互动性,可以通过游戏化的方式设计任务,如"藏猫猫""找宝藏"等,激发婴幼儿的兴趣。

2. 结合多种任务形式

为了全面观察婴幼儿的倾听与理解能力,观察者应结合多种任务形式,包括语言指令、声音辨认、物品指认和情景模拟等。例如,通过播放不同的动物叫声,让婴幼儿指出对应的动物图片,观察其对声音的辨认能力;通过模拟购物场景,让婴幼儿表达自己的需求(如"我要那个"),评估其语言表达能力。多样化的任务形式能够更全面地反映婴幼儿在不同情境下的倾听与理解表现。

知识点 6-6 0~3岁婴幼儿倾听与理解发展的支持策略

一、利用日常照料的机会多与婴幼儿互动

婴幼儿的学习与发展主要在一日生活场域中实现,日常照料婴幼儿的过程,不仅是满足他们生活需求的时刻,更是绝佳的帮助他们学习倾听与理解的互动契机。例如,在给婴幼儿喂食时,亲切地告诉他们正在吃的食物是什么,味道怎么样,如"宝宝,我们今天吃甜

[①] 周念丽.0—3岁婴幼儿观察与评估[M].上海:华东师范大学出版社,2012.

甜的南瓜米糊哦,南瓜黄黄的,吃起来甜甜的",让婴幼儿在享受食物的同时,接收语言信息,逐渐理解语言与实际事物的联系。换尿布时,可以一边操作一边和婴幼儿聊天,如"宝宝,我们现在洗屁股,然后换尿布啦",还可以问问他们的感受,如"是不是感觉舒服多啦",虽然婴幼儿可能无法用语言回答,但他们能感受到照护者的关心和交流,有助于培养他们的倾听习惯。在喂养、换尿布、洗澡、锻炼等日常活动中积极与婴幼儿交流,用语言描述正在进行的事情,能让他们在熟悉的生活环境中自然地接触语言,为倾听与理解能力的发展奠定基础。

二、运用表情、动作和语言等与婴幼儿交流

在婴幼儿倾听与理解能力的发展过程中,视觉和听觉感官的相互作用至关重要。说话者的语气、语调等听觉信息能传达一定的情感,结合说话者的面部表情、肢体动作等视觉信息,婴幼儿能更准确地理解话语。因此,照护者可以经常给婴幼儿念童谣、看卡片,和婴幼儿讲话时声音要温柔且富有情感和语调变化,要让婴幼儿看清照护者讲话时的表情及口型变化,最好伴以手势。比如,夸赞婴幼儿可以自主进餐时,微笑着说"宝宝真棒,可以自己吃饭了",同时竖起大拇指。另外,照护者可通过提供带有声音的玩具、绘本等材料,让婴幼儿与周围环境的互动中感知语言,培养倾听与理解的能力。

三、与婴幼儿开展适宜的语言游戏

游戏是婴幼儿喜欢的活动,开展适宜的语言游戏是促进其语言能力提升的重要途径。照护者可以在照料婴幼儿的过程中,经常和他们玩"指物品说名称"的游戏,例如照护者指着"桌子""奶瓶""碗"等家中物品,清晰缓慢地说出它们的名称。还可以反问婴幼儿:"碗在哪里呀?"鼓励他们用手指认碗。婴幼儿通过视觉与听觉的联结,将直观的物品与听到的名称对应起来,逐渐提升对语言的理解能力。18个月的幼儿开始理解方位词,家长可以开展"寻宝游戏",将玩具藏在家里某个角落,用方位指令引导婴幼儿去寻找,如"皮球在沙发下面""铃铛在窗帘后面"等,婴幼儿在倾听指令与寻找玩具的过程中,强化对空间方位词的理解。

四、结合场景帮助婴幼儿理解日常用语

随着婴幼儿语言理解能力的提升、生活环境的扩大化以及人际交往的拓展,照护者需要结合生活场景帮助婴幼儿理解日常用语。例如,照护者带婴幼儿去商场购物时,可以一边挑选一边向婴幼儿介绍物品的名称和用途。"这是电饭煲,我们每天吃的米饭就是用电饭煲煮的,煮好的米饭香喷喷的。""这是洗衣液,宝宝的衣服脏了,妈妈用洗衣液可以把衣服上的脏东西清洗干净。"又或者在坐地铁时,告诉婴幼儿"我们正在地铁里面,地铁的速度非常快,我们马上就到家啦。"通过诸如此类的在真实场景中对事物的描述,帮助婴幼儿直观且自然地理解语言的含义。

考题再现

《育婴员》（四级）理论知识试题

（　　）能够促进婴儿语言理解能力发展。
A. 口语理解和书面语理解
B. 符号认知以及口语理解
C. 精细动作
D. 感知经验、概念建立以及对符号、口语理解

直击赛场

2024年全国托育职业技能竞赛真题

判断题：1~2岁是婴幼儿理解词的意义的敏感期，如果看和听说相结合的训练太少，婴幼儿的理解能力就比较差，听不懂成人说的话。（　　）

案例助学

案例6-1　童童听指令
——婴幼儿倾听与理解发展的观察案例

观察目的	了解婴幼儿倾听与理解的发展规律
观察对象	童童（男，30个月）
观察地点	托育机构
观察方法	行为检核法

观察实录

行为指标	观察记录（是/否）	具体表现
1. 基本能理解日常的生活用语，如老师说"喝水""吃饭""睡觉"等指令时，观察童童的反应	是	若能快速做出相应动作，记录为"是"；反之则"否"。
2. 能听懂两个以上连续动作的指令，会按要求执行，如老师说"把玩具收好放到筐里，去洗手"	否	老师说出指令后，童童若能依次完成动作，记录为"是"；若仅完成部分动作或毫无反应，记录为"否"。

（续表）

行为指标	观察记录（是/否）	具体表现
3. 能理解更多词语，如："马上""慢"等表示动作的词	是	老师说这些词语时，观察童童是否有相应理解行为，如说"慢"时，看童童是否放慢动作。若有对应反应，记录为"是"；无反应则为"否"。
4. 能用"坐下来"等短句简单描述凳子、椅子等日用品的用处	否	询问童童凳子、椅子是做什么用的，若能说出类似"坐下来用"等合理描述，记录为"是"；无法回答或回答无关，记录为"否"。
5. 能理解简单的抽象概念，如"开心""难过"等情绪词	否	老师做出开心或难过的表情，并说出对应词汇，观察童童是否能理解并做出相应反应，比如模仿表情或用动作回应。若有正确反应，记录为"是"；反之则为"否"。
6. 能听从包含三个及以上步骤的复杂指令，如"把红色积木从柜子上拿下来，放在桌子上，然后去把绘本拿过来"	否	下达指令后，观察童童能否完整执行所有步骤。若能全部完成，记录为"是"；若只完成部分步骤，记录为"否"。
7. 能用简单语句描述物品的基本特征（如颜色、形状等），例如"苹果是红色的，圆圆的"	是	老师拿出不同物品，询问童童物品的特征。若能准确描述，记录为"是"；若描述错误或无法描述，记录为"否"。
8. 能对不同语气的指令做出不同反应，如老师用温和语气和严厉语气说"把玩具放好"，观察童童的反应差异	是	若童童能根据语气变化调整行为态度，如严厉语气下更快完成指令，记录为"是"；若对不同语气无明显反应，记录为"否"。
9. 能理解常见的空间方位词，如"上面""下面""里面""外面"，并根据指令做出正确动作，如"把球放到盒子里面"	否	老师下达含方位词指令，观察童童能否准确执行。若能正确完成动作，记录为"是"；若动作错误，记录为"否"。
10. 能根据物品的功能描述，从多个物品中选出对应的物品，如老师说"找出可以用来写字的东西"	否	在提供多种物品的情况下，观察童童能否准确选出符合描述的物品。若能选对，记录为"是"；选错则为"否"。

(续表)

观察分析
25~36个月幼儿在倾听与理解能力上有显著发展。日常层面,基本能理解日常用语,还能听辨熟悉人说的方言。指令执行上,能听懂并执行两个以上连续动作指令。词汇理解更为丰富,像"马上""漂亮"这类时间词和形容词都能领会。表达应用时,能用简短语句描述日用品用处,看到医生、警察等职业着装,也能准确说出职业名称,这些体现出该阶段婴幼儿语言能力的进阶与对生活认知的深化。 　　在案例中,童童的倾听与理解能力发展水平相对较低,能够理解日常简单的词语和两个连续的指令,但是对于方位词、连续三个指令、复杂的语句理解能力偏弱,难以将听到的词汇与实际事物、动作建立有效联系。例如,面对老师下达的包含两个以上连续动作的指令,童童无法按要求执行,这表明他对复杂指令的理解和信息整合能力不足。 　　经由与家长、老师的访谈后得知,这可能是家庭、托育机构以及自身多方面因素共同作用的结果。在家庭方面,家庭语言环境单调,家长和童童交流时词汇量少、语句简单,缺乏多样化的语言刺激。比如日常交流仅围绕吃饭、睡觉等简单内容,很少涉及故事讲述、互动问答、"你说我猜"等更丰富的语言活动。在托育机构方面,托育机构的师生比例不合理,老师难以关注到每个孩子的语言发展需求,导致对童童的语言指导不够精细。加上童童本身性格内向、胆小,缺乏主动表达和回应的勇气,这也阻碍了他倾听与理解能力的锻炼和提升。

指导策略
针对以上分析,可以从以下几个方面帮助童童提升倾听与理解能力: 家长在婴幼儿语言发展的过程中扮演着关键的角色。 　　首先,家长要增加与童童的互动交流时间,如每天安排固定的亲子阅读时间,通过生动的故事讲解,丰富童童的语言输入。在日常生活中,家长使用语言时要注重词汇的丰富性和语句的多样性,例如,不说"把东西放好",而是说"请把玩具整齐地放进箱子里"。同时,鼓励童童表达自己的想法和感受,耐心倾听他的话语,及时给予肯定和回应,增强他的表达信心。经常与童童玩"你说我猜""听指令寻宝"等语言游戏,在轻松愉悦的玩乐氛围中潜移默化锻炼其倾听与理解能力。 　　其次,老师要根据童童的语言发展水平,设计个性化的教学方案,如开展"餐厅"角色扮演游戏,让童童扮演服务员,鼓励其理解和运用语言,从而实现引导顾客和点餐服务。最后,老师和家长要创造更多轻松、包容的交流环境,鼓励童童与同伴互动交流,逐渐克服胆小心理,提升语言表达和理解能力。 　　总之,针对这些影响因素,要从家庭和托育机构两方面入手,制定长期且系统的干预计划,同时关注童童自身心理和生理状态的变化,共同助力童童倾听与理解能力的提升。

案例 6-2 朵朵的小车开走了
——婴幼儿倾听与理解发展的观察案例

观察目的	了解婴幼儿倾听与理解的发展规律
观察对象	朵朵(女,14 个月)
观察地点	家庭客厅
观察方法	轶事记录法

观察实录

家中客厅,妈妈与朵朵进行亲子阅读活动。妈妈拿出布书《农场动物》,指着图画说:"朵朵看,这是小鸭子,嘎嘎嘎!"朵朵伸手拍打书页,发出"啊!"的声音。妈妈继续引导:"小鸭子在哪里?"朵朵用手指戳向鸭子图案,抬头看妈妈。妈妈问:"小鸭子怎么叫?"朵朵张嘴模仿:"嘎——",但发音模糊。随后朵朵突然转身爬向玩具车,妈妈喊:"朵朵,我们再看一页好吗?"朵朵停顿回头,但继续爬走抓起玩具车摇晃。

观察分析

14 个月大的宝宝对养育者简单的指令(如"拿过来""不可以")能够产生反应,并开始通过手势、表情和简单的发音与之沟通。然而,他们对于复杂语句的理解尚且有限。此外,注意力持续的时间也较短,通常为 3~5 分钟。因此,在亲子互动中,养育者及时回应和丰富的语言输入对这一阶段的宝宝语言发展起着至关重要的作用。

在本案例中,朵朵表现出了符合月龄的倾听与理解能力。例如,朵朵能够定位妈妈的声源方向,理解"小鸭子"的指代关系并正确指认,根据妈妈的指令尝试模仿拟声词。然而,朵朵的语言回应较为单一,仅使用"啊""嘎"等简单发音。并且,对连续对话的持续注意力不足,在大约 2 分钟后即转移。此外,对于复杂的指令,如"再看一页"缺乏有效回应。

从案例中可以看出,朵朵倾听与理解能力的发展受到多重因素影响。首先,朵朵在家庭亲子互动中多为单向语言输入,例如本案例即为妈妈主导讲解绘本。其次,妈妈在朵朵模仿"嘎——"的拟声词时,未能进行口型示范和及时强化。最后,在朵朵的注意力被玩具车吸引时,也未能对朵朵进行渐进式注意力引导,使得该亲子阅读互动中断。

指导策略

针对以上分析,可以从以下几个方面指导朵朵倾听与理解的发展:

首先,妈妈应改变单向语言输入模式,构建对话式互动模式。妈妈可以在阅读时增加更多互动环节,比如当朵朵发出"嘎"时,回应"对!小鸭子嘎嘎叫,黄色的小鸭子在游泳",并配合夸张口型演示拟声词发音技巧。如此既肯定其回应,又提供了更丰富的语言示范。

其次,将复杂指令拆解为动作链。例如,将"再看一页"分解为"小手翻——找找下一页的小鸭子",并辅以手掌翻页的动作示范,从而帮助朵朵建立语言与行为的对应关系。在日常生活情境中,妈妈也可以植入这样阶梯式的语言刺激,例如换尿布时分解步骤解说"抬起小屁股——铺好尿布——粘上魔术贴",逐步提升朵朵对多环节指令的理解能力。

最后,尊重宝宝注意力短暂的特点,尝试渐进式互动策略。在朵朵的注意力被玩具车吸引后,妈妈可以在前 1 分钟跟随朵朵的兴趣点进行描述,如玩车时描述"车车跑得快",随

（续表）

后引入关联元素，如"我们可以让农场的动物们坐车去旅行"。如此并非强行打断朵朵，而是将语言学习融入她感兴趣的活动中。为延长专注时长，妈妈也可以可设计"声音—动作"闯关游戏：将绘本阅读与身体运动结合，听到"嘎嘎"即拍打水面道具，捕捉"扑通"声就做跳跃动作，通过动态互动维持参与度。

任务实操

任务 6-1　请观看二维码视频，请根据二维码中视频内容，完成附录 14 观察分析表格。

观察视频

任务 6-1 作业纸见 253 页附录 15。

任务二　学会婴幼儿模仿与表达发展的观察与指导

情境导入

晚餐时间到了，11 个月的芊芊坐在高脚椅上，爸爸坐在她对面。妈妈把一碗热乎乎的粥放在芊芊面前，芊芊看着粥，发出"da—da—da"的声音，爸爸笑着说："芊芊，这是粥粥，好吃的粥粥。"芊芊听了，开心地拍着小手，嘴里发出"ma—ma"的声音。爸爸拿起勺子，喂芊芊吃粥。芊芊吃得很开心，嘴里还发出"du—da—da"的声音。爸爸也跟着发出"da—da—da"的声音回应她，芊芊听到后，笑得更开心了。

芊芊发出"da—da—da""ma—ma"这些声音，是在叫"爸爸""妈妈"吗？家长可以如何支持该月龄婴幼儿模仿与表达能力的发展？

知识导航

知识点 6-7　0~3 岁婴幼儿模仿与表达发展的观察要点

参照《上海市 0—3 岁婴幼儿发展要点与支持策略（试行）》，婴幼儿模仿与表达发展的观察主要涉及以下具体内容（见表 6-3）。

表 6-3 婴幼儿模仿与表达发展观察的具体内容

观察目标	月龄	观察要点	具体表现
语言模仿与表达	0~3个月	哭声表达需求	用哭声表达自己的需要,如用大哭、小声哭泣或哼哼等不同的哭声表达饿了、尿了等不舒服的感觉。 当生理需要得到满足后,会发出"啊""呃"的声音。
	4~6个月	发声互动	不断重复发出一连串无意义音节,如"a""a—ou"等双音节、多音节。 当养育者发出逗引的声音时,婴儿会用声音作出回应。 看见养育者走过来时,会发出声音或手舞足蹈地动个不停,以引起关注。
	7~9个月	牙牙学语与动作表达	开始牙牙学语,出现"ba—ba—ba—ba""ma—ma—ma—ma"的声音。 用不同的语调,伴随动作和表情表达自己的需要,如用尖叫伴随蹬腿、伸手的动作表示自己不愿意躺着。 会用扭头或推开等动作表示"不要"。
	10~12个月	连续语音与简单词汇	会发出"da—du—da—du"连续的语音,并出现音调变化。 说出第一个有特定指代意义的词,如"妈妈"或"爸爸"。 用动作、语调和表情表达自己的需要,如用手指着球,发出"嗯——"的声音,表示想要球。 看到同伴时,会用声音、拉拽等动作进行交往。
	13~18个月	家庭成员称谓与模仿	会说"爷爷""奶奶"等主要家庭成员的称谓。 听到周围环境中的喇叭声、动物叫声,会马上模仿。 用一个词表示多种意思,如"饼",可能表达"这是饼干""圆圆的"或"要吃饼"等意思。 用动作和表情辅助语言表达,如手指着门说"走",表示想要出去玩。 会说"饭饭""兔兔"等叠词。 听养育者念唱熟悉的儿歌时,能接最后一个字,如:养育者说"小白兔白又",婴幼儿会跟着说"白";养育者说"蹦蹦跳跳真可",婴幼儿会接着说"爱"。
	19~24个月	日常对话与短句	可以正确说出"哥哥""姐姐""叔叔""阿姨"等家庭成员的称谓。 能用20~50个词语进行日常生活对话,主要是名词与动词,会说"猫、帽子、篮子"等名词以及"踢球、开门"等动词。 喜欢用乳名称呼自己。 能跟着成人念简短的儿歌,如"小鸡,小鸡,叽叽叽"。 会说2~3个字组成的短句,具有高度的情境性,如吃饭时说"饭饭吃"。 会用简单的语言、动作与他人交流,如递给婴幼儿想要的一本书时问"要怎么说?"会回答:"谢谢!" 会使用简单疑问句,如指着纸盒问"是什么"。

（续表）

观察目标	月龄	观察要点	具体表现
语言模仿与表达	25~36个月	词汇量增加与复杂句子	词汇量大量增加，会用"红的""圆的""甜的""大的"等词语描述物体的颜色、形状、味道等特征。 能使用"我""你""他""这""那"等代词。 会说"一个""一把"等量词。 会说三个词组成的简单句，如"我看到猫"。 会主动使用"谢谢""再见"等礼貌用语。 会说出自己的姓名、年龄、性别、喜欢的人或物品。 会主动用语言表达自己的需要，如"我要小便"。 能模仿成人说出由4~5个词组成的句子，如"啊呜，啊呜，吃苹果"。 经常使用疑问句，如"这是什么？""为什么"等。 会说一些比较复杂的句子，如"我和妈妈一起去公园玩"。

在使用表6-3进行观察时，首先，需明确观察目标，即关注婴幼儿的模仿与表达能力发展，根据婴幼儿的月龄选择合适的观察内容，并参考相应的发展阶段特点来确定观察的参考标准。其次，在观察过程中，应选择安静、无干扰的环境，确保婴幼儿能够专注于模仿与表达活动。同时，观察者应使用温暖、鼓励的语言和表情，激发婴幼儿的模仿与表达欲望。在观察时机方面，应选择婴幼儿清醒、情绪稳定且愿意互动的时候。在观察时，要特别留意婴幼儿的语言模仿能力、词汇量的增加、语法结构的掌握以及非语言沟通方式（如动作、表情）的运用。记录观察结果时，应使用清晰、具体的方式，详细描述婴幼儿的行为表现、语言表达的清晰度与准确性，以及模仿与表达能力的进步和变化。最后，根据观察结果，选择合适的支持策略，如提供丰富的模仿对象、鼓励婴幼儿尝试表达新词汇和句子、创设有利于模仿与表达的语言环境等，以促进婴幼儿模仿与表达能力的持续发展。

观察视频：7个月七七发出"ma—ma—ma"音

观察视频：25~36个月宝宝描述物体特征

知识点 6-8　0~3岁婴幼儿模仿与表达发展观察实施的建议

一、自然情境中0~3岁婴幼儿模仿与表达发展的观察

在自然情境中，观察者需深入婴幼儿的日常活动，细致捕捉其自然行为与反应，着重记录婴幼儿在真实生活场景中模仿与表达能力的自然流露，在观察过程中尽量避免干预，以确保观察结果的客观性和真实性。

1. 在语言输入与反馈中观察语言模仿与表达

在自然情境中,语言输入与反馈是婴幼儿语言发展的关键环节。观察者可以关注婴幼儿在日常对话中对语言的模仿和表达能力。例如,当养育者与婴幼儿进行对话时,观察婴幼儿是否能够模仿养育者的发音、词汇或简单语句。同时,观察婴幼儿在听到熟悉的声音(如动物叫声、喇叭声)时是否能够主动模仿。

2. 在自我探索与表达中观察语言与非语言的表达

婴幼儿在自我探索过程中会通过各种方式表达自己的需求和感受。观察者可以关注婴幼儿在探索环境时的语言和非语言表达行为。例如,当婴幼儿看到感兴趣的玩具或物品时,观察他们是否通过动作(如伸手、指向)或表情(如微笑、皱眉)来表达兴趣或需求。同时,观察婴幼儿是否能够通过简单的词汇或短句来表达自己的感受,如"要""不要""饿了"等。

二、任务情境中 0～3 岁婴幼儿模仿与表达发展的观察

在任务情境中,观察者可以通过设计有目的、有计划的活动或任务,引导婴幼儿展示其模仿与表达的能力。任务设计应贴近婴幼儿的生活经验,注重趣味性和互动性,以激发婴幼儿的参与积极性。观察者需根据婴幼儿的月龄和发展阶段,灵活调整任务难度,确保任务既能挑战婴幼儿的能力,又不会使其感到挫败。

1. 通过语言模仿任务观察语言模仿能力

在任务情境中,语言模仿任务是观察婴幼儿语言模仿能力的重要途径。观察者可以设计简单的语言任务,如模仿发音、重复词汇或完成简单的语句。例如,养育者可以发出简单的音节(如"mama""baba"),观察婴幼儿是否能够模仿;出示常见的物品(如苹果、球)并说出名称,观察婴幼儿是否能够模仿说出物品名称;描述一个简单的场景(如"宝宝在吃苹果"),引导婴幼儿重复或用自己的语言表达;念唱简单的儿歌或童谣,观察婴幼儿是否能够模仿最后一个字或简单的句子。

2. 通过表达性任务观察语言与非语言的表达能力

表达性任务是观察婴幼儿语言和非语言表达能力的重要途径。观察者可以设计任务,引导婴幼儿通过语言和非语言方式表达自己的需求、感受和意图。例如,养育者可以设计任务,如将玩具放在婴幼儿够不到的地方,观察婴幼儿是否能够通过语言(如"要""给我")或动作(如指向玩具)表达需求;提供两个不同的物品(如红色和蓝色的球),观察婴幼儿是否能够通过语言(如"红色")或动作(如指向红色球)表达选择。表 6-4 是在表达性任务中观察 19～24 个月幼儿模仿与表达能力的一个具体样例。①

---

① 周念丽.0—3 岁婴幼儿观察与评估[M].上海:华东师范大学出版社,2012:157.

表 6-4　19~24个月幼儿模仿与表达能力观察

观察目标	观察环境和条件	观察步骤
观察幼儿说双词句的能力	幼儿清醒时	1. 出示卡片,让幼儿描述图片上的动物在做什么。 2. 观察幼儿如何描绘小狗的动作,是否启用双词句,如"小狗跑"等。

知识点 6-9　0~3岁婴幼儿模仿与表达发展的支持策略

0~3岁是婴幼儿模仿与表达能力发展的关键时期,这一阶段的婴幼儿通过模仿与表达来探索世界、建立与他人的联系。根据0~3岁婴幼儿模仿与表达不同月龄段的发展特点,不同月龄段的支持策略可以参照以下方面进行:

一、0~6个月:建立声音与情感的初步连接

1. 积极回应婴幼儿的哭声和声音

在这个阶段,婴幼儿通过哭声来表达自己的需求和情感。照护者应积极回应,用温暖、轻柔的声音与婴幼儿交流,让他们感受到被关注和爱护。例如,当婴幼儿哭闹时,照护者可以轻轻抱起他们,用柔和的声音说:"宝宝饿了,妈妈来给你喂奶哦。"同时,给予他们温暖的拥抱和安抚,以建立初步的情感连接。

2. 模仿婴儿的声音和表情

照护者可以通过模仿婴儿的声音和表情,引导他们继续发声和模仿,促进声音探索和表达能力的发展。例如,当婴儿发出"咿呀"声时,照顾者可以重复他们的声音,并做出相应的表情,如张嘴、皱眉等,鼓励婴儿继续尝试发出不同的声音和做出更多的表情。

二、7~12个月:鼓励发声与动作的结合表达

1. 提供丰富的发声环境

为了激发婴儿的发声兴趣,照顾者应为他们提供一个充满声音的环境。可以播放儿歌、童谣等音乐,让婴儿在欢快的旋律中感受声音的魅力。例如,每天定时为婴儿播放节奏明快、旋律优美的儿歌,并观察他们的反应,引导他们尝试跟着旋律哼唱或摇摆身体。

2. 鼓励声音与动作的结合

当婴儿发出声音时,照顾者可以引导他们伴随动作来表达需求。例如,当婴儿伸手要玩具时,照顾者可以教他们发出"拿"或"要"的声音,并模仿他们的动作给予回应,如把玩具递给他们。这样可以帮助婴儿建立声音与动作之间的联系,提高其表达能力。

三、13～18个月：拓展词汇与模仿家庭成员

1. 教幼儿说出家庭成员的称谓

在这个阶段，幼儿开始尝试说出简单的词汇。照护者可以指着家庭成员并教他们说出称谓，如"爸爸""妈妈"等。通过反复指认和练习，帮助幼儿建立语言与实物之间的联系。例如，每天多次指认家庭成员，并鼓励幼儿模仿说出称谓，给予他们及时的表扬和鼓励。

2. 模仿家庭成员的动作和声音

幼儿喜欢模仿周围人的动作和声音。照护者可以引导他们模仿家庭成员的日常动作和声音，如爸爸看报纸、妈妈做饭等。通过模仿游戏，增强幼儿的模仿能力和语言理解能力。例如，在家庭成员进行日常活动时，邀请幼儿一起参与并模仿他们的动作和声音，让婴幼儿在模仿中学习新词汇和表达方式。

四、19～24个月：促进日常对话与短句表达

1. 进行简单的对话

在这个阶段，幼儿开始尝试用简单的词汇和短语来表达自己的需求和情感。照护者应与幼儿进行简单的对话，询问他们的需求、描述事物等。例如，问幼儿"宝宝饿了吗？要不要吃饭？"然后引导他们用"要"或"不要"来回答。通过日常对话，帮助幼儿提高语言表达能力和理解能力。

2. 念唱儿歌或童谣

选择简单的儿歌或童谣与幼儿一起念唱，可以引导他们模仿歌词中的词汇和语调。例如，选择《小星星》等简单的儿歌，与幼儿一起边唱边做手势动作。通过念唱儿歌或童谣，培养幼儿的语感和节奏感。

五、25～36个月：增加词汇量与复杂句子表达

1. 描述物体的特征

照护者可以引导幼儿用词汇描述物体的颜色、形状、味道等特征，帮助他们丰富词汇量并提高语言表达能力。例如，拿出一个红色的苹果，问幼儿"这是什么颜色？"然后引导他们回答"红色"。接着可以说"这是一个红色的苹果，甜甜的"，让幼儿模仿描述方式并尝试自己描述其他物体。

2. 使用代词和量词

在与幼儿交流时，照顾者应经常使用代词和量词，如"我""你""他""一个""一把"等。通过模仿和使用这些词汇，幼儿可以逐渐掌握它们的用法并提高语言表达能力。例如，在与幼儿交流时，可以说"给你一个苹果""他拿了一把椅子"等，让幼儿在语境中学习和使用代词和量词。

3. 阅读故事或绘本

选择简单的故事或绘本与幼儿一起阅读,可以模仿其中的句子来表达自己的想法和情感。例如,选择一本关于小动物的故事书,与幼儿一起阅读并模仿其中的句子来描述小动物的行为和情感。通过阅读故事或绘本,培养幼儿的阅读兴趣和语言表达能力。

直击赛场

> **2024年全国托育职业技能竞赛保育师(学生组)**
> **赛项基础知识模块理论赛题**
>
> 判断题:婴幼儿很多心理活动不能用语言表达出来,照护者要有耐心,通过相应的锻炼,帮助孩子表达。( )

考题再现

> **《育婴员》(四级)理论知识试题**
>
> 判断题:不能将有声读物作为替代家长与婴幼儿说话交流的工具,长期单一地使用有声读物,会阻碍婴幼儿的语言发展。( )

案例助学

案例6-3 模仿发音的团团
——婴幼儿模仿与表达的观察案例

观察目的	了解0~3岁婴幼儿模仿与表达的发展特点及影响因素
观察对象	团团(男,10个月)
观察地点	家庭客厅
观察方法	轶事记录法
观察实录	

在家中客厅,团团坐在婴儿餐椅上,面前放着一些小玩具。妈妈坐在他对面,拿起一个小球,对团团说:"看,这是小球。"团团盯着小球,眼睛闪闪发光。妈妈接着说:"小球,球球。"团团也开始发出"ba—ba—ba"的声音,似乎在模仿妈妈的发音。妈妈把小球滚到团团面前,团团伸手去抓,抓到后开心地笑了。妈妈问:"团团想要球球吗?"团团用手指着小球,发出"嗯——"的声音,同时扭动身体,表现出想要球球的意愿。妈妈把小球递给他,团团接过球,开心地玩了起来。过了一会儿,妈妈拿起一个小汽车,说:"这是小汽车,嘀嘀。"团团也跟着发出"di—di"的声音。妈妈把小汽车推到团团面前,团团伸手去抓,抓到后又开

(续表)

心地笑了。妈妈问：“团团喜欢小汽车吗？”团团用手指着小汽车,发出"嗯——"的声音,并且摇晃身体,表现出喜欢的样子。

观察分析

10~12个月的婴儿正处于语言和动作能力快速发展的阶段,他们开始能够通过简单的动作和语音来表达自己的需求和情感。这一阶段的婴儿能够发出一些连续的语音,并且开始尝试模仿成人的语音和动作。他们喜欢用动作(如伸手、指向、摇头等)来辅助表达,同时也会用简单的语音(如"ba—ba""ma—ma")来回应成人的语言。通过与成人的互动,他们的语言理解和表达能力得到了进一步的发展。

在案例中,10个月的团团表现出了典型的模仿与表达能力。他能够发出"ba—ba—ba""di—di"等连续的语音,这表明他已经开始尝试模仿成人的语音。团团在听到妈妈的发音后,会跟着发出类似的声音,这说明他对语言有一定的敏感度和模仿能力。此外,团团能够用动作(如伸手、指向、扭动身体)来表达自己的需求,例如,当妈妈问他是否想要小球时,团团用手指着小球并发出"嗯——"的声音,表现出想要球球的意愿。这种动作与语言结合的表达方式,反映了团团在语言和动作能力上的协调发展。

团团的模仿与表达能力发展受到多方面因素的综合影响。在家庭环境中,妈妈为团团提供了丰富的语言和动作模仿对象。通过与团团的互动,妈妈用温暖、鼓励的语言和表情回应他的表达,激发了团团的语言和动作模仿欲望。例如,妈妈在介绍小球和小汽车时,不仅用语言描述,还通过动作(如滚动小球、推动小汽车)来吸引团团的注意力,这种互动方式为团团提供了良好的语言和动作刺激。同时,团团自身正处于语言和动作能力快速发展的阶段,他对新事物充满好奇心,喜欢通过模仿和探索来学习。家庭中的玩具和日常物品为团团提供了丰富的学习素材,妈妈的引导和鼓励让团团在模仿与表达中获得了成就感和自信心。

指导策略

针对以上分析,可以从以下几个方面进一步提升团团的模仿与表达能力：

首先,提供丰富的模仿对象。为团团提供各种各样的玩具和日常物品,如小球、小汽车、布书等,让他有更多机会进行动作和语言模仿。例如,妈妈可以拿起一个玩具,用简单的语言描述并示范动作,引导团团模仿。

其次,鼓励语言和动作结合的表达。当团团用动作表达需求时,妈妈可以用语言回应并引导他尝试用简单的语音表达。例如,当团团伸手想要小球时,妈妈可以说："团团想要球球,对不对？"并鼓励团团发出"ba—ba"的声音。

再次,创设互动环境。在家中为团团创设一个安全、丰富的互动环境,多与他进行面对面的交流和互动。例如,坐在团团对面,用简单的语言和动作与他交流,让他感受到语言和动作的魅力。

最后,及时回应和鼓励。当团团尝试模仿语言或动作时,妈妈要及时给予回应和鼓励,增强他的自信心和表达欲望。例如,当团团发出"ba—ba"的声音时,妈妈可以说："团团说得真好,这是小球。"并给予他一个拥抱或亲吻,让他感受到被关注和鼓励。

案例 6-4 秋月的语言模仿与表达
——婴幼儿模仿与表达的观察案例

观察目的	了解 0~3 岁婴幼儿模仿与表达的发展特点及影响因素
观察对象	秋月(女,20 个月)
观察地点	托育机构活动室
观察方法	日记描述法

观察实录

2024 年 11 月 4 日
时间:上午 10:00
地点:托育机构活动室
情境:老师正在组织孩子们进行简单的对话练习。
老师问秋月:"秋月,你今天开心吗?"
秋月笑着回答:"开心!"
老师接着问:"为什么开心呀?"
秋月指着自己的小椅子说:"秋月坐坐。"
老师说:"哦,秋月喜欢坐在小椅子上。"
秋月点点头,脸上露出满意的笑容。

2024 年 11 月 5 日
时间:上午 10:30
地点:托育机构活动室
情境:老师拿出一个红色的苹果,进行简单的对话练习。
老师问秋月:"这是什么?"
秋月回答:"苹果。"
老师追问:"这是什么颜色的苹果?"
秋月想了想,说:"红的。"
老师表扬道:"秋月说得真好,这是红色的苹果。"
秋月显得很高兴,又说:"秋月要吃。"

2024 年 11 月 6 日
时间:上午 10:30
地点:托育机构活动室
情境:老师和孩子们一起唱儿歌《小星星》。
老师开始唱:"小星星,亮晶晶,挂在天空放光明。"
秋月跟着老师一起唱:"小星星,亮晶晶,挂在天空放光明。"
虽然有些字发音不太准确,但秋月唱得很认真,还跟着节奏摇晃身体。

(续表)

2024年11月7日 时间：上午10:15 地点：托育机构活动室 情境：老师和孩子们一起玩玩具小汽车。 老师问秋月："这是什么？" 秋月回答："汽车。" 老师说："对，这是小汽车。小汽车嘀嘀。" 秋月跟着说："嘀嘀。" 老师把小汽车推到秋月面前，秋月伸手去抓，抓到后开心地笑了。 2024年11月8日 时间：上午10:45 地点：托育机构活动室 情境：老师和孩子们一起玩积木。 老师问秋月："秋月，你想要什么颜色的积木？" 秋月指着红色的积木说："红的。" 老师说："好的，这是红色的积木。" 秋月接过积木，说："秋月搭房子。" 老师鼓励道："秋月真棒，搭房子。" 秋月认真地用积木搭建，脸上露出专注的神情。
观察分析
19～24个月的幼儿正处于语言能力快速发展的阶段，他们开始能够用简单的词汇和短句来表达自己的需求和情感。这一阶段的幼儿词汇量逐渐增加，能够理解和使用一些常见的名词、动词和形容词。他们喜欢模仿成人的语言和动作，通过日常对话和简单的儿歌来学习语言表达。此外，这一阶段的幼儿开始能够理解一些简单的指令，并能够用语言和动作进行回应。通过与成人的互动，他们的语言理解和表达能力得到了进一步的发展。值得注意的是，20个月的幼儿通常还没有完全掌握"我"这个代词，更喜欢用乳名称呼自己。 　　通过多次观察记录，20个月的秋月表现出了典型的语言模仿与表达能力。她能够用简单的词汇回答老师的问题，如"开心""苹果""红的""汽车"，这表明她的词汇量在不断增加，并且能理解一些简单的词汇和问题。秋月还能够用短句表达自己的需求，如"秋月坐坐""秋月要吃""秋月搭房子"，这说明她已经开始尝试用简单的句子进行交流，并且喜欢用乳名称呼自己。此外，秋月在唱儿歌时能够跟着节奏摇晃身体，并且努力模仿歌词中的发音，这反映了她对语言的兴趣和模仿能力。通过与老师的互动，秋月的语言表达能力和自信心得到了很好的锻炼。 　　秋月的语言模仿与表达能力发展在托育机构环境中得到了显著的促进。托育机构为孩子们创设了丰富的语言环境，通过多样化的活动，如日常对话、儿歌演唱、玩具游戏等，激发了秋月的语言表达欲望。老师在活动中积极回应秋月的语言尝试，给予她及时的表扬和鼓励，这不仅增强了她的自信心，还进一步激发了她表达的积极性。例如，在对话练习中，老师通过提问和引导，帮助秋月理解和使用新的词汇；在儿歌活动中，老师通过示范和互动，引导秋月模仿歌词和节奏，从而提高了她的语言感知和表达能力。此外，托育机构的集体环境也为秋月提供了与其他孩子交流的机会，这种同伴互动进一步丰富了她的语言学习

（续表）

体验。秋月在这样的环境中，通过模仿和实践，逐渐掌握了更多的词汇和表达方式，语言能力得到了显著提升。

指导策略

针对以上分析，可以从以下几个方面进一步提升秋月的模仿与表达能力：

首先，鼓励日常对话。在托育机构和家庭中，老师和家长应多与秋月进行简单的对话，询问她的需求、描述事物等。例如，问秋月"秋月今天想玩什么？"或者"这是什么颜色？"通过日常对话，帮助秋月提高语言表达能力和理解能力。

其次，丰富词汇量。老师和家长可以通过指认物体、描述特征等方式，帮助秋月学习更多的词汇。例如，拿出一个苹果，问秋月"这是什么颜色？"然后引导她回答"红色"。接着可以说"这是一个红色的苹果，甜甜的"，让秋月模仿描述方式并尝试自己描述其他物体。

再次，唱儿歌和童谣。选择简单的儿歌或童谣与秋月一起唱，可以引导她模仿歌词中的词汇和语调。例如，选择《小星星》等简单的儿歌，与秋月一起边唱边做手势动作。通过唱儿歌或童谣，培养秋月的语感和节奏感。

最后，创设语言环境。在托育机构和家庭中为秋月创设丰富的语言环境，多与她交流，用温暖、鼓励的语言和表情回应她的表达。例如，在秋月尝试用语言表达时，及时给予表扬和鼓励，增强她的自信心和表达欲望。同时，可以适当引导她使用"我"这个代词，但不要强迫，让她自然地过渡到正确的使用。

任务实操

任务 6-2　请观看二维码视频，请根据二维码中视频内容，完成附录 16 观察分析表格。

任务 6-2 作业纸见 254 页附录 16。

观察视频：
29 个月的小吉力
吃棒棒糖

任务三　学会婴幼儿阅读兴趣与习惯发展的观察与指导

情境导入

小悦已经 23 个月了，妈妈一直很注重培养她的阅读兴趣和习惯。然而，最近妈妈发现小悦在阅读方面的一些表现让她既欣喜又略带忧虑。欣喜的是，小悦能安静地听完妈妈讲述的简短故事，有时候还会主动要求和妈妈一起看书，特别喜欢在每天睡前听妈妈讲那一本熟悉的故事书，甚至要求反复讲好几遍。这些表现让妈妈感到小悦对阅读有一定的兴趣。但妈妈也注意到,当小悦看到熟悉的画面时,虽然能说出画面上的一些人和物,但如果妈妈不问,她很少会主动描述画面内容。

妈妈在想,小悦的阅读兴趣和习惯虽然已经有了一定的基础,但还有很大的提升空间。如何进一步引导小悦更深入地理解故事内容,培养她主动描述画面、分享阅读感受的能力呢?又该如何确保小悦的阅读兴趣和习惯能够持续、健康地发展下去呢?如果小悦妈妈咨询你,你会给出怎样的建议?

 知识导航

知识点 6-10　0~3岁婴幼儿阅读兴趣与习惯发展的观察要点

微课13:婴幼儿阅读兴趣与习惯的观察要点、支持策略与观察应用

参照《上海市0—3岁婴幼儿发展要点与支持策略(试行稿)》,婴幼儿阅读兴趣与习惯发展的观察主要涉及以下具体内容(见表6-5)。

表6-5　婴幼儿阅读兴趣与习惯发展观察的具体内容

观察目标	月龄	观察要点	具体表现
阅读兴趣与习惯	0~3个月	对韵律声音的反应	听到养育者哼唱有韵律的儿歌,会安静下来。
	4~6个月	对熟悉画面的注视与愉悦反应	看到熟悉的画面会注视一会儿。 听到熟悉的儿歌表现出愉悦的行为。 看到色彩对比强烈的图案,会注视一会儿。
	7~9个月	语音与画面的联系及摆弄书籍的兴趣	被抱着和养育者一起看图片时,会注视画面,倾听养育者说话。 看到图片上熟悉的物体或人物时,会微笑或表现出高兴的样子。 喜欢摆弄书,如翻玩布书、图卡书等。 看到熟悉的图片时,能将语音与对应的画面联系起来,如听到"汪汪在哪里",会朝小狗的图片看。
	10~12个月	对故事和图画书的反应	能安静地听养育者念儿歌、讲短小的故事。 对图画书里多次重复出现的象声词会有反应。 喜欢摆弄色彩鲜艳、构图简单的图卡、图片、图画书。 看到熟悉的画面有反应,会发出"嗯——"声或用动作表现出开心的样子。

（续表）

观察目标	月龄	观察要点	具体表现
	13～18个月	模仿动作与声音及翻页能力	喜欢听有韵律的儿歌，如听儿歌《小白兔》时，会模仿简单动作。 尝试自己拿书并翻页。 会根据故事内容模仿简单的动作或声音，如模仿小鸭摇摆身体并发出"嘎嘎"的叫声。 看到熟悉的简单故事内容时，会边看边用手指着相应的画面。
	19～24个月	对简短故事的接受及主动要求看书	能安静地听完养育者讲述的简短故事。 主动要求与养育者一起看书。 喜欢反复看同一本书或听同一个故事，如每天睡前要妈妈讲同一本故事书。 把书拿反了，会自己调整，把书拿正。 能说出熟悉的画面上的人和物，如养育者问："上面有谁？"婴幼儿会说出画面内容。
	25～36个月	故事情节记忆、模仿与初步阅读习惯	能记住一些主要的故事情节，听到熟悉的故事，会问一些与画面有关的问题。 喜欢模仿故事中反复出现的词或短句。 能背诵熟悉的、简单的儿歌。 喜欢自己看一会儿书。 能逐页翻书，理解简单的故事情节。 有初步的阅读习惯，看完后将书合拢，并放回原处。

在使用表6-5进行婴幼儿阅读兴趣与习惯发展观察时，首先，需明确观察目标，即关注婴幼儿的阅读兴趣与习惯，根据婴幼儿的月龄选择合适的观察内容，并参考《上海市0—3岁婴幼儿发展要点与支持策略（试行稿）》中相应阶段的发展要点来确定观察的参考标准。其次，在观察过程中，应选择安静、舒适且安全的环境，利用色彩丰富、内容适宜的阅读材料，在婴幼儿情绪稳定且对阅读有兴趣的时机进行观察，特别留意他们对阅读材料的反应、翻页能力、专注程度以及对熟悉内容的重复阅读需求。最后，记录观察结果时需使用清晰的方式，详细描绘婴幼儿的行为表现、兴趣点及阅读习惯上的变化，并结合其整体发展水平，选择合适的支持策略，与家长及其养育者保持沟通，以确保观察的准确性和有效性，共同促进婴幼儿阅读兴趣与习惯的健康发展。

观察视频：10个月
小吉力认绘本

观察视频：19～24个月宝宝
回答画面内容

知识点 6-11　0~3岁婴幼儿阅读兴趣与习惯发展观察实施的建议

一、自然情境中0~3岁婴幼儿阅读兴趣与习惯发展的观察

观察者应结合对婴幼儿在真实生活场景中阅读兴趣与习惯的自然观察，在婴幼儿情绪稳定时进行观察，应选择安静、舒适且安全的环境，利用色彩丰富、内容适宜的阅读材料。

1. 在日常接触阅读材料时观察阅读兴趣与习惯

在自然情境中，可以观察婴幼儿在日常生活中接触阅读材料时的行为表现。例如，观察婴幼儿是否会主动拿起书籍、图卡或其他阅读材料，是否会表现出对色彩鲜艳的画面或熟悉图案的兴趣。观察婴幼儿在接触阅读材料时是否会有主动翻页、触摸或注视画面的行为，以及是否会用手指着画面发出声音或表现出开心的样子。同时，还可以观察婴幼儿是否会主动要求养育者读书或讲故事，以及是否会反复要求听同一个故事。

2. 在与养育者互动时观察阅读兴趣与习惯

观察婴幼儿在与养育者互动过程中对阅读材料的反应。例如，当养育者为婴幼儿朗读故事或儿歌时，观察婴幼儿是否会安静聆听，是否会表现出愉悦的情绪，如微笑、手舞足蹈或发出声音。观察婴幼儿是否会主动参与互动，如模仿养育者的动作或声音，是否会用手指着画面并发出"嗯——"声或用动作表现出开心的样子。另外，还可以观察婴幼儿是否会根据故事内容模仿简单的动作或声音，如模仿小鸭摇摆身体并发出"嘎嘎"的叫声。通过这些与养育者互动的场景，观察者可以记录婴幼儿在不同阶段的阅读兴趣和习惯，以及他们如何通过与养育者的互动提升阅读能力。

二、任务情境中0~3岁婴幼儿阅读兴趣与习惯发展的观察

在任务情境中，观察者需要设计贴合婴幼儿日常经验、突出趣味性和互动性的活动或任务。同时，需要根据婴幼儿的月龄和发育水平，灵活调整任务难度，确保既能适度挑战，又避免挫败感，从而精准观察其阅读习惯与兴趣的发展表现。

1. 通过互动性阅读任务观察阅读兴趣与习惯

观察者可以通过设计互动性阅读任务，观察婴幼儿在阅读过程中的兴趣与习惯的表现。例如，可以与婴幼儿一起朗读有韵律的儿歌或简单的故事，观察婴幼儿是否会安静聆听并表现出愉悦的情绪，如微笑或手舞足蹈；可以在阅读过程中设置互动环节，如提问"小狗在哪里？"观察婴幼儿是否会用手指向相应的画面，或模仿小狗的叫声。此外，可以设计简单的角色扮演游戏，如模仿故事中的角色动作，观察婴幼儿是否会参与并模仿。表6-6是在互动性阅读任务中观察25~36个月幼儿阅读兴趣与习惯的一个具体样例。

表 6-6　25～36 个月幼儿阅读兴趣与习惯观察

观察目标	观察环境和条件	观察步骤
观察幼儿故事情节记忆与模仿	安静、舒适的阅读环境，使用色彩丰富、内容简单的图画书；幼儿情绪稳定且对阅读有兴趣。	1. 选择一本幼儿熟悉的图画书，与幼儿一起阅读。 2. 在阅读过程中，暂停并提问书中的内容，如"小狗在做什么？"观察幼儿是否能够回忆并描述画面内容。 3. 阅读结束后，观察幼儿是否会模仿故事中的动作或声音，如模仿小鸭摇摆身体并发出"嘎嘎"的叫声。 4. 重复阅读同一本书，观察幼儿是否能够记住主要情节，并在听到熟悉内容时表现出兴奋或参与。

2. 通过自主选择阅读材料任务观察阅读兴趣与习惯

观察者可以通过设计自主选择阅读材料的任务，观察婴幼儿对不同阅读材料的兴趣以及阅读习惯。例如，将几本色彩鲜艳、内容各异的图画书、布书或图卡放在婴幼儿面前，观察他们是否会主动选择并拿起某本书或图卡；观察婴幼儿在选择过程中是否表现出偏好，例如对特定主题（如动物、车辆）或特定材质（如布书、硬纸板书）的偏好；观察婴幼儿是否会主动翻阅或触摸所选的阅读材料，以及是否会用手指着画面或发出声音。

知识点 6-12　0～3 岁婴幼儿阅读兴趣与习惯发展的支持策略

0～3 岁是婴幼儿大脑发育的黄金阶段，早期阅读则为大脑的发育提供了良好刺激。3 岁以下的婴幼儿由于各方面发展尚不成熟，因此需要在成人的协助下进行阅读。不同月龄段的婴幼儿其发展特点不同，阅读兴趣与习惯发展的支持策略也各有不同，具体如下[①]：

一、0～6 个月：进行积极的视听互动

1. 视觉启蒙

在这个阶段，婴儿的视觉系统正在迅速发展，从只能看见模糊的黑白轮廓逐渐发展到能够感知周围事物的色彩。应使用黑白卡、彩色挂图、床挂书等工具，根据婴儿的视觉发育阶段提供适宜的刺激。将这些视觉刺激物放在距离婴儿眼睛 20～30 厘米处，并缓慢移动，让婴儿从静止观看到移动眼球和头部进行视觉追踪，以此锻炼婴儿的眼球对焦及追视能力。

2. 语言理解

尽管这个阶段的婴儿尚不会开口说话，但他们已经对讲话表现出一定的兴趣。可以

---

① 田聪,郭明雅.3 岁以下婴幼儿不同月龄段的阅读特点及共读策略[J].东方娃娃·保育与教育，2022,(05):28-30.

使用专属的说话方式与婴儿交流,这种说话方式应渗透在照护婴儿的一日生活中。比如,在换尿片、喂奶、散步等日常活动中,用温暖、友爱的语言与婴儿交流,加速婴儿对语言的理解。

3. 发声游戏

4个月大的婴儿开始进入"咿呀学语期",能够发出比较有节奏的声音。可以与婴儿进行"打哇哇"等发声游戏,即在婴儿发声时轻拍其嘴巴,使声音变成一长串时有间断的音。这样的游戏能够激发婴儿发音的兴趣,同时建立安全感,让婴儿初步体验到发声的趣味。

二、7~12个月:建立对书的熟悉感

1. 安全干净

这个阶段的婴儿正处于口欲期,无论拿到什么都会下意识地放进嘴巴啃一啃。应提供牙胶书、布书、纸板书等安全、易清洁的读物,让婴儿在"吃"书的过程中也能安全地探索书本。这些材质的书本不仅易于清洁,还能满足婴儿的口欲需求。

2. 动手操作

8个月之后的婴儿手部精细动作飞速发展,已经可以做捏、推、拉、翻等简单动作。可以准备一些能"玩"的书,如机关书、触感玩具书等,让婴儿通过动手操作来增强对书本的感性认识和熟悉感。这些书本中的小机关和触感设计能够激发婴儿的好奇心,让他们在玩的过程中逐渐爱上书本。

3. 亲子同乐

可以将韵律游戏与阅读结合起来,如唱膝上童谣,将婴儿抱在怀中,选择一些内容简单、朗朗上口的歌谣,一边朗读一边带婴儿随着韵律做摇摆、颠动等动作。这样的互动能够增强婴儿对语言的敏感度,为其将来的阅读打基础。

三、13~24个月:边玩边读中激发阅读兴趣

1. 看图指物

这个阶段的幼儿正处于学步期,喜欢四处游走着探索世界。可以采用边玩边读的方式,鼓励幼儿翻翻、找找自己熟悉并认识的事物。在阅读过程中,可以提问让幼儿回答,如"小猫在哪里?宝宝指一指。小猫的尾巴在哪里?宝宝摸一摸。"这样的游戏能够激发幼儿参与阅读的兴趣,同时培养他们的观察力和记忆力。

2. 适时引导

应选择贴近幼儿生活经验的图书进行阅读,并抓住对话契机引导幼儿学说绘本中的日常表达用语。比如,在阅读过关于收拾玩具的绘本后,可以邀请幼儿一起整理玩具时模仿绘本中的表达用语。这样的引导能够拓展幼儿的新词汇,积累语言表达经验。

3. 情境模拟

在阅读过程中加入简单、适当的表演能够增强幼儿的阅读兴趣和感受力。比如,在绘本中讲到某个情节时,可以邀请幼儿一起表演这个情节,让幼儿真切地感受到绘本故事与现实生活之间的奇妙联系。

四、25~36个月:培养阅读好习惯

1. 创设阅读区

应为幼儿创设一个安静、温馨的阅读专区,放置适宜幼儿身高、方便取放的小书架或书筐。这个专区可以成为幼儿阅读的小天地,让他们在这里享受阅读的乐趣。同时,应尊重并接纳幼儿的图书选择,鼓励他们自主选择感兴趣的读物进行阅读。

2. 有侧重地阅读

在幼儿反复阅读同一本书的过程中,可以采用多种阅读策略来加深幼儿对故事的理解。比如,可以先通读整个故事,让幼儿大致了解内容;然后再读一遍时重点关注某一个细节或角色;最后再模仿故事中的人物对话进行角色表演等。这样的阅读方式能够丰富幼儿的阅读体验,提高他们的理解能力。

3. 挑选多类型图书

根据幼儿的认知水平、兴趣需求和情绪特点挑选适宜的各类图书是非常重要的。比如可以选择一些认知类图书来满足幼儿对周围世界的探索欲望;选择一些韵律感强的图书来培养幼儿的语言节奏感;还可以选择一些情绪管理类图书来帮助幼儿认识和管理自己的情绪等。这样的选择能够满足幼儿的多样化需求,促进他们的全面发展。

 考题再现

《育婴员》(四级)理论知识试题

阅读能够促进( )。
A. 婴儿智力、情感、身体的健康发展
B. 婴儿听力有所发展
C. 婴儿眼睛的发育
D. 刺激婴儿大脑的发育

扫码查看本项目【考题再现】
【直击赛场】答案

案例助学

案例6-5 看图画书的旭旭
——婴幼儿阅读兴趣与习惯的观察案例

观察目的	了解0～3岁婴幼儿阅读兴趣与习惯的发展特点及影响因素
观察对象	旭旭（男，15个月）
观察地点	家庭客厅
观察方法	轶事记录法

观察实录

旭旭坐在地毯上，面前放着一本色彩鲜艳的布书。妈妈坐在他旁边，翻开书，指着书上的小狗问："这是什么呀？"旭旭看着小狗的图片，嘴里发出"汪汪"的声音，眼睛一直盯着图片。妈妈接着说："对啦，这是小狗，它在叫汪汪。"旭旭伸手去抓书，试图翻到下一页，但不小心把书弄倒了。妈妈帮他把书扶正，旭旭又开始用手指戳着书上的小猫图片，嘴里发出"喵喵"的声音。妈妈继续引导："小猫在说'喵喵'呢，旭旭也来学一学。"旭旭跟着妈妈重复"喵喵"，脸上露出开心的笑容。过了一会儿，旭旭把书拿到自己怀里，紧紧抱着，还时不时地翻动几页，虽然动作有些笨拙，但看得津津有味。妈妈看到旭旭这么喜欢这本书，便又拿来一本简单的图卡书，放在他旁边。旭旭看到后，立刻放下手里的布书，伸手去拿图卡书，翻了几页后，又把书递给了妈妈，示意妈妈给他讲。妈妈接过书，指着图卡上的水果，一一介绍给旭旭听。旭旭一边听，一边用手指着相应的水果图片，嘴里发出"嗯嗯"的声音，好像在回应妈妈。

观察分析

15个月大的幼儿正处于阅读兴趣与习惯发展的关键阶段，其阅读行为主要表现为对色彩鲜艳、图案简单的阅读材料产生浓厚兴趣。这一阶段的幼儿视觉系统逐渐完善，能够更好地辨识和关注画面中的物体；同时，他们的语言理解能力也在不断发展，能够理解一些简单的词汇和短语，并通过模仿发出相应的语音。此外，幼儿的手部精细动作能力有所提升，能够尝试自己翻动书页，表现出自主阅读的初步意愿。亲子共读对于这一阶段的幼儿尤为重要，不仅能够增进亲子关系，还能为幼儿提供丰富的语言刺激和情感支持，促进其语言、认知和社会性等多方面的发展。

在案例中，15个月大的旭旭表现出了典型的阅读兴趣与习惯发展特点。他对色彩鲜艳的布书和图卡书表现出强烈的兴趣，能够主动关注书中的图片，并通过模仿发出"汪汪""喵喵"等象声词，这表明他对书中的内容有了一定的理解，并且能够通过模仿来表达自己的兴趣。此外，旭旭主动拿书、翻书的行为，体现了他对阅读活动的积极参与和自主阅读的意愿。他能够自己翻动书页，虽然动作不够熟练，但已经能够逐页翻书，这说明他的手部精细动作能力在不断发展。当妈妈给他介绍新的图卡书时，旭旭立刻被吸引过去，并且通过把书递给妈妈示意她给自己讲的行为，反映了他对亲子共读的渴望，希望通过与成人的互动来更好地理解书中的内容。

旭旭的阅读兴趣与习惯发展受到多种因素的影响。首先，家庭环境对旭旭的阅读行为

(续表)

起到了积极的推动作用。妈妈为旭旭提供了丰富的阅读材料,如色彩鲜艳的布书和图卡书,这些材料符合旭旭当前的视觉和认知发展水平,能够吸引他的注意力并激发他的兴趣。同时,亲子共读中,家长通过提问、引导模仿等方式与旭旭进行互动,这不仅增强了旭旭的参与感和理解能力,还为他提供了良好的语言刺激和情感支持,使他感受到阅读的乐趣。

其次,旭旭自身的发展特点也对他的阅读行为产生了影响。15个月大的旭旭正处于语言理解和手部精细动作能力快速发展的阶段,他对新事物充满好奇心,喜欢通过模仿和探索来学习。这种内在的发展动力促使他主动参与阅读活动,尝试自己翻书、模仿声音等。

指导策略

针对以上分析,可以从以下几个方面进一步提升旭旭的阅读兴趣与习惯:

首先,提供丰富的阅读材料。为旭旭提供更多的色彩鲜艳、图案简单、材质安全的图画书和图卡书,满足他对新鲜事物的好奇心,激发他对阅读的兴趣。可以逐渐增加一些有简单故事情节的绘本,引导他关注故事的发展。

其次,增加亲子共读时间。每天安排固定的亲子共读时间,让旭旭养成良好的阅读习惯。在共读过程中,家长可以通过提问、引导旭旭模仿等方式,增强他的参与感和理解能力。例如,指着书中的物体问"这是什么呀?"或者模仿动物的叫声让旭旭跟着学。

再次,鼓励自主阅读行为。当旭旭自己翻书、拿书时,要及时给予鼓励和肯定,增强他的自信心和自主阅读的意愿。即使他只是随意翻动书页,也要让他感受到阅读的乐趣。可以为他准备一个小书架,将他喜欢的书放在容易拿到的地方,方便他随时取阅。

最后,结合日常生活进行拓展。在日常生活中,可以结合书中提到的物体或场景,引导旭旭进行观察和学习。例如,当看到小狗时,提醒他"小狗在叫汪汪,就像书里的小狗一样"。这样可以帮助旭旭更好地将书中的内容与现实生活联系起来,加深其对阅读内容的理解和记忆。

案例6-6 喜欢重复阅读的妮妮

——婴幼儿阅读兴趣与习惯的观察案例

观察目的	了解0~3岁婴幼儿阅读兴趣与习惯的发展特点及影响因素
观察对象	妮妮(女,28个月)
观察地点	托育机构阅读角
观察方法	轶事记录法

观察实录

在托育机构的阅读角,妮妮坐在小椅子上,手里拿着一本她最喜欢的绘本《小熊维尼》。这是她已经读过很多次的书,但她仍然津津有味地翻看着。老师坐在她身边,妮妮指着书中的小熊维尼说:"老师,小熊维尼又去采蜂蜜啦!"老师回应道:"对呀,小熊维尼最喜欢蜂蜜了。"妮妮接着说:"上次我们读到这里,小熊维尼把蜜蜂都吓跑了。"老师点点头:"是呀,小熊维尼太贪心了。"妮妮又翻到下一页,指着小猪:"这是小猪,他好害怕。"老师问:"为什么小猪会害怕呢?"妮妮回答:"因为蜜蜂追他。"老师笑着说:"妮妮说得真好,你还记得这

(续表)

个故事呢。"妮妮点点头,然后又从头开始翻看这本书,一边翻一边自言自语地讲述着故事内容。过了一会儿,妮妮把书递给老师,说:"老师,再给我讲一遍。"老师接过书,从小妮妮最喜欢的那一页开始讲起。妮妮听得非常认真,时不时地跟着老师一起重复故事中的对话。

观察分析

25~36个月的幼儿正处于语言能力和认知能力快速发展的阶段,他们对阅读的兴趣逐渐增强,尤其喜欢反复阅读同一本书或听同一个故事。这一阶段的幼儿能够记住一些主要的故事情节,并且喜欢模仿故事中反复出现的词或句子。重复阅读不仅能够帮助他们巩固语言记忆,还能增强他们的自信心和语言表达能力。此外,这一阶段的幼儿开始表现出对故事内容的理解和思考,能够回答简单的问题,并且喜欢与成人分享自己对故事的看法。

在案例中,28个月的妮妮表现出了典型的对重复阅读的喜爱。她能够记住《小熊维尼》这本书的主要情节,并且能够自己讲述故事中的内容。这表明妮妮对这本书已经非常熟悉,她的语言记忆能力和语言表达能力在重复阅读的过程中得到了很好的锻炼。妮妮在阅读过程中能够主动与老师互动,回答老师的问题,并且能够模仿故事中的对话,这说明她对故事内容有了一定的理解,并且能够通过语言表达出来。此外,妮妮主动要求老师再给她讲一遍故事,这反映了她对重复阅读的需求,她通过重复阅读来巩固记忆,增强对故事的理解和兴趣。

妮妮的阅读兴趣与习惯发展受到多方面因素的综合影响。在托育机构,老师创设了丰富的阅读环境,提供了多样化的绘本资源,同时通过提问、引导模仿等方式与妮妮进行互动,增强了她的参与感和理解能力。这种积极的阅读氛围和互动方式不仅为妮妮提供了良好的语言刺激,还增强了她对阅读的兴趣和自信心。此外,重复阅读能够满足妮妮对熟悉事物的偏好,同时也能帮助她巩固语言记忆和增强语言表达能力。

指导策略

针对以上分析,可以从以下几个方面进一步提升妮妮的阅读兴趣与习惯:

首先,尊重妮妮的重复阅读需求。妮妮喜欢反复阅读同一本书,这是她巩固语言记忆和增强语言表达能力的重要方式。老师和家长应该尊重她的选择,耐心地陪她一起读,并且在阅读过程中继续通过提问、引导模仿等方式增强她的参与感和理解能力。

其次,拓展阅读内容。在妮妮对一本绘本熟悉之后,可以逐渐引入一些新的绘本,但这些绘本的主题和内容最好与她熟悉的故事有一定的关联,这样可以帮助她更好地过渡到新的阅读材料。例如,可以找一些关于小熊维尼的其他故事或者类似的动物冒险故事,引导她尝试新的阅读内容。

再次,创设阅读环境。在托育机构和家庭中为妮妮和其他婴幼儿创设一个安静、温馨的阅读专区,放置适宜孩子身高、方便取放的小书架或书筐。同时,尊重并接纳妮妮的图书选择,鼓励她自主选择感兴趣的读物在这里进行阅读。

最后,结合生活实际进行拓展。在日常活动中,老师和家长可以结合书中提到的物体或场景,引导妮妮进行观察和学习。例如,当看到蜜蜂时,可以提醒她"蜜蜂就像书里的蜜蜂一样,会采蜜。"这样可以帮助妮妮更好地将书中的内容与现实生活联系起来,加深对阅读内容的理解和记忆。

任务实操

任务 6-3　请针对本任务情景导入中小悦妈妈的困惑,制定一个 19~24 个月幼儿阅读兴趣与习惯发展的观察计划,并尝试回答这位妈妈的问题。

任务 6-4　请观看二维码视频,请根据二维码中视频内容,完成附录 17 观察分析表格。

观察视频:
18 个月的小吉力看绘本

任务 6-4 作业纸见 255 页附录 17。

课后拓展

巩固提升

❶ 请同学们根据课中实训内容,扫码完成自测题目,自查学习效果。

巩固提升自测

❷ 观察与指导实践

请以小组为单位(2~4 人)一组,在同一个班级中根据附录 18 表观察同龄男孩和女孩的语言与沟通的发展情况。要求如下:

(1) 根据实际观察条件,选择两位月龄相近的婴幼儿,其中包括一名男孩和一名女孩;

(2) 小组成员需对同一观察对象进行独立且同时的观察;

(3) 小组成员对比和讨论观察结果,分享反思和收获。

作业纸见 256 页附录 18。

拓展资源

《宝宝的第一年(第一季)》(Babies)是由美国 Netflix 于 2020 年 2 月 21 日推出的纪录片。该片由托比·麦克唐纳与多位导演联合执导,共 6 集,每集围绕一个主题展开,深入探索婴儿出生后的第一年。从婴儿的第一次呼吸、第一口食物到他们迈出的第一步,纪录片涵盖了情感、成长、语言发展等多个方面。其中,第四集"第一句话(First Words)"深入探讨了婴儿语言学习的过程,包括声音模仿、语调感知和词汇积累等。建议同学们课后观看该纪录片,以更深入地了解婴幼儿的语言发展特点。

项目考核评价表

评价项目		项目六 婴幼儿语言与沟通发展观察与指导					
学生信息		班级_____ 组别_____ 姓名_____ 学号_____					
评价内容		分值	评分标准	学生自评	小组互评	教师评价	总评
任务实操完成情况	任务6-1	55	正确理解相关理论问题；实操任务的完成度、准确性和实际应用效果				
	任务6-2						
	任务6-3						
	任务6-4						
合作与沟通能力		10	积极参与团队合作，能与成员良好沟通与协调				
创新应用能力		10	能够针对问题提出创新的方法和应用建议				
自我反思与成长		5	能够进行深入的自我反思并提出改进计划，付诸行动				
学习资源利用与主动性	自学自测	10	积极查阅和利用学习资源				
	巩固提升						
	在线课程						
	拓展资源						
价值观和社会责任	科学的婴幼儿观，以发展的眼光看待婴幼儿的成长	10	形成社会主义核心价值观，并展现社会责任感与职业精神				
评语							

评价说明：在项目评价中，分值设置仅供参考，教师可根据实际情况灵活调整。在项目完成后，由任课教师主导，结合过程性评价与结果评价，综合运用自我评价、小组评价和教师评价三种方式进行评估。教师应合理设定三种评价方式在总评中的权重，以计算学生在该项目中的综合得分。此外，建议教师鼓励学生积极记录自己的学习历程，以促进自我反思和持续成长。

项目七

特殊情况下的婴幼儿行为观察与指导

PROJECT 7

项目概述

本项目主要学习在特殊情况下0~3岁婴幼儿行为的观察与指导。通过理论学习与实践操作,掌握婴幼儿常见行为问题和发育迟缓的观察要点、评估方法及指导策略。通过案例分析和实操任务,提升科学观察、分析问题和提出解决方案的能力,以促进婴幼儿的健康发展。

本项目涉及的知识图谱如下:

```
特殊情况下的婴幼儿行为观察与指导
├── 课前导学
│   ├── 婴幼儿行为问题的内涵及其影响因素
│   └── 婴幼儿发育迟缓的内涵及其影响因素
└── 课中实训
    ├── 任务一 学会婴幼儿常见行为问题的观察与指导
    │   ├── 0~3岁婴幼儿情绪行为问题的观察要点与支持策略
    │   ├── 0~3岁婴幼儿社会适应行为问题的观察要点与支持策略
    │   └── 0~3岁婴幼儿生活习惯行为问题的观察要点与支持策略
    └── 任务二 学会婴幼儿发育迟缓的观察与指导
        ├── 0~3岁婴幼儿体格发育迟缓的观察要点与支持策略
        ├── 0~3岁婴幼儿运动发育迟缓的观察要点与支持策略
        ├── 0~3岁婴幼儿语言发育迟缓的观察要点与支持策略
        ├── 0~3岁婴幼儿认知发育迟缓的观察要点与支持策略
        └── 儿童心理行为发育问题预警征象筛查表
```

学习目标

素质目标:

❶ 树立科学的婴幼儿发展观,尊重每个婴幼儿的个体差异,理解特殊情况下婴幼儿行为和发育的特点。

❷ 具备敏锐的观察力和责任心,能够及时发现婴幼儿行为和发育中的异常情况,并给予适当的关怀和支持。

❸ 提升同理心和责任感,在观察和指导过程中体现出对婴幼儿及其家庭的关怀与尊重,增强职业道德意识。

知识目标:

❶ 理解婴幼儿常见行为问题(情绪、社会适应性、生活习惯)的内涵、表现及成因。

❷ 掌握婴幼儿发育迟缓(体格、运动、语言、认知、全面性发育迟缓及其他发育障碍)的内涵、表现及成因。

❸ 掌握婴幼儿行为和发育的观察方法与评估工具,重点掌握情绪、社会适应性、生活习惯行为问题以及运动发育迟缓、语言发育迟缓的观察要点。

能力目标：

❶ 能够科学规范地对婴幼儿行为和发育进行观察记录。
❷ 能够对观察结果进行分析，识别出婴幼儿行为问题和发育迟缓的类型与程度。
❸ 能够根据观察与分析结果，提出适宜的指导建议。

案例启思

华华已经15个月了，家长发现他在运动和语言能力方面明显落后于同龄孩子。华华还不能独立行走，只能扶着家具走几步，而且在尝试站立时身体摇晃不稳，容易摔倒。语言方面，华华只会叫"爸爸""妈妈"，对其他简单的指令和问题没有反应。此外，华华在社交互动中也显得较为被动，很少主动与其他小朋友互动。睡眠也是一大难题，华华常常入睡困难，夜醒频繁，让家长疲惫不堪。

在上述案例中，你观察到了哪些发育迟缓和行为问题的表现？这些表现是否符合15个月大幼儿的正常发展水平？如果不符，可能的原因是什么？你对华华的发展有什么好的建议？

课前导学

知识导航

知识点 7-1 婴幼儿行为问题的内涵及其影响因素

微课14：特殊情况下的婴幼儿行为观察与指导概述

一般认为，**婴幼儿行为问题是指婴幼儿经常表现出来的，既影响他人又影响自身发展的偏离社会正常要求或个人正常发展的行为和情绪异常问题**。婴幼儿行为问题具有反复发生性，如果某一问题行为是偶然发生的，则不能算作行为问题。例如，某婴幼儿某一天打了自己的同伴，我们不能由此断定他具有攻击性心理行为问题；只有当这种攻击行为频繁发生时，才能认定其具有攻击性行为问题。

婴幼儿行为问题是一种偏常行为，表现为"同年龄绝大部分孩子都有而他没有，或绝大部分孩子没有他有"的行为。这些行为可能持续时间过长或程度过于严重，从而被认为是不正常的。例如，大多数婴幼儿刚进入托育机构时会感到不适应甚至恐惧，但在教师和家长的引导下，他们通常能较快地适应托育机构的环境。然而，极少数婴幼儿入托一年后仍无法适应，甚至出现紧张、出汗、呕吐、腹痛、腹泻等症状，这种表现超出了正常范围，属于不正常的行为。[1]

婴幼儿行为问题的形成是一个复杂的过程，受到多种因素的影响。生理因素方面，遗传因素可能导致婴幼儿在情绪调节和行为反应上存在先天差异，神经系统

---

[1] 莫源秋.幼儿常见心理行为问题：诊断与教育[M].北京：中国轻工业出版社，2015.

发育不完全可能导致行为控制能力不足;心理因素方面,婴幼儿的焦虑、恐惧等情绪问题可能源于分离焦虑或对新环境的不适应;环境因素方面,家庭环境对婴幼儿行为问题的影响尤为显著。例如,家庭环境过于保护可能导致婴幼儿缺乏社交经验,从而在社交互动中表现出胆怯和退缩;不规律的作息时间和不适当的喂养方式可能导致睡眠问题和喂养困难。此外,教育方式不当,如过度溺爱或缺乏耐心,也可能加剧婴幼儿的行为问题。

直击赛场

2024年全国托育职业技能竞赛保育师(学生组)赛项基础知识模块理论赛题

判断题:向家长反映婴幼儿的行为问题时应当多评价少描述。(　　)

知识点 7-2　婴幼儿发育迟缓的内涵及其影响因素

婴幼儿发育迟缓是指婴幼儿在体格、运动、语言、认知等方面的发展明显落后于同龄婴幼儿的正常水平。 发育迟缓不仅影响婴幼儿的身体健康,还可能对其心理和社会适应能力产生长期影响。早期识别和干预对于改善婴幼儿的发育状况至关重要。

婴幼儿发育迟缓的形成是一个多因素共同作用的结果。遗传因素方面,某些遗传性疾病可能导致婴幼儿在体格、运动、语言等方面的发展迟缓;孕期因素方面,孕期感染、药物使用、营养不良、孕期疾病等都可能影响胎儿的正常发育。例如,孕期感染可能导致胎儿神经系统受损,从而影响其运动和语言能力的发展。出生因素方面,早产、低出生体重、出生时缺氧、产伤等可能导致婴幼儿发育迟缓;后天环境因素方面,家庭环境、营养状况、教育方式、社会经济条件等后天因素对婴幼儿的发育也有重要影响。例如,营养不良可能导致体格发育迟缓,缺乏早期教育和刺激可能导致认知和语言发育迟缓。

考题再现

《婴幼儿发展引导员》(四级)理论知识试题

判断题:婴幼儿发育迟缓仅指其在体格方面的发展明显落后于同龄儿童的正常水平。(　　)

自学自测

请同学们根据自学内容,扫码完成自测题目,自查学习效果。

自学自测

实训目标

❶ 能够掌握婴幼儿常见行为问题和发育迟缓的观察内容和要点。
❷ 能够通过行为观察评估婴幼儿的行为问题和发育迟缓的类型。
❸ 能够分析婴幼儿行为问题和发育迟缓产生的原因。
❹ 能够根据婴幼儿行为问题和发育迟缓观察与分析结果,提出适宜的指导建议。

实训内容

任务一　学会婴幼儿常见行为问题的观察与指导
任务二　学会婴幼儿发育迟缓的观察与指导

实训准备

❶ **环境准备**：理实一体化教室,校园网无线 Wi-Fi,可在线观看线上资源。
❷ **物品准备**：签字笔、记录本(活页)、手机或平板电脑等录音录像设备、婴幼儿行为问题以及发育迟缓等影像资料。
❸ **知识准备**：了解婴幼儿行为问题的内涵及其影响因素；了解婴幼儿发育迟缓的内涵及其影响因素。

任务一　学会婴幼儿常见行为问题的观察与指导

情境导入

牛牛已经2岁半了,他很多时候让妈妈苦恼不已。比如,牛牛在和其他小朋友玩耍时,经常因为玩具被拿走而大发脾气,甚至有时会推搡其他小朋友。在家里,牛牛也表现出类似的情绪问题,比如在妈妈不允许他看电视时,他会躺在地上大哭大闹,很难安抚。此外,牛牛还经常表现出黏人和不愿意与其他小朋友互动的行为。妈妈很想知道为什么牛牛会出现这样的行为?这样的行为如何改善?

知识导航

知识点 7-3　0~3岁婴幼儿情绪行为问题的观察要点与支持策略

婴幼儿期是情绪发展的关键阶段,这一时期的情绪问题可能表现为过度哭闹、焦虑、恐惧、易怒或情绪不稳定等。这些行为问题通常与婴幼儿的生理需求、心理需求或环境因素密切相关。例如,婴幼儿可能因为饥饿、疲劳、身体不适或缺乏安全感而表现出情绪波动。此外,家庭环境、主要照顾者的情绪状态以及亲子互动方式也会对婴幼儿的情绪发展产生深远影响。

一、观察要点

1. 情绪表达的频率与强度

观察婴幼儿情绪波动的频率、持续时间以及强度,是否超出正常范围。例如一位18个月大的幼儿,近期每天下午都会因为一点小事(如玩具掉了)大哭大闹,持续时间长达15~20分钟,且难以安抚。这种频繁且强烈的情绪波动超出了同龄婴幼儿的正常范围。

2. 情绪触发因素

记录引发婴幼儿情绪变化的具体情境或事件,如分离焦虑、陌生人焦虑等。例如,一位2岁的幼儿,每当妈妈离开房间去厨房或出门时,都会表现出极度的焦虑和不安,大声哭喊,抱着妈妈不放,这种情绪变化明显与分离情境有关,是分离焦虑的典型表现。

3. 情绪调节能力

观察婴幼儿是否能够通过自我安抚或依赖照顾者的安抚来调节情绪。例如,一位18个月大的幼儿,在情绪激动的状态下,难以通过自我安抚(如吸吮手指、转移注意力等)平静下来，而是持续哭闹，甚至表现出踢打、摔东西等攻击性行为。当照顾者尝试安抚他时，他拒绝拥抱和抚摸，继续哭闹，情绪调节能力明显不足。

二、支持策略

1. 建立安全的依恋关系

照顾者应通过及时回应婴幼儿的需求、提供温暖的肢体接触（如拥抱、抚摸）来增强婴幼儿的安全感。同时，还应增加日常陪伴与互动。例如，每天安排固定时间与婴幼儿进行一对一的游戏活动，如亲子阅读、搭积木等，过程中保持眼神交流与温柔对话，让其充分感受到被关注与呵护，从而增强心理安全感，这对于缓解其因缺乏安全感引发的情绪问题至关重要。

2. 训练情绪识别与表达

通过游戏、绘本等方式帮助婴幼儿识别和表达情绪，例如使用表情卡片让婴幼儿学习"开心""难过"等情绪词汇。养育者还可结合日常生活场景帮助幼儿进行情绪识别与表达练习。如在婴幼儿表现出情绪时，照顾者及时用简单词汇描述其情绪状态："你现在是不是很难过，因为玩具坏了呀"，帮助他们精准识别情绪。同时，鼓励婴幼儿通过绘画、手工等非语言方式表达情绪，为情绪表达提供更多途径，避免因无法表达而产生情绪困扰。

3. 创设稳定的环境

保持日常生活规律，避免频繁更换照顾者或环境，以减少婴幼儿的焦虑感。同时，还应关注环境的细微变化。若家庭环境有变动，如搬家或更换照顾者，需提前告知婴幼儿，给予他们适应缓冲期。同时，保持房间物品摆放相对固定，让婴幼儿能熟悉并掌控周围环境，降低因环境不确定性产生的焦虑感，维持情绪稳定。

4. 示范情绪调节

照护者在日常遇到压力或情绪波动时，可有意识地展示完整的情绪调节过程。如在面对工作失误烦躁时，先深呼吸稳定自己，然后一边慢慢处理一边向婴幼儿解释，"刚才妈妈有点生气，现在妈妈通过深呼吸让自己平静下来解决问题哦"，使婴幼儿更直观地学习情绪调节技巧，引导他们在遇到类似情况时模仿运用，逐步提升情绪调节能力。

知识点 7-4 0~3岁婴幼儿社会适应行为问题的观察要点与支持策略

社会适应性行为问题主要表现为婴幼儿在与他人互动时表现出退缩、攻击性、不合群或过度依赖等行为。这些问题可能与婴幼儿的个性特征、家庭教养方式以及社交经验不足有关。例如，过度保护的家庭环境可能导致婴幼儿缺乏独立性和社交技能，而忽视型教养方式则可能使婴幼儿在社交中表现出攻击性或退缩行为。

一、观察要点

1. 社交互动的主动性

观察婴幼儿是否主动与他人互动,或是否表现出回避、退缩的行为。例如,在托育机构的集体活动中,一位婴幼儿总是独自坐在角落,不主动接近其他小朋友,当老师邀请他加入游戏时,他摇头拒绝并表现出明显的抗拒情绪,这些行为表现出该婴幼儿在社交互动方面存在一定的问题。

2. 冲突解决能力

观察婴幼儿在与同伴发生冲突(如争抢玩具、意见不合)时的反应,记录婴幼儿是否能够通过语言(如说"轮到我玩了""我们一起玩吧")或非语言方式(如推搡、抢夺或妥协)来尝试解决问题,特别注意婴幼儿在冲突中的情绪表现,如是否容易激动、愤怒或沮丧。

3. 合作与分享行为

观察婴幼儿在游戏或日常活动中是否愿意与他人合作完成任务,如搭建积木、画画或做手工。记录婴幼儿是否愿意分享自己的玩具、食物或其他资源,以及分享时的态度是否自愿、慷慨或勉强;注意婴幼儿在合作与分享过程中的沟通方式和情绪表达,如是否能够用语言表达自己的意愿,是否尊重他人的意见和感受。

二、支持策略

1. 提供社交机会

为婴幼儿创造与同龄人互动的机会,例如参加亲子活动、幼儿园早教班等,帮助其积累社交经验。同时,还可以定期组织小型家庭聚会或社区活动,邀请同龄小朋友及其家长参与,扩大婴幼儿的社交圈。在活动中,鼓励婴幼儿主动与他人交流、合作,如一起玩搭建积木的游戏,培养他们的社交主动性和团队协作能力。

2. 培养合作与分享意识

通过角色扮演游戏或集体活动,引导婴幼儿学习轮流、等待和分享,例如使用"轮流玩玩具"的游戏规则。在日常生活中,也可以设置一些需要合作完成的小任务,如一起收拾玩具、整理衣物等。当婴幼儿表现出合作与分享的行为时,及时给予表扬和鼓励,让他们感受到合作与分享带来的快乐和满足感。

3. 正向强化

当婴幼儿表现出积极的社交行为时,及时给予表扬或奖励,以增强其社交自信心。除了言语上的表扬,还可以采用一些小奖励,如贴纸、小玩具等,但要注意避免过度奖励。此外,还可以将婴幼儿的积极行为记录下来,制作成一个成长档案,定期展示给他们看,让他们看到自己的进步和成长。

4. 示范与引导

照顾者应在日常生活中示范良好的社交行为,例如礼貌用语、友好态度,并引导婴幼儿模仿。在与他人交往时,要注意自己的言行举止,为婴幼儿树立良好的榜样。当婴幼儿遇到社交问题时,要及时给予引导和帮助,如教他们如何与人打招呼、如何表达自己的需求和感受等,帮助他们掌握正确的社交技巧。

> **直击赛场**
>
> **2024年全国托育职业技能竞赛保育师（学生组）**
> **赛项婴幼儿托育综合技能赛题**
>
> [情景描述]
>
> 　　在托育机构的托小班,保育师发现22月龄的男宝圆圆,经常在绘本区抢小朋友手里的绘本、在玩具区抢小朋友手中的小车、在户外活动时抢同伴正在推的小推车。
> 　　作为托小班的保育师,请撰写一份圆圆的行为观察记录。
>
> [考核内容]
>
> 　　婴幼儿行为观察分析:撰写一份行为观察记录表,包含观察记录与行为分析。

知识点 7-5　0~3岁婴幼儿生活习惯行为问题的观察要点与支持策略

　　生活习惯方面的行为问题包括饮食问题(如挑食、厌食)、睡眠问题(如入睡困难、夜醒频繁)以及如厕问题(如拒绝使用便盆)等。这些问题可能与婴幼儿的生理发展、家庭生活习惯以及照护者的教养方式有关。例如,不规律的作息时间可能导致婴幼儿睡眠问题,而过度的强迫或惩罚则可能加剧饮食或如厕问题。

一、观察要点

1. 饮食行为

　　观察婴幼儿的饮食偏好、进食速度以及是否表现出对某些食物的强烈抗拒。例如,婴幼儿对蔬菜类食物表现出强烈的抗拒,每次吃饭时都会把蔬菜挑出来扔掉,而且进食速度很慢,经常需要半个小时以上才能吃完一顿饭,这些行为表现出该婴幼儿出现了一定的饮食问题。

2. 睡眠模式

　　记录婴幼儿的入睡时间、夜间醒来的频率以及是否依赖特定的安抚方式(如奶睡、抱睡)。例如,一位2岁的幼儿,每天晚上都要妈妈抱着才能入睡,而且夜间经常醒来,有时需要妈妈喂奶或拍背才能再次入睡,导致妈妈和孩子都睡眠不足,这些行为表现出该幼儿出现了一定的睡眠问题。

3. 如厕行为

　　观察婴幼儿对如厕训练的反应,是否能够主动表达如厕需求或是否表现出抗拒行为。

例如,一位 2 岁半的幼儿,对如厕训练表现出强烈的抗拒,每次妈妈引导他坐便盆时,他都会哭闹并拒绝,甚至有时会在裤子里大小便,这些行为表现出该幼儿出现了一定的如厕问题。

二、支持策略

1. 建立规律的作息时间

制定固定的饮食、睡眠和活动时间表,帮助婴幼儿形成良好的生活习惯。同时,根据婴幼儿的年龄和需求,合理安排作息时间,避免过度疲劳或饥饿,以免影响其情绪和行为。在日常生活中,尽量保持作息时间的一致性,让婴幼儿逐渐适应规律的生活节奏。

2. 创设适宜的饮食环境

提供多样化的食物选择,避免强迫进食,同时通过有趣的餐具或食物造型激发婴幼儿的进食兴趣。此外,可以安排固定的用餐地点和时间,营造轻松愉快的用餐氛围,减少婴幼儿对进食的抵触情绪。还可以尝试让婴幼儿参与简单的食物制作过程,如洗水果、摘菜等,增加他们对食物的认同感和兴趣。

3. 逐步引导如厕训练

根据婴幼儿的生理和心理发展水平,逐步引入便盆,并通过绘本或游戏帮助其理解如厕过程。在如厕训练过程中,要保持耐心和鼓励的态度,不要因婴幼儿的失误而责备或惩罚。可以设置一些小奖励,如贴纸或小玩具,当婴幼儿成功使用便盆时给予奖励,增强其自信心和积极性。

4. 正向激励

当婴幼儿在生活习惯方面取得进步时,及时给予鼓励或奖励,例如使用贴纸奖励表来记录其进步。表扬要具体明确,让婴幼儿清楚知道自己哪里做得好,如"你今天自己吃完了饭,真棒!"。同时,可以根据婴幼儿的进步情况,逐渐提高奖励的标准,鼓励他们不断挑战自己,养成良好的生活习惯。

《幼儿照护职业技能等级标准》(中级)

3.3　心理保健

3.3.5　能叙述幼儿常见心理问题(如孤独症和自闭症)的成因,并进行识别、预防和早期干预。

3.3.6　能对幼儿擦腿综合征进行干预引导并及时与家长沟通。

3.3.7　能及时干预幼儿常见不良行为(如口吃、吮吸手指、攻击性行为)。

案例助学

案例 7-1 爱打人的乐乐
——婴幼儿行为问题的观察案例

观察目的	了解婴幼儿社会适应方面行为问题的表现
观察对象	乐乐(男,25 个月)
观察地点	早教中心
观察方法	轶事记录法

观察实录

今天上午,乐乐和妈妈一起参加了早教中心的亲子活动。活动结束后,乐乐和其他小朋友一起在游戏区自由玩耍。乐乐看到诺诺玩一辆红色的小汽车后,立马上前挥手打了诺诺的手臂,并用力推倒了诺诺,从诺诺手里抢走了小汽车。诺诺摔倒在地并哭了起来,乐乐继续在一旁玩小汽车,对诺诺哭泣的行为没有反应。

妈妈见状,赶紧走过去扶起诺诺,并大声呵斥乐乐说:"乐乐,你怎么能打人!快把车还给人家!赶快!听到没有!"乐乐抬头看了看妈妈,并没有放下手中的玩具。妈妈试图从乐乐手中拿走小汽车还给诺诺,乐乐立刻哭闹起来,用力拍打妈妈的手臂,并大喊"不要!不要!"妈妈没有停止拿取小汽车的动作,最终把小汽车从乐乐手里拿了出来,并还给了诺诺。乐乐持续一边哭喊一边打妈妈。

观察分析

攻击性行为是婴幼儿期常见的行为问题之一,通常表现为打人、推搡、咬人、扔东西等。在 2 岁左右的幼儿中,攻击性行为往往是他们表达需求、情绪或试图控制环境的一种方式,而非有意伤害他人。

案例中,乐乐的攻击性行为主要表现为当想玩其他小朋友的玩具时,并没有采用语言沟通的方式,而是选择了推搡和打小朋友。同时,当其他小朋友摔倒在地并哭了起来时,乐乐继续在一旁玩小汽车,对小朋友的哭泣行为没有反应,表现出并不关心他人因自己的行为而带来的影响。另外,当妈妈批评乐乐并要求其将玩具还给小朋友时,乐乐也是用哭闹和打妈妈来表达自己的情绪。

婴幼儿的攻击性行为通常发生在其无法用语言表达需求或情绪时。因此,案例中的乐乐,当他想要玩其他小朋友的玩具时,可能由于语言表达能力有限而选择了直接推倒对方来达到目的。同时,乐乐的攻击性行为也可能与他的情绪调节能力不足有关,如当妈妈批评乐乐并要求其将玩具还给小朋友时,他感到沮丧或愤怒时,但无法通过适当的方式表达情绪,转而通过攻击性行为来发泄。

另外,乐乐的攻击性行为可能与其家长的教养方式有关。妈妈在乐乐表现出攻击性行为时,虽然会及时制止,但更多地依赖于批评和惩罚,而缺乏对乐乐情绪和需求的深入理解与引导。

(续表)

指导策略
针对乐乐的攻击性行为,可以从以下几个方面进行指导: 首先,帮助乐乐学会表达需求与情绪。由于2岁幼儿的语言表达能力有限,家长可以通过示范和引导,帮助乐乐学习用简单的语言或手势表达需求。例如,当乐乐想要玩其他小朋友的玩具时,家长可以教他说"我可以玩吗"或"我们一起玩吧"。同时,家长可以通过绘本或角色扮演游戏,帮助乐乐识别和表达情绪,例如"你现在很生气,对吗?" 其次,提供情绪调节的支持。当乐乐表现出攻击性行为时,家长应首先关注他的情绪状态,而不是立即批评或惩罚。例如,当乐乐因为无法得到玩具而打人时,家长可以蹲下来,用平静的语气对他说:"我知道你很想要那个玩具,但打人会让人受伤。我们可以试试用其他方式解决。"同时,家长可以教乐乐一些简单的情绪调节方法,例如深呼吸或数数。 再次,创设积极的社交环境。家长可以为乐乐创造更多与同龄小朋友互动的机会,并在互动中给予适当的引导。例如,在游戏中设定简单的规则,如"轮流玩玩具"或"轻轻摸摸朋友",帮助乐乐学习合作与分享。当乐乐表现出积极的社交行为时,家长应及时给予表扬和鼓励,以强化他的正向行为。 最后,调整家庭教养方式。家长应避免使用惩罚或批评的方式来应对乐乐的攻击性行为,而应采用温和而坚定的方式引导他。例如,当乐乐打人时,家长可以握住他的手,用平静但坚定的语气说:"不可以打人,打人会让人受伤。"同时,家长应以身作则,在日常生活中展示如何用非攻击性的方式解决冲突。

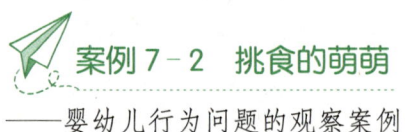

——婴幼儿行为问题的观察案例

观察目的	了解婴幼儿生活习惯方面行为问题的表现
观察对象	萌萌(女,22个月)
观察地点	家庭餐厅
观察方法	轶事记录法

观察实录

晚上,萌萌一家围坐在餐桌旁准备吃晚餐。餐桌上摆放了清蒸鱼、炒青菜、炖排骨和米饭。萌萌坐在儿童餐椅上,妈妈给她盛了一小碗米饭,并夹了几块炖得软烂的排骨放在她的碗里。萌萌看了看碗里的食物,首先拿起了一块排骨,咬了一小口后,眉头紧皱,把排骨吐了出来,说:"不要,不吃这个。"妈妈轻声哄着说:"萌萌,排骨很有营养,吃一点嘛。"萌萌摇了摇头,坚决地说:"不要,不好吃。"

接着,妈妈又夹了一些青菜放在萌萌的碗里,萌萌看了一眼,直接用手把青菜从碗里挑了出来,扔在桌子上,嘴里还嘟囔着:"青菜不吃,不要。"妈妈有些无奈,又试图让萌萌尝尝清蒸鱼,萌萌只是闻了一下,就扭过头去,表示拒绝。整个晚餐过程中,萌萌只吃了几口米饭,对其他的食物都表现出了强烈的排斥和抵触情绪。妈妈尝试了多种方法,如讲故事、做游戏引导等,但萌萌依然坚持自己的选择,不愿意尝试新的食物。

(续表)

观察分析
挑食是婴幼儿期常见的饮食行为问题之一，通常表现为对某些食物有强烈的偏好或排斥，不愿意尝试新的食物。在婴幼儿期，挑食行为可能会影响营养摄入和生长发育。 　　案例中，萌萌的挑食行为主要表现为对排骨、青菜和清蒸鱼的排斥，萌萌在整个晚餐中只吃了几口米饭，虽然妈妈尝试了多种方法，如讲故事、做游戏引导等，但萌萌依然坚持自己的选择，不愿意尝试新的食物，对食物表现出了强烈的排斥和抵触情绪。 　　萌萌的挑食行为，可能对她这些食物的口感、味道或外观不感兴趣，因此不愿意尝试。同时，萌萌的挑食行为也可能与家庭饮食习惯有关，如果家庭成员在饮食方面有偏食或挑食的习惯，萌萌可能会模仿这种行为，形成自己的挑食习惯。另外，从家长的教养方式来看，妈妈在萌萌表现出挑食行为时，虽然尝试了多种方法来引导她尝试新的食物，但可能缺乏足够的耐心和坚持。有时候，家长在面对孩子的挑食行为时，可能会因为心疼孩子或怕孩子饿着而妥协，这反而会强化孩子的挑食行为。

指导策略
针对萌萌的挑食行为，可以从以下几个方面进行指导： 　　首先，提供多样化的食物选择。家长可以尝试制作不同口味、不同质地的食物，让萌萌有更多的选择空间。同时，家长可以注意食物的色彩搭配和摆盘方式，增加食物的吸引力。 　　其次，创设愉快的用餐环境。家长可以在用餐时与萌萌进行互动，如讲故事、唱歌或玩游戏等，让用餐过程变得愉快而有趣。这样可以帮助萌萌建立对食物的积极情感联系，减少挑食行为。 　　再次，给予适当的引导和鼓励。当萌萌尝试新的食物时，家长应及时给予表扬和鼓励，增强她的自信心和成就感。如果萌萌不愿意尝试新的食物，家长也不要强迫她，而是可以耐心地引导她逐渐接受。 　　最后，调整家庭饮食习惯。家长应以身作则，展示良好的饮食习惯和态度。同时，家庭成员之间应避免在孩子面前表现出偏食或挑食的行为，以免对孩子产生不良影响。

任务实操

任务 7-1　请针对本任务情景导入中牛牛的情况，制定一个针对牛牛情况的观察计划，并尝试回答牛牛妈妈的问题。

任务 7-2　2 人一组，在同一个班级中根据附录 19 表观察同龄男孩和女孩的饮食行为。要求如下：

（1）根据实际观察条件，选择两位月龄相近的婴幼儿，其中包括一名男孩和一名女孩；

（2）两名观察者需对同一观察对象进行独立且同时的观察；

（3）小组成员对比和讨论观察结果，分享反思和收获。

任务 7-2 作业纸见 257 页附录 19。

任务二　学会婴幼儿发育迟缓的观察与指导

情境导入

小宝已经18个月了,但妈妈最近越来越担心他的发育情况。小宝在动作发展上似乎总比同龄的孩子慢半拍,比如,他至今还不能稳稳地独立行走,总是需要大人牵着或者扶着东西才能勉强走几步。在语言方面,小宝也表现得相对滞后,他只会说几个简单的单词,像"爸爸""妈妈",而对于更复杂的句子或指令,他往往无法理解或回应。此外,小宝在认知能力和社交互动上也显得不够活跃,他对新玩具或新环境的探索欲望不强,与其他小朋友在一起时,也总是显得有些孤僻,不太愿意主动参与游戏或交流。妈妈非常焦急,想知道小宝是不是发育迟缓?如果是,又该如何帮助他赶上同龄孩子的步伐?

知识导航

知识点 7-6　0~3岁婴幼儿体格发育迟缓的观察要点与支持策略

微课15:婴幼儿发育迟缓的观察要点、支持策略与观察应用

体格发育迟缓是指婴幼儿在身高、体重、头围等生理指标上的增长速度明显落后于同龄婴幼儿的正常发育水平。这种状况可能由多种因素引起,包括营养不良、慢性疾病、遗传因素、环境因素或内分泌异常等。体格发育迟缓不仅影响婴幼儿的身体健康,如可能导致免疫力低下、易感染疾病,还可能对其心理发展和社交能力产生负面影响,如自卑、孤僻等。

一、观察要点

1. 生长指标监测

定期测量婴幼儿的身高、体重和头围等生理指标,并对照标准生长发育曲线进行评估。如果发现婴幼儿在连续几次测量中,生长指标均明显低于同龄儿童,或生长速度明显放缓,应警惕体格发育迟缓的可能。

2. 营养摄入评估

仔细观察婴幼儿的饮食习惯,包括进食量、食物种类和营养搭配是否合理。注意婴幼儿是否有挑食、偏食或厌食等不良饮食习惯,以及是否存在营养不良或过剩的情况。

3. 健康状况关注

密切关注婴幼儿是否存在慢性疾病、消化系统疾病或内分泌疾病等影响营养吸收和利用的健康问题。同时,注意婴幼儿是否有经常生病、体质虚弱或易疲劳等表现。

二、支持策略

1. 营养补充

根据婴幼儿的营养需求,制定合理的饮食计划,确保蛋白质、维生素、矿物质等营养素的均衡摄入。关注婴幼儿的饮食偏好和消化能力,选择易消化、营养丰富的食物,如蛋羹、蔬菜泥、水果等。对于营养不良的婴幼儿,应在医生指导下进行营养补充,如使用营养补充剂或特殊配方奶粉等。必要时,可咨询专业的营养师,为婴幼儿量身定制营养方案,定期监测营养改善情况,及时调整补充策略。

2. 健康管理

积极治疗婴幼儿的慢性疾病,改善消化系统功能,提高营养吸收和利用效率。在治疗过程中,遵循医生的建议,按时服药、定期复查,密切观察婴幼儿的身体反应。同时,定期带婴幼儿进行健康检查,包括体检、血常规、微量元素检测等,及时发现并处理潜在的健康问题。日常生活中,注意保持室内空气清新、温湿度适宜,避免婴幼儿接触感染源,减少生病的几率,为婴幼儿的体格发育创造良好的健康基础。

3. 生活作息调整

保证充足的睡眠时间,合理安排活动时间,避免过度劳累。根据婴幼儿的年龄和身体状况,制定合适的作息时间表,确保每天有足够的睡眠时长,如新生儿每天睡眠 16～20 小时,婴儿每天睡眠 14～16 小时等。建立良好的生活作息习惯,包括规律的进餐、睡眠和活动时间,帮助婴幼儿的身体建立稳定的生物钟,促进生长激素的正常分泌,有助于婴幼儿的身体健康和生长发育。

4. 心理支持

给予婴幼儿足够的关爱和鼓励,帮助其建立自信心和积极的心态。家长应与婴幼儿进行更多的亲子互动和情感交流,如拥抱、抚摸、说话等,让婴幼儿感受到安全和温暖。避免因婴幼儿发育迟缓而表现出焦虑、沮丧等负面情绪,以免对婴幼儿的心理造成不良影响,努力营造一个轻松、愉快的氛围,促进婴幼儿的全面发展。

知识点 7-7　0～3岁婴幼儿运动发育迟缓的观察要点与支持策略

运动发育迟缓是指婴幼儿在大运动(如翻身、坐、爬、站、走等)和精细动作(如抓握、拿捏、穿脱衣物等)方面的发展明显滞后于同龄婴幼儿的正常发育水平。这种状况可能由神经系统发育异常、肌肉疾病、环境因素或缺乏足够的运动刺激等原因导致。运动发育迟缓可能影响婴幼儿的日常生活能力、社交互动和认知发展。

一、观察要点

1. 大运动发展

密切观察婴幼儿是否能按时完成大运动发育里程碑,如是否在预期时间内学会翻身、坐、爬、站、走等。如果婴幼儿在这些方面明显滞后，应警惕运动发育迟缓的可能。

2. 精细动作能力

评估婴幼儿的精细动作能力是否达到同龄儿童水平，如是否能准确抓握物品、使用餐具、穿脱衣物等。如果婴幼儿在精细动作方面存在困难，也可能与运动发育迟缓有关。

3. 肌肉张力和姿势

注意观察婴幼儿的肌肉张力是否正常，是否存在异常姿势或运动模式。肌肉张力过高或过低，以及异常姿势或运动模式，都可能是运动发育迟缓的表现。

二、支持策略

1. 体能训练

根据婴幼儿的年龄和能力水平，设计适合的体能训练方案，如爬行游戏、跳跃障碍、平衡练习等游戏，以提高肌肉力量、协调性和平衡能力。可以将体能训练融入到日常生活中，如在家中设置一些小型的运动器材，鼓励婴幼儿每天进行一定时间的运动训练。同时，鼓励婴幼儿多进行户外活动，接触自然环境，如在公园里散步、玩耍，促进运动发展。户外活动不仅能提供更广阔的空间让婴幼儿自由运动，还能让他们接触到不同的地形和环境刺激，进一步提升运动技能。

2. 专业指导

对于运动发育迟缓较为严重的婴幼儿，应及时咨询儿科医生或儿童物理治疗师，进行专业的评估和训练指导。专业的治疗师可以根据婴幼儿的具体情况，制定个性化的训练计划，并提供专业的指导和支持。家长应积极配合治疗师的工作，定期带婴幼儿参加康复训练课程，并在家中按照治疗师的建议进行辅助训练。

3. 家庭环境优化

为婴幼儿提供一个安全、丰富的运动环境，鼓励其自主探索和运动。家长可以在家中设置一些适合婴幼儿的运动设施，如爬行垫等，让婴幼儿在玩耍中锻炼运动能力。同时，确保家庭环境的安全性，移除可能导致婴幼儿受伤的物品，如尖锐的家具角、易碎物品等，为婴幼儿的运动提供一个安全空间。除此之外，家长还可以通过与婴幼儿一起玩耍互动，如推小车、捉迷藏等游戏，激发婴幼儿的运动兴趣，增强亲子关系，进一步促进婴幼儿的运动发展。

4. 心理支持

给予婴幼儿足够的关爱和鼓励，帮助其建立自信心和积极的心态。家长应耐心引导婴幼儿进行运动训练，避免因婴幼儿动作缓慢或不协调而表现出急躁或不满的情绪。在婴幼儿取得进步时，及时给予具体的表扬和奖励，如"宝宝今天能自己爬到终点了，真棒"，让婴幼儿感受到自己的努力得到了认可。同时，避免将婴幼儿与其他同龄孩子进行比较，以免给婴幼儿带来心理压力。

知识点 7-8　0~3岁婴幼儿语言发育迟缓的观察要点与支持策略

语言发育迟缓是指婴幼儿在语言理解、表达和交流方面明显落后于同龄婴幼儿的正常发育水平。这种状况可能由听力障碍、神经系统发育异常、环境因素或缺乏语言刺激等原因导致。语言发育迟缓可能影响婴幼儿的认知发展、社交能力和情感表达，甚至对其未来的学习和生活产生长远影响。

一、观察要点

1. 语言模仿能力

观察婴幼儿是否能模仿大人的声音和词汇，以及模仿的准确性和流畅性。如果婴幼儿到了应该模仿说话的年龄却很少或几乎不模仿，或者模仿的声音和词汇不准确、不流畅，可能是语言发育迟缓的早期信号。

2. 词汇量和表达能力

评估婴幼儿的词汇量和表达能力是否达到同龄儿童水平，如是否能说出足够多的词汇，是否能组成简单的句子表达自己的意思等。如果婴幼儿词汇量有限、表达能力差或语言不流畅，可能表明其在语言学习方面遇到了障碍。

3. 理解能力和社交互动

注意婴幼儿是否能理解简单的指令或问题，以及是否愿意与同龄儿童进行基本的交流。如果婴幼儿理解能力滞后、对指令或问题反应迟钝或无法回应，或者不愿意与他人交流、缺乏社交互动，也可能与语言发育迟缓有关。

二、支持策略

1. 语言环境创造

多与婴幼儿交流，使用丰富的词汇和简单的句子，鼓励其模仿和回应。可以通过讲故事、唱歌、念儿歌等方式激发婴幼儿的语言兴趣，提高其语言模仿能力和表达能力。

2. 口语表达训练

从简单的发音开始，逐步过渡到复杂语句的练习。家长可以与婴幼儿进行口语对话，引导其说出更多的词汇和句子，提高其语言表达能力和流畅性。同时，可以鼓励婴幼儿参加语言训练课程或活动，接受专业的口语表达训练。

3. 专业评估与治疗

及时咨询儿童语言病理学家或发育专家，进行专业的评估和诊断。如果确诊为语言发育迟缓，应在医生指导下进行系统的语言训练和治疗。治疗可能包括口语治疗、听力训练、认知训练等多个方面，旨在全面提高婴幼儿的语言能力和认知水平。

4. 家庭支持与教育

家长应积极参与婴幼儿的语言训练过程，与医生或治疗师密切合作，共同制定个性化的训练计划。同时,家长应给予婴幼儿足够的关爱和鼓励,帮助其建立自信心和积极的心态。在家庭教育中,应注重培养婴幼儿的语言能力和社交能力,为其未来的学习和生活打下坚实的基础。

知识点 7-9　0~3岁婴幼儿认知发育迟缓的观察要点与支持策略

认知发育迟缓是指婴幼儿在感知、思维、记忆、问题解决和社交适应等方面明显落后于同龄婴幼儿的正常发育水平。这种状况可能由神经系统发育异常、遗传因素、环境因素或缺乏足够的认知刺激等原因导致。认知发育迟缓可能影响婴幼儿的学习能力、社会适应能力和情感发展,甚至对其未来的学业和职业成就产生长远影响。

一、观察要点

1. 学习能力

评估婴幼儿的学习能力是否达到同龄婴幼儿水平,如是否能集中注意力、是否能理解并记住新学的知识或技能等。如果婴幼儿学习能力、注意力或记忆力发展低于同龄婴幼儿水平,可能表明其在认知发展方面存在迟缓。

2. 问题解决能力

观察婴幼儿是否能独立解决一些简单的问题或任务,如是否能找到隐藏的玩具、是否能按照指示完成简单的操作等。如果婴幼儿经常需要他人帮助或指导才能完成这些任务,可能与其认知发育迟缓有关。

3. 社会适应能力

注意婴幼儿是否能适应新的环境或情况,如是否能顺利适应托育机构的生活,在新的环境中是否出现较大的情绪问题,是否能与同龄婴幼儿建立良好的关系等。如果婴幼儿社会适应能力差、情绪管理困难或缺乏社交技巧,也可能与认知发育迟缓有关。

二、支持策略

1. 认知训练

使用身边的事物、认知卡片、绘本等教具引导婴幼儿认识和理解事物,通过拼图、积木等游戏提高其思维能力和问题解决能力。同时,可以鼓励婴幼儿参加认知训练课程或活动,接受专业的认知训练和指导。

2. 教育干预

制定个性化的教育计划,根据婴幼儿的特点和需求进行针对性干预。注重培养婴幼儿的自主学习能力和社会适应能力,帮助其更好地融入社会和生活。同时,家长应积极参与婴幼儿的教育过程,与教师密切合作,共同关注婴幼儿的认知发展。

3. 心理支持

给予婴幼儿足够的关爱和鼓励,帮助其建立自信心和积极的心态。家长应耐心引导婴幼儿进行认知训练和学习,避免过度压力或挫折感对婴幼儿的心理产生负面影响。同时,可以寻求专业心理咨询师的帮助,为婴幼儿提供心理支持和辅导。

4. 家庭环境与刺激

为婴幼儿提供一个丰富、刺激的家庭环境,鼓励其探索和学习。家长可以与婴幼儿一起进行亲子阅读、游戏等活动,促进其认知发展和语言交流能力。同时,可以带领婴幼儿参观博物馆、图书馆等公共场所,拓宽其视野和知识面。

知识点 7-10 儿童心理行为发育问题预警征象筛查表

儿童心理行为发育预警征象(warning sign for children mental and behavioral development,WSC-MBD),简称"预警征",是根据我国儿童心理保健技术规范要求制定的,旨在为基层儿童保健服务人员提供一个简单、易掌握、好操作、快速的儿童心理行为发育常规监测工具。①

2022年11月19日国家卫生健康委办公厅印发了《3岁以下婴幼儿健康养育照护指南(试行)》,在其附件2中呈现了适用于0~6岁儿童的《儿童心理行为发育问题预警征象筛查表》(见表7-1),该份预警征象筛查表总共包括11个年龄监测点,分别为3月龄、6月龄、8月龄、12月龄、18月龄、24月龄、36月龄、4岁、5岁、6岁。每个年龄点包含4个条目,分别反映大运动、精细运动、言语能力、认知能力(视、听力)、社会能力(孤独症)等方面能力。

表 7-1 儿童心理行为发育问题预警征象筛查表

年龄	预警征象		年龄	预警征象	
3个月	1. 对很大声音没有反应	☐	12个月	1. 呼唤名字无反应	☐
	2. 逗引时不发音或不会微笑	☐		2. 不会模仿"再见"或"欢迎"动作	☐
	3. 不注视人脸,不追视移动人或物品	☐		3. 不会用拇食指对捏小物品	☐
	4. 俯卧时不会抬头	☐		4. 不会扶物站立	☐
6个月	1. 发音少,不会笑出声	☐	18个月	1. 不会有意识叫"爸爸"或"妈妈"	☐
	2. 不会伸手抓物	☐		2. 不会按要求指人或物	☐
	3. 紧握拳松不开	☐		3. 与人无目光交流	☐
	4. 不能扶坐	☐		4. 不会独走	☐
8个月	1. 听到声音无应答	☐	24个月	1. 不会说3个物品的名称	☐
	2. 不会区分生人和熟人	☐		2. 不会按吩咐做简单事情	☐
	3. 双手间不会传递玩具	☐		3. 不会用勺吃饭	☐
	4. 不会独坐	☐		4. 不会扶栏上楼梯/台阶	☐

---

① 改编自杨玉凤.儿童发育行为心理评定量表[M].北京:人民卫生出版社,2016.

（续表）

年龄	预警征象		年龄	预警征象	
30个月	1. 不会说2~3个字的短语	☐	5岁	1. 不能简单叙说事情经过	☐
	2. 兴趣单一、刻板	☐		2. 不知道自己的性别	☐
	3. 不会示意大小便	☐		3. 不会用筷子吃饭	☐
	4. 不会跑	☐		4. 不会单脚跳	☐
36个月	1. 不会说自己的名字	☐	6岁	1. 不会表达自己的感受或想法	☐
	2. 不会玩"拿棍当马骑"等假想游戏	☐		2. 不会玩角色扮演的集体游戏	☐
	3. 不会模仿画圆	☐		3. 不会画方形	☐
	4. 不会双脚跳	☐		4. 不会奔跑	☐
4岁	1. 不会说带形容词的句子	☐			
	2. 不能按要求等待或轮流	☐			
	3. 不会独立穿衣	☐			
	4. 不会单脚站立	☐			

注：适用于0~6岁儿童。检查有无相应月龄的预警征象，发现相应情况在"☐"内打"√"。该年龄段任何一条预警征象阳性，提示有发育偏异的可能。

 考题再现

《育婴员》（四级）理论知识试题

单项选择题：下面哪个条目不是18月龄的婴幼儿心理行为发育问题预警征象。（　　）

A. 不会有意识叫"爸爸"或"妈妈"

B. 不会按要求指人或物

C. 不会扶物站立

D. 不会独走

扫码查看本项目【考题再现】
【直击赛场】答案

 案例助学

案例7-3　不会爬和站的依依
——婴幼儿发育迟缓的观察案例

观察目的	了解婴幼儿运动发育迟缓的表现及其可能的原因
观察对象	依依（女，13个月）
观察地点	家庭客厅
观察方法	轶事记录法

(续表)

观察实录
下午午睡起来后,依依的妈妈在客厅铺了一块非常柔软的软垫,准备让依依练习爬行和站立。妈妈将依依放在软垫上,然后把一个她最喜欢的玩具放在距离她约1米远的地方,鼓励她爬过去拿。依依看着玩具,身体向前倾,试图用双手和膝盖撑起身体,但几次努力后,她的身体摇晃了几下,最终又回到了原位。妈妈再次鼓励她,但依依显得有些沮丧,开始哭闹起来。妈妈试图扶着依依的腋下帮助她站立,但依依的腿显得很软,无法支撑自己的身体,几次尝试后,她放弃了努力,坐在垫子上,不再尝试。

观察分析
运动发育迟缓是婴幼儿期常见的发育问题之一,通常表现为大运动技能(如翻身、爬行、站立、行走)和精细运动技能(如抓握、绘画)的发育明显落后于同龄婴幼儿。13个月大的幼儿,通常能够熟练地爬行,并且可以扶着家具或栏杆站立及行走,甚至能够独立走几步。然而,依依目前还无法独立爬行和站立,明显落后于同龄婴幼儿的正常发展水平。 　　案例中,依依在尝试爬行时,身体协调性和肌肉力量明显不足,无法有效地利用四肢支撑身体向前移动。在尝试站立时,她的腿部力量不足,无法支撑身体重量,表现出明显的运动发育迟缓。 　　依依所表现出的这种运动发育迟缓可能与依依平时缺乏足够的运动练习有关,家长可能过于保护,减少了依依自主运动的机会。例如,经常抱着她,而不是鼓励她自己爬行或站立。同时,家庭环境中缺乏适合依依运动的设施和玩具,也可能影响她的运动发展。例如,案例中虽然呈现了家中有软垫,但可能过软不利于爬行,导致她缺乏必要的运动练习。此外,运动发育迟缓也可能与一些潜在的发育障碍有关。例如,神经系统发育障碍,如脑发育迟缓或脑瘫,可能导致运动控制能力不足;肌肉骨骼系统问题,如先天性肌营养不良或关节畸形,也可能影响运动能力的发展。因此,除了观察家庭环境和教育方式外,还需要考虑是否存在这些潜在的发育障碍。

指导策略
针对依依的运动发育迟缓,可以从以下几个方面进行指导: 　　首先,为依依提供一个安全、丰富的运动环境,鼓励她自主运动。例如,在家中设置一个安全的运动区域,铺上软硬适中的垫子,放置一些适合依依爬行和站立的玩具,增加她的运动兴趣。 　　其次,增加依依的运动练习机会,通过游戏的方式增加运动的乐趣。例如,将玩具放在不同的位置,鼓励依依爬过去拿,或者使用稳固的家具帮助她练习站立和行走,增强腿部力量和平衡能力。 　　再次,家长应减少抱依依的次数,鼓励她自己爬行和站立,增强她的自主运动能力。当依依取得进步时,及时给予表扬和鼓励,增强她的自信心。 　　最后,如果依依的运动发育迟缓情况没有改善,建议咨询专业的康复医生或物理治疗师,进行进一步的评估和干预。如果怀疑存在神经系统发育障碍或其他发育障碍,应尽快进行专业检查和诊断,以便及时采取针对性的干预措施。通过这些方法,可以帮助依依逐步改善运动发育迟缓的状况,促进其健康成长。

案例 7-4 不会说话的成成
——婴幼儿发育迟缓的观察案例

观察目的	了解婴幼儿语言发育迟缓的表现及其可能的原因
观察对象	成成（男，2 岁 6 个月）
观察地点	家庭客厅
观察方法	轶事记录法

观察实录

上午吃过早饭后，成成的奶奶在客厅里和他一起玩耍。奶奶拿出一本绘本，指着书上的动物图片问成成："这是什么呀？"成成只是看着图片，没有回答。奶奶又问："这是小猫，小猫怎么叫呀？"成成依然没有反应，只是把书翻到下一页，继续看着图片。奶奶又尝试用其他方式引导他说话，比如模仿动物的叫声，但成成只是偶尔发出一些无意义的音节，如"啊""哦"，并没有说出具体的词汇。整个过程中，成成显得有些不耐烦，几次试图离开座位，但被奶奶拉了回来继续看书。最后，奶奶放弃了引导，让成成自己玩玩具。

观察分析

语言发育迟缓是婴幼儿期常见的发育问题之一，通常表现为语言表达能力差、词汇量少、语言理解能力弱。2 岁 6 个月大的幼儿，通常能够说出完整的句子，句子的含词量已普遍达到 5~6 个单词，理解成人的指令，并开始尝试用句子表达自己的需求。

案例中，成成在尝试表达时显得无措，无法用语言回应奶奶的问题，只是偶尔发出一些无意义的音节，并没有说出具体的词汇。可以看出，成成目前还无法说出具体的词汇，语言理解能力也较弱，明显落后于同龄婴幼儿的正常发展水平。

成成的语言发育迟缓，可能与其平时缺乏足够的语言练习有关。例如，家庭环境中缺乏丰富的语言刺激，导致他缺乏必要的语言输入。同时，成成的语言发育迟缓可能与家长的教育方式有关。家长可能过于急切地希望成成能够快速学会说话，而缺乏耐心和方法来引导他。例如，奶奶在引导成成说话时，多次重复问题，但没有给予足够的等待时间让成成思考和回应。此外，家庭环境中缺乏多样化的语言活动，如亲子阅读、语言游戏等，也可能影响成成的语言发展。例如，奶奶虽然尝试用绘本引导成成说话，但没有根据成成的兴趣和反应灵活调整方法，导致成成失去了兴趣。

值得注意的是，语言发育迟缓也可能与一些潜在的发育障碍有关。例如，听力障碍可能导致婴幼儿无法正常接收语言信息，从而影响语言学习；神经系统发育障碍，如脑发育迟缓或脑瘫，也可能影响语言能力的发展。

指导策略

针对成成的语言发育迟缓，可以从以下几个方面进行指导：

首先，为成成创造一个丰富的语言环境，增加语言输入的机会。例如，家长可以多和成成说话，描述日常生活中的事物和活动，增加他的语言经验。

其次，通过多样化的语言活动激发成成的语言兴趣。家长可以和成成一起玩语言游戏，如"猜猜我是谁""我来做你来猜"等，增加语言互动的乐趣。

（续表）

再次，家长应保持耐心，给予成成足够的时间来思考和回应。当成成尝试说话时，即使发音不准确或表达不完整，家长也应给予积极的反馈，增强他的自信心。

最后，如果成成的语言发育迟缓情况没有改善，建议咨询专业的语言治疗师，进行进一步的评估和干预。如果怀疑存在听力障碍或其他发育障碍，应尽快进行专业检查和诊断，以便及时采取针对性的干预措施。通过这些方法，可以帮助成成逐步改善语言发育迟缓的状况，促进他的语言能力发展。

任务实操

任务7-3 请针对本任务情景导入中小宝的情况，制定一个针对小宝情况的观察计划，并尝试回答小宝妈妈的问题。

任务7-4 附录20是一份采用日记描述法记录的观察案例，请你根据表中已有信息，完成对橙子的观察分析，并提出指导策略。

任务7-4作业纸见258页附录20。

巩固提升

❶ 请同学们根据课中实训内容，扫码完成自测题目，自查学习效果。

巩固提升自测

❷ 观察与指导实践

附录21是一份采用事件取样法记录的观察案例，请你根据表中已有信息，完成对小武的观察分析，并提出指导策略。

作业纸见259页附录21。

拓展资源

由徐开寿、何璐共同主编的《儿童发育迟缓家庭康复》（电子工业出版社，2023年）一书，系统地介绍了儿童发育迟缓的相关知识，涵盖发育迟缓的表现、危害以及家庭康复的实践应用。具体而言，该书第一部分简要介绍了发育迟缓的基本情况及正常儿童的发育规律；第二至第十部分分别针对运动发育迟缓、语言发育迟缓、认知发育落后、儿童吞咽困难、儿童斜颈斜头、高危儿、儿童脑瘫、儿童自闭症、儿童感觉统合障碍，从"如何识别这些问题""它们的表现和危害是什么""怎样进行家庭康复"等方面进行了系统阐述；第十一部分详细介绍了发育迟缓儿童营养和睡眠的家庭康复指导方法；第十二部分着重介绍了如何开发儿童潜能。同学们课后可以继续阅读这本书，以加深对婴幼儿发育迟缓的了解。

项目考核评价表

评价项目		项目七 特殊情况下的婴幼儿行为观察与指导					
学生信息		班级_____ 组别_____ 姓名_____ 学号_____					
评价内容		分值	评分标准	学生自评	小组互评	教师评价	总评
任务实操完成情况	任务7-1	55	正确理解相关理论问题;实操任务的完成度、准确性和实际应用效果				
	任务7-2						
	任务7-3						
	任务7-4						
合作与沟通能力		10	积极参与团队合作,能与成员良好沟通与协调				
创新应用能力		10	能够针对问题提出创新的方法和应用建议				
自我反思与成长		5	能够进行深入的自我反思并提出改进计划,付诸行动				
学习资源利用与主动性	自学自测	10	积极查阅和利用学习资源				
	巩固提升						
	在线课程						
	拓展资源						
价值观和社会责任	树立科学的婴幼儿发展观,具有同理心和责任感,增强职业道德意识	10	形成社会主义核心价值观,并展现社会责任感与职业精神				
评语							

评价说明:在项目评价中,分值设置仅供参考,教师可根据实际情况灵活调整。在项目完成后,由任课教师主导,结合过程性评价与结果评价,综合运用自我评价、小组评价和教师评价三种方式进行评估。教师应合理设定三种评价方式在总评中的权重,以计算学生在该项目中的综合得分。此外,建议教师鼓励学生积极记录自己的学习历程,以促进自我反思和持续成长。

附录

附录 1

项目一　任务 1-2

附录 2

项目二 任务 2-1

轶事记录法观察分析表

观察目的	
观察对象	
观察地点	
观察方法	
观察实录	
观察分析	
指导策略	

附录 3

项目二 任务 2-3

附录 4

项目三　任务 3-2

柚柚翻身动作观察记录表

观察目的	
观察对象	
观察地点	
观察方法	
观察实录	
观察分析	
指导策略	

附录 5

项目三 任务 3-3

19~24 个月幼儿精细动作观察与评估表

观 察 者：_____
观察日期：_____
观察对象：_____ 月龄：_____ 性别：_____
填表说明：在观察到的项目上打√，在没有机会观察的项目上写 N，其他项目留空。

序号	观察项目	依据	观察结果
示例	能够捏起小食物	用捏的动作捡起掉在桌上的蓝莓	√
1	使用拇指和食指抓握小物件		
2	尝试堆叠 3~4 块积木		
3	使用蜡笔进行随意涂鸦		
4	翻书页（每次一页）		
5	撕纸或尝试在成人指导下使用安全剪刀		
6	使用杯子喝水		
7	使用勺子舀食物并进食		
8	开合简单的容器（如塑料盒子、瓶盖等）		
9	尝试扣纽扣或拉拉链		
10	自主穿戴简单的衣物（如帽子、袜子）		
11	将物品从一个容器倒入另一个容器		
12	推动或拉动玩具车或类似玩具		
13	将积木或其他玩具按大小或颜色顺序排列		
14	尝试画出圆形或其他简单形状		
15	使用玩具工具（如玩具锤、玩具匙）进行简单模仿活动		

对该婴幼儿精细动作发展的评价：

可能有助于其精细动作发展的活动：

后续观察计划：

附录 6

项目三 任务 3-4

观察记录表

观察目的	了解婴幼儿自助与习惯的发展情况
观察对象	视频中的婴幼儿
观察地点	托育机构教室内
观察方法	轶事记录法
观察实录	
观察分析	
指导策略	

附录 7

项目三 任务 4‑1

婴幼儿亲子依恋观察表

观察目的	了解婴幼儿亲子依恋的发展规律
观察对象	托育机构里的宝宝
观察地点	托育机构
观察方法	轶事记录法

观察实录

观察分析

指导策略

附录 8

项目四　任务 4-2

婴幼儿情绪表现及调节行为观察表

观察目的	
观察对象	
观察地点	
观察方法	
观察实录	
观察分析	
指导策略	

附录 9

项目四 任务 4-3

0~3 岁婴幼儿在社区游乐场的交往适应行为观察表

观察目的	
观察对象	
观察地点	
观察方法	
观察实录	
观察分析	
指导策略	

附录 10

项目四　巩固提升

婴幼儿社会性领域发展进程的观察记录

观察地点	
观察时间	
记录者	
宝宝年龄	
宝宝性别	
观察要点	社会性领域发展进程

填写说明：选择一名婴幼儿进行观察，判断所观察婴幼儿的社会情感发展情况，并在"备注"栏记录下婴幼儿具体的动作表现。

项目名称	观察记录（符合项打勾）	备注
能尊重父母的简单要求	（P F O R）	
根据成人的面部表情停止或继续某行为	（P F O R）	
看见别的孩子打人后会告状	（P F O R）	
特别喜欢看自己的手	（P F O R）	
关注镜像	（P F O R）	
主动使自己动作与镜像动作一致	（P F O R）	
能在镜中辨认自己	（P F O R）	
能明确地表示爱憎的感情	（P F O R）	
做错事后懂得害羞	（P F O R）	
维护个人权利的欲望增强（出现执拗）	（P F O R）	
会用语言表达自己的情感	（P F O R）	
会用哭闹、微笑故意唤起成人的注意	（P F O R）	
强烈抗拒陌生人（看见陌生人就哭）	（P F O R）	
父母在旁边可以安心与陌生人相处一会儿	（P F O R）	
父母可以短暂离开，不哭闹	（P F O R）	
父母可长时间离开，不哭闹	（P F O R）	
看见人后经常出现微笑行为	（P F O R）	
偶尔注意旁边的小朋友，并相互微笑	（P F O R）	
能模仿对方行为、语言，给对方拿玩具等	（P F O R）	
和小朋友轮流玩玩具、躲藏、追赶	（P F O R）	

(续表)

项目名称	观察记录 (符合项打勾)	备注
喜欢跟随同伴活动	（P F O R）	
愿意配合做再见、欢迎的动作	（P F O R）	
成人说出再见、欢迎等词汇时模仿成人做动作	（P F O R）	
在看见客人离开或来到时能主动做动作	（P F O R）	
能模仿成人给洋娃娃喂饭、洗澡等	（P F O R）	
扮演妈妈和爸爸对洋娃娃表现出爱的情感	（P F O R）	
能帮助别人做事,如教别的小朋友照顾洋娃娃	（P F O R）	
可短时等待食物或换尿布不闹	（P F O R）	
受到鼓励暗示后重复做讨好行为	（P F O R）	
知道与人分享	（P F O R）	
懂得关心他人	（P F O R）	
可根据父母的情绪调整自己的行为	（P F O R）	
能将故事中人物情绪与图片上人物表情配对	（P F O R）	
可以用语言解释图片上人物的表情	（P F O R）	
可以推知别人的情绪	（P F O R）	
能明白无误地表达自己的情绪	（P F O R）	
出现预测性恐惧,如害怕独自上厕所	（P F O R）	
当受到称赞或成功时表现出骄傲的表情	（P F O R）	
能用词语讨论自己和别人的情感,如说"我很高兴""红红很伤心"	（P F O R）	
在成人提示下模仿故事人物的表情	（P F O R）	
描述故事人物的心理并伴有相应表情	（P F O R）	
单纯模仿一两个角色动作,必须依赖真实物品	（P F O R）	
模仿角色系列动作,不一定依赖真实物品	（P F O R）	
模仿角色内心思想	（P F O R）	
P 通过,F 失败,O 未测(儿童拒绝参与,且平时的活动中养育人也未观察到),R(儿童拒绝参与,但在平时的活动中养育人观察到)		

附录 11

项目五　任务 5-2

观察记录表

观察目的	了解婴幼儿在感知发现发展中的行为表现
观察对象	视频中的婴幼儿
观察地点	托育机构教室内
观察方法	轶事记录法
观察实录	
观察分析	
指导策略	

附录 12

项目五 任务 5-3

观察记录表

观察目的	了解婴幼儿在问题解决发展中的行为表现
观察对象	视频中的婴幼儿
观察地点	托育教室/户外活动区
观察方法	轶事记录法
观察实录	
观察分析	
指导策略	

附录 13

项目五 任务 5-4

19~24个月婴幼儿想象表现观察与评估表

观察者： 观察日期： 观察对象：　　　　月龄：　　　　性别： 填写说明：在观察到的项目上打√，在没有机会观察的项目上写 N，其他项目留空。		
序号	观察项目	依据	观察结果
示例	能够模仿成人简单动作（如伸舌头）	看到养育者伸出舌头时，也跟着伸出舌头	√
1	模仿成人表情（如笑、哭、惊讶）		
2	模仿成人动作（如拍手、伸臂）		
3	对音乐的反应（如安静倾听）		
4	主动制造声音的行为（如拍打玩具）		
5	随音乐摇摆/哼唱		
6	对涂鸦感兴趣		
7	通过物品联想家庭成员		
8	音乐表现（如敲击节奏）		
9	简单艺术创作（如点画）		
10	角色扮演行为（如喂娃娃）		
11	模仿节奏变化		
12	角色扮演中使用替代物（如凳子当汽车）		

附录 14

项目五　巩固提升

婴幼儿认知发展情况观察记录

观察地点
观察时间
观察对象

项目编号	项目描述	评分标准	得分	备注
1	对新事物的好奇心	0＝无反应；1＝短暂关注；2＝持续关注		
2	短时记忆 （如记住刚刚看到的物品）	0＝无法回忆；1＝部分回忆；2＝完全回忆		
3	完成简单拼图 （如 3 块拼图）	0＝无法完成；1＝部分完成；2＝完全完成		
4	理解简单指令 （如"给我球"）	0＝无法理解；1＝部分理解；2＝完全理解		
5	匹配相同物品 （如匹配相同的卡片）	0＝无法匹配；1＝部分匹配；2＝完全匹配		
6	使用工具解决问题 （如用勺子舀东西）	0＝无法使用；1＝部分使用；2＝完全使用		
7	理解因果关系 （如按按钮使玩具发声）	0＝未理解；1＝部分理解；2＝完全理解		
8	说出单词 （如"妈妈"）	0＝无法说出；1＝偶尔说出；2＝经常说出		
9	理解和使用手势 （如挥手再见）	0＝无法使用；1＝部分使用；2＝完全使用		
10	排序物品 （如按大小排序）	0＝无法排序；1＝部分排序；2＝完全排序		

量表使用解释说明

评估目的	了解婴幼儿的认知发展情况，包括注意力、记忆、解决问题、分类、符号使用等方面。
评估方法	观察婴幼儿在以下项目中的表现，并按照评分标准进行评分。
填写说明	对应认知量表中的评分标准，请根据婴幼儿的实际表现选择对应的分数。备注可填写婴幼儿在该项目中的特殊表现或其他需要说明的情况。
注意事项	建议在安静、熟悉的环境中评估婴幼儿，避免干扰。评估时，耐心引导婴幼儿，并给予鼓励。可根据婴幼儿的实际情况，选择合适的评估项目。
评估结果	将所有项目的得分相加，得出认知量表的总分。根据婴幼儿的年龄，将总分转换为标准化分数，并与同龄儿童进行比较。标准化分数可以帮助了解婴幼儿的认知发展是否在正常范围内，或者是否存在延迟或超前的情况。
建议	定期进行评估，建议每 3 个月进行一次，以跟踪婴幼儿的发展进度。从多个角度观察婴幼儿，在不同的环境中进行评估，以获得全面的数据。鼓励家长参与观察和记录，以确保数据的准确性和全面性。

附录 15

项目六　任务 6-1

婴幼儿倾听与理解发展观察表

观察目的	了解婴幼儿倾听与理解的发展规律
观察对象	19～24 个月的婴幼儿
观察地点	托育机构
观察方法	轶事记录法

观察实录

观察分析

指导策略

附录 16

项目六　任务 6-2

婴幼儿模仿与表达发展观察表

观察目的	了解婴幼儿模仿与表达的发展特点
观察对象	小吉力（29 个月）
观察地点	家庭
观察方法	轶事记录法

观察实录

观察分析

指导策略

附录 17

项目六　任务 6-4

婴幼儿阅读兴趣与习惯观察表

观察目的	了解婴幼儿阅读兴趣与习惯的发展特点
观察对象	小吉力（18 个月）
观察地点	家庭
观察方法	轶事记录法
观察实录	
观察分析	
指导策略	

附录 18

项目六　巩固提升

13~18 个月幼儿语言与沟通发展观察与评估表

观察者：_____
观察日期：_____
观察对象：_____　　月龄：_____　　性别：_____
填表说明：在观察到的项目上打√，在没有机会观察的项目上写 N，其他项目留空。

维度	序号	观察项目	依据	观察结果
	示例	能理解养育者话语中不同语气、语调的含义	当伸手准备碰热水壶时，听到养育者拒绝的话语时，停止触碰。	√
倾听与理解	1	能理解养育者话语中不同语气、语调的含义		
	2	能听懂"杯子""烫"等常用词的意思		
	3	能听懂并指出自己身体的部位		
	4	听到自己的名字或乳名时会应答		
	5	听到养育者说"去搬个小板凳"等简单的指令时，会按照要求执行		
模仿与表达	6	会说"爷爷""奶奶"等主要家庭成员的称谓		
	7	听到周围环境中的喇叭声、动物叫声，会马上模仿		
	8	用一个词表示多种意思		
	9	用动作和表情辅助语言表达		
	10	会说"饭饭""兔兔"等叠词		
	11	听养育者念唱熟悉的儿歌时，能接最后一个字		
阅读兴趣与习惯	12	喜欢听有韵律的儿歌		
	13	尝试自己拿书并翻页		
	14	会根据故事内容模仿简单的动作或声音		
	15	看到熟悉的简单故事内容时，会边看边用手指着相应的画面		
对该婴幼儿语言与沟通发展的评价				
对促进该婴幼儿语言与沟通发展的策略				

附录 19

项目七　任务 7-2

婴幼儿饮食行为观察记录①

观察地点： 观察时间： 婴幼儿月龄： 记录者：		
观察项目	具体行为	出现与否
胃口差	对食物没兴趣并且很少有饥饿的表现。	□是　□否
	对游戏或与人交流却很感兴趣。	□是　□否
	经常只吃几口后，就拒绝再吃。	□是　□否
	到了用餐时间，经常想离开餐椅。	□是　□否
对某种食物特别偏好	因为气味、口味、外观、质地的原因，拒绝很多食物。	□是　□否
	只吃很有限的几种喜欢的食物。	□是　□否
	很不情愿尝试新食物。	□是　□否
不良进食习惯	进食过程中只顾看电视、玩玩具或讲故事，而非进餐。	□是　□否
	大人追逐进食。	□是　□否
	进食时间过长，超过半个小时。	□是　□否
	饭菜经常含在嘴里不下咽。	□是　□否
照料者过度关心	有饥饿感，对食物也有兴趣，但照料者认为孩子吃得不够多。	□是　□否
	经常不能吃完照料者所提供的饭菜。	□是　□否
害怕进食	似乎很害怕，强烈抗拒吃任何固体食物。	□是　□否
	当准备用餐或者餐具和食物出现时会害怕。	□是　□否
潜在疾病状态	胃口一直不好，还伴有频繁的呕吐、腹泻等症状。	□是　□否
	怀疑或确诊有其他疾病。	□是　□否
对该婴幼儿饮食行为的评价：		
对该婴幼儿饮食行为的指导策略：		

---

① 改编自杨玉凤. 儿童发育行为心理评定量表[M]. 北京：人民卫生出版社，2016.

附录 20

项目七　任务 7-4

橙子的观察记录

观察对象	橙子（男，11 个月）
观察地点	家庭
观察方法	日记描述法

观察实录

2024 年 4 月 15 日

　　橙子 3 个月了，橙子在俯卧位时，头部无法抬起，仅能短暂地将下巴离床，尝试轻轻托住他的下巴，他似乎有些抗拒，头部无法稳定地抬起。当用玩具在他面前晃动时，他的眼神没有跟随玩具移动，只是偶尔瞥一眼。

2024 年 7 月 15 日

　　橙子 6 个月了，当在房间另一侧播放音乐时，橙子没有表现出任何寻找声音来源的动作。尝试将玩具放在他手中时，他没有松开手去握住玩具的意愿。扶橙子坐起时，发现他身体前倾，无法保持坐姿，即使扶住他的腋下，他也会很快向前倾倒，无法保持平衡。让他翻身时，他显得非常吃力，无法独立完成翻身动作。

2024 年 9 月 15 日

　　橙子 8 个月了，当有陌生人进入房间时，他没有表现出任何害怕或好奇的情绪。将玩具放在他面前时，他不会主动伸手去抓取。当尝试让橙子双手扶物站立时，发现他双腿无力，无法支撑身体。即使扶住他的腋下，他也会很快向后倾倒，无法保持站立姿势。

2024 年 12 月 15 日

　　橙子 11 个月了，还不会模仿简单的动作，如"再见"或"欢迎"。当示范"再见"动作时，他没有任何模仿的尝试，只是呆呆地看着。在尝试让他从坐姿转换到站立姿势时，他显得非常吃力，无法独立完成动作。

观察分析

指导策略

附录 21

项目七　巩固提升

小武的观察记录

观察对象	小武(男,2 岁 5 个月)
观察地点	家庭和户外
观察方法	事件取样法

观察实录			
事件序号	场景描述		行为表现
1	早餐时,餐桌旁		小武独立使用勺子进食,没吃一会儿,鸡蛋掉到了地上,小武大哭起来,妈妈走过来捡起鸡蛋,冲洗后给小武,小武用力推开鸡蛋,这时手臂碰到碗,半碗粥翻倒在地,小武见状哭得更厉害了,还用手大力拍打桌面。妈妈安慰了几句,小武依然哭闹,拒绝继续进食。
2	客厅中,与妈妈一起戏互动游戏		妈妈询问小武"玩具在哪里?"小武用手指向玩具,不发声回答。妈妈又问了一次,小武说"车,车。"小武继续低头玩自己的玩具。
3	小区儿童游乐区		小武在滑梯上玩耍,一个小女孩走向小武,她来到小武身后时,小武突然停下,转身面向她,直接伸出右手,把小女孩用力推倒在地,口中说着"走,走。"妈妈过来大声批评小武,小武边打妈妈边大哭。

观察分析

指导策略

参考书目

[1] 林筱颖,等.婴幼儿行为观察与记录[M].杭州:浙江大学出版社,2024.

[2] 周念丽.0—3岁儿童观察与评估[M].上海:华东师范大学出版社,2012.

[3] 上海市教师教育学院.上海市0—3岁婴幼儿发展要点与支持策略(试行稿)[M].上海:上海出版社,2024.

[4] 文颐,石贤磊.0—3岁婴幼儿核心能力与学习进程观察量表[M].成都:西南交通大学出版社,2017.

[5] 中国疾病预防控制中心妇幼保健中心.中国儿童发展评估手册[M].北京:人民卫生出版社,2013.

[6] 杨玉凤.儿童发育行为心理评定量表[M].北京:人民卫生出版社,2016.

养老机构
经营与管理
(第二版)

主　编　李　健　石晓燕
副主编　王学东

南京大学出版社

内容简介

本书是高等职业院校老年服务与管理专业核心课程教材,是高职国家示范性专业的成果之一。本书可作为应用型本科、高等职业院校相关专业的教材,也可作为相关从业者的参考用书及岗位培训教材。

全书共八章,主要阐述了我国老龄化情况与养老机构的发展趋势、初识养老机构、养老机构建设管理、养老机构的运营、养老机构组织管理、养老机构服务管理、养老机构财务和后勤支持管理、养老机构安全管理等内容。

图书在版编目(CIP)数据

养老机构经营与管理/李健,石晓燕主编.—2版
.—南京:南京大学出版社,2020.12(2025.7重印)
ISBN 978-7-305-21953-5

Ⅰ.①养… Ⅱ.①李… ②石… Ⅲ.①养老院—运营管理—中国 Ⅳ.①D669.6

中国版本图书馆 CIP 数据核字(2019)第 072666 号

出版发行 南京大学出版社
社　　址 南京市汉口路22号　　邮编 210093
书　　名 养老机构经营与管理
　　　　　YANGLAO JIGOU JINGYING YU GUANLI
主　　编 李　健　石晓燕
责任编辑 尤　佳　　　　　　编辑热线 025-83592315
照　　排 南京南琳图文制作有限公司
印　　刷 丹阳兴华印务有限公司
开　　本 787 mm×1092 mm 1/16 印张 14 字数 338 千
版　　次 2020 年 12 月第 2 版　2025 年 7 月第 5 次印刷
ISBN 978-7-305-21953-5
定　　价 42.00 元

网　　址 http://www.njupco.com
官方微博 http://weibo.com/njupco
官方微信号 njupress
销售咨询热线:(025) 83594756

* 版权所有,侵权必究
* 凡购买南大版图书,如有印装质量问题,请与所购
　图书销售部门联系调换

前言

2012年以来，以习近平同志为核心的党中央高度关注养老服务和老龄工作，积极应对人口老龄化。党的十八届三中全会提出"积极应对人口老龄化，加快建立社会养老服务体系和发展老年服务产业"，十九大提出"积极应对人口老龄化，构建养老、孝老、敬老政策体系和社会环境，推进医养结合，加快老龄事业和产业发展"。2016年习近平总书记四次就老龄和养老服务工作进行批示、专题会议研究，逐步形成了习近平新时代中国特色社会主义思想重要组成部分的人民思想、民生观和老龄观。

2011年，《社会养老服务体系建设规划（2011—2015年）》首次提出社会养老服务体系内涵和定位、指导思想和基本原则、目标和任务、保障措施等。2017年，《"十三五"国家老龄事业发展和养老体系建设规划》提出"以居家为基础、社区为依托、机构为补充、医养相结合"的"四位一体"养老服务。

因此，养老机构是解决养老问题，特别是失能失智老人养老问题的一个重要支柱。但是，我国的养老机构存在着服务人员的服务能力欠缺、管理能力尚待提高等问题，这严重制约了养老机构，特别是民办养老机构的生存和发展。

本书的第二版在第一版的基础上，按照国家"课程思政"建设要求，结合老年服务与管理专业群特点，深入挖掘专业教学内容所蕴含的价值元素，突出习近平新时代中国特色社会主义思想，以政治认同、家国情怀、文化自信、公民人格、职业素养、工匠精神为重点内容，整体规划和设计专业课程的教学内容。吸收了我国职业教育领域"1+X证书"项目中老年照护项目证书和失智老人照护项目证书的知识，引入了新颁布的《养老护理员职业资格证书（2019版）》的内容。

同时，本书在编写中尽力适应社会对养老服务业人才知识和能力结构的要求，以及高职公共事业类专业教学方法的创新趋势；在编写中注重实用性，侧重实务操作；在教学方法上侧重技能型、训练式和体验式。紧紧抓住养老机构经营管理的特点，对理论问题进行简练、通俗的讲解，对操作性的方法和技巧的介绍给予了充份的说明，尽量做到具体、细致、实用，使读者能理解并会运用；每个学习单元前设计了"知识结构"和"学习提示"，帮助读者明确本单元的学习重点和核心内容，每个学习任务也都按照"任务要点—任务情境—任务分析—学习步骤"的思路安排教学内容，同时在每个学习任务中增加了"小链接""触类旁通"，帮助读者开拓眼界。每个学习单元后附的"思考题""实训指导"栏目，大大增强了本书的启发性和可操作性。

本书可作为应用型本科、高等职业院校的教学用书，也可以作为民政部门、养老机构管理人员的培训用书。

本书由李健、石晓燕主编,是大连职业技术学院和江苏经贸职业技术学院国家示范性专业的建设成果之一。具体分工如下:大连职业技术学院李健编写了绪论、学习单元一、学习单元三和学习单元四,刘思坚编写了学习单元七。江苏经贸职业技术学院石晓燕编写了学习单元二、学习单元五、学习单元六。王学东编写了附录一,并承担了本书资料的检索与收集工作,对全书进行了统稿。

本书在编写的过程中,集采众家之说,在此,向各位专家学者深表谢意。本书的出版得到了南京大学出版社的大力支持和帮助,在此一并致谢。

因水平有限,书中不当之处,恳请各位读者批评指正。

编　者

2020 年 11 月

目 录

绪 论 1
  一、我国人口老龄化现状 1
  二、我国养老模式分析 2
  三、我国养老机构发展的机遇 5

学习单元一　初识养老机构 7
  任务一　何为养老机构 8
  任务二　管理主体——养老机构管理者 21
  任务三　养老机构管理对象和管理环境 34
  项目小结 42
  思考题 42
  实战强化 42

学习单元二　养老机构建设管理 44
  任务一　养老机构的选址 45
  任务二　养老机构的内部规划与设计 58
  项目小结 69
  思考题 69
  实战强化 69

学习单元三　养老机构的运营管理 71
  任务一　养老机构的申报与审批 72
  任务二　养老机构的使命陈述与品牌建设 77
  任务三　养老机构的推广 83
  项目小结 96
  思考题 97
  实战强化 97

学习单元四　养老机构的组织管理 99
  任务一　养老机构的组织结构设计 100

  任务二 养老机构的岗位设计与人员安排 106
  任务三 养老机构的人力资源管理 120
  任务四 养老机构的制度化管理 138
  项目小结 143
  思考题 143
  实战强化 144

学习单元五 养老机构的服务管理 146
  任务一 老年人服务需求评估 147
  任务二 老年人服务计划制定 163
  任务三 养老服务质量管理 172
  项目小结 177
  思考题 178
  实战强化 178

学习单元六 养老机构财务与后勤支持管理 179
  任务一 养老机构的财务管理 180
  任务二 养老机构后勤支持管理 185
  项目小结 191
  思考题 191
  实战强化 192

学习单元七 养老机构安全管理 193
  任务一 养老机构意外事件防范 194
  任务二 养老机构意外伤害事故的处理 200
  任务三 安全管理体系设计及运行 205
  项目小结 212
  思考题 213
  实战强化 213

主要参考文献 215

绪 论

老龄化是世界人口发展的必然趋势,也是在全球范围内得到验证的普遍规律。我国是世界上人口老龄化程度较高的国家之一。习近平总书记指出,满足数量庞大的老年群众多方面需求、妥善解决人口老龄化带来的社会问题,事关国家发展全局,事关百姓福祉。党的十九大报告强调,要积极应对人口老龄化,构建养老、孝老、敬老政策体系和社会环境,推进医养结合,加快老龄事业和产业发展。

一、我国人口老龄化现状

1. 人口老龄化的界定

人口老龄化是指总人口中因年轻人口数量减少、年长人口数量增加而导致的老年人口比例相应增长的动态过程。

这包括两个方面的含义:一是指老年人口相对增多,在总人口中所占比例不断上升的过程;二是指社会人口结构呈现老年状态,进入老龄化社会。国际上通常看法是,当一个国家或地区60周岁以上老年人口占人口总数的10%,或65周岁以上老年人口占人口总数的7%,即意味着这个国家或地区的人口处于老龄化社会。

2. 我国人口老龄化及其特点

(1) 我国人口老龄化基本情况

我国自1999年进入老龄化社会以来,老龄化水平快速提高。根据国家统计局数据显示,2018年年末,中国大陆总人口139 538万人,其中,60周岁及以上人口24 949万人,占总人口的17.9%。

(2) 我国人口老龄化的特点

根据全国老龄工作委员会发布的《国家应对人口老龄化战略研究总报告》显示,当前,我国人口老龄化呈现出六大特点:

一是绝对规模大。2018年,我国老年人口达到2.49亿,预计2035年将突破3亿,2043年将突破4亿,2053年达到峰值4.87亿,分别占届时亚洲老年人口的2/5和全球老年人口的1/4,比届时发达国家老年人口的总和还要多出1亿。

二是发展速度快。人口老龄化水平将由目前的1/7快速攀升到21世纪中叶的1/3,老龄化程度从10%提高到30%。我国将仅用41年就走完英、法、美等西方发达国家经历了上百年才走完的人口老龄化历程,是世界人口大国在崛起过程中老龄化速度较快的国家之一。

三是高龄化显著。2050年80岁及以上高龄老年人口将达到1亿,是2010年的5倍,高龄比(高龄老年人口占老年人口总量的比重)将达到22.3%,是2010年的2倍,相当于届时发达国家高龄老年人口的总和,占世界高龄老年人口总量的1/4。这一高龄老年人口的增长速度和高龄化过程是世界人口老龄化发展历史上少有的。

四是发展不均衡。人口老龄化水平城乡倒置,21世纪农村人口老龄化程度将始终高于城镇,差值最高的2033年或将达到13.4个百分点。区域常住人口老龄化呈现出东部放缓、中西部不断加快的态势,随着中西部青壮年人口向东部流动,这种态势还将进一步加剧。省份间的老龄化进程差异巨大,最早和最迟进入人口老龄化的上海和西藏之间相差40余年。

五是未富先老。与发达国家不同,我国的人口老龄化属于未富先老。发达国家进入老龄化社会时,人均国内生产总值一般都在5 000～10 000美元。而我国开始人口老龄化时人均国内生产总值刚超过1 000美元,应对人口老龄化的经济实力还比较薄弱。同时,人力、物力、财力、认识和制度等准备不足,养老保障制度缺位严重,养老服务体系发展滞后,养老服务市场供给缺口巨大。根据报道,中国大约有3.8万家养老院提供120万张床位。这意味着每1 000个老年人只有8.6张床位,远远低于西方国家平均50～70张床位的水平。根据国家民政部数据,丧失自理能力的老年人口已经达到940万,其中城市有194万,农村有746万。部分丧失自理能力的老年人口大约为1 894万人。

六是孤独终老。老龄化与少子化、空巢化、残疾化和无偶化结合在一起,最后导致了一些老年人的老无所依、老难所养,特别是一些孩子夭折、配偶离世的孤寡"计划生育老人",他们是最需要被关注和关爱的弱势群体。

二、我国养老模式分析

人口老龄化是始终贯穿我国21世纪的重要国情,它既是经济社会发展进步的必然结果,又是国际社会面临的共同挑战。相对于西方经济发达国家,我国是在经济不发达的情况下提前进入老龄化社会的。经济的不发达,社会养老保障制度的不完善,养老服务体系的不健全,如此庞大的老年群体和较快的增长速度,使养老成为当前我国面临的一个十分突出的社会问题。老年人是社会的重要群体,是构建和谐社会不可忽视的一个重要力量,解决不好养老问题会直接影响到家庭幸福和社会稳定。

1. 养老

养老,就是在老人达到一定年龄,失去或部分失去劳动能力的时候,使老人获得物质上和经济上的必要的生活条件,并在生活上和精神上获得关心、照顾和帮助,对其提供经济上的供养、日常生活上的照料以及精神方面的慰藉。

2. 我国养老模式

（1）家庭养老模式

家庭养老即老年人居住在家庭中,主要由具有血缘关系的家庭成员对老人提供赡养服务的养老模式。

该模式是居家养老是绝大多数老年人首选的生活方式即主流方式。据统计,各国选择居家养老的老年人占其总数的比例,英国为95.15%,美国为96.13%,瑞典为95.12%,日本为98.16%,菲律宾为83%,新加坡为94%,泰国为87%,越南为94%,印度尼西亚为84%,马来西亚为88%。

我国是奉行家庭养老的国家,不仅历史上将"养儿防老",视为天经地义,即使进入现代社会,除少数无依无靠的孤寡老人依靠国家或者乡村集体供养外,家庭养老几乎仍然是所有中国人的自觉选择。在中国,90%的老人期望在家养老,在家养老的这种养老观念的主流地位至今仍未改变。家庭养老不仅体现在经济上和生活上的代际互惠互动,更重要的是体现了精神上的互相慰藉。然而,在生活节奏日益加快、工作竞争更加激烈的今天,随着人口老龄化的加剧,年轻人可用于照顾老人的时间和精力愈来愈少。同时,在传统观念更新的冲击下,年轻人照料老人的意识在逐渐淡化,传统的居家养老模式正经受着时代考验。

(2) 机构养老模式

随着工业化进程的加快,社会结构的不断变迁,家庭的类型、规模、结构也发生了变化,家庭养老的传统养老模式开始受到挑战,而机构养老也日渐进入老年人养老的选择视野。

机构养老模式提供住宿、用餐、医疗、活动、设施为一体的集中供养模式。一方面节约子女照顾老年人的时间,另一方面,众多老年人一起生活,在很大程度上减少了他们的孤独感和无助感。生产力水平的不断提高,社会财富的不断累积,为建设社会养老保障体系提供了诸多的有利条件。而近年来养老院和养老公寓也得到了改善和增加,社会养老能力得到增强。然而,国家和政府办的养老院及养老公寓一般都远在郊区,交通十分不便。资源来源单一,数额有限又造成了机构数量少、规模小、收养人数有限的问题,服务和基础设施也并不令人满意。条件相对较好的收费又极高,做不到让每个老人都能住进养老院,只有自身条件较好或者子女条件较好的老年人才有机会和可能住进好的养老院,所以根本无法满足庞大的老年人群体的需要。

(3) 社区居家养老模式

社区居家养老,是指老年人在自己家养老的同时,社会提供帮助,以居家照顾为主,以社区养老机构照顾为辅,以社区弥补家庭照顾的不足,支持和减轻家人照顾的压力的一种新型养老模式。这种养老模式的服务内容既能满足老年人的各种需求,实现老有所养、老有所医、老有所乐、老有所学、老有所教,使老年人在自己熟悉的社区环境里生活,不会产生陌生感、孤独感和被抛弃感,还能减轻儿女负担,又有利于老年人的身心健康,是新型的适应老龄化社会的养老模式,是适合我国国情的社会化养老模式。虽然传统的家庭养老模式和机构养老模式在我国社会养老事业中都发挥着非常重要的作用,但随着我国市场经济的不断发展,这两种养老模式作用的发挥越来越受到其自身运行机制以及其他的社会因素的制约。而社区居家养老则是取其两者的优势,将其完美结合,充分利用社会资源来弥补家庭养老及社会养老的不足,更好地解决养老这一社会性问题。

3. 其他养老模式

(1) 乡村养老

乡村的空气新鲜,生态环境优越,生活成本低廉,吸引了众多的退休老人前来养老。有的城市老人本来家乡就在农村,退休后选择叶落归根;有的老人因为收入低,居住城市感觉生活成本昂贵,故希望在农村养老可以生活得轻松些;有的老人喜欢贴近大自然,终日种草养花、爬山嬉水,与大自然做伴也是人生一大乐趣,所以催生出乡村养老这一养老模式。

适合人群:"树挪死,人挪活",这是人们耳熟能详的口头禅。一些老年人虽入晚境,但生命的韧度不减,常想换个地方、换个活法。无疑,乡村养老的多种新型模式,对这样的老年人诱惑多多。

（2）以房养老

是指老人将自己的产权房抵押或者出租出去，以定期取得一定数额养老金或者接受老年公寓服务的一种养老方式。通过一定的金融机制或非金融机制，将住房蕴含的价值尤其是自己身故后住房仍然会保留的巨大价值，在自己生前变现用来养老。以房养老目前已经受到社会的极大关注。

适合人群：对于手头有房，无子女或者不愿意将房产留给子女的老人。

（3）异地养老

鉴于不同地域的房价、生活成本和生态环境的巨大差异，从那些生活成本高，而居住环境恶劣的大城市移出，迁移到生态环境优越，生活成本较低的城镇养老居住。

适合人群：经济条件不太好但喜欢旅游的老人，旅游养老两不误。

（4）售房入院养老

老年人将自己的住房对外出售，用这笔钱财居住到较好的养老院养老，既可以节约社会资源，又使得养老生活增添了众多的乐趣，将部分售房款送交寿险公司办理养老寿险，可以保障自己晚年的生活无忧。

（5）售后回租养老

人们将已具有完全产权的住房先行出售，再通过售后回租的方法达到以房养老的目标。既可以获取一大笔款项用于养老生活，又能保持晚年对原有住房的长期乃至终生的使用权，有房可居，对老人的更好养老增添了相当的保险系数。

适合人群：不愿意离开家，投资比较谨慎的老年人。

（6）租房入院养老

人们将具有完全产权的住房先行出租，再通过另租房居住或入住养老公寓、养老院的方法达到以房养老的目标。既保障晚年照常有房可居，并获取持续稳定的租金收入用于养老生活，又能保证在自己身故后原有住房仍能照常遗留给子女，符合国人养儿防老、遗产继承的传统习俗。

适合人群：有一套以上住房或住房面积较大的老人。

（7）基地养老

在大城市周边生态环境优越、交通便利、经济相对不够发达的区域，建造大规模的养老基地，将城市的老年人自愿移入居住，实施基地养老。这一做法既可大大提升养老的品位和生活质量，又相对节约了养老成本。老年人居住在基地养老后，还可以将原居住于城市的已闲置住房，通过出租或出售的方法将价值搞活。

适合人群：有一定经济实力，喜欢亲近自然又不愿离家太远的老年人。

（8）大房换小房养老

老人退休后，卖出原居住的大屋，再买进适合居住的小屋，用售房购房的差价款作股市或债券投资，可为养老提供更有实力的保障。老人还可将该笔差价款办理养老年金寿险，每年支取现金用来养老，等到一定年份再将该小房用以房养老的办法，继续获取现金流入，养度晚年。或者把这个小房子对外出售，自己住到养老院安度晚年。

适合人群：住房处于市区较为中心位置的老人。

(9) 合居养老

一些老人可以商议将自己的住房出售,将钱财合并到一起,对养老问题做个特殊组合,在较好的地段合资购买面积较大、功能较好的住宅,大家居住在一起,合作购房,共同居住开销,结成一个养老的生活共同体搭伴养老。养老生活成本也大幅度降低,又消除了寂寞空虚感。

适合人群:若干志同道合且又收入较低、住房环境较差的老年人。

(10) 集中养老

浙江省的农村,以乡镇为单位举办养老机构,将村庄的"三无"老人适度集中一起居住养老,由政府来买单。此举解决了农村老人的众多问题,受到好评。

适合人群:农村的,无儿女、无固定收入、无法定赡养义务,老人。

(11) 家内售房养老

美国的许多家庭有一种富有特色的家庭内部售房养老的交易行为。父母将自有住宅出售给子女,借以换得房款做养老金。这是将父母与子女的赡养与继承关系,用金钱的方式加以明码标价、等价交换,对不愿意赡养父母而只喜欢承继房产的子女是一大打击。

适合人群:容易接受新观念的老年人。

(12) 遗赠扶养

老人同亲朋好友约定,由对方负责养自己的老,自己死亡后,将住房遗赠给对方。这是我国几千年来民间社会广泛流传,今日仍被国家法律认可的"遗赠扶养"模式。它作为"你给我住房,我为你养老"的以房换养的鼻祖,已有了悠久历史。

适合人群:没有子女又希望和熟悉的人同住的老年人。

(13) 招租养老

老人在家中招徕年轻的大学生做房客,一扫往日的沉闷暮气,身边既多了人员照顾,又有一笔可观的房租作为生活费补充;对年轻大学生而言,也有助于解决住房和情感归宿问题;城市的住房资源也得到较好运用,极大地缓解了住房的紧张局面,可谓是一举三得。

适合人群:城市中的孤寡老人。

(14) 货币化养老

货币化养老就是由相关部门拿出一定的资金,以货币券的形式向特困老人发放,老人可以持券到社区购买服务,从而实现居家养老。

适合人群:城市特困和孤寡老人。

综上,积极应对人口老龄化,首要任务就是解决好养老保障和服务问题,特别是要加快建设以居家为基础、社区为依托、机构为补充、医养相结合的现代养老服务体系。而在养老服务体系中,各类型养老机构的建设与管理就显得尤为重要。

三、我国养老机构发展的机遇

1. 党和国家重视程度不断提高

2012年以来,以习近平同志为核心的新一届党中央,高度关注养老服务和老龄工作,积极应对人口老龄化。党的十八届三中全会提出"积极应对人口老龄化,加快建立社会养老服务体系和发展老年服务产业",十九大提出"积极应对人口老龄化,构建养老、孝老、敬老政策体系和社会环境,推进医养结合,加快老龄事业和产业发展"。2016年习近平总书记四次就老龄和养老服务工作进行批示、专题会议研究,逐步形成了习近平新时代中国特色社会主义思想重要组成部分的人民思想、民生观和老龄观。

2011年,《社会养老服务体系建设规划(2011—2015年)》,首次提出社会养老服务体系内涵和定位、指导思想和基本原则、目标和任务、保障措施等。2017年,《"十三五"国家老龄事业发展和养老体系建设规划》提出"以居家为基础、社区为依托、机构为补充、医养相结合"的"四位一体"养老服务。

2. 社会对养老机构的需求增加

传统家庭养老模式因受经济、观念、自身能力等多方因素影响已无法应对日益激增的养老问题,因此亟须新的养老模式帮助解决这一社会问题。养老机构以其专业的技能和专门的服务正逐渐走入人们的视野,受到越来越多人的关注。

首先,养老机构既有利于实现对老人更好的照顾,也有利于减轻年轻人的负担,使年轻人更好地关注工作,发挥专长和创造价值。

其次,老人们由于身体和心理方面的变化,更需要情感上的沟通和交流。子女们由于时间和思想代沟等原因,在与老人进行交流和沟通时存在诸多障碍。而在养老机构,由于大家同为老年人。生活的年代和背景相仿,老人们有很多共同的话题和经历,一起住在养老机构,不仅可以丰富他们的精神生活,也能有效减少其与后代间的摩擦。

再次,随着经济的快速发展,人们的收入普遍提高,过去由养老机构收费高等问题导致的一部分有需求的老人无法入住的现象逐步得到改善,不少有潜在需求的老人在收入得到提高的时候也能如愿进驻养老机构。而这也促使对养老机构的隐性需求变成真正的市场需求,势必会刺激对养老机构的更大需求。

3. 政策对养老机构的扶持力度不断增大

为了应对日趋严峻的老年化问题,我国政府也相继出台了一系列的政策。从2012年起,《老年权益保障法》《国务院关于加快发展养老服务业的若干意见》《国务院办公厅关于全面放开养老服务市场提升养老服务质量的若干意见》《国务院办公厅关于制定和实施老年人照顾服务项目的意见》《关于加快推进养老服务业放管服改革的通知》和《国务院办公厅关于推进养老服务发展的意见》等相继发布。地方政府也发布了与养老服务有关的地方法规、政策文件300余部。

除了提出扶持政策外,政府相关部门还出台了《关于加强养老服务标准化工作的指导意见》《养老机构服务合同》《养老机构老年人健康档案技术规范》《老年机构社会工作服务指南》《养老机构服务质量基本规范》《养老机构等级划分与评定》等一系列国家标准和行业标准来详细规范养老机构在设备设施、服务内容、服务人员素质、管理规范等多方面的内容,为养老机构的健康有序发展提供指导。

在党和国家的大力推动下,我国养老机构的发展进入了快车道。截至2018年年底,全国共有各类养老机构和设施16.8万个,养老床位合计达到727.1万张,比上年增长3.3%,每千名老年人拥有养老床位29.1张。其中:全国共有注册登记的养老机构2.9万个,比上年增长10.0%,床位379.4万张,比上年增长3.9%,社区养老照料机构和设施4.5万个,社区互助型养老设施9.1万个,社区留宿和日间照料床位达到347.8万张。

学习单元一 初识养老机构

随着我国人口老龄化和老年人口高龄化进程的加快,各级政府和社会各界在强调生活不能自理老人尽可能居家养老,充分发挥家庭照料和社区上门照料服务的同时,对增加养老机构的床位数量和提高养老机构的服务质量也越来越重视。现在,除了各级政府加大了新建和改扩建养老机构的投入,海内外热心社会公益事业的个人和团体投资新建养老机构外,一些房地产开发商已经或正准备把空置的商品房改建为养老机构或投资新建养老机构,有些经济效益滑坡,甚至严重亏损企业还考虑将旧厂房改建成养老机构。养老机构已经成为解决我国老年人养老的一个重要支撑。

▷ 知识结构 ◁

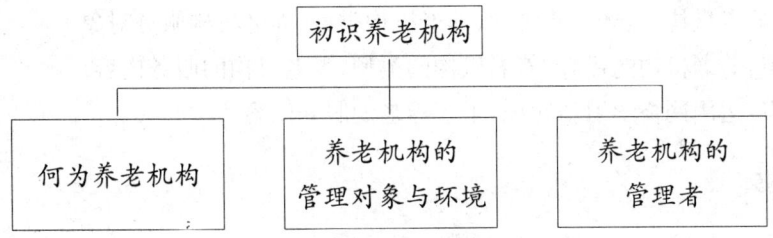

▷ 学习提示 ◁

思政育人目标

通过本单元的学习,培养学生了解养老机构管理人员应当具备的尊老敬老、以人为本、孝老爱亲、弘扬美德,遵章守法、自律奉献,服务第一、爱岗敬业的职业道德规范,为将来从事养老产业做准备;培养理解并敬重工匠精神,在学习中努力发扬工匠精神。

学习目标

了解养老机构的特点,了解养老机构的管理层次、管理内容,掌握养老机构的概念和内涵,掌握养老机构管理的基本要求和管理方法,具备成为养老机构管理者的基本素质。

具体任务

以案例导入学习内容,在学生学习讨论的基础上,使学生认知养老机构及养老机构管理的基础知识。学生分组,模拟成立养老机构并通过组内竞选,安排养老机构的管理人员。

本单元重点

养老机构的内涵;养老机构管理者的基本要求。

本单元难点

养老机构管理对象;管理方法的具体要求。

任务实施建议

1. 案例导入,使学生了解养老机构对我国养老工作的重要作用和意义,进而掌握养老机构及其管理内容的要求。

2. 本学习单元的实训是要求学生组成学习小组模拟成立养老机构,同时要求组内以"我要当一个××的养老院院长"为题进行竞选,由竞选成功的养老院院长,安排小组内的成员担任养老院的部门经理。

任务一 何为养老机构

任务要点

关键词:养老机构、养老机构管理、养老机构类型、养老机构服务对象
理论要点:养老机构的概念,养老机构的类型,养老机构的服务内容
实践要点:运用网络学习新知识,了解养老的服务内容

任务情境

王女士是一位善于发现商机的经营者,最近结束了自己以往的生意,准备做新的投资项目。她听说现在经营养老机构挺火的,想了解一下是不是能投资办一家养老机构。但什么是养老机构呢,是敬老院、养老院还是老年公寓?它们之间有什么区别?到底要提供什么服务?王女士决定找人咨询一下……

任务分析

伴随着经济的发展和人们生活方式的转变,养老方式也发生重大变化,传统的家庭养老功能逐渐弱化,机构养老逐步被人们接纳,国家颁布《关于加快实现社会福利社会化的意见》《关于加快发展养老机构的意见》等政策文件,鼓励和调动社会力量,采取公建民营、民办公助、政府补贴、购买服务等形式,推动养老机构较快发展。要了解养老机构的情况,可以通过网络的方式来了解养老机构、养老机构类型、养老机构的服务对象和服务内容。

步骤一 养老机构概说

伴随着各种养老服务设施的兴起,养老机构成为老年人养老的重要载体。那么什么是

养老机构呢?

(1) 养老机构的概念

按照民政部《养老机构管理办法》的规定,养老机构是指为老年人提供集中居住和照料服务等综合性服务机构。

有的国内学者认为,养老机构是指为老年人提供饮食起居、清洁卫生、生活护理、健康管理和文体娱乐活动等综合性服务的机构。它可以是独立的法人机构,也可以是附属于医疗机构、企事业单位、社会团体或组织、综合性社会福利机构的一个部门或者分支机构。

本书中的养老机构,指的是按照服务协议为老年人提供生活照料、康复护理、精神慰藉、文化娱乐等服务,并具有独立法人资格的事业单位、民办非企业单位或企业。

(2) 养老机构的类别

养老机构是机构养老模式的重要载体,按照不同标准可以将养老机构划分为多种类型。如按照民政部《老年人社会福利机构基本规范》可将养老机构划分为老年社会福利院、养老院或老人院、老年公寓、护老院或护养院、托老所和老年人服务中心;按性质划分可分为福利性、非营利性和营利性养老机构三大类。按照机构的所有制类型,可分为公办养老机构(主要指由民政部门管理的老年社会福利院)和民办养老机构等两类。

① 老年社会福利院

由国家出资举办、管理的综合接待"三无"(无法定扶养义务人,或者虽有法定抚养义务人,但是抚养义务人无扶养能力的;无劳动能力的;无生活来源的)老人、自理老人、介助老人、介护老人安度晚年而设置的社会养老服务机构,设有生活起居、文化娱乐、康复训练、医疗保健等多项服务设施。

如"北京市第一社会福利院"是由北京市政府投资兴建的老年福利事业单位,也是经北京市卫生局批准的首都第一家集医疗、康复、颐养、科研、教学为一体的北京市老年病医院。除了接收需要照料的老年病患者以外,同时具有对区县养老机构的人员培训、业务指导和重症病人的住院康复、治疗等功能。

图1-1 北京市第一社会福利院

② 养老院或老人院

专为接待自理老人或综合接待自理老人、介助老人、介护老人安度晚年而设置的社会养老服务机构，设有生活起居、文化娱乐、康复训练、医疗保健等多项服务设施。

如"北京市朝阳区彩虹村庄养老院"是一家集养老、休闲、娱乐、医疗及养生为一体的综合型养老机构，该养老院占地 150 000 m²，园区内种植了大面积的花草、树木，绿化率高达 70%。设有图书阅览室、电脑室、棋牌麻将室、多功能娱乐室。拥有自己独立的医疗体系，如诊室、药房、康复治疗室等，并与北京市地坛医院等医疗机构有合作。

③ 老年公寓

专供老年人集中居住，符合老年体能心态特征的公寓式老年住宅，具备餐饮、清洁卫生、文化娱乐、医疗保健等多项服务设施。

如坐落于北京市丰台区的"光大汇晨北京科丰老年公寓"，该公寓总占地面积 3 000 平方米，建筑面积 5 700 平方米，规划床位 138 张，包括单人间和双人间两种户型，收住自理、半自理、失能老人、阿尔兹海默症（俗称老年痴呆）老人，不限户籍。提供住养护理、健康管理、心理慰藉、康复疗养、基本医疗保障、中医调理养生、认知症照护等多种服务。

④ 护老院或护养院

专为接待介助老人安度晚年而设置的社会养老服务机构，设有生活起居、文化娱乐、康复训练、医疗保健等多项服务设施。

⑤ 敬老院

在农村乡（镇）、村设置的供养"三无"老人"五保"（吃、穿、住、医、葬）老人和接待社会上的老年人安度晚年的社会养老服务机构，设有生活起居、文化娱乐、康复训练、医疗保健等多项服务设施。

⑥ 托老所

为短期接待老年人托管服务的社区养老服务场所，设有生活起居、文化娱乐、康复训练、医疗保健等多项服务设施，分为日托、全托、临时托等。

⑦ 老年人服务中心

为老年人提供各种综合性服务的社区服务场所，设有文化娱乐、康复训练、医疗保健等多项或单项服务设施和上门服务项目。

(3) 养老机构的特点。

第一，战略性。养老机构的建设和发展缓解了我国的养老问题，满足了日益增长的老年人的需求。从扩大内需的角度来看，养老服务还能够有效刺激消费需求。庞大的老年群体客观上形成了巨大的护理服务需求，引导大量老年人及家庭实现长期照料和护理服务消费，对扩大内需有直接的拉动作用；从增加就业的角度来看，照料老年人是典型的劳动密集型产业，对专业护士特别是普通护工有大量需求，这完全符合我国政府大力发展社会服务业的指导思想；从改善民生的角度看，养老服务提高老人的生活质量，私营养老机构的优质服务可以改善老年人的生活状况，使其生活得更加舒适，还可以解决人们的后顾之忧、缓解子女长期照料压力，减少家庭矛盾和生活负担。养老机构作为我国老龄产业中最具有活力和生命力的一个亮点，对于推动整个国民经济发展起到了巨大的战略作用。

第二，专业性。这里的"专"包括两层内涵：一是服务技术的专；二是市场的专。首先，在服务技术层面上,养老机构能够集中物力、财力专注于加强培养护理人员的专业化水平;同时要确保养老服务人员的权益,逐步建立起养老机构服务人员的资格认证、职称评定体系,确保他们的专业技术向精、深方向不断发展。其次,在市场层面上,面对偌大的老龄人口市场,为满足不同类型老年人的特点和要求,养老机构必须在细分市场上做文章,并且在市场营销方面,要首先占领特定的目标市场,扩大养老服务的内涵和外延,保持养老服务产品的多样化,使其始终处于领先地位。

第三,灵活性。对于养老机构而言,一方面要尽量减少与社会福利机构的竞争,另一方面可以充分利用社会福利机构的一些资源,甘当它们的绿叶,攀附社会福利机构来提高自己。在经营策略、服务内容、服务对象定位等多方面,进行灵活多样的探索。

(4) 养老机构的性质

目前我国养老机构的投资主体包括国家、集体(城市街道、农村乡镇)和民间(包括个体、民营和外资企业),大致可划分为福利性、非营利性和营利性三种类型。由政府投资兴建的养老机构主要接收城市"三无"老人和农村五保老人,属于社会福利事业单位,应当在当地事业单位登记部门进行事业单位法人登记;由民间资本投资兴建的养老机构,按照其是否以营利为主要目的,又可分为营利性和非营利性两大类。营利性养老机构应当在当地工商、税务部门注册登记,一般不享受国家有关优惠政策,在完成税收征缴后,其利润可以分红,属于老龄产业;而非营利性养老机构则在当地民政部门以民办非企业单位注册登记,享受国家优惠政策,并且不需要上缴税收,但赢利部分不能分红,只能用于养老机构滚动式发展,属于老年社会福利事业。目前,我国绝大部分的养老机构都属于福利性和非营利性养老机构。理论上讲,不论是营利性还是非营利性养老机构都具有社会福利性质,都可以提高老年人晚年生活品质,为老人谋福利。

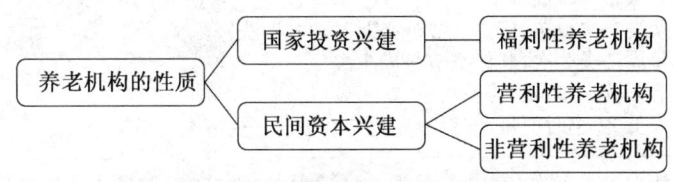

图 1-2 养老机构的性质

步骤二 了解养老机构的服务对象和服务内容

(1) 养老机构的服务对象

养老机构服务的主要对象是老年人(在我国主要是指60周岁及以上的人口)。但某些养老机构(如农村敬老院)也接收辖区内的孤残儿童或残疾人。

在习惯上,我们按照老年人生活自理程度将养老机构的服务对象分为以下三种类型:

自理老人,即日常生活行为完全自理,不依赖他人护理的老年人。

介助老人,即日常生活行为依赖扶手、拐杖、轮椅和升降等设施帮助的老年人。

介护老人,日常生活行为依赖他人护理的老年人。

在美国,养老机构一般比较专业。收养介护老人的称为"技术护理照顾型养老机构",主要针对需要24小时精心医疗照顾,但又不需要养老机构所提供的经常性医疗服务的老人;

收养介助老人的称为"中级护理照顾型养老机构",主要针对没有严重疾病、需要24小时监护和护理,但不需要技术护理照顾的老人;收养自理老人的称为"一般照顾型养老机构",主要针对需要提供食宿和个人帮助,不需要医疗服务24小时生活护理服务的老人。

在我国香港地区,根据《安老院规例》(1994),将养老机构的功能分成三类:第一类为"高度照顾安老院",主要收养"体弱而且身体机能消失或减退,以至于在日常起居方面需要专人照顾料理,但不需要高度专业的医疗或护理"的老人;第二类为"中度照顾安老院",主要收养"有能力保持个人卫生,但在处理有关清洁、洗衣、购物的家居工作及其他家务方面,有一定程度的困难"的老人;第三类为"低度照顾安老院",主要收养"有能力保持个人卫生,也有能力处理有关清洁、烹饪、洗衣、购物的家居工作及其他事务"的老人。至于那些"需要高度的专业医疗"或"护理"的老人,则属于附设在医院内的"疗养院"收养的对象。

(2)养老机构的服务内容

不同老人的服务需求是有区别的,按民政部《老年人社会福利机构基本规范》的要求,养老机构为自理老人、介助老人、介护老人提供的护理服务要求是有差别的,具体见表1-1。

在我国,除了护理院外,其他养老机构都没有进行功能区分,一般的养老机构收养的老人涵盖从生活基本能自理的老人一直到长期卧床不起,甚至需要"临终关怀"的老人,是一种混合型管理模式。

表1-1 老年人社会福利机构护理服务要求

老人类型	护理服务内容
自理老人	每天清扫房间1次,室内应无蝇、无蚊、无鼠、无蟑螂、无臭虫。 提供干净、得体的服装并定期换洗,冬、春、秋季每周1次,夏季经常换洗。保持室内空气新鲜,无异味。 协助老人整理床铺。 每周换洗一次被罩、床单、枕巾(必要时随时换洗)。 夏季每周洗澡2次,其他季节每周1次。 督促老人洗头、理发、修剪指甲。 服务人员24小时值班,实行程序化个案护理。视情况调整护理方案。
介助老人	每天清扫房间1次,室内应无蝇、无蚊、无鼠、无蟑螂、无臭虫。保持室内空气新鲜,无异味。 提供干净、得体的服装并定期换洗,冬、春、秋季每周1次,夏季经常换洗。 协助老人整理床铺。 每周换洗1次被罩、床单、枕巾(必要时随时换洗)。 夏季每周洗澡2次,其他季节每周1次。 协助老人洗头、修剪指甲。 定期上门理发,保持老人仪表端正。 毛巾、洗脸盆应经常清洗,便器每周消毒1次。 搀扶老人上厕所排便。 I°褥疮发生率低于5%,II°褥疮发生率为零,入院前发生严重低蛋白血症,全身高度浮肿、癌症晚期、恶病质等患者除外。对因病情不能翻身而患褥疮的情况应有详细记录,并尽可能提供防护措施。 服务人员24小时值班,实行程序化个案护理。视情况调整护理方案。

(续表)

老人类型	护理服务内容
介护老人	每天清扫房间1次,室内应无蝇、无蚊、无老鼠、无蟑螂、无臭虫。保持室内空气新鲜,无异味。 提供干净、得体的服装并定期换洗,冬、春、秋季每周1次,夏季经常换洗。整理床铺。 每周换洗1次被罩、床单、枕巾(必要时随时换洗)。 帮助老人起床穿衣、睡前脱衣。 全身洗澡,每周2次。 定期修剪指甲、洗头。 口腔护理清洁无异味。 定期上门理发,保持老人仪表端正。 毛巾、洗脸盆应经常清洗,便器每周消毒1次。 送饭到居室,喂水喂饭。 帮助老人排便。 为行走不便的老人配备临时使用的拐杖、轮椅车和其他辅助器具。 Ⅰ°褥疮发生率低于5%,Ⅱ°褥疮发生率为零,入院前发生严重低蛋白血症,全身高度浮肿、癌症晚期、恶病质等患者除外。对因病情不能翻身而患褥疮的情况应有详细记录,并尽可能提供防护措施。 早晨起床后帮助老人洗漱,晚上帮助老人洗脚。 视天气情况,每天带老人到户外活动1小时。 服务人员24小时值班,实行程序化个案护理。视情况调整护理方案。 帮助老人办理到异地的车船票。 特别保护女性智残和患有精神病的老人的人身权益不受侵犯。 对患有传染病的老人要及时采取特殊保护措施,并对其进行隔离、治疗,以既不影响他人又尊重病患老人为原则。

① 日常生活照料服务

第一,自理老年人的生活照料服务。有的老人虽然能够自理,但是年纪较大,白天子女上班无人照料,又不愿意雇用保姆,晚上子女下班回来后可以照顾。针对这部分老人,有些养老机构提供日间照料服务。这些老年人白天在日间照料机构,晚上他们仍然回到自己的家里居住。另一类是完全入住养老机构的健康老年人,他们多数是子女不在身边的空巢老人、子女工作繁忙无暇照顾的老人、丧偶或独身的独居老人。

第二,非自理老年人的生活照料服务。对于生活半自理或不能自理的特殊老人,除了享有自理老人同样的照料服务以外,还有护工,即养老护理员协助老年人的日常生活起居。对于认知症老人,有的养老机构专门设有认知症老人大楼,提供特殊服务项目。工作人员除了协助其日常生活起居外,还要特别与其沟通、组织康复娱乐活动,帮助其康复或维持现状。

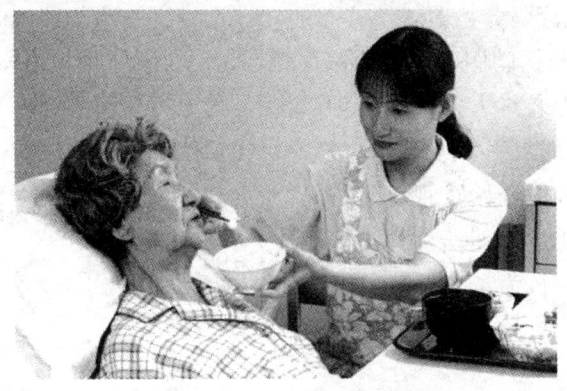

图1-3 为卧床老人喂饭

② 特别照顾服务

第一，专业社会工作者的服务。在社会福利机构中设立社会工作部门、聘用专业社工。社会工作者在养老机构中的服务内容主要是帮助老年人解决老年期出现的特殊问题。如进入老年期的年轻老年人角色转换和自我认识问题，高龄老人的自卑心理和抑郁情绪问题，对临终老人的关怀和帮助等。

第二，志愿者的服务。养老机构为有需求的老年人安排相应的志愿者，每周志愿者都到机构探望老人，与老人聊天、陪老人散步、帮助老人解决生活上的困难。养老机构从老年人心灵关怀的角度出发，充分调动社会资源，结合自身实际为老人提供所需服务。

第三，休闲娱乐服务。养老机构的休闲娱乐活动通常比较丰富，老年人除了可以找到同辈群体外，每天丰富有序的娱乐活动也给他们的晚年生活增添了不少乐趣。养老机构的工作人员为老年人开创了各种各样的兴趣小组，为老年人安装了健身器材；定期组织老年人外出游玩，还邀请艺术团为老年人演出等。

第四，就餐服务。为了保证入住养老机构的老年人的饮食健康，养老机构的食堂还特别为老人提供营养配餐服务。有些养老机构采用统一食谱的配餐方式，老年人根据机构规定的就餐时间统一到食堂就餐，不能到食堂就餐的，由送餐员送到房间。另外一些养老机构，采用的是老人自主订餐的方式，每天由食堂的工作人员在专门的订餐栏里写下隔天的三餐营养配餐食谱，第二天早晨食堂的订餐员会到每个楼层，老人根据自己的口味自己预定一日三餐。

第五，养老机构设计细节及服务。为了保证老年人的安全，符合老年人居住要求，养老机构的建筑设计一般都要求达到统一的建筑标准。例如养老机构的电器开关也用不同颜色加以区分，每个细节都体现人性化的周到服务。

除硬件设施设计上有特别之处以外，软件规划同样应当细致周到。如定期为老年人检查药品，避免过期或误服；为老人制作胸卡，以免外出发生意外或丢失，等等。

③ 康复护理及医疗服务

目前我国的养老机构聘用了大量的护工协助照顾老年人，为老年人提供生活护理服务。为了提高护理水平，增加安全护理服务系数，各养老机构开始重视养老护理员的培训和管理，通过技能培训提高养老护理员的素质和能力，为老人提供良好的生活护理服务。

图1-4　某老年公寓特别照护服务内容

步骤三　养老机构的经营模式

（1）公建公办模式

该种模式是指完全由政府投资兴建、运营管理，面向城镇和农村的困难群体和"五保户"，解决其养老困境的模式。

① 融资特点

该种模式比较简单，完全由政府投资兴办，资金和土地来源于政府拨款。

② 运行方式

由政府直接管理，相关工作人员纳入政府事业编制，其工资收入享受国家拨款。这种模式运营压力较小。老年社会福利院和敬老院通常属于这种模式。

（2）公建民办模式

该运行模式所要实现的总体目标就是通过改革，逐步建立政府宏观管理、公办养老服务机构自主经营、自我发展的管理体制和市场化的运行机制，实现养老服务业的可持续发展。

① 融资特点

在公建民营模式中，主管部门将公办养老服务机构及设施，采取产权和经营权分离的方式，在不改变产权性质的基础上改变经营方式，实行管理引进。也就是说，由政府优惠提供服务设施及条件，根据协议约定，依法将公办养老服务机构及服务设施经营权以承包、租赁、委托经营、合营、参股以及出让等方式转给企业、社会组织或个人以及外资等社会经营者，由其按照自我经营、自负盈亏、自我发展、自我约束的原则为老年人提供养老服务。社会经营者在满足"三无老人""五保老人"及特困老人等入住前提下，由政府给予"政府补贴"。

同时，因应养老服务业的发展需求，开始招收社会老人入住，并享受国家对养老服务业规定的所有优惠政策。其间，社会经营者以承包费、租金、分成等形式向主管部门上交部分经营利润。

② 运行方式

实践中，该运行模式的运行方式主要有五种。一是承包式，即在不改变公办养老服务机构产权性质的前提下，将其经营服务权转让给企业、社会组织或个人等市场主体经营，政府则根据承包合同收取一定的承包费，并监督社会经营者的相关服务与运营。这种形式相对简单，操作相对成熟，因此在实践中这种方式被采用得最多。二是租赁式，即将公办养老服务机构的使用权租赁给市场主体经营，政府根据租赁合同收取一定的租金，监督租赁财产不受损失。社会经营者凭借自己的经营才能获取经济效益，并利用经营的收益支付该机构的租赁费用。三是委托经营式，即将公办养老服务机构委托给各类市场主体全权经营管理。四是合营式，即公办养老服务机构的经营服务权由社会经营者部分代行，根据政府与社会经营者双方的资金及精力投入比例以及能力优势分配经营服务权，通过协议确认双方在某些服务管理上的职责范围，形成合作关系。社会经营者则根据投入情况获得相应回报。五是股份式（或称参股式），即对公办养老服务机构进行股份制改造，公办养老服务机构参与管理、分享股权，形成产权多元化、利益共享、风险共担的格局，并按照现代企业制度的模式实现公办养老服务机构的经营管理。

(3) 民办公助模式

在坚持政府主导,充分行使政府在制定政策、出台规划、资金投入等方面职责的前提下,各类社会力量参与养老服务业建设,政府对民办养老服务机构在规划设置、资金投入、土地提供和税收方面给予一定优惠的方式。

① 融资特点

在此模式中,往往由企业、社会组织或个人以及外资出资兴建,通过政府规划、扶持,优惠出让土地使用权,建设各档老年公寓。当然,这种模式现实中也遭遇了不少政策"瓶颈"。比如,只是登记为民办非企业单位的民办养老服务机构才能享受国家的一些优惠政策,而登记为民办非企业单位又给这些单位带来土地及地上建筑物不能抵押贷款且不能出售房屋产权等麻烦和困难,致使资金运作困难,投资人陷于进退维谷、骑虎难下的两难境地。

② 运行方式

政府确定政策资金支持的范围,并给予资金支持与物质支持。就资金支持而言,资助资金支持包括无偿资助和有偿资助。其中,无偿资助指政府对民办养老服务机构给予无须偿还的资金资助,按照机构规模、床位、投资额等要素,由政府无偿给予相应的资金,亦即政府购买床位给"三无老人""五保老人"及其他特殊困难群体。有偿资助又分限期资助和无限期资助。其中的限期资助指政府投入部分资金,支持民办养老服务机构,周转3—5年,周转期间不收取任何费用,周转期满后政府收回资金再投入兴建服务设施。无限期资助则指政府向民办养老服务机构投入资金,按低于贷款利息收取资金占用费,待该机构停办时收回资金。

(4) 养老社区模式

养老社区是指完全按照商业地产运营模式,由房地产商出资兴建老年住区,为老年人提供多种选择的生活方式,包括独立生活、协助生活和专业护理等,并为老人提供一系列的配套服务。

① 融资特点

和普通房地产项目一样,我国大部分综合型养老社区地产项目主要靠外源融资来支撑项目开发建设投资以及后续运营投资。其中,银行贷款是最主要的资金来源,保险公司也加快对养老社区地产项目投资的步伐。可以采用多种方式,如政府支持下的综合融资模式、养老产业基金模式、风险投资融资模式、住房抵押养老融资模式、联贷联保贷款融资模式等等。

② 运行方式

主要有三种:

一是持有。这种模式一般是政府主导的福利性质养老地产项目。浙江萧山老年公寓、浙江嘉善老年公寓等为代表。该模式最近发展趋势是采用BOT建设方式,由政府强制配建,在土地供应方案和规划设计条件里明确建设用途为养老,政府给予开发商一定的土地出让费、税费方面优惠,将项目融资、特许经营权转让给开发商,双方协议约定在一定期限内由企业进行经营管理,协议期满后,政府无偿收回项目。

[小链接1-1]

重庆凯尔老年公寓管理有限公司

重庆凯尔(CARE)老年公寓管理有限公司,于2008年3月在重庆组建,是重庆及西南地区首家从事老年服务研究、养老机构策划及管理、养老机构从业人员培训及社区居家养老配套服务的公司。凯尔公司创始人系留学澳大利亚的商学硕士,其学习和吸收了美国、英国、澳洲、南非等多个发达国家对老年服务事业规划发展的先进理念及科学管理营运模式。凯尔拥有一支高效、专业的管理团队,由国内外医学硕士、护理学硕士、护师、营养师、酒店物业管理主管及社工师等组成。

1. 凯尔老年公寓管理体系COMS简介

以自主研发的COMS老年公寓管理体系为凯尔管理体系的核心和基础,COMS管理体系针对入住老年人的健康管理、快乐管理、生活管理等全方位覆盖,并清晰机构行政后勤物业管理板块。同时凯尔将澳大利亚长期照护系统(Long Term Care,简称LTC)通过循环的ADPIR模式引入老年人护理及健康管理领域,LTC适合各种身体情况的老人,突出持续评估机制及个性化服务制定,使老人的护理及健康服务更具个性化、科学化和持续化;同时COMS管理体系对养老机构内部管理及护理工作效果有数据可查可对比,并且降低老人在养老机构中发生意外的概率。凯尔通过COMS管理体系和LTC照护体系为托管老年机构提供高品质、与国际接轨、非同质化及核心竞争力服务。COMS管理系统已经通过了ISO9001:2008国际质量管理体系的认证。

2. 业务范围

① 养老机构管理服务

针对各类型养老机构的管理(老年公寓、养老院、福利中心、老年社区、养老别墅区等)是凯尔的主营业务之一,也是凯尔养老服务的优势所在;凯尔通过对不同养老机构的地理区域、建筑结构、硬件设施、工作人员情况、周边市场环境及服务内容设置与服务标准等关键要素进行评估和分析,为养老机构制定出合理、高效、低成本、可操作的综合管理方案,并凭借凯尔COMS(老年公寓管理体系)管理体系为基础对老年机构实施管理。

② 日间照料及居家养老

日间照料中心:凯尔为各级民政部门、街道社区提供老年人日间照料中心的开业筹备、建筑装修规划、工作人员培训和后期运营服务。

居家养老服务:承接各类民政部门、街道和社区的居家养老上门服务项目,为老人提供安全、规范、有尊严的居家养老服务。

③ 养老护理及管理人员培训

养老机构管理人员:凯尔为各类型养老机构中高层管理人才提供机构日常运行务实管理、人力资源、机构管理实际突发案例分析、解决等对策等培训。

④ 养老机构策划

为新建、改建养老机构项目提供从项目可行性调查、筹建、政策咨询、立项、老年居住建筑规划、开业筹备、员工培训和运营管理一条龙服务；凯尔的丰富经验可以帮助客户避免常见错误、少走弯路、规避投资风险，安全顺利地完成养老机构前期建设和后续运营管理工作。

二是销售。以广州颐年园、三亚清平乐老年公寓为代表。养老地产项目销售包括产权销售和会籍销售模式。如果是销售产权且无后续养老跟进服务就跟普通房地产发项目基本相同，并不属于严格意义上的养老地产的范畴。也有采用会籍销售方式的，这类企业主体一般是保险公司或基金公司。

三是持有和销售并举。房地产开发企业通过销售和提供服务获得利润，更多的企业则是把服务交给专业的社会机构去经营，自己获得稳定租金收入。以北京太阳城、上海亲和源老年公寓、杭州金色年华、长沙康乃馨老年示范城等项目为代表。在"销售和持有并举"模式下，房地产开发公司一般采用会员制"一次性会费＋月服务费""租金＋月服务费"方式；保险公司多半采用"购买保单获得入住(购买)资格模式＋月租＋月服务费"方式。有的保险企业直接买断养老地产项目居住权，以收取会员管理费的收益模式回笼资金，并为公司吸收养老保险客户。

[小链接1-2]

"PHILANSOLEIL 笹丘"的运营模式

日本日立制作所与医疗财团法人博爱会共同携手创立的"PHILANSOLEIL 笹丘"住宅型收费养老院，坐落在日本福冈县福冈市中心繁华地段，总建筑面积9182平方米，定员111人，入住居室99间，设施于2004年建设，2008年开业投入使用。"PHILANSOLEIL 笹丘"住宅型收费养老院有以下特点。

"日立集团"自身就正在经营着企业医院及福利设施，在经营方面有独特的经验。"博爱会"医疗机构的加入，掌握着医疗、护理的Know-how医疗管理体系，给入住老年人提供了一个从疾病的预防到诊断、治疗、福利、护理的全方位医疗服务。设施内的护理师每天将老年人的生命特征(脉搏、呼吸、体温、血压等)数据输入辅助体系，对每位入住老年人实行健康管理。护理师根据入住老年人的身体异常状况要向主治医师报告，得到服药、护理指导。"博爱会"医院每周派遣一位医生与入住老年人面谈、检查。如需治疗的话，迅速就诊，实行入住老年人直接与主治医联系的就医体制。设施根据老年人易多发齿病的状况，增设了口腔门诊，完全引进外部口腔科医生承包经营。由为全球社会做出贡献的"日立集团"和拥有高水平医术的"博爱会"医疗机构携手共建的养老院，凝聚了两大机构的丰富经验及智慧。大大提高了知名度，打出了品牌，开辟了一条集医疗与养老服务为一体的养老机构服务新途径。让老人"老有所养"，同时也能"老有所医"，已经成为许多养老机构追求的目标。

"PHILANSOLEIL 笹丘"住宅型收费养老院，按着每位入住老年人的费用规划实行灵活的运营方式。A类——需要辅助、护理的入住老年人(65岁以上，已加入医保、护理保险):① 签订终身合同,一次性付费,外加每月交纳管理费、生活辅助服务费、伙食费。分三段价位,65~74岁年龄段价位,75~84岁段价位,85岁以上年龄段价位。中途可解约,结算退还余额。② 一年签约,一次性付费,外加每月交纳管理费、辅助生活服务费、伙食费。分一般入住老年人,患有痴呆症入住老年人。中途可解约,结算退还余额。③ 月付费,分普通者、痴呆症患者。④ 对外部需求者开展入户生活辅助及护理照料的业务。出租护理用具、入户洗浴护理、短期护理、日托、康复护理照料。B类—能够自理的入住老年人(65岁以上,已加入医保、护理保险):① 签订终身合同,一次性付费。② 一年签约,一次性付费。③ 月付费。外加每月交纳管理费、辅助生活服务费、伙食费。这样的运营方式,经营方的投资回收快,资金周转快。

目前我国的养老地产运作实践和开发建设经营全程来看,先是组建建设主体单位,即房地产开发公司,由房地产开发公司向企业、保险基金、外资等进行股本融资;再以开发公司法人单位进行项目选址、规划设计、确定产品线类型和经营计划,然后动工建设、进行成本控制,在开发建设过程中,开发企业根据项目资金需求可以采取扩股融资、借贷等方式进行融资,还要筹备相关的服务机构、进行商务谈判、签订服务类合同、整合经营核心资源;然后是实现经营策略,即"销售""持有"或"销售+持有",如果是"销售"就在销售周期实现项目盈利,如果是"持有"或"持有+销售"则要做好后续经营管理,最终实现项目良性经营和盈利。

◆ 案例分析

我们如何养老

近二十年来,我国的老龄化速度越来越快,人口寿命也越来越长。

一面是子女工作忙碌无暇照顾老人的现实,一面是难以割舍的亲情。面对年老的父母,人们想好怎样给他们养老了吗?到底送不送他们去养老院?如何养老?这是当下大多数人纠结而又不得不直面的问题。

最近刘先生有些纠结,年逾古稀的母亲前些日子在家摔了一跤后,被邻居送到医院救治,幸好伤势不重,治疗一周后回家休养。就老人的养老问题,刘先生和在外地上班的妹妹没少费脑筋。

"接到身边吧,由于工作忙,隔三岔五出差,甚至一两个月都不着家。雇保姆吧,已经换了好几个,三天两头请假、要求涨工资,也闹心得很。"刘先生夫妇和妹妹商量后,打算送老人去养老院。谁知老人一听大为光火,"养你们这么大,现在你们倒嫌我累赘了?"老人大骂儿女不孝,"只要有一口气在,就不离开这个家。"

原来,老人觉得去养老院会被人说子女不孝,没面子,同时还担心在陌生环境住不习惯。

这让刘先生左右为难,父亲去世早,母亲含辛茹苦将他兄妹抚养成人,省吃俭用供他们上了大学,如今却将老人送去养老院,觉得自己太无情了,再说他也担心背上"不孝"的骂名。

同样的问题也困扰着周女士。父亲去世后，母亲和上高中的孙女住在一起，但今年孙女要去外地上大学，老人独居在家怎能放心？周女士本身与母亲分开住，又频频出差。看着母亲身体日渐消瘦，动辄还卧病在床，自己又无法尽孝，周女士很难过。送去养老院吧，觉得不忍心，不送吧，母亲年纪大了，一个人住让她很不放心。她试着和母亲聊起养老院的话题，谁知老人听后也不表态，整日睡在床上唉声叹气。

周女士猜出老人的心思，除了舍不得钱外，性格内向的老人还担心去养老院会"受罪"，因此宁可在家独守"空巢"也不愿去养老院。

而住进养老院的老年人呢？他们各自也有很大的差异。

今年3月，81岁的张奶奶被女儿送进养老院，但两个月来，张奶奶整日郁郁寡欢，十分消沉，夜深人静也不上床，独自站在窗前发呆。

"我知道老人心里有包袱，还在生女儿的气。"护工试图打开老人的心结，"阿姨，你就把我当你的女儿吧，我会好好照顾你的。"老奶奶听后摇摇头，眼泪唰地流了下来。经过护工两个月的悉心照料，老人这些日子好多了，也开始吃东西了，偶尔还想到院子里转转。

张奶奶有两个女儿，一个在北京，一个在江西。两个女儿一个刚退休，但又要照顾孙子，另一个工作很忙。老人也曾投奔女儿，但终究还是被女儿送回来住进了养老院。

78岁的黄奶奶和82岁的老伴住养老院，完全是他们自己的选择。"到底这里方便嘛，不然我一个人在家顾不过来，雇保姆还淘气。"黄奶奶说，住养老院后，让她省心不少。

黄奶奶和老伴都是南方人，从企业退休的他们，虽然工资不高，但足以保障老两口的晚年生活了。

去年，黄奶奶103岁的母亲在上海去世。她和老伴回上海照顾了老太太10个月。随后，老伴也在上海做了前列腺肿瘤手术，回到兰州。由于老伴生活不能完全自理，黄奶奶身体也不好，他们考察了几家养老院后住进了七里河区爱心托老所。

"女儿工作太忙没法照顾我们，我们住在家里他们也不放心，还不如住这里的好。"黄奶奶说，她已经委托女儿将她的房产卖掉用于养老，卖房的钱加上两个女儿的贴补，他们的晚年生活足够了。

87岁的罗奶奶，自老伴去世后，便住进了养老院。"别等子女嫌弃时再住养老院。"罗奶奶半开玩笑地对记者说。8年前，她被子女送到老年公寓，她住的是一室一厅的房型。

罗奶奶的房间有一种家的感觉。冰箱、沙发、微波炉、电视等家电一应俱全，最吸引人的要数阳台上和客厅里十多盆生机盎然的花卉。原来，罗奶奶的一大爱好就是养花种草。老人身体健康，乐观开朗。罗奶奶说，她现在什么都不牵挂，健康就是福。

选择住养老院是罗奶奶自己选择的养老方式，她的几个子女都非常孝顺，几乎每隔两天就有子女来看望她，每次都带着大包小包好吃的，她自己吃不完，冰箱放不下，她便站在二楼窗口招手，送给院子里的其他老人，当听到对方说"谢谢"时，老奶奶也开心极了。

在养老院里，大多数老人共同的娱乐方式就是散步。当然也有比拼才艺的，有些老人喜欢琴棋书画，独自在房间享受高雅；有的带着二胡坐在树荫下拉，一些围观的老人会忍不住吼几嗓子秦腔或唱几段京剧，一些老人还在院子里自发组成了演出班子。

（资料来源：根据搜狐新闻 http://www.sohu.com/a/155266272_753682 改写）

请思考:

1. 养老机构的特点是什么?
2. 老年人选择在养老机构养老的优缺点是什么?
3. 如何打消老年人入住养老机构的顾虑?

江苏南京瑞海博银龙老年康复护理中心

南京市鼓楼区瑞海博银龙老年康复中心,是集养护、托管、康复、医疗等服务于一体,以功能康复训练为特色的老年人及残疾人机构,是南京瑞海博康复医院向老年人残疾人服务的延伸。中心内部设有康复大厅,配备多种健身及康复训练的专业设备,老人可以在康复医生及康复治疗师的指导下,使用专业的康复训练器材,进行科学安全的康复训练,尤其适合脑卒中、骨折等后遗症的需要功能康复及术后休养的老人。活动室内配备有自动麻将桌、报刊阅览架等各种娱乐设施。老人可以根据各自兴趣选择棋牌等各种活动。中心以点带面,覆盖周边多个社区,满足周围社区居家养老的需求,形成就近、便捷、专业化的康复服务网络。

请思考: 该养老机构的服务内容是什么,有何特色?

任务二　管理主体——养老机构管理者

◆ 任务要点

关键词:养老机构管理者、管理技能、管理意识、管理素质
理论要点:养老机构管理者的类型,养老机构管理者的技能、意识与素质
实践要点:能够结合调查,合理分析养老机构管理者的技能、意识与素质

◆ 任务情境

王女士通过网络对自己即将进入的行业有了初步认知,但是不确定依靠自己过去企业管理经验是否能够管好养老机构。除了一般性的管理任务之外,养老机构的管理者还需要具备哪些能力和素质呢?恰好民政部门最近组织了一个养老院院长培训班,王女士决定进行系统的学习,切实掌握养老机构管理者的管理技能。

◆ 任务分析

管理者,是养老机构管理中最核心、最关键的要素。配置资源、组织活动、推动整个养老机构运行、促进经营目标的实现,所有这些管理行为都要靠管理者去实施。管理者是整个养老机构管理系统的驾驭者,是发挥养老的社会、企业功能,实现目标最关键的力量。

养老机构管理者所做的管理工作既是科学,又是艺术,这种科学与艺术的划分是大致的,其间并没有明确的界限。说它是科学,是强调其客观规律性;说它是艺术,则是强调其灵

活性与创造性。因此，没有通用的、一成不变的管理手段，必须要根据实际情况加以合理分析。

步骤一 养老机构管理者的基本内涵

美国学者德鲁克曾给管理者下定义为：在一个现代的组织里，每一个知识工作者如果能够由于他们的职位和知识，对组织负有贡献的责任，因而能够实质性地影响该组织经营及达成成果的能力者，即为管理者。这一定义，强调作为管理者首要的标志是必须对组织的目标负有贡献的责任，而不是权力；只要共同承担职能责任，对组织的成果有贡献，他就是管理者，而不在于他是否有下属人员。但是，依据这一定义，拥有知识并负有贡献责任的医生或是护士也可以被视为管理者。

我国学者乌丹星认为养老机构的管理者是由董事会聘任，具有某项专业知识技能及管理才能，能够承担养老项目规划设计、商业运作、养老机构运营管理及养老战略发展规划等重要职责的专业人才，比如养老规划师、养老机构院长、评估师。规划师要做的绝不是概念上的硬件规划，而是整体规划，评估师是要对所有的项目进行评估，院长是必须做负责人。职业经理人是全面综合地对一个人的要求。

本书根据养老机构的实际情况，将养老机构管理者定义为：养老机构管理者是指履行管理职能，对实现养老机构的企业目标、社会目标实现负有贡献责任的人。这个概念可以从以下两个方面进行理解：

第一，养老机构管理者必须履行管理职能。从养老机构的管理工作来看，是做好养老机构的计划、组织、领导和控制。从养老机构的基本业务看，是管理好养老机构的服务工作、财务工作、后勤工作、意外事件处理工作等。

第二，养老机构管理者的管理工作必须组织目标的实现服务。养老机构的组织目标，可简单地概括为给老年人提供优质、合理的服务，或者用"为天下儿女尽孝为政府社会分忧"这一养老机构常用宗旨来进行说明。而养老机构管理者的工作重点就是保证养老机构的建设、组织、人员调配、护理服务等工作围绕目标开展。

[小链接1-3]

国外养老机构管理者的要求

国外养老机构管理者必须经过相关专业的学习，取得资格证书后方能上岗。如美国养老机构的准入主要分为护理人员的资格管理和护理机构的资格管理。在人员管理方面，虽然各个州会有不同，但主要都采取的是执业资格管理的方式，由所在州政府、教育机构和职业考试机构共同完成。护理机构的管理又分为Medicare认证机构和非Medicare（公共医疗补助制）认证机构。Medicare认证机构接受联邦和州政府的共同管理，同时，州政府受联邦政府委托对该类医疗机构进行检查，并由联邦政府复查，Medicare机构作为此类护理机构最大的购买方，通过制定细致的标准，施行规范的检查和保留停止支付的权利，来确保此类护理机构的服务质量。非Medicare认证机构的管理由各个州政府负责,并结合行业协会的自律监管,对于此类机构,州政府和相关行业协会利用各种形式(如在互联网上公开信息,社区宣传,医院、家庭医生推荐等),实现信息透明,引导护理服务的需求方选择最适合自己的护理机构,从而通过建立规范的护理机构市场,实现优胜劣汰,保证非 Medicare 认证机构的护理服务质量。在日本,社会福利工作者已成为一项专门的职业,从 1971 年起日本即对福利机构中各类人员实行资格准入制度,要求社会福利机构管理者必须具备下列条件:① 在大学选修了厚生省制定的课程,并大学毕业者;② 修完了厚生省指定的培训机关培训课程;③ 通过了厚生省指定的社会福利事业工作人员的考试。

步骤二 养老机构管理者有哪些类型

养老机构管理者可以按多种标志进行分类:

(1) 按管理者的层次划分

① 高层管理者

指养老机构中最高领导层的组成人员。他们对外代表养老机构的形象,对内拥有最高职位和最高职权,并对养老机构的总体目标负责。他们侧重组织的长远发展计划、战略目标和重大政策的制定,拥有人事、资金等资源的控制权,以决策为主要职能,故也称为决策层。如图1-5所示,社会福利院的院长、副院长、党总支书记就是高层管理者。

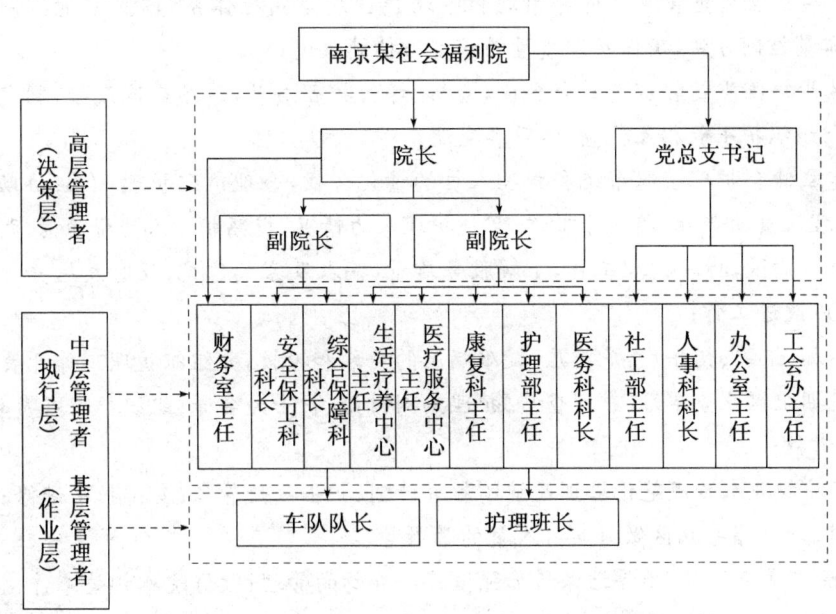

图1-5 南京某社会福利院组织结构图(部分)

② 中层管理者

指养老机构中层机构的负责人员。他们是高层管理者决策的执行者,负责制定具体的财务计划、护理计划、后勤服务计划、财务计划、人事计划等,行使高层授权下的本部门内的指挥权,并向直属高层报告工作,故也称为执行层。如图1-5所示,护理部主任、医务科科长、财务科科长等就属于中层管理者。

③ 基层管理者

这是指在养老工作第一线的管理人员。他们负责将养老机构的决策在基层落实,制定具体的针对老年人个体的护理计划、餐饮计划等,负责现场指挥与现场监督,也称为作业层。如图1-5所示,护理班班长、车队队长等。

(2) 按管理工作的性质与领域划分

① 综合管理者

指负责整个养老机构或其中具体部门的全面管理工作的管理人员。他们是养老机构或其所属单位的主管,对整个养老机构或该部门目标实现负有全部的责任有权指挥和支配该组织或该单位的全部资源与职能活动,而不是只对单一资源或职能负责。例如,养老机构的院长、护理部门的领导都是综合管理者。而后勤工作的领导则不是综合管理者,因为其只负责后勤工作这种单一职能的管理。

[小链接1-4]

护理部主任的职责要求

1. 制定护理工作的长期、短期计划并组织实施;
2. 制定护理规章制度、疾病护理常规、技术操作规范等,并指导有效实施;
3. 召集护理质量管理委员会制定和修改护理质量指标体系,建立质量控制组织网络,确立质量控制方法,确保护理质量的稳定与持续改进;
4. 召开护理质量管理委员会会议,分析、评价护理质量,总结交流经验,制定有效对策,并定期组织护士长相互检查、学习和交流;
5. 建立健全护理组织系统和护理人员的量化考核,合理调配护理人员;协助人事部门做好护理人员的晋升、奖惩等工作;掌握护理人力情况,提高护理人力资源管理效能;
6. 深入病区,指导护理工作,了解服务质量、病人及家属意见,及时总结并把意见反馈给病区以改进工作;
7. 参加(组织、指导)急危重症、疑难病例的会诊和抢救,并组织护理工作开展;
8. 定期组织业务学习、护理查房、护理病例讨论、护士大会等;组织护理人员理论、技术培训及考核;
9. 实施护理人员规范化培训及继续教育计划;护士注册管理;安排护士进修;新进护士、护理员培训,指导病区做好实习人员的带教管理;
10. 院内感染控制;指导综保科加强医疗废弃物的管理;做好院感相关工作;
11. 开展护理新技术革新,对护理流程中的疑难问题进行研究;制定和执行护理新技术、新业务准入,进行相应的准入工作程序;
12. 发挥职业安全和护士规划发展工作委员会的作用,解决护士在工作、生活中的问题;教育护理人员热爱本职工作,调动护理人员的积极性。

② 职能管理者

是指在养老机构内只负责某种职能的管理人员。这类管理者只对组织中某一职能或专业领域的工作目标负责，只在本职能或专业领域内行使职权、指导工作。职能管理者大多具有某种专业或技术专长。例如，医护部门的主任等。就一般养老机构而言，职能管理者主要包括以下类别：后勤管理、财务管理等。如，某养老机构就要求财务科科长执行财务制度，监督资金使用；执行和监督收支手续和经费管理；编制财务经费使用计划，财会账目账册管理和归档；按照规定格式和期限报送财务报表；收费管理、债权和债务管理，防止拖欠与呆账；相关收费价格管理，公开公示等诚信服务工作。

步骤三　养老机构管理者的素质

养老机构管理者的素质是指管理者的与管理相关的内在基本属性与质量。管理者的素质主要表现为品德、知识、能力与身心条件。管理者的素质是形成管理水平与能力的基础，是做好管理工作、取得管理功效的极为重要的主观条件。

（1）管理者的基本素质

政治与文化素质。指管理者的政治思想修养水平和文化基础。包括：政治坚定性、敏感性；事业心、责任感；思想境界与品德情操，特别是职业道德；人文修养与广博的文化知识等。

基本业务素质。指管理者在所从事工作领域内的知识与能力。包括一般业务素质和专门业务素质。

身心素质。指管理者本人的身体状况与心理条件。包括：健康的身体；坚强的意志；开朗、乐观的性格；广泛而健康的兴趣等。

[小链接1-5]

有梦想有经验的国际"领队"

傅力，一个曾经远赴日本的寻梦者，在日本二十年间的求学与工作，使他积淀了一颗纯粹为老服务之心。

大学毕业后，经常去老年人家中服务的他感觉知识不够，许多疑问无法解决，于是有了深造的念头，就去学习社会福祉。"社会福祉学包括对老人、障害者、儿童的护理，还有社会保障、餐饮文化等内容，是一个很全面的学科，我当时研究的方向是社会生活科学。"时任中精众和运营总监的傅力介绍。

傅力还曾担任日本护理中专学院的专业讲师，他回忆说："我前后大概教了五六年，当时主讲社会福祉论。"此外，傅力还从事过居家服务工作，"就是去做上门护理员。"后来，傅力担任日本长生集团国际事业投资公司室长及长生医疗福祉专门学院院长，主要负责海外事业和人才培训的工作，这使他拥有了极为丰富的培训及管理运营经验。

在长达几十年的为老工作中，傅力的经历使他对老年福祉及生活护理服务有了一个深入研究，同时在日本的拼搏，也使他亲身感受到日本养老服务业的点点滴滴。但令他收获最大的还是那些和老人共处的时光，"你会发现这是一份深深吸引你的工作，每天和老人接触是一件很快乐的事情，而这份处理人与人之间关系的工作，也是会令双方互相

> 改变的,到最后,你会发现你已经舍弃不了他们了。"
> 然而,最令傅力牵挂的还是祖国的老人,"在国外从事养老服务,每每看到老人都会想起自己的父母,想到中国的老人。"最终傅力为了中国的养老梦而选择了回国,投身到中国的养老服务行业。
> (资料来源:http://finance.21cn.com/stock/express/a/2014/0320/09/26749507.shtml)

(2) 养老机构管理者的素质要求

养老机构的管理者不同于一般的企业管理者,在注重管理效率的同时还要注意体现尊老、敬老、爱老、服务老人的观念,要爱岗敬业,自身要有充足的护老专业知识储备,养老机构管理者的专业素质应当包括以下内容。

① 政治与文化素质

良好的职业道德,是反映组织文化的重要窗口,是增强组织凝聚力的重要手段,是事业成功的重要保证。新时期民办养老机构管理者应恪守以下职业道德:

第一,尊老敬老,以人为本。养老机构服务的对象是老人,养老机构管理者首先要有颗"敬老爱老之心",从心底真正尊重老人、关爱老人、服务老人,在工作中能真正做到以人为本,想老人所想,急老人所急,帮老人所需,关爱每一位员工,让每位入住老人和工作人员都能体受到尊重与关怀。

第二,爱岗敬业,开拓创新。兴办养老机构,是一项福利事业。新时期养老机构的管理者应能抵御住各种诱惑,正确认识自己所从事工作的意义,热爱本职工作,忠于老龄服务事业,在工作中积极进取、开拓创新,努力在平凡的岗位上实现自我价值。

第三,依法行政,自律奉献。新时期养老机构管理者应树立严格的法律观念,认真学习并遵守法律法规,特别是有关老年人、老龄产业的各项政策法规,依法行政,办事公道,严于律己,乐于奉献,带领员工不断提升机构的声誉和效益。

② 基本业务素质

新时期养老机构的管理者除了学习和掌握社会学、公共关系学、计算机等一般基础知识以外,还应着重具备以下业务素质:

第一,老年政策与法规知识。包括国家、地区制定的有关养老服务的各种规范和法规,老年人权益保障的各项政策与法规,国家及省市地区主管部门制定的有关老龄产业发展的各种规定和政策等。

第二,为老服务专业知识。包括老年人健康评估、老年人日常生活照护、技术护理、中西医康复护理、心理护理、老年膳食搭配、老年人际沟通与交流、老年社会工作、老年活动组织与设计等方面的专业知识。

第三,基本事务管理知识。包括行政管理、人力资源管理、财务管理、质量管理、风险管理、文化建设与管理、后勤事务管理等日常事务知识。

第四,专项业务管理知识。包括出入院管理、日常生活照护管理、医疗服务管理、老年膳食服务管理、老年康复护理管理、老年人和员工心理护理管理等知识。

第五,市场经营开发知识。包括养老服务市场开发与运营管理知识,为老服务项目、产品的开发、推广和营销知识、养老服务品牌战略形成与推广知识等。

③ 身心素质

良好的心理素质,是确保养老机构管理者履行职责的重要条件。新时期民办养老机构管理者除了坚定的信念、稳定的气质之外,在性格心理方面还需具备以下特质:

第一,执着。执着表现在对养老事业理想追求的坚持,工作中对敬老爱老原则的恪守等方面。一旦确立了为老龄事业奉献的信念后,就应该始终坚持理想和原则,积极进取,绝不能因为运营过程中的困难和挫折轻言放弃。

第二,乐观。管理者要保持对养老事业饱满的热情、旺盛的斗志,既要在事业经营顺利、健康发展的顺境时期表现出乐观的情绪,也要在工作不顺、事业受挫时表现出乐观的胸怀。管理者还应通过自己的乐观情绪,影响带动员工直面一切困难,迎难而上,化解一切危机。

第三,自信。自信是在审时度势后,建立在正确认识自我基础上的自我肯定。有了自信心,就敢于承担养老机构管理过程中的各种责任,勇于开拓经营,敢于面对各种风险,迎接老龄服务市场挑战,改革创新。

步骤四　养老机构管理者的技能

管理者的素质主要表现为实际管理过程中的管理者的管理技能。管理学者R.L.卡兹提出管理者必须具备三方面技能,即技术技能、人际技能和概念技能。

(1) 管理者的一般技能要求

技术技能　是指管理者掌握与运用某一专业领域内的知识、技术和方法的能力。技术技能包括:专业知识、经验;技术、技巧;程序、方法、操作与工具运用熟练程度等。

人际技能　是指管理者处理人事关系的技能。人际技能包括:观察人,理解人,掌握人的心理规律的能力;人际交往,融洽相处,与人沟通的能力;了解并满足下属需要,进行有效激励的能力;善于团结他人,增强向心力、凝聚力的能力等。

概念技能　即指管理者观察、理解和处理各种全局性的复杂关系的抽象能力。概念技能包括:对复杂环境和管理问题的观察、分析能力;对全局性的、战略性的、长远性的重大问题处理与决断的能力;对突发性紧急处境的应变能力等。

(2) 养老机构管理者的技能要求

养老服务产业,是一个高风险行业。在养老机构经营管理活动中,存在着各种风险和意外事故。不管是哪一层次的养老机构管理者,都必须具有强烈的风险意识,掌握经济规律和法律法规,避免各种经济风险和合同风险,能防范各类安全事故,具有保险意识,会适当转移风险等各种能力。另外,面临突发事件,管理者还应头脑理清醒、临阵不惊,具有意外事故纠纷的处理能力。

① 技术技能

养老机构管理者应精通老年社会工作、老年人健康评估、老年人日常生活照护、医疗服务护理、老年人康复保健、心理护理、老年膳食搭配、老年人际沟通与交流等业务技术,具有开展员工业务指导、心理照护、培训与管理的技术和能力。

② 人际技能

具体包括:深邃的洞察能力,即能在机构日常运行中敏锐地发现潜在问题,及时解决问题;良好的组织协调能力,即对外能妥善处理各项关系,争取上级领导和社会各界对养老事业的关心支持,对内能形成合力调动全体员工的积极性,能使服务对象也参与民主管理,了解、理解、支持院方的工作;严密的组织计划能力,即善于抓住工作重点,制订科学合理的工作计划,动员和带领全体员工实现组织机构的管理目标。

③ 概念技能

第一,战略管理能力。组织的发展战略,是养老机构的总体发展目标,也是养老机构管理的首要任务。组织战略任务完成的好坏,直接关系到养老机构经营的成败。养老机构管理者应注意在资源一定的条件下,把握好部分与整体之间的关系,把养老机构活动的各个部分综合为一个可行的均衡计划,在充分调查研究及对市场发展态势进行科学预测的基础上,正确处理长远利益与当前利益的关系,制定出符合机构实际的长远发展规划。

第二,市场经营能力。管理者应具有强烈的市场经营意识和营销理念,能紧紧围绕老龄产业化、市场化的发展趋势,积极开拓与老龄服务市场经营相关的各种相关资源,具备市场开发运作能力。应该能够围绕老年人生活照护、老年人生活用品、老年护理培训、护理员职业技能鉴定、老年膳食配送、老年人旅游等服务项目进行新业务的研发和推广,应能探索养老机构整合重组,或以连锁经营为代表的新经营机制能力。

(3) 不同层次管理者对管理技能需要的差异性

上述三种技能,对任何管理者来说,都是应当具备的。但不同层次的管理者,由于所处位置、作用和职能不同,对三种技能的需要程度则明显不同。对养老院院长、副院长的层级来说。尤其需要概念技能,而且,所处层次越高,对这种概念技能要求越高。这种概念技能的高低,成为衡量一个高层管理者素质高低的最重要的尺度。而高层管理者对技术技能的要求就相对低一些。与之相反,护理主管、护理班长更重视的却是技术技能。由于他们的主要职能是在一线组织对老人的生活、医学、心理、膳食等服务进行现场指挥与监督,所以若不掌握熟练的技术技能,就难以胜任管理工作。而中层管理人员,即养老机构中各个部门的管理者,除了具备一定的技术技能之外还要具备良好的沟通能力,与老人、下属、上级进行良好的沟通和协调。具体要求如图1-6所示。

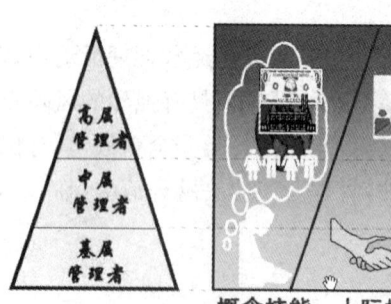

图1-6 不同层次对管理技能需要比例

步骤五　养老机构管理者素质的核心——创新

在社会化大生产不断发展,市场竞争日趋激烈,知识经济已见端倪的今天,时代对管理者素质提出了严峻的挑战。在当今时代进行有效而成功的管理,最重要的管理者素质就是创新。创新是现代管理者素质的核心。

如果概括"卡西欧"计算机公司总经理坚尾忠雄的成功经验,可用如下六个字:远见、积累、创新。卡西欧成立伊始,就拿出了自己的拳头产品—中继式国产小型计算机,为卡西欧的发展开辟了道路。由于忠雄总是预测几年后发展的可能性,事事都争取先走一步,所以经营颇有特色。即便是新产品,也注意改进和提高,使它增加新的功能,争取新的顾主。不断开发特有商品。

在当今进行有效而成功的管理,最重要的管理者素质就是创新。

新时期养老护理工作要求管理人员必须具备创新意识。需要我们通过理论和实际操作的学习,学会护理各种老人的方法,来满足不同层次老人的生理、心理需求。需要我们陪伴老人,负责老人的心理照料,经常与老人交谈,了解老人的心理需要,关心、开导、安慰老人。在思路上创新,在工作方法上创新,不断提高工作效率和质量。在工作中善于发现问题,分析问题,解决问题,并培养锐意进取的精神。克服排泄照料、心理照料、常见疾病护理、临终护理等工作中的难点。

◆触类旁通◆

1. 管理者的角色及行为特征

现代组织中的管理者需要扮演多重复杂的角色。早在 1970 年,著名学者亨利·明兹伯格(Henry Mintzberg)就提出了企业经理人的 10 种工作角色,即名义首脑、管理者、联络者、监听者、传播者、发言人、企业家、矛盾调停人、资源分配者以及谈判者,这些角色职能的交替发挥构成了企业经理的日常工作。时至今日,其中某些有关管理者角色的术语又变成了远景创造者、激励者或促进者。表 1-2 显示了组织管理者所必须扮演的五种基本角色:促进者(facilita-tor)、评估者(appraiser)、预测者(forecaster)、指导者(adviser)和最终帮助者(en-abler)。这五种领导角色的功能与人的不同发展阶段相对应,好的管理者必须依照领导对象的实际需要熟练地扮演好这些角色。

表 1-2　管理者的五种角色和行为特征

角色	行为特征
促进者	• 帮助人们明确自己的职业价值、工作兴趣以及技术能力 • 帮助人们认识长期工作计划的重要性 • 营造一种公开、坦诚的气氛,有助于人们讨论各自工作中遇到的疑问 • 帮助人们理解和弄清楚他们从工作中到底需要得到什么

(续表)

角色	行为特征
评估者	• 把个人的成绩和名誉真实地反馈给每一个组织成员 • 使每个组织成员清楚评估成就的标准和期望值 • 留心听取人们的想法,以便知道关于他们目前的工作中什么东西是最重要的以及他们想怎样改善它 • 指出人们的成就、名誉和工作目标间存在的关系 • 对于个人如何提高自己的成就和名誉提供具体的行动建议
预测者	• 提供组织、职业和产业信息 • 帮助人们发现并使用补充信息源 • 指出可能影响人们职业前景的新趋势和新变化 • 帮助人们理解组织的文化和行政现状 • 把组织的战略目标传达给每一个组织成员
指导者	• 帮助人们区分各种各样的有用的工作目标 • 帮助每个人选择符合实际的工作目标 • 把个人的工作目标与组织的需要和战略意图联系起来 • 指出个人在实现工作目标的过程中可能遇到的有利条件和不利条件
最终帮助者	• 帮助个人开发详细的行动计划去实现各自的工作目标 • 通过安排组织成员同其他行业或组织的人们进行有益的交流来帮助组织成员实现各自的目标 • 同能够提供潜在机遇的人讨论组织成员的能力和工作目标 • 帮助人们同实施工作行动计划所需的资源建立联系

2. 管理者的权力及运用

无论在政府、企业还是在养老机构中,管理者要实现组织目标,达成群体协同,都要运用权力和影响力,换言之,无论在哪里行使管理权力,为了要使组织成员行动起来,管理者必须具有一定的力量。

(1) 权力与来源

在发挥影响力方面,管理者所具有的力量叫作社会权力。当他人确认你对他具有这种权力时,这些社会权力就构成了影响力的基础。最基本的权力分为五种,即奖酬权、强制权、法定权、专家权和参照权。

奖酬权(reward power)指管理者对下属拥有给予奖酬(包括金钱、职务津贴,也包括表彰、晋升等)的权力。

强制权(coercive power)指管理者拥有对下属给予惩罚的权力。

法定权(legitimate power)指管理者拥有对下属下达指示的合法权力。

参照权(referent power)指管理者作为一种榜样而被下属认同、模仿和学习。

专家权(expert power)指管理者具有特殊的专业知识、技术和技能,下属承认他是专家。

在上述五种权力中,奖酬权、强制权和法定权是从管理者的职务或地位中产生的权力,故统称为"地位权力"或"职位权力";而参照权和专家权主要是伴随个人魅力和能力而产生的权力,故称之为"人格权力"。前者也称为"直接影响力",后者也称为"间接影响力"。对于养老机构管理者而言,尽管他们也拥有特定的职位或法定资源,但多数情况下,他们倾向于依靠榜样作用和专业身份去获得参照权和专家权,从而对员工施加更强大和持久的影响力。

(2)权力运用

任何组织都会赋予管理者行使其角色所必要的奖酬权、强制权和法定权。有了这三种权力,管理者行使对部下的影响力即可获得明确的正面结果。只要管理者不滥用这些职位权力资源,并在平素积蓄和善用专家权和参照权的个人影响力资源,就会大大增强领导效果。

不过,权力是一把"双刃剑",无论哪种权力,实际运用起来,都要遵循特定的原则和技巧,否则,不仅会伤害领导对象、破坏工作绩效,而且还会导致管理者本人的威信降低,并最终使其领导力大大削弱。表1-3简要列出了五种基本权力的运用指南,尽管它远不能穷尽权力的运用之妙,但对管理者如何善用权力确是一个很好的提示。

表1-3 管理者五种基本权力的运用指南

角色	行为特征
法定权	• 礼貌而清晰地提出要求 • 解释某个要求的原因 • 不越权 • 必要时证明权威性 • 遵循正常的渠道 • 服从以证明柔顺 • 合适的话保持温和
奖酬权	• 提供人们需要的奖励类型 • 公正地、合乎伦理地提供奖励 • 承诺不能超过你所能给予的 • 解释给予奖励的标准而且要非常简明 • 若达到了要求就要兑现奖赏 • 富有象征性地使用奖赏(并非蓄意操纵)
强制权	• 违反现象迅速、一贯地做出反应,不要对任何特定个体表现出优待 • 在申斥或惩处前要调查真相,避免仓促地下结论或指责 • 除非是极严重的违反现象,否则先给予足够的口头和书面警告,而后再诉诸惩处 • 私下给予警告和进行申斥,避免轻率的威胁 • 保持平静,避免表现出敌意或个人性的拒斥 • 表达某种帮助员工遵从角色期待的真诚愿望并以此免于惩罚 • 对犯错者建议纠正问题的方式,并努力在某个具体方案上达成一致 • 对于给予了威胁和警告后仍不遵从的行为应给予惩罚以维护可信度 • 惩罚要合法、公正并且与事情的严重性相称
专家权	• 解释某项要求或建议的原因以及它何以重要 • 提供某项建议将会成功的证据 • 不要对事实过分夸张或不实陈述 • 严肃认真地倾听人们的关心和建议 • 在危机中自信而决断地行事
参照权	• 展现接纳和正面的关心 • 采取支持性和助益性的行动 • 适时地给人以辩护和支持 • 未经对方恳求就主动地给予恩惠 • 通过自我牺牲来显示关心 • 信守诺言

事实上,管理者对于权力了解得越多,就越能明确地开发权力来源并有效地运作权力。正因为如此,优秀的养老机构管理者从不讳谈权力,也不滥用权力,他们通过大量积极的、建设性的实践,来获得权力运用的经验和灵感,从而更好地在动荡环境中发挥领导作用,为组织和社会谋求更大的福利。

3. 管理者风格

有效地实施管理必须善于权变,但绝不是毫无依据地随意改变。事实上,现代领导学将管理者行为归纳为一系列典型的风格,诸如任务导向型、人际关系导向型、贫乏型、中庸型和团队型等。这些风格与特定的领导情境相匹配,管理者根据具体情境的需要变换领导风格,选择与实际情况相对应的领导方式。著名的管理方格理论、管理生命周期理论以及情景管理理论等都是解释这类管理变化规律方面的经典理论模型。

(1) 任务导向型领导

任务导向型领导极其强调任务和工作的要求,他们不太重视人的因素,把员工看成是完成工作的工具,除非要进行相关的任务指导,否则都不注重与员工的交流。这种风格的管理者常常是目标驱动的,他们极具控制力,对员工严厉苛刻。由于很多志愿者在专业社会化的过程中,对"管理"没有好感,甚至认为管理违反了社会工作的专业价值与理论,而宁愿管理者以人际取向的方式与志愿者互动。所以,在养老机构环境中,极端的任务导向型领导比较少见。那些为完成任务不惜牺牲个人的感受,凡事以工作第一,不管个人的死活的管理者,通常不适于在养老机构中获得持续的影响力。

当然,养老机构管理者也很难单凭经验或诉诸情感就可以成功,他们也要酌情制定一套管理办法和工作流程,通过制度化的安排来保障养老机构的组织化运营。而且,在某些具体的项目上,养老机构管理者可能出于时间紧、任务重等压力,不得已或不经意间表现得过分注重工作而忽视了人文关怀,这类情况也并不少见。

(2) 人际关系导向型

人际关系导向型领导与任务导向型领导正相反,他们强调与下属的人际关系而不大关心任务的完成情况。这种风格的管理者注重考虑员工的态度和感受,确保下属的个人和社会需求获得满足。他们总是让人觉得舒服,很愿意帮助别人,尽量不引起争议,让大家像乡村俱乐部成员那样轻松和睦地相处,所以,这类领导风格有时也被称为"乡村俱乐部型"。

在某些事业压力不大的小型养老机构中,特别是养老机构的社工部门中,人际关系型领导特别受欢迎,管理者非常重视每个人的感觉,注重人际沟通,强调人与人之间的关怀与接纳,员工们聚在一起,彼此联络感情,没有艰巨的任务,没有沉重的业绩压力,工作起来非常愉快。当然,这种轻轻松松干事业的情况毕竟不多见,由于人际关系型领导对任务的推行不够到位,更可能对各种冲突和危机应对不力,因此在那些高强度、高难度的非营利事业中,这类管理者往往效率低下。

(3) 贫乏型领导

贫乏型领导既不关心任务,又不关心人员。这种风格的管理者采取收敛和退缩的方式实施领导,在行为上尽量保持不介入。他们通常很少与下属联系,对事物漠不关心、态度含糊、听天由命并且毫无兴趣。显然,贫乏型领导对人和工作都缺乏足够的关注与热情,这与养老机构领导者那种高度投入与敬业的要求是格格不入的。当然,在实践中,需要把"贫乏型"领导与"放权型"领导加以区分,后者是许多养老机构中所倡导的一种领导风格。表面上看,放权型领导同贫乏型领导一样,都不过多干预工作过程,与员工的联络也不密切,但他们有本质的不同。放权型领导是基于对员工和工作非常了解,认为员工完全可以胜任工作,从而放心把权力授予他们,让他们放手发挥,管理者只保持必要的监督。这与贫乏型领导那种多少有些消极放任的态度不可同日而语。

(4) 中庸型领导

中庸型领导是一种折中主义的行为模式,即对任务和执行任务的人都保持一定的关心。这种风格的领导在考虑员工因素和注重工作要求这二者之间寻找一个平衡点或者是将二者混合。一方面,他们放弃了一些对工作的强力推动行为,另一方面,他们也减少了对员工需求的关心程度。为达到平衡点,他们常会避免冲突,在工作过程中,他们通常保持权宜的、中庸的、弱化争论的方式来表达自己的意见。

这种类型的领导多见于稳定的官僚机构,他们对工作不做苛刻的要求,对工作人员也保持适度距离,不求大功,但求不错。由于这种领导只能维持平庸的绩效,通常无法达到高目标,因此,只适于担任限于某些特定局域内的养老机构的领导。

(5) 团队型领导

团队型领导既强调任务导向,也重视人际关系,他们努力促成组织内高度的团队合作和参与,他们注重目标激励,也注意满足员工的基本要求,以使其能更好地投入到工作中去,且更富责任心。这种风格的管理者常常善于鼓励员工,他们行事果断,事务公开,明确事务的优先顺序,坚持不懈并且虚心和热爱工作。作为一种积极而有力的领导风格,团队型领导特别适合那些面临复杂环境、具有成长性以及需要人的高度投入的企业和养老机构。

值得指出的是,团队型领导不单单是个体的领导风格,实际上,团队型领导强调群体中的每个人都参与,每个人都要发表意见,每个人对团队的发展都有所贡献。因此,它实际上也是一种群体领导风格,既强调团队管理者个人的魅力与才干的发挥,也强调每个团队成员的积极互动,通过双方的共同努力,真正达成整体的团队合力。

案例分析

FL养老中心的老人们发现,院里来了一位24岁的年轻女孩,是他们的副院长。他们不知道,这位姑娘还是我市养老院里第一个从老年服务与管理专业毕业的"科班院长"。

这位姑娘名叫阎婷,一年前从大连职业技术学院毕业,在校时学的是老年服务与管理专业,当时,全国还只有这一所学校开设这个专业。一个女孩子,当初是怎么想的会报考这样一个"伺候老人"的专业呢?阎婷笑着说,"我国已经走向老龄化,社会肯定需要这方面的人才。"阎婷说自己是幸运的,在学校学习3年,学了护理、医疗、管理以及老年心理学等方面的理论知识,快毕业时就到了一家养老院实习,护理老人。毕业后又到了社会养老服务中心做养老中介,然后到了一家托老所当所长,最后在半个月前到了FL养老中心当副院长,算是一步一个脚印。

刚毕业时间不长就当上了养老院的"头儿",而且是我市目前投资规模最大的一家民营养老院,又是和一些老人打交道,不打怵吗?阎婷说自己有信心干好,并说自己有着别人所没有的优势,那就是理论与实践相结合,要知道以前可没有老年服务与管理这个专业。

阎婷也承认，与老人打交道确实比较难，她在实习时就曾见过护理员的胳膊被掐得青一块紫一块，有的老人今天看着你笑，明天就对你打骂。不过，虽然看到不少学习老年服务与管理专业的学生，到后来都"逃离"了这个圈子，但她还是希望自己能在这条路上越走越远。

阎婷表示，FL养老中心现在有42位老人，工作人员有20多名，由于自身宣传力度不够，目前的入住率还不高。所以下一步她将着重在这方面下点力气，并且拓展服务范围，让老人在这里动起来、乐起来。

（资料来源：http://www.nen.com.cn/77979563665129472/20061223/2106666.shtml）

请思考以下问题：
1. 阎婷在养老院中是哪一层级的管理者？
2. 阎婷具备的技能和素质有哪些？

任务三　养老机构管理对象和管理环境

◆ 任务要点

关键词：养老机构管理对象、管理环境

理论要点：养老机构管理对象的内容，外部环境和内部环境

实践要点：运用访问调查法和实地考察法，了解养老机构的管理对象和环境情况

◆ 任务情境

通过系统的学习，王女士达到了养老机构的管理者所要具备的相关要求。但是，她还想进一步了解养老机构的管理情况。于是，她做出了一个大胆的决定，选择一家养老机构进行实习，以全面了解养老机构的管理对象……

◆ 任务分析

管理是管理者作用于管理对象的过程，并且，总是在一定环境下发生作用的。因此，作为管理客体的管理对象与管理环境是影响管理功效的重要变量。

管理，总是对一个群体或组织实施的，所以，管理对象首先可以理解为不同功能、不同类型的养老机构。而任何养老机构为发挥其功能，实现其目标，必须拥有一定的资源或要素。管理，正是通过对这些资源或要素进行配置、调度、组织，才使管理的目标得以实现。所以，这些资源或要素就成为管理的直接对象。同时，任何养老机构要实现其功能或目标，就必须开展一些职能活动，形成一系列工作或活动环节。只有对这些职能活动或工作环节进行有效的管理，才能保证目标的实现。这样，这些职能活动或工作环节也成为管理的对象。因此，管理的对象应包括各类养老机构及其构成要素与职能活动。

想对养老机构的管理对象和管理环境有比较深刻的认知，不能仅仅靠书本上的知识，还是需要通过实地考察才能更好地加以了解。

步骤一　管理对象的外延和内涵

管理是为了达到某一共同目标而采取的一种有意识、有组织且不断进行协调的活动。同其他的企业一样,养老机构的管理也应当遵循管理学的基本原理与方法,按照养老服务行业建设、经营与发展规律,构建自己的组织管理体系、制定自己的管理方针、目标与方法,进而对养老机构的服务与经营实施有效的管理。

但与一般的社会组织有所不同,养老机构具有很强的社会属性,基于此原因,有的学者认为养老机构应该是典型的非营利组织。所以,养老机构的管理应包含两个方面的内容,一是政府相关部门对养老机构进行的管理,二是养老机构的内部管理。

(1) 政府部门的管理

政府是养老机构管理的主体,在宏观管理中担任"掌舵者"的角色,主要行使行政管理职能。政府在养老机构服务体系发展中应该制定政策、分配资源、协调和监督养老机构的健康发展。政府对养老机构的管理涉及的管理部门较多。民政部是主管部门,负责拟订养老机构管理办法,负责指导全国养老机构管理工作。县级以上人民政府民政部门是养老机构的业务主管部门,对养老机构进行管理、监督和检查,制定养老机构设置规划,履行审批和年检职能,也会定期对养老机构的工作进行年度检查。

具体而言,民政部门是养老服务机构成立、变更、撤销的审批机关,负责养老机构的筹建、审批、验收、注册登记和发证,日常经营业务指导、监督,养老机构的建设和发展规划,年度审核、考评工作,养老机构的纠纷调解和意外事故的调查处理工作,还包括对公办养老机构和乡镇养老机构领导的任命和调整等。

除民政部门外,还包括卫生、税务、财政、消防、电力、国土资源、建设、工商、劳动和社会保障、市政工程、公安、环境保护等行政部门,各部门应各尽其职,共同对养老机构的运营和发展起到监管和保障职责。

以卫生部门为例,来说明其对养老机构医疗服务方面的管理内容。具体包括:养老机构内设医疗服务部门(医务室等)的审批;年审医务人员职业资格认证、注册、职称晋升和继续教育;医疗服务过程中医德医风、服务质量的监督,卫生防疫和商品卫生监督,医疗纠纷的调解、仲裁等。

其他部门的管理职责包括:消防部门主要对机构的消防安全问题进行监督和指导;国土部门负责对机构用地的审批、划拨的管理;建设部门负责对机构建筑的审批和验收;工商部门负责机构的工商注册和经营监督;税务部门负责机构的财务监管和税务监督;劳动部门负责机构用工的监督;环保部门负责机构污染排放等的监管;治安部门负责管理机构的治安与刑事犯罪问题等。

行业协会作为政府和养老机构的桥梁和纽带,扮演着沟通、协调和监督的职能。行业协会对养老机构的管理内容主要是传达政府对其的要求,帮助政府制定和实施行业发展规划,制定和执行行业规定和标准,监督本行业的服务质量,鼓励各机构公平竞争。

管理的内容包括养老机构成立前的审批管理、运营过程中的日常管理以及验收不合格或违反规定时的撤销管理。

成立前管理的内容主要包括筹建阶段登记注册的审批、发证管理,筹建机构所用土地的划拨管理、建筑设计规范管理、内部设施、备品以及人员配备管理、建设资金的筹备管理等。

日常运营管理的主要内容包括日常经营业务指导与监督、年度审核和考评、管理人员和护理人员的培训、纠纷调解和意外事故的调查处理、消防安全和卫生防疫等问题的技术指导等。撤销管理是指养老机构验收不合格或年度审核未通过等情况发生时，民政部门可按相关规定撤销其营业资格的管理。

（2）养老机构的内部管理

养老机构的管理者必须明确管什么、如何管、应达到什么目标与要求等问题。

组织的资源或要素，作为管理的直接对象，各有其特定的属性与功能。只有对这些资源或要素进行科学的配置与组织，才会有效发挥其作用，以保证目标的实现。关于管理要素的构成，管理学者做了大量的研究，提出了不同的见解。普遍接受的观点是，管理要素包括人员、资金、物资设备、时间和信息等。

① 人员

人是管理对象中的核心要素，所有管理要素都是以人为中心存在和发挥作用的。养老机构一切活动都是服务于人，并且靠人来完成，因此，对人的管理极为重要。

养老机构员工管理的目标在于如何调动员工的积极性，增强责任意识，保证老人居住安全，提高服务质量，这是养老机构管理的重点，也是养老机构赖以生存与发展的关键。

员工管理应从三方面入手。首先，做好员工的选拔、岗前培训、聘用和继续教育，把握好员工"入口"关和继续教育关，不断提高员工素质和服务技能。其次，加强员工的职业道德教育。这是一个为特殊人群服务的特殊职业，对思想品质、职业道德有着特别的要求，没有良好的思想品质、职业道德是做不好这份工作的。最后，加强员工考核管理，实现奖惩分明。

② 资金

资金是任何社会组织，特别是营利性经济组织的极为重要的资源，是管理对象的关键性要素。要保证职能活动正常进行，经济、高效地实现组织目标，就必须对资金进行科学的管理。

养老机构资金管理是指养老机构的财务和资金的管理。养老机构财务管理包括财务计划、财务制度、资金分配、周转、成本核算和财务监督等管理。现阶段，在政府投入不足、优惠政策难以落到实处、老年人支付能力低以及资金筹措困难的情况下，为了发挥有限的资金效益，必须加强财务和资金的管理。养老机构对财务和资金管理的目标是以有限的资金投入获取最佳的社会与经济效益。

③ 物资设备

物资设备是社会组织开展职能活动，实现目标的物质条件与保证。通过科学的管理，充分发挥物资设备的作用，也是管理者的一项经常性工作。

养老机构对物资设备的管理包括对机构内硬件设施的建设、改造、维修，设备、物品的采购、使用、维护和保管以及财产的管理。养老机构对"物"的管理目标是保证所有设施、设备始终处于完好状态，物品采购、使用、管理始终处于规范有序状态，降低采购成本，保证设施的完好率，提高使用效率，保证养老机构各项工作正常进行。此外，为提高工作效率，还应重视养老服务信息化管理，这是实现养老机构现代化管理的基本条件。

④ 时间

时间是组织的一种流动形态的资源,也是重要的管理要素。管理者必须重视对时间的管理,真正树立"时间就是金钱"的意识,科学地运筹时间,提高工作的效率。养老机构要特别重视时间的安排和使用,力争养老服务不漏死角。

[小链接1-6]

某养老机构每日巡视制度

(一) 巡视时间

1. 院内管理者(护理部主任)巡视时间:每天上、下午各一次,每天不少于两次。
2. 工作人员巡视时间:每天上、下午各两次,每天不少于四次。
3. 护工(包括流动服务的)巡视时间:按老人服务项目、自理能力、每天上、下午各四次,每天不少于八次,重点来人增加巡视次数。

(二) 巡视工作要求(包括白班、夜班)

1. 查老人有无需求,并立即提供相关服务。
2. 查活动室,老人居室(包括卫生间),厨房,餐厅,等场所有无火灾隐患,室内严禁吸烟。
3. 查老人房间电器插销是否完好,有无漏电、短路,防止老人触电及发生火灾。
4. 查老人是否齐全在院,外出老人是否按时返回,晚餐后老人(个人)一律不得外出,以防老人走失。
5. 查老人有无精神、心理异常,发现问题及时汇报,以便通知家属。刀剪用具要控制使用。
6. 查不自理老人及有心脑血管疾病的老人身体状况,发现异常及时采取有效措施。

(资料来源:http://finance.21cn.com/stock/express/a/2014/0320/09/26749507.shtml)

⑤ 信息

在信息社会的今天,信息已成为极为重要的管理对象。现代管理者,特别是高层管理者,已越来越多地不再直接接触事物本身,而是同事物的信息打交道。信息既是组织运行、实施管理的必要手段,又是一种能带来效益的资源。管理者必须高度重视,并科学地管理好信息。

步骤二 管理目标和原则

明确了管理内容,还必须制定管理目标与原则,以便确定管理方法,实施有效管理。

(1) 管理目标

① 追求社会效益

养老机构是老年人社会福利事业的重要组成部分,也是社会主义精神文明的窗口,它体现了党和政府对广大老年人的关心与关怀,因此,不断改善住养条件、提高服务质量、追求社会效益、让老人满意、让子女放心、为政府和社会分忧是养老机构管理的最高目标。

② 重视经济效益

虽然大多数养老机构不以营利为目的,但其参与社会经济活动与市场竞争,同样存在着经济效益问题,特别是在政府投入不足、优惠政策难以落到实处、老年人支付能力低、市场竞争激烈的背景下,养老机构要生存、发展,必须重视经济效益。没有一定的经济效益作保障,社会效益也是一句空话。

追求社会效益,重视经济效益是任何一个养老机构管理的共同目标。在这个共同的目标指导下,各养老机构应结合自身实际制定出具体的管理目标,例如,近期和远期的发展规模目标、质量管理和/或品牌战略目标、经营效益目标和人才战略目标等。养老机构管理目标设计、制定得越具体、越缜密,越容易付诸实施和实现。

(2) 管理原则

养老机构管理应遵循以下原则。

① 以人为本的原则

以人为本,是管理学中人本原理的核心,它是管理之本、发展之本。养老机构管理中的,以人为本,主要体现在三个方面。第一,在规划设计、装修,或改造过程中体%,以人为本。充分考虑老年人的体能心态的变化,一切为了方便老人居住与生汛为老年人营造一个温馨、舒适、安全、方便的居住环境。第二,在服务理念上体现,以人为本。充分了解老人的需求,理解老人的心理与期望,对每一位老人提供体贴入微的个性化服务。第三,在员工的管理上体现,以人为本。员工是养老机构生存与发展的重要因素,管理者对员工既要严格要求,又要处处关心,切实解决员工工作、生活上的困难,维护员工的合法权益,激发员工努力工作的积极性。

② 安全第一的原则

养老机构是一个高风险的行业,它面对的是体弱多病的老人群体,稍有不慎,或工作疏忽,就有可能酿成入住老人的意外伤害与事故,引来纠纷,造成损失。因此,在养老机构管理,安全管理是头等大事。应该从制度上进行设防,意识上加以强化把不安全因素消除在萌芽状态。

③ 质量第一的原则

质量是任何一个企业发展的生命线,养老机构也不例外。没有可靠的服务质量,难以吸引和留住老人,养老机构的经营将面临困境,甚至无法生存。

④ 依法管理的原则

养老服务是一个政策性很强、管理严格、社会关注度高、十分敏感明工作,稍有偏差将会遭到政府行政部门的批评、处罚和社会舆论的谴责,使养老机构处于十分被动甚至难堪的局面。只有依法管理才能使养老机构健康发展,才能赢得政府的扶持和社会的支持。

步骤三　管理环境的分析与管理

(1) 管理环境,是指存在于社会组织内部与外部的影响管理实施和管理效果的各种力量、条件和因素的总和。

中国养老机构面临的市场并不规范,服务质量参差不齐,缺乏统一的行业标准和市场体系,其应有的能量和潜力还远远没有发挥出来。所以,必须要对养老所处的环境进行分析。

(2) 管理环境的分类

管理环境可以按不同的标准进行分类:按存在于社会组织的内外范围划分,可分为内部环境和外部环境。内部环境主要指社会组织履行基本职能所需的各种内部的资源与条件,还包括人员的社会心理因素、组织文化等因素。内部环境也是管理的对象。外部环境是指组织外部的各种自然和社会条件与因素;组织的外部环境还可以进一步划分为一般环境和任务环境。一般环境,也称宏观环境,就是各个组织都共同面临的整个社会的一些环境因素;任务环境也称微观环境,是指某个社会组织在完成特定任务过程中所面临的特殊环境因素。例如,一家工商企业,可能与一所学校面临相同的宏观环境,但它所面临的任务环境不但与学校的任务环境不同,而且与其他企业的任务环境也可能不同。对工商企业来说,任务环境主要包括:资源供应、合作者、竞争者、顾客、政府主管部门以及社区等。

(3) 环境管理

环境对组织的生存发展及对管理的决定与制约作用,要求管理者必须抓好环境管理,能动地适应环境,谋求内部管理与外部环境的动态平衡。

① 了解与认识环境

管理者要能动地适应环境,首先要了解、认识环境,这是环境管理的基础。管理者要把对环境的了解与掌握作为重要管理职责。要通过各种渠道搜集有关环境的信息,掌握关于环境的各种因素与变量,把握环境发展变化的趋势与规律。对各种环境变量做到心中有数,始终保持对环境的动态监视与整体把握。

② 分析与评估环境。在掌握组织环境大量信息,对组织环境充分了解的基础上,要对各种环境因素进行深入的分析与评估。要划分与确定环境因素的类型,确定环境对组织与管理影响的领域、性质及程度的大小。例如,根据一些因素与组织之间的联系,将环境区分为一般环境和任务环境;还可以根据环境的变化程度,将组织所面临的环境分为稳定环境和动态环境。

③ 能动地适应环境。在对环境科学评估、正确分类的基础上,要研究与选择对待不同环境的办法。一般是采取依据分类区别对待的管理办法。1) 对于一般环境,是各个组织共同面临的,而且,也是个别组织无法改变的,所以,只能采取主动适应的办法。管理者要从组织环境既定条件与因素出发,去研究、解决本组织的问题,千方百计地利用环境的有利条件,发挥本组织适应环境的优势,因势利导地寻求组织与环境的平衡,以获得组织的发展。2) 对于任务环境,既是本组织直接面临、且影响巨大的环境,又是本组织在一定程度上可以施加影响的环境,所以,管理者要积极干预,创造条件,影响环境朝向有利于本组织的方向发展。例如,企业通过广告、促销等多种方式影响消费者购买心理,从而,使消费者产生对本企业产品品牌的特殊偏好,导致其采取大批购买行动。再如,利用正确的竞争策略,打败竞争者,扩大市场份额。3) 对于稳定环境,管理者可以按正常的程序和规范进行预测与计划,并实行较为稳定和长期的战略与政策。4) 对于动态环境,管理者则要加强监测,并采取权变管理模式,灵活应变。例如,在职权配置上给基层实体以更大的自主权,或建立分权型组织,以便让其独立地、灵活地适应多变的外部环境。

触类旁通

管理方法是管理机制的实现形式,管理机制的功能与作用是通过具体的管理方法实现的。尽管管理机制具有客观性,但选择和运用不同的管理方法则是具有主观性的。

1. 管理方法的含义与分类

(1) 管理方法的含义

管理方法,是指管理者为实现组织目标,组织和协调管理要素的工作方式、途径或手段。管理方法是实施管理的途径或手段,是实现目标的中介和桥梁,是管理者管理行为的工作方式,对于管理功效及目标实现,具有非常重要的意义。

2. 企业管理方法的现代化

要提高管理方法的效能,就必须实现管理方法的现代化。(1)实现管理方法的科学化。企业要按照客观经济规律和生产技术规律的要求进行组织和管理,正确指挥,科学决策。(2)实现管理方法的最优化。管理方法尽可能实行量化,通过对多种方案的比较和优选,寻求最佳方案,取得尽可能高的经济效益。(3)管理方法的文明化。企业要搞文明生产,不但要有好的厂房和设备,还要有良好、优美的工作环境,职工要讲究文明礼貌和道德风尚,领导者要树立以人为本、尊重下级的思想,实现文明管理。(4)管理手段的现代化。要广泛采用计算机及各种信息、网络技术,努力实现管理和办公手段的现代化。

3. 管理方法的应用

(1) 经济方法

经济方法的含义　经济方法,是指依靠利益驱动,利用经济手段,通过调节和影响被管理者物质需要而促进管理目标实现的方法。

经济方法的特点　① 利益驱动性。被管理者是在经济利益的驱使下去采取管理者所预期的行为的。② 普遍性。经济方法被整个社会所广泛采用,而且也是管理方法中最基本的方法。特别在经济管理领域,是最重要的管理方法。③ 持久性。作为经济管理的最基本方法,经济方法被长期采用,而且,只要科学运用,其作用也是持久的。但经济方法也有其局限性:可能产生明显的负面作用,即会使被管理者过分看重金钱,影响其工作主动性和创造性的发挥。

经济方法的形式　经济方法的主要形式有:价格、税收、信贷、经济核算、利润、工资、奖金、罚款、定额管理、经营责任制等。

(2) 行政方法

行政方法的含义　行政方法,是指依靠行政权威,借助行政手段,直接指挥和协调管理对象的方法。

行政方法的特点　① 强制性。行政方法依靠行政权威强制被管理者执行。② 直接性。行政方法是采取直接干预的方式进行的,其作用明显、直接、迅速。③ 垂直性。行政方法反映了明显的上下行政隶属关系,是完全垂直领导的。④ 无偿性。行政方法是通过行政命令方式进行的,不直接与报酬挂钩。行政方法的局限性是:由于强制干预,容易引起被管理者的心理抵抗,单纯依靠行政方法很难进行持久的有效管理。

行政方法的形式　行政方法的主要形式有：命令、指示、计划、指挥、监督、检查、协调等。

（3）法律方法

法律方法的含义　法律方法，是指借助国家法规和组织制度，严格约束管理对象为实现组织目标而工作的一种方法。

法律方法的特点　① 高度强制性。法律方法凭借依靠国家权威制定的法律来进行强制性管理，其强制性大于行政方法。② 规范性。它是采用规范进行管理的一种形式，属于"法治"，而非"人治"，这增强了管理的规范性，而限制了人的主观随意性。其局限性是对于特殊情况有适用上的困难，缺乏灵活性。

法律方法的形式　法律方法的主要形式有：国家的法律、法规；组织内部的规章制度；司法和仲裁等。

（4）社会学心理学方法

社会学心理学方法的含义　这是指借助社会学和心理学原理，运用教育、激励、沟通等手段，通过满足管理对象社会心理需要的方式来调动其积极性的方法。

社会学心理学方法的特点　① 自觉自愿性。这是通过被管理者内心受激励，而使其自觉自愿去实现目标的方法，不带有任何强制性。② 持久性。这种方法是建立在被管理者觉悟和自觉服从的基础上的，因此，其作用持久，没有负面影响。其局限性主要表现为对紧急情况难以适应，而且，单纯使用这一种方法常常无法达到目标。

社会学心理学方法的形式　其形式主要有：宣传教育、思想沟通、各种形式的激励等。

4. 管理方法的完善与有效应用

在管理实践中，要不断促进管理方法的建设与完善，使管理方法更加科学有效。其中，最重要的就是要加强管理方法的科学依据，要使其符合相关客观规律的要求，更好地体现管理机制的功能作用。

（1）要弄清管理方法的性质和特点，正确地运用管理方法。管理者若决定采用一种管理方法，必须弄清其作用的客观依据是什么，方法作用于被管理者的哪个方面，是否能产生明显的效果，以及方法本身的特点与局限，以便正确有效地加以运用。

（2）研究管理者与管理对象的性质与特点，提高针对性。管理方法是管理者作用管理对象的方式或手段，其最后效果，不但取决于方法本身的因素，还取决于管理双方的性质与特点。既要研究管理对象，又要研究管理者自身，这样，才能使管理方法既适用于管理对象，又有利于管理者优势的发挥，从而，使管理方法针对性强，成效大。

（3）了解与掌握管理环境因素，采取适宜的管理方法。由于管理环境是影响管理成效的重要因素，因此，管理者在选择与运用管理方法时，一定要认真了解与掌握环境变量，包括时机的把握，使管理方法与所处环境相协调，从而更有效地发挥其作用。

（4）注意管理方法的综合运用。不同的管理方法，各有长处和局限，各自在不同领域发挥其优势，没有哪种方法是绝对适用于一切场合的，也没有哪种场合是只可以靠一种方法的。因此，要科学有效地运用管理方法，就必须依目标和实际需要，灵活地选择多种方法，综合地、系统地运用各种管理方法，以求实现管理方法的整体功效。

项目小结

伴随着经济的发展和人们生活方式的转变，国家颁布了一系列政策文件，鼓励和调动社会力量，采取公建民营、民办公助、政府补贴、购买服务等形式，推动养老机构较快发展。

养老机构是指为老年人提供饮食起居、清洁卫生、生活护理、健康管理和文体娱乐活动等综合性服务的机构。它的服务内容包括：日常生活照料服务、特别照顾服务及康复护理及医疗服务。

养老机构的投资运营模式有公建公办、公建民办、民办公助、养老社区等多种模式，养老机构的投资者可以选择适合的模式进行投资。

养老机构管理者是指履行管理职能，对实现养老机构的企业目标、社会目标实现负有贡献责任的人。对管理者的要求包括素质、技能、角色和方法。素质主要表现为品德、知识、能力与身心条件。管理者必须具备三方面技能，即技术技能、人际技能和概念技能，还有创新能力。

管理是管理者作用于管理对象的过程，并且，总是在一定环境下发生作用的。因此，作为管理客体的管理对象与管理环境是影响管理功效的重要变量。养老机构的管理应包含两个方面的内容，一是政府相关部门对养老机构进行的管理，二是养老机构的内部管理。管理要素包括人员、资金、物资设备、时间和信息等。

思考题

1. 结合实际或案例分析养老机构管理内容的构成。
2. 分析一个养老机构管理成功的案例，谈谈自己对养老机构管理的理解。
3. 养老机构管理中需要管理者具备哪些素质？基层管理者最重要的素质与技能是什么？
4. 访问一位你感兴趣的养老机构管理者，了解他的职位、职责和胜任工作所（应）具备的素质与能力。
5. 管理工作要求他的管理者做些什么？

实战强化

项目一　调查与访问——养老机构的管理

【实训目标】

1. 使学生结合实际，加深对养老机构管理的感性认识与理解；
2. 初步培养认知与自觉养成养老机构管理者的素质和能力。

【实训内容与要求】

1. 由学生自愿组成小组，每组6～8人。利用课余时间，选择1～2个养老机构进行调查与访问。

2. 在调查访问之前,每组需根据课程所学知识经过讨论制定调查访问的提纲,包括调研的主要问题与具体安排,具体问题可参考下列问题:

(1) 该养老机构的基本状况;

(2) 养老机构管理者的分类,并重点访问一位管理者,向他了解他的职位、工作职能、胜任该职务所必需的管理技能,以及所采用的管理方法等情况;

(3) 对其管理对象的调查与分析;

(4) 养老机构的一般环境与任务环境是什么?

(5) 该养老机构中有哪些你感兴趣的管理方法?并做简要分析。

【成果与检测】

1. 每人写出一份简要的调查访问报告;

2. 调查访问结束后,组织一次课堂交流与讨论;

3. 以小组为单位,分别由组长和每个成员根据各成员在调研与讨论中的表现进行评估打分;

4. 再由教师根据各成员的调研报告与在讨论中的表现分别评估打分;

5. 将上述诸项评估得分综合为本次实训成绩。

项目二　组建模拟养老机构

【实训目标】

1. 培养初步运用所学知识建立养老机构的能力;

2. 培养分析、归纳与讲演的能力。

【实训内容与要求】

根据所学知识与对养老机构调查访问所获得的信息资料,组建模拟养老机构。

1. 以自愿为原则,6~8人为一组,组建"××养老院",自定养老院名称;

2. 进行院长竞聘,每个人以"我要做一个什么样的院长"为题,发表竞聘讲演(要有发言提纲);

【成果与检测】

1. 投票选出养老院院长,完成模拟养老机构的初步组建;

2. 班级组织一次交流,每个公司推荐两名成员发表竞聘讲演;

3. 由教师与学生对各养老机构组建情况(含竞聘提纲)进行评估打分。

学习单元二 养老机构建设管理

养老应该建在什么地方？由于国家政策扶持力度的增大和市场前景看好，很多投资者进入了养老这个产业。但是，养老机构是有一定特殊要求的。在上海、北京等国内一线城市，养老需求较大，多种形式的养老机构有生存土壤。在国内的一些中小城市，适合发展有城市特色的养老机构。

▶ 知识结构 ◀

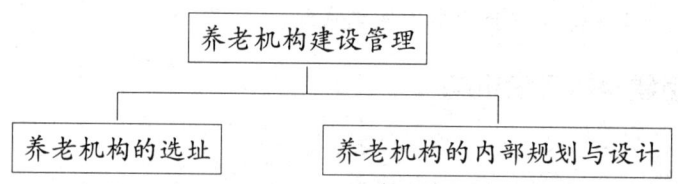

▶ 学习提示 ◀

思政育人目标

通过本单元的学习，培养学生在养老机构管理中忠于职守，克己奉公的社会主义职业精神；培养学生诚实劳动、信守承诺、诚恳待人的社会主义道德观念；培养学生严谨细致的工匠精神。

学习目标

了解养老机构的选址要求，了解养老机构的建筑设计规范，掌握养老机构建设调查的内容和方法，能够完成养老机构新改扩建的前期调查工作。

具体任务

以案例导入学习内容，学生以学校周边老年人为服务对象，模拟进行新建养老机构的论证、申报，并最终完成申报。

▶ 任务实施建议 ◀

1. 案例导入，使学生了解养老机构在进行建设时需要注意的内容，进而展开课程。
2. 本学习单元的实训是要求学生分组对学校周边进行调查，论证建设养老机构的可行性,并完成可行性报告和养老机构建设计划书。

任务一　养老机构的选址

任务要点

关键词:养老机构选址
理论要点:养老机构选址的特点
实践要点:能够运用所学知识,选择合适的地方建设养老机构

任务情境

经过了精心的准备,王女士筹集了8 000万的资金准备在家乡投资建设养老院,但是,选择在什么地方好呢?这个问题难住了王女士,建在城区地价太高,建在郊区又怕老人不来,配套设施比较麻烦。究竟建在哪里好呢?

任务分析

养老服务业是一个投资较大、回收周期较长、存有较大经营风险的行业,对此,投资者要有清醒的认识。进行市场调查,首先是要确定养老机构的选址,根据服务对象和服务内容,特别是自身的经济实力,这很重要。

步骤一　对养老机构的选址进行论证

老年人由于其特殊的心理和生理方面的需求,在对其居住、使用的建筑在进行场地的选择过程中,要慎重考虑各项因素。选址的论证上应从以下几个方面进行考虑:

(1) 建设规模。养老机构建设规模多以床位数表示,床位数越多,规模越大。应当根据投资人财力、市场需求总量和对市场的把握来决定建设规模。如果选择市区建设养老机构,受土地和城市空间限制,往往开发规模不大,而城市郊区可以选择较大规模的开发,否则其他配套设施也跟不上去。

(2) 服务定位。服务定位包括服务对象定位(即是以自理老人,还是部分自理或完全不能自理的老人为主)、服务层次定位(即住养条件是以中低档为主,还是以中高档或高档为主)和机构性质定位[社会福利性、非营利性和营利性,是事业单位法人注册登记还是民办非企业(简称"民非")注册登记,或是工商注册登记应当明确]。

定位决定选择的位置,如果是定位健康型老人服务,位置可以选择在郊区或者市区,也可以选择高新区,环境好、交通方便、安全卫生、餐饮合理营养、娱乐活动丰富、健身活动室、绿化设施、医疗室、康复室等都应具备。如果是定位为护理院形式,专收半自理和不能自理老人,护理院选址建议选择在市区,离家近,家人方便探望,护理院最好能注册成为医保定点单位。护理院也可以选择在郊区,但是自己要有一定水平的医疗服务。

(3) 开发方式。如果是新建新型老年社区,建议选择郊区或者是高新区模式,低价相对较低,而且可以建设多种老年设施,从更多样的角度提供适应老年人生活的场地。在城市中心区适合采取改造提升的方式,将周边资源整合利用,降低成本,同时也可激活城市某些衰败地块的活力。

(4) 开发强度。目前我国养老问题严峻,多数城市养老床位严重缺少。所以增加开发容积率是势在必行的。城市中心由于占地面积小,要选择高密度的开发强度;郊区可以选择低层高密度和高层低密度两种开发强度。

(5) 交通因素。城市中心区交通网络比较发达,选址尽量避免拥堵地段。郊区应选址于与城市主干道、城市快速路或城市环路相近的地方。

(6) 环境因素。城市中心区的养老机构尽量选择离城市公园、街心花园、休闲广场等休闲地带较近的地方;城市郊区可选择著名旅游风景区附近,可组织老年人旅游,呼吸新鲜空气。

(7) 配套设施。城市中心区的配套设施相对齐全。郊区的配套设施建议同步建设,消除老年人被孤立的感觉。高新区的基础配套建议先行开发。

步骤二　不同选址地段的特点分析

一般而言,养老机构的选址有三种模式,分别是城市中心区模式、城市郊区模式和高新园区模式。

(1) 城市中心区模式

城市中心区模式是指养老设施位于城市经济繁荣、文化活动较为丰富、活力性较强的地带。一般小型养老机构,或是利用已有设施改建型的养老机构应选择该种模式。

① 优点。城市中心区的机构养老设施周围的交通发达、便捷,老人可以乘坐公共交通到达市区内的老年活动中心、老年大学、超市、公园、健身场所等地。如遇突发情况,可以就近送医;老人居住设施周围的城市功能混合,可以带来地块的活力,养老设施也相对开放,可以更好地融入周围的环境,使老人避免出现单一功能带来孤独感和缺乏趣味感;利于社会各界开展的敬老、爱老活动;由于设施在城市中心区,人口密度比较大,周围的居住区可成为该养老设施的潜在住户,方便当地居民的就近养老。

② 缺点。城市中心区的土地价格昂贵,设施建设成本将会提高。一方面给入住老人带来费用上的负担,将有入住需求的中低收入老人拒之门外;另一方面开发单位在开发上多会选择高密度的模式,老年人居住的设施外部环境相对减少,不利于老人与大自然的接触,一些需要场地的运动场地如门球场、网球场等无法充分展开,老人的室外交往和逗留的场所不能得到充分保障,停车场车位不足健身器械不足等问题严重制约着养老设施的规模和服务质量。经调研发现,市中心区开放的一些养老院为弃用旧建筑的改造,好处是可以带来旧建筑的更新利用并且降低设施的建设成本。但是原本并非居住建筑的旧建筑在设施上就更加难以达到适老化的要求,更为严峻的现实是改造后的设施仍未达到老年居住设施的设计规范要求。

③ 针对缺点的应对方案。针对费用较高这个问题,要依靠政府对老年人入住养老设施提供政策上的支援,也要依赖于社会福利、养老保险力度的进一步深化。目前,国家对五保

户实行让其免费入住敬老院的政策,但是这种做法带来的多是老人被安排入住养老,丧失了自由选择入住养老院的权利。所以政策和社会福利的发展方向应该既减轻老年人的经济负担,同时又给予老年人入住养老机构使以充分的自由选择权。

针对高密度的开发模式这一问题并非意味着机构养老设施不适合高密度的这一场地开发类型,相反,紧凑式的场地开发对于城市来说是成熟和有效的开发模式。高密度的开发使得建筑室外场地的利用率减小。因此,要注重建筑内部的活动空间的设计,加强室内空间和室外空间设计的联系性,利用屋顶花园、露台、阳台等形式创造出多种室外空间的可能性。使老人的活动空间从高密度的束缚中解放出来。也要加强室内空间的设计的层次性,从公共空间到私密空间,提供不同层级的交往空间、活动空间,提升老人的归属感。

针对城市中旧建筑改造这一问题,首先,要统筹利用社会的闲置资源,并不是所有的旧建筑都适合改做养老院。改造之前的建筑(群)对养老设施要有一定的适用性。如北京某央企把自己闲置多年的职工宿舍和生产车间改造成了一个养老院,废弃的汽车修理车库现在变成了可以供150人活动的多功能厅。以前的工厂女工宿舍也被改建翻修成了医疗保健中心。养老院的餐厅,是由工厂以前的食堂改造的,做饭的工作人员也全部都是工厂以前食堂的大师傅。在老龄化加快的同时,由于人口出生率的降低,幼儿园、小学入学率也在降低,汕头市相关部门调查发现许多闲置的小学校舍未被利用,民革汕头市委员会在2012年"两会"期间提交了一份"关于提请由市政府统筹将闲置校舍改造成养老院"的提案。提案得到市民政局支持,表示接下来的工作要充分利用社区现有资源,将闲置的托儿所、幼儿园、中小学、卫生所、商店、厂房、办公楼等改建为养老服务机构,以缓解城区养老机构严重不足的压力,消除城区养老服务盲点。在已经建成的实例中,2011年9月建成的广州市珠海区松鹤养老院就是成功的案例,这是一家由旧厂房改建而成的养老院,占地44亩,提供800个床位,保留了原厂区生长了几十年的老树,充分利用原厂区的环境,形成了容积率低、绿化率高的花园式的养老院。其次,改造过程中应充分考虑老年人生活环境的无障碍设计。

(2)城市郊区——自然风景区模式

城市郊区远离城市中心的嘈杂喧闹,具有相对市区中心较好的生态环境,多位于自然风景区附近。加之市区的养老机构已处于高度饱和状态,可供开发利用的空间有限,近年来越来越多的机构养老设选址于此。同样,此种模式的优缺点兼备。

① 优点。利用天然的景观和城市郊区相对宽松的用地,可建设大型高档的养老院、老年公寓。场地开发模式灵活,既可以选择低层高密度的开发模式又可以选择高层低密度的开发模式。老年人的服务配套设施用地充足,可为老年人提供多种室外活动空间、健身空间、交往空间。设施周围已经形成了一定的建设规模,因此地块比较接近城市快速路、城市干道、城市环路等,交通时间上虽然耗费较市区长,但也比较通达,易于到达城市中心和其他地方。郊区养老院最直观的优势是空气质量好,自然环境好,物价水平相对较低,瓜果蔬菜新鲜。例如上海众仁老年乐园、嘉定康福敬养院等郊区养老机构,无论从环境还是从软件设施方面都走在全市的领先水平。

② 缺点。一些先天上的缺点是郊区的机构养老设施无法改变的,如区位的优势上没有城市中心的养老设施明显,医疗条件没有市区优越,再加上"多数民办养老院位于郊区,公办养老院位于市区"的观念影响,人们不愿意到郊区的公办养老院养老,在我国的一些地区出

现了中心城区养老床位已是"一床难求",而郊区养老院入住率平均只在六成左右的现象。另外,老人也担心由于交通的不便利给子女探望老人带来一定的麻烦。其他周边配套设施也不够完善,如老人要去老年活动中心、老年大学、商场等要利用公共交通到达市区,浪费时间和精力。

③ 针对缺点的应对方案。针对区位上的先天劣势,要靠后天的补足。一方面可以利用增值服务来补足,如:上海浦东泥城镇春雷养老院院长何春雷就制订了许多优惠服务,如老人每月享受一次免费理发服务;每月特设"探亲日",有专车停在人民广场,将家属集体接过来探望老人;老人要入住,100公里以内都可以提供上门候接。另一方面,要提高管理水平,位于上海青浦区的健乐颐养园特地委托著名表演艺术家张瑞芳进行管理。创办者看中的不光是张瑞芳的名人效应,更重要的原因是,张瑞芳有过自己创办养老院的成功经验。张瑞芳创办的爱晚亭从2004年开始已经营利,它的管理模式已经显现出成效。

针对医疗问题,首先,机构在选址时,尽可能地靠近医疗设施,最好是医保定点医院,一旦老人发生意外,可以就近入院接受治疗,如果病情严重,医院要有能力在最短的时间内提供转院的各项服务。其次,机构可委托医院做定时定点上门服务,为老年人体检,做到早发现早治疗。再次,机构可根据规模的大小,考虑设置机构内的小型医院。如位于正定县和石家庄市区滹沱河风景区周边的石家庄市老年公寓,在其一层就设置一个1 000平方米的小型医院。由附近医院派驻,设内科、外科、急诊科等主要科室。

针对交通问题,首先,在选址时,机构应选择接近城市干道或城市主要道路的地方,即使不能满足时间上的迅捷但是一定要满足路途上通达的要求。如北京郊区的延庆厚德养老院,是一个以度假养生、休闲养老为主题的养老院。交通便捷,距北京城区1小时车程,919路公交车每天早晨从德胜门发车去往延庆旧县城,再转乘875路到旧县政府即到。其次,养老机构本身也可以做出努力,如上海郊区一些养老院计划在市区开出班车,一方面做自我宣传,另一方面也想邀请市区老人亲自到郊区养老院实地感受。

(3) 高新开发区模式

高新区模式是为了提升区域养老水平,促进高新区的建设和全面快速发展而选择的一种选址模式。城市副中心、新城区的建设都可以采取这种模式。

① 优点。它加大了新区功能的混合程度,有利于开发区的良性发展。每个城市的高新开发区都是城市发展战略中发展经济的重要方式,政府的扶持和社会资源的投入会带来高新区的经济社会的快速发展,因此,各种类型的基础设施建设都会有较高的标准。在这里建设养老机构也会在硬件上达到较为先进的水平。建设用地比较宽敞,储备用地比较充足。利于机构养老建筑大规模的集中开发。以苏州高新区狮山敬老院为例,它是高新区为推动和完善新型养老服务体系而投资兴建的一项惠民实事工程,主要为狮山街道"五保户"及其他有需求的老人提供服务。该项目占地面积28亩,总建筑面积1.75万平方米,设计床位300个。利用高新区的真山真水风貌,设计渗透苏州传统宅院模式,打造成一个园林式的养老机构。

② 缺点。新区的首要矛盾是基础配套设施的矛盾。资源的暂时短缺给老年人带来生活的不便。完全崭新的环境可能会带来老年人心理上的不适应。其他方面如距主城区距离较远的缺点也在"城市郊区——自然风景区模式"一节中已经体现。

③ 针对缺点的应对方案。首先,要统筹规划,分期开发建设。先合理地划分功能区域,规划便捷、通达、合理的交通路网,开发建设基础设施,再进行养老机构的开发建设。等周围形成了一定的生活气氛,再让老人入住。再次,实现资源共享,提升养老机构的服务水平,带动整个区域的服务水平。仍以狮山敬老院为例,它融合中西医结合医院和残疾人服务中心,管理模式上采用与苏州大学附属第二医院合作的方式操作,硬件由狮山街道负责实施,建成后委托苏大二附院管理,附二院将提供3 500万元的医疗设备。敬老院不仅能提供一般的养老服务,更可为老人提供治疗、疗养、康复、护理等深度服务;中西医结合医院将为高新区居民提供医疗服务。

步骤三 养老机构的论证方法

(1) 调查资料

主要收集:本地区社会经济发展基本概况、居民收入水平;

本地区人口资料,特别是人口老龄化资料;

本地区集中养老需求调查资料;

本地区养老机构数量、规模、分布、性质、服务定位、经营情况等;

本地区地价、物价、房屋租赁价格、劳动力成本价格、水电煤气价格等;

本地区交通、气象及地质灾害资料;

本地区兴办老年社会福利机构有哪些优惠、补贴和扶持政策。

(2) 论证方法

① 实地考察

应当实地考察本地区现有养老机构的建设、经营、管理状况,借鉴他人的经验与教训。必要时可组织外出考察(国内和境外)。

② 文献调研

进行文献调研的目的是寻找论证、设计依据,寻求政策支持,主要收集以下两方面资料。

第一,国家、地方有关发展社会福利事业的政策法规、服务标准、管理规范。如《国务院办公厅转发民政部等部门关于加快实现社会福利社会化意见的通知》《老年人社会福利机构基本规范》《社会福利机构管理暂行办法》和《国家级福利院评定标准》等。

第二,相关的设计标准、规范。如《老年人建筑设计规范》《老年人居住建筑设计标准》《中华人民共和国消防法》等。

③ 问卷调查

必要时可组织人力深入社区,对老年人生活状况、集中养老需求进行调查,包括老人家庭结构、居住状况、照护方式、经济状况、入住需求、需求层次、需求内容和经济承受能力等。

④ 老人座谈

在深入社区进行问卷调查的同时,可安排与社区老人座谈,以便更直接、更深入、更详细地了解老年人的真实愿望与需求。

⑤ 专家咨询

投资人应向当地民政部门、设计部门、消防安全部门等进行技术咨询,充分听取行业主管部门和政府职能部门的专家意见与建议,以避免走弯路。

表 2-1　养老机构调查表

A. 街道辖区人口及家庭基本情况

人口总数	户数	0～14岁	15～64岁	65岁及以上

B. 街道辖区的养老机构和资源

1. 街道辖区养老院、护理院、福利院情况（含市属、区属和民营机构）

市属养老院、护理院、福利院	区属养老院、护理院、福利院	民办养老院、护理院、福利院
养老院　　　　　所 护理院　　　　　所 福利院　　　　　所	养老院　　　　　所 护理院　　　　　所 福利院　　　　　所	养老院　　　　　所 护理院　　　　　所 福利院　　　　　所
（市属）收养人员状况	（区属）收养人员状况	（民办）收养人员状况
设计收养人数　　　　人 实际收养人数　　　　人	设计收养人数　　　　人 实际收养人数　　　　人	设计收养人数　　　　人 实际收养人数　　　　人
其中： 80岁及以上　　　　人 66～79岁　　　　　人 65岁及以下　　　　人	其中： 80岁及以上　　　　人 66～79岁　　　　　人 65岁及以下　　　　人	其中： 80岁及以上　　　　人 66～79岁　　　　　人 65岁及以下　　　　人
健康　　　　　　　人 生活自理　　　　　人 生活半自理　　　　人 生活不自理　　　　人	健康　　　　　　　人 生活自理　　　　　人 生活半自理　　　　人 生活不自理　　　　人	健康　　　　　　　人 生活自理　　　　　人 生活半自理　　　　人 生活不自理　　　　人
（市属）工作人员状况	（区属）工作人员状况	（民办）工作人员状况
管理人员　　　　　人 医生　　　　　　　人 护理人员　　　　　人 后勤人员　　　　　人 其他人员　　　　　人	管理人员　　　　　人 医生　　　　　　　人 护理人员　　　　　人 后勤人员　　　　　人 其他人员　　　　　人	管理人员　　　　　人 医生　　　　　　　人 护理人员　　　　　人 后勤人员　　　　　人 其他人员　　　　　人
（市属）经费状况	（区属）经费状况	（民办）经费状况
人均收费　　　元/月 政府拨款　　万元/年 社会赞助　　万元/年 业务收入　　万元/年 支出　　　　万元/年	人均收费　　　元/月 政府拨款　　万元/年 社会赞助　　万元/年 业务收入　　万元/年 支出　　　　万元/年	人均收费　　　元/月 政府拨款　　万元/年 社会赞助　　万元/年 业务收入　　万元/年 支出　　　　万元/年

2. 各类养老院、护理院、福利院房屋、场地状况

单位性质	房产	活动室	医务室	食堂	浴室	卫生间	活动场地
市属 养老院 护理院 福利院	平方米 产权： 1 自有 2 租用	平方米	平方米	平方米	平方米	平方米	平方米
区属 养老院 护理院 福利院	平方米 产权： 1 自有 2 租用	平方米	平方米	平方米	平方米	平方米	平方米
民办 养老院 护理院 福利院	平方米 产权： 1 自有 2 租用	平方米	平方米	平方米	平方米	平方米	平方米

C. **街道辖区托老所、日间照料室的资源**

1. 街道辖区托老所、日间照料室状况

托老所　　　所		日间照料室　　　个	
收养人员状况		收养人员状况	
设计收养人数	人	设计收养人数	人
实际收养人数	人　其中：	实际收养人数	人　其中：
日间托养 昼夜托养	人 人	日间托养 昼夜托养	人 人
80 岁及以上 66～79 岁 65 岁及以下	人 人 人	80 岁及以上 66～79 岁 65 岁及以下	人 人 人
健康 生活自理 生活半自理 生活不自理	人 人 人 人	健康 生活自理 生活半自理 生活不自理	人 人 人 人
托老所机构人员状况		日间照料室机构人员状况	
总人数	人　其中：	总人数	人　其中：
管理人员 医生 护理人员 后勤人员	人 人 人 人	管理人员 医生 护理人员 后勤人员	人 人 人 人
托老所经费状况		日间照料室经费状况	
人均收费 政府拨款 社会赞助 业务收入 支出	元/月 万元/年 万元/年 万元/年 万元/年	人均收费 政府拨款 社会赞助 业务收入 支出	元/月 万元/年 万元/年 万元/年 万元/年

2. 辖区托老所、日间照料室房屋场地状况

单位性质	房产	活动室	医务室	食堂	浴室	卫生间	活动场地
街道所属托老所或日间照料室	平方米 产权： 1 自有 2 租用	平方米	平方米	平方米	平方米	平方米	平方米
居委会所属托老所或日间照料室	平方米 产权： 1 自有 2 租用	平方米	平方米	平方米	平方米	平方米	平方米

D. 辖区社区卫生保健中心(卫生室)、家庭病房状况

辖区共有社区卫生保健中心、卫生室	个
人员状况	
总人数	人
其中：管理人员	人
全科医生	人
专科医生	人
护士	人
业务用房状况	
业务用房	间
面积	平方米
产权：	1) 街道　　2) 居委会 3) 租用　　4) 私人房产
经费状况	
1) 政府拨款	万元/年
2) 社会赞助	万元/年
3) 业务收入	万元/年
4) 支出	万元/年
辖区家庭病房状况	
家庭病房	1) 户数 2) 床位数
负责家庭病房的医生	人
护理人员	人

E. 您对辖区养老、托老资源的看法

1. 街道辖区人口老龄化发展趋势(65岁及以上人口比率)

2000年	2005年	2010年	2020年
%	%	%	%

2. 预计辖区家庭结构变化趋势

家庭结构	2005年	2010年	2020年
独生子女家庭	%	%	%
空巢家庭	%	%	%
孤寡家庭	%	%	%

3. 目前辖区养老资源

具体资源	很充裕	较充裕	合适	较缺乏	很缺乏
管理人员					
医生					
护理人员					
后勤人员					
资金					
用房					
活动场地					
汽车					

步骤四 养老机构建设项目书

表2-2 计划书的构成

部　　分	内　　容	说　　明
1. 计划导入	(1) 封面	计划书的封面,应充满吸引力
	(2) 前言	表明计划者的动机及计划者的态度
	(3) 目录	计划书的目录
2. 计划概要	(4) 计划概要	概述计划书的整体思路与内容
3. 计划背景	(5) 现状分析	明确计划的出发点,说明计划的必要性及其前提
4. 计划意图	(6) 目的、目标设定	确定计划的目的、目标,说明计划的意义
5. 计划方针	(7) 概念的形成	明确计划的方向、原则,规定计划的内容
6. 计划构想	(8) 确定实施策略的结构	明确计划实施的结构及其组织保证,提高计划的效果
	(9) 具体实施计划	计划的具体内容,将实现目标的方法具体化
7. 计划设计	(10) 确定实施计划	实施计划所需时间、费用、售货员及其他资源;预测计划可能获得的效果
8. 附录	(11) 参考资料	附加的与计划相关的资料,增加计划的可信度

> **触类旁通**

养老机构项目建设方案参考

根据长沙民政职业技术学院陈卓颐教授的分析,养老机构项目建设方案论证必须以国家、地方相关政策法规、行业标准、管理规范为依据,主要论证以下内容。

1. 建设规模

养老机构建设规模多以床位数表示,床位数越多,规模越大。应当根据投资人财力、市场需求总量和对市场的把握来决定建设规模。

2. 服务定位

服务定位包括服务对象定位、服务层次定位和机构性质定位。应当在项目建设方案中明确。

3. 项目选址

应当遵循以下建设项目选址原则。

第一,城市养老机构选址应当符合当地社会福利机构设置规划,农村敬老院选址应以乡镇为单位设置。我国政府要求每一个乡镇兴建一所敬老院或数个乡镇联合兴建一所中心敬老院。在规划的框架下,合理布局、选址,使资源得到有效利用。

第二,养老机构宜设置在交通便利的地方。地理位置偏僻、交通不便,很难吸引老年人入住,容易造成资源浪费。

第三,养老机构应设置在地质稳定、场地干燥、排水通畅、日照充定、无污染、无危险、视野开阔的地方。老人选择养老机构特别看重居住环境的安全与舒适,大量调查显示老年人选择养老机构时常常把居住环境作为第一位的要素。居住环境好,老人感到舒适,子女也放心,否则,很难吸引老人入住。

第四,养老机构宜设置在医疗机构附近。特别是对于一些中小型养老机构,靠近医疗机构建设,既方便老人看病就医,又有利于老人突发疾病、意外时得到及时救治,还可以节约因增设医务人员编制、仪器设备投入而增加的经营成本。

4. 机构命名

养老机构的名称必须根据收养对象和机构的业务性质,标明养老院、老年公寓、护老院、护养院、敬老院、托老所或老年人服务中心等。由国家和集体举办的,应冠以所在地省(自治区、直辖市)、市(地、州)、县(县级市、市辖区)、乡(镇)行政区划名称,但不再另起字号。由社会组织和个人兴办的养老机构应按照《民办非企业单位名称管理暂行规定》(1999)命名。

5. 机构设置与人员编制

同其他组织一样,养老机构内部也是实行分级管理。较大型的养老机构,特别是国办养老机构,多实行"三层五级"管理模式,即分为决策层、管理层、操作层和院长级、科级、区主任级、班组级、员工级,由此形成了阶梯形的领导与被领导关系。

中小型养老机构可以不拘泥于上述复杂的分级管理模式,其内部组织管理部门和人员配置应根据实际工作需要,本着精简、高效的原则灵活设置和配置。例如,在大连市,许多街道养老机构(100张床位左右),一般只设一名院长,不设副院长,其属下配备有一名院长助理或数名管理人员,分工明确,职责清晰,分别承担全院的行政、业务、后勤等管理工作。在中小型养老机构更强调部门综合,管理人员一专多能,管理人员(包括院长)既是机构的管理者,也是具体任务的操作者和执行者,这一点在农村敬老院和民办小型养老机构表现得尤为突出。

养老机构内部组织机构名称没有统一的规定,应以明确部门管理职能为原则进行命名。

6. 经营方式

应当明确是独立经营、承包经营,还是合资、控股经营等。

7. 投资成本估算

投资成本包括"硬件"投资成本(土地征用费、建筑装修工程费,或房屋租赁费、改造投入、装修投入、基本设施设备投入和园林绿化投入等)、"软件"投资成本(前期考察论证、申报、注册、人工工资、人员招募、人员培训等费用)及其他费用。

8. 建设方案

必须明确资金来源,包括自筹资金、政府拨款或补贴、慈善组织赞助等。

9. 回报周期

回报周期即预朔多少年收回成本。初步建设方案形成雏形后,可委托专业建筑规划设计部门进行具体的项目规划设计等工作。

◆ 案例分析 ◆

大连市温馨老年公寓位于辽宁省大连市甘井子区,是由院长杨某筹资创建的一所集医疗、养老、托老的民营养老机构。该养老机构下属四个门诊和一个老年公寓,其中的两个门诊属于营利机构,另外两个门诊和老年公寓属于民办非企业单位。

杨某为部队转业军人,分配到地方中药厂工作。2004年,杨某辞职后,多方筹集资金200余万元,全面接管了因条件简陋难以为继的区敬老院,兴建了大连市第一家医养结合的养老机构。养老机构仍然使用原敬老院的场地、设施和注册执照,但是须义务抚养孤寡老人,同时该院向社会开放。凡是愿意入住的老人,每月交纳一定的基本生活费用,就可由养老院托养。在此期间,养老院在市区内设立了四处门诊,作为养老院的主要业务收入来源,用于补贴老年公寓的运营支出,走"以医补老"的路子。经过三年艰苦努力,养老院积累了一些养老、托老的经验,扩大到32位老年人长期入住。2008年,在区委、区政府和民政局等有关部门的协调下,杨某将个人积蓄和院内职工入股,以及合法途径借款,征地5亩,动工兴建了1 700多平方米的门诊楼和2 600平方米的老年公寓楼,2010年开始正式投入运营。老年公寓现有入住老人97位,其中由老年公寓实行义养的"三无"老人为8人,入住率高达100%。养老院共有员工94人,其中公寓内服务人员25人,其他为门诊医疗工作人员。院里为每位新入住老人都提供一次免费体检,并建立健康档案。院里的老年人如到养老院下属的门诊就医,还可享受一定的优惠措施。老年公寓优越的养老环境和工作人员的优质服务使该机构的社会影响逐渐增大,越来越多的老年人希望能入住老年公寓。为了满足老年人不断增长的需求,公寓拟投资3 000万元,再建立一处规模较大、层次较高的公寓。新公寓将设置床位600余张,拟建成一座园林式的集养老托老、医疗保健、康复治疗和文化娱乐为一体的仿古式高档次的寓所。

(资料来源:http://www.yanglao.com.cn/resthome/8189.html)

请思考：请你根据杨院长的想法，进行前期的市场调查，完成可行性分析报告。

石家庄老年公寓建设分析

一、石家庄老年人口情况和老年公寓情况

石家庄现在60岁以上的老年人口已达118.2万，占总人口的12.6%，石家庄民政局福利处姜连吉处长说，托老的需求，市场很大。目前石家庄有证的老年公寓有30家，床位不足万张，占市区老龄人口的8.12‰，跟全国的1%差距很大，跟国外要求达到的10%，不可而语。养老床位缺口很大。《燕赵老年报》记者杨勃志说，以前老年公寓入住率不是很理想，但是今年年初开始，好多老年公寓爆满，且有几家排队等候入住。

我们考察过的老年公寓护理院有：白求恩护理院；颐养园老年公寓；夕阳红老年公寓；长安老年公寓；祥和老年公寓；锦华老年公寓；棉五托老所；联谊老年公寓。运营比较好的老年公寓有：长安老年公寓；东云老年公寓；夕阳红老年公寓；松鹤圆老年公寓；祥和老年公寓；锦华老年公寓；颐养园老年公寓。新投资扩建的老年公寓有：新建的锦华老年公寓，投资150万元；东三教的颐寿园投资600万元，面积7 000平方米。颐养园老年公寓扩建投资200万元；祥和老年公寓扩建投资200万元。当时我们在一家护理院了解情况时，老板说，石家庄的老年公寓5年后会火起来，我们想有一定道理。

二、几种养老形式的介绍：家庭服务、居家养老、老年公寓、福利院等4种形式

家庭服务照顾，是对生活不能自理、卧病在床的老年人，在家接受亲属全方位照顾的形式。"儿孙满堂""儿女尽孝"自古以来就是中国老人最理想的养老状态。我们国家大部分都是这种形式，也是人们追求的养儿防老的理念体现；居家养老，是对居住在自己家中，有部分生活能力，但又不能完全自理的老年人提供的一种服务。具体包括上门送饭、做饭、打扫居室衣物、洗澡、理发、购物、陪同上医院等项目；老年人公寓，是对社会上有生活自理能力但身边无人照顾的老年夫妇或单身老年人提供的一种照顾方式。因家人临时外出或度假，无人照料的老年人便可送到暂托所，由工作人员代为照顾；而对那些生活不能自理，又无人照顾的老年人则送入福利院或敬老院，这是国家对一些孤寡老人和生活困难老人提供的一种福利。根据我国特有的情况，计划生育造成的"421家庭"的出现，当今社会竞争加大，子女们工作紧张和生活压力增大，致使养老形式不得不发生转变，居家养老和家庭服务养老在一些条件上不允许，有些有房子有退休金的老人也不愿住到政府办的敬老院，一些高标准的老年公寓市场应运而生，是不可阻挡的。

三、高标准的老年公寓都包括什么

高标准的老年公寓在设施、管理和环境上要有特色，体现在软件和硬件两个方面，无障碍设施、紧急呼叫系统、室内卫生间、图书室、医务室、健身娱乐场所、室外活动场地等都要高标准配齐，护理人员的素质以及针对老年人的服务也要全面具体。体现在：规划设计中力求以生态园林人文景观为主题，充分体现人与大自然相和谐的环境，在整个规划中园林绿化面积达75%以上，并根据老年人活动和爱好特点，规划建设项目要有：垂钓湖、门球场、饲养场、种植园及户外健身设施。室内设计按照国家颁布的《老年人建筑设计规范》高标准、高要求实施。在园区内所有设施都要采用环保和优质产品，只要是涉及老年人日常生活、健身活动的地方都要无障碍设施和人性化提示，对老年人身体健康、生命安全有着绝对保障。宾馆

有五星级,老年公寓也建成五星级,也相当于宾馆,也有高消费的人群,也可以万里挑一。

五、现在一般情况下老年公寓的利润来源主要有:

房租占30%,床位费占20%,护理费30%,饮食20%,现在老年公寓收一个老人一个月基本上有700元的收入。石家庄现在针对老年事业的优惠政策有:电费为居民用电,暖气为居民价,车辆养路费减半,床位费补贴每人每月10元,民政局还有福利彩票基金帮扶老年公寓。还有每年到节假日时一些企业会去老年公寓慰问,做志愿者,展示形象。这个方面主要靠院长们发挥个人魅力去争取,才能得到一些,但是僧多粥少,不能作为主要的利润依据。

四、投资10 000平方米老年公寓的分析

投资10 000平方米,根据现在的市场行情,综合造价在2 000万元。根据《老年住宅设计规范》,使用面积为7 000平方米,每个老人为10平方米,可以入住700名老人,每人每月700元的收入,一年为700 * 12 * 700 * 50%(入住率)=294万。2 000/294约7年可以收回投资。相对时间长,风险大,这就是好多运作住宅房产的公司不做老年公寓的原因。

五、老年公寓的宣传

做什么也离不开宣传,假如要建一个高标准的老年公寓,在目前石家庄"三年大变样"这个阶段,大投资,肯定政府支持,群众欢迎。报纸电视媒体会做免费广告。下一步就是自己如何经营了。要虚心,不张扬,要和各级领导搞好关系,新闻媒体联系密切,广开门路,切实把养老事业做好,为集团公司的整体形象加分。

六、经营思路

一切围绕服务老年人,一切围绕住户所想,住户的满意就是最好的收入。说白了,老年公寓就是伺候人的工作,没有什么高科技,也不需要高精尖的技术,主要体现的是要有耐心、细心、爱心、真心、孝心。必须用心学习、总结别人的经验,做到手脚要勤快,嘴巴要甜。

七、项目立项

社会需求的大背景是不以人的意志为转移的,石家庄有好多企业也在追加投资此事业,现在石家庄的老年公寓市场远远没有饱和,确实是一个良好的时机。

八、综合考虑

我们要建老年公寓要考虑这样几个方面:一是地理位置选择交通便利、人气旺盛、公用设施完善、环境优美的地方。二是定位高收入的保障对象。三是床位要多、面积要大、投资较多的大规模老年公寓。四是边干边学、人性化、规范化公司式管理,让参观者和入住者感到我们眼光远大,要有建设百年企业的雄心和韬略。

九、提高老年公寓效益的对策思路

理论上有经济主体的经济效益主要来自两个方面即收入与成本的比较。只有遵循既开源又节流的思路,才能从根本上降低养老服务成本,提高效益。在降低成本方面有依托共用资源比如医院公园,共享政府配套设施;抓好前期投入,考虑事情要有前瞻性,不要重复投资,减少返修;降低管理成本,根据自身的优势发展特色性服务项目,提供差异化管理,最大程度做到最小成本提供最优服务,达到利润最大化;要充分考虑到老年人特有的风险因素,在入住合同上注明,以免引起不必要的麻烦,造成经济损失的同时提高了成本。在增加收入方面考虑到:增加有形的收入,增加基础设施的建设,提供比较齐全的服务,满足入住老人的需求的同时,吸引社会上老人消费,提高利用频率。增加特色服务,马斯洛的需求层次理论

告诉我们,老年人需要的不仅是物质满足,还要满足精神享受。

十、八面来风

杭州市社会福利中心,占地58亩,总投资6 600万元,共有床位500张,自1999年投入使用,从2001年起每年实现利润40多万元。它的经营主要还是为了体现国家的福利设施。杭州市萧山区老年颐乐园,占地50亩,投入5 000万元,经过政府批准,转让房屋使用权,仅此一项,收回资金1 000万元。老年公寓的利润率在2003年,湖南的一家统计结果为平均利润率为5.6%,2004年为10%。其中有做得成功的利润率为18.87%。

请思考: 案例中的项目分析报告存在哪些问题?

任务二　养老机构的内部规划与设计

◆ 任务要点 ◆

关键词:内部规划设计原则　内部规划要求

理论要点:基本规定、总平面、建筑设计、安全措施、建筑设备

实践要点:能够结合调查,对养老机构的建筑规划进行论证

◆ 任务情境 ◆

王女士确定了养老机构的选址,准备研究内部的规划设计要求,她通过培训班得知,我国住房与城乡建设部制定了《养老设施建筑设计规范》,她准备买一本来仔细研究一下。

◆ 任务分析 ◆

从生理角度说,老年人身体羸弱,行动不便,应当是这个社会最先受到照顾的群体;对弱势群体的照顾和关怀是社会逐渐转向发达和成熟的标志之一。因此做好这方面的研究不但可以让老人愉悦的度过晚年,也会提升国家的形象。

同时,养老机构的由于其入住对象的特殊性,国家有比较严格的管理规范和要求,必须要遵守。

步骤一　认识养老机构设计原则

(1) 自立性

老年人居住建筑设计应以提高老年人自立、自理能力,延长健康期,推迟护理期为目标。老年人使用的设备设施应符合老年人生理和心理的特点,其服务方式以便于老年人自己使用为原则。空间布局以有利于提高老年人自信心,增进老年人机体活动愿望和更长久保持独立生活的能力为原则。

(2) 可变性

老年人居住建筑设计,应考虑满足居民进入老年后各年龄段的基本生活需求。利用潜

伏设计原理使老年人居住建筑具有可改造性和加设相应设施的可能性，满足老年人随着年龄增长而要求居住建筑功能变更的需求。家庭供养型老年人居住建筑还宜为其所经历的几个关键期（退休、重病、丧偶、子女结婚同住、子女结婚分住、孙辈出生等）的特殊要求而提供方便、经济的可改造性。

（3）选择性

老年人居住建筑的设计，应在保证老年人对居住的安全、自立和使用方便的前提下，针对居住对象不同，平面布局、设备、材料应有适当的选择性。

（4）安全性

老年人居住建筑以及老年人使用的社区公共建筑、配套商业、文化娱乐、医疗健康等设施的设计，应确保老年人使用安全，有条件的还应设置老年人专用空间、构造、设备和设施。

（5）健康性

老年人居住建筑在设计前应作居住实态调查，以便充分掌握老年人生理和心理变化的特点。老年人居住建筑的空间、结构、设备设施设计应满足老年人生理、心理机能衰退的特点，保障其健康使用。老年人居住建筑、各功能空间和设施的设计应注意细部，以老年人人体尺度为基础，考虑使用轮椅和护理的尺度。

（6）适用性

老年人居住建筑、各功能空间及设备设施的设计应避免造成其他人的使用不便。家庭供养型老年人居住建筑应考虑为子女和护理者提供方便。各年龄段明确的老年人设计时，应有相应的分级措施，以便为该年龄段老人提供更为适用的服务。

步骤二　养老机构内部规划要求

（1）基地与总平面

① 基地选址

考虑老年人体能特点，为保障使用安全，老年人照料设施建筑基地应选择在地质条件稳定、排水通畅的地段，减少自然灾害的威胁。同时考虑老年人的生理特点和心理需求，对阳光、空气等自然条件要求较高，基地宜选择在日照充足、通风良好的地段。

考虑老年人出行和就近使用公共设施方便，以及子女探望的需要，老年人照料设施建筑基地应选择在交通方便、临近公共服务设施的地段。完善的基础设施是老年人照料设施功能正常运转的保障。

考虑老年人对空气质量、环境噪声等周边生活环境敏感度较强，且耐受力较弱，相比较其他建筑和设施老年人照料设施建筑基地更应该远离污染源、噪声源，保证空气质量和环境安静。远离危险品生产、储运的区域，避免次生灾害发生。

② 总平面布局

老年人照料设施建筑一般包括生活居住、医疗保健、休闲娱乐、辅助服务等功能，需要按功能关系进行合理布局，明确动静分区，以达到使用方便、减少干扰。

老年人全日照料设施中设有生活用房的建筑的卫生间距要求参照《综合医院建筑设计规范》GB 51039—2014 标准执行，最小卫生间距 12 m。

③ 道路交通

城市主干道交通繁忙、车速较快,老年人照料设施基地或建筑物的主要出入口开向城市主干道时,不利于老年人出行安全。货物、垃圾、殡葬等运输最好设置具有良好隔离和遮挡的单独通道和出入口,避免对老年人身心造成影响。

考虑到老年人出行方便和休闲健身等安全,应合理组织交通,道路要尽量做到人车分流,并应当方便消防车、救护车进出和靠近,满足紧急时人群疏散、避难救援需求。

总平面设置机动车和非机动车停车场满足停车需求。考虑介助老年人的需要,在机动车停车场距建筑物主要出入口最近的位置上设置供轮椅使用者专用的无障碍停车位,并与无障碍人行道相连,明显的标志可以起到强化提示的功能。

④ 场地设计

为满足老年人休闲、健身、娱乐等室外活动需求,老年人照料设施建筑的总平面内应设置室外活动场地。

由于老年人室外活动内容和方式以及设施与儿童、青壮年有较大不同,与其他建筑合建的老年人照料设施,老年人活动场地宜单独设置,既满足老年人活动要求,又避免混合场地其他活动者对老年人可能造成的冲撞等伤害。

为创造适宜老年人活动的环境气候条件,活动场地位置宜选择在向阳、避风处,并保证场地能获得日照。

为了老年人使用安全方便,活动场地表面应平整、排水畅通,并采取防滑措施。同时为了满足轮椅使用者活动,场地坡度不应大于2.5%。

室外活动场地根据老年人活动特点进行动静分区,一般将运动项目场地作为动区,设置健身运动器材,并与休憩静区保持适当距离。在静区根据情况进行园林设计,并设置亭、廊、花架、座椅等设施以及轮椅、助行器停放空间,座椅布置宜在冬季向阳、夏季遮阴处,便于老年人使用。

根据老年人生理特点,在老年人集中的室外活动场地附近应设置便于老年人使用的公共卫生间,且满足轮椅使用者的需要。

⑤ 绿化景观

为创造良好的景观环境,应对老年人照料设施建筑总平面进行庭院景观绿化设计。绿化种植宜选用地方树种,乔、灌、草结合,以乔木为主,达到四季常青。为了避免对老年人安全和健康造成危害,不宜种植带刺、有毒、根茎易于露出地面的植物,对于人可进入的绿化区,应保证林下净空不低于2.2m,并不应有蔓生枝条。

老年人低头观察事物时间较长时,易发生头晕摔倒事故。因此,老年人照料设施建筑总平面中观赏水景的水深不宜大于0.50m,且水池周边需要设置栏杆等安全防护措施。

(2) 建筑设计

① 用房设置

根据老年人使用情况,老年人照料设施建筑的内部用房可以划分为两大类:即老年人用房和管理服务用房。

老年人用房是指老年人日常生活活动需要使用的房间。根据不同功能又可划分为三类:即生活用房、公共活动用房、康复与医疗用房。生活用房是老年人的生活起居及为其提供各类保障服务的房间或空间,包括居室、休息室、公共餐厅、卫生间、浴室、盥洗室等;公共活动用房是为老年人提供日常起居和各类文娱活动的房间或空间;康复与医疗用房是开展康复治疗、提供护理服务支持,以及开展预防、保健、门诊、检验、药剂发送等医疗服务的用房或空间。

管理服务用房是养老设施建筑中工作人员开展办公和管理服务工作的房间或空间,主要包括值班、入住登记、办公、接待、会议、档案存放等办公管理用房,以及厨房、洗衣房、员工用房、库房等。

为提高养老设施建筑用房使用效率,在满足使用功能和相互不干扰的前提下,各类用房可合并设置。在依托社区为老年人提供服务或采用其他外包服务的情况下,可以缩减相应用房设置。

养老机构包括生活用房、公共活动用房、康复与医疗用房在内的全部老年人用房均不应设置在地下或半地下。生活用房是老年人日常生活使用的房间,本条主要考虑设置在地下、半地下的老年人生活用房火灾等紧急状态下烟气不易排除,人员疏散困难,直接危害老年人的安全。根据《建筑设计防火规范》GB 50016—2014 第 5.4.4 条规定,老年人活动场所不应设置在地下或半地下,以及参考第 5.4.4 条关于医院和疗养院的住院部分不应设置在地下或半地下的规定,老年人照料设施的康复与医疗用房也不应设置在地下或半地下。

居室和公共起居厅是老年人久居的房间,为满足老年人健康和卫生基本要求,需要具有天然采光和自然通风条件。大量调研及反馈意见表明,我国各个气候区域对冬季日照的实际需求差异较大,不适合执行统一的日照标准,而通过既有建筑改造的老年人照料设施建筑往往处于已建成的城市环境中,无法提高日照标准。为适应多样性的建设和使用需求,并借鉴国内外优秀案例的设计经验,本条仅对老年人全日照料设施建筑的公共起居厅冬季日照时长做出"冬至日不小于 2 小时"的具体规定,作为面向全国范围的最低日照标准。对于老年人日间照料设施建筑的公共活动用房只提出应能获得冬季日照的定性要求。此外,应提倡各地方根据实际情况制定相应的日照标准,因地制宜解决老年人照料设施建筑设计的日照问题。

② 生活用房

现阶段及可预见的将来,我国养老机构承担的任务是复杂而艰巨的;日渐拮据的社会条件也决定了养老机构面临着严苛的建设及管理成本问题。故本条只针对最低的老年人生活需求进行了相应的空间配置约束,其指标的确定依据了老年人行为模型及现阶段大量民用建筑的设计及构造原则进行,以方便设计及改建,达成实践环节的广泛适应性。针对失智老人的生活特征及介护特点,对失智老年人生活空间进行适当的隔离和防护,以避免失智老年人受到伤害并避免扩大失智老年人其他环境的干扰,这也是目前养老实践的普遍共识。

老年人进餐过程要求从容舒缓而且需介护助餐,故空间尺寸应足够充分,设备及设施应安全可靠,并且必须满足老年人的行为要求,比如支撑、攀扶、依靠等。

在调研中发现老年人身患泌尿系统病症较普遍,对卫生间的使用频次较高。因此,居室附设的自用卫生间除满足居室内老年人盥洗、便溺乃至洗浴的需要,还应在卫生间的平面布置上考虑可能有护理员协助操作,留有助洁、助厕、助浴等空间。自用卫生间需要保证良好的通风换气、防潮等措施,以提高环境卫生质量。为了便于居室内老年人安全便捷的使用,居室附设的自用卫生间与相邻房间室内地坪不应设置高差。

　　老年人对卫生间的使用需求较高，老年人照料设施除在居室附设的自用卫生间外，还需在没有附设卫生间的老年人居室或经常使用的公共活动用房同层、临近设置公用卫生间。老年人全日照料设施每个照料单元内的公共起居厅，作为该照料单元老年人的主要公共活动用房，也应临近设置公用卫生间。考虑到轮椅老年人的使用需求，在每个公用卫生间内至少应设1个无障碍厕位，或将男女卫生间的无障碍厕位合并设置为无障碍卫生间，以更加便于轮椅老年人使用。公用卫生间内宜设污水池，以便于内部环境卫生的清洁。

　　为了满足老年人的盥洗需求，老年人全日照料设施的居室无自用卫生间或盥洗设施时，应在同楼层分男女设置盥洗室。参考《综合医院建筑设计规范》的相关规定，盥洗室与最远居室的距离不应大于20.00 m。根据调研数据统计，规定盥洗室的规模和洁具数量的标准。

　　老年人对浴室的需求高于对自用卫生间内淋浴设施的需求，且介助和介护的老年人，多有助浴需要，浴室内配备助浴设施，并应留有助浴空间。浴室应按男女分别设置，根据调研数据统计，规定浴室的规模和浴位数量的标准。为了便于介助、介护老年人使用，浴室内部均应附设无障碍厕位和无障碍洗手盆。

　　③ 公共活动用房

　　老年人的日常活动特点决定了其行为范围的有限性，故老年人公共活动多呈现群组性和规律性的特征，其所要求的公共活动空间的室内面积可根据其他类似活动空间的下限指标实施。

　　考虑到不同老年人群体不同的生活起居规律，应有针对性地提供适合老年人使用的公共活动空间，并避免公共活动对其他空间的干扰。有条件时应当建设高水平高质量的专门化和专业化的公共活动空间以提高老年人的生活质量和生活品质。

　　同时，应针对不同的气候地域进行了不同的设计导向，以期鼓励实施有地域特点和生活传统的空间方式，提倡室内外空间的良好交融，提高空间的利用效率。

　　④ 康复与医疗用房

　　老年人照料设施必然包含一定量的康复与医疗用房，其中，康复用房的部分，无论多少，均应严格执行《疗养院建筑设计规范》JGJ40，这是为了避免含混的和不严格的建设结果必然带来的使用和管理上的混乱，比如引发卫生防疫方面的问题。

　　康复治疗是老年照料设施的重要组成部分，根据卫生部门的医学专业层级划分。

　　老年人照料设施中的护理站区别于医院护理单元的护士站的属性在于其工作内容更加繁杂，故应要求护理站尽量接近护理对象，以便随时交流，减少往返，提高护理工作的质量和效率，保证照料服务的有效开展。

　　根据老年人照料设施的规模，应保障足够的相应空间以满足未来日益精细化的保健和医疗的需求。建设过程中必须为未来的使用和发展做出有预见性的和有针对性的发展计划，以达到建筑的全寿命可持续使用。

　　⑤ 管理服务用房

　　老年人照料设施中专供管理和服务人员使用的房间，应在满足一般的功能要求的同时遵循通用性的原则以利于空间的高效利用。管理服务用房的设计还应遵循既方便服务又避免干扰的原则。

直接为老年人服务的部分应当尽量接近老年人的生活行为空间,并在形体色彩等方面明显醒目,方便老年人寻找和获取帮助。

考虑未来护理服务行业的电子化智能化的发展倾向,老年照料设施中的管理服务用房应当有适度的发展空间和前瞻性。

厨房等空间应当与老年人的活动范围适当隔离,避免相互干扰和危险的发生。如果同老年人居室相邻,应当考虑噪声、气味、视线和温度等方面的隔绝措施。

洗衣房为工作人员使用并为老年人服务的设施,洁、污分区,避免二次污染是重点要求。洗、消、叠、存等规范的工序要求也是避免二次污染的保证。

老年人照料设施的工作人员劳动强度很大,工作人员需求的适当满足,是对从业人员的尊重,也有利于养老事业的发展。

⑥ 交通空间

出入口是老年人集中使用的场所,又是建筑物室内外过渡区域。首先,要满足老年人进出方便,正常情况下残疾人能够使用的坡道坡度范围是 $1/10 \sim 1/16$,对于处在机能衰退中的老年人是不便使用的,因此有条件时首选平坡出入口;如果是按台阶结合坡道的方式,就需要考虑助力进出,或采用助力轮椅或采用人工助推。其次,要考虑出入安全,旋转门对老年人来说是极易发生事故的一种设施,不论何种门的组合,均不能选用;排水、防滑和防结冰也是为避免不必要的安全事故采取的措施。第三,救护车停靠点应提前规划出来,并通过出入口的残障坡道或台阶同紧急送医通道顺畅联通。第四,门厅需要完成建筑内部的交通组织,应就近布置电梯,借助门厅尽快完成进入建筑内的交通疏导。最后,考虑使用的便利性,门厅附近应配置必需的服务房间和服务设施,以满足老年人的使用和看护人员的监管,室外设置助行器和轮椅放置区域等也是为方便老年人使用。

在多层、高层的养老设施中,楼梯不能作为主要的竖向交通工具,其定位主要为满足紧急情况下的疏散及救助使用。而要求至少有 1 部楼梯的缓步平台进深不小于 $1.50\ \mathrm{m}$,是为了在无法使用电梯时,可以经由此楼梯用担架抬送有需求的老年人,完成安全疏散或紧急送医行为。即便如此,还是要强调楼梯按无障碍通行原则设置,以便平时成为临近楼层间的联系便道。在此着重强调对使用安全有影响的几个方面,踏步前缘不应突出、踏面下方不得透空、踏面不能有突出物等对于行动不便的老年人和挂杖老年人而言是必不可少的,反之容易造成牵绊、打滑失控以至引起摔伤事故。

在多层、高层的养老设施中,电梯将作为平时主要的竖向交通工具。首先,规定供老年人使用的电梯均应按无障碍电梯设置,且至少 1 台电梯能容纳担架,满足有需求的老年人使用;其次,规定二层以上楼层的床位数达到一定规模后至少设 2 台电梯,满足使用要求,也起到互为备用的作用;第三,规定电梯宜结合交通节点分散布设,以利使用便捷、流线分散,避免拥堵。

⑦ 建筑细部

老年人由于长时间生活在室内,因此老年人用房的采光就非常重要。根据调研数据统计,规定老年人照料设施建筑的主要老年人用房的窗地比,以保证良好采光。

居室、休息室、公共餐厅、公共起居厅及各类活动室东西向开窗时,为了避免眩光对老年人视觉的不利影响,宜采取有效的遮阳措施。各地方执行时也应根据各地实际情况单独制定必要的措施。

供老年人通行的门的尺寸是考虑轮椅和担架床、医用床进出且门扇开启后的净空尺寸。净宽度不小于0.80 m能够保证轮椅的通行,净宽度不小于1.10 m则能够保证担架床、医用床进出建筑主要出入口和老年人全日照料设施的居室。

老年人全日照料设施相邻居室的阳台平时可分开使用,紧急情况下可以连通,以便于防火疏散与施救。根据调研数据统计,规定开敞式阳台栏杆高度不应低于1.20 m,且距地面0.35 m高度范围内不留空,以保证介助老年人使用安全。考虑地域特征,严寒及寒冷地区、多风沙和多雾霾地区,阳台宜封闭并做避风设置,但其有效通风换气面积不应小于窗面积的30%,以保证居室内的自然通风。介护老年人中失智老年人用房的阳台采用防坠落措施,以便于管理服务。

根据调研数据统计,屋顶上人平台栏杆高度不应低于1.20 m,且距地面0.35 m高度范围内不留空,以保证介助老年人使用安全。

为保证老年人的行走安全及便利,老年人照料设施建筑的地面应采用平整、耐磨、防滑且不易碎裂的材料,以防止老年人滑倒或因滑倒引起的碰伤、划伤、扭伤等意外伤害。

为了不影响老年人的日常使用,老年人照料设施建筑的室内装修应一次到位。为了避免家具对老年人身体的伤害,供老年人使用的家具应稳固,且具有避免可能造成老年人身体伤害的外形及构造。

(6)专门要求

① 无障碍设计

老年人体能衰退的主要特征之一,表现在行走机能弱化或丧失,抬腿与迈步行为不便或需靠轮椅等扶助,因此,老年人照料设施供老年人使用的场地及老年人用房均应进行无障碍设计,并且按现行国家标准《无障碍设计规范》GB 50763执行。

轮椅作为介助和介护老年人出行的主要交通工具,应能够自由出入经过无障碍设计的场地和建筑空间,因此轮椅通过的空间净宽度不应小于0.80 m。

老年人照料设施建筑的室内地面不应设有高差,如遇有难以避免的高差时,应设置坡道并充分考虑轮椅通行的需要,坡道坡度不应大于1/12。为了便于老年人确认坡道的起、终点,在高差两侧衔接处,应设不同颜色或材料的提示标识。

老年人因身体衰退常常需借助安全扶手等扶助技术措施通行,因此老年人照料设施交通空间的主要位置应设置连续单层扶手,其位置、尺寸等设计应符合现行国家标准《无障碍设计规范》GB 50763的规定。

为了保证介助、介护老年人的安全和便利,老年人照料设施的卫生间、浴室、盥洗室,以及其他用房中供老年人使用的洗手和盥洗设施,应选用方便无障碍使用与通行的洁具。

② 安全疏散与紧急救助

老年人照料设施的建筑高度控制在32米以下,数据源于《建筑设计防火规范》GB50016。能够在危险时刻形成有效救助的建筑高度上限为32米,也是在老年人照料设施中的安全疏散能够达成的最大高度。

照料单元跨越防火分区或防火单元,在平时使用和安全疏散方面均会带来较大的不便。

在改建老年人照料设施中,限于原有建筑的条件制约,走廊可能会较为狭小,即使是新建建筑。如果采用大量的外开门,尤其当走廊为双侧布置房间时,向走廊侧开门则势必会造成交通空间的动线不畅。应适当调整老年人使用房间门的开启方式,居室的门鼓励采用推拉门,既方便了使用轮椅者的开启和进出,也避免了走廊拥堵,还能够顺应疏散要求。房间采用外开门时,如走廊宽度较小,应当设门外凹空间,避免对走廊动线的影响。

相比较其他类型建筑,老年人照料设施中会存在大量的利用交通空间做休闲区域,或利用交通空间布设家居设施和用品的情况。各种情况下均不能占用疏散宽度。

③ 为便于在紧急情况下,由内部的护理人员或外部的救护人员经紧急送医通道将老年人推送到救护车所在位置,应提前规划出紧急送医通道。紧急送医通道的路径为:老年人使用的居室——走廊——电梯(或楼梯)——门厅(或走廊)——出入口——救护车停靠点。老年人使用的居室应当同紧急送医通道联系直接,不能存在"孤岛",紧急送医通道经由各处节点均应毫无阻碍且路径清晰、连续,此通道的宽度(包含直行段和转弯处)均应能满足担架抬行和轮椅推行的空间要求。

④ 室外阳台和外廊,平时可以起到丰富老年人生活,提高生活品质的作用;紧急情况下,又能成为暂时的避难场所,通长或交圈的阳台和外廊还能起到辅助疏散的作用。因此,有条件时应设置阳台和外廊。

⑤ 老年人在发生意外时,大多数需要依靠外部救援;这样,需要在门上设外侧可开启的装置。在照顾老年人隐私的同时,也需要在外侧设可操作开启的观察窗等装置。如条件允许,可考虑取消一些不必要的门的设置,代以门帘等便于老年人使用的其他装置。

案例分析

神钢甲南老年公寓(私立性质)

神钢甲南老年公寓于 2006 年 6 月 14 日开设,是位于神户市东滩区本山南町的高档老年服务机构。占地面积 7 889.47 m^2(约为 11.8 亩),建筑面积 19 061.55 m^2。由两部分组成:护理中心一栋,地上 6 层;老年公寓一栋,地上 14 层。全部设置为单人间,根据老人的个体情况,设置了一般护理公寓(针对可以自理的老人)105 套,人均面积为 68 m^2;特殊护理公寓(针对不能自理需要介护的老人)97 套。人均面积为 21 m^2。

神钢甲南老年公寓的内部装修非常豪华并且硬件设施功能齐全,细节体贴入微。

神钢甲南老年公寓注重老年人的个性化需求,在保证每个人拥有足够私人空间的同时,公共区域的面积也非常充足,公共区域与户内总面积的比例为 1∶1。

由于该设施定位为高档老年公寓,护理人员的配备标准也非常高。该设施共配备了 97

位护工,19位专业护士,2位专业复健师,并有1位常驻医生每天上午巡诊,下午坐诊。护理人员与入住老人的比例为1∶1.5,也就相当于2位护理人员照顾3位老人。他们不仅照顾老人们的生活起居,满足患病老人的医疗复健需求,还保证每位老人每周洗浴3次、陪同外出购物2～4次。

年满65周岁的老人都有资格申请入住神钢甲南老年公寓,但由于是高端养老设施,收费标准也比较高。有自理能力的老人需缴纳最低3 600万日元的入住金,获得一套一般护理栋单人公寓的永久居住权,然后每月再缴纳12.4～17.9万日元的护理费(含餐费)。对于失智老人或其他无法自理的老人,则需一次性缴纳2 512～4 152万日元入住特殊护理公寓,另加每月22～28万日元的护理费用。

图 2-1　门厅的设计

虽然神钢甲南老年公寓的收费标准较高,但由于其各项硬件及软件服务设施非常完善,再加上与神钢企业集团的综合医院达成协议,可随时为老年公寓的老人提供急诊服务的优势,这使得该设施的入住率一直保持100%。

图 2-2　公共休息场所

 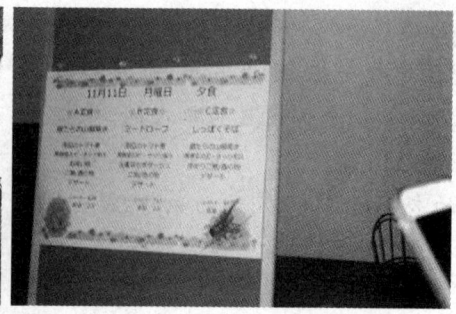

图 2-3　公共用餐空间以及每日食谱

图 2-4 走 廊

图 2-5 卫生间设计

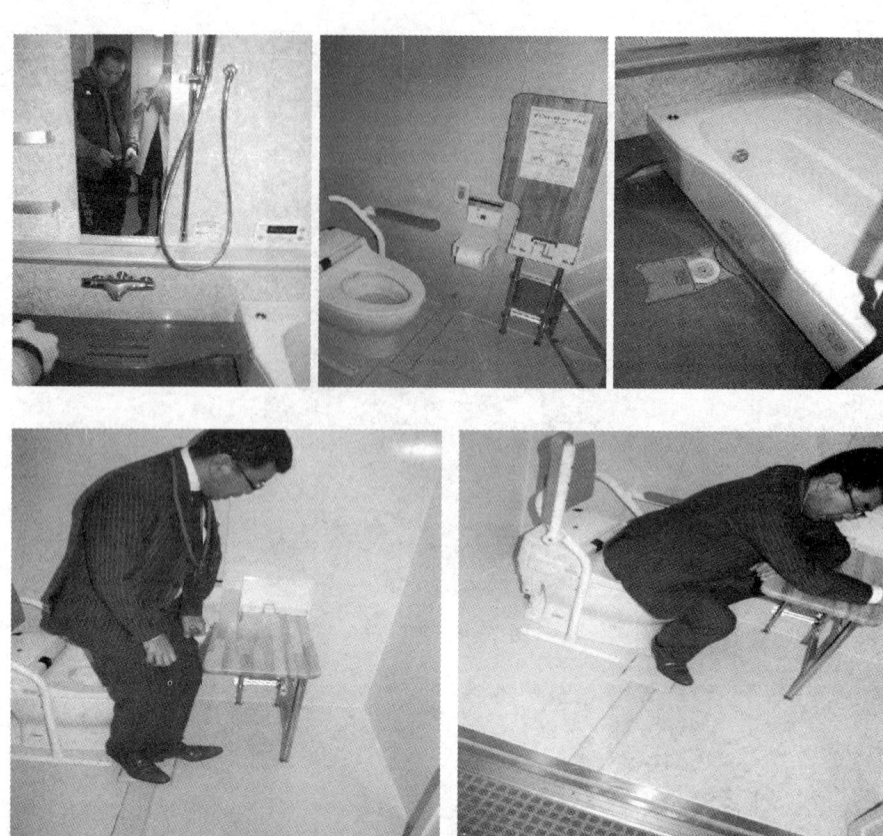

图 2-6 卫生间座便与洗浴设计设计

图 2-7 公共活动区域

请思考：本案例中日本养老机构的设计特点是什么？

项目小结

养老机构进行运营之前首先要考虑建设规模、服务定位、开发强度、交通因素、环境因素、配套设施。

养老机构的选址有三种模式，分别是城市中心区模式、城市郊区模式和高新园区模式。

做前期调查时需要注意：本地区社会经济发展基本概况、居民收入水平；本地区人口资料，特别是人口老龄化资料；本地区集中养老需求调查资料；本地区养老机构数量、规模、分布、性质、服务定位、经营情况等；本地区地价、物价、房屋租赁价格、劳动力成本价格、水电煤气价格等；本地区交通、气象及地质灾害资料；本地区兴办老年社会福利机构有哪些优惠、补贴和扶持政策。调查之后，可以通过实地考察、文献调研、问卷调查、老人座谈、专家咨询等方式进行论证。

项目计划书包括：计划导入、计划概要、计划背景、计划意图、计划方针、计划构想、计划设计。

养老机构的内部规划时，需要按照住房与城乡建设部的相关规定进行建设。

思考题

1. 养老机构的服务定位需要注意哪些问题？
2. 养老机构的环境因素是什么？
3. 城市中心区模式的优缺点是什么？
4. 城市郊区模式的优缺点是什么？
5. 养老机构论证的内容是什么？

实战强化

项目一　头脑风暴——建一家什么样的养老机构

【练习内容与要求】

你和你的同学试图决定在学校周边开设一家什么样的养老机构。困扰你们的问题是，这个城市有了很多的养老机构，这些养老机构能够提供各种类型的养老服务。你们拥有开设任何一种类型养老机构的足够资源。你们所面对的题是决定什么样的养老机构是最成功的。

1. 小组集体花5~10分钟时间，来形成你们最可能成功的养老机构类型。每位小组成员都要尽可能地富有创新性和创造力，对任何提议都不能加以批评。
2. 指定一位小组成员把所提出的各种方案写下来。

3. 再用10～15分钟时间讨论各个方案的优点与不足。作为集体,确定一个使所有成员意见一致的最可能成功的方案。

【成果与检测】

1. 各小组方案的特色。
2. 形成想法的独特性。

项目二　调查与访问——养老机构的管理

【实训目标】

1. 培养学生创新和实际操作能力;
2. 培养学生团队意识、相互合作的能力。

【实训内容与要求】

1. 由学生自愿组成小组,每组6～8人。利用课余时间,新建养老机构相关资料、信息收集,并完成可行性论证报告撰写。

2. 规划论证项目选题

在你所在的城市新建一所床位在200张左右的,以收养生活不能完全自理的社会老人为主的养老机构。

3. 项目实施步骤

(1) 写出项目实施大纲,明确论证思路和小组分工,经修改、完善后实施;

(2) 按照项目实施大纲和分工开展前期调研、资料收集;

(3) 提交项目可行性论证报告(对建筑设计不做具体设计);

【成果与检测】

以小组为单位进行项目陈述答辩,拟邀请部分养老机构负责人担任答辩专家,对项目陈述人进行质疑、点评、赋分。答辩过程中小组成员要具体陈述本人对本项目的贡献,以便专家决定每一位小组成员的具体成绩。

学习单元三 养老机构的运营管理

养老机构的经营工作首先应是对养老机构使命和目标的描述。使命是养老机构之本，是组织存在的理由。对于养老机构而言，不仅为了追求经济利益，而且应该注重社会价值。确立使命和目标之后，养老机构应该对机构的品牌建设做出分析，并进行推广。成功的推广工作不仅能够带来经济利益，还能够为机构指明未来的发展方向。

▶ 知识结构 ◀

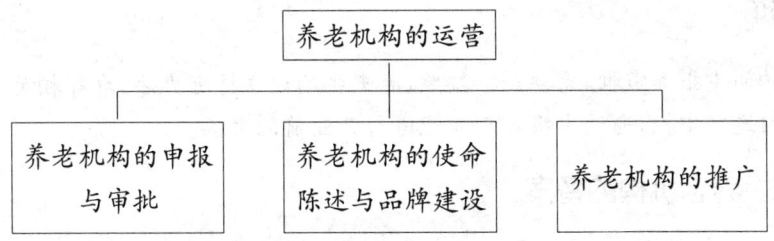

▶ 学习提示 ◀

思政育人目标

通过本单元的学习，培养学生具备诚实经营、信守承诺、诚恳待人的社会主义道德规范；培养学生具备忠于职守，克己奉公，服务人民，服务社会的社会主义职业规范。

学习目标

了解养老机构的申报和审批的内容，掌握养老机构的申报要求，了解品牌建设和推广的概念，掌握养老机构市场推广的方法。

具体任务

以案例导入学习内容，在学生学习讨论的基础上，使学生认知养老机构申报与审批，能够对养老机构的使命和推广进行分析。

▶ 任务实施建议 ◀

1. 案例导入，使学生了解养老机构运营的方式。
2. 本学习单元的实训是首先要求学生确定模拟养老机构的使命、使命和目标，同时对养老机构的推广策略进行选择。

任务一　养老机构的申报与审批

◆ 任务要点 ◆

关键词：养老机构申报、养老机构使命、养老机构的推广、养老机构服务对象
理论要点：养老机构的申报要点，养老机构的使命陈述，养老机构的推广策略
实践要点：运用所学知识，设计养老机构的推广策略

◆ 任务情境 ◆

王女士终于完成了开设养老机构的前期信息收集过程，准备进行开设养老机构的申报工作。需要下属准备申报文件，下属应该准备哪些文件呢？

◆ 任务分析 ◆

养老机构的申报和审批，需要严格按照《养老机构设立许可办法》准备相关文件，同时向当地民政部门进行申报，通过申报之后才能进行开业前的准备。

步骤一　养老机构的备案

兴建一所养老机构需要履行一系列的筹建申报、审批和注册登记等程序，完成这些程序后，养老机构才能正式兴建、开张营业。

依法成立的组织或具有完全民事行为能力的个人凡具备相应的条件，可以依照《养老机构设立许可办法》的规定，向养老机构所在地的县级以上人民政府民政部门提出举办养老机构的备案申请。需要准备以下文件：

1. 设立申请书；
2. 养老机构设置申请表；
3. 申请人、拟任法定代表人或者主要负责人的资格证明文件；
4. 符合登记规定的机构名称、章程和管理制度；
5. 相关部门的批准文件；
6. 服务场所的自有产权证明或者房屋租赁合同；
7. 管理人员、专业技术人员、服务人员的名单、身份证明文件和健康状况证明；
8. 资金来源证明文件、验资证明和资产评估报告。

民政部门一般自受理申请之日起20日内，根据当地社会福利机构设置规划和社会福利机构设置的基本标准进行审查，并将备案结果以书面形式通知申办人。

步骤二　养老机构的审批

经同意筹办的社会福利机构具备开业条件时，应当向民政部门申请领取《养老机构设置

批准证书》。

（1）养老机构设置的资质准备

申请新建养老机构，应当符合设置的下列基本标准：

1. 有名称、住所、机构章程和管理制度；

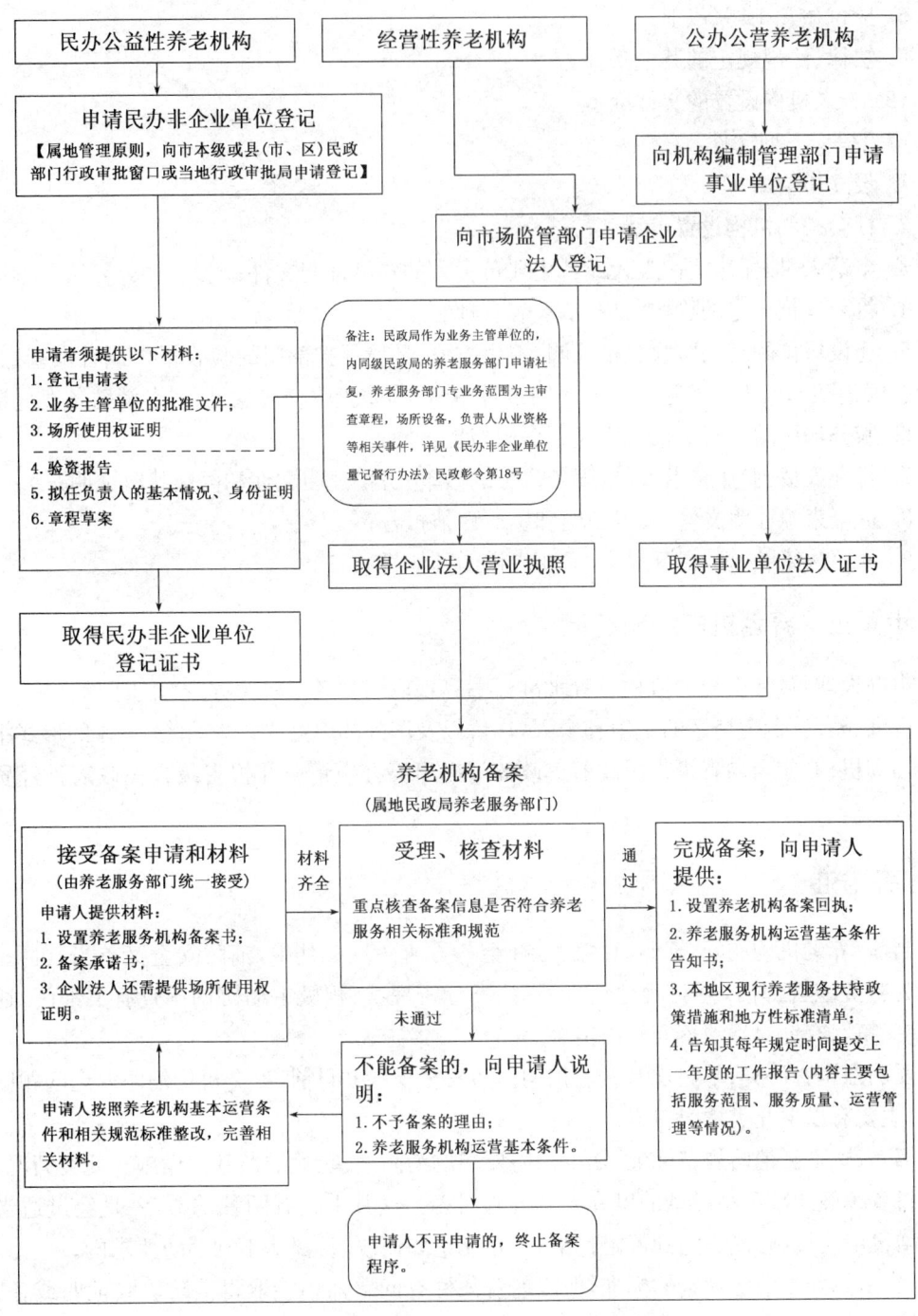

图 3-1　养老机构备案流程（以北京市为例）

2. 有符合养老机构相关规范和技术标准,符合国家环境保护、消防安全、卫生防疫等要求的基本生活用房、设施设备和活动场地;

3. 有与开展服务相适应的管理人员、专业技术人员和服务人员;

4. 有与服务内容和规模相适应的资金;

5. 床位数在10张以上;

6. 法律、法规规定的其他条件。

(2) 养老机构设置的文件准备

应当提交下列文件:

1. 设立申请书;

2. 社会福利机构设置申请表;

3. 申请人、拟任法定代表人或者主要负责人的资格证明文件;

4. 符合登记规定的机构名称、章程和管理制度;

5. 建设单位的竣工验收合格证明,卫生防疫、环境保护部门的验收报告或者审查意见,以及公安消防部门出具的建设工程消防设计审核、消防验收合格意见,或者消防备案凭证;

6. 服务场所的自有产权证明或者房屋租赁合同;

7. 管理人员、专业技术人员、服务人员的名单、身份证明文件和健康状况证明;

8. 资金来源证明文件、验资证明和资产评估报告;

9. 依照法律、法规、规章规定,需要提供的其他材料。

步骤三　养老机构注册登记

申办人取得《社会福利机构设置批准证书》后,应当到登记机关办理登记手续。

香港、澳门、台湾地区的组织和个人,华侨以及国外的申办人采取合资、合作的形式举办社会福利机构,应当向省级人民政府民政部门提出筹办申请。并报省级人民政府外经贸部门审核。

✦ 触类旁通

当前,养老机构的安全问题日益为,社会各方所关注。其中,消防安全又首当其冲。民政作为行业主管部门,应对此充分重视,认真分析现状,积极主动协调调查有关部门,通过"一院一策",有针对性地落实解决措施。

要加强调查研究,掌握现有养老机构消防安全现状。目前,养老机构消防安全问题归纳起来,主要有以下几类情况:

第一,达不到消防规定标准,缺少消防要求的消防通道、喷淋及其他设施。此类情况,尤以农村乡镇敬老院和小微型的民办养老机构居多。这其中又有两种情形:一是经过适当改造或增设消防设施,能够达到规定标准;二是无论如何改造,都达不到消防要求的。

第二,达到了消防规定的标准,但因前置条件有问题而不能取得消防验收证明或备案。这类情况,也普遍存在,特别是由其他用途的房屋转为养老机构的:一是利用布局调整后的学校、医院等兴办的养老机构,一般都没有施工许可证、竣工验收报告等文件,因此不能通过消防验收或备案;二是"退二进三"过程中,利用原有的厂房、仓储用房等改变用途兴办的养老机构,因缺乏规划、国土等相关部门的手续,没有获得施工许可证,致使消防验收或备案难以通过;三是利用农村集体土地建设的养老机构,因土地产权属于集体所有,不能办理房屋产权证,以致不能申请消防验收或备案。

另外,村民利用自建住宅改造形成的养老机构,不能判断是否符合消防要求。主要是公安部有《建设工程消防监督管理规定》,其第二条明确,不适用村民自建住宅的建设活动。

对此,应该坚持"一院一策"原则,分门别类进行处置。可采取"几个一批"的办法,即:

关停一批。对经评估不可能达到消防标准的养老机构,要坚决予以关停,并妥善安置已入住老人。随着这几年养老机构的发展,我们已有余地,也有能力对原有机构进行甄别,把那些设施确实不好、存有消防等安全隐患的养老机构淘汰出去,只有这样,才能真正提高养老服务的水平。

改造提升一批。经过评估,通过适当改造或增设设施,能够达到消防标准的养老机构,要加大投入,适时整改。要列支财政专项资金给予支持。特别是敬老院,要充分利用《养老机构设立许可办法》规定的尚存的半年多过渡期,抓紧对有关消防设施进行改造,使其符合要求。

设法通过一批。对于已达到消防标准而在前置条件出现问题的养老机构,要积极协调有关部门,争取当地政府支持,解决好前置问题。一是有关竣工验收证明文件,应当尊重历史,按当时房屋竣工时间应有的证明为主;如当时的证明已遗失,则可协调有资质的第三方对房屋质量进行评估,提供鉴定意见即可。二是利用学校、卫生院、办公楼等兴办而因历史原因无房屋产权证等前置要件,以及农民自建房建设的养老机构,要通过当地政府协调会议纪要的办法解决。三是农村集体土地建设的养老院,明确由乡镇(街道)政府出具用途认可证明材料,作为住建部门办施工许可审批的房屋权属证明文件和消防部门消防验收或备案的前置条件。四是涉及"退二进三"的养老机构,要积极协调国土、城建等部门调整规划。在这过程中,要主动听取消防部门的意见建议,让他们提出技术指导意见。

化解一批。对于村民自建房建成的小型养老机构,小微型的民办养老机构,要通过逐步限制收住老人的办法,促其转型为居家养老服务照料中心。可协调消防部门帮助形成相应的消防设施配置标准,确保居家养老服务照料中心的安全。

案例分析

"我们办了十多年觉得委屈"

今年长春市的冬天格外冷,最冷时达到零下 30 多摄氏度,走在背阴小巷内感觉地面像镜子面一样,一步一滑,非常危险。1 月 26 日,记者来到长春市南关区滨河社区,这里聚集着多家"民营"养老院,曾经被媒体报道的"最黑"的民办养老机构之一——天一护理院就坐落在该社区内。天一护理院曾被报道存在着用刷锅水泡馒头喂老人、给老人吃变质的土豆丝、虐待老人等问题。在滨河社区内一处看上去像 20 世纪 50 年代的老楼下,记者看到几个并不起眼的红字:"天一护理院"。

推开陈旧的楼栋门,里面光线有点暗,几位老人散坐在房间内唠嗑儿。天一护理院的面积约有200平方米。护理院院长孙淑霞的弟弟得知是记者来采访,急忙说:"我姐姐是这里的院长,她上街买菜去了。"

这位院长的弟弟,穿着一件破旧的工作服,站在厨房门口有点委屈地说:"我和我姐姐干这个工作有十多年了,要是真像去年那位记者报道得那样,用刷锅水泡馒头喂老人,虐待老人,他们还不早跑了,那能在这住上七八年?要是真那样我们肯定早就办不下去了。说句实在的,我觉得我和我姐挺委屈的,你说这个行业本来就是微利行业,挣不了多少钱。我们都是下岗工人,干这个行业也就是为了挣口饭吃。"

随后,孙院长的弟弟又介绍:"现在我们这里住着30多位老人,房子也比以前大了一倍。原来只有一套房子,100平方米,上级领导认为面积不达标,所以我们又把对面的房子租下来,现在人均10平方米左右。"

记者看到护理院屋内的墙上张贴着一张食谱,早餐栏内写着:周一粥、馒头、花卷、发糕,小菜;周二疙瘩汤、花卷、馒头、豆包,小菜……

午餐栏内写着:周一馒头、米饭、炒菜两个……周三包子、玉米粥、小菜……早餐和午餐每天都有变化,晚餐从周一到周日都一样:二米粥,馒头、花卷、豆包,炒菜一个。

朝北的一个小屋内,有位60多岁的阿姨正在给一位卧在床上的老奶奶喂饭,经别的老人介绍:床上的这位郭奶奶今年93岁,已在这里住了6年多了,因为女儿没有房子住,就把自己的房子给了女儿。女儿一家住过来后,房子面积小,没有办法,女儿就把她送到这里来。站在老人旁边的那位小姑娘,是她的重孙女。

在屋子中间床上坐着的秦淑兰阿姨说:"我们在这里的情况,没有像你们记者报道得那么邪乎,要是那样,我能在这里住上8年吗?我有一个女儿,住在一起不方便,就来这里断断续续住了8年。我今年63岁了,患有脑血栓,但恢复得不错,脑子不糊涂。在这里每月交500多元钱就够,我的退休金有900多元,基本上每月还能有点结余。"

"你们这里还有其他服务人员吗?"

"没有了,就我和我姐两人。"护理院院长孙淑霞的弟弟说。

"你们现在的证照齐全了吗?"

"有,就挂在墙上。"

记者看到墙上挂着一个长春市南关区卫生部门颁发的"食品卫生许可证",有效期从2008年5月16日至2012年5月15日。

"消防等证照呢?"

"没有,因为消防部门有硬性规定,没有消防通道办不下来。这房子是租的别人的,人家的房子也不好改动呀。"

"社会福利机构的证照有了吗?"

"也没有,因为消防和卫生两证不全,民政部门也没法给办。"

南关区民政局的一位工作人员说,"他们的条件确实有点差,连最起码的人均面积10平方米都达不到,再说消防这一关也过不了,从安全上考虑,我们没有给她办。"

"那就这样存在着,安全问题怎么办?"

"其实像天一护理院这样,还算可以的,窗户上的防护网拆掉了,并且又加了两个简易的紧急出口,有几家比这还差,都先后关门了,因为我每天去督察,他们压力大,生意不好,有些也就不干了。但有些条件还可以的,只能让它暂时存在着,督促他们改进达到条件后再办理证照。"

虽然民办养老机构的基础差,但是政府办的养老机构少,供不应求,老人们有这个需求,你说怎么办?再说我们民政部门也没有执法权,取缔也不是解决问题的好办法,取缔后这些低收入的老人们去哪里养老?地方政府财力差,我们只能尽最大努力协调扶持,使一些民办的养老机构尽快达标。虽然去年我们给一些民办的养老机构配备了消毒柜、洗衣机等,但消防等问题,我们确实解决不了。在没有办法的情况下,这些证照不全的,又不能取缔的,只能每天抽出一定的时间去督察、指导。说句实在话,我每天都提心吊胆,就怕他们出问题,你说我这工作难不难?老人们难不难?不是不作为,是我能力有限呀。南关区民政局的这位工作人员无奈地表示。

(资料来源:《中国社会报》2010年2月8日第003版)

请思考: 如何解决养老机构的实际困难?

任务二 养老机构的使命陈述与品牌建设

◆ **任务要点**

关键词:养老机构使命、品牌建设
理论要点:养老机构使命陈述的方式,养老机构品牌建设的内容
实践要点:能够根据养老机构的实际情况,陈述使命,建设品牌

◆ **任务情境**

王女士需要给自己的养老机构设计使命,同时确定品牌建设。

◆ **任务分析**

养老机构的运营管理,始于使命和目标的陈述。使命和目标是组织的生存之本,是组织存在的理由。养老机构的设立,不只是为了追求经济利益,也要重视社会价值的创造。确立使命之后,就要围绕使命建设养老机构的品牌,确定推广策略。养老机构的使命是确保养老机构沿着正确的发展路径稳步前进的北斗系统。使命是养老机构运营工作的指针,更是养老机构建设之后引领其他工作的保证。

步骤一 养老机构使命陈述

企业使命是企业生产经营的哲学定位,也就是经营观念。企业确定的使命为企业确立了一个经营的基本指导思想、原则、方向、经营哲学等,它不是企业具体的战略目标,或者是抽象地存在,不一定表述为文字,但影响经营者的决策和思维。这中间包含了企业经营的哲学定位、价值观以及企业的形象定位:经营的指导思想是什么?如何认识的事业?如何看待

和评价市场、顾客、员工、伙伴和对手。

(1) 使命陈述的要求。主要是回答"什么""谁"和"如何实现"的问题，具体而言包括以下几个方面：

我们的事业是什么？

我们的顾客群是谁？

顾客的需要是什么？

[小链接3-1]

部分养老机构的使命陈述

爱壹家：给老人一个五星级的家

诚和敬：诚和敬老，幸福中国

椿萱茂：乐享椿萱，相伴一生

恭和苑：创造人人向往的老年生活

和熹会：人生可以再出发

凯健国际：致力于为每一位老人提供专业化、个性化、人性化的医疗、护理、康复服务

亲和源：养老改变生活

温都水城：一次选择，一生拥有

星堡：打造一个我们或父母愿意入住的养老社区

我们用什么特殊的能力来满足顾客的需求？

如何看待股东、客户、员工、社会的利益？

(2) 使命陈述的方式

"什么"：需要满足在养老机构中生活护理、医学护理、心理护理、娱乐活动、康复医学护理、膳食服务、人身安全等。

"谁"：老人、老人家属、党和政府。

"如何"：首先，保证老人第一、以人为本，切实做到养老机构的服务展开。其次，向老人提供与价格相匹配的专业服务；最后，以优秀的员工、品牌和用户体验让老人及其家属感到物有所值。

步骤二　养老机构的品牌建设

(1) 品牌建设

"品牌"是一种无形资产，也是知名度的载体，有了知名度就具有凝聚力与扩散力，就成为发展的动力。企业品牌是城市经济的细胞，是带动城市经济的动力。而企业品牌的建设，首先要以诚信为先，没有诚信的企业，"品牌"就无从谈起。其次，企业品牌的建设，要以诚信为基础，产品质量和产品特色为核心，才能培育消费者的信誉认知度，企业的产品才有市场占有率和经济效益。品牌建设包括了品牌定位、品牌规划、品牌形象、品牌扩张等。

品牌建设(Brand Construction)是指品牌拥有者对品牌进行的设计、宣传、维护的行为

和努力。品牌建设的利益表达者和主要组织者是品牌拥有者(品牌母体),但参与者包括了品牌的所有接触点,包括用户、渠道、合作伙伴、媒体,甚至竞争品牌。

(2) 养老机构品牌建设方法

1) 实施品牌连锁经营

① 实施品牌连锁,形成养老机构"利益共同体"

目前,中国的养老机构大都存在以下问题:经营管理和服务质量较低、空置率较高等。应该对这类养老机构实施特许加盟、兼并、控股、收购等多种投资和合作方式,打造品牌、经营管理、服务模式。利用当今信息系统的强大力量,实行虚拟企业连锁的经营模式,基于养老机构互相形成强大的"共同利益体"。

② 推进电子商务建设

推进电子商务建设,实施养老机构品牌连锁,可使内部的交流和治理更加简单化、增强和方便快捷;同时完美企业和客户之间的互动,通过订购平台可以使双方更加深入的沟通和深入。可以帮助客户及时掌控品牌连锁机构的内部新动态,并在网络平台上发布服务的建议和要求。企业根据客户的建议和要求及时改善不足,能够让服务更加创新、完善,同时提高服务的附加值;同样,家属也可以了解到养老机构的状况和服务方向以及老人在养老院的生活状况,改进家属所提意见或建议的进度,让服务更长远。

2) 用企业文化提升竞争力

① 以先进的企业文化,打造自己的品牌以人为本才是当代先进的企业文化"企业为人,企业靠人,企业造人"。不单是消费者需要物质和精神价值上的服务,同时养老服务机构也要为员工输出物质、精神价值,以最大限度地保证与外部市场实现最有效的对接、传递与共鸣。

② 建立先进企业文化的理念

管理变合作的理念,将与员工的关系从管理的关系改变为合作伙伴关系,实现全员管理,发挥每个人的智慧与能力的优势。同时,加快创造性机制的成立,充分展现员工无限的主动性和创造力。

工作变学习的理念,要将员工工作的理念引导到学习的理念上来。不仅为老人提供优质服务,还使养老院变成一所能够教育人才的学校,制造良好的学习气氛。引导级别层次不同的员工制定生涯规划,因材施教培养人才,创新方法,让每个人的优长处得到更大的发挥,给员工提供能够发挥自我、展现自我、成长自我的空间平台,塑造每个人,让他们能够实现自我价值,并使他们自身更具竞争力。这充分体现了深层次的"以人为本"的管理。

3) 重视人力资本,倡导全员服务观念

① 职业化服务团队建设

注重加强职业化教育,使从业人员树立敬老为荣、爱老为荣、助老为荣的思想观念,塑造从事养老服务工作人员的职业化意识、奉献精神、工作上有责任心、事业心,让人员的职业素养和专业技能同步提升;塑立团结的企业文化,更加适合养老机构的文化和观念统一团队的思想行为,从而使团队的创新与奉献精神得以凝聚和激发。

② 专业化服务团队建设

养老护理员的职业技能和素养应该得到加强和开展，融入更多的科学知识和专业技能，如老人护理、生理、心理、常见病、营养学、康复方法，以及与老人沟通技巧等还要积极开展医疗、康复、心理护理等，以满足各种层次老人不同档次的服务需求。

③ 使社会工作充分发挥价值

市场需求与学校专业发展相结合。要根据社会需求设置专业和教学内容，并注重其专业性还有不可替代性，传授知识的同时要提高学生自我的能力水平，指导学生向着正确的方向调整自己，符合社会的需要，促进其更好的就业。

养老机构培养职业化、专业化社工。通过在养老机构与学校之间达成协议，给就读社会工作专业的同学提供在养老机构中实践和锻炼的机会，并且从养老机构得到反馈，帮助制定合理的解决计划，及时解决存在问题。同时让社会工作专业的学生利用假期时间，切身去到养老机构进行锻炼，将平时学到的理论与实践有机结合养老机构也有义务根据情况，提供就业岗位给学校优秀的毕业生。这就形成了良性循环，社会工作队伍也可逐步建立起来，缓解从事社会工作的人才就业压力，使他们学有所用。

4）标准化、规范化、科学化建设养老服务过程

① 标准化和规范化建设养老服务过程

建立健全基础管理机制、科学的组织管理机制、监督激励机制。按照国家有关行业标准要求及养老工作的性质、服务特点，制定规范化的、全面服务于老人的服务标准和操作流程；使基础性管理工作的规章制度更加完备。

根据养老工作的自身特点并结合企业发展一般规律，组建权责合理、岗位分明、制约制衡、严于监管、高效服务的组织管理体系，使整个组织管理机制的作用得以充分发挥，以健康和谐发展养老服务工作。为使各项举措落到实处，各项监督、考评、奖惩激励机制还须建立健全。如选拔招聘职员、绩效考核、奖惩机制，以及老人、家属、员工、政府与社会代表等内外参与的监督。

② 引入 ISO9001 国际质量管理体系

ISO9001 国际质量管理体系的作用主要是"过程控制"，通过对事物的过程把握，因而掌控结果；实施"过程方法"，四大循环过程应体现在质量管理体系中，即管理职责、资源管理、产品实现和测量、分析与改进，注重了解客户的要求，及时受理客户的满意度及意见的反馈，实现"事事有人做，事事有人管，事事有记录"。

ISO9001 国际质量管理体系对养老机构在服务中的过程中管理水平和控制能力有着极大的帮助和提高。为更好地适应内部的管理需要，养老机构务必要建立起自己的质量管理体系，建立以老人为中心的服务流程，提高质量工作效率和管理水平由于快速发展的养老服务市场，造成机构养老服务竞争日益激烈，建立起质量体系，积极达到甚至超越顾客的期待以提升满意度，扩大顾客网络，可以帮助树立良好的养老机构在社会上的形象，增加信誉度，从而利用非价格因素来提高养老机构在业界中的竞争力。

[小链接3-2]

"福州安心园投资咨询有限责任公司"作为台湾地区领先的养老连锁经营品牌企业，在中国宝岛台湾持续经营了近三十年的老年护理院，在当地拥有良好的口碑和信誉。

2003年3月，"福州安心园"在中国内地(福建省福州市)成立了第一家养老护理院——洪山安心老年护理院，时至今日已经在中国内地累计成功运营了五家直营养老院。

2012年2月，"福州安心园"以"安心园投资咨询有限责任公司"为注册商标在福建省福州市成立了台资养老项目投资管理机构并开展业务，为政府及有意愿从事养老行业的爱心人士提供护理型养老院的全面规划、安全运营、有序管理等专业咨询，并在中国内地全面推动"安心养老(护理院)连锁机构"加盟。经过三年的努力，已经形成了自己独特的经营优势，并在行业内树立了强大的品牌影响力。

"福州安心园投资咨询有限责任公司"拥有一大批具备丰富的专业知识与照护管理经验的各类人才，建立了强大的养老护理基础材料知识库，并拥有先进的移动物联照护管理系统。能够为不同区域、大小规模、公办或者民营的养老护理院提供各种专项服务。

■ 公司使命　让天下没有难做的养老机构！
■ 公司愿景　成为中国最受尊重的养老连锁机构！
■ 发展战略　成为海峡两岸最专业的连锁经营养老机构！
　　　　　　成为国内一流的养老机构管理顾问！
　　　　　　成为中国第一的养老(护理)院高端人才成长基地！

触类旁通

1. 品牌推广

品牌推广(Brand Promotion)，是指企业塑造自身及产品品牌形象，使广大消费者广泛认同的系列活动过程。主要目的是提升品牌知名度。品牌联播企业品牌战略专家一语道破天机："品牌创意再好，没有强有力的推广执行作支撑也不能成为强势品牌，而且品牌推广强调一致性，在执行过程中的各个细节都要统一，'魔鬼在细节中'"。品牌推广的关键点是要以品牌核心价值统率一切营销传播活动。

市场上自助建站平台非常多，品牌推广就必须要以品牌核心价值统帅企业的所有营销(行)传播(言)活动，即任何一次营销广告活动如产品研发、包装设计、广告、通路策略、终端展示到街头促销甚至接受媒体采访等任何一次与公众沟通的机会，都要去演绎出品牌的核心价值。这样，消费者任何一次接触品牌时都能感受到品牌统一的形象，就意味着每一分的营销广告费都在加深消费者对品牌的记忆。

2. 品牌推广的策略

（1）产品推广

服务推广，其实就是新产品推广，新品上市时是企业推广品牌的大好时机，新产品结合企业品牌一起推广，在提升品牌知名度的同时拉动产品销售，一举两得。有一点，企业往往在推广之时重广告轻公关，这是造成有销售没品牌的一个原因。品牌更多的时候需要的是公关传播，而销售更需要精准广告来拉动。

（2）促销推广

劳动节、国庆节、中秋节、元旦、情人节、七夕节、圣诞节、企业周年庆等，都是企业推出促销活动的好时机。促销活动直接针对销售，但是不做推广，鲜为人知，效果肯定不理想。在这个时候，企业一般会投入大笔的预算做促销推广，这种推广是非常有价值的，既可以拉升销售业绩，也带动了品牌。

（3）企业领军人物

企业领军人物的企业家形象塑造，这个是一个企业品牌的重要方面，也是被企业忽视的一个方面。领军人物是活生生的人，相对企业品牌来讲，更容易被人们接受。企业领军人物的观点、事迹、创业史都是很好的素材，对于企业品牌形象的提升不无裨益。

（4）企业荣誉

比如传统行业的中国名牌、中国驰名商标、国家免检产品等。

◆案例分析◆

中精众和的品牌建设

以专注的精神，持续创新，为客户构建全方位优质健康生活！

中精众和健康科技发展（北京）有限公司成立于2012年4月，是一家以养老、养生、保健等服务为主，集投资、运营、管理于一体的创新型健康产业机构。集团以北京为战略发展总部，以京津冀为战略发展核心，放眼全国，针对老年及全年龄阶段有颐养、康复、保健等需求的人群，搭建健康服务平台，通过提供养老、养生、健康管理等服务，为客户构建多模式、多层级的健康生活体系，提供全方位的一站式养老服务与健康管理服务。

企业定位：创新型健康服务运营商

核心价值观：诚信、感恩、服务、创新

企业精神：凝聚智慧，创新未来

企业使命：为客户提供优质健康服务

为全体员工提供终生事业发展平台

与合作伙伴共同成就事业未来

企业愿景：以专注的精神，持续创新，为客户构建全方位优质健康生活

运营管理：由具有国内外先进服务和管理经验的专家加盟中精众和，共同打造一流的健

康服务运营团队。团队带头人具有10年三甲级医院护理及管理工作经验,9年国内外健康养老领域服务经验,曾多年任德国连锁型全科养老机构院长。

护理服务:聘请具有20年临床护理及管理经验,多年澳大利亚老年护理专业经验,曾任国内外多家专业护理院校资深讲师的护理服务专家担纲,建立中精众和健康服务及专业人才培养体系,保证一流的健康服务质量。

养生保健服务:聘请著名医科大学教授,著名中医学家及中药学专家,以及长期从事中医理论教学工作的业内精英,以中国传统养生理念,科学的保健方式,为健康养生体系的搭建提供技术支撑。

请思考: 请用所学方法分析中精众和的品牌推广策略。

任务三　养老机构的推广

任务要点

关键词:养老机构推广决策、市场定位、推广策略
理论要点:养老机构的市场定位方法;养老机构推广的措施
实践要点:运用PEST方法,分析养老机构所处的环境,选择养老机构的推广策略

任务情境

小张是老年服务与管理专业的毕业生,恰好王女士的养老机构招聘,他很喜欢从事养老机构的管理工作,被安排在营销部工作,协助领导制定养老机构的推广策略。小张决定通过所学知识分析所在企业的推广策略。

任务分析

对于养老机构而言,成功的推广工作不仅能够带来经济利益,还能够为机构指明未来的发展方向。推广管理则是指在市场行为中,以营利为目标,把组织、架构、人员、培训、绩效、考评、薪资等众多要素综合制定、优化实施的行为。

步骤一　养老机构的市场环境

养老机构要做出正确的推广决策,首先要对自身所处的推广环境进行认真细致的分析。推广环境包括宏观的人口环境、政策环境、人文环境,还包括行业内的竞争环境。

环境分析包括宏观环境(一般任务环境)和微观环境(行业环境)。

(1) 宏观环境分析

宏观环境就是指一定时间内各种组织所共同面对的总体环境。宏观环境分析中最为常用的是PEST分析法。所谓PEST分析法是宏观环境分析的一种重要工具,主要包括四个关键的因素:政治和法律环境(P)、经济环境(E)、社会和文化环境(S)、技术环境(T)。下面

从四个方面对养老机构发展的宏观环境进行分析。

① 政治和法律环境分析(P)

政治和法律环境泛指一个国家的社会制度、执政党性质、政府的方针政策以及国家制定的有关法令、法规等。这些因素常常制约、影响企业的经营行为,尤其是影响企业较长期的投资行为。我国养老机构发展的政治和法律因素分析如下:

第一,法律缺失、法律制度不完善

为健全养老服务规范体制,我国以多达 400 个养老服务规范性文件做了规定。如民政部 2013 年颁布实施的《养老机构管理办法》,确立了养老机构的设立条件和管理制度。民政局和国家税务总局也于 2000 年联合下发了《关于对养老服务机构有关税务政策问题的通知》,确立了国家对非营利性养老服务的税收减免政策。为促进民间资本兴办养老服务,国务院分别于 2012 年 8 月和 2013 年 9 月下发了《关于鼓励和引导民间资本进入养老服务领域的实施意见》及《关于加快养老机构发展的若干意见》,明确了对营利性养老服务的优惠制度,因此,现有养老服务规范性文件基本上涵盖了养老服务的制度体系。然而纵观现有养老服务规范体系,仅有 1 部《老年人权益保障法》为国家法律,其他规范性文件均为政策性或指导性文件,以"通知""意见"等指导性文件为主,从而导致现有养老服务制度体系仍未上升到国家法律高度,仅停留在国家政策层面。如现有养老服务的税收优惠政策仅能称为"税收优惠制度",仍不能称为"税收优惠法律制度"。因此,养老服务法律规范的缺失,造成了我国养老服务法律制度的不完善。

表 3-1 1999 年至 2007 年我国养老机构相关规章制度

年份	名称	发文字号
1999	社会福利机构管理暂行办法	民政部令〔1999〕19 号
1999	《老年人建筑设计规范》	建标〔1999〕131 号
2000	关于对老年服务机构有关税收政策问题的通知	财税〔2000〕97 号
2000	关于加快实现社会福利社会化的意见	国内发〔2000〕19 号
2000	关于开展区域社会福利机构设置规划工作的指导意见	民办函〔2000〕54 号
2000	关于统一制发《社会福利机构设置批准证书》的通知	民办函〔2000〕91 号
2001	《老年人社会福利机构基本规范》	MZ 008-2001
2002	《养老护理员国家职业标准》	劳社办发〔2002〕39 号
2005	关于支持社会力量兴办社会福利机构的意见	民发〔2005〕170 号
2006	农村五保供养工作条例	民发〔2006〕146 号
2006	"农村五保供养服务设施建设霞光计划"实施方案	民发〔2006〕206 号
2006	关于开展全国养老服务社会化示范单位创建活动的通知	民函〔2006〕292 号
2006	关于印发《全国民政标准 2006—2010 年发展规划》的通知	民发〔2006〕137 号
2007	关于推进民间组织评估工作的指导意见	民发〔2007〕127 号

表3-2 2008年至今我国养老机构相关规章制度

年份	名称	文号
2009	关于开展养老机构落实"两规范一标准"情况专项检查的通知	民办函〔2009〕241号
2010	关于在民政范围内推进管理标准化建设的方案(试行)	民发〔2010〕86号
2010	社会组织评估管理办法	民发〔2010〕39号
2011	《社区老年人日间照料中心建设标准》	建标143—2010
2011	《老年养护院建设标准》	建标144—2010
2011	《养老护理员国家职业技能标准》	人社厅发〔2011〕104号
2012	社会管理和公共服务标准化工作"十二五"行动纲要	国标委服务联〔2012〕47号
2012	养老机构安全管理	MZ/T 032—2012
2012	养老机构基本规范	GB/T 29353—2012
2012	光荣院服务规范	GB/T 29426—2012
2012	关于政府购买社会工作服务的指导意见	民发〔2012〕196号
2012	关于鼓励和引导民间资本进入养老服务领域的实施意见	民发〔2012〕129号
2013	国务院关于加快发展养老服务业的若干意见	国发〔2013〕35号
2013	国务院办公厅关于政府向社会力量购买服务的指导意见	国办发〔2013〕96号
2013	社会管理和公共服务综合标准化试点细则(试行)	国标委服务联〔2013〕61号
2013	养老机构设立许可办法	民发〔2013〕48号
2013	养老机构管理办法	民发〔2013〕49号
2013	关于推进养老服务评估工作的指导意见	民发〔2013〕127号
2013	《老年人能力评估》	MZ/T 039—2013
2014	关于加强养老服务标准化工作的指导意见	民发〔2014〕17号
2014	关于加强养老服务设施规划建设工作的通知	建标〔2014〕23号
2014	养老服务设施用地指导意见	国土资厅发〔2014〕11号
2014	关于做好政府购买养老服务工作的通知	财社〔2014〕105号

第二,缺乏必要的政策性支撑与监管

除了法律法规不健全之外,我国养老机构还缺乏必要的政策性支撑与监管。随着养老产业的不断发展,企业在养老产业中的作用不断扩大,而政府在市场中的作用逐渐缩小,转而发挥其政策导向的作用,引导和扶持养老机构的发展。但是由于养老机构具有福利性和微利性的特点,所以市场尚未全部打开,企业利润往往较低,容易出现不盈利甚至亏损的情况。这就要求政府对从事养老机构的企业给予政策上的扶持,通过政策优惠,帮助它们盈利,从而吸引投资,促进养老机构的繁荣。

第三,养老机构缺乏行业标准

国外老年服务和护理人员都通过专门的资格认证,心理咨询人员必须具有临床医学、哲学或教育学博士学位。我国由于养老机构发展的时间较短,大多数养老机构和服务人员都没有经过系统或专业的技术培训,养老机构缺乏统一的市场规范、行业标准、评估体系和行业监管机构。许多老龄企业的产品和服务质量无法进行评测和监督,养老机构处于无序发展状态。

② 经济因素分析(E)

经济环境因素主要指宏观层次的经济政策,税收政策,国家人口数量及其增长趋势,国民收入、国民生产种植及其变化状况,以及通过这些指标反映的国明经济发展水平和发展速度。我国养老机构发展的经济因素分析如下:

第一,老年人的消费能力有待提高

根据表3-3我国居民消费水平来看(虽然有通货膨胀和物价上涨的因素)我国经济发展的总体势头较好,居民消费水平也不断提升,因此老年人的消费能力也有不断提升的趋势。

表3-3 我国居民消费水平

年 份	绝对数(元)		
	全体居民	农村居民	城镇居民
2000	3 632	1 860	6 850
2001	3 887	1 969	7 161
2002	4 144	2 062	7 486
2003	4 475	2 103	8 060
2004	5 032	2 319	8 912
2005	5 596	2 657	9 593
2006	6 299	2 950	10 618
2007	7 310	3 347	12 130
2008	8 430	3 901	13 653
2009	9 283	4 163	14 904
2010	10 522	4 700	16 546
2011	12 570	5 870	19 108
2012	14 110	6 632	21 035
2013	15 632	7 409	22 880

数据来源:《中国统计年鉴2014》

虽然我国国民的收入逐年增长,但是我国仍属于发展中国家,而且未富先老,总体经济发展水平与发达国家相比还有很大的差距,老年人的生活保障水平还是非常基础的。因此,社会老年人总体上的消费能力与实现较高生活质量的需求还不能真正相适应,我国老年人的消费能力还有待提高。

第二,城乡居民人均收入差异显著

我国城镇居民和农村居民的人均收入差异显著,从表3-4城乡居民家庭人均收入及恩格尔系数可以看出,我国城镇居民的收入要远远高于农村居民。城镇居民和农村居民的恩格尔系数都相对较高,一般国际上认为一个国家平均家庭恩格尔系数30%~40%属于相对富裕;20%~30%为富裕;20%以下为极其富裕。我国城乡居民的生活水平经过近十年的发展,恩格尔系数大致接近,都已经属于相对富裕的水平,但我国总体还属于发展中国家,离发达国家的还有很大的差距。

表3-4 城乡居民家庭人均收入及恩格尔系数

年 份	城镇居民家庭人均可支配收入	农村居民家庭人均纯收入	城镇居民家庭恩格尔系数(%)	农村居民家庭恩格尔系数(%)
2000	6 280.0	2 253.4	39.4	49.1
2001	6 859.6	2 366.4	38.2	47.7
2002	7 702.8	2 475.6	37.7	46.2
2003	8 472.2	2 622.2	37.1	45.6
2004	9 421.6	2 936.4	37.7	47.2
2005	10 493.0	3 254.9	36.7	45.5
2006	11 759.5	3 587.0	35.8	43.0
2007	13 785.8	4 140.4	36.3	43.1
2008	15 780.8	4 760.6	37.9	43.7
2009	17 174.7	5 153.2	36.5	41.0
2010	19 109.4	5 919.0	35.7	41.1
2011	21 809.8	6 977.3	36.3	40.4
2012	24 564.7	7 916.6	36.2	39.3
2013	26 955.1	8 895.9	35.0	37.7

数据来源:《中国统计年鉴2014》

由此也可以看出我国城乡老年人的生活水平也有很大的差距。据中国老龄科学研究中心一项调查表明,目前我国42.8%的城市老年人拥有存款。城市老年人还有退休金,从退休金的增长规模预测,2020年城市老年人的消费能力相对现在将增长2.36倍,2030年比现在增长7.73倍,因此城市老年人有比较强的消费能力。

而农村老年人由于缺乏稳定的收入来源,积蓄较少,并且我国目前的养老保障体系并不完善,因此经济上显得较为拮据。城市老年人相比农村老年人更加富裕,城市老年人的购买力和消费水平也超越农村老年人。养老机构在发展过程中对于城市和农村的老年人应区别对待,应制订不同的发展战略,养老机构的发展项目在不同的地域也应有所侧重。

第三,老年人购买力有较大的增长空间

据推算到2020年,退休金总额将达28 145亿元,到2030年,退休金总额将达到73 210亿元。随着老年人口数目的不断膨胀和可支配收入的持续增加,老年人的购买力会有很大的增长空间。

不仅如此,国家对养老问题也日益重视,政府在退休金、卫生和社会福利方面的财政支出逐年增长,这对于完善我国的社会福利制度,提高老年人的生活水平有很大的帮助。老年人购买力的增长是养老机构发展壮大的基础条件,养老机构本来就有微利性的特点,如果再生产过剩、供过于求那么养老机构的发展就更加艰难。老年人的购买力的巨大增长潜力为养老机构的发展提供了机遇和信心。

③ 社会和文化因素(S)

社会和文化环境包括一个国家或地区的社会性质人们共享的价值观及人口状况、教育程度、风俗习惯、宗教信仰等各个方面。从影响战略制定的角度来看,社会和文化环境可分解为文化、人口两个方面。我国养老机构发展的社会和文化因素分析如下:

第一,我国老年人口数量持续增长

我国老年人口的数量不断增长,同老年人口在总人口中的比重也持续上升。这一方面说明随着计划生育政策的推行,我国人口老龄化的程度日益加深,整个社会的养老负担更加沉重;另一方面老年消费群体的总体数量不断增加,意味着养老产业规模巨大,潜力无限,孕育着无限的商机。

第二,老年人口消费观念逐渐转变

以往我国老年人受传统文化中"勤俭节约"等思想的影响,生活上比较节俭,很多老年人把钱留给子女甚至第三代使用。老年人在日常的消费主要集中在物质资料的消费上,而享受性和精神文化消费较少,由此造成我国养老机构发展空间较小,利润收益周期较长,难以实现大规模经营。但是随着我国经济的持续发展,收入水平和生活质量的不断提高,老年人的经济收入有了很大的改善,老年人的消费观念和生活方式也不断更新。老年人更多地为自己着想,更加注重生活质量,"享受生活"成为他们的基本观念。

第三,我国有尊老的文化传统

"尊老爱幼"是中华民族的传统美德,"百善孝为先"更是我国尊老文化的突出体现,如何让老年人"老有所养""老有所为""老有所乐"是每位子女和整个社会共同期望的。在老年人的消费中,老年人的子女、亲戚、朋友会为老年人购买生活用品、礼品和保健品等,一些集体、群众组织或其他社会团体也为老年人购买急需的用品和服务。

因此,在尊老传统的影响下,老年人可以是最终的消费者,但可能并不是直接购买者,老年人的实际消费能力往往会超过自身的实际经济支付能力。

④ 技术因素分析(T)

与经济环境的影响相同,技术环境对企业的生产和经营活动的影响直接而重大,尤其是在原料和能源严重短缺的今天,技术因素往往成为决定人类命运和社会进步的关键所在,我国也面临同样的情况。近年我国科学技术已经有了很大的发展,生产等技术的进步也进一步促进了经济的发展和人民生活水平的提高。但是,用在服务业以及医疗保健上的投入还相对较少。

以科技手段提高老龄人口的生活水平是社会发展和进步的重要体现,养老产业也是我国科技成果转化的重要方向。因此,大力发展养老机构的相关科技具有巨大的经济意义和社会效益。

通过运用PEST方法对养老机构外部环境进行分析可以看出,尽管养老机构发展的法律法规并不健全,政策和技术上的支撑也不充分,但是我国养老机构仍有巨大的发展潜力。中国的老年群体已经成为一支重要的消费大军,供需之间巨大的差距使我国养老机构拥有广阔的发展空间。而且随着老年人口消费能力的提高、价值观念的转变以及消费需求的不断扩大,我国养老机构的发展大有可为。

步骤二　养老机构的竞争情况分析

现在常用的行业竞争分析工具是哈佛商学院的战略管理学者迈克尔.波特教授提出的"波特五力模型"——在一个行业中,存在着五种基本的竞争力量,即潜在的进入者、替代品、购买者、供应者以及行业中现有竞争者的抗衡,彼此之间相互作用。根据"波特五力模型",我们建立养老机构的五力模型如图3-2所示:

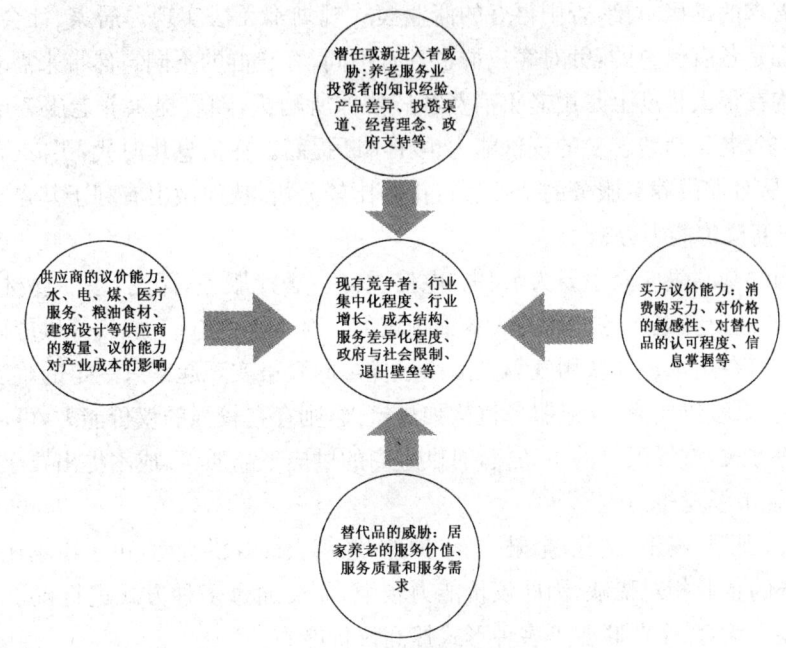

图3-2　养老机构五力分析模型

(1) 潜在进入者的威胁分析

对一个行业来说,潜在的进入者会带来新的服务能力和资源,从而对现有市场份额带来冲击。特别是从事房地产开发的企业,其巨大的资金优势和房地产开发经验对现有的机构养老服务存在着巨大的冲击。但是,养老机构有自身的特殊性,如客户的定位、细分、老年人生活心理习惯研究、服务产品的差异、国家对养老政策都和房地产开发有着较大的区别,要转入养老机构须投入大量的人力、物力、财务去进行研究、开发。此外,养老服务产业是一个投资大、回收期长、运营风险高、盈利水平不高的行业,前期的市场调研、服务产品研发、人员培训等都要投入巨大的资金这在一定程度上构成了行业的准入壁垒。

(2) 现有竞争者

养老产业的运营盈利模式、产业圈的构成、政策法规等都还处于摸索阶段,这个行业总体上来说竞争烈度低。有市场就有进入者,"养老产业的巨大市场需求"存在着巨大的吸引力,老龄化问题也在颠覆传统的养老模式。但是,试图进入养老机构的民营企业首先面临的是公办养老事业的竞争,其巨大的政策扶持力度、知名度、信誉度和行业认可度构成了天然的竞争优势。此外,如上海亲和源、北京太阳城等行业先行者在养老机构内也具有较大的知名度。

(3) 买方议价能力分析

养老机构的买方主要是老年人,养老机构提供的服务产品主要有购买客户有:自理型的疗养老人及刚需型的高龄、失能这个阶段的老人,老年人客户群体对价格的敏感程度非常高,养老机构需要制定目标客户能够接受的价格策略,在运营中进行价格调整时必须要经过谨慎的分析,否则住进来的人还会走,养老机构本身短期内无法产生自身造血的功能。

其次,老年人由于守旧心理的影响,一旦某种产品能满足他们的需求,就会对该种产品产生忠诚度,不易发生转移。在老年人的议价能力分析上,满足其个性化需求是核心的要素,如果不能做到就会造成满意度下降,进而会造成客户流失。作为一个服务提供商一定要做到供给与需求的准确对接,否则再好的商业模式规划都无法实现。居家、社会、机构提供的养老服务都是各有侧重的,针对客户群也各有不同,客户群的不同自然带来需求的不同。

养老机构在很大程度上是由老年消费客户群体所购买,随着提供养老服务产品的养老机构、企业增多,老年消费客户的议价能力也在不断提高。在信息化时代,买方(含老年人及其家人)很容易对提供养老服务的企业进行排名比较分析,从而做出有利于其自身的选择。

(4) 供应商议价能力分析

养老机构的基本供应商主要为水、电、电信、燃气、医疗服务、保健、粮油食材、建筑服务等供应商,供应商对养老服务产品的成本影响较大。对水、电、电信、燃气等供应商是没有议价能力的。政府在用水、用电、用气等方面给予优惠的政策实现起来有一定的难度。

对于粮油、果蔬供应商,养老服务机构如规模大,则存在较强的议价能力,可以通过招标或战略合作等方式,掌握议价的主动权,对供应商的供应产品质量、成本提出要求,降低采购价格,从而增强市场竞争力。

对于医疗、保健、娱乐、文化、金融、老年护理、老年服饰等供应商,由于市场还在引入期,能够提供服务的企业相对稀缺,因此议价能力较强,需要通过多种方式进行议价,也可以通过加强自身能力培育、企业联盟等多种形式提高议价能力。

(5) 替代品的威胁分析

养老机构运营商的替代品威胁主要来自居家养老、社区养老照顾。居家养老中无微不至的照顾和亲情体验是社会养老无法替代的,但家庭规模的缩小和结构变化使其养老功能不断弱化,对专业化养老机构和社区服务的需求与日俱增。社区养老照顾是社区工作的重要内容,也是国家提倡的一种养老模式,能够将居家养老和专业照护的优势进行结合。但是,我国的社区建设相对不够成熟,社区照顾的设施尚不完备,提供的服务层次和服务内容还不能满足老人多样化的需求。因此,养老机构应立足于提供多样化、差异化、精细化的服务设计才能够具有竞争的优势。

综上所述,养老机构的进入壁垒相对较高、竞争者的威胁主要来自公办养老机构,但市场总量巨大,威胁较小;养老机构的同质性较强;养老机构的顾客具有较强的议价能力;其供应商的议价能力较强;但养老机构总体竞争尚不激烈。

步骤三 养老机构的推广策略分析

(1) 推广策略分析

① 产品策略

养老机构的核心在于为老服务,因此,在制定其产品策略时,要注意软件和硬件相配套。在给老年人提供优质和舒适的养老环境的同时,还要注重服务的到位。比如,从事社区养老服务的企业可以将消费者、地点、产品作为基础制定差异化的"养生计划",依据服务对象的行动能力、房间情况、饮食和服务规格研究不同的服务产品;或是养老机构根据入住老人的特点提供特色服务,包括配置营养膳食、理疗复健陪护、病例管理、定期体检、中医养生、生态疗养等。

同时,采用全员参与、全过程控制、全方位监管的方式提高服务质量。比如围绕特色服务内容和质量出台服务规章制度;实施"家属指定负责护理人员,不满意立即更换"制度;设立老年监督会,定期为护理人员打分,决定护理人员去留等方法打造过硬的服务产品。

② 品牌策略

养老机构的从业单位特别是民办养老机构实质上就是企业,作为企业要重视自身的品牌,要有自己的品牌策略。民办养老机构在发展时要有自己的发展规划和目标,注意自身的个性化和差异化,注重自身的特色发展。通过自身努力在当地树立好的口碑和品牌,要有把这个品牌做成连锁品牌的目标和动力。

同时,采取积极的行动,通过各种途径来宣传本养老机构的品牌。民办养老机构要明确,其所提供的服务实质上是一种商品,因此必须要树立服务的品牌意识,通过个性、多样、优质和满意的服务来提高社会的认知度。同时在中国"孝"文化中,居家养老根深蒂固,入住养老机构不仅在老人心中有灰色观念,儿女也会顾及社会舆论(不孝)而消极对待养老机构。所以养老机构要充分利用各种宣传媒介,积极宣传和引导新的养老理念,让老人和子女打消心中的顾虑。

③ 定价策略

养老机构的定价策略应重点考虑服务成本、市场需求、行业竞争等因素。但是,由于养老机构正处在行业的引入期,还未形成规范的市场体系和运作机理,其服务定价往往随意性较强。目前,人民生活水平有了很大提高,老人对养老服务的个性化和多样性有个更多的需求。而养老服务企业可以充分利用这种需求,在做好市场调研的前提下,制定性价比较高的定价策略。操作的重点是通过差异化战略重塑老人群体对养老服务企业的心理定位,利用服务质量和品牌形象来定价,并引导顾客形成有利的价值观念从而制定不同的价格。

④ 推广策略

过去从事养老服务的企业推广方式比较单一,仅仅依靠老人的口碑相传来进行推广,这在一定程度上限制了顾客的知晓程度。因此,养老机构的企业应通过多种方式进行推广,一般而言,推广方式主要包括广告宣传、口碑营销、关系营销和事件营销(筹办老年人接待日、节日出游活动和公益广告大赛),增加传播过程的互动性、主动性和积极性,避免抵触情绪和怀疑心理,启发中青年人了解赡养困境,在观念转变的信息捕获中发现营销价值所在,获取赡养问题的解决途径。

(2) 执行和控制市场推广任务

对市场推广活动的执行和控制是推广成功的保障,需要以下三个管理系统支持。

① 市场推广计划

既要制订较长期的战略规划,决定养老机构的发展方向和目标,又要有具体的市场推广计划,具体实施战略计划目标。

② 市场推广组织

推广计划需要有一个强有力的推广组织来执行。根据计划目标,需要组建一个高效的推广组织结构,需要对组织人员实施筛选、培训、激励和评估等一系列管理活动。

③ 市场推广控制

在推广计划实施过程中,需要控制系统来保证市场推广目标的实施。推广控制主要有养老机构的年度计划控制、赢利控制、推广战略控制等。

推广管理的三个系统是相互联系、相互制约的。市场推广计划是推广组织活动的指导,推广组织负责实施推广计划,计划实施需要控制以保证计划。

(3) 养老机构市场推广的方法

养老机构销售渠道应根据不同老人群体的特点,采用不同的推广组合策略,使养老机构的差异化优点、品牌定位与入住老人的实际需求相结合从宏观环境来看,推广正在渗入我们生活的方方面面,推广无处不在,无时不有。对于以服务为主要产品的社会养老机构而言,除了一方面不断完善和提高自身的服务水平,在推广策略上也应该选择与养老服务属性有关的推广之路。

① 立足文化推广

作为老年人主动选择颐养天年的养老机构,必须使老年人对该生活场所具有价值认同感,有文化归属感。因此,文化推广是社会养老机构的首选策略。文化推广是一个组合概念,简单地说,就是利用文化力量来实现企业战略目标的市场推广活动。在这里,指的是社会养老机构的推广人员及相关人员在推广活动流程中主动进行文化渗透,以文化作为媒介,与入住的老人及社会公众构建一种全新的利益共同体关系。

文化推广的核心是关系,养老机构从与老年人的良好关系中获利,考虑的是建立与老年人保持长期关系所带来的收益和贡献。因此,在做好配套服务的基础上,还应顾及与老人的充分接触、感情交流,从精神上给老人慰藉。使老人在人生剩余的旅途中提高生命质量,获得应有的尊重和生命的尊严。

② 推行体验推广

以服务为核心,进行体验推广是养老机构进行推广推广的重要手段。目前,体验推广正成为一种时尚。体验是企业和顾客交流感官刺激、信息和情感要点的集合,体验推广正是通过让顾客体验产品、确认品牌的价值、产生信赖后主动接近该产品,对本品牌产生依赖感,从而成为忠诚的消费者。体验推广的关键不单是将自己的产品推广出去,还包括建立和培养一定程度的消费忠诚度和依赖度,注重的是选择进入某个养老机构前、中、后的全部体验,故将两者相结合对消费者和产品来说都是一种双赢。

③ 实现品牌推广

任何企业的推广,到最后都需要落实到品牌推广上来,社会养老机构只要是按企业化的方式来运行,就必然与要走向品牌推广之路。品牌推广是通过品牌实力的积累,塑造良好的品牌形象,从而建立顾客忠诚度,形成品牌优势,再通过品牌优势的维持与强化,最终实现创立名牌与发展名牌。品牌推广是一种核心的信念,贯穿于整个企业之中,形成企业文化的核心,它所推广的不仅仅是形象,还包括认同,这种认同反映了品牌的个性,体现了企业的实力。

因此,品牌推广是企业竞争继单纯的产品竞争、价格竞争、技术竞争、服务竞争之后的高级阶段,是多种手段的综合。

触类旁通

1. 市场推广的概念

市场推广不是一个出名的名词概念,不是由哪个科学家提出的。如市场公关/市场推销。它的产生是在市场发展和进步中演进出来的。是指对某个产品的性能,特点,进行宣传,介绍,是使消费者接受,认可、购买。是销售、营销的手段和方式。

也有人认为:市场推广的概念,从字面上理解:推,就是推动,拉动;广,就是广而告之、广而卖之。推广就是聚焦、放大、沟通、说服消费购买的过程,就是如何利用推广的手段达到企业营销的目的。有效的市场推广应包括两个要素:推力和拉力。市场推广的推力包括:客户渠道的主推力、终端现场推动力、促销的推动力。拉力包括:市场推广的宣传与服务两个要素。

2. 市场推广的方式

* 新闻发布会

特征:(1)费用低,效果好。

(2)与新闻媒体建立长期友好合作。

(3)借媒体之口,具有公信力和可信度。

* 广告

分类:电视、报纸、户外。

* 营业推广

分类:模型展示,样板展示等。

* 公关推广

分类:奖赠,研讨,讲座,征集。

* 人员推广

目标对象:以企业、团体为单位,准备宣传、销售资料,划分重要、次要客户。

* 活动推广

优势:消费者易接受,能形成长久记忆。

3. 市场推广的关键因素

决定有效市场推广的关键因素主要包括以下几个方面:

第一,市场调查与分析。

如何进行信息的收集与整理? 在市场推广中就体现在市场调查的重要性。哪些信息是企业应该收集的,对企业的营销有影响? 我把它基本归纳为四个方面:一、企业自身的信息(知己),二、竞争对手的信息(知彼),三、合作伙伴的信息(客户、物流),四、顾客、市场的信息(终端顾客、消费者)。对自己的信息企业可能比较清楚,但对于对手的信息企业自己能了解多少? 对手的信息包括哪些? 这些信息通过什么途径获得? 如何获得? 这就要营销人员掌握市场调查与分析的技巧。重视市场调查与分析,不能不去调查和了解,就采取闭门造车的营销策略。这在许多知名企业中都有失败的案例和教训。

为什么许多看起来创意很好的广告没有销售力？为什么许多非常俗气的广告却有生命力？这都是企业缺乏市场调研，凭自己主观的判断，对消费者需求理解偏差造成的。因此，我们一定要通过市场调查来了解消费者的想法，了解对手的想法，了解经销商、客户的想法，而不能关起门来自己想方法。没有调查就没有发言权。

第二，有效的产品规划与管理。

决定战争胜利主要因素之一是武器装备。武器的先进性历来是战争取胜的重要因素，但不是绝对因素。历史上也有许多以弱胜强的经典案例。市场推广中讲究产品的因素。产品是有效推广的重要武器，是营销4P的重要一环。

有效的产品营销策略组合即产品线设计，能够有效地打击竞争对手，提高企业赢利能力的有效武器。产品策略组合应包括：如何提高企业自身产品的技术研发与应用？如何进行产品概念的提炼与包装？如何调整产品销售结构与组合？企业生存的目的是赢利。提高企业赢利的方法：一是产品价格卖得比对手高，二是企业效率比对手高，成本控制比对手要好，三是产品销售结构组合要好。营销与销售的根本区别是：销售是把产品卖出去。营销是持续地把价格卖上去。如何把自己产品的价格卖得比对手高，就需要有效地市场推广，进行有效的产品组合。

第三，终端建设与人员管理。

在战争中，曾有天时、地利、人和等三大关键要素。常言说：天时不如地利、地利不如人和。选择作战的时机很重要，但占据有利的地形和阵地更重要。在市场推广中，终端建设就像抢阵地，要占据有利位置，修筑攻势。终端是实施营销战争的阵地，要想消灭对手就要占领有利的阵地，消灭对手的有生力量。

体现在终端就是要比对手卖的多。多进一个球，对手就会少进一个球。人员管理体现在市场推广中的兵力较量。胜利的因素取决于兵力的多少、素质高低、技能、领导、士气、团队精神等。兵法原理：要想保持领先对手，必须大于对手七成兵力，才能取得绝对优势。因此，在终端建设中，国产手机、家电等企业在战争初期，分析自己在产品、技术方面的劣势，都是采取了在终端增加促销人员，进行人海战术才打败了外资品牌企业。如今在渠道同质化、产品同质化严重的竞争情况下，终端成为新的竞争点。越来越受到企业的重视，这就是终端的力量。

第四，促销活动策划与宣传。

即营销的战术。战争讲究战略和战术，战略是营销的方针，战术就是如何去做。营销4P中产品、价格、渠道、促销。前三个方面都可以归纳为战略。只有通过促销手段，才能促进战略的实施与执行。促销涉及产品、价格、渠道等几方面。

促销活动就如同战争打仗。首先要制订作战口号。要师出有名，有统一的主题。第二要占据有利地形，选择最好的卖场，抢占最好的位置。第三，集中兵力，以绝对优势兵力压倒对手。第四、产品组合到位，武器装备精良。第五、资源配备到位，广告宣传到位，合理投放资源、武器装备。有效的市场推广也是如此。通过学习有效的市场推广，我们会发现，打胜仗其实很简单。只要学会掌握市场推广的技巧和要领，了解营销战争的本质。强化在工作中的执行力。一定能超越对手。

案例分析

细节服务——老人有家的感觉

位于天津市南开区长江道上的某老年公寓拥有600张床位,是市内六区规模最大的民营养老院。该院在应对老人生活上可能发生的各类问题方面,已经形成了一套完整的预案,使老人在这里的生活和家中差别不大。在这里记者看到,老人居住的房间内都配有呼叫器、有线电视、电话、空调、宽带网等设施,而且院内还配有图书室、书画室、棋牌室、健身房、网吧、球类室、语音室、理疗室、多功能厅等公共设施,老人可以在这里进行日常活动。

"能让老人舒心就是最大的目的。"该老年公寓有关负责人告诉记者,如今民营养老院就是要抓住细节服务,让老人有家的感觉。如实行日托、周托、短期住养及节假日临时托养等服务,聘请专业营养师为老人配餐或根据老人需求制作膳食,并提供家庭聚餐、生日餐等。此外,还对不居住在养老院的老人提供配餐、就餐、送餐等服务。

（资料来源：http://wm.jschina.com.cn/9660/201409/t1554363.shtml）

请思考：请按照所学知识分析该老年公寓的竞争优势和推广策略。

松下的"IT养老院"

人们都知道松下是日本著名的电器厂商,却很少有人听说它还有家养老院。2001年12月,松下全资创办的收费型养老院在大阪开张,虽然索价昂贵,但半年间申请入住的老人还是超过了定员。电器商办的养老院究竟有何奇特之处呢?近日记者专程走访了这家"真心香里园"。

老人夜晚睡觉不慎掉下床,探测器会自动报警

香里园远离闹市,从外观看,很像一栋高级公寓。香里园院长小泽邦一介绍说,香里园和普通养老院最大的不同之处在于,香里园充分使用了数字技术,使老人们的一举一动都受到真心关怀。说着他掏出一个拇指粗细的塑料装置挂在胸前说,这既是一个开关,也是一个定位仪。老人只要戴上它,无论走到哪儿,控制中心都能知道。如果老人遇到危险,只要一摁开关,护理人员马上就可以赶去帮忙。

类似的传感器无所不在。小泽先生带记者走进一个房间,然后向记者详细介绍:床脚处装有一个探测器,老人夜晚睡觉时若不慎掉下床,探测器会自动报警,通知控制中心;床单夹层也有探测器,探知老人是否大小便失禁、床单浸湿;厕所内的探测器更多,马桶盖和马桶座漆成不同颜色,防止老人弄错;老人如厕时间过长或有异常反应,头顶上的探测器会智能分辨,通知控制中心;抬手可及之处是一个拉环,一旦需要时老人可直接呼叫。

远程医疗终端便于医患交流

书桌上放着一台传真机大小的液晶显示器,机器右上方装着一个摄像头,原来这是个远程医疗终端。触动液晶画面,老人就可进行简单的自我测试,比如量血压、测脉搏等。测量的数据会自动记录在机器内,老人只要一摁发送键,数据就发送到了医疗中心。医疗中心的大夫看完报告后,老人可以和大夫进行可视电话通话。老人哪里碰伤了,不用出门就能让大夫看到外伤情况。在餐厅的一个柜子上放着一只玩具熊。玩具熊约40厘米高,浑身毛茸茸

的,很是可爱。小泽先生说,这只玩具熊名叫"好奇",会说360多句话,懂2 000多个词组。叫它唱歌,"好奇"马上手舞足蹈地唱起了日本童谣。"好奇"还会给人出谜语或算数学题。小泽说,和玩具熊猜谜是老人们最大的爱好。可惜松下目前只生产了5只这样的玩具熊,它们每天只能到各屋轮流做客。

未来社会服务模式的大胆尝试

IT化的养老院费用不便宜。香里园提供的标准价格是首批入住缴纳1 800万日元,以后每月25万日元,一直到老人去世。但是多数老人选择了更昂贵的缴费计划:首批2 481万日元,以后每月17万日元;或者首批2 987万日元,以后每月11万日元。医疗费、个人消费、理发等费用另算。香里园的定员是106人,目前申请入住的老人已有120多位,超过了服务能力。提出申请的老人先进行身体检查,没有发现传染病后和"松下介护公司"签订合同。

目前已经正式入住的老人有40位,其中年龄最小的64岁,最大的91岁,平均年龄为82岁。

几年前松下就提出了"网络家庭"的概念,IT养老院是松下探索未来社会服务模式的大胆尝试。网络家庭指的是融合家庭控制网络和多媒体信息网络于一体的家庭信息化平台,是在家庭范围内实现信息设备、通信设备、娱乐设备、家用电器、自动化设备、照明设备、保安(监控)装置及水电气热表设备、家庭求助报警等设备互链和管理,以及数据和多媒体信息共享的系统。家庭网络系统构成了智能化家庭设备系统,提高了家庭生活、学习、工作、娱乐的品质,是数字化家庭的发展方向。

(案例来源:http://www.people.com.cn/GB/paper68/6550/642603.html)

请思考问题:
1. 案例中的养老机构的优势何在?
2. 请说明该养老机构的推广策略?

项目小结

依法成立的组织或具有完全民事行为能力的个人凡具备相应的条件,可以依照《养老机构设立许可办法》的规定,向养老机构所在地的县级以上人民政府民政部门提出举办养老机构的筹办申请。需要准备以下文件:
1. 设立申请书;
2. 养老机构设置申请表;
3. 申请人、拟任法定代表人或者主要负责人的资格证明文件;
4. 符合登记规定的机构名称、章程和管理制度;
5. 相关部门的批准文件;
6. 服务场所的自有产权证明或者房屋租赁合同;
7. 管理人员、专业技术人员、服务人员的名单、身份证明文件和健康状况证明;
8. 资金来源证明文件、验资证明和资产评估报告。

品牌建设是指品牌拥有者对品牌进行的设计、宣传、维护的行为和努力。品牌建设的利益表达者和主要组织者是品牌拥有者(品牌母体),但参与者包括了品牌的所有接触点,包括用户、渠道、合作伙伴、媒体,甚至竞争品牌。

养老机构要做出正确的推广决策,首先要对自身所处的推广环境进行认真细致的分析。推广环境包括宏观的人口环境、政策环境、人文环境,还包括行业内的竞争环境。

思考题

1. 通过头脑风暴法列出一些养老机构推广的创意,这些创意从何而来?那些最具可行性?那些最不可行?为什么?

2. 列举出一些最近在你周围新建立的养老机构,他们能够生存的机会有多大?为什么?你会给主管或管理者提什么建议以提高他们成功的可能性?

3. 在同学中间成立小型的专门工作小组,任务是找出一项能对实习基地养老机构有积极意义的创新活动。

实战强化

项目一 养老机构经营环境分析

【实训目标】
1. 培养分析养老机构外部环境的能力;
2. 培养分析养老机构内部环境的能力。

【实训内容与要求】
1. 实地调查一家养老机构,或搜集一家养老机构的系统资料;
2. 运用"五力"分析法,分析该养老机构的外部环境;
3. 运用价值链理论与方法,分析该养老机构的内部环境。

【成果与检测】
1. 每个人都要提供一份养老机构外部环境分简要报告;
2. 每个人都要提供一份养老机构内外部环境分简要报告;
3. 由教师对学生的两个报告评定分数。

项目二 系列实训之三——养老机构推广活动策划

【实训目标】
1. 培养创新能力与推广策划能力;
2. 掌握实际编制推广方案的方法。

【实训内容与要求】
1. 在调研的基础上,运用创造性思维,策划一项养老机构推广活动,制订计划书。
要求:
(1) 所策划推广活动的内容与主题,既可以选择实习基地的养老机构,又可以选择分组组建的模拟养老机构。

(2) 应通过调研,占有较为充分的材料。

(3) 要运用创造性思维,所策划的推广活动一定要有创意。

(4) 要科学地规划有关要素,计划书的结构要合理、完整。

2. 在每个人进行个别策划的基础上,以模拟养老机构为单位,运用"头脑风暴法"等方法,组织深入研讨,形成养老机构的创意。

3. 进行系统的推广活动策划,编制养老机构的活动策划书或计划书。

【成果与检测】

1. 每个人都要起草一份策划书;

2. 养老机构的策划书或计划书;

3. 由教师与学生共同对各公司的策划创意与计划编制进行评估,确定成绩。

学习单元四 养老机构的组织管理

养老机构的组织工作是养老机构工作的重点。养老机构中的任何服务都是由人这一"工具"提供的。无论是在中国还是在世界其他国家,养老机构的组织管理出现的问题都相当突出,案例唾手可得,如前文我们谈过中国香港某养老机构的服务问题。组织管理应该包括两个大的方面的内容,一是对养老机构的组织、岗位和人员的设计与配备,二是对养老机构管理制度和规范的制定,本单元就这些问题进行探讨。

▶ 知识结构 ◀

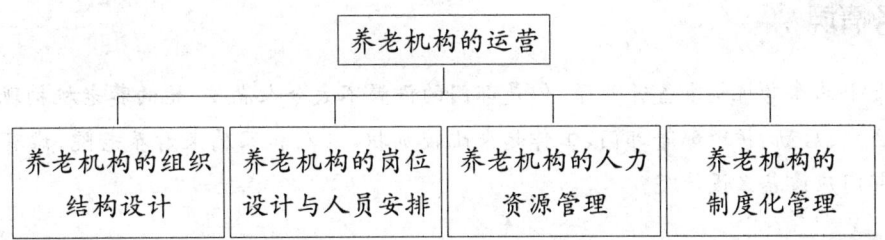

▶ 学习提示 ◀

思政育人目标

通过本单元的学习,培养学生在养老机构管理中忠于职守,克己奉公社会主义职业精神;培养学生诚实劳动、信守承诺、诚恳待人的社会主义道德观念。

学习目标

掌握养老机构组织结构设计、管理的基本方法和手段;能够完成养老机构组织结构设计、人力资源管理;能够制定养老机构的规章制度和管理表格。

具体任务

案例导入,并围绕案例展开,帮助学生了解养老机构组织结构的设计方法和要求,掌握养老机构人力资源管理的具体内容和方法,能够对养老机构的管理规章制度进行设计。学生分组,进行模拟部门的设置和管理。

任务实施建议

1. 案例导入,使学生了解养老机构内部部门设置的特点,进而展开课程。
2. 本学习单元的实训是要求学生分组,模拟进行新建养老机构设置部门、岗位、人员编制和规章制度,最终形成模拟养老机构的管理规范。

任务一 养老机构的组织结构设计

任务要点

关键词:部门、直线制、直线职能制、事业部制
理论要点:养老机构部门设置的方法和要求
实践要点:能够对新建养老机构部门进行设置

任务情境

王女士的养老机构准备开业了,但是部门的设置不太令人满意,她的养老机构现在只设计了办公室、后勤、护理部等部门,工作起来比较别扭,老人和家属来看养老院,谁有时间谁接待。部门应该怎么设计呢?

任务分析

养老机构部门设置主要指养老机构内部行政、业务和后勤职能部门的设置和人员配置。一个组织严密、人员精干的内部组织体系是高效运行、高质量服务和规避经营风险的保障。养老机构的决策者对此需要精心规划设计。

步骤一 了解养老机构部门设置的基本知识

(1) 组织结构

组织结构是组织成员为实现组织目标,在管理工作中进行分工协作,在职务范围、责任、权利方面所形成的结构体系,是整个管理系统的"框架"。组织结构可以通过组织结构图来反映。组织结构图可以形象反映组织内各机构、岗位上下左右相互之间的关系,体现组织结构形式。

(2) 组织结构设计的原则

为了有效地利用养老机构内部的人力资源,提高组织的竞争力,要科学合理地设计组织结构。进行组织结构设计时需要遵循以下原则。

① 任务与目标原则

企业组织设计的根本目的,是为实现企业的战略任务和经营目标服务的。这是一条最基本的原则。因而,组织结构设计要从这一原则出发,体现一切设计为组织目标服务的宗旨。当

组织的任务、目标发生重大变化时,例如,企业组织的目标从单纯生产型向生产经营型、从内向型向外向型转变时,组织结构必须作相应的调整和变革,以适应任务、目标变化的需要。

② 专业分工和协作的原则

组织内部无论设置多少个部门,每一个部门都不可能承担组织所有的工作。组织内部各部门之间应该是分工协作的关系,也就是说组织中有管财务的,有管人力资源的,有做后勤保障的,还有主导业务流程中各个环节的部门。因此,组织结构设计时把握好分工协作原则至关重要。

③ 有效管理幅度原则

每一个部门、每一位领导人都要有合理的管理幅度。管理幅度太大,无暇顾及;管理幅度太小,可能没有完全发挥作用。所以在组织结构设计的时候,要制订合理恰当的管理幅度。

④ 集权与分权相结合的原则

组织结构设计时,既要有必要的权力集中,又要有必要的权力分散,两者不可偏废。集权有利于保证组织的统一领导和指挥,有利于人力、物力、财力的合理分配和使用。而分权是调动下级积极性、主动性的必要组织条件。合理分权有利于基层根据实际情况迅速而正确地做出决策,也有利于上层领导摆脱日常事务,集中精力抓重大问题。因此,集权与分权是相辅相成的。

⑤ 稳定性和适应性相结合的原则

稳定性是指组织抵抗干扰,保持其正常运行;适应性是指组织调整运行方式,以保持对内外环境变化的适应能力。在进行组织结构设计时,既要保证组织在外部环境和企业任务发生变化时,能够继续有序地正常运转;同时又要保证组织在运转过程中,能够根据变化了的情况做出相应的变更,组织应具有一定的弹性和适应性。为此,需要在组织中建立明确的指挥系统、责权关系及规章制度;同时又要求选用一些具有较好适应性的组织形式和措施,使组织在变动的环境中,具有一种内在的自动调节机制。

步骤二　了解养老机构部门设置的类型

养老机构要根据具体情况(如部门的划分、部门人员职能的划分)制定具体的、整体的、个性的组织结构图,各个部门也要制定部门内部具体的、细分的组织结构图。主要有以下几种类型:

(1) 直线制

直线制是指养老机构中没有职能机构,从最高管理者到最基层,实行直线垂直领导。如图 4-1 所示。

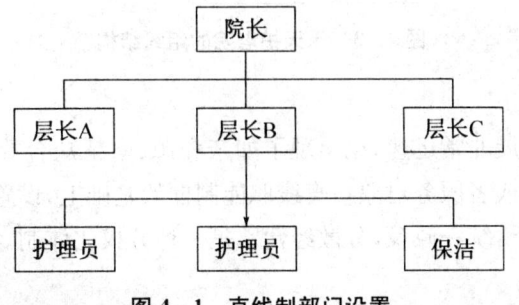

图 4-1　直线制部门设置

直线制一般在小型养老公寓比较常见,但是这要求各直线管理人员具备较强的综合管理能力,并不适用于管理人员较多、管理工作复杂的大中型养老机构。

(2) 直线——职能制

直线职能制是指在组织内部,既设置纵向的直线指挥系统,又设置横向的职能管理系统,以直线指挥系统为主体建立的两维的管理组织。该类型为大多数企业采用,部分大中型养老机构也采用这种组织结构。如图4-2和4-3所示。

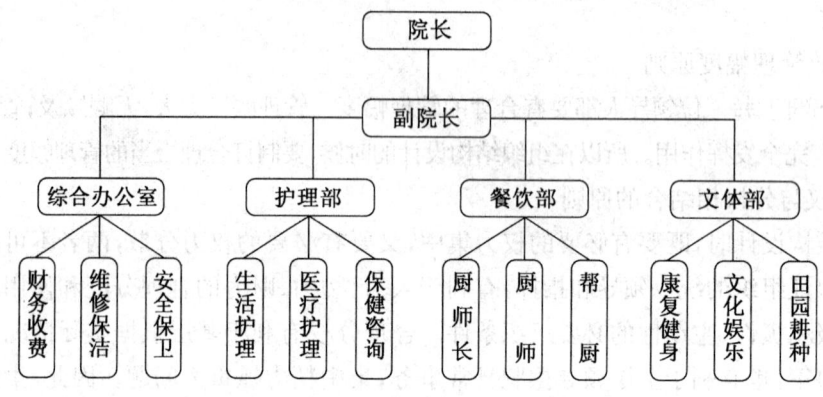

图4-2 某养老机构的组织结构

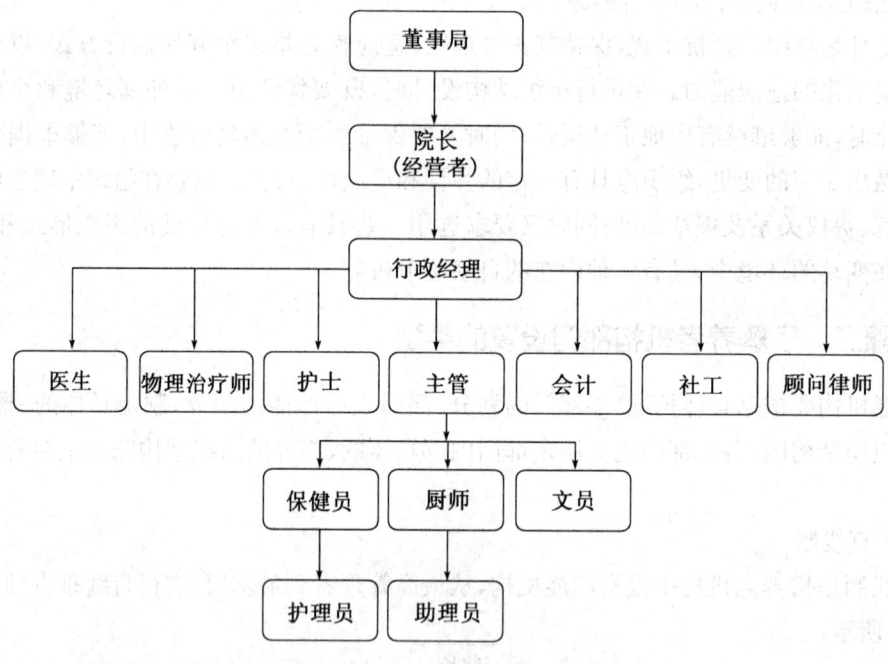

图4-3 乐天护老院的组织结构

(3) 事业部制

我国的养老机构发展非常迅速,也出现了如亲和源、中精众合等连锁形式的养老机构,这些养老机构按照地域或者服务对象在直线职能制框架基础上,设置独立核算,自主经营的事业部,在总公司领导下,统一政策,分散经营。是一种分权化体制。如图4-4所示。

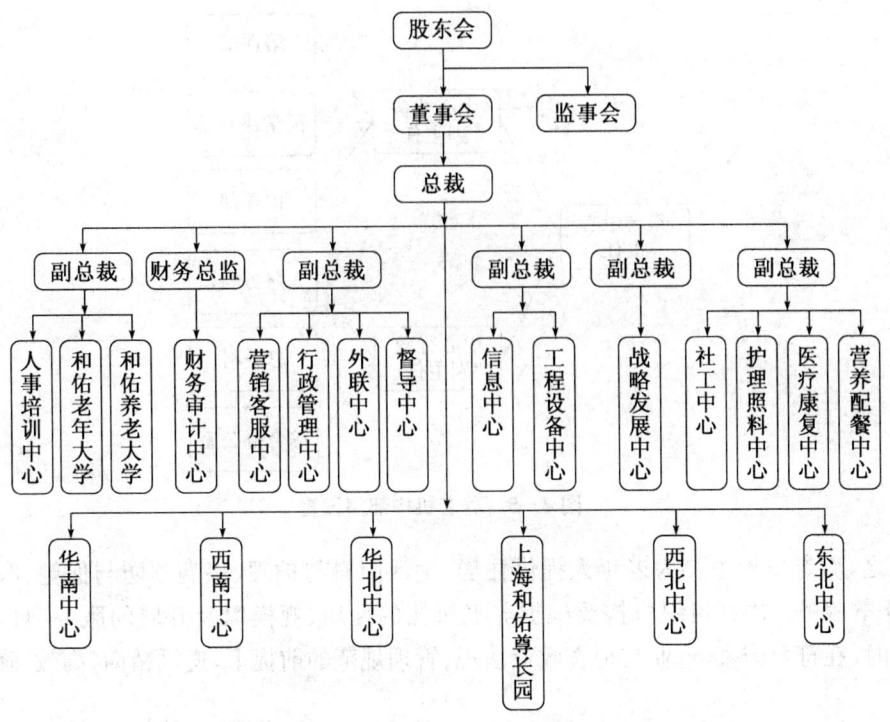

图 4-4 上海和佑养老集团组织架构图

(4) 国内养老院常用组织结构形式

同其他组织一样,养老机构内部也是实行分级管理。较大型的养老机构,特别是国办养老机构,多实行"三层五级"管理模式,即分为决策层、管理层、操作层和院长级、科级、区主任级、班组级、员工级,由此形成了阶梯形的领导与被领导关系。中小型养老机构可以不拘泥于上述复杂的分级管理模式,其内部组织管理部门和人员配置应根据实际工作需要,本着精简、高效的原则灵活设置和配置。例如,在上海市,许多街道养老机构(150 张床位左右),一般只设一名院长,不设副院长,其属下配备有一名院长助理或数名管理人员,分工明确,职责清晰,分别承担全院的行政、业务、后勤等管理工作,且养老机构内部管理井井有条,没有出现工作互相推诿、人浮于事的现象,值得借鉴。在中小型养老机构更强调部门综合,管理人员一专多能,管理人员(包括院长)既是机构的管理者,也是具体任务的操作者和执行者,这一点在农村敬老院和民办小型养老机构表现得尤为突出。养老机构内部组织机构名称没有统一的规定,应以明确部门管理职能为原则进行命名。

例如,某养老服务中心主要为介助和介护老人提供托养服务,项目总投资 3 亿元,占地面积 4.27 万平方米,建筑面积 3.57 万平方米,床位 600 张。同时,该养老服务中心还对社会承担一定的培训任务,则该养老机构的部门设置如图 4-5。

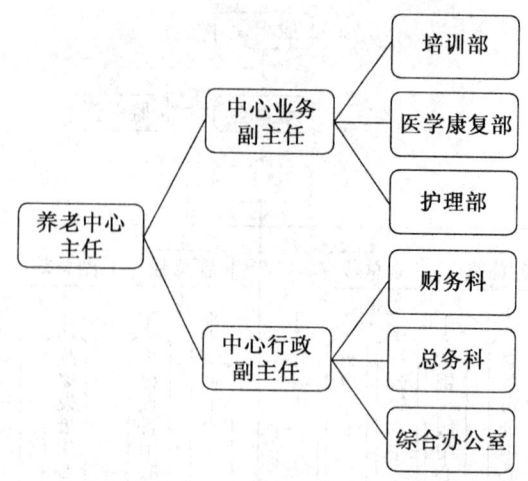

图 4-5 　养老机构部门设置

总之，养老机构主要为老年人提供住居、生活照料与护理、疾病预防与保健、医疗与康复、康乐等服务。内部组织机构要根据养老机构的性质、规模以及开展的服务项目进行设置。同时，在符合国家、行业与地方政策法规、管理规范的前提下，遵循精简、高效、降低成本等原则。

触类旁通

1. 管理幅度的概念

所谓管理幅度，又称管理宽度，是指在一个组织结构中，管理人员所能直接管理或控制的部属数目。这个数目是有限的，当超这个限度时，管理的效率就会随之下降。因此，主管人员要想有效地领导下属，就必须认真考虑究竟能直接管辖多少下属的问题，即管理幅度问题。

2. 管理层次的概念

所谓管理层次，就是在职权等级链上所设置的管理职位的级数。当组织规模相当有限时，一个管理者可以直接管理每一位作业人员的管理层次活动，这时组织就只存在一个管理层次。而当规模的扩大导致管理工作量超出了一个人所能承担的范围时，为了保证组织的正常运转，管理者就必须委托他人来分担自己的一部分管理工作，这使管理层次增加到两个层次。随着组织规模的进一步扩大，受托者又不得不进而委托其他的人来分担自己的工作，依此类推，而形成了组织的等级制或层次性管理结构。

3. 管理幅度与管理层次之间的关系

传统组织理论强调权力集中，对下属进行严密的指导和监督，因而管理幅度偏小，通常在 3~6 人之间。现代行政事务日趋复杂，行政组织和公务人员的数量不断增加，管理幅度过小势必使管理层次增多。现代管理理论主张组织成员民主参与组织决策，通过分权、授权等措施，加强自主管理、自我控制，因而倾向于适当扩大管理幅度以控制管理层次的增加。判断管理幅度与管理层次合理与否，关键在于管理幅度和管理层次与组织的具体环境和条件相适合。只要两者均衡协调，并与组织的整体管理协调，具有良好的实践效果，就是合理的。

4. 组织结构的影响因素

对企业来说,确定需考虑以下影响因素:

(1) 计划制订的完善程度

事先有良好、完整的计划,工作人员都明确各自的目标和任务,清楚自己应从事的业务活动,则主管人员就不必花费过多的精力和时间从事指导和纠正偏差,那么主管人员的管辖幅度就可以大一些,管理幅度大,管理层次就相对少一些;反之,计划不明确不具体,就会限制一个管理人员的管辖范围,管理幅度就相对较小。

(2) 工作任务的复杂程度

若介护区的护理班长面临的任务较复杂,解决起来较困难,对工作质量要求较高,则他直接管辖的人数不宜过多;反之,自理区的护理班长则可增大管理幅度,减少管理层次。

(3) 企业员工的经验和知识水平

当管理人员的自身素质较强,管理经验丰富,在不降低效率的前提下,可适当增加其工作量,加大管理幅度;同样,若下属护理人员训练有素,具有多年的涉老服务和护理经验,而且工作自觉性高,也可采用较大的管理幅度,让他们在更大程度上实行自主管理,发挥创造性。

(4) 完成工作任务需要的协调程度。如工作任务要求各部门或一个部门内部需要协调的程度高,则应减少管理幅度,以锥形结构为宜。

(5) 企业信息沟通渠道的状况。当企业沟通渠道畅通,通信手段先进,信息传递及时,可加大管理幅度。

◆ 案例分析 ◇

北京四季青镇敬老院,位于永定河畔,旱河路370号。成立于1958年,现总占地面积44 635平方米,建筑面积27 142平方米,床位756张,(其中256张正在建设中),现入住老人478人,入住率100%。其中,镇域内五保老人12人,城镇孤老5人。现有员工120人,其中党员10人。养老院始终坚持"一切为老人着想,一切为老人服务"的办院宗旨,遵循"亲情养老、科学养老、文化养老、环境养老"的办院理念。在各级党委、政府的领导支持下,经过全体员工的共同努力,该院曾荣获全国模范敬老院、北京市文明敬老院、首都绿化美化花园式单位、首都精神文明创建单位、首都军警民双拥先进单位、先进党支部、北京市爱国卫生先进集体及海淀区十佳和谐先进单位。2002年,该院通过了ISO9001质量认证,2007年9月取得了由北京市技术监督局、北京市标准化委员会和北京市福利处联合颁发的北京市首家四星级敬老院。2009年9月被评为北京市服务标准化示范单位和养老服务放心机构十佳单位。该院组织结构图如下:

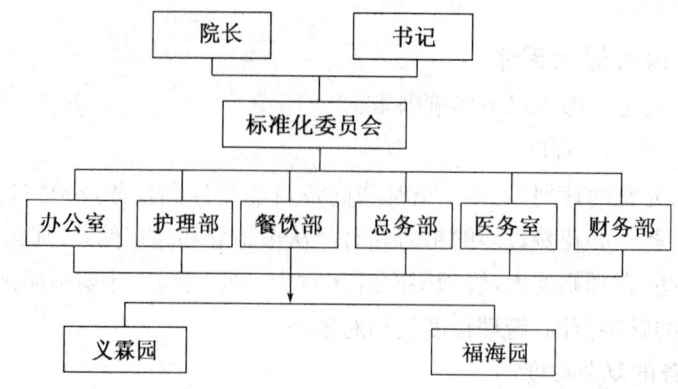

（资料来源：http://www.bjsjq.com/tsqy/201006/t20100604_194844.htm）

请思考：该院的组织结构属于哪种类型？

任务二　养老机构的岗位设计与人员安排

◆ **任务要点** ◇

关键词：定岗、定员

理论要点：养老机构岗位设计，养老机构定员的方法

实践要点：能够根据养老机构的实际情况，设计养老机构的岗位和人员编制

◆ **任务情境** ◇

养老机构的部门确定之后，就需要安排相关的每个部门的岗位和每个岗位应该具备的人员，王女士这次聘请了企业管理咨询专家帮助进行合理的设计。

◆ **任务分析** ◇

企业工作岗位分析的中心任务是要为企业的人力资源管理提供依据，实现"位得其人，人尽其才，适材适所，人事相宜"。事实上，工作岗位分析的最终成果——岗位说明书、岗位规范以及职务晋升图等一系列文件，必须以工作为基础，才能发挥其应有的各种职能和作用，全面实现企业的基本目标。

步骤一　养老机构岗位设计的基本要求

（1）岗位设计的概念

岗位是指组织中为完成某项任务而设立的工作职位。

定岗的过程就是岗位设计的过程。岗位设计也称为工作设计，是指根据组织业务目标的需要，并兼顾个人的需要，规定某个岗位的任务、责任、权力以及在组织中与其他岗位的关系的过程。它所要解决的主要问题是组织向其成员分配工作任务和职责的方式。

（2）岗位设计的意义

岗位设计是通过满足员工与工作有关的需求来提高工作效率的一种管理方法，因此，岗位设计是否得当对激发员工的工作热情、提高工作效率都有重大影响。

岗位设计把整个业务战略和业务目标分解到每个员工的层次。如果在系统或流程的变革中没有对岗位进行相应的改变，这种变革注定不会成功。

（3）岗位设计的原则

① 因事设岗原则。从"理清该做的事"开始，"以事定岗、以岗定人"。设置岗位既要着眼于企业现实，又要着眼于企业发展。按照企业各部门职责范围划定岗位，而不应因人设岗；岗位和人应是设置和配置的关系，而不能颠倒。

② 最少岗位数原则。既考虑到最大限度地节约人力成本，又要尽可能地缩短岗位之间信息传递时间，减少"滤波"效应，提高组织的战斗力和市场竞争力。

③ 不相容职务分离原则

不相容职务分离的核心是内部牵制。古埃及时已在记录官、出纳官和监督官之间建立起内部牵制制度。内部牵制是一个人不能完全支配账户，另一个人也不能独立地加以控制的制度。不相容职务是指那些如果由一个人担任，既可能发生错误和舞弊行为，又可能掩盖其错误和弊端行为的职务。

基于不相容职务分离原则的岗位设置需要在岗位间进行明确的职责权限划分，确保不相容岗位相互分离、制约和监督。企业经营活动中的授权、签发、核准、执行和记录等工作步骤必须由相对独立的人员或部门分别实施或执行。

④ 整分合原则

该原则是指在企业组织整体规划下应实现岗位的明确分工，又在分工基础上有效地综合，使各岗位职责明确又能上下左右之间同步协调，以发挥最大的企业效能。

步骤二　养老机构的岗位情况

（1）养老机构的岗位类型

按照《中华人民共和国职业分类大典》和养老机构的具体情况，我们把养老机构的岗位类型分为三大类别，分别是管理类岗位、专业技术岗位和工勤岗位。

① 管理类

主要根据各养老机构管理岗位设置情况而定，如院长、书记、副院长、工会主席、科室主任等。

② 专业技术类

如医生、护士、社工、财会以及其他医技类和其他专业技术职称系列岗位。各专业技术职务可根据职称系列进一步分为高级、中级和初级专业技术职务岗位。

③ 工勤辅助类

如养老护理员、厨师、锅炉工、水电工、维修工、洗衣工和门卫等工勤类岗位。工勤类岗位亦可根据职业资格等级进一步划分高、中、初级和技师级岗位。由于社会工作者大多是志愿者，无偿为养老机构提供服务，也属于这个类别。

(2) 具体操作方式

① 管理行政岗位

管理行政岗位主要负责养老机构的各项事物及人的管理工作。该类岗位主要包含养老院院长、老年公寓寝室主任、养老院膳食主任、老年娱乐、娱乐会所管理、养老院、后勤管理、养老机构社工管理、养老机构物业管理等。

② 医护岗位

医护岗位是基于老人的特殊生理状况和基本医疗需求而设立的,主要负责养老机构中老人的健康管理、社区保健、健康咨询、康复指导、预防保健等工作。该类岗位主要包含医生、护士和药剂师等。

③ 护工岗位

护工岗位是养老机构中的较为重要的一个岗位,因为养老机构中的大部分服务项目的提供都需要他们的参与才能完成。护工岗位是基于老人养老的生活照顾需求而设立的,主要负责养老机构中老人的生活照料、健康与医疗照护等工作。

④ 医技岗位

医技岗位是基于老人的特殊生理和心理需求而设计的,主要负责养老机构中老人的生活保健、医疗保健以及心理/精神支持等工作。该类岗位主要包括心理咨询师、康复保健师、护理保健师、营养师等。

⑤ 社工岗位

社工岗位以帮助养老机构的老人排忧解难为出发点,主要负责为老人提供陪同就医、咨询(包括心理咨询、法律咨询等)、代办等服务的工作。目前,我国养老机构对该岗位的重视程度还不够,专门在养老机构中设立该岗位,并将其与护工等相关岗位区分开来的还比较少。

⑥ 工勤岗位

工勤岗位主要为养老机构的环境卫生的保洁与维持、就餐饮食、物业维修等日常维护工作而设计的。该类岗位主要包括厨师、保洁员、勤杂工等。

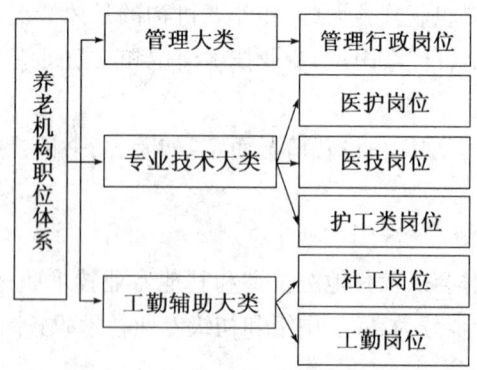

图4-6 养老机构岗位设置情况

步骤三　养老机构的岗位设置的方法

(1) 准备阶段

准备阶段的具体任务是：了解情况，建立联系，设计岗位调查的方案，规定调查的范围、对象和方法。

① 根据工作岗位分析的总目标、总任务，对企业各类岗位的现状进行初步了解，掌握各种基本数据和资料。

② 设计岗位调查方案。

明确岗位调查的目的。岗位调查的任务是根据岗位研究的目的，搜集有关反映岗位工作任务的实际资料。因此，在岗位调查的方案中要明确调查目的。有了明确的目的，才能正确确定调查的范围、对象和内容，选定调查方式，弄清应当收集哪些数据资料，到哪儿去收集岗位信息，用什么方法去收集岗位信息。

确定调查的对象和单位。调查对象是指被调查的现象总体，它是由许多性质相同的调查单位所组成的一个整体。所谓调查单位就是构成总体的每一个单位。如果将企业劳动组织中的生产岗位作为调查对象，那么，每个操作岗位就是构成总体的调查单位。在调查中如果采用全面的调查方式，须对每个岗位(岗位即调查单位)一一进行调查，如果采用抽样调查的方式，应从总体中随机抽取一定数目的样本进行调查。能不能正确地确定调查对象和调查单位，直接关系到调查结果的完整性和准确性。

确定调查项目。在上述两项工作完成的基础上，应确定调查项目，这些项目所包含的各种基本情况和指标，就是需要对总体单位进行调查的具体内容。

确定调查表格和填写说明。调查项目中提出的问题和答案，一般是通过调查表的形式表现的。为了保证这些问题得到统一的理解和准确的回答，便于汇总整理，必须根据调查项目，制定统一的调查表格(问卷)和填写说明。

确定调查的时间、地点和方法。确定调查时间应包括：① 明确规定调查的期限，指出从什么时间开始到什么时间结束；② 明确调查的日期、时点。在调查方案中还要指出调查地点，调查地点是指登记资料、收集数据的地点。最后，在调查方案中，还应当根据调查目的、内容，决定采用什么方式进行调查。调查方式及方法的确定，要从实际出发，在保证质量的前提下，力求节省人力、物力和时间，能采用抽样调查、重点调查方式，就不必进行全面调查。

③ 为了搞好工作岗位分析，还应做好员工的思想工作，说明该工作岗位分析的目的和意义，建立友好合作的关系，使有关员工对岗位分析有良好的心理准备。

④ 根据工作岗位分析的任务、程序，分解成若干工作单元和环节，以便逐项完成。

⑤ 组织有关人员，学习并掌握调查的内容，熟悉具体的实施步骤和调查方法。必要时可先对若干个重点岗位进行初步调查分析，以便取得岗位调查的经验。

(2) 调查阶段

这一阶段的主要任务是根据调查方案，对岗位进行认真细致的调查研究。在调查中，应灵活地运用访谈、问卷、观察、小组集体讨论等方法，广泛深入地搜集有关岗位的各种数据资料。例如，岗位的识别信息，岗位任务、责任、权限，岗位劳动负荷、疲劳与紧张状况，岗位员工任职资格条件、生理心理方面的要求、劳动条件与环境等。对各项调查事项的重要程度、发生频率(数)应详细记录。

(3) 总结分析阶段

本阶段是岗位分析的最后环节。它首先要对岗位调查的结果进行深入细致的分析,最后,再采用文字图表等形式,做出全面的归纳和总结。

工作岗位分析并不是简单地收集和积累某些信息,而是要对岗位的特征和要求做出全面深入的考察,充分揭示岗位主要的任务结构和关键的影响因素,并在系统分析和归纳总结的基础上,撰写出岗位说明书、岗位规范等人力资源管理的规章制度。

步骤四　起草养老机构岗位说明书

(1) 需要在养老机构内进行系统全面的岗位调查,并起草出岗位说明书的初稿。

[小链接 4-1]

岗位说明书的内容要求

(1) 基本资料。主要包括岗位名称、岗位等级(亦即岗位评价的结果)、岗位编码、定员标准、直接上下级和分析日期等方面识别信息。

(2) 岗位职责。主要包括职责概述和职责范围。

(3) 监督与岗位关系。说明本岗位与其他岗位之间在横向与纵向上的联系。

(4) 工作内容和要求。它是岗位职责的具体化,即对本岗位所要从事的主要工作事项做出的说明。

(5) 工作权限。为了确保工作的正常开展,必须赋予每个岗位不同的权限,但权限必须与工作责任相协调、相一致。

(6) 劳动条件和环境。它是指在一定时间空间范围内工作所涉及的各种物质条件。

(7) 工作时间。包含工作时间长度的规定和工作轮班制的设计等两方面内容。

(8) 资历。由工作经验和学历条件两个方面构成。

(9) 身体条件。结合岗位的性质、任务,对员工的身体条件做出规定,包括体格和体力两项具体的要求。

(10) 心理品质要求。岗位心理品质及能力等方面要求,应紧密结合本岗位的性质和特点深入进行分析,并作出具体的规定。

(11) 专业知识和技能要求。

(12) 绩效考评。从品质、行为和绩效等多个方面对员工进行全面的考核和评价。

---

(2) 养老机构人力资源部组织岗位分析专家,包括各部门经理、主管及相关的管理人员,分别召开有关岗位说明书的专题研讨会,对岗位说明书的订正、修改提出具体意见。从报告书的总体结构到每个项目所包括的内容,从本部室岗位设置的合理性,到每个岗位具体职责权限的划分,以及对员工的规格要求等,都要进行细致认真的讨论,并逐段逐句逐字对岗位说明书进行修改。表4-1是一份比较详细的养老院院长岗位说明书对其工作的岗位、职务、责任、职责和工作时间进行了非常详细的描述。

表 4-1 养老院院长岗位说明书

岗位名称	院长	岗位编号	001
所在部门	养老院	岗位定员	1
直接上级	理事会	工资等级	
直接下级	副院长及医疗保健中心、护理中心、活动中心、财务部、信息中心、行政接待中心、营养配餐中心、后勤管理中心主任	薪酬类型	
所辖人员		岗位分析日期	
本职概述	主持养老院的经营管理,组织制订和实施养老院总体战略、年度经营计划和财务预算,完成年度经营目标和各项指标;组织养老院各部门建立健全良好的沟通渠道;建设高效的团队;指导、监督、检查所属部门的工作。		

二、组织机构	董事会—院长—(业务副院长:医疗保健中心主任、护理中心主任、活动中心主任)、(办公室主任、人力资源部主任、财务部主任)、(行政副院长:接待室主任、信息中心主任、安全保卫部主任、后勤管理中心主任)

三、直接责任	职责一	职责表述:负责制订并组织实施养老院的总体战略		工作时间百分比:约10%
		工作任务	组织制订养老院的发展战略,并根据内外部环境变化进行调整	频次:次/年
			组织实施养老院总体战略,发掘市场机会,领导创新与改革	频次:日常
	职责二	职责表述:负责制订和实施养老院年度经营计划、财务预算		工作时间百分比:约30%
		工作任务	下达的年度经营目标,组织制订养老院年度经营计划、财务预算	频次:1次/年
			向各部门下达部门年度经营目标和财务预算	频次:不定期
			监督、控制经营计划与财务预算的实施过程,及时分析并采取有效措施应对变化	频次:1次/年
			组织实施利润分配方案	频次:1次/年
	职责三	职责表述:负责建立良好的内部外部沟通渠道和关系		工作时间百分比:约30%
		工作任务	定期向上级述职;定期向上级汇报战略和经营计划执行情况、资金运用情况和盈亏情况及其他重大事宜	频次:不定期
			建立养老院良好的沟通渠道,协调各部门之间关系	频次:日常

(续表)

三、直接责任	职责三	工作任务	开展养老院的社会公共关系活动,树立良好的企业形象	频次:日常
			建立养老院与上级主管部门、政府相关部门、金融机构、赞助单位、志愿者组织、行业协会、媒体等畅通的沟通渠道;使养老院与相关单位之间保持良好的关系;努力争取上级部门和社会各界对本院工作的支持	频次:日常
	职责四		职责表述:负责建立健全养老院统一、高效的组织体系和工作体系	工作时间百分比:约15%
		工作任务	组织结构的优化调整措施,经批准后实施	频次:日常
			组织对养老院工作流程的改进	频次:日常
			主持推动养老院标准体系的建设和完善	频次:不定期
			坚持以人为本,对员工既要严格管理,又要人性化管理,关心所属员工的思想、工作和生活情况,切实帮助解决员工的实际困难,认真细致地做好员工的思想工作,采取有效措施,充分调动所属员工积极性、主动性、创造性,使其保持旺盛的工作热情,尽忠尽职的完成工作任务	频次:日常
	职责五		职责表述:负责主持养老院日常经营管理工作	工作时间百分比:约10%
		工作任务	负责养老院员工队伍建设,参与选拔中高层管理人员,对下属人员进行指导、考核	频次:不定期
			主持召开养老院相关例会,对重大事项进行决策	频次:日常
			负责保证养老院升级达标、质量审核等顺利通过	频次:日常
			经常深入科室、住区、病房,检查指导工作,解决服务与管理工作中存在的问题,随时纠正工作中出现的偏差,不断提高服务质量,保证养老院高效运转	频次:不定期
			深化养老机构组织人事制度、管理制度和分配制度改革,努力提高养老机构运营效益	频次:不定期
			加强班子内部团结,实行民主管理、科学决策,规避养老机构经营风险	频次:日常
			加强经营管理,降低成本,杜绝浪费,提高经济效益,增强养老机构自我发展能力	频次:日常
			代表养老院参加重大业务、外事或其他重要活动	频次:不定期
	职责六		职责表述:负责处理养老院重大突发事件,并及时向上级报告	工作时间百分比:约5%
四、领导责任	1. 对养老院是否正确执行国家政策和上级相关制度、规定负责 2. 对养老院规章制度的施行情况、工作程序的正确执行、工作目标的完成负责 3. 对养老院的人、财、物的有效管理负责 4. 对养老院预算开支的合理支配负责 5. 对养老院员工的纪律行为、工作秩序和整体精神面貌负责 6. 对养老院设备、设施的完好性负责 7. 对养老院的安全工作负责 8. 对养老院造成的影响负责			

(续表)

五、工作权限	1. 对养老院的员工有日常管理权 2. 对养老院经营目标和重大投资的决策有建议权 3. 对所属下级工作中的争议有裁决权 4. 对直接下级人员有奖惩的建议权、任免的提名权 5. 对所属下级的工作有监督、检查权 6. 对所属下级的管理水平、业务水平和业绩有考核评价权 7. 在紧急情况对养老院出现的重大突发性问题有临时处置权 8. 代表养老院与政府对口部门和有关社会团体及机构联络的权力 9. 上级赋予的其他权力		
六、管辖范围	养老院人、财、物		
七、岗位工作关系	内部关系	监督管理	全院职工及各业务科室和相关的职能科室
		请示上报	民政局
	外部关系		上级主管部门、政府相关部门、金融机构、赞助单位、志愿者组织、行业协会、媒体
八、任职资格	(一)基本要求	性别年龄要求	性别:不限 年龄:男 60 岁/女 55 岁以下
		教育要求	学历要求:本科或以上学历 专业要求:医学或管理类及相关专业,副高以上职称
		从业资格要求	10 年以上工作经验,5 年以上高层管理工作经验
		身体要求	身体健康
	(二)应知应会	晓企业的运作与管理知识,掌握养老政策、行业规范等专业知识,了解法律、财务等方面知识	
	(三)基本素质要求	具有较强的组织领导、经营策划、文字撰写和语表达能力以及协调公关能力,熟悉国家重大政策、法律、法令、法规,有丰富的医学或社会学行政管理知识,了解和掌握当代养老机构管理的最新动态,并能够创造性地应用于养老院管理实践	
九、绩效考核要点	1. 上级各项指令的贯彻执行能力,工作规划能力,工作综合协调能力,监督检查督办能力 2. 全院各科室与员工满意度评价 3. 会议研究制定的决议及相关事项的督办情况 4. 重大活动的组织指挥能力和预期效果 5. 养老院总体的工作效率,紧急事项处理能力与预期结果,年度计划任务目标完成情况		
十、其他	使用工具设备	计算机、一般办公设备(电话、传真机、打印机、Internet/Intranet 网络、文件柜)	
	工作环境	独立办公室	
	工作时间特征	正常工作时间,有时加班,经常出差	
	所需记录文档	通知、简报、汇报材料、工作计划、总结、研究报告、公司文件	
十一、备注:			

步骤五　养老机构的人员编制

劳动定员亦称人员编制。养老机构劳动定员是在一定的服务条件下,为保证养老机构经营活动正常进行,按一定素质要求,对养老机构配备的各类人员所预先规定的限额。其具体方法分为工作效率法(历史工作效率法、内部标杆对比法、外部标杆对比法、上下游标杆对比法、管理幅度法)、工作对象法(设备定编法、服务对象定编法、工作场所定编法)、工作排班法、业务数据分析法等。

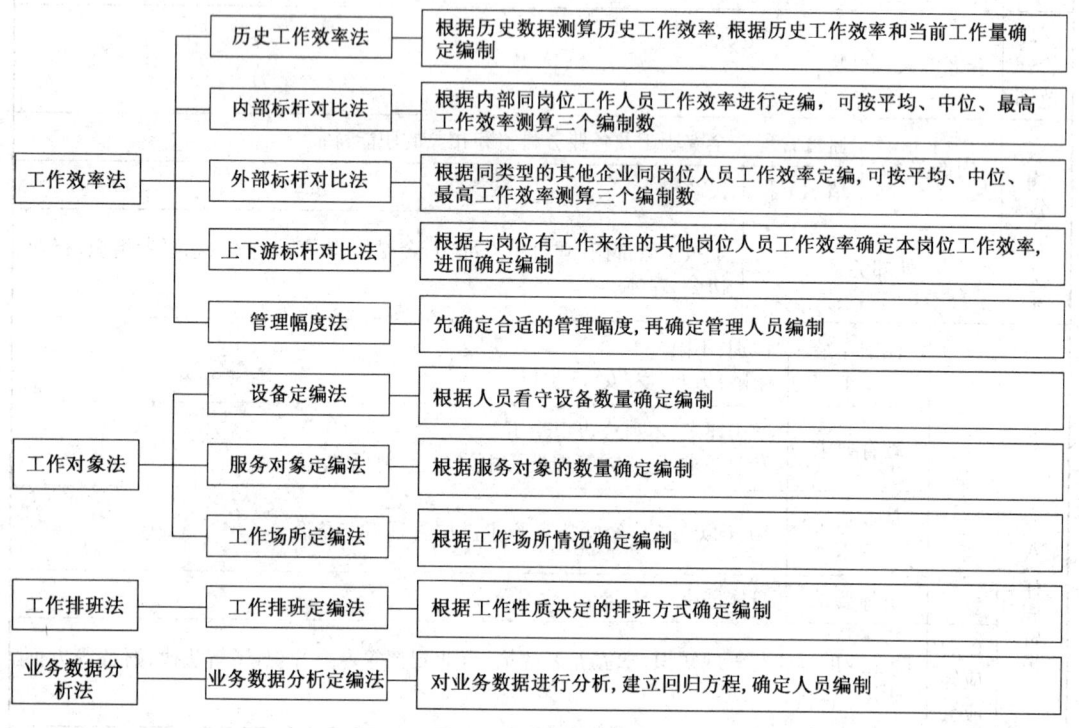

图4-7　劳动定员方法

我国就养老机构内部人员配置比例、数量及资质等方面做出了一定的规范性要求。

例如,《老年人社会福利机构基本规范》中规定:① 城镇地区和有条件的农村地区,老年人社会福利机构主要领导应具备相关专业大专以上学历,熟练掌握所从事工作的基本知识和专业技能。② 城镇地区和有条件的农村地区,老年人社会福利机构应有1名大专学历以上、社会工作类专业毕业的专职的社会工作人员和专职康复人员。为介护老人服务的机构有1名医生和相应数量的护士。护理人员及其他人员的数量以能满足服务对象需要并能提供本规范所规定的服务项目为原则。③ 主要领导应接受社会工作类专业知识的培训。各专业工作人员应具有相关部门颁发的职业资格证书或国家承认的相关专业大专以上学历。无专业技术职务的护理人员应接受岗前培训,经省级以上主管机关培训考核后持证上岗。

再如,《国家级福利院评定标准》中规定:① 福利机构应有一支适应工作需要的专业化队伍,其中医疗康复专业队伍中必须有高级职称的专业技术人员。国家一级福利院医护人员应占全院职工总数的70%以上,国家二级福利院应占65%以上。② 工作人员与正常老人的比例为1∶4,与生活不能自理老人的比例为1∶1.5。

《国家二级福利院评定标准实施细则》中也有一些相关规定：① 机构领导班子结构合理。大专文化程度的占 2/3 以上，有卫生技术职称的人员在 1 名以上。② 行政管理人员配备合理，不超过全院职工总数的 10%。③ 工作人员与正常老人的比例为 1∶4，与生活不能自理老人的比例为 1∶1.5。④ 福利机构应有一支适应工作需要的医疗技术队伍。医护人员结构合理，卫技人员和有主管部门颁发的上岗合格证的护理人员占全院职工的 65% 以上。其中有高级职称的卫技人员至少 1 名。有专(兼)职营养师(士)。一些省市和地区在人员配置特别是护理人员配置方面有着更为明确、细致的规定，主要是采用服务对象定员法。

比如北京的《养老服务机构服务质量星级划分与评定》对养老机构的人员编制做出了较为详细的要求，可以作为养老机构管理者设置人员编制的重要参考，具体见表 4-2。

表 4-2 《养老服务机构服务质量星级划分与评定》人员配置要求

星级	床位要求	人员配置
一星级	50～100张床位	工作人员总数 10～14 人，工休比例 1/4； 行政管理人员 2～3 人，占人员总数 15%。 其中：院长 1 人，会计 0.5～1 人(可以兼任)、照护主管 1 人(可以兼任)； 养老护理员 7～9 人，养老护理员与老人比例 1/6～7；工勤人员 1～2 人，医疗保健服务人员根据需要设置。负责专门照护 1 名老人的养老护理员不计算在人员总数之中，生活完全不能自理老人占入住老人总数 20% 以上时，养老护理员总数上浮 10%，生活完全自理的老人占入住老人总数 80% 以上时，养老护理员总数下调 10%，其他卫生机构协助提供服务的人员计算在内。
二星级	100～150张床位	工作人员总数 25～27 人，工休比例 1/4； 行政管理人员 3～4 人，占人员总数 13%，其中：院长 1～2 人、会计 1 人、照护主管 1 人； 养老护理员 15～18 人，养老护理员与老人比例 1/6～7；工勤人员 5～6 人，医疗保健服务人员 2 人(医生 1 人，护士 1 人)。负责专门照护 1 名老人的养老护理员不计算在人员总数之中，生活完全不能自理老人占入住老人总数 20% 以上时，养老护理员总数上浮 10%，生活完全自理的老人占入住老人总数 80% 以上时，养老护理员总数下调 10%，其他卫生机构协助提供服务的人员计算在内。
三星级	150～200张床位	工作人员总数 39～53 人，工休比例 1/3～4； 行政管理人员 5～6 人，占人员总数 13%，其中：院领导 1～2 人、会计 2 人、社会工作者 1 人、照护主管 1 人； 养老护理员 25～35 人，养老护理员与老人比例 1/4～6；工勤人员 6～8 人，医疗保健服务人员 3～4 人[医生 1 人护士 1～2 人，康复人员 1 人(康复医生或康复护士)]。负责专门照护 1 名老人的养老护理员不计算在人员总数之中，生活完全不能自理老人占入住老人总数 20% 以上时，养老护理员总数上浮 10%，生活完全自理的老人占入住老人总数 80% 以上时，养老护理员总数下调 10%，其他卫生机构协助提供服务的人员计算在内。

(续表)

星级	床位要求	人员配置
四星级	200张床位以上	工作人员总数77~93人,工休比例1/2~3; 行政管理人员7~10人,占人员总数10%,其中:院长2~3人、会计2~3人、社会工作者1人、部门主管2~3人; 养老护理员50~55人,养老护理员与老人比例1/4; 工勤人员10~15人,医疗保健服务人员10~13人[医生3~4人护士5~6人,营养师(兼)、康复、心理人员2~3人(康复医生、康复护士、心理咨询员/师)]。负责专门照护1名老人的养老护理员不计算在人员总数之中,生活完全不能自理老人占入住老人总数20%以上时,养老护理员总数上浮10%,生活完全自理的老人占入住老人总数80%以上时,养老护理员总数下调10%,其他卫生机构协助提供服务的人员计算在内。
五星级	200张床位以上	工作人员总数77~105人,工休比例1/2~3; 行政管理人员7~10人,占人员总数10%,其中:院长2~3人、会计2~3人、社会工作者1人、部门主管2~3人; 养老护理员50~67人,养老护理员与老人比例1/3~4;工勤人员10~15人; 医疗保健服务人10~13人[医生3~4人,护士5~6人,营养师(兼),康复、心理人员2~3人[(康复医生或康复护士、心理咨询员(师)]。负责专门照护1名老人的养老护理员不计算在人员总数之中,生活完全不能自理老人占入住老人总数20%以上时,养老护理员总数上浮10%,生活完全自理的老人占入住老人总数80%以上时,养老护理员总数下调10%,其他卫生机构协助提供服务的人员计算在内。

上海在地方标准《养老机构设施与服务要求(DB31/T685—2013)》中,对养老机构护理人员按照服务对象的照护等级和服务时间进行比例设置,相对于具体见表4-3。

表4-3 上海养老机构护理人员安排要求

照护等级	时间	人员配比
重度(专护)	6:00~18:00	1/8
	18:00~6:00	1/16
中度(一级、二级)	6:00~18:00	1/20
	18:00~6:00	1/40
轻度、正常(三级)	6:00~18:00	1/40
	18:00~6:00	1/80

◆ 触类旁通 ◆

一、定员标准的编写依据

劳动定员标准(无论是哪一个级别的标准)的制定、修订,都应当严格按照国家以及各级标准化行政主管和归口部门发布的各种法规、条例、规定、实施细则的要求,认真组织制定、审批、发布和实施。此外,一项标准草案的形成,以至经过多次征询意见,最终具备送审、报批的条件,除其技术内容(如定额、定员水平)经验证达到先进合理的要求之外,一个很重要的方面就是其编写格式是否完全符合《标准化工作细则》提出的各种要求。

劳动定员定额标准书面格式应严格按照国家标准化工作导则的要求编写。

二、定员标准的总体编排

劳动定员标准应由以下三大要素构成：

1. 概述。这一部分应由封面、目次、前言、首页等要素构成。其主要功能是为了便于读者识别标准，了解标准产生的背景，制定修订的过程，标准主要技术内容以及与其他标准的关系。

在《前言》中，除应简要说明制定本标准的原因、制定过程、本标准的主要技术内容和功能、本标准与其他标准的关系等事项之外，还应按 GB/T 1.1 的要求，采用列项方式给出附加说明。

2. 标准正文。它由一般要素和技术要素构成。

在一般要素中，包括标准名称、范围和引用标准三项内容。

（1）标准名称。应认真推敲、简要概括。通常含有引导词、主体词和补充词三个要素，按 GB/T1.1 附录 A（标准的附录）要求决定取舍。

（2）范围。作为标准正文的第 1 章，应采用以下格式表述：

"本标准规定了……"

"本标准适用于……"

（3）引用标准。这一章编写格式按国家标准 GB/T1.1 和 GB/T1.22 的要求，并在一览表之上由下列引言开头：

"下列标准所包含的条文，通过在本标准中引用而构成为本标准的条文。在标准出版时，所示版本均为有效。所有标准都会被修订，使用本标准的各方应探讨、使用下列标准最新版本的可能性。"

在标准的技术要素中，应包括：定义、符号、缩略语，各工种、岗位、设备、各类人员的用人数量和质量要求。

定义、符号、缩略语部分按国家标准 GB/T1.1 的要求。

各类人员定员标准可采用文字表述与表格相结合的方式，提出用人数量和质量（素质）要求。

有时为了对劳动定员标准某些技术内容做重要补充，可在全部标准条文之后，增设附录。附录有两种，一种是标准的附录，它是标准不可分割的组成部分。标准的附录，不仅在前言、正文中提到，而且在附录编号后加括号注明。另一种是提示的附录，它给出本标准有关的附加信息，排列在标准的附录之后，按国家标准 GB/T1.1 的要求撰写。

3. 补充。这一部分包括：提示的附录、脚注、条文注、表注、图注等项内容。按国家标准 GB/T1.1 的要求编写。

三、定员标准的层次划分

劳动定员标准的层次划分可按篇、章、条段排列条文，条文最后排列目录。其层次编号按国家标准 GB/T1.1 附录 E（提示的附录）示例要求撰写。

标准正文框架设计，应按一定逻辑顺序编排，例如：以人员为对象时，应按技术人员、管理人员、服务人员顺序编排条文；以生产过程各工种、工序为对象时，应按先基本生产、辅助生产,后技术准备、服务、后勤、行政管理顺序编排条文。

从标准的具体内容上看,一般来说,行业定员标准应包括:

1. 企业管理体制以及机构设置的基本要求和规范,按照不同生产能力和生产规模,提出年实物劳动生产率和全员劳动生产率的原则要求,规定出编制总额以及各类人员员额控制幅度。

2. 根据不同生产类型和生产环境、条件,提出不同规模企业各类人员比例控制幅度。

3. 规定各类人员划分的方法和标准。

4. 对本标准涉及的新术语给出确切定义。

5. 企业各工种、岗位的划分,其名称、代号、工作程序、范围、职责和要求。

6. 各工种、工序的工艺流程及作业要求。

7. 采用的典型设备与技术条件。

8. 用人的数量与质量要求。

9. 人员任职的国家职业资格标准(等级)。

企业定员标准的内容基本上与上述内容相似,只是更具体、细化。

四、劳动定员标准表的格式设计

劳动定员标准多采用表格的形式,对用人数量和质量提出要求。采用表格形式,简单明确而直接地向读者提供了某种信息,便于读者理解和接受。在标准条文中对每张表都应明确提及、说明,使表与条文的关系更加明确,起到其应有的作用。

1. 表的编号。采用阿拉伯数字从 1 开始逐一编号,如表 1、表 2、表 3 等。表的标题列表号之后,空一格(字)列出。表号与表标题居中排在表上方。

2. 表的接排。表的长度超过一页时,应在以下各页上重复表的编号,并加括号注明,如:"表 1(续)",在表未完的各页中;"表 1(完)",在表的末页。各页的表头不得省略,必须按原表排出。

3. 表格的画法。表格采用封闭式,即应加边框线。

表的栏目中使用的单位应标注在表头项目名称的下方,如采用单位都相同时,则应在表的右上角加以适当说明。按 GB/T 1.1 编写。表应竖排而不能横排(即按纸面长编排)。

4. 表头的项目设计。定员标准中采用的表格的表头,一般由以下项目构成:

(1) 序号。本表内主栏项目自然形成的顺序号。

(2) 编码。工种岗位的代号,为计算机输入的编码。

(3) 工种或岗位名称。

(4) 主要设备名称、型号、规格、车速、日(年)生产能力、有效作业(台时)率等指标。

(5) 岗位主要工作职责要求。

(6) 劳动定额定员的形式、计量单位基本要求,同时可规定出勤率、作业率或作业时间标准。

(7) 人员素质要求,如职业标准的等级要求。

以上项目的选择,应从本行业本企业的生产技术组织条件出发,正确决定取舍,有时根据需要和文字量的多少,亦可采用分开编排的方式,例如将工种岗位名称及职责范围等项目集合在一起,编排成"工种岗位分类表",这样将给劳动定额定员表的各个主要项目留出更多空间,用于填写有关内容及要求。

案例分析

该项目为某某区的社会福利院,位于市区的繁华地段,床位200张,接受城镇"三无"老人和不同身体情况的老人入住。由于管理不善,入住老人大量流失。

该区民政局决定进行公建民营的试点,同时向社会招标。经过竞争,承办单位确定为某某老年公寓有限公司,该公司实行董事会领导下的总经理负责制。该公司为独立法人,市场化运作,自主经营,自负盈亏。该公司提交了一份组织机构和人员编制安排,准备依照这个设计对社会福利院的人员进行重新安排。

1. 管理机构组织方案体系图

本项目由某县老年有限公司实施管理。下设办公室、财务部、总务部、外联部、医疗康复中心、俱乐部。详见管理机构图。

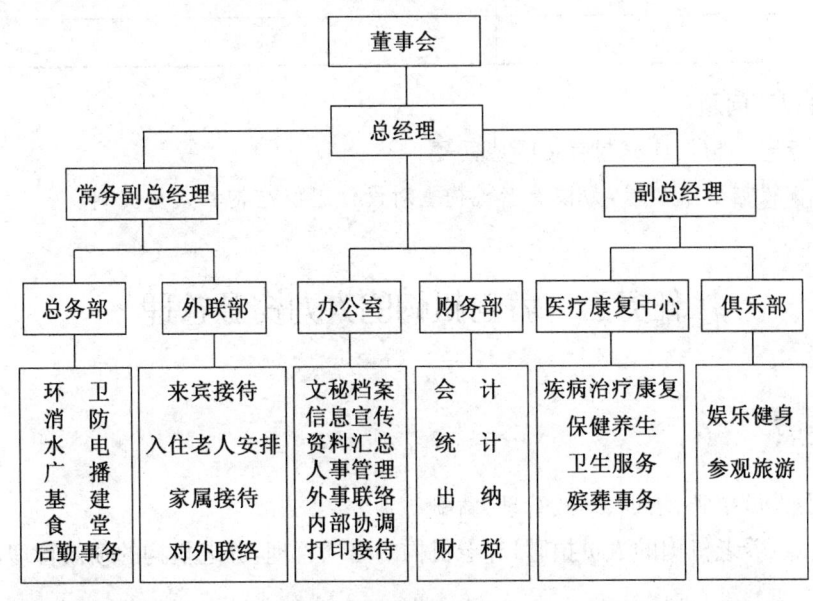

管理机构图

2. 生产作业班次

行政管理等为一班制,医务人员三班制。

3. 年工作日

年工作365天,每班工作8小时。

4. 劳动定员及技能素质要求

本项目劳动定员20人。另外视需要聘用临时护工20名。

劳动定员表

序号	岗位	人数	备注
1	总经理	1	
2	副总经理	2	

(续表)

序号	岗位	人数	备注
3	办公室	2	含司机
4	财务部	2	
5	行政部	1	
6	外联部	1	
7	俱乐部	1	
8	保健医生	2	
9	食堂	4	
10	水电工	1	
11	锅炉房、洗衣房	1	
12	保安	2	
	合计	20	

请思考以下问题：

（1）该养老机构人员编制存在哪些问题。

（2）请你根据所学知识，为该养老机构重新设计组织结构和人员编制。

任务三 养老机构的人力资源管理

◆ 任务要点 ◆

关键词：人员招聘、培训、绩效管理、薪酬

理论要点：养老机构的人员招聘，养老机构的培训管理，养老机构的绩效管理，养老机构的薪酬设计

实践要点：运用所学理论，分析养老机构基本情况，进行人力资源管理

◆ 任务情境 ◆

按照任务要求和服务能力，王女士在专业人员的帮助之下重构了养老机构的组织结构，并对人员编制进行了分析。现在，需要到人才市场上进行招聘，并完善养老机构人力资源管理。

◆ 任务分析 ◆

养老机构的人力资源管理，重点是招聘、培训、绩效和薪酬的设计和安排。与其他企业相比，养老机构的人力资源管理有一定的特殊性。

步骤一　人员招聘

人员招聘是养老机构人员配置中最关键的一个步骤,在确定机构内部人员需求、工作内容及任职条件后,就要进行人员招聘,通过甄选,聘用人才。

(1) 养老机构的劳动力来源

现如今养老机构人员的来源五花八门,但是其主要来源有以下两个。

第一,农村剩余劳动力和城镇下岗、待业人员

随着经济的发展,机械化程度的提高,农村富余劳动力越来越多,很多人选择了到城市打工。而部分养老机构的准入门槛很低,对养老机构员能力、学历的要求也不太高,这就使得部分农村富余劳动力涌向了养老机构。

第二,大中专毕业待岗生

因为家庭或者个人原因造成的部分中、高职毕业生没有选择继续深造,而是走上了打工之路。他们学历相对较低,可供选择的工作机会较少,大中专院校毕业生数量的急剧增加也造成了他们就业形势的严峻。养老机构行业强大的吸纳能力,让他们逐步认同并慢慢接受。

第三,其他来源

通过人才市场的招聘,或通过猎头公司从医院、其他养老机构招聘而来,这一类型的人才具有丰富的养老机构管理和服务经验,能够很快地投入到工作中去。

(2) 招聘渠道

养老机构在进行招聘时,主要有以下几种方式:广告招聘、熟人推荐、校园招聘、专门机构推荐和招聘会。可根据养老机构的服务定位和实际情况灵活选用。

表4-4　主要招聘方式比较

方式	适用范围	特点	成功/失败率	提示
招聘会	通用性专业、职位(如会计、文档、行政、销售人员等)所需的一般层次人才	招聘信息时效性较强,向招聘单位直投简历,费用较低,主观性强	失败率为80%	给招聘者留下好印象最重要,应聘前需精心准备
网上求职	适用于多种行业、公司和招聘职位,面向多层次人才	及时获取定制招聘信息,简历制作、投递便捷,目的性强,省去奔波周遭之苦个人免费或费用较低。但面试前电子化交流属于标准化模式,个性特征不突出,且信息可信度不便确认	失败率为75%	电子化的简历是关键因素
委托中介	自主求职缺少经验、时间、条件或对职位有特殊要求的人才	信誉好的专业中介机构能够提供完善、持续、个性融会贯通的服务,成为真正的职业顾问。中介机构运作情况良莠不齐,有的机构收费与服务不成正比	失败率为50%~85%	注意选择值得信赖的中介机构
靠招聘广告	想进入人才市场但不知如何应聘的人	信息发布广但针对性不强、费用高	失败率为80%~90%	简历要新颖,能引人注目

资料来源:《现代教育报》,2003年6月15日

同时,养老机构在招聘中应注意以下几个方面:

第一,在明确区分各岗位的职责和权限及与各岗位相适应的条件和要求的基础上,完善职务说明书,并根据职务说明书的要求拟定招聘条件,实施招聘。

第二,在聘用方式上,不同岗位人员应采取不同的聘用方式。例如,养老护理员的聘任应采取长期合同制;对专业医护人员,可以考虑和医院合作,聘请医院医护人员定期到机构巡诊。

第三,注意新员工的岗前培训。特别一提的是,目前大多数养老机构所招聘的护工人员主要是农村进城务工人员,他们缺少专业知识和技能,因此要特别重视对这类人员的岗前培训工作。

(3) 招聘的流程

招聘流程是指从组织内出现空缺到候选人正式进入组织工作的整个过程。这是一个系统而连续的程序化操作过程,同时涉及人力资源管理部门及养老机构内部各个用人部门及相关环节。为了使人员招聘工作科学化、规范化,应当严格按一定程序组织招聘工作,这对招聘人数较多或招聘任务较重的养老机构尤其重要。

从广义上讲,人员招聘包括招聘准备、招聘实施和招聘评估3个阶段。狭义的招聘即指招聘的实施阶段,其间主要包括招募、选择、录用3个步骤。

① 准备阶段

准备阶段的主要任务包括确定招聘需求,明确招聘工作特征和要求,制定招聘计划和招聘策略等。

确定招聘需求工作就是要准确地把握有关组织对各类人员的需求信息,确定人员招聘的种类和数量。具体步骤为:首先,由养老机构统一的人力资源规划或由各部门根据长期或短期的实际工作需要提出人力需求。然后,由人力资源管理部门填写"人员需求表"。每个养老机构可根据具体情况的不同制定不同的人员需求表,但必须依据工作描述或工作说明书制定。一般说来,人员需求表可包括以下内容:

所需人员的部门、职位;

工作内容、责任、权限;

所需人数及何种录用方式;

人员基本情况(年龄、性别等);

要求的学历、经验;

希望的技能、专长;

其他需要说明的内容。

最后,由人力资源管理部门审核,对人力需求及资料进行审定和综合平衡,对有关费用进行评估,提出是否受理的具体建议,报送主管部门审批。

经批准确定的人员需求就要求人力资源管理部门制定招聘工作计划。制定人员招聘录用计划为组织人力资源管理提供了一个基本的框架,尤其为人员招聘录用工作提供了客观的依据、科学的规范和使用的方法,能够避免人员招聘录用过程的盲目性和随意性的发生。有效的招聘计划,离不开对招聘环境实施分析,包括对养老机构外部环境因素的分析,如对经济环境、劳动力市场及法律法规等的研究,还包括对养老机构内部环境的分析,如养老机构的战略规划和发展计划、财务预算、组织文化、管理风格等。招聘计划一般包括：人员需求清单、招聘信息发布的时间和渠道、招聘人选、招聘者的选择方案、招聘的截止日期、新员工的上岗时间、招聘费用预算、招聘工作时间表等。

招聘策略是招聘计划的具体体现，是为实现招聘计划而采取的具体策略。在招聘中，必须结合本组织的实际情况和招聘对象的特点，给招聘计划注入有活力的东西，这就是招聘策略。招聘策略包括：招聘地点策略、招聘时间策略、招聘渠道策略及招聘中的组织宣传策略等。

② 实施阶段

招聘工作的实施是整个招聘活动的核心，也是最关键的一环，先后经历招募、选择、录用3个步骤。

第一，招募阶段。根据招聘计划确定的策略及单位需求所确定的用人条件和标准进行决策，采用适宜的招聘渠道和相应的招聘方法，吸引合格的应聘者，以达到适当的效果。一般来说，每一类人员均有自己习惯的生活空间、喜欢的传播媒介，单位想要吸引符合标准的人员，就必须选择该类人员喜欢的招聘途径。如招收普通护工，可以通过到养老机构所在地的劳动中介市场进行选择；高层次的养老服务人员则应选择到相关高职院校选择。

第二，选择阶段。选择是指组织从人、事两个方面出发，使用恰当的方法，从众多的候选人中挑选出最适合职位的人员的过程。在人员比较选择的过程中，不能仅仅进行定性比较，应尽量以工作岗位职责为依据，以科学、具体、定量的客观指标为准绳。常用的人员选拔方法有：初步筛选、笔试、面试、心理测验、评价中心等。需要强调的是，这些方法经常相互交织在一起，并且相互结合使用。

第三，录用阶段。录用是依据选择的结果做出录用决策并进行安置的活动，主要包括录用决策、发录用通知、办理录用手续、员工的初始安置、试用、正式录用等内容。在这个阶段，招聘者和求职者都要做出自己的决策，以便达成个人和工作的最终匹配。一旦有求职者接受了组织的聘用条件，劳动关系就算正式建立起来了。

③ 评估阶段

对招聘活动的评估主要包括两个方面：一是对照招聘计划对实际招聘录用的结果（数量和质量两个方面）进行评价总结；二是对招聘工作的效率进行评估，主要是对时间效率和经济效率（招聘费用）进行招聘评估，以便及时发现问题，分析原因，寻找解决的对策，及时调整有关计划，并为下次招聘总结经验教训。

步骤二　员工培训管理

养老机构应根据培训需求分析，对员工进行培训，使培训的内容能够充分体现老年身心整体护理需求和特点，针对在岗人员培训意愿，开展不同内容和方式的培训，以满足从业人员的工作需求。

(1) 培训形式

培训形式上，应采用灵活多样化的形式进行。现有模式有以下几种。

① 政府培训模式

政府培训模式是改革前的一种养老机构培训模式，它是一种政府包办模式，政府承担责任,政府组织培训,政府管理这个培训活动,适用于传统的计划经济环境。

在政府培训模式下,护工培训的责任主体是政府,培训对象由养老机构员工和为将来进入养老机构就业的人员组成;培训的实施一般由政府决定委托事业单位或其他培训机构实施。其培训制度属于政府管理制度的范畴,政府承担培训责任,政府享有由法律法规规定的各项权利,培训机构和养老机构服从政府的管理。现在,一般国办养老机构特别是各类型社会福利院还采取这种培训方式。

② 市场培训模式

市场培训模式是改革后形成的一种养老机构培训模式,它是一种以市场经济为背景的培训模式,它的运行机制和条件都是市场,适用于发达的市场经济环境。

在市场机制下,培训的责任主体是养老机构或员工本人,培训对象也是由养老机构员工和为将来进入养老机构就业的人员组成;培训的实施由培训机构负责;其培训制度属于市场经济制度,培训机构和养老机构由契约规定的各项权利,承担培训责任。

③ 社会培训模式

社会培训模式也是改革后出现的一种培训模式,它是对其他培训模式的补充,它可以与政府培训模式和市场培训模式相结合,适用于不同的经济社会环境。

社会培训体系的构成如下:培训的责任主体是各类非政府组织,培训对象由养老机构员工和将来进入养老机构就业的人员组成;培训的实施由非政府组织或培训机构负责;其培训制度属于道德规范,非政府组织承担培训责任,相应地享有由契约规定的各项权利。

④ 混合培训模式

混合培训模式是以上三种培训模式的综合,它适合于政府、市场和社会组织的培训机制均难以独立发挥作用的社会环境。

混合培训模式的责任主体由政府、养老机构和社会组织共同组成;培训对象由养老机构员工和为将来进入养老机构就业的人员组成;培训的实施由培训机构负责。其培训制度是市场、政府和社会组织三项制度的综合,以此规定各责任主体的责任及其权利义务。其责任主体的特殊性在于:不是单一的,而是多元主体,而且是权力的、经济的和道德的不同类型的主体,它们之间的关系包含了权力关系、金钱关系和道德关系,因此,需要有一定的法律制度才能把它们整合为一个整体。

(2) 培训内容

培训内容上,应从管理和服务两个角度开展,以满足他们不同的知识需求。从管理角度看,在全方位的培训内容中,应重点让管理者了解全球化的社会背景、我国的老年政策和相关法律法规、老年服务事业的现状和发展、养老机构的经营与管理、养老服务内容的拓展和服务水平的提高等方面的知识,以提高他们的管理和决策能力,改进服务意识和服务理念,提升服务质量和水平;护士以更新知识、完善知识结构为主,加强老年医学和老年护理学的基本理论和技能的培训以及心理学、人际沟通等人文科学知识的学习,提高实施整体护理的能力;护理员则以基本的护理知识及生活照料的培训为主,使他们在基本护理理论知识的指导下,为老年人提供规范、合理的生活照料。此外,培训应与人员晋升、转岗、工资调整等充分结合起来,避免培训对象单一、培训流于形式。应注重培训效果评估,实现培训良性循环和人才开发目标。

（3）培训的流程

培训的实施尤其是培训的效果取决于一系列的努力。一个完整的培训流程从培训需求分析开始，经过培训计划拟定、培训方案制定、培训项目实施、培训效果评估和培训跟踪反馈，最后是评估差距与不足，并以此作为新的培训需求分析的起点，从而形成一个完整的培训过程。培训流程如下：

① 培训需求分析

培训需求分析的目的是确认培训的必要性、了解培训的具体内容、排定培训需求的主次缓急。一般来说培训需求分析需要从组织、工作和人员三个方面来进行。首先是组织分析，进根据养老机构的目标、资源、绩效差距等问题，确定整体的培训计划，然后是服务质量方面和员工个人方面的培训计划。

② 培训计划拟定

如果培训需求分析的结果显示确实有必要进行员工培训，接下来就是制定培训计划了。培训计划包括确定培训目标、规划培训内容、做好培训预算。培训目标是指该培训希望达到的目的或希望取得的效果。培训目标的确定应该针对培训需求分析的结果、解决培训需求分析确认的首要或急需解决的问题。同时，培训目标是培训效果评估中培训目标达成度的标杆，因此这个目标必须具体并具有可操作性。规划培训内容是根据需要解决的问题进行具体的培训课程设计。培训课程的设计要有针对性，要遵循宜细不宜粗、宜小不宜大的原则。此外，培训是一项重要的投资，这意味着培训需要资源的配合。培训的深度和广度将取决于经费的投入情况。培训经费预算不仅决定着培训计划和培训方案是否能获得批准，而且还是衡量培训计划和培训方案是否可行的一个重要指标。

③ 培训方案拟定

有了培训计划，还要有详细的实施方案或者说是详细而具体的操作性行动指南。首先是确定培训的时间、地点和人员，其次是确定培训师的来源和要求。培训师的来源有两个主要的途径。内部培训师由养老机构内部的管理人员、专业技术人员或人力资源部门专职培训师担任。内部培训师的优势是熟悉养老机构的具体情况及存在的问题，了解养老机构的文化，掌握养老机构的工艺、技术和工作流程，更关心培训的结果和培训能力的被认可，而且培训成本相对较低。内部培训师的劣势则是距离太近反而会有"当局者迷"的情况，难以做到站得高、看得远；大多数内部培训师缺乏专门的培训技巧；对受训者缺乏"外来和尚会念经"的效果。聘请外部培训师有一定的风险，除了外部培训师不熟悉和了解养老机构的具体情况和存在的问题从而使培训缺乏针对性，评价、确认和选择优秀的培训师本身就具有很大的挑战性。优秀培训师往往需要支付较高的报酬，货不对版固然给养老机构带来损失，培训预算也往往捉襟见肘。最后要制定明确具体的培训实施办法，包括由谁总负责，由谁负责哪项具体的工作（如谁负责发通知、谁负责准备设备、谁负责安排和预约场地、谁负责准备培训资料等），需要哪些部门如何配合以及应该注意的事项等。实施办法越具体，培训过程出现差错的可能性就越小。

④ 培训项目实施

在这个阶段，首先是发出培训通知，通知受训人员以及告知培训的目的、时间、地点和要求，同时还要知会管理层以及其他所有相关的部门和人员，既让受训人员做好准备、安排好工作,又易于得到管理层和其他相关部门和人员的支持和配合。其次是要落实和布置好培训场地和培训所需要的各种设备和仪器,这个环节特别需要注意细节,如培训前做好仪器设备的调试工作等。最后还要提前按照培训师的要求准备好各种培训所需要的资料,将需要提前发放的资料提前发到受训者手中。这个阶段还要注意培训过程中的全程关注、配合和培训中出现问题的处理。

⑤ 培训效果评估

培训是养老机构一项重要的投资,不仅需要金钱成本,还有时间成本和机会成本,当然还包括劣质培训给养老机构文化、产品质量、员工士气等带来的负面影响。因此培训效果是养老机构最为关注的指标,做好培训效果评估也就成为培训的关键环节之一。培训效果评估大体上包括培训目标达成度、受训者满意度以及对整个培训过程进行检查三个方面。目标达成度是对照前面设定的培训目标以及评估标准进行衡量:哪些目标已经达到以及达到的程度、哪些目标未能达到及其原因、哪些目标设定不合理需要加以调整等;受训者满意度是针对培训目标以及受训者的培训期望了解受训者对培训项目(包括培训目标、培训课程、培训安排、培训师水平和能力、培训方式和方法以及个人收获等)的具体感受和评价;培训过程的检查是对培训的整个过程进行回顾和分析,检查每一个环节,总结经验和教训,不断改进培训工作存在的问题,不断提高培训的质量的水平。

⑥ 培训跟踪反馈

培训的效果并不仅仅体现在培训过程和培训结束时对培训目标达成度、受训者满意度的评价以及对培训过程的检查,培训的目的是员工工作态度、工作行为和工作绩效的改善,即培训的最终目的是培训效果在实际工作中的转化,这往往需要培训结束后一定时期的跟踪和反馈,包括对培训转化度、培训满意度和效果持续度的评估。培训转化度是了解培训的内容与工作实际的切合度,了解培训的内容在工作中的转化程度。培训转化度可以通过受训者个人的反馈或受训者上司和主管的评价以及受训者个人绩效的变化来测量。培训满意度是培训结束后一定时期内受训者对当时受训的效果和后果的感受和评价。效果持续度是指培训效果持续时间的长短,通常是在培训三个月、半年和一年各做一次回顾和评估。这个环节关键是设立培训跟踪反馈机制和渠道。

⑦ 评估差距不足

一次培训的结束意味着下一个培训环节的开始,所以在做培训需要分析之前,还必须对前面的培训进行回顾、评价和分析,成功和经验固然必须继续保持和发扬,更重要的是找出问题和差曙作为下一次培训的一个重要起点,并在以后的培训中吸取叫徐,注意加以改进和改善。

步骤三　员工绩效考核

根据养老机构员工考核管理办法,组织实施员工考核,对服务态度好、服务质量高、老人特别满意的员工要向上级部门或领导提出表扬和奖励的建议;对服务态度差、服务质量低、老人投诉多的员工要及时批评教育和处罚,情节严重者要予以辞退。

绩效考核是对员工的工作状况和结果进行考察、测定和评价的过程。养老机构要通过建立科学的绩效管理制度,切实从根本上、制度上保障机构绩效考核的客观性、科学性和考核结果的可靠性。要把定性考核和定量考核、贡献考核和能力考核有机结合起来,根据员工的工作性质和所处的组织层次,不同岗位确定不同的考核指标体系,并将考核结果与使用挂钩,依据考核结果,按照有关规定对被考核人员实施奖惩、培训、辞退以及调整职务、级别、工资和福利等,从而调动养老护理人员的积极性,更好、更优质地服务于更多老年人。

(1) 绩效考核的方法

在养老机构中,可以使用的绩效考核方法主要是排序法和量表法。

① 排序法

排序法包括简单排序法、配对比较法、强迫分布法。

简单排序法 简单排序法是将员工按照总体工作情况从最好到最差进行排序。这种方法简便易行,一般适合于员工数量比较少的机构进行绩效考核。

配对比较法 配对比较法是根据某一标准将每一位员工与其他员工进行逐一比较,并将每一次比较中的优胜者选出。最后,根据每一位员工净胜次数的多少进行排序。

强迫分布法 强迫分布法是按照"两头小中间大"的正态分布规律,先确定好每个等级在总数中所占的比例,然后按照每人绩效的相对优劣程度,强制列入相应等级。这种方法比较适合于人数较多的机构进行绩效考核,简便易行,可以避免过分偏宽、偏严等问题,但有可能不符合实际情况,在员工绩效总体偏优或偏劣的情况下,难以实事求是地做出评价。

② 量表法

量表法是应用最广泛的考核方法之一,量表的形式多种多样,一般其设计过程包括三个步骤:

第一,选定考核维度并赋予权重,选择维度时要根据职位的具体内容,力求全面、准确,然后根据各维度的重要性分别赋予不同的权重。

第二,确定量表的尺度,把选定的维度划分为不同等级。

第三,确定量表等级的含义,用词语或短句描述说明各等级分别对应的情况,以明确界定不同等级,使被考核者能够根据描述对号入座到不同等级中。养老机构的员工绩效考核量表应体现岗位差别,根据岗位职责的不同,设计具有不同考核维度和权重的量表,避免用同一量表考核不同岗位的人员。如表4-5,某养老机构根据护理员的工作内容制定了考核表就是典型的量表法。

表4-5 护理员考核表

考核项目	考核内容	评分标准	分值	得分
个人卫生	个人卫生	员工头发凌乱有异味,指、趾甲未及时修剪、脸部有眼屎、流鼻涕、蓄胡须、未及时洗澡、有异味,每发现一项扣1分,扣完为止	10	
仪容仪表	衣着整洁得体	每发现一次未穿工作服扣2分,工作服不整洁、禁天热敞襟露怀,有异味扣1分,头花未戴扣1分,发现当班人员打瞌睡、躺下睡觉和在床上睡觉一次扣2分,扣完为止	10	

(续表)

考核项目	考核内容	评分标准	分值	得分
工作态度	态度和蔼,礼貌待人,用语规范文明	用语粗俗发现一次扣2分,态度蛮横发现一次扣3分,在护理区内聚众议论、大声喧哗发现一次扣2分,争吵每发现一次扣3分,扣完为止	10	
	工作积极主动精神文明	怕脏怕累怕麻烦的各扣1分,扣完为止。职工应积极参加各类学习,不断提高自身素质。如无正当理由不参加学习者,每次扣2分。服务不文明,服务态度不好,有投诉扣2分	5	
	遵守劳动纪律,坚守岗位,不干私活	凡迟到或早退在半小时内的,扣1分,未请假或请假未准许而不到岗上班的,扣5分。旷工半天扣1分,旷工1天扣5分。擅自调班和擅自离岗、串岗、干私活、玩游戏、玩牌(含旁观者)、护理区内吃零食、吸烟、在非规定的时间洗澡、洗头、洗涤除工作服外的私人物品、洗私人的交通工具等每发现一项扣2分,不得在工作区域接待外人、私带外人来洗澡、留宿、洗衣服每发现一例扣2分,扣完为止。爱护设施和公物,如工作失误损坏公物的一次扣当事人3分。损坏公物按物品的造价赔偿	15	
	服从安排,文明陪护	服从工作安排和工作调动。上班期间每发生一次顶撞、辱骂现象扣5分,扣完为止。员工之间相互谩骂、打架,当月考核不得分,且发现一次罚款100元。发现护理员打骂、虐待老人,不按规定使用约束用具的一次性罚款200元,经警告仍无悔改的移交公安部门处理	10	
	擦洗身体	每天定时给老人擦身、洗手、洗脚,发现一例老人身体、手、脚有污垢扣1分,扣完为止	5	
	床单整洁,床下有杂物	床单有污垢、不整洁发现一例扣1分,床下摆放多余杂物发现一次扣1分,扣完为止	5	

(2)员工绩效考核的主体

在员工绩效考核中应该选用多元化的考核主体,一般应包括被考核员工的直接主管、被考核员工的同事、被考核者本人、被考核员工的下级员工和服务对象。

360度考评法是一种对员工实行全面绩效评价的考核方法,是员工与员工之间互相比较、员工与工作标准进行比较以及员工与目标相比较等评价方法的综合。360度考评要求单位综合考虑员工的上级、同事、下级和员工自己的意见,同时注重服务对象的意见。其中,下属以匿名方式参与评估,能详细了解任职者的行为、实际工作情况、领导风格、协调和组织能力,会提供许多非常有价值的信息。而服务对象不受机构的牵制,容易提供真实和公正的信息,评价结果也最有说服力。当然,不同评估者在反馈绩效信息方面各有优势和不足,360度绩效评估综合了各方的信息,能较准确和客观地反应被评估者的工作绩效,从而增强了养老机构人员绩效评估的效度和信度。在采用360度考评法的基础上,应根据机构自身特点逐步调整各评估主体的权重。从长远来看,逐渐降低"自我评估"的权重,相应提高服务对象的权重是养老机构绩效考核发展的必然趋势。

此外,在考核过程中,要注意避免首因效应、晕轮效应、近因效应、定型效应等心理效应导致的考核误差。

在我国老龄化日益严峻的形势下,应把为老服务人才的培养工作放在养老事业发展的首要位置上,把人才资源的开发利用作为推动养老事业科学发展的根本动力。人力资源已成为养老机构取得竞争优势的关键性因素。因此,养老机构必须有意识地在工作中不断重视人力资源的开发和管理,从而为养老机构带来更大的价值。

步骤四　养老机构的薪酬管理

(1) 企业薪酬的基本内容

薪酬体系是指薪酬的构成,即一个人的工作报酬由哪几部分构成。一般而言,有外在和内在之分。

外在的薪酬是指员工因为雇佣关系从自身以外所得到的各种形式的回报,也称外部薪酬。外部薪酬包括直接薪酬和间接薪酬。直接薪酬是员工薪酬的主体组成部分,它包括员工的基本薪酬,即基本工资,如周薪、月薪、年薪等;也包括员工的激励薪酬,如绩效工资、红利和利润分成等。间接薪酬即福利,包括公司向员工提供的各种保险、非工作日工资、额外的津贴和其他服务,比如单身公寓、免费工作餐等。

内在的薪酬还包括内部回报指员工自身心理上感受到的回报,主要体现为一些社会和心理方面的回报。一般包括参与企业决策,获得更大的工作空间或权限,更大的责任,更有趣的工作,个人成长的机会和活动的多样化等。内部回报往往看不见,也摸不着,不是简单的物质付出,对于企业来说,如果运用得当,也能对员工产生较大的激励作用。然而,在管理实践中内部回报方式经常会被管理者所忽视。管理者应当认识到内部回报的重要性,并合理地利用。

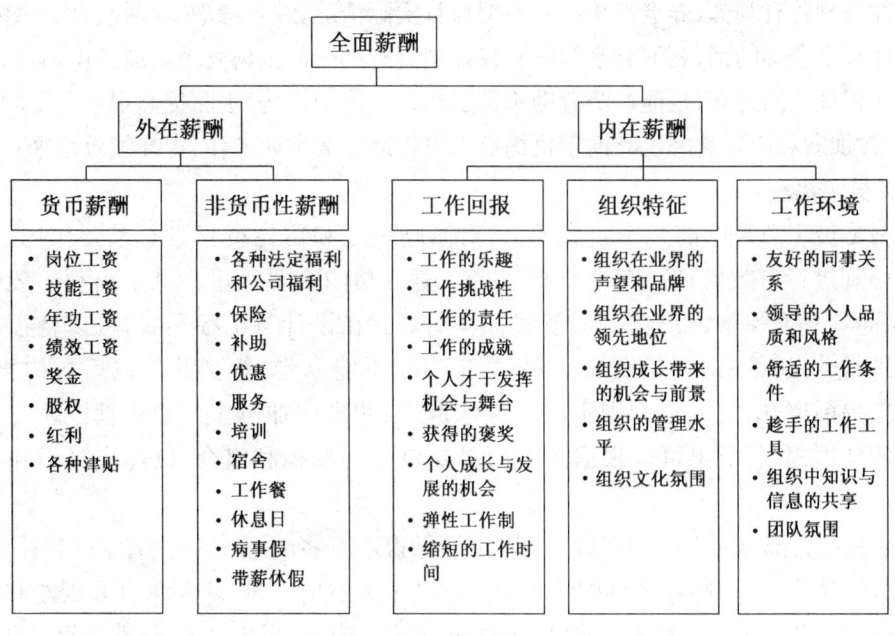

图 4-8　全面的薪酬内容

(2) 现代薪酬作用

① 吸收组织需要的优秀员工

合理的高报酬不仅能为员工提升工作的热情还能为组织的未来发展吸引更多的优秀

人才。

② 达到效率目标

薪酬效率目标的制定其本质就在于要用适当的薪酬花费给组织带来最大的收益。主要包括两个方面：第一要站在产出的角度分析即薪酬能为组织绩效带来最大价值利益；第二要站在投入角度分析即要实现薪酬成本的优化控制，用最合适的花费为组织谋取最大的利益。

③ 起到激励作用

薪酬发放的本质即在于对员工努力工作的付出提供等值的报酬。只有在员工的付出能够在得到相应的让其满意的报酬时，员工才能更有工作的积极性以及对未来的憧憬。

④ 实习内部公平

薪酬公平要做到分配、过程、机会三方面的公平。分配公平即组织在进行人事决策与奖励措施时符合公平的要求；过程公平即组织多依据的标准方法要符合公平性，程序过程要公开、公正；机会公平即组织要提供给员工相同的发展机会，不搞内部认定制等潜规则。

(3) 员工薪酬管理

养老机构特别是民办养老机构可以实行利润分享和所有权计划，并用技能薪酬提高员工工作的积极性。

利润分享法和所有权计划法都是较常用的薪酬方案。利润分享法是在经营业绩较好的时期，机构拿出一部分利润分享给员工。所有权计划法是员工通过股票、期权等对组织拥有一定的所有权，并且可以以出让所有权和分红的方式获得一定收益。相对而言，技能薪酬是根据个人所获得的技能而提供相应的薪酬。

各种薪酬各有利弊，养老机构需要根据自身实际情况，综合考虑，灵活组合。总体来说，如果设计科学合理的话，利润分享和所有权计划会有助于员工树立主人翁意识，有助于员工主动性和积极性的提高；技能薪酬有助于员工建设学习型机构，不断提高现有员工的技能水平；而绩效加薪和激励薪酬也有助于机构员工更好地完成本职工作，提高绩效水平。

(4) 员工福利管理

福利是员工总薪酬的一个组成部分，对激励员工和留住员工具有重要作用。因此，对员工福利进行有效管理是养老机构取得竞争成功的重要手段。员工福利一般包括社会保险、企业补充保险、带薪休假、节假日补助等。在设计员工福利时，可以将福利分为几部分进行分发。一部分是沉淀福利，员工当年不能拿走，等到几年以后机构再兑付。如果员工提前离开，沉淀福利则不能全部拿走，以此来增加员工的稳定性。还有一部分是弹性的即期福利，员工可以根据个人的需要自行选择福利组合，以此来吸引和留住高素质的员工。

目前我国大部分养老机构在员工福利方面做得还不够，很多员工没有享受到社会保险，也很难有带薪休假，一些养老机构的工作人员是全天制的上班，除一年有8天左右的年假外，其余均无休息，尤其是对于一些包吃住的护理员工来说，服侍老人、整理房间就是他们生活的一切。这样的作息时间安排缺乏合理性与科学性，容易导致员工的职业疲劳和倦怠。养老机构要想吸引和留住员工、提高员工的工作效率，在福利项目的设计方面，必须给予更多的投入。国内养老机构可选福利如表4-6，表格中的福利项目相对较完整，养老机构可以根据自身实力和实际情况合理选择其中的内容，作为激励手段。

表 4-6 养老机构可选福利项目

序号	核心福利	序号	可选择福利		
1	补充医疗保险	1	住房相关费用：物业费、取暖费、维修费等	8	超市购物卡、电影卡等
2	补充养老金	2	车辆相关费用：燃料费、车辆维修费、车辆保险费、车辆保养费、车辆养路费、过桥、过路费、车船使用税、车辆年检费、车位及停车费、洗车费、驾校培训费等	9	健身费：健身月、季、年及次卡，各种球类等单项体育健身费，各类保健、保养费
3	健康体检	3	通信费：通信设备费、固定电话及手机通话费、长途IP卡费、上网费用等	10	旅游费
4	工作餐	4	商业保险	11	出国考察
5	带薪休假	5	子女教育费：入托费、赞助费、学费	12	配偶生育报销
6	探亲假	6	个人培训费	13	法律诉讼费
7	独生子女补贴	7	服装相关费用：衣服/鞋帽、洗衣费、洗理费等	14	俱乐部会员费

触类旁通

一、招聘计划

招聘计划是人力资源部门根据用人部门的增员申请，结合企业的人力资源规划和职务描述书，明确一定时期内需招聘的职位、人员数量、资质要求等因素，并制订具体的招聘活动的执行方案。

招聘计划一般包括以下内容：

1. 人员需求清单，包括招聘的职务名称、人数、任职资格要求等内容；
2. 招聘信息发布的时间和渠道；
3. 招聘小组人选，包括小组人员姓名、职务、各自的职责；
4. 应聘者的考核方案，包括考核的场所、大体时间、题目设计者姓名等；
5. 招聘的截止日期；
6. 新员工的上岗时间；
7. 费用招聘预算，包括资料费、广告费、人才交流会费用等；
8. 招聘工作时间表，尽可能详细，以便于他人配合；
9. 招聘广告样稿。

二、培训计划

培训计划是按照一定的逻辑顺序排列的记录，它是从组织的战略出发，在全面、客观的培训需求分析基础上做出的对培训时间、培训地点、培训者、培训对象、培训方式和培训内容等的预先系统设定。

制定培训计划的步骤：
1. 确认培训与人力发展预算。
2. 分析员工评价数据。
3. 制订课程需求单。
4. 修订符合预算的清单。
5. 确定培训的供应方。
6. 制订和分发开课时间表。
7. 为培训安排后勤保障。
8. 安排课程对应的参训人员。
9. 分析课后评估，并据此采取行动。

三、绩效计划

绩效计划是被评估者和评估者双方对员工应该实现的工作绩效进行沟通的过程，并将沟通的结果落实为订立正式书面协议即绩效计划和评估表，它是双方在明晰责、权、利的基础上签订的一个内部协议。绩效计划的设计从公司最高层开始，将绩效目标层层分解到各级子公司及部门，最终落实到个人。对于各子公司而言，这个步骤即为经营业绩计划过程，而对于员工而言，则为绩效计划过程。

绩效计划可以分为年度绩效计划、季度绩效计划、月度绩效计划等，年度绩效分解为季度绩效计划，季度绩效计划可以进一步分解为月度绩效计划。季度、月度绩效计划的制定以年度、季度绩效计划为基础，同时还要考虑外部环境变化以及内部条件的制约。

一般的绩效计划包括：
1. 全员绩效基础理念培训。
2. 诠释企业的发展目标。
3. 将企业发展目标分解为各个部门的特定目标。
4. 员工为自己制定绩效计划草案。
5. 经理人审核员工制定的绩效计划。
6. 经理人与员工就绩效计划进行沟通。
7. 经理人与员工就绩效计划达成共识。
8. 明确界定考核指标以及具体考核标准。
9. 经理人协助员工制定具体行动计划。
10. 最终形成绩效协议书，双方签字认可。

四、薪酬计划

薪酬计划是企业预计要实施的员工薪酬支付水平、支付结构及薪酬管理重点等内容，是企业薪酬政策的具体化。一般可以包括：

1. 通过薪酬市场调查，比较企业各岗位与市场上相对应岗位的薪酬水平（这里的薪酬水平上是指总薪酬水平，包括工资、资金、福利、长期激励等）。
2. 了解企业财务状况，根据企业人力资源策略，确定企业薪酬水平采用何种市场薪酬水平。
3. 了解企业人力资源规划。

4. 将前三个步骤结合,画出一张薪酬计划表。

5. 根据经营计划预计的业务收入和前几步骤预计的薪酬总额,计算薪酬总额/销售收入的比值,将计算出的比值与同行业的该比值或企业往年的该比值进行比较,如果计算的比值小于或等于同业或企业往年水平,则该薪酬计划可行;如果大于同业或企业往年水平,可以根据企业董事会对薪酬计划的要求将各岗位的薪酬水平适当降低。

6. 各部门根据企业整体的薪酬计划和企业薪酬分配制度规定,考虑本部门人员变化情况、各员工的基本情况如工龄、业绩考核结果、能力提高情况等做出部门的薪酬计划,并上报到人力资源部,由人力资源部进行所有部门薪酬计划的汇总。

7. 如果汇总的各部门薪酬计划与整体计划不一致,需要再进行调整。

8. 将确定的薪酬计划上报企业领导、董事会报批。

案例分析

日本的老年养护人才培养

日本自20世纪70年代开始逐步重视养老人才队伍建设,并根据本国老龄人口变化情况及时调整政策,出台相关法律,从多方面完善养老人才队伍建设,从而保证了养老人才队伍的有序发展。

经过40多年的实践,日本形成了一套较为系统的养老人才培育认证体系,推动了养老人才队伍的不断壮大,为全社会应对人口老龄化问题打下了较为坚实的基础。

日本的养老人才队伍建设始于20世纪70年代,可以分为四个阶段。

第一为起步阶段(1970—1980年)。1970年,日本60岁以上老龄人口达到730万人,占总人口的7%,开始进入人口老龄化时代。而同期70岁以上人口入住养老机构的比例仅为1%,照护老人的多为没有接受过专业培训的40岁以上女性。养老机构和人才紧缺状况比较突出。为此,1971年日本政府提出了《社会福祉设施紧急整备5年计划》,该计划的实施,使养老机构总数和专业队伍都有了很大改善。到20世纪70年代末期,日本养老福祉机构入住人数增加20倍,养老人才增加3.6倍。

第二为向专业化发展阶段(1980—1990年)。进入20世纪80年代以后,日本的老人需求和养老设施类型趋向多样化,对养老人才专业能力也提出了更高的要求。新的需求不仅促使相关专业学校增多,同时也促使日本政府开始实施专业资格认证。1987年日本政府颁布《社会福祉士及介护福祉士法》,并从1989年开始实施国家资格认证考试。

"社会福祉士"主要面向需要照护的老人,为他们提供医疗、护理保险、退休金等相关咨询,指导老人选择合理的照护方式。"介护福祉士"主要面向缺乏自理能力的老人和病人,为他们提供生活照料。这两种国家认证资格的诞生,标志着日本养老人才队伍建设向专业化迈进。

第三为机构养老人才向居家服务人才延伸并逐步法制化阶段(1990—2000年)日本政府对社会福祉相关的八大法进行了修订,其核心内容是将居家服务法定化,要求各地方政府必须制定老人福祉计划,落实老年人福祉相关事宜。八大法的修订使原来的主要以机构服务为主的养老人才队伍建设延伸向居家服务。为确保不断增加的养老人才需求总量和服务水平,2000年日本政府出台了《福祉人才确保法》,提出在保证人才总量与市场需求之间平衡的同时,确保服务质量。相关培训日益受到重视,先后建立了中央福祉人才中心、中央福祉学院、都道府福祉人才中心,形成从中央到地方的全方位培训体系。

第四为快速发展阶段(2000年至今)。2000年,日本政府出台了"护理保险法",规定参加护理保险的人到65岁以上,在达到法定需要护理或生活援助标准之后,可自己选择所需的护理服务,与服务提供者签约后即可享受护理服务。

随着服务内容、形式、主体的增加,日本各地区养老事业呈现出较快的发展。适应这一社会需求,各类养老人才总量快速增长,获得"社会福祉士"资格的人数从2001年的29 979人增加到了2010年的134 066人,增加了4.5倍;获得"介护福祉士"资格的人数,从259 553人增加到了898 429人。

(资料来源:http://wenku.baidu.com/view/68a1e8f8c77da26925c5b0ab.html)

请思考:日本的养老服务人才培训有哪些特点?

某养老机构的薪酬设计

一、定员定岗

1. 高管编制,共4人

设总经理1名,享受A4级别待遇;

设副总经理1名,享受B4级别待遇;

设院长1名,享受B4级别待遇;

设总经办主任1名,享受B4级别待遇。

2. 各中心、部门执行人员编制,共128人

财务中心人员编制,共4人。

融资组:设主管1人,享受E4级别待遇

会计:设主管1人,享受E4级别待遇;设主办1人,享受F5级别待遇

出纳:设主管1人,享受E4级别待遇

业务发展中心人员编制,共17人

业务部:设经理1人,享受C6级别待遇;业务代表3人,享受F5级别待遇

外联部:设经理1人,享受C6级别待遇;办事员2人,享受F5级别待遇

策划部:设项目策划主管1人,享受E4级别待遇;项目策划人员2人,享受F5级别待遇;设活动主管1人,享受E4级别待遇,活动实施员2人享受,F6级别待遇

项目部:设项目经理1人,享受C4级别待遇;项目主管1人,享受D4级别待遇;项目实施人员2人,享受E6级别待遇

运营管理中心人员编制,共95人。

管家部:设经理1人,享受C4级别待遇;副经理3人,享受D4级别待遇;高级护工26人,享受G3级别待遇;中级护工30人,享受G5级别待遇;初级护工30人,享受G7级别待遇。

安保部:设门卫3人,享受G4级别待遇。

康复中心:设服务监督主管1人,享受E4级别待遇;外包服务团队20人。

餐厨部：设主管1人，享受E4级别待遇；外包服务团队30人。

总经理办公室人员编制，共12人。

接待办：设主管1人，享受E4级别待遇；专车司机1人，享受F2级别待遇

秘书处：设文秘1人，享受F5级别待遇

工程部：设副经理1人，享受D4级别待遇；工程监督2人，享受E6级别待遇

人事行政部：设副经理1人，享受D4级别待遇；人事行政专员2人，享受F6级别待遇

后勤部：设副经理1人，享受D4级别待遇；公用司机2人，享受F2级别待遇

二、薪酬体系

薪酬等级	人数	工资/人	合计
A4	1	20 000	20 000
B4	3	17 000	51 000
C4	2	8 600	17 200
C6	2	8 000	16 000
D4	7	6 500	45 500
E4	8	4 500	36 000
E6	4	3 800	15 200
F2	3	3 800	11 400
F5	9	3 000	27 000
F6	4	2 800	11 200
G3	26	2 800	72 800
G4	3	2 500	7 500
G5	30	2 400	72 000
G7	30	2 200	66 000
总计	132	3 551.5/人/月	468 800

三、薪酬制度

第一章　总则

第一条　目的

为了将员工工作绩效与公司经济效益有机结合，形成与公司绩效考核挂钩的薪酬激励制度，规范公司员工的薪酬分配行为，充分调动员工的积极性和创造性，发挥薪酬体系的激励作用，特制定本制度。

第二条　制定原则

1. 以人为本，依法办事原则

根据国家劳动法及相关法律法规，结合公司实际情况制定本制度。

2. 高工资、高效益原则

根据公司的经营状况招聘合适的人才，制定高工资、高效益、具有市场竞争力的薪酬制度。

3. 公平原则

公司内部不同职务序列、不同部门、不同职位员工之间的薪酬相对公平合理。

4. 激励原则

根据员工工作岗位的差别及对公司的贡献大小,突出全员创收和绩效考核功能,实现多劳多得。

第三条 适用范围

本制度适用于本公司的所有员工。

第二章 薪酬构成及工资系列

第四条 试用期员工薪酬构成

1. 公司员工试用期为1~6个月不等,根据劳动法、公司相关规定及岗位特性而确定。

2. 员工试用期工资一般不少于转正后工资的80%,试用期内不享受针对正式员工发放的各类补贴。

第五条 公司正式员工薪酬构成

员工薪酬构成＝基本工资＋岗位工资＋绩效工资＋各种福利＋津贴或补贴＋奖金。

第六条 公司根据不同职务性质,将公司的工资层级划分为经营决策层、管理层、一般职能层。员工工资层级适用范围详见下表。

工资层级适用范围表

工资层级	适用范围
经营决策层	公司总经理、副总经理、总监
管理层	部门经理、副经理
一般职能层	主管、会计、班长、秘书、主办、出纳、文员、司机、保安、护工等（钟点工除外）

第三章 员工工资标准的确定

第七条 基本工资

基本工资是参照当地员工平均生活水平、最低生活标准、生活费用价格指数和各类政策性补贴确定。（基本工资标准见附表）

第八条 岗位工资

公司实行岗位等级工资制,根据各岗位所承担工作的特性及对员工能力要求不同,将岗位划分为不同的级别,实行梯级工资标准。（岗位工资标准见附表）

第九条 绩效工资

公司各分管副总经理每月对所辖部门的员工实施绩效考核,报总经理审批,由人事行政部汇总,财务部发放。（绩效工资标准见附表）

第十条 奖金

奖金是对为公司做出重大贡献或优异成绩的集体或个人给予的奖励,由各部门负责人根据具体情况提出申请,报总经理审批通过后计发。

第四章 员工福利

第十一条 社会保险

公司按照国家和地方相关法律规定为员工缴纳养老、失业、医疗、工伤、生育保险，公司为经营决策层人员另外缴纳住房公积金。

第十二条　法定节假日

执行国家规定的相关假期。

第十三条　津贴或补贴

1. 用车补贴

公司为决策层、经营层管理人员、营销人员及由于工作需要的人员提供用车补助，由综合管理中心拟定发放标准，经审核通过后，由各部门负责人根据具体情况提出申请，报总经理审批后由总经办执行。

2. 通信补贴

公司根据工作需要为员工提供通信补贴，由综合管理中心拟定发放标准，经审核通过后，由各部门负责人根据具体情况提出申请，报总经理审批通过后由管理部执行。

公司发放的通信补贴标准如下表。

职级	经营决策层		管理层	一般职能层		
	总经理	副总经理	经理	主管或副经理级别	主办	服务人员
补贴标准(元)	实报实销	500元以下实报实销	200	150	50	20

3. 加班津贴

（1）凡工作时间以外的出勤为加班，主要指休息日、法定休假日加班，以及工作日八小时之外的时间。加班时间可选择调休或获取津贴。

（2）加班时间必须提前申请，经部门经理认可，由分管副总经理审批，加班时间不足半小时的不予计算。加班津贴计算标准如下。

加班津贴支付标准

加班时间	加班津贴
工作日加班	每小时加班工资＝正常工作时间每小时工资×150％支付
休息日加班	每小时加班工资＝正常工作时间每小时工资×200％支付
法定节假日加班	每小时加班工资＝正常工作时间每小时工资×300％支付

（3）公司部门副经理（含）级以上人员，不计加班工资。

4. 工作餐

公司根据部门的实际情况为员工提供免费的工作餐。

5. 工龄补贴

工龄补贴是对员工长期为公司服务所给予的一种补偿。其计算方法为从员工正式进入公司之日起计算，工龄每满一年可得工龄补偿50元/月；工龄补偿实行累进计算，满10年不再增加。公司副经理（含）级以上人员，不计工龄补贴。

6. 住宿

公司为未婚员工提供免费住宿,已婚员工可以提出住宿申请,经管理副总批准后可以安排住宿,水电费实施定额管理。

请思考: 该养老机构薪酬体系存在的问题是什么?

任务四　养老机构的制度化管理

任务要点

关键词:制度化管理、制定原则、制度规范类型
理论要点:养老机构制度规范类型
实践要点:运用所学知识,能够制定养老机构的管理制度

任务情境

王女士的养老机构开始运行了,但是还缺乏更为合理的管理制度和规范,需要各部门共同讨论、制定。

任务分析

企业管理制度是企业运行的物质载体,是养老机构所有具体操作的规范体系,是达到养老机构的战略目标,实现养老机构人力、物力和财力资源有效配置的最佳方式,因此,要做好制度的规划与制定工作,保证养老机构各项管理活动的规范进行。

步骤一　制度化管理的基本理论

(1) 制度化管理的概念

以制度规范为基本手段协调企业组织集体协作行为的管理方式,就是制度化管理。制度化管理通常称作"官僚制""科层制"或"理想的行政组织体系",是由德国管理学家马克思·韦伯提出并为现代大型组织广泛采用的一种管理方式。制度化管理的实质在于以科学确定的制度规范为组织协作行:为的基本约束机制,主要依靠外在于个人的、科学合理的理性权威实行管理。

(2) 制定原则

养老机构规章制度的建设制定应遵循以下原则。

第一,服务性原则

养老机构属于老年社会福利事业组织。为老年人服务、为社会主义现代化建设服务是养老机构肩负的历史使命。养老机构的社会属性决定了它必须贯彻国家老年社会福利事业发展的方针政策,遵守政府法令、行业法规,坚持全心全意为老年人服务的办院宗旨。这是制定养老机构规章制度的出发点和基本原则,用制度保障全心全意为老年人服务工作真正

落到实处。

第二,目的性原则

制定规章呵度的目的是使养老机构管理走向规范化、制度化和法制化,不断提高服务质量,追求最佳的社会经济效益。制度属于法规的范畴,它是部门工作的指南、员工行为的规范和各项工作的准则,任何部门和个人都应严格遵守、模范执行,否则将受到制度的处罚。只有各部门每一位员工模范遵守各项规章制度,才能保障各项工作有序进行,以实现养老机构服务的最终目标。

第三,标准化原则

规章制度不仅包括部门职能、岗位职责和工作制度,而且还包括服务标准、操做规范、工作流程,以及考核评价标准等。为了使各种服务、操作规范,紧密衔接,准确划一,制定规章制度必须坚持标准化原则。遵循标准化原则不仅要求制度的描述语言、格式要标准化,更重要的是各项工作、操作的标准化,用同一个标准要求、衡量拟促进养老机构各项工作协调一致,全面提高服务质量。

第四,可操作性原则

规章制度必须具有可操作性,否则再好的制度也不能发挥其应有的作用。为此,所制定的规章制度的每一条款必须责任明确、任务具体、条理清晰、描述准确、通俗易懂,使人一目了然,易于操作。反之,若模棱两可、含糊不清,就会使人无法实施,丧失规章制度应有的作用。

第五,稳定性原则

规章制度是现实工作客观规律的反映。任何一项规章制度的实施都有一个认识、熟悉、适应和掌握的过程,应保持相对的稳定性。如果朝令夕改,频繁更动,即使非常合理的规章制度,也难以实施,甚至会造成管理上的混乱。当然,规章制度也不是一成不变的,应当随着客观情况的变化,进行调整、增减,那些经过实践证明不合理和不完善的条款应按规定的程序修订完善。

步骤二 制度的制定方法

第一,在学习的基础上制定

为了使制定的规章制度不与国家、地方现行的政策法规、行业管理规范相抵触,董规章制度的制定者应当认真学习,深刻理解相关的政策法规和行业规范。例如制定养老机构员工管理制度时,必须认真学习《劳动法》《劳动合同法》以及其他劳动权益保障法规;制定消防安全管理制度时,必须学习《消防安全法》;制定财务管理制度时,必须学习《会计法》等财务管理法规;制定医疗服务管理制度时,必须学习《医疗机构管理条例》《药品管理法》《执业医师法》和《执业护士法》;制定养老护理管理工作制度时,必须学习《老年人权益保障法》和《老年人社会福利基本规范》;制定食品卫生管理制度时,必须学习《食品卫生法》;制定捐赠物品使用管理制度时,必须学习《捐赠法》等。在深刻领会政策法规、行业规范的基础上制定的规章制度才具有科学性、实用性和可操作性。

第二,在总结以往工作经验的基础上制定

以往的工作经验、教训是一面镜子,反映出我们服务、经营与管理工作的成绩与存在的问题,在总结以往工作经验、教训基础上进行制定,可使规章制度更具有实用性和可操作性。

第三,充分听取员工意见的基础上制定

少数人草拟的规章制度肯定存在着这样或那样的问题,在广泛听取群众意见的基础上制定规章制度,将使之更加完善,更容易被员工理解和接受。此外,听取员工意见的过程,本身也是员工学习规章制度、进行制度教育的过程,将收到较好的效果。

第四,在借鉴和参考同类机构管理经验、规章制度的基础上制定

借鉴和参考同类机构管理经验和规章制度可以使制定的规章制度更具有先进性和实用性,同时也可以节省时间,但应避免盲目抄袭、照搬。

步骤三　制度规范的类型

制度规范是组织管理过程中借以约束全体组织成员行为,确定办事方法,规定工作程序的各种章程、条例、守则、规程、程序、标准、办法等的总称。制度规范没有严格的界限,可以用多种标识进行分类。依照制度规范涉及层次和约束范围的不同,可分为下述五大类。

(1) 基本制度

基本制度是养老机构的"宪法"。它是养老机构制度规范中带有根本性质的,规定养老机构形成和组织方式,决定养老机构性质的基本制度。基本制度主要包括法律财产所有形式、企业章程、董事会组织、高层管理组织规范等方面的制度和规范。它规定了所有者、经营管理人员、组织成员各自的权利、义务和相互关系;确定了财产的所有关系和分配方式;制约着养老机构经营的范围和性质。

(2) 管理制度

管理制度是对养老机构管理各基本方面规定的活动框架,调节集体协作行为的制度。管理制度是比养老机构基本制度层次略低的制度规范,是用来约束集体性活动和行为的规范,主要针对集体而非个人。例如各部门、各层次的职权责任和相互间的配合协调关系,各项专业管理规定(人事、财务、业务),信息沟通,命令服从关系等方面的制度。

(3) 技术规范

技术规范是涉及某些技术标准,技术规程的规定。它反映生产和流通规程中客观事物的内在技术要求,科学性和规律性强,在经济活动中必须严格遵守。包括医疗服务诊疗规范,临床护理规范,生活护理规范,康复护理规范,营养配餐规范,突发事件应急处置预案,临床医疗、护理、康复服务质量标准等。

(4) 业务规范

业务规范是针对业务活动过程中那些大量存在,反复出现,又能摸索出科学处理办法的事务所制定的作业处理规定。业务规范所规定的对象均具有可重复性特点。业务规范的程序性强,是人们用来处理常规化、重复性问题的有力手段。业务规范大都有技术背景,它以经验为基础,是升华了的工作程序和处理办法,如安全规范、服务规范、业务规程、操作规范等。

(5) 行为规范

养老机构当中,有些制度规范涉及了个人行为,还有一些规范是专门针对个人行为制定的,如个人行为品德规范、劳动纪律、仪态仪表规范等。个人行为规范是所有对个人行为起

制约作用的制度规范的统称,它是养老机构中层次最低、约束范围最广,但也是最具基础性的制度规范。制度规范涉及从个人行为到养老机构所有层次和所有方面。所有这些制度规范结合起来,构成了一套完整的约束系统。

◆ 触类旁通

规章制度、管理办法文件格式规定

1. 目的

为有效管理规章制度及规范规章制度的格式,对内各规章制度、管理办法建立统一格式,确保各部门编制的文件格式保持一致性。

2. 适用范围

内所有部门编制的规章制度、管理办法等。

3. 术语

3.1 规章制度:指发布的各项规范行为的制度。

3.2 管理办法:指发布的各项业务管理规定和管理办法。

3.3 规章制度、管理办法以下简称为文件。

3.4 凡今后实施的各类鄂尔多斯市精恒汽车制造有限管理制度,简称为精恒汽车管理制度。

4. 职责

4.1 综合办公室负责文件格式的制定。

4.2 各部门负责本部门管辖业务的管理办法及管理标准的制定。

4.3 综合办公室负责对文件格式的核对、控制及归口管理。

4.4 文件的受控状态由质量部确定。

5. 管理规定与内容

5.1 文件格式由综合办公室编制、审核,总经理批准。

5.2 文件由封面格式(见附件)和正文构成。

5.3 文件封面由标题、文件编码、受控状态、发布日期、实施日期、名称组成。具体要求如下:

5.3.1 标题的字体为宋体一号字,加粗。

5.3.2 文件编码、受控状态、发布日期、实施日期的字体为宋体四号字,加粗。

5.3.3 名称的字体为宋体小三号字,加粗。

5.3.4 文件编号:JH/ZD XX—XXX

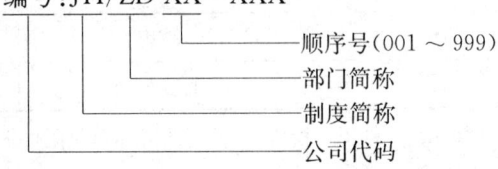

5.3.5 受控状态:文件是否受控。

5.3.6 填写发布日期和实施日期。

5.4 正文由页眉和正文构成,页眉由文件编码、标题、页码组成。

5.4.1 页眉的内容的字体为仿宋小四号字,加粗。

5.4.2 正文标题的字体是宋体三号字,正文内容的字体为仿宋小四号字。

5.4.3 正文内容由目的、适用范围、术语、引用文件、职责、管理规定与内容、业务流程(流程图)、考核与激励、附则等构成。根据实际工作拟写正文内容。

5.5 综合办公室印制与发放。

5.7 文件内容如需更改,由原制定部门负责更改,并向相关部门下发《文件更改通知单》。

5.8 自文件发布起,各部门必须按规定格式编制文件,如发现不符合规定格式要求,视为无效文件,不得发布。

6. 业务流程

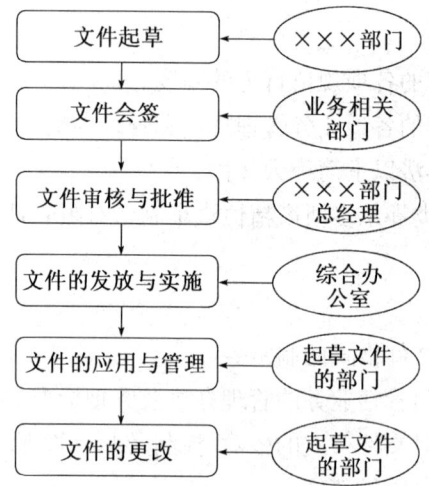

7. 附则

7.1 本规定由综合办公室起草编制。

7.2 本规定自下发之日起执行,原有规定同时废止。

7.3 本规则由综合办公室负责解释。

附:各部门文件编码简称

部门	简称	部门	简称
综合办公室	ZH	制造部	ZZ
财务部	CW	采供部	CG
人力资源部	RZ	质量部	ZL
技术部	JS	销售	XS
总装车间	ZC	上装车间	SZ

注:文件编制与修改记录、文件封面模版、文件正文模版、文件更改通知单见附件。

| 编制/日期: | 审核/日期: | 批准/日期: |

案例分析

案例一:护工操作不当导致老人死亡

七十多岁李姓老人年老体弱,女儿将他寄托在某街道养老院。同年6月5日端午节,因护工护理不当,让老人躺着吃粽子,还让老人喝水,致使糯米在喉间遇水胀开,导致其窒息死亡。之后,双方就丧葬费、医疗费等赔偿事宜达成协议。但之后老人女儿又将养老院告上法庭,要求判令被告赔偿精神损害抚慰金及误工损失计24700元。法院审理后认为,被告在管理中未对护理人员进行正规培训,致使在老人进食时发生意外,养老院负有过错,应当承担相应的民事责任。判决养老院赔偿老人子女精神损害抚慰金及误工损失等3966元。

(资料来源:上海市社会福利行业协会.养老服务风险案例分析[M].上海:内部资料,2006年)

请思考: 根据本案例中养老机构存在的问题,设计一份老人喂饭操作规程。

项目小结

组织管理应该包括两个大的方面的内容,一是对养老机构的组织、岗位和人员的设计与配备,二是对养老机构管理制度和规范的制定,本单元就这些问题进行探讨。

养老机构要根据具体情况(如部门的划分、部门人员职能的划分)制定具体的、整体的、个性的组织结构图,各个部门也要制定部门内部具体的、细分的组织结构图。

按照《中华人民共和国职业分类大典》和养老机构的具体情况,养老机构岗位类型分为三大类别,分别是管理类岗位、专业技术岗位和工勤岗位。

定岗的过程就是岗位设计的过程。岗位设计也称为工作设计,是指根据组织业务目标的需要,并兼顾个人的需要,规定某个岗位的任务、责任、权力以及在组织中与其他岗位的关系的过程。

养老机构的人力资源管理,重点是招聘、培训、绩效和薪酬的设计和安排。于其他企业相比,养老机构的人力资源管理有一定的特殊性。

企业管理制度是企业运行的物质载体,是养老机构所有具体操作的规范体系,是达到养老机构的战略目标,实现养老机构人力、物力和财力资源有效配置的最佳方式,因此,要做好制度的规划与制定工作,保证养老机构各项管理活动的规范进行。

思考题

1. 你愿意加入养老机构的董事会吗?为什么?如果你愿意,你喜欢哪种类型的养老机构?作为董事会成员,你觉得你将最积极从事那种类型的活动。
2. 选择一个你曾经工作的养老机构,画出它的组织结构图并用本章的术语来描绘它。你喜欢在那里工作吗?为什么?
3. 怎样制定与执行养老机构的制度规范?
4. 在护理部主任位置上,有什么好处和坏处?

5. 采访一位养老院的中层管理者,讨论他对自己工作的看法。

实战强化

项目一 ——建立组织结构与管理制度

【实训目标】

1. 培养组织结构的初步设计能力;
2. 培养制定制度规范的基本能力。

【实训内容与要求】

1. 设置养老机构组织机构。运用所学知识,根据所设定的模拟公司的目标与业务需要,研究设置所需的模拟公司组织机构,并画出组织结构框图:

(1)"养老机构"建立的是何种组织结构形式;

(2)"养老机构"设置哪些机构或部门;

(3)"养老机构"的基本业务流程。

2. 建立养老机构的制度规范,包括养老机构的企业专项管理制度、部门(岗位)责任制和服务标准、服务规程等。

【成果与检测】

1. 养老机构的组织系统图;
2. 养老机构的基本业务流程;
3. 养老机构的主要制度规范;
4. 班级组织一次交流,每家养老机构推荐2名成员介绍其起草的管理制度;
5. 由教师与学生为各养老机构和学生评估打分;
6. 以养老机构为单位,组织招聘活动。

项目二 角色扮演——招聘

【实训目标】

1. 培养人员招聘工作的能力。
2. 训练应聘的能力与心理素质。

【实训内容与要求】

1. 角色扮演的情景设定:根据模拟养老机构的工作计划建立组织结构,各模拟养老机构组织招聘各部门负责人(班级统一制定编制或职数);各模拟养老机构招聘由总经理主持,养老机构成员均为招聘组成员;每名学生可向不超过三家养老机构(不含本养老机构)应聘;各养老机构根据每个应聘者的表现决定聘任;招聘程序按课程讲授内容进行,同学们先在课下进行精心准备,在课上完成角色扮演。

2. 各养老机构要制定招聘计划,包括招聘目的、招聘岗位、任用条件、招聘程序,特别是聘用的决定办法。

3. 每个人要写出应聘提纲,或应聘讲演稿。一定要体现出应聘的竞争优势。

【成果与检测】

各公司提供招聘计划书；

1. 评价每个人的表现，特别是受到其他公司聘任的频次。
2. 每个人提供应聘提纲或讲演稿。
3. 评估各公司招聘的组织状况的好坏，并以前来应聘者的人数为重要衡量指标。

学习单元五 养老机构的服务管理

养老机构是我国服务业的重要组成部分,为入住老年人提供安心和安全的服务是机构运营管理的核心内容。而服务内容的满足程度,首先取决于对老年人身心状况的正确评估,其次来自安全、合理、个性化的服务。

知识结构

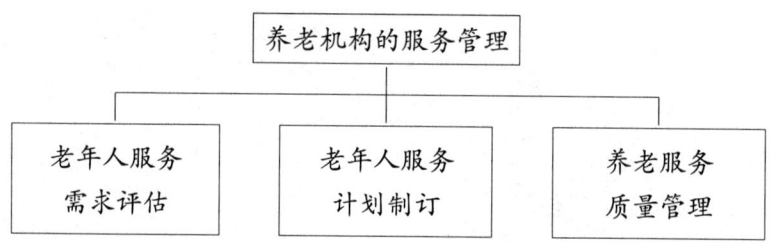

学习提示

思政育人目标

通过本单元的学习,培养学生尊老敬老、孝老爱亲的传统美德;培养学生以人为本、服务第一的专业价值;培养学生爱岗敬业、遵章守法,自律奉献的工匠精神。

学习目标

了解养老机构服务的内容,掌握养老机构服务的管理方法和手段;能够利用工具对老人身体情况进行评估,根据评估结果制订服务计划;能够参与对服务实施进行质量管理;能够对服务的效果进行评估。

具体任务

以案例导入学习内容,学生以案例中的老年人为服务对象,模拟设计服务计划,进行服务管理。

任务实施建议

案例导入,帮助学生掌握护理服务的内容和基本要求,使学生具备护理管理的能力;学生分组,根据案例,模拟制订护理计划。

任务一　老年人服务需求评估

◆ 任务要点

关键词：养老服务内容、服务需求评估

理论要点：养老机构的服务内容，老年人服务需求评估的方式

实践要点：能够利用评估工具，对老年人的服务需求进行分析

◆ 任务情境

王女士的养老机构开业了，养老机构刚刚开业对老人的服务需求评估比较简单，按照老年人和家属的申报，确定老年人属于自理、介助还是介护级护理标准。但是，老人却不是很满意，老人的差异化要求没有得到满足。怎么办呢？

◆ 任务分析

作为服务行业，向服务对象提供满足其需求的产品和服务，是养老机构赖以生存与发展的必要条件。所以，为入住老年人提供安心和安全的服务是机构运营管理的核心内容。而服务内容的满足程度，首先取决于对老年人身心状况的正确评估。

步骤一　养老机构的服务内容

按照北京市民政局发布的《居家养老服务规范》，我们可以很详细地把为老服务分成个人生活照料服务、老年护理服务等20项内容，基本涵盖了所有为老服务企业的服务。具体总结如下：

（1）个人生活照料服务

个人生活照料服务为入住的老年人提供持续性照顾，以确保老年人享有舒适、清洁的日常生活为目的，服务的范围包括老年人个人清洁卫生、穿衣、修饰、饮食起居、如厕、口腔清洁、皮肤清洁护理、褥疮预防、便溺护理等。

（2）老年护理服务

老年护理服务以满足入住的老年人健康和医疗照护需求为目的，服务范围包括老年社区护理、基础护理、老年专科疾病护理、老年心理护理、老年康复指导、老年期健康教育、健康咨询、护理技术操作、院内感染控制、临终护理等工作。

（3）心理/精神支持服务

心理/精神支持服务以满足老年期特殊心理需求为目的，服务范围包括访视、访谈、危机处理、咨询活动。心理/精神支持服务充分注意保护老年人的隐私权，并提供相应的心理咨询室作为服务场所。心理/精神支持服务的人员应由社会工作者、医护人员或高级护理员担任。

(4) 安全保护服务

安全保护服务以预防为主,采取适当的安全措施,达到避免或减少对老年人伤害的目的,服务范围包括提供安全设施、使用约束物品、改善老年人生活环境、采取预防措施。安全保护服务应由取得养老护理员职业资格证书的人员担任。

(5) 环境卫生服务

环境卫生服务为老年人提供舒适、清洁、安全的养老环境,服务包括老年人居室、室外的环境的清洁卫生。环境卫生服务应由取得养老护理员资格证书的人员担任。

(6) 休闲娱乐服务

休闲娱乐服务以满足老年人休闲娱乐需求为目的,服务范围包括开展各种休闲娱乐活动,如棋、牌、器械、体育运动活动、书法、绘画、唱歌、戏曲、趣味活动,参观游览。提供的休闲娱乐服务设施设备应该按照《老年人社会福利机构基本规范》《养老机构设立基本办法》和《养老机构管理办法》规定建造,提供休闲娱乐服务的人员应由社会工作者、职业治疗师、康复护士、养老护理员、相关专业人士担任,并对老年人提供休闲娱乐服务保留提供服务文件或记录。

(7) 协助医疗护理服务

协助医疗护理服务的目的是在医生和护士的指导下完成简单的医疗护理照顾服务。协助医疗护理服务包括观察老年人日常生活情况变化;协助老年人服药、协助生活不能自理的老年人进行肢体活动,搬运;协助老年人使用助行器具;完成标本的收集送检;协助进行并发症的预防;完成物品的清洁、消毒,协助做好院内感染的预防工作。养老机构应具备协助医疗护理服务必要的服务设备(助行器、轮椅、平车、大小便器、标本收集器皿、其他辅助器具),协助医疗护理服务应由取得养老护理员职业资格证书的人员担任。

(8) 医疗保健服务

医疗保健服务以满足入住老年基本医疗需求目的,服务范围包括为入住老年提供健康管理、社区保健、健康咨询、康复指导、预防保健工作。提供保健服务包括老年建立健康档案,提供老年专科医疗保健,维持改善老年状态,减轻老年常病、做好老年人常见病、多发病、慢性非传染性疾病的诊断、治疗、预防和院前急救工作和转院工作,为临终老年人提供医疗服务。提供医疗保健服务的人员应该由中华人民共和国执业医师担任。

(9) 家居生活照料服务

家居生活照料服务以使老年人能在居住的环境中得到健康照料,帮助老年人和家庭提高自我照顾的能力为目的。服务包括指导家务管理,协助维持家庭生活,帮助老年人进行日常生活照料。家居生活照料服务应由取得养老护理员职业资格证书的人员担任。

(10) 膳食服务

膳食服务根据营养学、卫生学要求、老年人生活、地域特点、民族、宗教习惯制定菜谱,为老年人提供营养丰富、全面合理的均衡饮食为目的,服务的范围包括食物的采购、处理、储存、烹饪、供应过程,以及提供适宜的就餐环境,对老年人提供一日三餐食品的卫生监控管理。提供膳食服务的厨师应由取得厨师职业资格证书的人员担任。

(11) 洗衣服务

洗衣服务以满足老年人清洁衣物的需求为目的。洗衣服务是指包括提供送洗以及送回服务的整个服务过程。洗衣服务配备的设施设备应该按《老年人社会福利机构基本规范》

《养老机构设立基本办法》和《养老机构管理办法》执行。提供的洗衣服务,完成衣物的分类、清洁、消毒、洗涤、整理过程按《消毒技术规范》第二册16部分执行。提供洗衣服务时,老年人的衣物应标识清楚,做到准确无误,清洁、折叠后送还给老年人。洗衣服务应由经过培训的洗衣员或养老护理员担任。

(12) 物业管理维修服务

物业管理维修服务以满足入住的老年人日常生活基本需求、为老年人提供适合老年人生活特点、安全、合适、方便的生活环境为目的。服务范围包括提供水、电、取暖、降温、排污、消防、通信项目的维修和保养。保障生活设施完好。配备了必要的生活服务设施设备,提供物业管理维修服务应由各科具有专业资格证书的人员(电工、水暖工、电梯工、锅炉工)担任。

(13) 陪同就医服务

陪同就医服务以协助监护人满足老年人基本医疗需求为目的,即协助监护人陪同老年人到指定的医疗机构就医。提供陪同就医服务的人员应由受过培训的社会工作者、义工或养老护理员担任。

(14) 咨询服务咨询服务以帮助老年人解决各种疑难问题,获取各种信息为目的。咨询服务包括开展法律、心理、医疗、护理、康复、教育、服务信息方面咨询。建设专门的咨询室为老人提供咨询服务,提供咨询服务人员应由社会工作者、各类专业人员担任。

(15) 通信服务

通信服务以满足老年人与家人和社会保持紧密的联系需求为目的,服务范围包括老年人和监护人提供通信便利、用不同的通信手段协助联系亲友或监护人。

(16) 送餐服务

送餐服务以满足老年人将饮食送到房间的服务需求为目的,服务范围包括为无法独立购物或准备膳食的老年人提供一日三餐的饮食。送餐服务人员应由取得养老护理员或家政服务员职业资格证书的人员担任。

(17) 教育服务

教育服务以满足老年人学习新知识、掌握新技能与社会交往的需求为目的。提供教育服务的范围包括开展各类知识讲座(健康知识、时事教育、绘画技巧、音乐常识、照相技术、运动知识、电脑知识),举办各种老年学校。本养老机构提供教育服务应具备必要的设施设备(场地、教材、教学设备),并通过评估老年人服务需求,有计划、有目的地开展教育服务。教育服务应由义工或各类专业人员担任。

(18) 购物服务

购物服务的目的是帮助老年人解决购物不便,满足老年人的社会交往需求。养老机构提供购物服务的范围包括为老年人代购物品或陪同购物。购物服务过程做到准确一记录购买的品种、清点钱物,按照约定要求购物,做到当面清点核实并签字。陪同购物以保证老年人安全、防止意外发生为前提。提供购物服务的人员应由养老护理员或指定专人担任。

(19) 代办服务

代办服务以帮助老年人解除回复信笺、书写文书或领取物品、交纳费用的困难,满足老年人与社会交往的需求为目的。代办服务范围包括代读、代写书信,帮助处理老年人的各种文件、代领、代缴各种物品和费用。提供代办服务过程应做到保护老年人的隐私,不向他人谈论老年人的家庭情况或钱物。代领、代缴各种物品和费用时准确记录物品的门类、清点钱物，按照约定要求完成服务，做到当面清点核实并签字。提供代办服务应由社会工作者、义工、养老护理员或指定专一人担任。

(20) 交通服务

交通服务以方便老年人及监护人交通往来为目的。提供交通服务范围包括定时接送老年人及监护人。提供交通服务的人员应由取得国家正式驾驶执照的人员担任。

步骤二　申请入院老年人的身心状况评估

(1) 评估的目的

评估结果仅作为老人现有健康状况的说明，而非疾病的诊断，仅是用作养老机构对老人健康管理的参考，并作为提供入院、转介、出院以及制订老人照顾计划的依据。提供老人生活照料服务和医疗护理服务定性的、定量的要求。降低老人照顾服务中意外风险的概率，为采取规避风险的措施提供依据。

(2) 评估的基本要求

入住养老机构的老人均应接受健康评估服务，否则将无法为老年人提供贴心的服务。

评估服务应由具有认定资质的从业人员完成，健康评估的程序和规范应该以科学为依据，评估结果须由评估员签字确认。

(3) 评估内容

① 基本资料

应包括姓名、居民身份证号、性别、出生日期、文化程度和婚姻状况等个人基本信息，还应包括经济来源、居住情况、主要照顾者等社会信息。

② 健康史

应包括现病史和既往病史、家族疾病史、外伤史、药物过敏史、目前接受的治疗护理方案等信息，还应包括饮食要求、营养和皮肤等需要特别注明的健康问题的信息。

③ 精神状况

应包括认知、情感和意志行为各方面的信息，还应包括自杀、伤人等需要特别注意的心理和行为问题的信息，可以有选择地使用精神卫生评定量表。

④ 功能活动

应包括言语、视力、听力等沟通能力的信息，还应包括完成进食、个人卫生等日常功能活动的信息，应注明眼镜、助听器、拐杖等辅助器具的使用情况。

⑤ 社会功能

应包括社会活动的参与程度、自身感受等信息，还应包括社会支持、社会评价等信息，可以有选择地使用精神卫生评定量表。

⑥ 其他专门项目的评估

应对褥疮、意外跌倒、自杀等需要特别注意的健康问题进行专门评估。

(4) 评估工具

编　号：_____

评估日期：　年　月　日

老人多维健康综合评估问卷

第一部分　基本资料

姓　　名：_____

身份证号：_____

性　　别：1. 男　2. 女　　民　族：1. 汉族　2. 其他：_____　　宗教信仰：1. 无　2. 有，注明：_____

年　　龄：_____岁　　　出生日期：_____年_____月_____日

文化程度：(所完成的最高程度)

1. 文盲　2. 小学及以下　3. 初中　4. 高中　5. 专科　6. 本科或以上

婚姻状况：

1. 从未结婚　2. 已婚　3. 丧偶　4. 分居　5. 离婚

经济来源：大约￥_____元/月

1. 退休金　2. 家人/亲友资助　3. 养老保险　4. 综合社会保障

5. 公共福利金　6. 其他：_____（请注明）

居住情况：

1. 独居　2. 与配偶同住　3. 与儿女同住　4. 与亲戚或其他人同住

家庭成员：(请在备注栏中用△表示老人的主要照顾者)

姓　名	关系	职业	同住与否	联系电话	备注

＊如有紧急/重要事件，请立即联系

联系人：_____　　单　位：_____

住　址：_____　　联系电话：_____

其他联系方法：_____

一般求医处：_____

医疗费用承担：

1. 公费　2. 大病统筹　3. 医疗保险　4. 自费　5. 其他：_____（请注明）

评估种类：

1. 首次评估　2. 定期例行评估　3. 出院前评估　4. 病情或其他情况变化

评估者职业：

1. 医生　2. 护士　3. 社会工作者　4. 护理员/护工

资料来源：

1. 本人　2. 家人　3. 护工/家务助理　4. 医疗及其他报告

资料可信程度：

1. 可靠　2. 大部分可靠　3. 不可靠　　　　　　　　　　　　　　签名：_____

第二部分 健康史

疾病诊断

请注明服务使用者现在患有的,经医生诊断后及需要治疗的疾病。请同时指出疾病是否正在接受医护人员的治疗或导致服务使用者在过去 90 天内曾住院治疗。(请其提供病历等)

空白—没有此病

1—有此病,但目前没有医护人员的监察(包括社区康复护士、物理或康复治疗师)。

2—有此病,且正在接受医护人员的监察(包括社区康复护士、物理或康复治疗师)。

心脏、循环系统疾病		代谢和内分泌疾病	
A 冠心病		V 糖尿病	
B 心律失常		W 原发性骨质疏松症	
C 心瓣膜疾病		X 高脂蛋白血症	
D 高血压病		泌尿生殖系统疾病	
E 肺心病		Y 肾炎或尿路感染	
F 风湿性心脏病		Z 前列腺肥大	
呼吸系统疾病		其他疾病	
G 支气管哮喘		aa 病毒性肝炎	
H 慢性支气管炎		bb 肺结核	
I 慢性阻塞性肺病		cc 慢性肾功能衰竭	
神经精神系统疾病		dd 白内障	
J 阿尔茨海默病		ee 青光眼	
K 老年期痴呆(非阿氏病)		ff 视网膜脱离	
L 急性脑血管病		gg 牙周病	
M 帕金森病		hh 营养不良	
N 老年性抑郁症		ii 大疱性类天疱疮	
消化系统疾病			
O 消化性溃疡			
P 便秘			
骨骼/运动系统疾病			
Q 关节炎			
R 颈椎病			
S 股骨颈骨折			
T 退行性骨关节病			
U 骨质疏松症			

药物使用

如果老人正接受医务人员的督导,请在下面的表格中注明老人现正使用的各种药物(包括按时或偶尔服用的药物)的种类数目——过去 7 天内曾服用过的药物,并用△标出老人自备的药物。

a. 在过去7天内使用精神科药物(镇静剂、安眠药等)
1. 否　　　　2. 是
b. 在过去7天中完全或几乎完全遵从医生的处方
1. 完全遵从　　2. 出于合理的原因不完全遵从
3. 不完全遵从　4. 没有用药
c. 对某些药物过敏
1. 否　　　　2. 青霉素类
3. 庆大霉素类　4. 磺胺类
5. 其他：_____（请注明）

	药物的名称与剂型	用法	每次用药的数量	频率
1				
2				
3				
4				
5				
6				
7				
8				
9				
10				

*备注：

用法按以下编号分类，1. 口服；2. 肌肉注射；3. 静脉点滴；4. 静脉注射；5. 舌下；6. 肛门给药；7. 皮下注射；8. 外用；9. 吸入；10. 其他

频率按以下编号分类：PRN 需要时使用；QH /Q2H/Q4H… 每小时/2 小时/4 小时…1 次；QD 每日 1 次；BID 每日 2 次；TID 每日 3 次；QID 每日 4 次；5D 每日 5 次；QOD 每 2 日 1 次；QW 每周 1 次；O 其他

特殊治疗/护理程序

请注明在过去7天里服务使用者所接受的特殊治疗、过程与计划，包括在家或医院门诊接受的服务。请同时显示对所接受的治疗计划的遵从程度。

空白—不适用
1—完全遵守治疗计划
2—部分遵守治疗计划
3—没有接受治疗计划

特殊治疗方案	
A 输氧治疗	
B 输血	
C 癌症化学疗法	
D 透析治疗	

(续表)

特殊治疗方案	
F 放射疗法	
G 气管造口治疗护理	
H 腹部造口治疗护理	
I 针灸,按摩	
J 物理治疗	
K 已安装起搏器	
L 已安装冠脉支架/曾行心脏导管销蚀术	

营养与皮肤

a 在过去 30 天内,体重下降 5%或以上(或过去 180 天内,体重下降 10%以上)

1. 否　　　　2. 是

b 严重营养不良

1. 否　　　　2. 是

c 病理性肥胖

1. 否　　　　2. 是

d 在身体任何一处有压力性溃疡

1. 否　　　　2. 是

e 在身体任何一处有瘀血性溃疡

1. 否　　　　2. 是

f 其他需要治疗的皮肤病

1. 否　　　　2. 是,请注明(　　　)

其他状况

a 局部的一处或多处疼痛

1. 否　　　　2. 是

b 存在跌倒的风险

1. 否　　　　2. 是

c 在过去 3 天内食物和液体的摄取明显下降

1. 否　　　　2. 是

d 进食时咀嚼或吞咽有困难

1. 否　　　　2. 是

生活形态

a 需要特别制定的食谱

1. 否　2. 糖尿病饮食　3. 低盐饮食　4. 低脂饮食　5. 其他＿＿＿＿(请注明)

b 有特别的饮食要求

1. 否　2. 戒荤　3. 戒食猪肉　4. 戒油　5. 其他＿＿＿＿(请注明)

c 对食物或其他物品过敏

1. 否　2. 花粉　3. 酒精　4. 贝类食品　5. 其他＿＿＿＿(请注明)

d 在过去 90 天内,服务使用者每天早上起床必须喝酒来舒缓神经,或曾经因喝酒生事。

1. 否   2. 是

签名：_____

第三部分　精神状况

这部分评估是评估服务使用者与环境之间的相处能力，并非为精神病学之评估。评估时应以老人当时的表现为准。

外表与行为

1 不合时宜的穿着

2 外表污秽、邋遢

3 面部呆板、忧郁或哀伤的表情

4 过多的活动，不安分

5 不自主的运动或动作

6 接触被动或不合作

7 以上均没有

言谈与思维

1 言语极少或反复重复

2 说话缺乏逻辑和主题，或逻辑结构混乱

3 存在妄想

4 以上均没有

感觉与知觉

1 有 1 次以上的幻觉出现

2 对于疼痛和温度的感觉迟钝/过敏

3 皮肤有异常的感觉

4 以上均没有

认知功能

a. 存有意识障碍

0 否   1 是

b. 记忆/回想　短期记忆良好——可以回想 5 分钟前发生的事

0 记忆良好   1 有记忆问题

程序记忆良好-可以在无提示之下完成所有或大部分多元工作(如穿衣、煮食)

0 记忆良好   1 有记忆问题

c. 对日常生活事务决定能力

1 完全自行决定/没有别人参与意见——决定一致且合理

2 在熟悉环境下自行决定——面对新事务的决定有些困难

3 有时决定能力欠佳——在特殊的情况下，需要别人的提示及监管

4 决定能力经常性欠缺——在进行每日常事务时需要别人提示及监管

5 服务使用者从未(或极少)做决定

d. 与 90 天前比较服务使用者的决定能力比以前差

0 否   1 是

情绪与行为类型

a. 忧虑、焦虑或哀伤的症状(观察所得的症状，不论症状行为的可疑成因)

空白——在过去 3 天内，症状没有出现

1—在过去3天内,症状出现过1至2天

2—在过去3天内,症状每天都有出现

情绪忧伤或哀伤——感到生活无意义,事事都不重要,觉得做人无价值或宁愿去死。	
持续性自我愤恨或憎恨他人——容易烦躁,不满或讨厌所接受的照顾	
对不切实际的事情产生恐惧——担心被遗弃或与其他人相处	
重复地投诉健康问题——不断地要求医疗护理,过度紧张自己的身体状况	
重复不断地抱怨,挂虑——不断地寻求别人的注意/确认有关日常规律、膳食等问题	
伤心、疼痛或忧虑的表情——皱着眉头	
反复哭泣	
退出有兴趣的活动——不喜欢参与较长时间的活动或与亲友相处不感兴趣	
减少社交活动	

b. 情绪低落——与90天前比较(或上次评估时),老人的情绪有更低落的现象

 0 否   1 是

c. 异常的行为症状

在最近的一段时间内,老人是否出现/存在异常的行为,包括破坏性的,有违社会规范以及无目的的行为。如果出现这些行为症状,它们是否容易改正。

空白—在过去3天内没有出现

1—有出现,但容易改正

2—有出现,不容易改正

游荡——无目的地移动,似乎不顾自身的需要或安全	
言语上的粗暴行为——用言语威胁他人,尖叫,咒骂别人	
行为上的粗暴行为——打人,推人,性侵犯	
社交上不恰当/有破坏性的行为——制造噪音,无故尖叫,自我虐待,无视社会公德,偷他人物品,过早起床以至打搅别人	
拒绝接受照顾——拒绝吃药、打针,ADL之协助	
多疑——经常怀疑,疑心重	

d. 行为症状变化——与90天前比较,老人的行为症状或家人的忍受程度比以前差

 1 否   2 是

昏乱症指征

在过去7天内,精神状态出现突变(包括集中的能力,对周围环境的察觉能力,思维,精神状态随着每天的事务起伏)

 1 否   2 是

伤人或自伤的风险评估

 a. 存有自杀或自伤的风险

 1 否   2 是

 b. 存有侵犯别人的风险

 1 否   2 是

签名:_____

第四部分　功能评估

沟通能力

配戴眼镜　　　　　1 否　　　　2 是

配戴助听器　　　　1 否　　　　2 是

a. 听力(如有助听器,以使用后的听力为准)

0　听力正常——可正常交流,听到电视、电话、门铃

1　轻微困难——不是在安静的环境下有困难

2　只在特殊情况下才能听见——说话者必须发音清晰及调节音量和音调

3　听力严重不健全——缺乏听觉能力

b. 自我表达能力(以任何方式表达意思)

0　完全能够明白

1　通常能够明白——用字或思维有困难,但如给予时间,则不需要别人提示

2　一般能够明白——用词或思维有困难,需要别人提示

3　有时能够明白——只能表达具体的要求

4　从未或极难明白

c. 理解能力(以任何方式理解言语)

0　完全能够理解

1　通常能够理解——可能漏解部分讯息内容,但如给以时间,则不需要别人提示

2　一般能够理解——可能漏解部分信息内容,需要旁人提示

3　有时能够理解——对一些简单直接的沟通做出适当的反应

4　从未或极难理解

d. 视力(如佩戴眼镜,以充足光线下戴着眼镜的表现为准)

0　良好

1　轻微不健全——能看清楚大字体,但看不清报中的标准字体

2　中度不健全-视力有限,无法看清报纸标题,但能够辨认物体。

3　高度不健全-辨识物体有困难,但眼睛能跟踪物体移动

4　严重不健全-没有视力或只有光感;眼睛不会跟随物体移动

e. 视力限制/困难

看灯时出现光环或光晕,眼睛前有掩蔽物或闪光

1 否　　　　2 是

f. 视力减退——与 90 天前相比,服务使用者的视力有减退

1 否　　　　2 是

g. 若服务使用者无法说话,请注明与其沟通方法和有效程度

方法:_____

有效程度:0 有效　　1 部分有效　　2 无效

日常活动情况

是否需要使用辅助器具

1 否　　　　2 是

请说明需要的辅助器具(如没有,此项不填)

1. 手杖　2. 手叉　3. 拐杖　4. 助行架　5. 轮椅　6. 其他_____

a. 移动(步行)　1 正常环境下可以独立完成　　　2 只能在室内或平坦地面行走

		3 需要间歇或少量帮助	4 依赖别人或辅助器具
b.	位置转移	1 能独立完成	2 需要指导
		3 需要少量帮助	4 依赖别人协助
c.	洗澡	1 能独立完成	2 需要指导
		3 需要少量帮助	4 依赖别人的协助
d.	穿衣	1 能独立完成	2 需要指导穿衣或选取衣物
		3 需要少量帮助	4 依赖别人的协助
e.	个人卫生	1 能独立完成	2 需要提醒与指导
		3 需要少量帮助	4 完全需要协助
f.	进食	1 能独立完成	2 使用辅助设施可以独立完成
		3 需要少量帮助	4 需要喂食
g.	小便	1 正常排泄	2 需定时如厕或提示
		3 失禁,每日少于1次	4 失禁,每日多于1次
h.	大便	1 正常排泄	2 需定时如厕或提示
		3 失禁,每日少于1次	4 失禁,每日多于1次

自我照顾能力

a.	预备膳食	1 能自行处理	2 若提供材料,能自行处理
		3 可准备或自购食物但食物不合适	4 身体或精神上不能处理
b.	料理家务	1 能自行处理,但粗重家务需协助	2 只能处理轻巧的家务
		3 处理轻巧的家务也不理想	4 需别人定期协助及指导
c.	购物	1 能自行购物	2 只能购买一些日常用品
		3 需别人陪同	4 身体或精神上不能处理
d.	外出	1 能自行外出	2 可外出,但不便使用公共交通工具
		3 需别人陪同	4 身体上或精神上不能处理
e.	使用电话	1 能自行处理	2 只能拨打熟悉号码
		3 只能接听电话	4 身体或精神上不能处理
f.	药物/治疗	1 能自行处理	2 需提醒或少许协助
		3 若每次预先准备能自行处理	4 抗拒/不会处理
g.	洗衣服	1 能自行处理	2 若提供材料,能自行处理
		3 若每次预先准备能自行处理	4 身体或精神上不能处理
h.	理财	1 能自行处理	2 若提供材料,能自行处理
		3 若每次预先准备能自行处理	4 身体或精神上不能处理

社会功能

参与感

a. 能轻松地与他人相处(喜欢与他人在一起)

    1 否   2 是

b. 与家人/朋友公开发生争执或发怒

    1 否   2 是

疏离感

a. 老人每天独处的时间

    1 没有或很少   2 约1小时

    3 长时间,例:整个上午   4 所有时间
b. 老人自称或出现孤独的现象
    1 否   2 是
社会活动上的改变
老人最近参与社会活动或其他活动的程度有否下降,如有下降,老人自己是否感到沮丧。
    1 没有下降   2 有下降,无沮丧   3 有下降,有沮丧

                                   签名:_____

老人健康状况摘要

健康资料回顾
_____
_____
_____
_____

实验室和特殊检查
_____
_____
_____
_____
_____

行为评估得分:
SRHMS 量表:_____ MMSE 量表:_____
QEHCP 量表:_____ 巴氏指数:_____

健康状况指征
1 老人自觉身体不健康
2 患有疾病使认知能力、自我照顾能力下降,情绪或行为异常。
3 病情或慢性病的加重
4 病情严重,处于十分虚弱的状态
5 以上都没有

评估者印象
Ⅰ总体健康:1 良好 2 受损 3 堪忧
Ⅱ自理能力:1 完全 2 部分存在 3 缺失
Ⅲ精神状况:1 良好 2 受损 3 堪忧
Ⅳ决定能力:1 完好 2 部分存在 3 缺失

处理意见:
1 健康状况较佳,常规处置。
2 部分评估资料不清,需由专业人员进一步评估/处理。
3 健康状况堪忧,须立即交由医生/相关部门评估/处理。
4 其他处理意见:
_____
_____
_____

评估者签名：_____

(4) 整理资料

收集完资料后,需要对资料进行组织或分类。可按马斯洛的需要层次论或北美护理协会提出的9个人类反应形态等方法将资料分类。对资料进行分类可以帮助护理员能更快找到相应护理诊断。

(5) 记录资料

收集的资料要及时记录。填写各种护理表格时要正确反映老年人的问题,不能带有自己的主观判断和结论。

记录的资料应客观记录老年人的诉说和临床所见,应尽量用老年人的原话。

记录的客观资料要应用医学术语,避免使用模糊不清无法衡量的词。如"进食量中等""大便正常"等。应改写成具体的描述,如"每日主食6两,早中晚各2两""大便每日一次,黄软便,无须缓泻剂"。资料描述清晰、简洁,避免错别字。

步骤三　老年人身体健康状况分析

(1) 健康分级标准

主要包括健康总体等级划分标准和各维度的健康等级划分标准。

① 总体等级划分标准

◇ 健康完好

自理能力完好。经过测试,工具性日常活动能力得分＜12分,巴氏指数得分＞60分。

最近三个月内无新发或处于活动期的躯体疾病和功能残疾,无须治疗。

无精神健康问题,社会功能完好。

◇ 健康受损

依赖他人帮助完成日常生活活动,存在发生意外的现实风险。

存在必须使用药物维持治疗效果的躯体疾病。

最近三个月内罹患了严重外伤、器质性疾病,已经患有的疾病处于活动期或出现恶化的倾向。

存在病理性的精神问题。

◇ 健康堪忧

自理能力严重受损。

出现危及生命的紧急情况。

躯体疾病出现明显的恶化。

存在严重的精神健康问题,或者存在伤害自身或他人的较高风险。

② 各维度健康等级划分标准

◇ 自理能力

完全自理能力　指通过基本活动能力测试,巴氏指数得分＞60分,工具性日常活动能力得分＜12分,或单项得分＞3分的项目少于三项。

部分自理能力　指通过日常活动能力测试,基本活动能力基本完好,巴氏指数＞40分;

工具性日常活动能力得分>12分,或有三项以上项目受损。

无自理能力　指通过日常活动能力测试,基本活动能力严重受损,巴氏指数<40分。

◇ 精神状况

精神状况良好　指老人接触主动合作,认知功能良好,无持续的情绪问题和异常行为。

精神状况受损　指老人在认知、情感和意志行为等一个或几个方面存在异常,但其严重程度较轻,尚能维持正常的生活活动;其持续时间较短,通常在一个月之内即出现明显缓解;其原因往往是由于明确的外部因素作用的结果。

精神状况堪忧　指老人在认知、情感和意志行为等一个或几个方面存在病理性障碍,或者存在冲动毁物等异常行为,或者精神功能出现严重而快速的衰退;这种精神障碍已经严重影响了正常生活;其持续时间较长或表现为进行性恶化的趋势;其原因往往是自身内在因素的作用或者是不可逆转的器质性病变造成的。

◇ 决定能力

决定能力完好　指老人通过智能测验和老人选择卫生服务能力问卷测验,能独立做出决定。

部分决定能力　指老人仅通过智能测验或老人选择卫生服务能力问卷测验。

决定能力缺损　指老人不能完成测试,或经过测试发现存有痴呆,或老人选择卫生服务能力问卷测验得分<11分。

触类旁通

我国一些地方也采用"老年人生活自理能力评估"量表,该表将老年人生活自理能力分为进食、个人卫生、穿衣、如厕及排泄和移动等五个方面,对应正常、轻度依赖、中度依赖、重度依赖等四个维度,每个维度按照依赖程度的不同分别给予一定的分值。

该表优点是项目较少、操作简单,缺点是分析缺乏对老人个体身心状况的分享。所以,很适合缺乏提供差异化、个性化服务能力的中小型养老机构做老人入院评估。但是对强调高端服务的大型养老机构不太适用。

表5-1　老人生活自理能力评估

评估事项	程度等级	正常	轻度依赖	中度依赖	重度依赖	判断评分
(1)进食	实用餐具将饭菜送入口、咀嚼、吞咽等。	独立完成	—	需要协助,如切碎、搅拌食物等	完全需要帮助	正常0分□ — 中度依赖3分□ 重度依赖5分□
(2)个人卫生	修饰、洗澡	独立完成	能独立地洗头、梳头、洗脸、刷牙、剃须等;洗澡需要协助	在协助下和适当的时间内,能完成部分修饰	完全需要帮助	正常0分□ 轻度依赖1分□ 中度依赖3分□ 重度依赖7分□

(续表)

评估事项 \ 程度等级		正常	轻度依赖	中度依赖	重度依赖	判断评分
(3) 穿衣	穿上衣、穿裤子等	独立完成	—	需要协助,在适当的时间内完成部分穿衣	完全需要帮助	正常 0 分 □ — 中度依赖 3 分 □ 重度依赖 5 分 □
(4) 如厕及排泄	如厕、小便、大便等	不需协助	偶尔失禁,但基本上能如厕或实用便盆	经常失禁,在很多提示和协助下尚能如厕或使用便盆	完全失禁,完全需要帮助	正常 0 分 □ 轻度依赖 1 分 □ 中度依赖 5 分 □ 重度依赖 10 分 □
(5) 移动	站立、移行、行走、上下楼梯	独立完成	借助较小的外力或辅助装置能完成站立、转移、行走、上下楼梯等	借助较大的外力才能完成站立、转移、行走、不能上下楼梯	卧床不起,移动完全需要帮助	正常 0 分 □ 轻度依赖 1 分 □ 中度依赖 5 分 □ 重度依赖 10 分 □
判断评分参考值			参数项目		评估结论	
0～3 分 生活自理能力正常 4～9 分 生活自理能力轻度依赖 10～18 分 生活自理能力中度依赖 19 分或以上 生活自理能力重度依赖			1. 评分总和			
			2. 判断等级		正常 □ 轻度依赖 □ 中度依赖 □ 重度依赖 □	
			3. 结论备注			

◆ **案例分析** ◆

一位80多岁的老人,在医院治疗出院后,要求进入某养老院,因患有褥疮,养老院当时不肯收住该老人,在家属再三要求下,该养老院接纳了老人,但声明养老院因条件有限无法为老人进行褥疮治疗。家属(老人的儿子、女儿)对养老院说:"我们认为老人年纪大了,不需要治疗了,顺其自然吧。"就这样老人的老伴每天到养老院陪老人,一个月以后,老人的女儿来养老院探望老人,看到老人身上的褥疮就责问养老院为什么不治疗,把责任推到养老院。该养老院认为院里已尽到告知和护理责任,随即家属将此事告到有关部门。

请思考:该养老机构在老人入院健康评估时出现了哪些错误?

任务二　老年人服务计划制定

✦ 任务要点

关键词：护理计划、康复计划、文娱服务计划
理论要点：护理计划要求、康复计划要求、文娱服务计划要求
实践要点：能够根据老年人身体情况，完成老年人服务计划

✦ 任务情境

王女士组织护理部使用健康评估表对入住老年人进行了重新的健康状况评估，并完成已入住老年人健康分析。接下来需要护理部主任、医生、护士、康复师、营养师、社工为老年人重新拟定服务计划。

✦ 任务分析

养老机构服务计划的制定，应该从养老机构提供的服务出发，按照老人健康评估的结果，针对个体制定合理的计划。

步骤一　护理计划拟定

计划是针对护理诊断（护理问题）制订的具体护理措施，是护理行动的指南。
（1）排列原则
① 在无原则冲突的情况下，可考虑老年人认为最重要的问题予以优先解决。
② 现存问题优先处理，但不要忽视潜在的有危险性的问题。
（2）排列顺序
当老年人出现多个护理诊断时，需要对这些护理诊断（包括合作性问题）进行排序，确定解决问题的顺序。排序时要把对老年人生命和健康威胁最大的问题放在首位，其他依次排列。
① 首优问题
首优问题是指会威胁老年人生命，需要立即行动去解决的问题。
② 中优问题
中优问题是指虽然不直接威胁老年人的生命，但也能导致老年人身体上的不健康或情绪上的变化。
③ 次优问题
次优问题是指与此次发病关系不大，不属于此次发病反应的问题。这些问题在安排护理上可以稍后考虑。
（3）制订护理目标（预期结果）

制订护理目标是指老年人在接受护理后,期望老年人达到的健康状态,即最理想的护理效果。

① 目标的陈述

主要包括主语、谓语、行为标准、条件状语及评价时间。

主语　即护理对象,主要是老年人,还有健康的人。有时在目标陈述中,主语可能被省略,但是句子的逻辑主语一定是老年人。

谓语　即行为动词,指老年人将要完成的动作。

行为标准　即行动所要达到的程度

条件状语　即主语在完成某行为时所处的条件状况,条件状语不一定在每个目标中出现。

评价时间　指老年人应在何时达到目标中陈述的结果,即何时对目标进行评价。但在实际工作中如何评价时间的长短,需要根据老年人的具体情况和临床经验而定。

② 目标的分类

远期目标　需要较长时间才能达到,如糖尿病老年人,小学文化,女,40岁,养老护理员为其制订的远期目标,即老年人在出院前,说出糖尿病饮食治疗的具体措施。

近期目标　在短期内能达到,一般少于10天。如4日后老年人能够借助双拐行走100米。

③ 目标应具备的特点

目标的陈述要简单明了,切实可行,属护理工作范围内,可以通过护理措施达到的;

目标的陈述要针对一个具体问题即来自一个护理诊断,但一个护理诊断可有多个目标。一个目标只能出现一个行为动词;

目标应是可测量、可评价的并有具体日期;

应让老年人参与目标的制订,使老年人认识到护患双方应共同努力以保证目标的实现;

运用下列动词:描述、解释、执行、能、会、增加、减少等,不可使用含糊不清、不明确的词,如了解、好、坏、尚可等;

④ 制订护理措施

制订护理措施是围绕老年人的护理诊断(护理问题)、结合评估(估计)所得到的老年人具体情况,运用知识和经验做出决策的过程。措施要切合实际,老年人能够做到。

第一,护理措施的类型

依赖性护理措施　如遵医嘱给药等。

相互依赖性护理措施　相互依赖性护理措施是养老护理员与其他保健人员相互合作采取的行动。如护理诊断"营养失调:高于机体需要量",养老护理员为帮助老年人恢复理想的体重而咨询营养师或运动专家,并将他们的意见融于护理措施中。

独立的护理措施　不依赖医嘱,养老护理员能够独立提出和采取的措施。如护理问题"皮肤完整性受损",养老护理员定期为老年人翻身、按摩皮肤烤灯等措施都属于独立性的护理措施。

临床运用独立性护理措施很广泛。如帮助老年人完成日常生活活动(如协助进食、如厕等);治疗性护理措施(如皮肤护理、吸痰等);危险性问题的预防(如保护老年人安全的床档、步行器等);对老年人病情和心理状况进行观察(如床边交流、各项体检等);为老年人和家属提供健康教育和咨询、提供心理护理等;根据老年人具体情况制订出院计划(如定期复查、活动量、饮食注意点等)。

第二,制订护理措施的原则

针对目标而制订。例如为患肺炎老年人提出的护理问题"清理呼吸道无效",护理目标是 2 日内老年人能够顺利咳出痰液。如果制订的护理措施是教给老正人如何预防肺炎就没有针对目标,也不符合老年人的实际病情。

每项护理措施应有科学依据措施以人文科学、行为科学和自然科学等综合知识为依据。

避免护理措施与其他医务人员的措施矛盾制订护理措施时应参阅其他医务人员的病历记录、医嘱,以防造成老年人在执行时不知所措。

措施应切实可行,根据每个老年人的病情、心理、社会等具体特点制订个性化的护理方案;根据养老护理人员的具体构成情况制订护理措施;根据医疗条件的现状制订护理措施。

[小链接 5-1]

护理计划文书格式

一、般资料

姓名、性别、年龄、民族、籍贯、入院方式

二、老年人健康状况和问题

(一)健康状况

(二)现在身体状况

饮食情况、饮水情况、大便情况、小便情况、睡眠情况、自理程度

(三)既往身体状况

既往史、过敏史、个人史、嗜好

(四)心理社会状况

人格类型、精神情绪状态、对自身的认识、入院费用支付形式、日常服用主要药物;

三、体格检查(生活自理老人和介助老人无特殊情况时不需要)体温、脉搏、心跳、血压

四、目前生活护理、医学护理、心理护理和膳食服务要求

五、每日护理计划(表格形式)

---

(4)实施

① 特点

实施是执行护理计划的过程,是将计划中的各项措施变为实践,是养老护理员运用操作技术、沟通技巧、观察和应变能力、彼此之间的合作,执行护理措施的过程。同时所有的护理诊断要通过实施各种护理措施得以解决。

② 实施过程

实施过程中养老护理员扮演着多种角色,既是决策者、实施者,又是教育者、组织者。实

施中要继续收集资料、评估老年人的健康状况和对措施的反应,随时调整。养老护理员要具备丰富的业务理论知识,熟练的护理技术,良好的人际关系。实施效果是衡量养老护理员综合能力的标准。

③ 实施后记录

内容包括护理活动的内容、时间以及老年人的反应等。记录中应该做到及时、准确、真实、重点突出,可采取文字叙述或填表并在相应项目上签名。

(5) 评价

评价是将老年人的健康状态与护理计划中预定的目标进行比较。这一阶段可以了解老年人的需求是否得到了满足。评价是护理程序的最后步骤,但并不意味着护理程序的结束,可通过评价发现老年人新的健康问题、做出计划,或对以往的护理方案进行修改,从而使护理程序循环往复地进行下去。评价包括下列步骤:

① 收集资料

收集有关老年人健康状况的资料,为寻找新的护理问题提供依据。

② 做出判断

在目标陈述中所规定的评价期限到达后,将老年人的健康状况与目标中预期的状况进行比较,判断目标是否完全实现、部分实现或未实现。

③ 修订护理计划

修订计划的原则是围绕目标和护理诊断。如果目标已经实现,则停止采取护理措施;目标部分实现或未实现的,应从下面几个方面分析原因:收集的原始资料是否准确、全面;护理问题(护理诊断)是否确切;制订的目标是否现实,是否超出了护理专业的范围和老年人的能力、条件;护理措施的设计是否可行,执行是否有效。

④ 根据新出现的护理诊断增加护理计划的内容

护理计划需要根据老年人情况的变化而变化。当评价资料表明老年人出现新的护理诊断时,应将这个护理诊断以及目标、措施加入新的护理计划中。

步骤二 入院老年人康复计划

(1) 康复计划的特点

老人入住养老机构以后,通过系统的评估,需要接受护理服务,这对身体的总体康复水平会有很大程度的提高。但是由于不同的老人,存在的问题不是完全相同,所以笼统的康复训练又缺乏针对性,因此需要为老年人制定一个更符合实际情况的康复计划。

(2) 个体康复训练的特点

① 针对个体特点,制定不同的目标。

② 使老年人认识到自己是康复过程中的主体,充分发挥老年人的潜力。

③ 是一个循序渐进的过程,要善于引导老年人。

(3) 个体康复训练要达到的层次

① 控制原发疾病,防止功能障碍形成。

② 预防继发性的并发症及功能障碍。

③ 恢复已丧失的功能性活动能力。

④ 在改善和恢复功能的基础上,以适应社会为目标,进一步进行身体和心理的适应训练。

(3) 个体康复计划制订实例

根据估计的躯体、心理、社会情况,制订符合老年人实际情况的康复计划,有的放矢地指导老年人进行康复。制订计划时,要注重发挥每一位养老护理员的主观能动性和特长,养老护理员要积极参与意见。

表5-2 康复计划表

1. 心理健康领域	存在的问题	康复的目标	详细康复计划(实施办法、时间、评估方法、负责人)
目前精神症状			
症状的影响			
2. 躯体健康领域	存在的问题	康复的目标	详细康复计划(实施办法、时间、评估方法、负责人)
重要躯体疾病			
定期躯体检查			
代谢方面问题			
营养膳食问题			
3. 对待疾病态度领域	存在的问题	康复的目标	详细康复计划(实施办法、时间、评估方法、负责人)
对自身疾病了解			
精神疾病常识			
服药态度			
药物副作用处理			
门诊复诊问题			
4. 风险评估领域	存在的问题	康复的目标	详细康复计划(实施办法、时间、评估方法、负责人)
冲动风险			
自杀风险			
藏药、停药风险			
住院逃跑			
5. 应对压力领域	存在的问题	康复的目标	详细康复计划(实施办法、时间、评估方法、负责人)
解决问题能力			
家庭环境压力			
周围环境压力			
以前生活压力			
精神疾病的压力			
6. 社会关系、友谊领域	存在的问题	康复的目标	详细康复计划(实施办法、时间、评估方法、负责人)
是否有有益的朋友			
是否有交友能力			

(续表)

维持友谊的能力			
孤独感			
7. 工作、休闲、教育领域	存在的问题	康复的目标	详细康复计划（实施办法、时间、评估方法、负责人）
是否有工作			
疾病对工作的影响			
教育经历			
兴趣爱好、特长			
8. 日常生活技能领域	存在的问题	康复的目标	详细康复计划（实施办法、时间、评估方法、负责人）
生活自理能力			
家庭生活中表现			
9. 经济领域	存在的问题	康复的目标	详细康复计划（实施办法、时间、评估方法、负责人）
收入问题			
理财的技能			
潜在的经济开发			
经济自主性			
有问题的花费			
10. 家庭对疾病的理解领域	存在的问题	康复的目标	详细康复计划（实施办法、时间、评估方法、负责人）
与疾病有关的苦恼			
有疾病相关的忧伤、创伤治疗经历			
家属对老年人的期望			
老年人对将来的期望			
对老年人理解程度			
家属对精神疾病了解程度			

步骤三 入院老年人娱乐计划

（1）娱乐活动的最终目的

丰富的文化娱乐活动可以增进老年人的生活情趣、充实老年人的精神生活。另外，娱乐活动可以使老年人扩大社交范围，增强自信心，更好地融入社会，真正成为为社会的一员，所以说，娱乐活动的最终目的是康复。

养老院要建立形式多样的老年文化娱乐项目,让老年人看电视、听音乐、打扑克、下象棋、读书看报、吹拉弹唱等。满足老年人爱与归属的需要。达到娱乐和康复的双重作用。鼓励老年人广交朋友,积极参加社会活动,使老年人身心放松,心情愉快。

(2) 娱乐活动的实施要点

① 选择轻松的时间和空间

娱乐活动应在空间宽敞的环境中进行,在上午 10 点左右或午睡后进行。

② 创造和谐愉快的气氛

包括环境和谐而富有情调,养老护理员本人的情绪要热情,给人以轻松愉快的感觉。

③ 老年人是活动的"主角"

在娱乐活动过程中,老年人是"主角",养老护理员是"配角",要以老年人为中心。

④ 注意与老年人沟通

活动中要与老年人沟通,时刻关注老年人的感受。尤其是失败时要照顾老年人的情绪。

⑤ 采取"网状式"小组活动

多人参加的娱乐活动应采取"网状式"的多边活动,不是简单的一对一的活动,而是要使每个老年人都参与进来。

⑥ 记录实施情况

详细记录老年人参加娱乐活动的人数、进展情况、开始时间、结束时间等。

(3) 大型娱乐活动的实施

① 估计老年人情况、场地和资源、职员特长、预算费用可行。

② 确立目标、制定详细的计划、提出预算。

③ 领导和职员要明白大型文娱活动的实施细则。

④ 在告示栏或院报上公示,征求意见,进一步完善计划。

⑤ 与外请人员预定和沟通,联系社区志愿者,做好必要的准备工作。

触类旁通

(1) 养老护理组织管理模式

较大型的养老机构实行的是在主管院长的领导下,护理部主任、护理班长的两级护理管理模式;较小型的养老机构可以是护理班长的单级护理管理模式。护理管理还可以依据养老机构护理任务的比重,划分为以下三种模式:临床护理管理模式、非临床护理管理模式、混合型护理管理模式。

① 临床护理管理模式

采用这种管理模式的多是老年护理院、老年临终关怀机构、老年医疗照护中心以及其他养老机构中的老年护理病房和临终关怀病房。主要照料和护理生活不能自理、长期患病卧床甚至是临终的老人,因而,临床护理任务相对繁重。这类养老机构一般取得卫生行政部门颁发的医疗服务资格,设有养老机构、病房,或者本身就是医疗机构(如民政精神病院、康复养老机构、老年病养老机构和荣军养老机构等),其一切护理活动都是按照临床护理模式进行,所不同的是医生配备相对较少,护士和养老护理人员配备相对较多。这类机构一般采取科主任领导下的护士长负责制,一个科室或中心主任可以管一个或多个病房,每个病房配备一名护士长,护士长具体负责该病房的老人临床护理、生活护理与病房管理工作。

② 非临床护理管理模式

采用这种模式的养老机构照料的多是生活尚能自理的老人,或无须临床诊疗护理的老人,如老年公寓、养老院和农村敬老院等。其主要任务是照顾老人的饮食起居,因此,一般按住区、楼层组织护理工作。每个住区、楼层设一名护理长(或班组长、楼层长、楼栋长),其属下有若干名养老护理人员,以此开展养老护理工作。这类机构可以安排数名医务人员以满足老年突发疾病急救和满足入住老人一般性医疗保健需求,较小的机构也可以不安排医务人员,委托附近的医疗机构,如社区保健站、社区养老机构、农村合作医疗机构承担养老机构医疗服务。

③ 混合型护理管理模式

较大型的养老机构接收的托养老人较为复杂,既有自理老人,也有介助和介护老人,一般按照入住老人的生活自理能力和患病情况划分为不同的护理区。自理老人居住区采取非临床护理管理模式,生活不能自理、长期患病卧床、临终老人采取医护合一的临床护理管理模式。自理老人患病或突发疾病、疾病发作可在养老机构附设的养老机构、门诊部进行诊治和救治,这样可以科学、合理地分配资源,保证养老机构安全、高效运行。

(2) 养老护理组织管理形式

目前,我国养老护理组织管理的形式一般有专人护理、功能性护理和责任制护理三种。

① 专人护理属于特级护理级别,又称"一对一"的护理,是指养老护理员与老年人的配比常常为1∶1的关系,而且相对固定。养老护理人员全权负责该老人的一切生活照料与护理,类似于全天候的家庭"保姆"。专人护理的优点在于专,缺点是互动性较差,人力成本高,多数情况下是应家属的特殊要求而安排,需加收额外的护理费用。

② 功能性护理是将护理工作进行分类,形成不同的功能性、专业性较强的工作岗位,如临床护理岗位、生活护理岗位、心理护理岗位和清洁卫生岗位等。针对每一位老人,护理人员交叉进行照料和护理,一位老人要面对多位工作人员。功能性护理的优点是专业性较强,工作效率较高,缺点是服务缺乏整体感和连续性。这种形式的护理在老年护理院、护理病房和临终关怀机构较多采用。

③ 全责护理是将老人和护理人员分别组成若干个小组(团队),护理团队中的每个养老护理员在其工作时间内,全权负责该小组老人的照料和护理,当其下班或休假时,该团队的其他养老护理员将继续完成既定的护理计划和任务。此种护理形态容易提高护理人员和老人双方的满意程度。但对团队内每个养老护理员的综合工作能力要求较高,他们要面对各种类型的老人。

另一种形式的全责护理是一位养老护理员包干负责若干名老人,实行24小时全天候的护理,一般没有节假日,此形式在养老机构中也较常采用。

(3) 养老护理业务管理体制

养老护理员的业务体制是指为了达到护理目的而采取的一种护理工作方式。

① 个案制护理

这是以老人为中心,一个护理员负责一位或几位老人进行身心护理的方式。这种护理方式需人多、物多,一般只应用于危重病的老人特护,不宜普遍采用。

② 功能制护理

就是分工制护理、分项制护理，即按日常生活照护、技术护理、康复护理与心理护理、配餐、巡视等业务项目来分配护理员。将护理员分为主管班、治疗班、前夜班、后夜班、晨晚班，每1~2周换一次班。它是以基本护理业务为中心进行的分项、分工作业，优点是可以提高效率，责任明确，有计划性，节约人力物力；缺点是护老关系不易密切，对老人缺乏系统和完整的掌握，难以进行心理护理。

③ 责任制护理

它是以老人为中心，由责任护理员对老人身心健康实施有计划的系统的整体护理。护理员负责4~6名老人，从入院到出院，有目标、有计划、有依据地进行24小时包干护理。优点是能增强护理员责任感，能了解老人治疗、护理的全过程，掌握老人生活习惯和思想变化，从而提高护理质量；缺点是需要护理人员多、效率低。

④ 混合制护理

它把功能制护理与责任制护理结合起来，护理效率较高，护老关系密切。它有两种方法：一是一部分护理人员只承担某项护理业务，另一部分护理人员只承担老人；二是所有护理人员都分担老人，同时又分担某项护理业务。

⑤ 小组制护理

它是一个护理小组负责一个老人小组的包干护理方式。组员对组长、组长对护理长层层负责，组长负有业务指导责任。小组可按功能制护理分工，进行日常生活照护、技术护理、康复护理与心理护理、病情观察和记录等系统的完整的护理。它类似混合制护理，所需要的人力、物力比个案制护理少，但比功能制护理多。

⑥ 包干制护理

每名护士平均负责一定数量老人的全部护理。由分担护理员制订护理计划，然后轮流值班执行护理计划。这种包干制护理适用于养老机构的老年病房与精神病房

案例分析

赵大娘，70岁，退休教师，丧偶，与腿有残疾、未婚的独子钱某同住。钱某爱赌博，常醉酒，不听劝。看着不争气的儿子，为了落得个眼不见心不烦，老人花自己的退休工资住进了本市某老年公寓。钱某因生意亏本，将母亲购置的大部分家具、家用电器卖掉了。老人知道此事为时已晚，渐渐变得闷闷不乐，经常哭泣，吃不香，睡不安，不愿活动，不愿说话，唉声叹气，自认为"我教子无方""别人都笑话我""活着不如死了好"。有时心烦易怒，摔东西。后老人上吊自杀，幸亏发现及时没有造成死亡事故。

当即由公寓工作人员送其到市精神病医院看病，体查及神经系统检查未见异常。精神检查：老人面有愁容，双眉紧锁，呆坐无语，答问缓慢、简短，但切题。因既往无类似发作，无特别兴奋、话多等表现，医师诊断为：单相抑郁发作，老年抑郁症。使用抗抑郁药治疗，病情逐渐减轻。

钱某知道母亲上吊的事情后，跑到公寓，找到负责人大吵大闹。尽管老人再三申明，这件事都怪自己一时糊涂，不怪公寓；但钱某根本不听，不依不饶，并扬言要将该老年公寓负责人告上法庭。

为了息事宁人,公寓给了钱某1万元,才算作罢。公寓扣了当天负责赵大娘房间的护理员的一个月工资。此后,该护理员对赵大娘就没好脸色,其他护理员对老人也是爱理不理的。

有一天,钱某晚餐醉酒回家时,不幸车祸身亡。老人虽然得了一笔抚恤金,加上有退休工资和变卖家产所得,养老"不差钱",但毕竟是白发人送黑发人,还是悲伤难已。感到悲观、焦虑,变得神思恍惚,注意力难集中,食欲下降,夜间怎么也睡不着,而白天时常打瞌睡,也不再参加老年公寓举办的活动。公寓医务室内科医师孙大夫给老人看了病。体查:无明显阳性体征,给予抗焦虑药口服。老人按时按量用药一个月后,症状无明显好转。孙大夫又在原来用药的基础上,加用另一种抗抑郁药口服。又治疗了近一个月,老人紧张不安的表现越来越明显,并出现时间、地点、人物等环境定向力障碍。

正当孙大夫考虑要将赵大娘送到精神病医院去看病的时候,老人却突然跌倒了。经了解,近段时间以来,老人目光呆滞、反应迟钝、步履蹒跚、神思恍惚,曾有几次找不到自己的房间而进了邻居的房间。一个月前在自己的房间内跌倒过一次,被邻居及时发现,没有看到明显外伤。这次又突然再次跌倒,自己爬不起来。体查:体温36.7℃,脉搏78次/分钟,呼吸20次/分钟,血压120/80 mmHg,神志清楚,精神差;头颅未见明显外伤,双眼视力差;左下肢不能站立,呈屈髋屈膝左旋位,左下肢比右下肢短3 cm,左侧髋部明显触痛;其余无明显异常,诊断为股骨颈骨折。

请思考: 案例中的老人应该如何制订康复计划?

任务三 养老服务质量管理

◆ 任务要点

关键词:日常生活照料服务、老年护理技术服务、环境卫生安全保护、护理技术操作规程
理论要点:服务质量管理的类型,服务质量评估的组织
实践要点:运用所学知识,自选养老机构对服务质量进行模拟评估

◆ 任务情境

某市民政部门最近下发了养老机构服务质量评估的通知,王女士按照政府的要求,准备组织各部门的主管对机构的服务质量进行全面检查,怎么检查才更加合理呢?

◆ 任务分析

养老服务质量管理是指养老机构为老服务活动符合养老护理规范要求,满足服务对象需要的效果。服务质量是养老机构管理质量的重要内容,是直接关系老人生命与健康,关系到养老机构的社会形象的重要问题。

加强养老护理质量管理,不断提高养老机构服务质量,真正做到让老人满意,是养老护

理管理的基本目标和中心任务。

任务实施建议

步骤一　养老服务质量管理的原则和任务

按照养老机构服务合同提供服务,运用质量控制的方法,对各项服务进行监控,可以有效地避免养老机构及养老服务人员的责任使老年人受到损失或伤害,满足老年人的服务要求。质量管理的重点是直接为老年人服务的生活照料、医疗、护理、膳食、物业管理维修部门的服务。所以,有必要针对上述部门制订质量管理控制方案。如果养老机构规模较大,还可以制定休闲、娱乐、保健、康复、教育等方面服务的质量控制标准。

（1）养老服务质量管理的原则

服务质量管理必须坚持老人第一的原则,预防为主的原则,规范化管理的原则,全员参与的原则。

（2）养老服务质量管理的任务

服务质量管理的任务,包括:进行质量教育,强化质量意识;建立护理质量体系,制定护理质量管理制度;制定护理质量标准,规范护理行为;强化护理质量的检查和监督。

（3）养老服务质量评价的原则

包括科学性、先进性、可行性原则,政策性、公正性原则,可比性原则,制度化原则等。

步骤二　养老机构常用服务质量控制标准

（1）日常生活照料服务质量控制标准

提供生活照料的人员,其资质符合要求,有养老护理员职业资格证书;

有日常生活照料服务流程、程序、制度和人员职责;

有日常生活照料服务技术操作规范,按要求提供规范服务;

根据老年人的实际需求,制订日常生活照料计划,按需服务;

有文字或图表来说明提供个人生活照料服务的范围、内容、时间、地点、人员、服务须知;

对老年人提供日常照料服务应保留提供服务的文件和记录;

对老年人做到:"四无""五关心""六洁""七知道"。"四无":无压疮,无坠床,无烫伤,无跌伤。"五关心":关心老年人的安全、饮食、睡眠、卫生、排泄。"六洁":皮肤、口腔、脸、头发、指甲、会阴的清洁。"七知道":知道每位老年人的姓名、个人生活照料的重点、个人爱好、所患疾病情况、家庭情况、使用药品治疗情况、精神心理情况;

对老年人居室做到:室内清洁、整齐,空气新鲜、无异味;

提供服务完成率为100%,老年人及其监护人满意率在80%以上。

（2）老年护理技术服务质量控制标准

老年护理技术服务人员的素质符合要求.有养老护理员职业资格证书;

有老年护理的各项服务流程、程序、人员职责和护理制度,有国家认可的护理技术操作常规;

有文字或图片来说明提供老年护理服务的范围、内容、时间、地点、人员、服务须知；

护理技术服务的设备数量符合养老机构执业许可范围要求；

老年护理服务范围符合养老机构的性质和入住老年人的需求,对老年人实施分类管理；

对入住老年人特别是对生活不能自理或半自理的老年人,有护理评估记录,有明确的护理目标,并落实各项护理措施；

观察老年人的各种反应,有定期记录,要求记录准确无误、符合行业要求；

完成健康教育指导,有计划,有落实,有实施记录。

对养老护理员工作有每周定期检查计划及记录、每月培训指导计划及记录。

(3) 环境卫生质量控制标准

提供环境卫生服务的人员资质符合要求,有养老护理员职业资格证书；

有环境卫生服务流程、程序、制度和人员职责；

有预防院内感染控制的规范和要求；

环境卫生做到:无积存垃圾、无卫生死角、无纸屑、无灰尘,物品摆放整齐；

有环境卫生检查及效果记录。

(4) 安全保护质量控制标准

提供安全保护的服务人员,其资质符合要求,有养老护理员职业资格证书；

有安全保护服务流程、程序、制度和人员职责；

有安全保护服务必需的服务设施、设备和适合老年人的安全设施、约束物品；

有安全保护服务及确认安全的记录；

做到服务及时、准确、有效,无医源性创伤。定期检查安全保护服务工作,有检查、评估记录。

步骤三　养老护理技术操作规程管理

护理技术操作规程管理是养老机构管理的重要标志,是护理管理的核心。它通过对具体的护理技术操作的要求,对实施步骤所做的统一规定,经过控制,确保护理质量。要根据护理技术操作的性质、目的、要求和特点以及节省人力、物力、时间、清除无效动作的原则,来制定技术操作方法、步骤和注意事项。制定的规程要有条理、简明,便于实施。要以减除老人痛苦、预防疾病、保证老人和护理人员安全为原则。要配备和使用正规设备。

执行护理技术操作常规、规程,要具有责任感和同情心。事先要做好老人心理、身体、适用物品、药品等准备。严格执行查对制度。要掌握熟练的操作技术,严格无菌操作,确保安全,并注意预防操作护理人员的自身损伤。管理方面,要组织护理人员学习基础理论,学习新业务技术,加强基本功训练,组织技术操作表演和评比,定期进行检查、督促和考评。

(1) 制定护理技术操作规程

养老护理技术规程是开展养老护理业务的必要条件,是标准化管理的重要措施。规程具有技术管理的监督性质,制定规程是一项技术性很强的工作。

① 制定养老护理技术操作规程的原则:

第一,在医学基础理论指导下,结合临床实践制定操作规程,要有明确的目的及要求。

第二,操作规程必须符合人体解剖、生理、病理的特点,有利于疾病治疗,避免增加病人痛苦,保证病人安全。

第三,各项技术操作规程必须严格执行清洁、消毒、灭菌的原则。

第四,各项规程应做到条目简明扼要,力求用数字或文字确切表达。

第五,根据新业务、新技术的开展,适时补充、修订操作规程。

② 养老护理技术操作规程的主要内容:

第一,日常生活照料操作规程。如清洁卫生、睡眠照料、饮食照料、排泄照料、洗浴更衣、压疮预防等。

第二,老年护理技术操作规程。如体温、脉搏、呼吸、血压的测定,消毒,给药等。

第三,特别护理技术操作规程。如老年人安全保护、搬运与移动、冷热应用、康复训练、急救、护理文书等。

(2) 养老护理技术操作规程的管理措施

第一,建立组织系统。技术管理组织要建立健全,职责明确,并拥有相应的权利。

第二,重视质量标准。技术操作规程管理要重视质量标准,建立逐级检查制度,有目的、有计划地开展监督检查。

第三,重视人员培训。人员培训要有计划、有目标,注重培养技术骨干,以满足养老护理工作的需要。

步骤四　养老机构护理服务的质量评估

(1) 评估主体

养老机构服务质量评估是人们对养老机构服务相关活动的了解、测试和评价活动,从事养老机构服务质量评估的人或机构是养老机构服务质量评估的主体。在养老机构服务领域中,评估研究的主体主要有养老机构服务者自己、他人(即养老机构的相关上级或第三方)。

① 养老机构服务者

养老机构服务者是养老机构服务的提供者,会在以下情况下成为评估主体:

第一,养老机构服务者或服务机构开展的关于潜在的或现实的服务对象的需求评估。养老机构服务者或服务机构要提供有效服务,就必须评估服务对象的需求。总的来说,这种评估发生于服务之前,但是在服务进行过程中,根据服务对象情况的变化开展评估也属此列。

第二,服务方案评估。在初步提出可供选择的服务方案之后,要对它们进行比较和评价,以选出适宜者。

第三,服务过程评估。养老机构服务者要了解和把握服务的进度,发现问题及时处理。

第四,结果评估。养老机构服务者对服务结果进行评估和总结,或用于结束工作和总结经验。

② 相关上级和第三方评估

相关上级评估主要指由对某养老机构服务有管理权、检查权的政府部门对养老机构进行的评估。政府是公共利益的代表者,也常常是养老机构的资助者和支持者。因为政府代表社会的公共利益和服务对象的利益,所以政府有关部门要对养老机构的运行及服务状况进行检查、监督和管理,这其中就包括评估。

第三方评估是由与养老机构及其资助者无关的机构对养老机构服务进行的评估。所谓第三方,是指与政府及服务机构没有利益相关关系,是相对独立的一方。这种评估一般由专门评估机构或专门组成的专家组完成,具有相对独立、科学和客观的特点。专门评估机构是在该行业中有资质的、比较专业的调查、研究和评估机构。特别组成的专家组则受某些方面委托开展评估,有时评估组相对独立而成为第三方评估。

(2) 评估对象

养老机构服务的评估对象大体上有养老机构、服务项目和服务成效三个层次。养老机构是养老机构服务的承担者,服务项目是评估的最主要对象,服务成效评估是评估的主要目的。

养老机构是养老机构服务的承担者,它接受政府和社会的资助开展专业服务。因此,养老机构就必须接受评估。

养老机构接受评估主要包括几个方面:机构素质、能力评估和为老服务质量评估。

服务项目是评估的最主要对象。对项目的评估包括服务对象的需求评估、方案评估、过程评估和效果评估,也包括对项目服务团队的评估。在服务项目中,包括对基础设施、服务队伍、管理制度的整体评估。当然,养老机构服务队伍也可能是独立的评估对象。养老机构服务是由养老机构服务者直接提供或通过其组织而提供的。对养老机构服务者的评估也包括资质和服务两个方面。养老机构服务队伍的评估是对其服务方法、过程及效果的评估。

服务成效评估是评估的主要目的,养老机构在各地开展的情况主要通过最后的指标显现出来,所以,服务成效评估是评估的主要对象。

(3) 评估目标

养老机构服务质量评估旨在规范养老机构服务体系,检查被评估对象承担社会责任和提高老人晚年生活的质量。

养老机构服务质量评估旨在规范养老机构服务体系。长期以来,我国一直是政府办福利,各项工作的好坏主要靠政府来检查,并没有形成一个固定的评价标准。养老机构服务质量评估将会弥补这一不足,从不同的角度探究我国养老机构服务的开展情况。最后,养老机构服务质量评估旨在提高老人晚年的生活质量。评估体系可以从服务提供、活动开展、设施建设等方面提高老人的生活质量,使老人真正体会到养老机构的好处。

(4) 评定方式

① 定期召集入住老人评选"最佳工作人员"。

② 定期召开入住老人座谈会和老年人家属座谈会,认真听取并更加重视批评意见而不是表扬意见。

③ 定期进行"入住老年人满意度调查",满意度要达到90%以上。

④ 设置"意见箱",并定期开箱取阅。

⑤ 聘请社会监督员(如老年人家属、志愿者等),欢迎监督。

⑥ 由入住老人推选"老年人管理委员会",参与养老机构管理,监督服务人员工作。

◆ **案例分析** ◆

父亲在养老院里住了4个月突然去世,愤怒的子女向养老院讨要说法。日前,上海市普陀区法院做出一审判决,判决养老院承担20%民事责任。徐老伯人生的最后一程走得非常艰辛,2009年10月,他因为高血压、脑梗死等疾病住进养老机构,出院后被家属送到了养老院进一步看护。子女们原以为父亲在养老院里能得到周全照顾,哪知道3个月后突然接到养老院的电话,父亲又一次病危被送入养老机构。

闻讯赶到的子女们看到躺在病床上的老人四肢浮肿,奄奄一息,更让他们揪心的是老人身上有十几处大面积的褥疮,惨不忍睹。一个月后,徐老伯就因呼吸循环衰竭离开了人世。

徐家的子女把老人的死亡归咎于养老院疏于照顾,导致徐老伯褥疮感染严重、体力消耗过大,加速身体器官衰竭死亡。因此要求养老院赔偿医疗费、死亡赔偿金、丧葬费等共计22万余元。

在法庭上,养老院辩解称,当时老人入院时就发现他身上有多处抓痕,为此保健医生从2月就开始对老人抓破处进行换药治疗。老人自己能够独立行走,不存在身体受压时间过长导致褥疮一说。况且老人的死因是"呼吸循环衰竭",并非褥疮感染,因此不愿意承担赔偿责任。

法院认为,从养老院的住院记录上显示老人入院时并无褥疮,因此可以认定是在住养老院期间感染的。徐老伯属于一级护理对象,包含了对他日常生活的照料以及吃饭、喝水、擦身等具体内容,同时对于老人身体健康等方亦应充分注意,一旦发现患病应当及时通知家属并及时治疗。当老人进入养老机构治疗时已达到全身10余处皮肤破损,因此,养老院对徐老伯的照顾、护理是存在不足的。虽然老人的直接死亡不是褥疮感染,但全身多处破损会导致消耗大于吸收,影响整个身体机能的恢复,所以养老院应承担一定的赔偿责任。

对于家属提出养老院要负全责的问题,鉴于徐老伯死因并非褥疮感染,且其入住养老院时身体本身有疾病存在,这样的要求显然不合理。法院综合考虑本案情况,酌情确定养老院承担20%的民事责任。

请思考以下问题:
1. 养老服务机构对患有抑郁症的入住老人如何管理。
2. 请结合所学知识制定一份服务质量评估表,对该养老机构的护理进行评估。

项目小结

养老机构以为入住老年人提供安心和安全的服务为目标的。为老人提供满意的服务,首先取决于对老年人身心状况的正确评估,其次来自安全、合理、个性化的服务。

通过评估,对老年人的健康状况进行分级,主要包括健康总体等级划分标准和各维度的健康等级划分标准。

护理计划是针对护理诊断(护理问题)制订的具体护理措施,是护理行动的指南。在制定中要考虑排列原则和排列顺序。并根据养老机构的实际和老年人身体状况制定有针对性的护理计划、康复计划和娱乐计划,并组织实施。

养老机构还要特别重视对服务质量的监管,服务质量是养老机构管理质量的重要内容,是直接关系老人生命与健康,关系到养老机构的社会形象的重要问题。

加强养老护理质量管理,不断提高养老机构服务质量,真正做到让老人满意,是养老护理管理的基本目标和中心任务。

思考题

1. 养老机构护理计划的内容是什么？
2. 养老机构质量管理的要求。
3. 养老机构质量管理的评价主体。
4. 所学知识制定护理服务的评估方案，每个模拟养老机构起草一份护理评估方案。

实战强化

项目一　护理计划的编制

【实训目标】

1. 能够根据护理服务的需要进行调研；
2. 掌握实际编制护理计划的方法；

【实训内容与要求】

1. 根据所学知识，制定调研表格，选择实训基地的老人进行调查。
2. 在调研的基础上，运用创造性思维，制定计划书。要求：
（1）应通过调研，占有较为充分的材料。
（2）科学地规划有关要素，计划书的结构要合理、完整。
3. 在每个人进行个别设计的基础上，以模拟养老机构为单位，运用"头脑风暴法"等方法，组织深入研讨，形成小组的计划。

【成果与检测】

1. 每个人都要起草一份护理计划书；
2. 小组总的计划书；
3. 由教师与学生共同对各养老机构的护理计划编制进行评估，确定成绩。

学习单元六
养老机构财务与后勤支持管理

"后勤",是后方勤务的简称。这一概念源于军队,是一个军事术语。后勤是指后方对前方的一切供应、支持活动,也指组织中的行政事务性工作。① 养老机构后勤支持是养老机构管理的重要组成部分,是为养老机构服务的顺利开展所提供的各方面的支持与配合。② 养老机构后勤工作是养老机构正常运行的必要保证。从这个意义上讲,养老机构的财务管理也是后勤支持的一部分。

▶ 知识结构 ◀

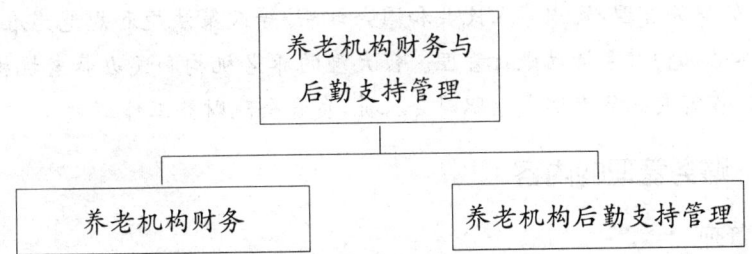

▶ 学习提示 ◀

思政育人目标

通过本单元的学习,培养学生尊老敬老,以人为本的传统美德,培养学生孝老爱亲,服务第一,爱岗敬业的工匠精神。

学习目标

掌握养老机构财务后勤管理的基本方法和手段,能够参与养老机构的财务管理;能够参与养老机构的后勤管理。

具体任务

以案例导入学习内容,学生调查养老机构,制定养老机构的相关管理办法。

▶ 任务实施建议 ◀

案例导入,帮助学生了解财务和后勤管理的基本规范和方法。

任务一 养老机构的财务管理

任务要点

关键词：财务管理、资金管理、预算管理
理论要点：养老机构财务、资金和预算的管理要求
实践要点：能够按照财务管理的相关要求进行养老机构的财务工作安排

任务情境

小赵是一位会计专业的大学生，利用假期在王女士的养老机构财务部实习，王女士安排财务部的经理对她进行培训。财务部经理需要准备哪些培训内容呢？

任务分析

养老机构的财务管理以《中华人民共和国会计法》等政策法规和规范为准则，严格按照财务制度，对养老机构财务活动进行管理。较大型的养老机构和民办养老机构多设置财务部门，并根据工作需要配备专职或兼职财会人员，负责全院财务工作。

步骤一 财务管理的内容

（1）财务管理

包括财会人员管理、财会人员交接班管理、账号、现金、支票管理。

① 财会人员管理

财会人员必须忠于职守，坚持原则，在财务主管领导下开展工作。财务主管有权对财会人员考核、提出奖惩意见，对不适宜在财务岗位上工作的人员，财务主管可向上级部门提出调离财会岗位。

② 财会人员交接班管理

会计人员工作调动或离职，必须与接替人员办理交接手续，没有办理交接手续的不得离职。

会计人员离职前，必须将本人所管的会计工作全部移交清楚，接替人员必须认真做好接管移交工作，并继续办理移交未了的事。

③ 会计人员移交手续前，必须做好下列工作：

已经受理的经济业务，尚未填制的会计凭证，应填制完毕；

尚未登记的账目，应登记完毕，并在最后一笔金额后加盖印章；

整理应移交的各项资料，对未了事项要写出书面材料。

④ 编制移交清单，列出应该移交的凭证、账表、公章、现金支票、文件、资料和其他物品。

⑤ 会计人员办理移交，必须有监交人员负责监交。一般会计人员交接，由财务主管监

交;财务主管交接,由院领导监交,必要时由上级主管部门派人监交。

⑥ 移交人员要按照移交清单,逐项移交,接替人员要逐项核对。0 现金、有价证券必须与账本余额一致;不一致时,移交人要在规定期限内负责查清补齐。

会计凭证、账本、报表和其他会计资料必须完整无缺,不得遗漏;如有短缺要查明原因,并在移交清单中注明,由移交人负责。银行存款账户余额必须与银行对账单相符。各种财产物资和债券债务的明细账户要与总账有关余额核对相符。

⑦ 交接完毕盖章。移交清单应一式两份,交接双方各执一份留存。

⑧ 接替的会计人员应继续使用移交账本,不得自行另立新账,以保持会计记录的连续性。

⑨ 财会人员临时离职或因事因病不能到职时,财务主管或院领导必须指定人员接替或代替。

(2) 账号管理

所有银行账号均由财务部门归口管理,院内其他独立账号都要接受财务部门的监督、检查和业务指导,严格按照规定的业务范围开展工作,并按时向院领导上报会计报表。

(3) 现金管理

① 严格执行国务院颁发的《现金管理暂行条例》,加强现金使用管理,现金必须符合以下使用范围:支付员工工资及各项津贴;个人劳务报酬;根据国家及主管部门和院规定发给个人奖金及劳保福利;出差人员差旅费;转账结算起点以下的各种零星开支;需要支付现金的其他支出。

② 现金收付管理包括收入现金管理和支出现金管理。设置"现金日记账"拙纳员根据稽核过的收付款凭证办理现金收付,并按业务顺序逐笔登记现金日记账。每日终了,结出现金余额,并与库存现金实际数核对相符,现金收支必须做到日清日结。养老机构现金管理中,绝大部分是老人入住费用。应做到以下几点:

第一,入住收费应有标准及相关管理制度,并严格按照收费标准和收费管理制度核收老人的床位费、护理费、伙食费、医疗服务费和其他服务费用。

第二,每次收取费用要向老人及亲属开具凭证,必要时打印详细收费清单。老人对收费存有疑问时,要热情接待查询,耐心逐项解释,不得拒绝,确实存在工作疏忽或错收、重复收取应及时纠正,并向老人及亲属当面致歉。

第三,老人逾期未缴费,要及时向老人所在科室、住区下发收费催缴通知单,督促老人及亲属及时缴费。

第四,老人出院、转院或去世,要及时为老人和/或亲属办理结账业务。

第五,开办老人现金代保管业务的养老机构,应当面点清,辨别钱币真伪,并向老人开具代保管凭据。老人支取现金,不论金额大小,都要予以办理,并当面点清。

第六,已建立养老机构信息化管理系统的养老机构,财务人员要及时将老人入住和服务费用录入养老机构信息化管理系统,以备老人及亲属上网查询。

③ 库存现金不得超过银行核定的限额。

④ 严禁以各种"白条"抵充库存现金,任何人不得虚报用途领取现金,不得私用公款。

⑤ 转账结算起点以上的经济往来,必须用转账支票支付。

⑥ 单位大宗采购，不得用现金支付。

⑦ 现金提存必须用专车，由两名以上财会人员办理，存提现金的车不能搭乘他人，不得绕道办理其他事情。

⑧ 库存现金不得两人同时保管，金库钥匙、密码不得让第二人掌握，限额以上的现金必须及时存入银行，遇节假日，要对金库进行查封。

⑨ 财务主管要定期检查金库。

（4）支票管理

① 凡在本市购买物品，支付劳务费、修理费、加工费及运费等项目的结算前使用支票。

② 限额以上的开支用现金支票支付，限额以下的开支以现金方式支付。

③ 支票有效期为 10 天（签发月除外），到期日遇节假日顺延，签发支票必须用黑色签字笔。

④ 借支票必须填制转账支票借用单，写明借款单位、用途、最大限额、预计报销时间和借款人等，由主管领导签字后，方能借支，否则财务部门不予办理。对于无预算的项目，财务部门不予借支。

⑤ 支票必须在 7 天内报销，超过 7 天因特殊原因不报销者应主动到财务部门说明情况，否则财务部门将停止对借款单位的借款。

⑥ 一律不准出租、出借支票或转让给别的单位和个人使用，支票原则上谁借谁报，不允许代借代报，借支票人丢失支票，必须在当天通知财务部门，并按比例扣发奖金。

⑦ 财务主管应定期或不定期地对借支票情况进行检查，出纳应于每周五向财务负责人通报账号存款情况，以便发现问题，及时采取果断措施。

步骤二　资金管理

资金管理，主要包括固定资金管理、流动资金管理和专项资金管理等。

（1）固定资金管理

固定资金是固定资产的货币表现，是指养老机构所有的主要劳动资料和耐用消费品的形态，包括房屋、运输工具、医疗设备、其他建筑物和福利设施等。

固定资金管理应重点抓好固定资金设账立卡及登记工作，以保证固定资金的完整无缺。此外，还应提高对固定资金的使用以及正确计算和提取折旧基金。

（2）流动资金管理

流动资金是指养老机构垫付给员工的工资和其他业务支出的消费周转资金。占有形态为货币、库存材料、库存药品等流动资产。它与固定资产一样是养老机构组织各种活动的不可缺少的基本条件之一。流动资金管理可分为现金管理、银行存款管理、库存材料和库存药品管理以及其他流动资金管理等。

（3）专项资金管理

专项资金也称专用资金，是指各种具有特定来源和专门用途的资金。包括专项拨款、大修理基金、职工福利基金、职工奖励基金和事业发展基金等。专项资金管理应做到以下几点。

① 贯彻专款专用原则

划清专项资金与其他资金的界限，不能相互挪用。各专项资金也要划清界限，分清用途，除规定可以统一调剂或合并使用外，不得互相占用，保证专项资金专款专用，满足专项任务的要求。

② 加强计划管理

为了有计划地使用专项资金，财务部门必须编制专项资金收支计划，对专项资金的支出项目，需要进行调查研究，认真测算和会审，保证收支平衡，略有节余。在时间和金额上保证重点，分清轻重缓急，统筹规划，合理安排，要先收后支，量入为出，使收支款项不仅在账簿上，也在时间上相适应，绝不能用另外的资金垫支，并要求资金使用上精打细算，力求节省，充分发挥资金的最大效用。

③ 实行集中管理和分级管理相结合的原则

为了管好用好各项专项资金，必须把有限的专项资金统一规划和综合平衡。在院长统一领导下，由财务部门负责集中管理，编制收支计划，实行按部门、按项目的预算控制或指标包干等办法，保证计划的完成。养老机构应制定集中管理和分级管理制度，明确各有关职能部门和使用单位在专项资金管理中的职责和权限，力求做到责、权、利相结合。

[小链接 6-1]

厦门市养老机构财务管理

厦门市民政局在对厦门市养老服务业发展情况调查后，发现该市部分养老服务机构会计基础薄弱、财务管理混乱，存在未按规定设置会计账簿、保管会计资料、收入不入账等问题。

为了解决这一问题，及时化解风险，厦门市民政局采取三项措施：一是召开全市养老机构整顿部署会，责令全市养老服务机构严格按照规定设置会计账簿，规范会计核算，做好会计资料的保管工作，建立健全内部规章制度。二是市、区民政局加强对养老机构财务管理的监管，督促全市养老服务机构按照规定建立具体的财务规定和会计制度，定期编制财务、会计报表，真实、完整的反映财务状况、业务活动情况及现金流量，严格收支管理制度，自觉接受财政、民政和审计等部门的监督检查。三是会同市财政局对未按规定设置会计账簿的养老服务机构不予补助。

步骤三　预算管理

财务预算即财务计划，也叫计划预算。它是对未来一定时期（如1年、6个月、9个月等）编制的综合性预算。财务预算既是单位经济活动的起点和出发点，又是监督和检查单位收支情况的依据，以及考核评估其经济效益的标准。因此，必须认真、正确、及时地编制并进行有效的管理。

(1) 财务预算编制

养老机构财务预算是国办、集体办养老机构财务管理的重要内容。编制财务预算是一件严肃的工作，应按照上级主管部门交给的工作任务，结合本单位的具体情况和有关规定进行编制。财务计划、预算编制是否及时和准确直接影响总预算的质量,为了正确地编制单位财务计划、预算,应该遵循以下原则。

① 必须根据上级下达的任务、计划,人员编制和各项开支标准的定额,结合上年度预算执行情况,预算分析下半年或年度的收支状况,遵循先自下而上、后自上而下的原则,按照不同的管理方式进行编制。

② 必须坚持自力更生、勤俭办院的方针。在编制财务计划、预算过程中,防止"宽打窄用",原则上不搞赤字,预算强调开源节流、精打细算,提倡少花钱、多办事,充分发挥预算资金的使用效果。

③ 财务预算的编制要有科学性、合理性,要注意听取预算执行部门的意见。如果预算指标定得过高,难以完成就会挫伤执行部门的积极性;而预算指标定得过低,又不能调动执行部门的积极性。所以计划的编制要强调科学与合理。

(2) 财务预算管理方式

财务预算的管理方式是指总预算对单位预算资金缴拨等管理上所采用的不同方式,由于各养老机构归属不同,经费开支渠道不同,在资金的管理方式上也应有所不同,常用的管理方式有以下几种。

① 全额预算管理

全额预算管理是指单位的收入和支出全部纳入预算,机构支出全部由上级拨款,收入除预算收入外,全部上缴上级主管部门或财务部门,不实行以收抵支。

② 差额预算管理

差额预算管理是指本单位的收入抵补支出后,不足部分由预算拨款,并将收支差额列入拨款预算。

③ 自收自支管理

自收自支管理是指单位收入不需上缴,其支出也不由预算拨款,而是以其收入按指定用途用于相应的支出,节余不上缴,差额不补助,自求收支平衡。这种管理方式有利于自立自强,调动职工的积极性,有利于提高单位的经济效益。

(3) 管理方法

① 建立健全财务经济管理制度。

② 利用"财务管理软件"或"养老机构信息化管理系统"进行管理,可以提高财务管理的科学性、准确性和有效性。

③ 加强财务经济监督与审计。养老机构财务应加强内部财务监督与审计同时接受上级部门的监督与审计,使养老机构财务管理更加规范,经济运行效果更好。

◆ **案例分析** ◆

被"出租"的五保老人

原本应该在福利机构颐养天年的五保老人,竟然被福利院院长外派打工"以院养院"。湖北省某县一福利院从 2008 年开始,通过安排五保老人打工获利 3 万元。

老人被"出租"

该院的五保老人被派出打工,被称为请"院工"。"院工"分零工和长工两种,给附近村民种地养牛等做杂活的叫零工,按天计算,每天25元,院长给老人5元,其余入账;被派往外地砖厂、工地等常年劳动的叫长工,一般每年做10个月,工钱4 000～6 000元不等,由雇主直接交给院里。

老年"生产队",既劳动又出租

某乡中心福利院院长但某介绍,福利院自建院起便实行"以院养院",让老人用自己的劳动养活自己,包括"适当"地外出打工。在院的老人被组织成"生产队",分成生产组和后勤组。前者负责打工、种地、养猪等,后者负责洗衣、做饭、打扫卫生。劳动情况都被记在"工分簿"上,副院长李某负责记录。计工分是为了发零花钱,按劳动轻重、时间长短记录工分,年底结账。工分多的老人能分到三四百元,最少的则只给50元。

3月14日,小雨加雪。但某带着七八个老人在距福利院不远的刘家沟种包谷。七八个老人一字排开,用铁锹挖着地,动作很慢。一里之外,福利院里也是忙碌景象:有人在酿包谷酒,猪圈旁边两名老人在抬粪。

53岁的智力障碍五保老人全某因常年在外打工,被人称为"打工仔"。2009年3月3日至2011年1月4日,他被但某私自交给兴茶村村民张某带到大连建筑工地打杂工,支付7 000元。回来一个月之后,全某再次被"出租"。

出院或在院都要劳动,老人们便不太在乎被"出租"。这些五保老人们看中的是他们丧失劳动能力之后,院里能念着自己曾经卖过力的情分,收留照顾他们,为他们安葬。

死人的"供养费"

以老人为主的福利院,每年都有人离去。"保葬"是五保政策内容之一。但在当地人看来,安葬最不被重视。对福利院来说,去世的老人仍有"价值"。在这个乡最新的五保供养花名册中,死于2009年的程某仍在其中,政府依然在支付其养老费用。但福利院对此并不承认。

(材料来源:根据《老人报》,2011年4月20日,A19版)

请思考:该养老机构的财务存在哪些问题?

任务二　养老机构后勤支持管理

◆ 任务要点

关键词:后勤支持

理论要点:养老机构后勤支持的主要内容

实践要点:能够根据养老机构的实际情况,做好后勤管理工作。

◆ 任务情境

后勤对养老机构来说有什么作用?同一般的企业后勤有什么区别,王女士从一家养老机构请来了后勤主管,于是决定请后勤主管制定部门的管理制度。

🔷 任务分析

"后勤",是后方勤务的简称。这一概念源于军队,是一个军事术语。后勤是指后方对前方的一切供应、支持活动,也指组织中的行政事务性工作。① 养老机构后勤支持是养老机构管理的重要组成部分,是为养老机构服务的顺利开展所提供的各方面的支持与配合。② 养老机构后勤工作是养老机构正常运行的必要保证。

步骤一 养老机构后勤支持的特点和要求

(1) 养老机构后勤支持的特点

养老机构的服务不同于宾馆、酒店的服务,它有着自身的特点:养老机构的服务是一种以护为主、医养结合的综合性活动。同时,养老机构服务更多地具有福利性和个性化,在服务中更注重照顾老人的特殊性。正是由于养老机构的这种特性,决定了养老机构后勤支持必须具备与之相适应的特点。

① 先行性

后勤支持是养老机构运行的物质基础,这决定了养老机构后勤必须具备先行性。所谓先行性是指,事前应该做好工作,在这里,养老机构后勤的先行性体现在养老机构各项工作都要求后勤支持先行一步。比如,在养老机构建设时,需要先选择建设地址,购买符合老年人特点的设施与设备;在开业前,必须事前制定好护理、服务计划,做好设施、设备检修;在不同季节中要做好季节性工作,如做好防暑、防寒等工作。上述这些工作都说明,后勤部门需要走在前面,为养老机构接下来的各项工作打好扎实的基础。

② 全局性

后勤支持涉及养老机构内所有人和事的方方面面,关系到每个成员的工作、学习与生活,是一项全局性的工作。后勤支持是养老机构一切工作的物质基础,这就要求后勤支持必须具有全局性,必须从养老机构的整体视角出发来处理问题。养老机构的一切后勤工作都必须围绕着养老机构的整体工作目标来展开,要顾全大局,从整体发展出发,不能片面、孤立地处理问题。总体来说,后勤支持应当考虑到养老机构的基本建设和条件、财产管理、事务性工作管理、员工生活福利以及老人膳食管理等多个维度的工作,并且使这些维度的工作能够协调有序地进行,形成一股合力,朝着养老机构发展的终极目标共同前进。

③ 服务性

从本质上看,后勤支持就是服务工作,不仅要为老人服务,还要为员工、养老服务工作服务。养老机构后勤支持的服务性强,也较全面。这种强服务性和全面性主要体现在如下两个方面:

第一,对老人的服务。老人的身心情况具有不同特点,因此,必须针对老人的不同需求,提供相应的服务。

第二,对员工的服务,对员工的服务主要包括:提供必备的养老服务工具和设备、提供良好的工作生活环境、照顾他们的精神感受、提供良好的福利待遇等。后勤工作的服务性与先行性紧密相连,密不可分。如果没有先行性,就不可能有服务性,因为只有在先行性指导下的服务才能发挥其最大功用。

④ 政策性

后勤支持涉及面的广泛性，决定了它必须对养老机构高效运行的相关国家政策、制度有深刻的理解与把握。同时，为了保障养老机构的有效运行，养老机构必须建立起自己的相关制度，使活动有法可依、有章可循。比如，养老机构的收费制度、财务管理制度、员工津贴制度、服务制度和护理制度等，这些不仅涉及国家颁布的政策法规，同时也需要养老机构根据自身的需要进行相应的规划与设计。由此可见，政策制度是后勤工作顺利开展的依据与标准，是检查后勤工作好坏的参考指标之一。

（2）对养老机构后勤支持的要求

养老机构后勤支持是服务性工作，既烦琐又复杂。这要求后勤工作者在工作中必须合理地利用人、财、物等资源，使有限的资源能够发挥最大的效益。因此，后勤人员要具备"五心"：爱心、责任心、耐心、恒心和细心。综合来说，为了使后勤支持工作能够发挥最大功效，应当做到如下六点：

① 树立为老人生活服务的思想

养老机构的设立目的就是为了促使老人健康、愉悦的生活。老人养老质量的好坏是养老机构能否持续生存的关键。由于老人身心特点，我们在为老人提供后勤服务时，应当提供有针对性的服务。树立为老人服务的思想，不仅要求养老机构后勤人员应当掌握相应的专业知识，还需要他们真心地关爱老人，全心全意地为老人的生活与身心发展服务。

② 树立为员工服务的思想

员工是养老机构的工作人员，是养老机构运行好坏的决定因素之一，是养老机构的人力资源。员工是养老机构服务的主要提供者，也是进行养老服务的主要工作者。他们对生活和工作环境、工作条件的满意程度直接影响着其在养老服务工作中的积极性、主动性。因此，在后勤工作中，对工作人员，必须像对待家人一般，使他们在养老机构中感受到家的温馨。养老机构后勤应该最大限度地满足他们在生活、工作中的基本要求，为他们提供轻松、温馨的工作环境，使他们能够专心致志地投入到养老护理服务工作中来。

③ 健全后勤管理制度

"没有规矩，不成方圆"只有有章可循、有法可依，工作才能不偏离目标，并且有效地开展下去。因此，制度是任何一个组织顺利运行的保证。同理，如果没有一套良好的组织制度作为指引，养老机构内的后勤工作必将出现杂乱无章的局面，工作势必无法稳定有序地开展。因此，制定并不断地完善和健全后勤管理制度，是做好后勤支持工作的开始。利用后勤管理制度，可以使养老机构的各项后勤工作的基本程序和对后勤人员的要求系统化，从而使得养老机构的后勤管理能够朝着更完善、更科学、更人性化的目标前进。

此外，后勤管理制度的建立必须考虑到目的性、可行性、简明性与严肃性等基本原则。

④ 加强后勤工作队伍建设

养老机构的后勤支持工作是通过对人、财、物等的综合运用与管理来进行的，但后勤工作目标的真正实现必须通过人来实现，因此，加强后勤工作的队伍建设是后勤管理的一项重要内容。在后勤工作队伍建设中，我们不能只注重人员的数量，更要注重工作队伍的质量，即队伍人员要精而优，其目的是要建立一支素质优良且精干的队伍。后勤队伍良好的素质不仅取决于后勤工作人员的体力状况，更重要的是思想上的觉悟。首先，后勤工作人员必须热爱自己的本职工作，不断提高自身的素质，内容包括从谈吐、衣着到专业知识和技能等。同时，还必须具备吃苦耐劳的品质，因为养老机构的后勤工作非常烦琐，这就要求后勤工作人员必须细心、耐心，能够吃苦。总之，一支高素质的后勤工作队伍是高效后勤工作的关键。

⑤ 坚持勤俭办院的方针

勤俭节约自古以来就是中华民族的优良传统，管理好一所养老机构同样也需要勤俭节约。所谓勤俭并不是说一切从简，而是指要把钱花在刀刃上，要抓住重点，即要使得所花的每一笔钱都能取得最大的效益。当前，有的养老机构，特别是公立养老机构浪费十分严重，这种浪费不仅包括没有遵循"成本—效益"原则所造成的浪费，还包括有些养老机构管理者不懂老人身体情况，花费很多金钱买了或建设了老人无法利用的设施、设备。

步骤二　养老机构后勤支持体系

（1）建立养老机构后勤支持领导体系

后勤支持是养老机构服务工作顺利进行的保证，是进行养老机构所有工作的物质基础。然而，后勤工作的功能必须在一套完整的工作体系的引导下，才能得到充分的实现。因此，为了更好地开展后勤工作，养老机构必须从系统论的角度出发，将养老机构看成一个内外统一、循环开放的系统。

一个组织的工作效率如何，与它的领导体制高度相关。领导不仅仅是一种职位，更是一种无形的影响力。领导体系的完善与否直接影响着组织能否有效运转，也影响着管理过程中人、财、物的使用情况。更为重要的是，领导体系的合理与否，直接影响着养老机构对人力资源的有效利用。因此，后勤部门要积极构建一个有效的领导体系。通常情况下，完善后勤支持领导体系应该做到如下几点：

① 实行严格的岗位责任制

由于养老机构后勤领导体系是一个具有层次部门结构的体系，各层次部门通过分工负责来共同完成后勤组织的基本任务，因此，在构建后勤领导体系时，需要对每个岗位的具体职责进行清晰的界定，实行岗位责任制，明确每个人的职责，要责任到人。只有责任具体到人，养老机构后勤管理才能既有效率，又有针对性。只有实行岗位责任制，明确各工作人员职责，才能了解养老机构后勤工作安排中的空白地带，防止事情发生时出现"事不关己、高高挂起"，或者推诿扯皮的现象。一个好的领导体系必然要求实施岗位责任制，这样才能使得事事有人做，事事有人负责，才会激发养老机构后勤部门工作人员的工作动力，以使其更好地履行自身的工作职责。

② 选择合适的领导者

对于养老机构的后勤支持部门来说，要使得后勤工作能够真正发挥为养老机构的老年人服务，提供全方位支持的功能，就必须选择能够以实现养老机构发展目标为己任、以促进养老服务事业健康发展为理想的领导者。后勤支持工作的领导者除了必须具备和养老机构发展目标相一致的理念外，还应具备诸如较高的文化素养、热爱本职工作、认真负责、关心爱护老人、吃苦耐劳、勤俭节约等基本素质。

当然，更重要的是，后勤工作领导者必须懂得后勤工作和养老服务工作规律。只有在规律的指导下开展工作，才能取得事半功倍的效果。

③ 树立领导者服务意识

服务性是养老机构后勤支持工作的基本特性。在养老机构后勤支持工作体系中，必须高度重视服务意识的培养和树立，使后勤领导者们也能意识到，提供服务是他们的基本职责。在提供服务时要从"心"出发，做到真心实意。此外，在培养领导者服务意识时，要使他们意识到，他们所提供的服务，不是对养老机构上层领导的服务，而是对全园所有相关事和人的服务，如对老人的服务、对后勤膳食的服务、对养老服务事业的服务，以及对后勤部门普通工作人员的服务。

(2) 建立养老机构后勤支持服务体系

养老机构后勤支持工作的核心就是服务，后勤支持部门在实践中必须为老人、家长和员工提供全方位优质的服务，并且把服务当作一种习惯，逐步健全后勤支持体系。养老机构后勤服务体系主要包括为老人服务的体系和为员工服务的体系。

① 完善老人服务体系

养老机构的开办目的就是促进老人的健康、愉悦地度过人生最后的时光，为老人服务是养老机构所有工作的中心，因此，养老机构后勤服务体系中，为老人服务是一项非常重要的内容。根据老人的身心特点，后勤支持部门应该为老人提供的服务主要包含如下三个方面：

第一，为老人提供合理的养老服务设施

对老人开展的服务活动，必须利用一定的房舍、设施和设备才能开展，因此，养老机构在为老人提供服务时，必须充分考虑到这些方面的因素。在房屋的合理安排和使用上，必须保证为老人提供服务的各类场所都要符合一定的标准。

养老机构提供设施设备产品主要分为 6 类：移动运输类、适老家具类、卫生沐浴类、康复器械类、医疗护理类、管理系统类。

移动运输类：担架车、移位机、沐浴转移工具、助行器、轮椅及配件。

适老家具类：床、床周边、家具、标示与扶手、生活小帮手。

卫生沐浴类：沐浴、如厕、脸盆、扶手、卫浴配件、个人卫生。

康复器械类：物理治疗、作业治疗、言语认知疗法、康复辅具。

医疗护理类：诊断与急救、日常护理、休闲娱乐。

管理系统类：安防与监控、无线紧急呼叫、信息管理系统。

第二，为老人创设良好的服务环境

为了营造良好的服务环境和氛围，从客观方面来看，应从如下三个方面入手：

首先，在养老机构的场地管理方面，后勤部门应做到场地干净，每天都要定时打扫，及时清理场地沙石，避免老人在活动中摔跤。

其次，在室外环境的布置中，应做到干净、整洁，同时还可以开辟种植园，种些花草，为老人提供休闲的场地。

最后，营造舒适、安全的院所环境很有必要，但是，营造良好的养老机构精神文化环境更有必要。也就是说，养老机构必须为老人营造一种"家"的氛围，使老人能够以一种安心、信任的状态，在养老机构中生活。

② 完善老人的饮食管理体系

对老人的膳食管理，是养老机构后勤工作的重要组成部分。后勤部门必须完善老人的饮食管理体系，保证老人的饮食营养、安全且健康。

首先，因为老人的身体情况，饮食有一定的差异，所以养老机构应根据老人的身心特点，成立专门的膳食领导小组，加强对老人膳食的管理与监督。膳食领导小组主要负责制定老人膳食计划，并监督膳食提供状况。

比如，领导小组可以根据老人身体情况，设计一日提供膳食的结构与次数，如一次正餐加一次点心，或者一次正餐加两次点心。

其次，要为老人提供健康、营养均衡的食谱。养老机构后勤部门应该为老人制定每周、每日不同的营养食谱，确保老人每天摄取的营养能达到国家相关标准。保证老人每天摄入的食物中所含蛋白质、脂肪、碳水化合物比例合理，各占热量的12%、15%、25%、30%和55%、60%，老人每日所需蛋白质中，动物性蛋白质和植物性蛋白质要各占50%。为老人提供的食谱中必须注意干稀搭配、荤素搭配、粗粮细粮综合调剂，应该避免让老人吃甜食和油炸食品。

最后，必须严格遵守饮食卫生标准，预防食物中毒。后勤部门必须为老人提供无毒无害的食品。要严格执行国家卫生部、商业部有关饮食规范要求的"五四制"，即原料到成品"四不制度"，成品存放"四隔离"制度，用具实行"四过关"制度，环境卫生采取"四定"办法，个人卫生做到"四勤"。同时坚决不能买过期、变质食物给老人食用。

③ 健全为员工服务的后勤支持体系

由养老机构的后勤支持工作必须加强对员工生活与工作的关心，为他们提供必要的生活福利保障。具体来说，可以通过如下一些方面来健全后勤部门的员工服务体系：尽可能多地为员工的工作和生活带来便利，比如，为员工提供宿舍和办公室、配备电脑、提供实用便利的教具等；为教职员工提供较好的工作条件和环境，如为员工提供活动室，提供羽毛球器具、乒乓球桌等体育锻炼器械，使工作人员在休闲时间，能够锻炼身体，并且放松心情。

(3) 建立后勤支持的资财管理体系

在养老机构后勤支持服务体系中有许多细分的子体系，其中养老机构资产、财务的管理尤其重要，这就需要建立养老机构后勤支持的资财管理体系。

资产、财务是养老机构工作开展的物质条件，后勤支持部门只有建立好资财管理体系，做到物尽其用，养老机构所有工作的进行才会有物质保障。资财管理体系是指对养老机构的资产、财务的管理所形成的体系。其中财务管理部分在后面章节我们会详细述说。下面从后勤角度出发，提出总体的建立健全资财管理体系的两点建议。

① 安排专人保管资财

要使资财管理有效地进行，就必须责任到人，对资财进行专人保管。当责任到人后，后勤支持部门必须让资财管理员明确自己的责任与义务。具体而言，资财管理员应当做到如下几点：

第一，协助养老机构的管理者检查、督促，对机构的资产、财产定期进行清点、核算，避免不必要的浪费。对于一些易消耗的物品的购入和领用，应该设立明细登记表。

第二，必须定期对一些养老服务设施设备进行检修，保证其能安全使用。与此同时，延长其寿命。

第三，建立损坏公物赔偿制度，这样可以提高养老机构工作人员爱护公物的意识。

第四，必须根据相关养老机构制度，专款专用，量入为出。

最后，必须做到一切账目有据可查，账单相符。

养老机构后勤支持部门还可以对养老机构资财采取事前、事中、事后监督的形式，对养老机构一切经济活动进行不同形式、不同程度的监督。

② 完善资财奖惩体系

奖惩措施是资财管理过程中的重要手段之一，若能合理利用奖惩措施，就能极大地调动后勤员工工作的积极性。所谓"奖"，就是奖励那些对资财工作有贡献的人；"惩"，就是惩罚那些在资财工作中懒惰散漫、有过失的人。利用奖惩的目的有两个，一是使员工学会爱护公物，保护养老机构内的公共资财；二是提高后勤部门资财人员的工作积极性，利用经济手段来促进人力资源潜力的最大发挥。奖惩措施如果用得恰到好处，且用得公正、合理，可以有效地实现资财管理的目标。但是如果不恰当地运用了奖惩手段，则会带来一系列的负面作用。为了使资财管理奖惩能够更好地发挥作用，奖惩必须借助一定的量化措施，根据量化的结果来进行。因为只有做到有根有据，才会令员工信服，组织才会有威信。所以，

在养老机构的后勤资财管理工作中，应适时地运用奖惩措施，建立完善的奖惩体系，极大地调动后勤资财工作人员的积极性，使员工养成爱护养老机构公共资财的习惯。

◆ 触类旁通

日本厚生省规定养护老人院必须配备"集会室"，而特别养护老人院则不需配备"集会室"，但又必须配备"护士室""功能恢复训练室""看护材料室"；在每一居室收养的人员及人均居住面积上，养护老人院"原则上不超过4人""被收容者人均居住面积（贮藏设施除外）应在3.3平方米以上"，而特别养护老人院"则上限8人以下""被收容者人均居住面积（贮藏设施除外）应在4.95平方米以上"；在浴室与厕所的设施上，特别养护老人院"除一般浴缸外，要设立适当的特别浴缸，以便于需要看护者入浴""被看护者用厕所，要设立电铃或相应的呼叫设备，同时要适于身体残疾者使用"。

▶ 项目小结 ◀

养老机构的服务是一种以护为主、医养结合的综合性活动。养老机构财务、资金和预算的管理要求，要围绕护老活动开展。养老机构的后勤管理具有先行性、全局性、服务性、政策性，要求建立养老机构后勤支持领导体系、养老机构后勤支持服务体系、后勤支持的资财管理体系。

▶ 思考题 ◀

1. 养老机构后勤管理中哪些方面的工作无法定标准，这时该如何控制？
2. 养老机构中预算管理的作用是什么？

实战强化

项目一：调查与访问——养老机构的后勤管理

【实训目标】

使学生结合实际，加深对养老机构后勤管理的认识；

【实训内容与要求】

1. 由学生组成小组，每组 6~8 人。利用课余时间，选择 1~2 个养老机构进行调查与访问。

2. 在调查访问之前，每组需根据课程所学知识经过讨论制定调查访问的提纲，包括调研的主要问题与具体安排。

【成果与检测】

1. 每人写出一份简要的调查访问报告；

2. 调查访问结束后，组织一次课堂交流与讨论；

3. 以小组为单位，分别由组长和每个成员根据各成员在调研与讨论中的表现进行评估打分；

4. 再由教师根据各成员的调研报告与在讨论中的表现分别评估打分；

5. 将上述诸项评估得分综合为本次实训成绩。

项目二：模拟养老机构的综合评价

【实训目标】

通过本次实训，主要培养学生后勤和财务管理的能力。

【实训内容与要求】

模拟养老机构的综合评价分两个阶段进行：

1. 第一阶段为自评阶段：经过一段时间的实践，由模拟养老机构的各个部门按工作性质的不同，责成各部门每名成员写出自检评估报告，院长写出养老机构全面工作总结。模拟养老机构每名成员给自己打出自评分数。重点是搜集与整理有关本公司与本人绩效的信息。

2. 第二阶段为互评和总评阶段：各模拟养老机构互评与教师总评，本着"公平、公正、公开"的原则，各模拟养老机构之间根据绩效与日常表现，互相评估打分；教师依据绩效及表现对各养老机构进行综合评估打分；最后将各部分分数进行加权汇总。

【成果与检测】

1. 各养老机构制订评估方案；

2. 养老机构院长写出本公司全面工作总结；

3. 每个成员提交自我评估报告或总结；

4. 教师进行成绩汇总与评定。

学习单元七 养老机构安全管理

随着我国养老服务也的蓬勃发展,越来越多的老年人选择专业化养老机构安度晚年。然而,伴随而来的是入住老人摔伤、骨折、猝死、走失等伤害事故以及由此引起的纠纷也不断攀升,这不仅给老年人带来伤害和痛苦,也直接影响着养老事业的健康发展。如何防范入住老人的意外伤害事件?如何化解由此引发的不必要的矛盾和纠纷,如何做好养老机构的安全管理,已成为养老机构必须高度重视的问题。

▶ 知识结构 ◀

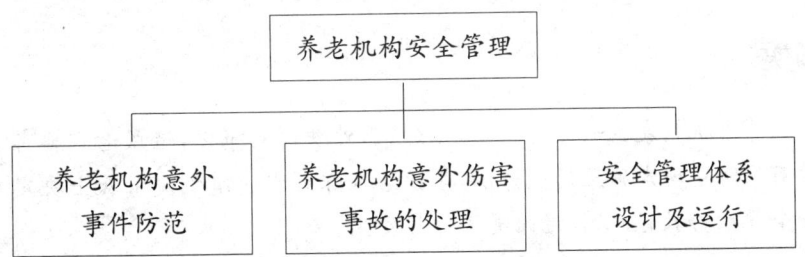

▶ 学习提示 ◀

思政育人目标

通过本单元的学习,培养学生尊重宽容、团结协作的合作意识;培养学生诚实守信、爱岗敬业的工匠精神。

学习目标

了解养老机构意外伤害事故的类型,掌握养老机构意外伤害事故处理的原则和方法,掌握养老机构安全管理的制度体系和内容。能够对养老机构意外事故的进行防范,能够对发生的事故进行处理。

具体任务

以案例导入学习内容,帮助学生了解养老机构意外事故的种类、防范的方法和要求以及如何处理意外事故;学生分组,模拟进行安全事故的处理。

任务实施建议

1. 案例导入，使学生了解养老机构意外事故的情况，进而展开课程。
2. 本学习单元的实训是要求学生扮演养老机构的负责人和老人家属，模拟处理养老机构的突发事故。

任务一　养老机构意外事件防范

任务要点

关键词：意外伤害、事故、防范

理论要点：养老机构的意外伤害事件，养老机构的意外伤害事件的原因，养老机构意外伤害事件的处理

实践要点：运用所学知识，能够发现养老机构的不安全因素

任务情境

王女士的养老机构发生一起老人在走廊里意外跌倒的事件，造成老人腿部骨折。起因是保洁员没有及时发现走廊里的一摊水，导致老人踩到水而滑倒。王女士决定在全养老机构内进行安全管理的教育，以杜绝此类事件的发生。

任务分析

不论是养老机构，还是入住老人及亲属都不愿意看到意外伤害事件的发生。意外伤害事件首先是给老人和亲属带来了痛苦，且这种痛苦往往在相当长的时间内挥之不去。同时意外伤害事件也给养老机构蒙受损失。

所以，养老机构一定要从细节出发，加强对养老机构不安全因素进行及时处理，避免安全事故的发生。如果出现了意外伤害事故，也应该及时处理。

步骤一　了解意外伤害事件

（1）养老机构意外伤害事件的概念

养老机构伤害事故是指在养老机构实施的养老活动中，在养老机构负有管理责任的院舍、场地及其他休养设施、生活设施内发生的，造成自费养老人员人身伤害后果的事故。

一般来说，构成养老机构伤害事故必须具备以下五个要件：一是受害方必须是在养老院养老的老人；二是必须有导致养老人员伤害事故的行为；三是导致伤害结果的原因可能是管理人员或护理人员的行为，也可能是养老人员自身及其他养老人员的行为；四是必须有伤害结果发生，导致伤、残，甚至死亡，也包括精神上的伤害，但不包括财产损害；五是伤害行为或

结果必须发生在养老机构对养老人员负有管理、护理等职责期间和地域范围内。对养老人员自行离开养老机构外出期间发生的以及其他在养老机构管理职责范围外发生的人身损害事故，应该不属于此类伤害事故。

(2) 意外伤害事件的类型

养老机构意外事件的种类很多，可以从诸多角度对其进行分类，如从性质、起因、具体内容、预知程度、可避免性等维度进行分类。其基本类型主要有：

① 按起因分类。主要有意外摔跌、锐器割刺、意外坠床、意外烧烫、误食误饮异物、吞咽困难、意外爆炸、意外感染发炎、慢性病防治不当、突发疾病、自杀自残、意外矛盾纠纷、营养不良、健身不当、意外中毒等十余类意外事件。

② 按来源分类。可分为内生型意外事件和输入型意外事件。如老人之间矛盾纠纷、老人与护理员矛盾冲突、食物中毒等，这些由于养老机构系统内部某些因素发展失衡造成的属于内生型意外事件；外部环境污染或疫病传入、凶手闯入养老机构造成老人伤亡等则属于输入型意外事件。

③ 按内容分类。主要有自然灾害类意外事件、护理服务类意外事件、医疗卫生类意外事件、安全事故类意外事件、矛盾纠纷类意外事件等。

④ 按可预知程度分类。可分为易预测的意外事件和难预测的意外事件。如营养不良、咽困难、慢性病防治等均是相对比较容易预知的意外事件，意外摔跌、坠床、锐器割刺、自杀自残、意外矛盾纠纷等就是比较难甚至是无法准确预知的意外事件。

⑤ 按可避免性分类。可分为有可能避免的意外事件和无法避免的意外事件。如通过定期对老年人进行体检和健康评估、合理设计老人无障碍生活设施、定期给老年人心理疏导和人文关怀等都可以一定程度上避免一些意外事件的发生，而对于难以避免的一些意外事件，则可以通过建立健全预警系统和应急预案，以求能第一时间主动积极应对意外事件，尽量减少和降低事件损失。

(3) 养老机构伤害事故的特点

养老机构的服务是一种特殊的长期照料服务，涉及生活照料、医学护理、心理疏导、康复训练等服务形式，服务对象是在社会关系中处于相对弱势的老年人，是一个特殊人群。因此，养老机构伤害事故呈现出如下特点：

① 伤害事故发生频率高，种类多样

养老机构是一个高风险的行业，入住养老机构的老年人大多数是具有一些特殊背景的老年人，或者因为生理功能的衰退，无法实现自我照料，或者因为社会或家庭因素，无法继续在家庭或社区中居住养老，他们对服务的要求很高。同时，机构照料服务是 24 小时不间断的，大量老年人集中入住在一个相对封闭的环境，管理服务稍有不慎，就可能出现伤害事故。由于养老机构伤害事故的原因、范围、造成伤害的表现等不同，而呈现出不同的类型。根据养老机构行业内部归纳，目前养老机构内经常发生的伤害事故大致有骨折、走失、摔伤、烫伤、自伤、他伤、自杀、噎食、猝死等九类，其中最为普遍的养老意外伤害是骨折。据统计，养老机构中跌倒骨折占到伤害事故的 70%～80%。相对少见的有火灾、他伤、自杀等。欺负、虐待、谩骂等侵犯老人权益的行为也可能导致事故，且较容易引发矛盾和纠纷。

② 伤害事故责任主体多样，责任难以认定

养老机构伤害事故责任主体多样，既有机构管理服务过失、疏忽、不当以及因歧视造成的故意伤害或虐待，也有第三方造成的伤害事故，也有老年人的自我伤害事故。养老机构中的服务大多数是一对一、一对几的人为服务，服务过程及质量难以记录和衡量，再加上许多老年人年事已高，行为能力、认知能力都已经衰退，一旦发生纠纷双方举证都很困难，事故责任难以认定。

③ 伤害事故使养老机构处于不利地位，不堪重负

养老机构老年人伤害事故中，交织着经济、道德、伦理、法律等多个层面的关系，因而往往使事情复杂化。各方面对机构内事故发生的认识分歧，法律法规不健全及个别司法处理有失公正等原因，导致事故处理不正常、不合理的现象时有发生，使养老机构处于不利地位。伤害事故发生后，非养老机构的责任事故会被当作养老机构的责任事故来对待，受害人及其家属往往无视养老机构责任大小，"狮子大开口"，开出"天价"，一旦形成诉讼，法院在赔偿数额问题上，因无确切的法律规定可循，判决往往失当。

养老机构作为政府扶持发展的服务行业，成本高，利润低，并不具有很强的支付能力。对于许多养老机构来说，高额的赔偿就像一场噩梦，一次就可能会造成一个成立多年的养老机构一蹶不振甚至倒闭。

④ 伤害事故影响大，甚至危及行业的健康发展

养老机构频发的伤害事故，特别是养老机构在无过错的伤害事故中无辜付出高额赔偿，管理者、服务人员受到各种处分和指责，加之有的新闻媒体对事件不负责任的渲染报道造成的社会舆论压力，使养老机构存在畏难惧险的心理，为了保护自身而变得过分慎重，有的养老机构拒收病、残、高龄及有意识障碍等事故风险相对集中的高危老人；有的对组织老人参与社会活动及实施康复活动等多采取回避的态度，次数减少，简单从事。这些明哲保身的做法较大程度地影响了入住老人的生活质量，也严重影响到养老机构整个行业的健康发展。

步骤二　影响入住老人安全的相关因素

影响入住老人安全的因素极其复杂，包括内在原因和外部原因。

（1）内在原因

包括老人自身的原因和养老机构的内在原因。

① 老人自身原因

第一，生理因素

入住养老机构的老人平均年龄均在 75 岁以上，不可避免地存在着组织器官机能衰退，并且这种衰退还将随着年龄增长而不断恶化，成为影响老年人晚年生活安全的最大因素。

老年人的视力、听力、嗅觉、皮肤感知觉能力降低，体力、耐力、平衡能力、反应力减退，使得老年人维持身体平衡、规避风险的能力显著降低，从而成为引发意外伤害事件的高危人群。许多老人跌倒、烫伤、骨折等意外伤害都与老年人肢体与脏器功能衰退有关。

第二，疾病因素，

入住养老机构的老人多伴有各种类型的急慢性疾病。疾病加速了生理性衰老，使老人肢体和脏器功能每况愈下，更加增加了晚年生活的不安全因素，使疾病发作、意外伤害事件

发生的概率剧增。例如,糖尿病老人突发低血糖昏撅、摔倒,高血压病老人体位突然改变而引发的体位性低血压摔倒,并引发骨折、中风等。

认识到影响老年人安全的生理、疾病因素后,要求养老机构的工作人员应当对入住老人倍加呵护,多观察、多提醒和多搀扶,以防意外发生。

第三,社会心理因素

入住养老机构的老人,由于长期远离社会,心胸变得狭窄,心理十分脆弱,容易想不开、产生偏激,这些也为养老机构入住安全留下隐患,甚至引发恶性事件。例如,入住老人在日常交往、交谈或下棋、打牌过程中,容易为丁点小事或输赢发生争执,轻者不欢而散,留下心里不快,重者可发生肢体冲突,大打出手,造成伤害,这在养老机构并非少见。此外,家庭矛盾、抚养经济纠纷和遗产分配纠纷也常常是触发老人意外伤害事件发生,例如,某老人与前来看望的女儿因为抚养费问题而发生争执,女儿离开时也未告诉护理人员(在此之前,女儿每次探访离开时都会告知护理人员)。其走后不久,老人即从二楼翻窗跳下,造成腿部骨折。再者,极度孤独寂寞的老人,或缺乏亲情关爱和精神慰藉的老人,也极易产生轻生的念头,甚至引发恶性事件。

(2) 养老机构内在原因

① 硬件设施因素

由于养老机构硬件设施不完善、不规范、不配套,而给入住老人留下安全隐患。例如,地面没有经过防滑处理,房门设有门槛,走廊、厕所等处没有安装护栏,室内采光过暗,该有灯的地方没灯,该有铃的地方没铃,不安全的地方没有安全措施和警示标志等等,都为老人居住生活留下安全隐患。

② 人员素质因素

目前我国绝大多数养老护理人员是没有经过专业培训的民工或下岗职工,不具备上岗服务资格与条件,他们除了能从事洗衣、做饭等一些基本照料事务外,对老年人的需求、身体、心理变化以及疾病护理知识知之甚少,更缺乏安全防范意识。这样的员工素质必然增加了意外伤害事件发生的概率。

③ 管理因素

加强管理可以在一定程度上弥补硬件设施上的缺陷和员工素质上的不足,而疏于管理,即使再好的硬件设施也会发生意外伤害事件。管理上的漏洞主要表现在制度不健全,管理不到位,不能保障老人的入住安全。

(3) 外部原因

养老机构处于社会环境之中,社会中的各种动态都会直接或者间接地影响到老年人的生命健康。这些原因主要以输入性为主,例如由于外部环境污染或传染病的传播导致老年人罹患疾病、凶手闯入养老机构造成老年人伤亡、老年人家属在养老机构内对老年人进行虐打等均属于此类。

步骤三 意外伤害事件的防范措施

尽管造成入住老人意外伤害事件的原因是多方面的,但是至少有 80% 以上的意外伤害事件是可以预防和避免的,因此,意外伤害事件的防范就显得极为重要。

对养老机构来说，为老人提供良好的服务就是最有力的自我保护和事故预防措施。因此要注意改进服务，加强管理，建立和不断优化伤害事故的防范机制。做到：

（1）严格执行民政部和地方颁布的相关规定和标准，努力提高护理人员的技术水平和护理质量，加强护理工作流程的管理，健全老人入住管理制度、护理等级评定制度、健康管理制度、员工管理制度、岗位职责及服务规范和操作标准等。

养老机构的各项规章制度，确保消防、食品、医疗服务、环境设施等各类安全措施的落实。任何一个服务环节、过程管理缺失或疏于管理，都有可能为入住老人日后的安全埋下隐患。此外，好的制度需要认真贯彻，需要加强监督，否则再好的制度只能是一种装饰、摆设，不能发挥应有的作用。

（2）强化与社会、老人和其亲属子女的宣传、沟通与思想交流，增强亲和力，对老人在养老机构内极易发生的伤害事故应先告知，耐心解释，以得到社会、亲属和老人对老年服务工作的理解和体谅，理性地看待伤害事故的风险，营造健康的舆论氛围和和睦的休养环境。

（3）在新建、改建和扩建中严格执行养老机构的设计和施工规定和标准，要充分考虑老年人的生理特点及其对设施、设备和场地的特殊要求，并且定期检查，消除隐患，以最大限度地减少伤害事故的发生。

（4）增强全员的法律意识、安全意识和自我保护意识，加强对管理人员和广大护理人员的法律法规及业务的培训，规范护理环节的书写记录。加强安全教育和宣传，提高防范意识，针对发现的安全隐患和苗头，予以认真分析原因，总结经验和教训。尽量制定详细合理的协议书，对老人及家庭的个案情况，在协商一致的基础上，补订相应的条款，作为协议的附件，以减少纠纷的发生。

（5）要引进思想品德、文化素质、身体健康的高素质老年养护专业人才，落实养老护理员持证上岗，坚决把那些思想道德败坏、服务质量低劣的员工清除出去。

（6）有条件的养老机构可以安装监控设备，给老人配备呼救系统，以便及时发现问题，及时排除事故隐患。

（7）对各类业内经常发生的伤害事故制定应对措施，建立事故处理预案。主要包括：最快时间赶到老人所在现场进行救护和保护，避免老年人受到二次伤害；立即通知医务人员等赶赴现场，视情况紧急处理；尽快通知老年人的家属；若情况危急速打急救电话120；及时对此事件进行分析，如有养老机构自身原因，应及时进行改进，避免造成类似事件的再次发生。

触类旁通

日本——加强评估预防养老院意外事故预防

（1）身体评估

主要包括：年龄、有无跌倒史、生理机能状况、疾病史、服药史等。

（2）居家环境评估

不适宜的居家环境因素是导致跌倒的重要因素之一。老年人居家环境致跌倒的危险因素评估主要包括：地面是否平整？出入口及通道是否通畅？卫生间及浴室有无扶手等借力设施？居室灯光是否合适？有无夜间照明设施，有无紧急呼叫设施？家居摆设是否高矮合适？居住楼层是否过高？居室是否有障碍物等安全隐患？

(3) 防跌倒评估测试

以下四种测试方法是日本理疗学法士用于老年人是否容易跌倒的常用评估方法，即简单易学又科学实用，值得借鉴。

① 两步跨越幅测试法（不分男女）用最大的步伐连走两步，然后测量足尖到足尖的两步长距离，除以身高长，（均以米为单位），得出的数值如≥1.0为正常，如<1.0则老人容易跌倒，单独外出就有危险。在日本此测定法既简单，又可信，被老年机构作为评估方法经常应用。

② 功能前伸试验（分男女三个年龄段）双脚平行并拢站立，一手伸直，与肩膀平行，身体站在一手伸直的距离，脚不动手尽量往前伸，看手伸出的距离，正常值，男性：20～40岁为42 cm～47 cm，41～69岁为37 cm～42 cm，70～87岁为32 cm～37 cm；女性：20～40岁为37 cm～42 cm，41～69岁为34 cm～40 cm，70～87岁为25 cm～35 cm，如<15 cm则有跌倒风险存在。

③ "起立-行走"计时测试 座椅上坐好，双脚与椅子成90°角，站起立走三米的距离，再反身走三米距离，走的速度与平时走路速度一样，然后坐回椅子上，计算时间，如结果<20秒为正常，超过20秒表示身体不稳，易跌倒。

④ 单腿站立测试法 主要是测试一个人的平衡性，方法是单腿睁眼站立达30秒及单腿闭眼站立达30秒，如在50岁前不达标的均属异常，老年人则作为测试平衡能力的参考指标。

案例分析

案例一

我们如何养老？

"老人半小时前吃中饭时还在，快找快找！"不久前的一天下午，杭州某敬老院里打破了宁静，几十号人都在找一个90岁的李姓老人。三小时后，院内外遍寻无着，李姓老人的家属得到通知后急匆匆赶来。出乎意料的是，来人不是配合寻找，而是一开口就向养老院提出巨额索赔，而且态度强硬，不时进行言语恐吓。

老人亲属的反常举止引起院长怀疑：耄耋高龄的多病老人，行动不便，平时活动范围半径不超过50米，能跑到哪儿呢？老人思维清晰，身无分文，如走失肯定会向路人求援。老人走得蹊跷，其中一定有问题！此时，老人亲属更是变本加厉，到民政部门大吵大闹。于是，养老院向老人亲属"摊牌"：老人走失有欺诈嫌疑，要求公安部门立案侦查。

当一听到要向公安部门举办，对方立刻改变了态度。稍后，老人亲属特意赶来，说老人找到了。此时，养老院要求其亲属说出找到老人的详细过程，对方却支支吾吾。见此情景，养老院上下都明白了怎么回事。然而，大家心中的气还是憋着：老人莫名其妙失踪，又莫名其妙被找回，养老院的名誉、精力大大受损……

请思考以下问题：

1. 该老人走失，敬老院有无责任？

2. 敬老院以后应该注意哪些问题？

案例二

石某,女,74岁,入院前已患有2次脑梗死,1次脑出血。经入院评估为一级护理。

2002年9月12日,石某在大堂散步时忽然摔倒(石某当时无人搀扶),同时将站在其身边一同休闲的林老太也拖拉摔倒在地。养老院立即派人送两位老人就医。不料由于医院的怠慢,拖了6个小时才给林老太诊治。当夜,石某因脑出血而昏迷,并于2003年5月去世。林老太昏迷不醒,在老人昏迷住院期间,其子女多次前往养老院吵闹,扰得院方不胜其烦。直至林老太去世,通过协商医院赔一万二千元,养老院赔3万元,此事才告停歇。对于这种因老人本身原因导致其他老人受伤的情况,养老院是否应当承担责任？

请思考:养老院内一老人致另一老人受损的,机构有无责任？

任务二 养老机构意外伤害事故的处理

◆ 任务要点 ◆

关键词:意外事故纠纷处理、现场维护、物证保管

理论要点:养老机构意外事故纠纷的处理程序和注意事项

实践要点:能够按照程序处理意外纠纷事故,并明确需要保留的证据。

◆ 任务情境 ◆

王女士明确了意外伤害事故的预防措施,但是面对已经发生的意外,王女士应该如何应对？

◆ 任务分析 ◆

意外伤害事件发生后容易引发矛盾与纠纷,解决的办法是调查、调解和诉讼。然而,目前我国养老机构相关法律法规制度不健全,还没有专门的养老机构意外伤害事件处理办法,因此,在意外伤害事件发生后,没有一个规范的处理程序与事故鉴定机构,这给养老机构处理意外伤害事件引发的纠纷带来了困难。

步骤一 意外事故纠纷处理

(1) 处理程序

一旦发生老人伤害事故要采取积极的处置措施,其主要程序如下:

① 养老机构发生伤害事故后应立即启动应急预案;

② 第一时间向主管部门报告情况,并做好稳定工作;

③ 及时成立事件调查小组,确定专人组织调查,保留第一手资料(原始记录),保护现场或保留物样,不擅自为事故定性,并写出事故报告;

④ 召开老年人以及相关人员会议,通报事件经过,并进行安全再教育,稳定老年人情绪,做好事故后稳定和秩序维护工作;

⑤ 养老机构工作人员必须坚守各自岗位,未经允许,不得擅自发布误导信息,共同做好维护稳定工作;

⑥ 认真分析事故发生的原因、责任以及所产生的后果,对照目前养老机构的基本情况,进行必要的整改,避免类似事件的再次发生。

(2) 家属与媒体接待

① 家属来访与接待工作

事故发生后,养老机构要做好家属的来访接待工作,与受害人及家人要妥善协调。养老机构要以科学的态度,及时认真地做好事故调查与调节工作,做到坚持原则,不徇私情,不护短,不息事宁人。要牢固树立服务思想,无论对错,不要相互埋怨,而应更加尽力地把服务工作做到位,冷静、耐心、细致地与老人家属进行沟通,力戒受害人家属过激等行为的发生,避免矛盾激化。

② 谨慎处理与媒体的关系

要注意谨慎接受媒体采访,派专人接待新闻记者,对其的介入持积极肯定的态度,做到实事求是,出言谨慎,不知道的不说,知道的不乱说,坦诚地与新闻媒介沟通,避免不利报道。

(3) 要学会依法维权

① 依法进行责任认定

养老机构要依法对伤害事故的责任进行认定,分别明确养老机构的责任、养老人员发生伤害事故的责任以及第三方的责任,如果确认养老机构由于自身过错而必须承担法律责任,养老机构应正确对待,绝不回避,更不能逃避责任。养老机构是否承担赔偿责任,主要看其是否有过错。如果养老机构已履行了相应职责,行为并无不当的,就不应该承担法律责任。如地震、雷击、台风、洪水等不可抗力造成的;来自养老机构外部的突发性、偶发性侵害造成的;养老人员有特异体质、特定疾病或者异常心理状态,养老机构不知道或者难以知道的;养老人员入院时隐瞒特定疾病的;养老人员的身体状况、行为、情绪等有异常情况,养老机构已经告知其亲属的;养老人员的亲属在接送其途中发生意外伤害的;养老人员自行外出发生意外伤害的;养老人员之间发生的伤害;等等,这些在福利机构管理职责范围外发生的或者其他意外因素造成的伤害,养老机构就不应承担责任。

② 依法进行赔偿

需要养老机构承担责任的事故,在赔偿问题上,养老机构要注意依法进行:赔偿费用应是法定范围之内的、必要的、合理的,与救治伤害事故无关或其他不合理的费用,养老利机构有权拒赔;在赔偿处理中,受害人可能会提出一些无法律依据或不合情理的要求。这就要根据责任大小适当予以经济赔偿;赔偿应充分考虑养老机构的性质及可能带来的社会影响。

最后,事故处理结束后要及时报告。养老机构应将事故调查处理的结果书面报告地方民政部门,重大伤亡事故的调查处理结果,还应向同级人民政府和上一级民政部门报告。

步骤二　其他需要注意的问题

（1）注意查看老人入住协议和补充协议

老人入住时都会与养老机构签署入住协议，入住时间长、健康状况发生变化时，为规避服务风险，养老机构还会与老人和亲属签署一些补充协议。这些协议是处理意外事故纠纷的有力法律依据，它明确了老人入住期间可能发生的意外、处理方法以及免责条款。只要养老机构认真履行了服务协议，无过错，就应当据理力争，维护自己的合法权益，反之，如果在服务过程中确实存在着一些疏忽、过失，则应勇敢地承担起相应的法律责任，以维护老人的合法权益。

[小链接7-1]

养老机构服务协议中关于意外伤害事件的约定

1. 出现疾病或事故等紧急事件的处理

（1）如乙方在入住期间突发疾病或身体伤害事故，甲方应及时通知丙方，同时尽自身所能立即采取必要救助措施，及时联系120或999急救车辆；如需到医疗机构急救，甲方应派人陪同。如遇丙方不来医院处理的，甲方无手术签字权，甲方对乙方在医院期间的治疗不承担任何责任。如果丙方不来医院，甲方应尽早与本合同确定的其他联系人取得联系，通报情况。

（2）由此发生的一切费用包括但不限于急救费用、治疗费用、住院押金等均由乙方负担，丙方承担连带责任。

2. 乙方去世的善后服务及相关费用的承担

（1）本合同有效期内，如乙方去世，甲方应及时与丙方取得联系，丙方负责善后处理并承担相关费用。

（2）甲方负责办理死亡证明，负责与殡仪馆联系的，丙方应向甲方交纳善后服务费元。

（3）发生本款约定的情况，如甲方自发出书面通知之日起三日内仍无法与丙方取得联系，或者虽然取得联系但丙方在甲方发出书面通知之日起三日内仍不来协同处理相关事宜的，乙方、丙方在此授权甲方本着合理善意、符合公序良俗的原则进行善后处理，包括但不限于遗体火化，骨灰寄存等，发生的一切费用由丙方承担。

3. 甲方与丙方联系中断

（1）因丙方提供的联系地址、方式不准确或不详细或变更后未及时通知甲方，或其他原因致使甲方无法与丙方及时联系，此种情况连续达一个月则视为联系中断。如果联系中断的情形持续两个月，甲方与乙方协商后，有权重新确定联系人，但不免除丙方应承担的义务。

（2）如果在丙方联系中断的情况下出现丙方应承担保证责任的情形，则甲方有权起诉丙方，丙方应负担由此产生的一切费用，包括但不限于乙方拖欠的养老服务费、违约金、赔偿金、诉讼费用、甲方聘请律师实际支付的律师费及为挽回损失所支付的一切费用。

4. 特殊情形责任的负担

(1) 乙方不服从甲方管理、不听甲方劝阻或不接受甲方服务，食用在外自购食品或探视亲友送来的食品等原因造成的损害，由乙方承担。遇上述情况，甲方应及时通知丙方。

(2) 本合同有效期内，乙方因自身身体原因患病的，甲方应在所提供服务和自身能力的范围内积极救治，但对乙方患病或乙方因疾病导致去世所产生的后果不承担责任。

(3) 因不可抗力致乙方受到伤害，后果由乙、丙方承担。

5. 本合同关于乙、丙方权利义务的约定，并不免除对乙方有法定赡养义务的其他人员的法定责任。

(2) 病历、护理记录及原始资料的保管及现场处理

病历、健康档案及护理记录是医疗及护理过程中最原始、客观、真实的材料，对意外事故纠纷的处理有着重要作用。在纠纷发生前，一般不存在病历、健康档案、护理记录虚构的问题，最大的可能是记录不完整，一旦发生纠纷，情况就可能发生变化。病历、健康档案、护理记录及相关资料应妥善保管，或移送指定部门封存保管，以避免丢失、抢夺、涂改、伪造、销毁的事件发生。亲属如需复制病历、健康档案、护理记录等相关资料应按照正规程序办理复印手续。

在发生意外事故纠纷之前，医护人员正常补记抢救及护理记录不属涂改范围。当发生意外事故纠纷之后，如发现原记录有差错或笔误，可在一定场合说明，但不能再修改原有记录。

(3) 现场维护及物证保管

对老人抢救的现场、死亡后的尸体，如条件允许应尽量让死者亲属目睹现场，由有关人员做好现场整理和记录后，将尸体移送殡仪馆保存。对于住院期间发生的自伤、自杀、他杀，医护人员一旦发现后，如有抢救希望，应立即组织现场抢救，此时，移动老人并非是破坏现场，这种行为是合法的。若老人无救治的可能，暂时不应移动，可通过公安部门勘查现场。对可能导致老人致伤、致残、致死的物品要妥善保管，残留药液、血液、呕吐排泄液要留样备查。

触类旁通

危机管理是指应对危机的有关机制。具体是指企业为避免或者减轻危机所带来的严重损害和威胁，从而有组织、有计划地学习、制定和实施一系列管理措施和因应策略，包括危机的规避、危机的控制、危机的解决与危机解决后的复兴等不断学习和适应的动态过程。其处理方式对养老机构的意外伤害事故处理是很好的借鉴。

1. 公众误解事件处理要点

在企业的发展过程中，有时自身的工作、产品质量没有任何问题，经营中也没有发生损害公众利益的事件，但由于种种原因，被公众误解了，公众无端地指责企业，企业因此而陷入

危机之中,这就是误解性危机事件。不利的社会舆论导向、社会流言、新闻工作者的误报、竞争对手的误导乃至造谣破坏等都是误解性危机事件发生的外部诱因,企业面临此类事件后,不能"无为而治",而应及时采取措施加以解决。

处理误解性事件的要点是:

(1) 调查此类事件发生的原因、误解性信息的传播范围、公众对误解性信息的相信程度、误解性信息对企业已造成的不良影响以及其潜在的影响等。

(2) 策划公共关系传播作品、宣传活动,巧妙地公布事实真相,澄清事实,消除误解性舆论的不良影响。对于因竞争对手的误导特别是造谣破坏而产生的误解性危机事件,企业还可以考虑借助法律武器来保护自己的形象。

(3) 反省企业传播工作中存在的问题,改善企业的公共关系宣传工作。公众之所以会轻易盲从他人意见,从公众方面来说,存在随大流、从众等心理问题;而从企业反面来说,说明企业平时与公众沟通不够,没有让公众了解到具体情况,导致公众不太信任企业。因此,企业应亡羊补牢,全面审视企业的公共关系工作和对外宣传工作,并加以整顿,强化企业与公众之间的沟通与信任机制。

2. 事故性事件处理要点

在企业发展过程中,由于自身的失职、失误,或者管理工作中出现问题,或者产品质量上出现问题,由此引发的危机事件,会使企业形象受到严重破坏,并且这种事件的责任完全在于企业自身。因此,对于此类事件的处理,要把握以下要点:

(1) 果断采取措施,有效制止事态扩大。

(2) 真诚接受公众批评,及时向公众及新闻界披露真情、公开致歉,以期迅速获得公众的谅解、宽容。

(3) 组织专门人员,立即采取善后措施,尽量减少公众损失,主动提出合理的赔偿方案。

(4) 认真检查,切实做好改进工作。

(5) 适当宣传,把事态的发展情况、改进措施,对公众的承诺和服务等内容,通过适当的媒介、传播方式公之于众,以消除公众的不良印象,恢复公众的信任。

(6) 借此向全体员工进行教育,避免今后再度出现类似的问题和差错。

3. 火灾事件处理要点

火灾事件是企业的一种严重安全事故,它对企业形象损害极大。处理火灾事件的要点是:

(1) 发现火警后,应立即通知消防公安部门,并根据已知情况当即做出安排,组织灭火;

(2) 迅速进入现场,奋力抢救各类人员和财产;

(3) 及时抓好对伤亡人员的抢救和处理工作,并对其亲属做好安抚;

(4) 深入情况对火灾事故责任人做出严肃处理;

(5) 将调查结果、事故原因、损失情况、处理情况实事求是地提供给政府部门及新闻单位,控制舆论走向;

(6) 发动员工总结经验教训,制订防火措施,并将落实情况及成效公之于众,求得各方理解与支持,逐渐恢复企业的形象。

4. 内部纠纷事件处理要点

企业内部纠纷事件往往是由于职工的物质利益被忽视，工资奖金分配不合理，福利待遇偏低，职工有后顾之忧，工作环境差，职业病得不到很好的医治，处理问题不公平，对待职工不能一视同仁等到引起的。内部纠纷事件处理的要点是：

（1）心平气和地倾听职工群众的批评、意见和建议；

（2）给职工群众心理上、物质上的补救，为化解矛盾做好铺垫；

（3）引导职工群众"向前看"，把组织的困难外向职工群众"交底"，求得职工群众的了解与理解；

（4）对因搞不正之风引起职工群众强烈不满的个别干部做出严肃处理，以平息职工群众的不满情绪；

（5）事件平息后，把对事件的处理结果向职工群众公布，从各方面争取职工群众的谅解。

案例分析

68岁的唐先生，下肢行动不便，2003年6月其家属将其送到某敬老院，敬老院与其家属签署了入院协议书，协议明确敬老院为其提供一级护理，并针对每月的服务费用等问题加以明确。2005年夏天的一个晚上，唐先生入住的房间突然发生大火，敬老院工作人员从火场中将其救出后送往医院抢救，在医院反复说明患者病情危险的情况下，唐妻坚持要求转院，并随后将唐先生带回家，当日，唐先生死亡。不久，警方做出火灾原因认定书，认定火灾是由唐先生抽烟引燃衣物所致。

其家属认为养老院应该对此承担责任，遂向法院提起诉讼。唐学生的家属称，是敬老院工作人员疏于看护之责，才造成这场大火，敬老院未尽相应职责是造成唐先生死亡的根本原因。因此，其家属要求法院判令敬老院赔偿各项经济损失33万元及精神损害抚慰金5万元。敬老院认为，敬老院消防设施完备，唐先生在房内使用明火不当导致火灾，工作人员发现后将其救出并送往医院抢救，敬老院已经尽到了妥善处理的义务，唐先生下肢虽不灵便，但上肢正常，完全有能力控制火势，但他放弃了。敬老院还说，唐先生入住敬老院前曾有多次自杀行为，不能排除其自杀的可能。另外，其妻子放弃抢救治疗也是导致其死亡的直接原因。

请思考： 养老机构在此次事故中是否负有责任？

任务三　安全管理体系设计及运行

任务要点

关键词：安全管理体系、设备设施安全、食品安全、消防安全、医疗护理安全、人身安全、财产安全、信息安全、突发事件应急管理和安全教育与培训

理论要点：养老机构安全管理的内容和要求

实践要点:能够制定安全管理的相关文件

> **任务情境**

王女士了解到早在2012年民政部就发布了《养老机构安全管理》的行业标准,她进行了仔细的学习,准备按照行业标准的要求制定一套完整的内部安全管理文件。

> **任务分析**

安全管理的体系设计和运行要求应该根据养老机构的特点和民政部《养老机构安全管理》的规范,进行合理设计。确保安全管理的内容能够包含养老机构的所有服务和日常运行。

步骤一 养老机构安全管理体系建设

(1) 养老机构安全管理体系

安全管理体系,顾名思义就是基于安全管理的一整套体系,体系包括软件硬件方面。软件方面涉及思想,制度,教育,组织,管理;硬件包括安全投入,设备,设备技术,运行维护等等。构建安全管理体系的最终目的就是实现企业安全、高效运行。按照《养老机构安全管理》的规范,它包括:安全管理部门及职责、安全管理人员要求及职责、安全管理制度、意外事件报告制度等内容。

(2) 养老机构安全管理体系的要求

① 安全管理部门及职责

养老机构的安全责任人应是机构法定代表人或主要负责人。养老机构应依法建立安全管理部门,安全管理部门由安全责任人、安全管理人员、相关部门和具体实施安全工作的专(兼)职人员组成,逐级负责本机构的安全管理工作。

② 安全管理人员要求及职责

第一,养老机构应按照机构总人数及服务内容配置相适应的专(兼)职安全管理人员。

第二,安全管理相关工作人员应熟悉国家和地方安全管理相关的法律法规及技术规范,并取得相关部门认可的资格证书,持证上岗,具备必要的组织协调能力和突发事件应变处置能力。

第三,安全责任人应全面负责本机构的安全工作,依法开展安全管理工作;建立安全管理部门和组织(含义务消防组织);审查批准安全制度、组织制定并实施安全事故应急预案;定期研究、督导安全问题;及时、如实向上级主管部门报告安全事故。

第四,安全管理人员应负责本机构主管范围内的安全工作;负责制定安全管理制度和年度安全工作计划,组织实施日常安全管理工作;督促、落实隐患整改工作;定期向安全责任人报告安全工作情况,及时报告涉及安全的重大问题。

③ 安全管理制度

养老机构应遵守国家法律法规要求,建立健全各项安全管理制度。制度应包括:

第一,安全责任制度

安全责任制度是根据我国的安全生产方针"安全第一,预防为主,综合治理"和安全生产法规所建立的。具体到养老机构就是指各级领导、职能部门、专业技术人员、工勤人员在为老服务过程中对安全层层负责的制度。安全责任制度是岗位责任制的一个组成部分,是企业中最基本的一项安全制度,也是企业安全生产、劳动保护管理制度的核心。

第二,安全教育制度

为确保养老机构的安全服务,提高全员的自我保护和保护老人意识,在员工中牢固树立"安全第一"的思想,使员工懂得安全服务的基本知识,掌握安全服务的操作技能。主要包括:安全工作涉及的法律法规和规章、本部门或岗位的安全管理制度和操作规范或规程、设备设施、工具和劳动防护用品的使用、维护和保养知识、安全事故的防范意识、应急措施和自救互救知识、应急预案的演练、法律法规规定的其他内容。

教育与培训的组织实施应符合下列要求:

安全责任人负责对安全管理人员的教育和培训,使之全面掌握养老机构安全监测、控制、管理的理论、专业知识和技能,并能指导实际工作;

安全管理人员应组织本机构工作人员的安全教育和培训,使之掌握安全知识和相关安全技能;应对老年人进行重点安全问题预防知识教育;

可采取多种形式进行安全教育和培训;

应对教育和培训效果进行检查和考核。

接受教育与培训的人员应包括:

安全责任人、安全管理人员,每年应接受在岗安全教育与培训;新员工,上岗前应接受岗前安全教育与培训,并做好培训记录;换岗、离岗6个月以上的,以及采用新技术或者使用新设备的,均应接受岗前安全教育与培训。

第三,安全操作规范或规程

安全操作规程或规范,一般是指养老机构中的部门为保证本部门的服务工作能够安全、稳定、有效运转而制定的,相关人员在操作设备或提供服务时必须遵循的程序或步骤。对养老机构来说,操作规程一般包含土木建筑安全操作规程、电力安全操作规程、消防安全操作规程、交通运输安全操作规程、特种设备安全操作规程。

第四,安全检查制度

是指国家有关行政部门以及养老机构本身对养老机构执行安全法律进行定期或不定期的检查制度。

第五,事故处理与报告制度

事故处理与报告制度是指为了及时了解和研究事故的原因,掌握事故发生的规律,认真吸取教训,以便有效地采取排除事故的措施,保证安全生产,特制定本制度。国家在相关规定中严格限制了各类型事故的报告制度。

[小链接7-2]

事故类型

轻伤事故:是指一次事故中只发生轻伤的事故。

重伤事故:是指一次事故发生重伤(包括伴有轻伤)、无死亡的事故。

死亡事故:是指一次事故死亡1—2人的事故。(包括伴有重伤、轻伤)。

重大死亡事故:是指一次事故死亡3人(含3人)以上10人以下的事故。包括发生事故以后30日因事故而延长的均计入(排除医疗事故或自然死亡)。

特大死亡事故:是指一次事故死亡10人(含10人)以上的事故。

特别重大死亡事故:(1)一次造成直接经济损失1 000万元及以上的(或其他发生一次死亡30人及以上或直接损失在500万元以上的事故)。(2)一次性造成职工100人及以上的急性中毒事故。(3)其他性质特别严重,产生重大影响的事故。

第六,突发事件应急预案

养老机构应制订应对自然灾害、事故灾难、公共卫生事件、社会安全事件等突发事件的应急预案,并结合本机构实际情况制订处置专项突发事件应急预案,宜包括火灾处理预案、食物中毒处置预案、传染病处置预案以及机构认为有必要制订的其他预案。

应急预案的内容应至少包括:指导思想、组织机构、职责分工、处置原则、预案等级、处置程序和工作要求。

养老机构内全体工作人员应掌握应急预案内容并履行应急预案规定的岗位职责。应急预案应至少每半年进行一次演练。

同时,应建立统一的安全突发事件监测、预警制度,完善监测、预警机制,加强对监测工作的管理和监督,保证监测质量。

第七,考核与奖惩制度

单位应该按照安全管理的要求,制定相应的考核和奖惩制度,保证安全管理的运行和落实。

④ 报告

发生意外或可能引发意外的过失行为后,应按要求逐级上报。

报告程序应符合下列要求:

发现设施、服务过程或服务对象存在安全隐患,工作人员应向安全管理人员报告,安全管理人员应及时组织力量采取积极的措施,消除隐患,并向上级报告;

发生安全事故后,工作人员应立即向安全管理人员报告,并进行事故详细记录;安全管理人员应迅速向安全责任人报告;安全责任人应按照有关规定及时向上级主管部门和相关行政主管部门报告。发生重大疫情,应及时向机构属地疾病预防控制机构报告。

[小链接 7-3]

事故报告制度

事故的报告统计:(1)发生事故后,现场有关人员应立即直接或逐级报告企业负责人,企业应当立即组织人员抢救,并保护好现场;(2)发生重伤以上事故,企业应当以快速的办法报告当地企业主管部门、安全生产监督部门、公安部门、工会等,最迟不超过24小时;(3)报告的内容包括事故的时间、地点、伤亡者姓名、性别、年龄、伤害程度以及事故的简要经过等;(4)企业应当根据政府安全生产监督管理等部门的要求,按月、年定期报送伤亡事故的统计报表。

步骤二 养老机构安全管理具体要求

(1)设备设施安全要求

第一,消防安全

养老机构建筑在正式投入使用之前,应通过公安消防机关的消防验收。建筑防火设计和建筑内部装修设计及使用装修材料的燃烧性能等级,应符合国家相关要求,并设置火灾自动报警系统、自动灭火系统或室内外消火栓系统及防排烟设施。

任何部门、个人不应损坏、挪用或者擅自拆除、停用消防设施、器材,不应埋压、圈占、遮挡消火栓或者占用防火间距,不应占用、堵塞、封闭疏散通道、安全出口、消防车通道。人员密集场所的门窗不应设置影响逃生和灭火救援的障碍物。消防设施、器材应定期组织检验维修,并对消防设施每年至少进行一次全面检测,确保完好有效。

第二,电气安全

养老机构应正确选用各类用电产品的规格型号、容量和保护方式(如过载保护等),不应擅自更改用电产品的结构、原有配置的电气线路以及保护装置的整定值和保护元件的规格等。

选择用电产品应确认其符合产品使用说明书规定的环境要求和使用条件,并根据产品使用说明书的描述,了解使用时可能出现的危险及需采取的预防措施。

电器线路、电气设备的安装应由专业人员实施,安装完成后,依法进行检测。用电产品的安装、使用及维修应符合国家规定。

第三,燃气安全

燃气安全的管理应符合 GB/T 50340-2003 第5章的要求,使用燃气的设备及场所应设可燃气体报警装置。养老机构不应私自拆、移、改动燃气表、灶、管道等燃气设施,不应私自安装燃气热水器、取暖器和其他燃气器具。养老机构选择使用的燃气灶、热水器和壁挂炉等燃气器具应经有资质的检验机构检验合格,并根据产品使用说明书了解产品使用时可能出现的危险及需采取的预防措施。

第四,特种设备安全

特种设备在投入使用前或者投入使用后30天内,养老机构应向特种设备安全监督管理部门登记。登记标志应置于或者附着于该特种设备的显著位置。

养老机构应对在用特种设备进行经常性日常维护保养,并定期自行检查。应至少每月进行1次自行检查,并做出记录。在自行检查和进行日常维护保养时发现异常情况的,应及时处理。电梯维护单位应至少每15天对养老机构在用电梯进行1次清洁、润滑、调整和检查,并做记录。

第五,健身器材安全

健身器材的安全注意事项和警示标志应设置在活动区显著位置。养老机构应定期对在用健身器材进行清洁、润滑、调整、检查并维护,并做记录。发现情况异常,应及时处理。

第六,建筑安全

养老机构的选址及规划布局和无障碍设计应符合国家相关规定,并应对本机构建筑设施进行定期维保。

第七,安全标志

养老机构应对存在较大危险因素的部位和有关设备、设施设置安全标志。养老机构应对安全标志牌至少每半年检查一次,如发现有破损、变形、褪色等不符合要求的应及时修整或更换。

养老机构的安全出口、疏散走道和楼梯口应设置灯光疏散指示标志,疏散指示标志应设在安全门顶部或疏散走道及其转角处距地面高度1米以下的墙面上,且疏散指示标志的间距不应大于20米。同时在疏散走道的地面应设置蓄光型疏散导流标志,并保证疏散导流标志视觉连续。在走廊通道墙面明显处设置疏散路线示意图。

第八,监控设备

养老机构应设置监控设备,做到重点公共区域全覆盖。设置监控系统的养老机构应有监控系统控制室,并应有专(兼)职人员24小时值班;值班人员要坚守岗位,做好运行和值班记录,执行交接班制度。控制室的入口处应设置明显标志。

(2)服务安全要求

第一,食品安全要求。养老机构应遵守国家食品安全相关法律法规和食品安全标准的要求。建立健全食品安全管理制度,采取有效的管理措施,保证食品安全。

第二,医疗护理安全要求。养老机构内设的医疗机构应遵守国家医疗安全相关法律法规要求,依照卫生部门的规定,建立相应的医疗护理安全管理制度,对护理照料、医疗等重点安全问题进行监控。养老机构内设的医疗机构应接受卫生部门定期的监督检查。

第三,人身安全要求

养老机构应遵守国家相关法律法规要求,建立相应的人身安全管理制度。对故意伤害、走失、交通安全等重点安全问题进行监控。

养老机构应对生活照料、日常管理、服务活动中涉及的有关人身安全问题进行安全评价,并实施有效监控和防范。

第四,消防安全要求。养老机构应遵守国家消防安全相关法律法规要求,建立相应的消防安全管理制度。应按照《中华人民共和国消防法》的规定建立消防安全定期检查、自查自纠及第三方评估制度。对日常消防安全管理进行安全评价,并实施有效监控。

（3）其他安全要求

第一，财产安全要求。养老机构应遵守国家相关法律法规要求，建立相应的财产安全管理制度。对偷窃等重点安全问题进行有效监控和防范。

第二，信息安全要求。养老机构应建立各类信息、档案资料保管制度。应严守国家保密法和保密守则，不泄密。不外泄个人隐私。信息应包括机构内部形成和采集的文字信息（包括老年人健康档案、管理工作档案等）、图片信息、影像信息等。收集的信息应符合真实性、准确性、全面性、时效性的原则。有专（兼）职人员负责信息管理，各类信息经过筛选和整理后，应当分类保存。重要的照片、影像等信息资料应采用适当的媒介保存。

触类旁通

养老机构安全护理的防范措施

1. 防跌倒

应采取以下措施来预防。

（1）不宜穿过长或过大的衣服及裤鞋，尤其是过长的裤腿会直接影响老人的行走，在走动时最好穿较合脚的布鞋，而不要穿拖鞋，穿脱裤子和鞋袜时最好坐着进行。

（2）室内布局合理，留有足够的活动空间，走动范围内的地面或地毯应保持平整，不可有任何障碍物，若是水泥或瓷砖地面，应避免积水，以防老人行走时被绊倒或滑倒。轮椅、推车使用前先锁定，防止移动。

（3）老年人用的卫生间，最好安装坐式马桶，在马桶两旁或前面设扶手，便于站立，给老人使用的澡盆不宜过高，盆口离地面不要超过 60 cm，以利进出，澡盆底应垫上胶毯，可避免在洗澡过程中滑倒。

（4）嘱咐老年人做事动作宜慢，如大便后、起身上下床、低头弯腰拾东西等均不宜动作过快，特别要防止猛回头和急转身的动作。在走动前要先站稳，站直后再起步，无人搀扶时最好扶拐杖。

（5）对反应迟钝，有体位性低血压者，或服用氯丙嗪类药物及初用降压药物的老年病人，睡前应在床旁备好便器，如必须下床或上厕所时最好有人陪伴。

2. 防呛防噎

老年人在进食时必须注意以下几点。

（1）食物的量要少，质要精，要软而易消化，以保证足够的营养。进食时病人体位要合适，情况许可应尽量取坐位或半卧位进食。

（2）进食时，应使病人注意力集中在"吃"上，不看书报，不与旁人说话，不思考与进食无关的问题，给双目失明或眼部手术的老年人喂食时，每喂一口先用餐具或食物碰一下老人的嘴唇，提醒他注意，然后再将食物送进他的口里。

（3）对吃干食容易噎的老人，进食时应适当地给点汤水，每口食物不宜过多；对吃流食经常发生呛咳的老人，应把食物做成糊状，必要时给下鼻饲。

3. 防坠床

必须给意识不清的老年病人加床档,睡眠中翻身幅度较大或身材高大的病人应将椅子挡在床旁,或适当加宽卧床。

4. 防热伤

指导病人正确使用理疗器、热水袋,水温以70℃左右为宜,外加布套,以防止灼伤、烫伤。

5. 防止医院内感染

(1) 限制探视,避免过多会客,必要时"谢绝会客"。
(2) 病人之间不要互相走访,尤其患有呼吸道感染或发烧的病人不宜串病房。
(3) 病室内定时空气消毒。
(4) 医护人员给病人做检查、治疗及护理前后要清洁双手。
(5) 长期应用抗生素的病人应防止二重感染。
(6) 体质特别虚弱者应实施保护性隔离。

◆ 案例分析 ◆

2015年5月25日20时许,河南省鲁山县城西琴台办事处三里河村的一个老年康复中心发生火灾。截至26日凌晨4时30分,抢险人员共抢救出44人,其中:38人死亡、4人轻伤、2人重伤,伤者已送医院救治。

这个发生火灾的康乐园老年中心是2010年12月份经过政府部门批准成立的正规的养老中心,过火的区域一共有床位51个,发生火灾时有44人居住。入住老人大多是介护老人,生活不能自理。

经有关部门调查显示,火灾原因是因为电线老化产生火花,同时该老年中心违规采用易燃可燃材料为芯材的彩钢板,建筑耐火等级低,导致严重的火灾。而且该项目建设、设计不符合相关要求,安全疏散通道狭窄拥挤;安全管理存在漏洞,用火用电管理不规范,隐患排查治理不及时,应急处置能力不足。

(资料来源:http://baike.baidu.com/link?url=IQNRBs0gdB3-2ijOBE0p6AmMhpZCFsx3pGK3agDM2_o5l4ASwpxylKYUE5cYB2wddhwdxiaU7NVfuOOCSvuHO1rx0fkHgQRccf6tCTcrS3BxPxuWinK1HB-bxsTLFIlJnRSx8M3QNQc1PVHRKHwqX-BfOIkp_hHL8JdPLXPY9yNnluEY6j8Yx4iEyQ7LfMkkIc4v2TjglW9GLdUEWr8TUa)

请思考:该养老机构的安全管理存在哪些漏洞?

◆ 项目小结 ◆

随着养老服务事业的蓬勃发展,新建和改建的养老机构以及入住机构的老年人逐年增多。因此,为老年人提供安全有效的医疗护理服务,是当前养老机构面临的重要课题。但是,养老机构也是意外伤害事故的多发地。

养老机构伤害事故发生频率高,种类多样,伤害事故责任主体多样,责任难以认定,对养老机构造成了沉重的负担。养老机构一定要从内外部两个方面考虑意外伤害的因素,尽量晚上安全管理部门及职责、安全管理人员要求及职责、安全管理制度、意外事件报告制度等内容,从设施设备、护理等多方面进安全管理。

一旦发生了意外伤害事故,也应该按照相关规定,对老人进行急救。

思考题

1. 养老机构意外伤害事故发生的内外部因素有哪些?
2. 养老机构发生意外伤害事故,你需要收集哪些资料作为证据。
3. 养老机构安全管理的体系是什么?
4. 养老机构食品管理还应注意哪些问题。

实战强化

项目一　养老机构安全事故模拟新闻发布会

【实训目标】

初步掌握养老机构意外伤害事件类型、产生原因、防范措施以及突发事件发生后的应急处理措施。

【实训内容与要求】

案例背景

王某有五名子女,两名在国外定居,三名在国内从事个体经营业务。国外的子女无法照顾老人,国内的子女因长期在外忙碌,也无暇照顾老人。为了让老人能安度晚年,三名子女把老人送到某养老院住养。入院时老人患有多种疾病,大小便失禁,入院评估后护理等级为专护。老人入住养老院已三年,平时护理工作正常,子女及老人都比较满意。2003年5月5日,是老人的83岁生日,一天的期待,因为没有子女前来祝寿,老人感到有些失望,虽然养老院特意给老人买了生日蛋糕并为其庆祝生日,但老人的心情一直闷闷不乐。5月6日晚上,老人砸开了装有敌敌畏的厨柜,把一瓶敌敌畏喝了。被随即赶来的服务人员发现,立即将老人送到了医院,并通知其子女。后经医院抢救,老人最终还是离开了人世。子女们很不理解这突如其来的噩耗,愤怒地将养老院告上了法院,当地的多家媒体也要求就此事进行采访,为应对这次事件,养老院决定组织一个媒体见面会……

实训内容:

(1) 指导教师将本班同学分为2~3组,每组指定一个组长。由组长扮演养老院的办公室主任,其他同学扮演办公室的成员。

(2) 请各办公室分别挑选主持人和发言人;拟写发言提纲。

(3) 其他各组扮演受邀的各新闻单位,并挑选记者,准备提问。

(4) 各组对本次实训进行总结,指导教师进行点评。

【成果与检测】

1. 每人写出一份简要的实训心得；
2. 以小组为单位，分别由组长和每个成员根据各成员在见面会中的表现进行评估打分；
3. 再由教师根据各成员的实训心得与在见面会中的表现分别评估打分；
4. 将上述诸项评估得分综合为本次实训成绩。

项目二：模拟养老机构安全管理方案

【实训目标】

1. 培养学生利用所学知识预防养老机构安全事件的能力；
2. 培养分析、归纳与写作的能力。

【实训内容与要求】

根据所学知识与小组模拟养老机构的情况，完成各自模拟养老机构安全管理的计划和应急预案，并进行班级讨论。

【成果与检测】

1. 各组交换安全管理计划和应急预案，进行互评；
2. 邀请养老机构管理者进行打分；
3. 由教师进行评估打分。

主要参考文献

[1] Gary Yukl. 组织中的领导(第5版)[M]. 北京:清华大学出版社,2001:146-152.
[2] 陈丽梅. 我国民营养老机构的健康发展研究[D]. 内蒙古大学,2014.
[3] 陈雪萍等. 养老机构老年护理服务规范和评价标准[M]. 杭州:浙江大学出版社,2011年.
[4] 陈卓颐. 实用养老机构管理[M]. 天津:天津大学出版社,2009年.
[5] 成建兰. 公办民营护理型养老机构发展困境与展望[D]. 南京理工大学,2014.
[6] 邱文一. 我国城市机构养老问题研究[D]. 大连:大连海事大学,2011.
[7] 董红亚. 中国社会养老服务体系建设研究[M]. 北京:南开大学出版社,2011年.
[8] 冯阳阳. 论我国养老机构监管机制的法律完善[D]. 曲阜师范大学,2014.
[9] 冯禹. 沈阳市民办养老机构运营困境与对策研究[D]. 沈阳师范大学,2014.
[10] 付彤. 安徽省城乡居民收入差距问题研究[D]. 安徽财经大学,2012:21.
[11] 付中安. 城市社区居家养老服务体系建设研究——以昆明市为例[D]. 云南财经大学,2002:31.
[12] 耿永志. 养老服务业发展研究:目标、差距及影响因素[J]. 湖南社会科学,2013,(3):113-116。
[13] 《广东省养老市场深度剖析_行业分析—养老网》http://www.yanglao.com.cn/article/6579.html.
[14] 桂世勋. 合理调整养老机构的功能结构[J]. 华东师范大学学报,2001(7)97-101.
[15] 郭红艳,王黎,彭嘉琳,谢红. 养老机构服务质量评价指标体系的构建[J]. 中华护理杂志,2014,04:394-398.
[16] 韩家新. 提高养老护理人员素质的途径探析[J]. 科学咨询,2012(4):80
[17] 黄加成. 新时期民办养老机构管理者素质研究[M]. 淄博师专学报,2011(4):37.
[18] 黄丽珍. 完善我国城市养老机构服务标准的必要性研究[D]. 北京:北京交通大学,2010.
[19] 贾素平. 养老机构管理管理与运营实务[M]. 天津:南开大学出版社,2013年.
[20] 解晨等. 现代护理管理临床实务全书[M]. 济南:山东科学技术出版社,2008年.
[21] 《解读"扩大养老消费":潜力巨大 发展滞后_中国经济网——国家经济门户》http://www.ce.cn/cysc/newmain/yc/jsxw/201411/14/t2.
[22] 黎剑锋. 民办养老机构服务供给现状及对策研究[D]. 厦门大学,2014.
[23] 李明羽. 优势视角理论下机构养老中失能老人的照料研究[D]. 中国社会科学院研究生院,2014.
[24] 李松柏. 我国旅游养老的现状、问题及对策研究[J]. 第二届(2013)老年人口与健康产

业国际会议论文集,2013,(11):201.
[25] 李维安.非营利组织管理学[M].北京:高等教育出版社,2005:95-96.
[26] 梁琳.观念营销视角下养老机构的营销策略[J].2014(13):186.
[27] 凌云霞等.护理人力资源管理与责任制排班[M].北京:军事医学科学出版社,2012年.
[28] 刘美清.我国老龄产业发展战略分析[D].天津师范大学,2012:15.
[29] 刘美霞等.老年住宅开发和经营模式[M].北京:中国建筑工业出版社,2008年.
[30] 刘松丽.社会工作方法在机构养老供给中的应用研究[D].苏州大学,2014.
[31] 刘夏.养老机构"低入住"现象研究[D].南京师范大学,2014.
[32] 刘晓颖.民营养老机构发展研究[D].西南交通大学,2014.
[33] 吕珊.我国城市机构养老服务的社会化探索[D].武汉:武汉科技大学,2010.
[34] 吕晓宁.民办养老机构优化研究[D].首都经济贸易大学,2014.
[35] 孟令君等.养老服务机构管理人员能力培训辅导教程[M].北京:中国社会出版社,2008年.
[36] 倪如宁.企业竞争理论与价格战略的应用与研究[D].对外经济贸易大学,2002:17.
[37] 强克迪.我国民办养老机构的行政监管[D].吉林大学,2014.
[38] 秦勃.我国居家养老服务体系建设的难点及其突破[J].中南林业科技大学学报:社会科学版,2012,(6):61-65.
[39] 邱刚.上海养老机构社会化运作的研究[D].上海:上海交通大学硕士论文,2007.
[40] 王荔.养老机构中心理、精神服务内容及方式的设计研究[D].东华大学,2014.
[41] 王素英.明确发展方向发挥主体作用[J].社会福利,2014,(3):6-7.
[42] 王旭晨.我国养老机构多元化问题研究[D].山东财经大学,2014.
[43] 尉馨美.养老机构护理员的职业认同与职业需求研究[D].首都经济贸易大学,2014.
[44] 魏华林等.养老大趋势——中国养老产业发展的未来[M].北京:中信出版社,2014年.
[45] 吴楠.公建民营养老机构委托经营管理模式研究[D].沈阳师范大学,2014.
[46] 向亮.民办养老机构法律保障研究[D].南京工业大学,2014.
[47] 徐衡.长春市民办养老机构存在的问题及对策研究[D].长春工业大学,2014.
[48] 徐思瀛.民营养老机构入住率研究及SWOT分析[D].厦门大学,2014.
[49] 薛晖.我国营利性养老机构监管法律制度研究[D].西南大学,2014.
[50] 闫婷.济南市民办养老机构发展问题研究[D].山东大学,2014.
[51] 杨宝玉.基于人口老龄化背景下的养老选择——社区居家养老[J].黑河学刊,2013,(12):183-184.
[52] 于涛.养老服务人才的现状调查与对策——以淄博市为例[J].社科纵横(新理论版),2011(6):94.
[53] 禹科研.人口老龄化背景下河南省养老机构发展对策研究[D].吉林农业大学,2014.
[54] 曾令城.镇养老机构状况分析及发展对策研究——以长沙市望城长寿养老院为例[D].华中师范大学,2012:51.
[55] 张浩田.民办养老机构的困境及其发展的支持因素探析[D].华东理工大学,2014.
[56] 张君.养老服务业盈利模式研究——以湖南康乃馨养老公司为个案分析[D].湖南师范

大学,2014:24-25.
[57] 张岩松.企业危机管理案例精选精析[M].北京:中国社会科学出版社,2008:133-134.
[58] 张岩松.养老机构伤害事故的预防与处理[J].中国老年学杂志,2012(11).
[59] 张艳丹.我国城镇机构养老研究——基于宜都市的实证研究[D].武汉:华中科技大学,2007.
[60] 张焱.我国养老机构发展中的政府作用研究[D].华中师范大学,2014.
[61] 张裕来.苏州市养老服务模式运行现状、存在问题及对策研究[D].苏州大学,2013:63.
[62] 张再云.新中国成立以来我国养老机构管制政策的基本分期走向[J].南方人口,2015(1).29页.
[63] 赵佳寅.民办养老机构运营的困境与对策研究[D].吉林农业大学,2014.
[64] 赵景阳."三化"背景下县域养老机构发展研究[D].广西师范大学,2014.
[65] 赵宇航.我国老龄产业发展问题研究[D].东北师范大学,2008:21.
[66] 周龙.民办养老机构扶持政策研究[D].福建农林大学,2014.
[67] 朱浩.基于信任视角下的民办养老机构发展模式研究——以杭州市为例[J].老龄科学研究,2014,11:26-35.
[68] 邹华,马凤领.养老机构意外事件分类研究[J].老龄科学研究,2014(3).